国家出版基金资助项目
"十三五"国家重点出版物出版规划项目
现代土木工程精品系列图书·建筑工程安全与质量保障系列

高层建筑钢结构

Steel Structure of Tall Buildings

张文元　丁玉坤　于海丰　郑朝荣　编著

哈爾濱工業大學出版社
HARBIN INSTITUTE OF TECHNOLOGY PRESS

内 容 提 要

本书结合我国高层建筑钢结构发展与应用的现状和经验、我国新颁布的行业标准《高层民用建筑钢结构技术规程》（JGJ 99—2015）以及其他相关标准，从高层建筑钢结构计算、分析与设计角度出发，系统地讲述了高层建筑钢结构体系布置和受力特点、高层建筑对钢材的要求、主要的荷载和作用效应、高层建筑钢结构的计算与分析方法、主要抗侧力构件的设计要求、关键节点的设计要求等方面的内容。

本书内容丰富、系统，理论联系实际，可作为土木工程专业本科生和研究生的教学用书或参考书，也可作为有关科研人员和工程设计人员的参考书。

图书在版编目（CIP）数据

高层建筑钢结构/张文元等编著. —哈尔滨：哈尔滨工业大学出版社，2020. 1

建筑工程安全与质量保障系列

ISBN 978 - 7 - 5603 - 7999 - 9

Ⅰ. ①高…　Ⅱ. ①张…　Ⅲ. ①高层建筑-钢结构　Ⅳ. ①TU393. 2

中国版本图书馆 CIP 数据核字（2019）第 034877 号

策划编辑　王桂芝　张　荣
责任编辑　刘　瑶　张　瑞
出版发行　哈尔滨工业大学出版社
社　　址　哈尔滨市南岗区复华四道街 10 号　邮编 150006
传　　真　0451-86414749
网　　址　http://hitpress. hit. edu. cn
印　　刷　哈尔滨市石桥印务有限公司
开　　本　787mm×1092mm　1/16　印张 29　字数 721 千字
版　　次　2020 年 1 月第 1 版　2020 年 1 月第 1 次印刷
书　　号　ISBN 978 - 7 - 5603 - 7999 - 9
定　　价　128. 00 元

国家出版基金资助项目

建筑工程安全与质量保障系列

编审委员会

序

党的十八大报告曾强调“加强防灾减灾体系建设,提高气象、地质、地震灾害防御能力”,这表明党和政府高度重视基础设施和建筑工程的防灾减灾工作。而《国家新型城镇化规划(2014—2020年)》的发布,标志着我国城镇化建设已进入新的历史阶段;习近平主席提出的“一带一路”倡议,更是为世界打开了广阔的“筑梦空间”。不论是国家“新型城镇化”建设,还是“一带一路”伟大构想的实施,都迫切需要实现基础设施的建设安全与质量保障。

哈尔滨工业大学出版社出版的《建筑工程安全与质量保障系列》图书是依托哈尔滨工业大学土木工程学科在与建筑安全紧密相关的几大关键领域——高性能结构、地震工程与工程抗震、火灾科学与工程抗火、环境作用与工程耐久性等取得的多项引领学科发展的标志性成果,以地震动特征与地震作用计算、场地评价和工程选址、火灾作用与损伤分析、环境作用与腐蚀分析为关键,以新材料/新体系研发、新理论/新方法创新为抓手,为实现建筑工程安全、保障建筑工程质量打造的一批具有国际一流水平的学术著作,具有原创性、先进性、实用性和前瞻性。该系列图书的出版将有利于推动科技成果的转化及推广应用,引领行业技术进步,服务经济建设,为“一带一路”和“新型城镇化”建设提供技术支持与质量保障,促进我国土木工程学科的科学发展。

该系列图书具有以下两个显著特点:

(1)面向国际学术前沿,基础创新成果突出。

哈尔滨工业大学土木工程学科面向学术前沿,解决了多概率抗震设防水平决策等重大科学问题,在基础理论研究方面取得多项重大突破,相关成果获国家科技进步一、二等奖共9项。该系列图书中《黑龙江省建筑工程抗震性态设计规范》《岩土工程监测》《岩土地震工程》《土木工程地质与选址》《强地震动特征与抗震设计谱》《活性粉末混凝土结构》《混凝土早期性能与评价方法》等,均是基于相关的国家自然科学基金项目撰写而成,为推动和引领学科发展、建设安全可靠的建筑工程提供了设计依据和技术支撑。

(2)面向国家重大需求,工程应用特色鲜明。

哈尔滨工业大学土木工程学科传承和发展了大跨空间结构、组合结构、轻型钢结构、预应力及砌体结构等优势方向,坚持结构理论创新与重大工程实践紧密结合,有效地支撑了国家大科学工程500 m口径巨型射电望远镜(FAST)、2008年北京奥运会主场馆国家体育场(鸟巢)、深圳大运会体育场馆等工程建设,相关成果获国家科技进步二等奖5项。该系列图书中《巨型射电望远镜结构设计》《钢筋混凝土电化学研究》《火灾后混凝土结构鉴定与加固修复》《高层建筑钢结构》《基于 OpenSees 的钢筋混凝土结构非线性分析》等,不仅为该领域工程建设提供了技术支持,也为工程质量监测与控制提供了保障。

该系列图书的作者在科研方面取得了卓越的成就,在学术著作撰写方面具有丰富的经验,他们治学严谨,学术水平高,有效地保证了图书的原创性、先进性和科学性。他们撰写的该系列图书,反映了哈尔滨工业大学土木工程学科近年来取得的具有自主知识产权、处于国际先进水平的多项原创性科研成果,对促进学科发展、科技成果转化意义重大。

中国工程院院士

2019 年 8 月

前　言

近年来,我国高层建筑钢结构得到了快速发展和广泛应用,新技术和新方法不断出现,国内在高层建筑钢结构的设计、制作和安装方面积累了大量经验。我国《高层民用建筑钢结构技术规程》(JGJ 99—2015)经过近 10 年的修订与完善,新版本也于 2016 年 5 月出版。因此,有必要将最新的设计理念、成熟的工程技术、先进的设计方法和前沿的科学问题传递给读者。

本书在编写过程中,兼顾高层建筑钢结构设计的基本原理和基本方法的同时,注重工程应用和相关规范的解释,也指出了当前本领域内的前沿科学问题。本书可以作为土木工程专业本科生和研究生的教学用书或参考书,也可作为有关科研人员和工程设计人员的参考书。

本书共分 8 章,涵盖了高层建筑钢结构发展与应用的概论、高层建筑钢结构材性要求、高层建筑钢结构体系与特点、荷载和作用效应、计算模型与分析方法、钢构件的设计、钢结构的节点设计、钢结构的制作和安装等内容。本书具体编写分工为:哈尔滨工业大学张文元撰写第 1、2、3 章,附录 1 及附录 2;哈尔滨工业大学丁玉坤撰写第 6、7、8 章,哈尔滨工业大学郑朝荣撰写第 4 章;河北科技大学于海丰撰写第 5 章及附录 3。全书由张文元统稿,由哈尔滨工业大学张耀春教授审阅。

在本书成稿和出版过程中得到了 2016 年哈尔滨工业大学研究生教育教学改革研究项目和 2017 年河北省研究生示范课程建设项目(KCJSX2017083)的大力支持与帮助,对此表示衷心的感谢。另外,哈尔滨工业大学研究生王柯、曾立静、刘辰辰、魏祺琳、赵增阳等也参与了部分文稿整理和资料收集工作,在此深表谢意。

限于作者的实践经验和技术水平,书中难免存在不妥之处,敬请读者批评指正。

作　者

2019 年 8 月

目　　录

第1章　概　　论

1.1　高层建筑钢结构在国内外的发展和应用

1.1.1　高层建筑钢结构的发展背景

世界城市化进程的加速，造成了城市中人口相对集中、土地价格昂贵等问题，节约用地成为关键，这为高层建筑的发展与应用提供了强烈的客观需求。同时，为改善城市面貌，体现城市现代化气息，或体现大型集团公司的经济实力和技术水平，为建设地标性高层建筑提供了主观需求。

然而，传统的砖、石、木等建筑材料受到承载力和塑性变形能力的制约，无法建造更高的建筑物。直到20世纪初，随着性能更加优异的钢筋混凝土和钢材在建筑领域的应用，并开发出了垂直交通工具——电梯，为建造高层建筑提供了物质基础，才出现了真正意义上的高层建筑物。高层建筑与单层和多层建筑的区别在于层数多、高度大、防火要求高、结构设计和建造技术复杂、辅助设备多等，因此单位建筑面积的造价也偏高。

1972年联合国教科文组织所属的世界高层建筑委员会召开的国际高层建筑会议，将9层及以上的建筑定义为高层建筑，并按层数和高度将高层建筑分为4类：

第一类：9～16层（最高到50 m），也称小高层；

第二类：17～25层（最高到75 m），也称中高层；

第三类：26～40层（最高到100 m），也称高层；

第四类：40层以上（高度在100 m以上），也称超高层。

另外，世界各国也根据建筑类别、材料品种，特别是防火要求等因素，规定了高层建筑的层数和高度。我国《高层民用建筑钢结构技术规程》（JGJ 99—2015）规定，10层及10层以上或房屋高度大于28 m的住宅建筑以及房屋高度大于24 m的其他民用建筑属于高层范畴，使用钢结构时需按本规程的相关规定进行设计。

作为现代建筑材料的钢材，虽然密度是混凝土的3倍左右，但其强度是混凝土的10倍左右，弹性模量也接近混凝土的10倍，因此在高层建设中使用钢材可以有效降低承重构件的几何尺寸。另外，从19世纪中叶以来，钢铁冶炼技术取得了显著突破，开始能够批量生成型钢和铸钢，工厂化的制作和加工又使高层建筑钢结构的建设速度大为加快，省去了混凝土结构中的养护时间，主体结构施工可以达到一天数层，显著提高了高层建筑的建设效率。可见，钢结构是高层建筑的首选形式。2004年统计的世界最高的90幢高层建筑中，钢结构（S）有36幢，占40.0%；钢-混凝土混合结构（M）有31幢，占34.4%；钢筋混凝土结构（RC）有23幢，占25.6%。2009年统计国内200 m以上的55幢高层建筑中，钢结构及钢-混凝土混合结构有35幢，钢筋混凝土结构有20幢，以钢-混凝土混合结构为主。

值得注意的是,近年来随着超高层的高度越来越大,承重构件所需承载力和刚度越来越高,对于钢材的防火、防腐要求越来越严格,钢-混凝土混合结构体系发展迅速,包括国内应用较为典型的钢框架-混凝土核心筒(剪力墙)结构体系,也包括钢管混凝土、型钢混凝土、组合梁、组合楼板等组合构件的应用。特别是我国近年所建的高层与超高层中,钢-混凝土混合结构体系多达 80% 以上。

另外,除了钢结构强度高、刚度大、施工速度快之外,还有多种因素决定了在高层建筑中首选钢结构体系,如:钢材具有较好的延性和塑性耗能能力,抗震性能好;钢构件外形美观,甚至不用过分装修就能符合建筑要求;考虑施工费用在内的综合造价更加合理;钢材可回收,可重复利用,属于绿色环保建筑材料;等等。

1.1.2 高层建筑钢结构的发展与应用

钢结构建筑的发展与世界工业化进程密不可分,取决于钢铁产业的成熟度,遵循着一条从欧洲到北美再到亚洲的发展途径。世界上将钢材作为承重构件的方法起源于西方工业革命时期,比较公认的代表性建筑为 1872 年法国巴黎建成的 Menier 巧克力厂和 1885 年美国芝加哥建成的 10 层家庭保险大楼,均采用了钢框架结构。美国在第二次世界大战之后取代欧洲成为世界钢铁工业中心,1975 年钢产量达到顶峰,约为 5 000 万 t,此时的钢结构建筑达到顶峰,随后进入稳定期。期间相继建成了纽约帝国大厦(1931 年,高 381 m,102 层)、纽约世界贸易中心双塔(1973 年,高 417 m,100 层)、芝加哥西尔斯大厦(1974 年,高 443 m,110 层)等一大批标志性高层建筑物。日本在 20 世纪六七十年代之后经济高速发展,钢铁产量于 20 世纪 90 年代左右达到顶峰,钢结构建筑也进入了成熟稳定期,建成了东京新市府大厦(1991 年,高 241.9 m,48 层)、横滨里程碑大厦(1993 年,高 296 m,73 层)、大阪世界贸易中心(1995 年,高 256 m,55 层)等地标式高层建筑。同期的韩国、马来西亚、阿联酋、中国台湾地区、中国香港特别行政区等亚洲其他国家和地区,也相继建成了很多高层及超高层建筑,如香港中国银行大厦(1990 年,高 315 m,70 层)、吉隆坡石油双塔(1998 年,高 451.9 m,88 层)、台北 101 大厦(2003 年,高 508 m,101 层)。

中国的钢铁产量在 1996 年超越美国和日本,钢铁工业进入了繁荣期,特别是近年来的钢铁年总产量超过了 7 亿 t,约为世界其他国家总和的 2.5 倍。伴随着中国钢铁工业和国民经济的崛起,中国钢结构产业也具备了高速发展的物质条件,世界高层建筑中心已经转移到中国。近年来已经相继建成了一大批具有代表性的超高层建筑物,如上海中心大厦(2015 年,高 632 m,128 层)、天津 117 大厦(2014 年,高 597 m,117 层)、广州东塔(2014 年,高 530 m,112 层)、深圳地王大厦(1996 年,高 384 m,69 层)等。

表 1.1 给出了全球已建成或即将完工的高层建筑,并给出了所使用的结构体系、建筑功能和整体照片。其中美国纽约帝国大厦(高 381 m)自 1931 年建成之后一直雄踞世界第一高度长达 40 年之久,直到 1974 年才被芝加哥的西尔斯大厦(高 443 m)超越。而进入 20 世纪 90 年代以后,建筑物的世界第一高度则被频繁刷新,逐渐突破了 500 m、600 m 和 800 m 关口。目前世界第一高楼为阿联酋迪拜的哈利法塔(也称迪拜塔),高度为 828 m,建筑物的中下部采用组合结构,而中上部采用钢结构,属于混合结构体系。此外,各种超高层建筑的设想方案不胜枚举,高度甚至超过了 1 km,呈现出向空中城市发展的趋势。随着各种新技术、新材料和新体系在高层与超高层建筑中的应用,我国也在积极准备,一些单位正在进行

千米级超高层建筑的预研。

从表1.1中所示的54幢高层建筑中可以看出,其中绝大部分(46幢)是近20年内建设的,占了约85%,可见人们追求高度的欲望越来越强烈。其中,位于亚洲的超高层建筑44幢,占了约81%;位于我国的超高层建筑有30幢,占了近56%。可见高层建筑的建设热潮已经由欧美转移到了亚洲,并以我国最具代表性,呈现出空前繁荣趋势。在这54幢超高层建筑中,建筑材料以钢结构和混合结构为主(39幢),占了约72%,可见在地震设防区及非地震区的超高层建筑中普遍首选钢结构体系及混合结构体系,已被认可为普遍的设计原则。

表1.1 全球已建成或在建的高层建筑

序号	名称	图片	序号	名称	图片
1	哈利法塔 828 m,162层,迪拜,2010年建成,下部组合结构+上部钢结构构成的混合结构,用途为办公/住宅/酒店		2	上海中心大厦 632 m,128层,上海,2015年建成,巨型框架+混凝土核心筒+伸臂桁架构成的混合结构,用途为酒店/办公	
3	麦加皇家钟塔饭店 601 m,120层,麦加,2012年建成,钢筋混凝土结构,用途为酒店/其他		4	天津高银117大厦 597 m,117层,天津,2015年封顶,巨型框架+混凝土核心筒构成的混合结构,用途为办公/酒店	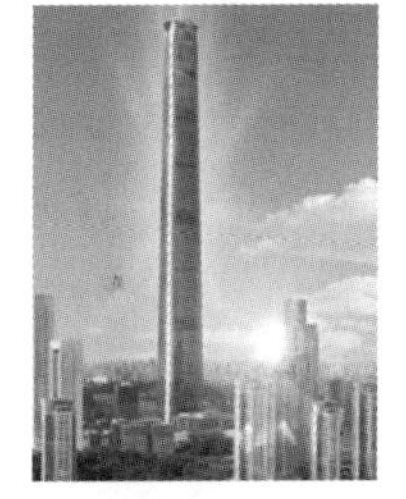
5	深圳平安国际金融中心 592.5 m,118层,深圳,2016年建成,巨柱+伸臂桁架+混凝土内筒构成的混合结构,用途为办公/酒店/商业		6	世贸中心一号大楼 541.3 m,94层,纽约,2013年建成,延性框架+混凝土核心筒构成的混合结构,用途为办公	
7	广州东塔 530 m,112层,广州,2014年建成,巨型框架+混凝土核心筒构成的混合结构,用途为办公/酒店		8	天津周大福金融中心 530 m,100层,天津,2017年封顶,巨型框架+混凝土核心筒构成的混合结构,用途为办公/酒店/公寓等	

续表 1.1

序号	名称及说明	图片	序号	名称及说明	图片
9	中国尊 528 m,108 层,北京,2018 年封顶,巨型框撑外筒+混凝土内筒构成的混合结构,用钢量为 14 万 t,用途为办公		10	台北 101 大楼 508 m,101 层,台北,2004 年建成,巨型框架混合结构体系,用途为办公	
11	上海环球金融中心 492 m,101 层,上海,2008 年建成,巨型桁架外筒+混凝土内筒构成的混合结构,用途为酒店/办公		12	环球贸易广场 484 m,108 层,香港,2010 年建成,巨型构件构成的混合结构体系,用途为酒店/办公	
13	吉隆坡石油双塔 451.9 m,88 层,吉隆坡,1998 年建成,型钢混凝土外筒+混凝土内筒构成的混合结构,用途为办公		14	紫峰大厦 450 m,89 层,南京,2010 年建成,造价 40 亿元人民币,带加强层的钢框架+混凝土内筒构成的混合结构,用途为酒店/办公	
15	西尔斯大厦 443 m,110 层,芝加哥,1974 年建成,成束筒钢结构体系,用途为办公		16	京基 100 441.8 m,100 层,深圳,2011 年建成,支撑钢框架外筒+伸臂桁架+混凝土内筒构成的混合结构,用途为酒店/办公	
17	广州西塔 438.6 m,103 层,广州,2010 年建成,钢管混凝土斜交柱网外筒+混凝土内筒构成的混合结构,用途为酒店/办公		18	武汉中心大厦 438 m,88 层,武汉,2016 年建成,巨型框架+伸臂桁架+混凝土核心筒构成的混合结构,用途为办公/酒店/商业	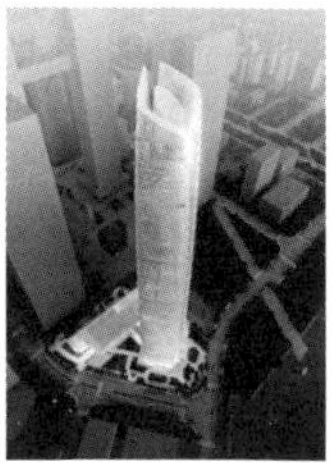

续表 1.1

<table>
<tr><td>19</td><td>公园大道 432 号</td><td rowspan="2"></td><td>20</td><td>特朗普国际酒店大厦</td><td rowspan="2"></td></tr>
<tr><td colspan="2">425.5 m,85 层,纽约,2015 年建成,钢筋混凝土框架+核心筒结构,用途为住宅</td><td colspan="2">423.2 m,98 层,芝加哥,2009 年建成,钢筋混凝土结构,用途为住宅/酒店</td></tr>
<tr><td>21</td><td>金茂大厦</td><td rowspan="2"></td><td>22</td><td>香港国际金融中心二期</td><td rowspan="2"></td></tr>
<tr><td colspan="2">420.5 m,88 层,上海,1999 年建成,巨型柱外框架+伸臂桁架+混凝土内筒构成的混合结构,用途为酒店/办公</td><td colspan="2">420 m,88 层,香港,2003 年建成,混合结构体系,用途为办公</td></tr>
<tr><td>23</td><td>公主塔</td><td rowspan="2"></td><td>24</td><td>阿尔哈姆拉塔</td><td rowspan="2"></td></tr>
<tr><td colspan="2">413.4 m,101 层,迪拜,2012 年建成,混合结构,用途为住宅</td><td colspan="2">412.6 m,77 层,科威特城,2011 年建成,钢筋混凝土结构,用途为办公</td></tr>
<tr><td>25</td><td>玛丽娜 23 大厦</td><td rowspan="2"></td><td>26</td><td>中信广场</td><td rowspan="2"></td></tr>
<tr><td colspan="2">392.4 m,88 层,迪拜,2012 年建成,钢筋混凝土结构,用途为住宅</td><td colspan="2">390.2 m,80 层,广州,1996 年建成,钢筋混凝土结构,用途为办公</td></tr>
<tr><td>27</td><td>地王大厦(信兴广场)</td><td rowspan="2"></td><td>28</td><td>大连裕景中心</td><td rowspan="2"></td></tr>
<tr><td colspan="2">384 m,69 层,深圳,1996 年建成,钢管混凝土框架+型钢混凝土内筒构成的混合结构,用途为办公</td><td colspan="2">383.1 m,80 层,大连,2015 年建成,巨型支撑框架+混凝土内筒构成的混合结构,用途为酒店/办公</td></tr>
</table>

续表 1.1

编号	名称	图片	编号	名称	图片
29	穆罕默德·本·拉希德塔		30	帝国大厦	
	381.2 m,88 层,阿布扎比,2014 年建成,钢筋混凝土结构,用途为住宅			381 m,102 层,纽约,1931 年建成,钢框架结构,用途为办公	
31	精英公寓塔楼		32	香港中环广场	
	380.5 m,87 层,迪拜,2012 年建成,钢筋混凝土结构,用途为住宅			373.9 m,78 层,香港,1992 年建成,钢筋混凝土结构,用途为办公	
33	中国银行大厦		34	美国银行大厦	
	367.4 m,72 层,香港,1990 年建成,八片平面支撑+五根型钢混凝土柱构成的大型支撑混合结构,用途为办公			365.8 m,54 层,纽约,2009 年建成,混合结构,用途为办公	
35	阿勒玛斯大楼		36	马奎斯 JW 万豪酒店塔	
	360 m,74 层,迪拜,2008 年建成,钢筋混凝土结构,用途为办公			355.4 m,82 层,迪拜,2012 年建成,双塔,钢筋混凝土结构,用途为酒店	
37	阿联酋大厦		38	沃克大厦	
	354.6 m,54 层,迪拜,2000 年建成,钢和混凝土混合结构,用途为办公			353.6 m,90 层,莫斯科,2015 年建成,钢筋混凝土结构,用途为住宅/公寓/办公	

续表 1.1

39	恒隆广场	350.6 m,68层,沈阳,2015年建成,混合结构,用途为酒店/办公	40	广晟国际大厦	350.3 m,60层,广州,2012年建成,钢筋混凝土结构,用途为办公
41	高雄大楼	347.5 m,85层,高雄,1997年建成,巨型框架钢结构,用途为酒店/办公/零售	42	怡安中心	346.3 m,83层,芝加哥,1973年建成,钢结构,用途为办公
43	中环中心	346 m,73层,香港,1998年建成,钢结构,用途为办公	44	约翰·汉考克大厦	343.7 m,100层,芝加哥,1969年建成,钢结构大型支撑框筒,用途为住宅/办公
45	阿布扎比国家石油公司总部大楼	342 m,65层,阿布扎比,2015年建成,钢筋混凝土结构,用途为办公	46	无锡九龙仓国际金融中心	339 m,68层,无锡,2014年建成,混合结构,用途为酒店/办公
47	水星之城	338.8 m,75层,莫斯科,2013年建成,钢筋混凝土结构,用途为住宅/办公	48	天津环球金融中心	336.9 m,75层,天津,2011年建成,钢管混凝土框架+伸臂桁架+钢板剪力墙内筒构成的混合结构,用途为办公

续表 1.1

49	火炬大厦		50	世茂国际广场	
336 m,79 层,迪拜,2011 年建成,钢筋混凝土结构,用途为住宅			333.3 m,60 层,上海,2006 年建成,巨型框架+混凝土内筒构成的混合结构,用途为酒店/办公/零售		
51	瑞汉金玫瑰罗塔纳酒店		52	温州世界贸易中心	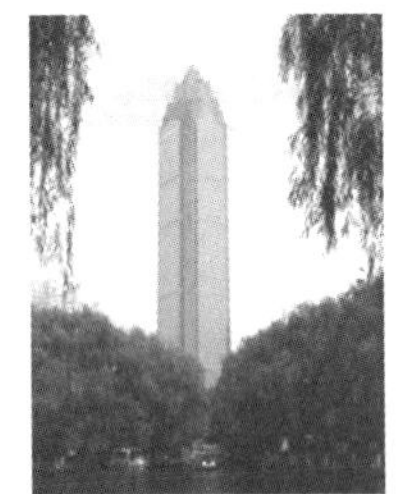
333 m,71 层,迪拜,2007 年建成,混合结构,用途为酒店			333 m,68 层,温州,2009 年建成,钢筋混凝土外框筒+核心筒构成的筒中筒结构,用途为商贸/办公/餐饮		
53	中国民生银行大厦		54	北京国贸三期	
331 m,68 层,武汉,2008 年建成,钢结构(使用钢管混凝土柱),用途为办公			330 m,80 层,北京,2010 年建成,筒中筒结构(外筒:SRC 柱+钢梁;内筒:SRC 柱+钢梁+支撑;伸臂桁架),用途为酒店/办公		

1.2 高层建筑钢结构的特点及结构体系

1.2.1 高层建筑钢结构的优缺点

1. 高层建筑钢结构的优点

(1)钢结构材料轻质高强。

虽然钢材的密度高于其他建筑材料,但钢材的抗拉、抗压、抗剪强度明显高于其他建筑材料,其强重比是混凝土的 5 倍以上,是砖石等各类砌块的 10 倍以上。特别是随着高强度合金钢的发展与应用,屈服强度 400 MPa 以上的高强钢正在被逐渐应用于高层建筑中,强重比指标更加优异。一般情况下,高层钢结构自重(包括梁、板、柱)为 6 ~ 8 kN/m^2,仅为钢筋混凝土高层结构自重(12 ~ 14 kN/m^2)的 1/2 ~ 3/5。同时,钢材在力学性能上基本各向同性,广泛适用于各类受压、受拉和受弯构件。

(2)减轻结构自重可降低地震作用和基础造价。

由于结构自重的降低,参与水平地震的等效重力荷载(恒荷+部分活荷)降低,当楼层水平地震加速度相同时,高层钢结构地震作用将显著降低,有利于结构抗震设计。此外,结构自重的减轻,还可以使基础造价降低,这种优势在软土地基和人工地基时尤为明显。

(3)高层钢结构具有良好的抗震性能。

钢材的延性好,伸长率在20%以上,强屈比在1.2以上,能够确保钢构件发生较大塑性变形时也不会断裂。在地震作用下,不仅可以发展较大塑性变形进行滞回耗能,也可以在维持承载力不下降的情况下具有良好的适应强震变形的能力,维持“大震不倒”。另外,由于钢结构建筑比混凝土结构重量更轻,更易采用与结构质量直接相关的TMD、TLD等结构振动控制措施,提高结构抗风、抗震能力。

(4)减小结构所占面积、增加使用面积。

由于钢材的轻质高强,承受同样内力的情况下,钢构件(梁、柱等)的截面尺寸远小于钢筋混凝土构件,因而结构自身所占用的建筑面积小,相当于增加了使用面积。同时,高层钢结构中通常利用钢梁与混凝土楼板的组合作用,刚度较大,可以实现较大柱网尺寸,也可减小竖向构件的用量,从而增加使用面积。通常情况下,钢结构构件所占面积与建筑面积的比值约为3%,混合结构为3.5%~4%,钢筋混凝土结构为7%~9%。钢结构可较钢筋混凝土结构增加使用面积4%~6%,对于业主而言这种直接的经济效益最为可观。

(5)施工速度快、周期短。

钢结构构件均可实现在工厂加工,施工现场仅需完成拼装即可,现场装配大多使用螺栓连接,施工速度快,现场劳动成本低。另外,高层钢结构中广泛使用组合楼盖,压型钢板不但能全部或部分代替楼板内钢筋,而且可以作为楼板混凝土浇筑的模板使用,省去了大量支模、钢筋绑扎的时间,也可以多层楼面同时施工。综合比较,30~50层的钢结构高层建筑可以比混凝土高层建筑减少工期20%~50%。

(6)钢结构是值得推广的绿色环保型建筑。

与传统建筑方式相比,钢结构建筑在全寿命周期内节能、节地、节水、节材、环保,可以少用40%左右的沙石和水泥,是名副其实的“绿色建筑”。生产钢结构主要消耗电力,焊接采用空气中制取的二氧化碳和惰性气体保护焊缝,防腐油漆在密闭车间进行,全程几乎不会增加新的二氧化碳排放,也不会产生有害气体。建造钢结构建筑的二氧化碳排放量比传统混凝土建筑降低1/3左右。另外,虽然钢筋混凝土构件的钢筋可以回收,但是必须破碎混凝土,破碎过程不仅产生大量粉尘颗粒,而且成本高,回收也无利可图。而钢结构建筑拥有高达90%的钢材回收率,且回收较方便,每一栋钢结构建筑都是一座“钢材储存仓库”。

2. 高层建筑钢结构的缺点

钢材的耐火能力差,在火灾作用下的自身耐火极限仅为15 min,之后随着钢构件温度的上升,钢材的屈服点和弹性模量急剧下降。当温度达到500~600 ℃时,钢材几乎丧失所有的强度和刚度,此时钢构架极易在负荷下产生较大变形,并发生倒塌。因此,在钢结构使用过程中必须对梁、柱、支撑及受力的压型钢板等采取防火保护措施,如喷涂一定厚度的防火涂料或采用难燃板材遮挡防火。另外,钢结构在潮湿环境下的耐锈蚀能力也较差,构件制作过程中要先除锈,然后再涂刷防锈漆。当然,近年来国内外耐火耐候钢的研发与应用,也为钢结构防火和防锈提供了一种有效途径。但这些防护措施都会增加钢结构的造价。

另外,与钢筋混凝土结构相比,钢结构的用钢量稍大,造价偏高。以20世纪90年代以前建成的11栋钢结构建筑(26~53层)为例,用钢量为95~160 kg/m^2,平均为128 kg/m^2。

而同期 9 栋钢筋混凝土建筑(18 ~ 62 层),用钢量为 68 ~ 120 kg/m^2,平均为 91 kg/m^2。显然通过采用轻质围护材料和先进结构体系,用钢量还会进一步下降,但单从用钢量指标上看,钢结构建筑仍然是偏大的。

1.2.2 高层建筑钢结构体系简介

高层建筑结构体系和房屋的高度一样,一直在不断发展和演化,从早期的框架结构体系和框架支撑结构体系,到筒体结构体系、核心筒伸臂桁架结构体系,再到近期的斜交柱网结构体系,甚至是多种结构体系组成的复合结构体系。

其实,在 20 世纪前半叶,虽然美国建设起来高度和层数惊人的帝国大厦(1931 年)等许多高层建筑,但结构体系并没有实质性进步,都是基于框架结构或框架加风撑的结构,巨大的结构高度是依靠消耗大量建筑材料而形成的。由于缺少高级的结构计算和分析手段,高层建筑都设计得相当保守。直到第二次世界大战之后,世界恢复和平,经济高速发展,并随着计算器、计算机等硬件的出现和有限元方法、程序等软件的发展,以纽约世界贸易中心双塔(1973 年)和芝加哥西尔斯大厦(1974 年)为代表的更高建筑物才相继建成,并在结构体系上出现了实质性创新,创造出了框筒和成束筒结构体系。之后,从 20 世纪 80 年代开始,建筑物高度呈现竞赛化的趋势,新的高效结构体系也不断涌现,如巨型框架结构体系、核心筒加伸臂桁架结构体系、使用各种人工阻尼装置的结构体系、钢和混凝土构成的混合结构体系等。由于高强建筑材料(高强钢和高强混凝土)的应用及高效结构体系的使用,虽然建筑物的高度不断被刷新,但单位建筑面积上的材料用量并未显著非线性增加,这也为高层建筑物的建设者和支持者们提供了强有力的论据和高度上的广泛追逐空间。图 1.1 给出了高层建筑钢结构体系和适用高度。但随着高层建筑层数的越来越多,水平风荷载和地震荷载的影响越来越显著,所需的水平刚度越来越大,抗侧力结构体系也趋于复杂,甚至某些高层建筑使用了共同工作的多种抗侧力体系。

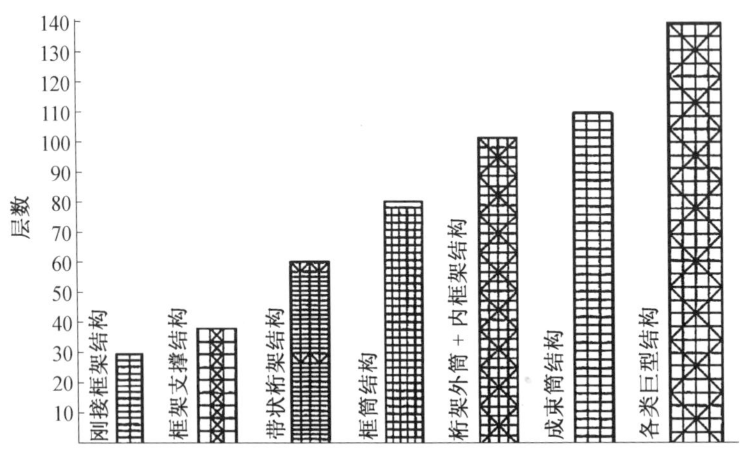

图 1.1　高层建筑钢结构体系和适用高度

结合抗侧力体系发展现状,有些文献依据抵抗水平荷载的能力,将抗侧力体系进行了归类,统一分为内部抗侧力体系(interior structures)和外部抗侧力体系(exterior structures),如图 1.2 所示。显然,内部抗侧力体系以框架结构和框架–支撑结构(框架–剪力墙结构或框架-核心筒结构)为主,属于较为传统的结构形式。为了进一步增加这种结构的水平刚度,可以在适合的高度处配合核心支撑(核心剪力墙或核心筒)使用一道或多道伸臂桁架,使外部框架柱发挥更多的抗侧力作用。

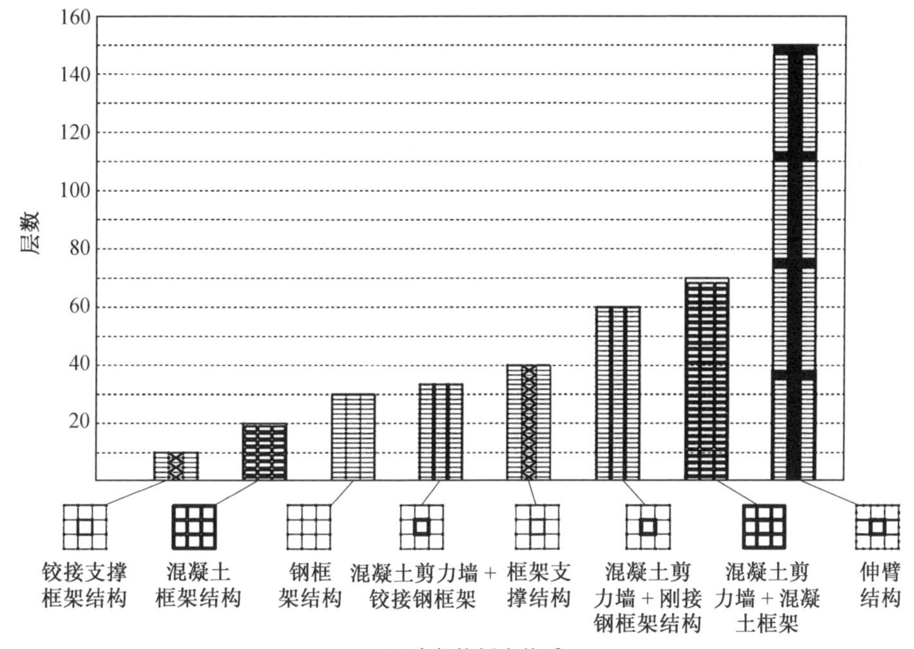

(a) 内部抗侧力体系

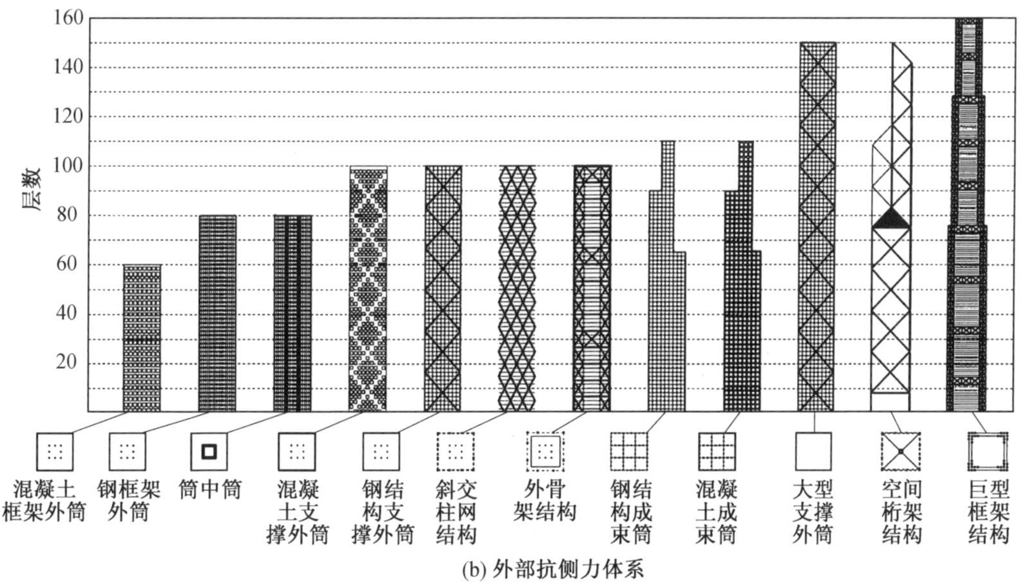

(b) 外部抗侧力体系

图1.2 高层建筑结构的抗侧力体系

而外部抗侧力结构体系的特点是主要受力构件周边化分布,具有更大的整体水平刚度,其中以外筒结构、多个筒体组成的成束筒结构和巨型框架结构最具代表性。构成外筒的方式有多种,如密柱深梁的框架、设置大型斜撑的框架、斜交柱构成的网格等。巨型框架结构由通常设置在建筑物角部的巨型格构柱和每隔 15 ~20 层设置的巨型桁架梁构成。主结构刚度极大,是主要的抗侧力体系;而次楼层仅传递自身的竖向荷载,不参与承担水平荷载。

在很多超高层建筑中,为形成更大的水平刚度,同时使用了内部抗侧力体系和外部抗侧力体系,见表 1.1。图 1.3 给出了我国国内典型结构体系在实际工程中的应用高度,可以看出,单纯的内部抗侧力体系(框架-核心筒结构)在高度 400 m 以下的建筑中大量使用,具有较好的经济效益,而在高度 400 m 以上的高层中已很少应用。而同时具有内部抗侧力体系和外部抗侧力体系的框筒-核心筒结构、巨型框架-核心筒结构、巨型框架-核心筒-巨型支撑结构在高度 400 m 以上的高层建筑中占主导地位。

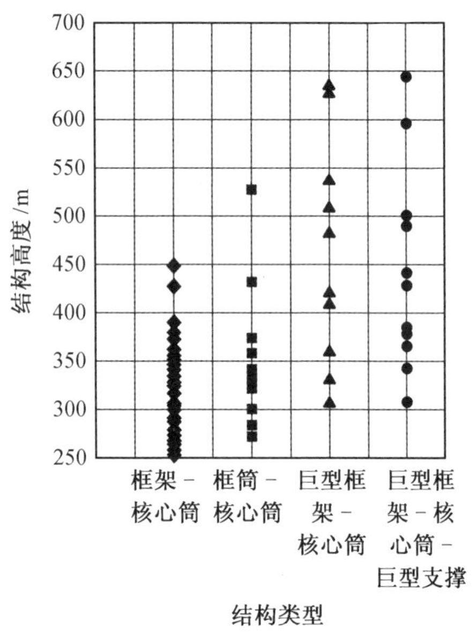

图 1.3　典型结构体系在实际工程中的应用高度

1.3　高层建筑钢结构的经济性分析

1.3.1　高层建筑钢结构的用钢量

影响高层建筑钢结构用钢量的因素有很多,如建筑物的高度、建筑物功能、建筑物的高宽比、所采用的抗侧力体系、建筑物平立面的规则程度、所处地区的水平控制荷载、建筑物的重要性和所采用的可靠指标等,其中最重要的因素是建筑物的高度、抗侧力体系和水平荷载等。高层建筑的内力和水平变形受水平荷载(风荷载和地震荷载)影响显著,随着建筑物高度的增加,荷载作用效应呈非线性增加,也会导致结构的用钢量增大。表 1.2 给出了北美不同时期钢结构建筑用钢量的比较,可知随高层建筑钢结构层数的增加,用钢量逐渐增大。其中 1965 年以前设计的高层建筑抗侧力体系单一,用钢量明显较大;而 1966 年以后的高层建筑由于采用了高效的抗侧力体系和高强钢材,用钢量明显降低,31 层以上建筑物用钢量下降了 35% ~43% 。

表1.2　北美不同时期钢结构建筑用钢量的比较

层数	1965年以前的用钢量/(kg·m^{-2})	1966年以后的用钢量/(kg·m^{-2})
20~30	110(16幢)	103(8幢)
31~42	144(14幢)	93(6幢)
43层以上	163(14幢)	93(12幢)
加权平均	138	96

图1.4给出了文献[3]和[4]中高层钢结构用钢量与层数的关系，也可以看出随建筑物层数的增加，用钢量亦快速增长，尤其是未经抗侧力体系优化设计的结构，用钢量增加显著，文献[3]的预测结果与文献[4]基本一致。但如果考虑使用合理的抗侧力体系，并对结构进行必要的优化设计，用钢量可以大幅度降低，如图中文献[3]建议的优化后指标所示，这个建议值与几个100层左右的实际工程用钢量结果接近。这些建议指标对于高层建筑钢结构设计是有重要指导意义和参考价值的。

图1.4中共给出了国内外39幢高层建筑钢结构(含混合结构)的用钢量，从数值上看，40层以下的建筑物用钢量高于建议指标，主要原因是这些建筑物的建设年代较早，技术手段和设计方法相对保守所致。而40层以上的超高层建筑物的用钢量基本位于优化后的建议指标附近，离散性较大主要是如前所述的其他影响用钢量的因素影响所致。另外，这39幢高层建筑中有很多国内工程使用了钢和混凝土的混合结构，在内部使用了钢筋混凝土核心筒作为抗侧力体系的一部分，导致对外部钢框架的抗侧力要求降低，从而使整个结构的用钢量显著低于建议指标。因此，评估某个高层建筑的用钢量时，一定要综合考虑各种影响因素，切忌以偏概全。

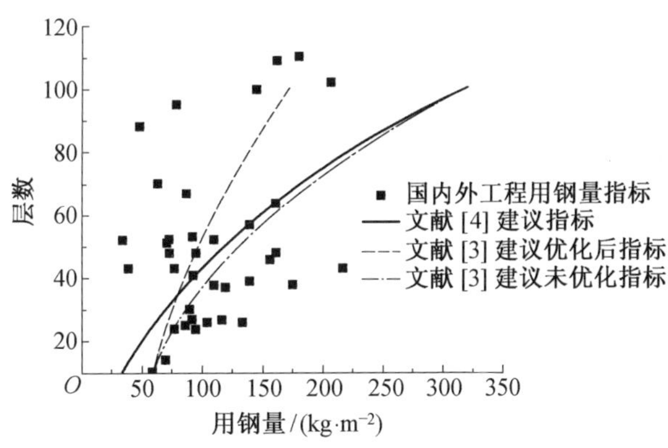

图1.4　国内外39幢高层建筑钢结构用钢量与层数的关系

1.3.2　高层建筑钢结构的造价

建设一幢高层建筑物的工程总投资包括动迁费、征地费、下部基础费、上部结构费、装修费、设备费和日常维护费等。其中动迁费和征地费占工程总投资的30%~50%，层数越多的建筑物，这个比例越低，而工程造价占工程总投资的50%~70%，如图1.5(a)所示。在工程造价中又包括装修费、设备费和结构造价，其中前两部分约占工程造价的70%，而结构造价仅占工程造价的30%，如图1.5(b)所示。在结构造价中又包括基础造价和上部结构造价,其中基础造价占结构造价的30%～40%,而上部结构造价占结构造价的60%～70%,如图1.5(c)所示,一般建筑高度越高,基础费用占比越大。

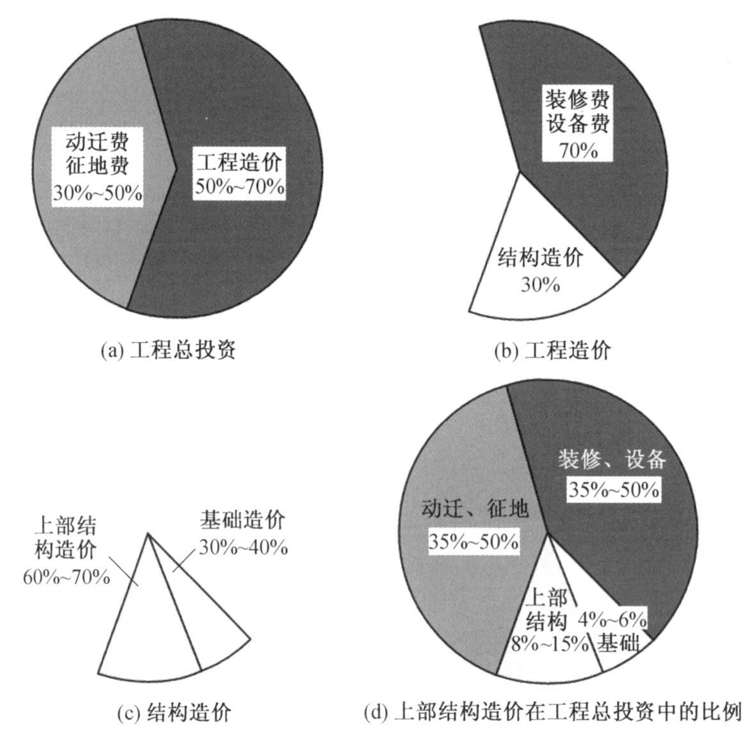

图1.5　工程总投资中各部分费用的比例

按这些比例计算下来,上部结构费用在工程总投资中仅占很小比例,为8%～15%,如图1.5(d)所示。当然,上部结构高度越大,费用占比越接近上限值。至于上部结构是采用钢结构,还是采用钢筋混凝土结构,由于其差价在工程总投资中所占比例很小,费用问题不足以成为在高层建筑中使用钢结构的障碍,这种差价完全可以由1.2.1节所述高层钢结构优点所带来的经济效益加以弥补。

钢结构的造价一般分为3个部分:钢材费用、制作加工安装费用和各类涂料费用。其中钢材费用约占钢结构造价的40%,制作加工安装费用约占35%,涂料费用约占25%。因此,当采用钢结构时,简单的构件截面形式、简洁标准的节点连接构造、轧制H型钢和轧制厚壁方管的推广、规格相对少的钢材板厚以及因地制宜和合理的防火、防腐措施等均可以降低制作安装费用和附加费用,从而降低钢结构的总体造价。另外,特殊条件下的节点形式,节点用钢量的增加也不容忽视,如超厚板采用高强螺栓连接时或采用铸钢节点时,节点用钢量占构件理论用钢量的比例可高达30%。

1.4　高层建筑钢结构建设中应该注意的若干问题

1. 高层建筑应与环境相协调

高层建筑是一种美学的创作,要与周边的城市环境相协调。它不仅要满足使用者的日常生活和工作需求，还要成为城市景观中的组成部分，创造丰富多彩的形象和艺术景观，给人以美的享受。高层建筑物密集的城市中心区要尽量避免天空的蚕食、阳光的遮蔽、幕墙的光污染、风环境的破坏等。20 世纪初，在美国的纽约和芝加哥中心区，成片建造了 20 ~ 30 层的摩天大楼，街道两旁林立着石块、混凝土、钢铁和玻璃，使街面终日埋没在大楼的阴影中，难见天日，这显然不是现代化城市所追求的良好城市生态环境。其实，高层建筑与绿化的空地是密不可分的，要充分展示高度空间与水平空间的协调美，要有合理规划的停车场、绿化区、水面和建筑小品，才能给人以亲切、敞亮、悠闲安逸的感觉，闹中取静，人们才会乐于在此逗留。因此，高层建筑的选址应尽可能避免高层建筑密集区域，选择能够突出城市形象的开阔地段建设标志性建筑。另外，在高层建筑外立面采用光电幕墙利用太阳能提供室内能源，利用空中与地面压差产生的垂直气流驱动涡轮电机发电技术等，也是在高层建筑中充分利用自然能源，形成与自然环境相协调的发展方向。

高层建筑的内部空间环境也极为重要。长期工作和生活在高层建筑里，由于与自然阳光和空气接触较少，容易对人体生理机能造成伤害，如出现鼻炎、哮喘、头疼、神经衰弱等。因此，要利用新技术和新观念打破高层建筑内部空间的封闭和单调，形成整体和谐的生态型高层建筑内部空间环境。可以通过中心贯通的竖向中庭形成内部空间的竖向延续和景观，引入适合室内生长的绿色植被净化室内环境，如韩国三星大厦中设置了 4 个空中庭院，种植植物，将景观、通风、发电和减少结构负荷等作用综合于一体。利用高层建筑的上下压差形成垂直化的自然通风，利用能够智能调节的呼吸式幕墙持续不断地引入自然空气，都是改善高层建筑室内环境的先进理念和手段。

2. 高层建筑钢结构应选择合理的结构体系

高层建筑钢结构体系很多，各有特点，在选用上应根据体系的适用高度和工程的具体情况全面考虑，不宜单一化。抗侧力体系应具有足够的承载力和良好的延性，抗震要求严格时应优先选用框架结构、框架-偏心支撑结构、框架-无屈曲支撑结构、框架-带竖缝混凝土剪力墙板结构等，并优先选用具有两道及以上抗震防线的双重或多重抗侧力体系。多重抗侧力体系可以确保结构具有足够的冗余度和抵抗大震不倒的能力，在预期的罕遇地震作用下，第一道抗震防线发生破坏退出工作后，后序防线能够及时参与抵抗地震作用，确保生命财产安全。

值得注意的是，一些外部抗侧力体系刚度较大，虽然适合建设超高层建筑，但如果设计不当，其塑性屈服机制未必合理。如密柱深梁框架构成的外筒结构或斜交网格构成的外筒结构，大震下一旦发展塑性，将在翼缘框架或腹板框架的梁柱中形成大片塑性铰，而这些构件也恰恰是结构的主要承重构件，形成过多的塑性铰将不利于结构整体的稳定性，而且结构的延性较差。因此，抗震要求较高时，对于外筒结构体系，要通常配合内部抗侧力体系（如内筒等）形成双重体系，共同工作。即使抗震要求不高的建筑，也应采取措施增加这些外部抗侧力体系的冗余度。又如巨型框架结构中的巨型梁柱既是主要抗侧力构件，又是主要承重构件，一旦形成过多的塑性铰将可能引发倒塌。因此要求巨型钢柱中要设置足够的柱间支撑，确保各柱肢协同工作，才能使其具有良好的延性和滞回性能。

3. 混合结构体系的性能有待深入研究

在国外的高层建筑中，纯钢结构体系很多，占有主导地位。但国内的高层建筑中多采用混合结构体系，如钢框架-混凝土核心筒、钢框筒-混凝土核心筒、巨型钢框架-混凝土核心筒、巨型钢框筒-混凝土核心筒-巨型钢支撑等。从使用情况来看，这些结构体系占据了80%以上。其主要原因是钢筋混凝土材料本身性能得到大幅提升，且业主先入为主地认为钢结构造价高。另外，也得益于我国对混合结构和组合构件的研究与应用较早，使设计者有足够的信心。

我们应该认识到，周边钢框架可能会由于混凝土核心筒的侧向刚度相对过大而不能起到有效的第二道防线作用，并非理想的抗震结构体系。混合结构体系用于非抗震设防的结构虽然比较经济，但鉴于我国经历了汶川地震后普遍提高了抗震设防烈度，多数大城市都至少按7度抗震设防，因而高层建筑中仍坚持使用混合结构未必完全符合国情。它的抗震性能和合理应用范围尚有待进一步研究。另外，当混凝土内筒使用伸臂桁架与外框架上设置的腰桁架或帽桁架连接时，在这些桁架杆件及节点中产生严重的应力集中，容易在大震下过早地发生破坏而失去作用，使结构形成不合理的屈服破坏机制。

而作为组合结构的代表，钢管混凝土柱在我国已经成功应用于超高层建筑中，内部填充的高强混凝土已经用到80 MPa。在高层建筑中可将钢管混凝土柱与钢梁配合使用，通过加强环连接方式，解决了梁柱节点构造复杂的问题。由于钢管混凝土柱具有不限制轴压比、抗压承载力高、抗震性能好、造价低、施工方便等特点，因此是值得推广的理想构件之一。

4. 应推动工业化装配式高层建筑钢结构的发展

钢结构工程的本质就是标准化设计、工厂化加工和现场的模块化安装。钢材具有良好的机械加工性能，适合在工厂中生产和制作；与混凝土相比，钢结构构件较轻，适合运输和现场装配；钢结构中的高强螺栓连接技术成熟、安全可靠，便于装配和拆卸。虽然我国高层建筑钢结构经过了多年的发展与应用，但有些陈旧的施工方法和安装技术仍大量使用，并有逐渐偏离装配化的趋势。大量不必要的工艺都带到了现场完成，尤其是现场焊接量过大，次要构件和维护构件甚至需要现场放样和现场下料，现场混凝土浇筑等湿作业较多，这些已严重影响了钢结构安装进度，未完全发挥出钢结构快速装配化的优势。因此，近年来从政府政策到企业发展策略，都在积极倡导和推动工业化装配式钢结构的发展，其中高层钢结构住宅是当前的热点发展方向。

为适应我国工业化装配式高层钢结构产业化发展的迫切需要，要尽快改变国家和行业层面的钢结构标准、规范的制定和修订。加快工业化装配式高层钢结构建筑产业化步伐，既要开展自主创新研究，在工业化装配式高层钢结构新体系、节点构造、设计理论、施工技术、抗震性能等关键问题研究方面取得显著进展，又要政、产、学、研、用紧密合作。大力推动配套部件的产业链建设，形成与高层钢结构相配套的楼板、楼梯、外墙板、内墙板等标准化产品，真正面向市场推进研究成果的实际工程应用，加快实现建筑工业化和提升建筑生态文明。

5. 应推动高性能钢材在高层钢结构中的应用

应加速开展对新型高效高性能建筑结构用钢的研发，开发新型高强度钢、耐候钢、耐火钢、抗震高性能钢及低屈服点钢等。如日本开发的耐火钢不但具有与普通钢相似或更好的抗震性能、可焊性能等，而且在600 ℃时的屈服强度可保证不低于室温屈服强度的2/3，这在高层钢结构中对于节省防火涂料成本具有重要意义。又如日本开发的一种超低碳素贝氏体的非调质TS 570 MPa级厚型高强度钢板，在厚度大于75 mm的情况下施焊时完全不用预热，这对保证高层钢结构构件的焊接质量和提高制作效率具有重要价值。再如日本开发的低屈服点钢材LY100和LY225，屈服强度分别只有100 MPa和225 MPa，伸长率分别在50%和40%以上，而且具有较高的低周疲劳寿命，可以用于高层钢结构中的关键耗能构件（无屈曲支撑构件、内藏钢板支撑剪力墙、消能梁段、软钢阻尼器等）上，在地震作用下集中发展塑性，增加结构的滞回耗能能力，震后也容易更换。

近年来，由于钢材冶炼水平的提高，国内已经能够生产强度较高的钢材，应用在高层钢结构中将会进一步减小构件截面尺寸，增加建筑物的使用面积。国内也开展了关于高强度钢材的大规模研究，Q390和Q420已经列入我国高层民用建筑钢结构技术规程。在日本的高层建筑钢结构中已经开始用到了590 MPa的高性能钢材。我国也探索了更高强度钢材（如Q460等）的受力性能，各项力学指标均能满足我国规范要求，具有良好的塑性、韧性及耗能能力。但总体而言，随着钢材强度的提高，其延性、韧性、可焊性都会有所下降，Q460及以上钢材制成构件后的残余应力水平、稳定性能、滞回性能、疲劳性能等研究成果不多，现行规范的很多条文不再适用，有待开展更加深入的工作。

6. 应在高层建筑钢结构中推动高等分析与设计方法的发展与应用

目前大多数国家采用计算长度法计算钢结构的稳定问题。采用一阶分析求解结构内力，按各种荷载组合求出各杆件的最不利内力；按第一类弹性稳定问题建立结构达临界状态时的特征方程，确定各压杆的计算长度；将各杆件隔离出来，按单独的压弯构件进行稳定承载力验算，验算中考虑了弹塑性、残余应力和几何缺陷等的影响。该方法计算简单，对简单规则结构准确性较高；但它对从体系中隔离出来的构件采用特定的计算长度系数，未考虑结构体系对构件稳定性的影响，对高层钢结构等大型复杂结构容易产生较大误差，无法预测结构体系的破坏模式，也造成构件和整体结构的可靠度水平不一致。

要克服上述问题，必须开展以整个框架结构体系为对象的二阶非弹性分析，即所谓高等分析和设计。可求得在特定荷载作用下框架体系的极限承载力和失效模态，而无须对各个构件进行验算。目前欧洲钢结构规范（EC3）和澳大利亚钢结构标准都列有二阶弹塑性分析或高等分析的条款。但真正的高等分析，要同时精确考虑几何非线性、材料非线性甚至接触非线性的全过程，不但能给出结构的承载能力，也能同时计算结构中各构件的强度和稳定性，可抛弃计算长度和单个构件验算的概念，对结构进行直接分析和设计。

目前仅平面框架的高等分析和设计法研究得比较成熟，其他高层钢结构体系的高等分析距实用还有很大的一段距离有待跨越。主要问题在于：①由于考虑了非线性的影响，对荷载的不同组合都需要单独进行分析，叠加原理不再适用；②高等分析依赖于精确的计算模型，如果初选截面不合理，将耗费较多的时间调整截面；③必须确保构件的局部稳定和出平面空间稳定，目前基于杆系单元的高等分析不包括这些方面的验算内容；④构件残余应力、初始弯曲等缺陷的选取直接影响计算结果，如何选用合理的初始缺陷是个难题。但可以预期，随着计算机技术的发展和设计理念的完善，高等分析和设计法将逐渐成为大型复杂结构的主要设计方法。

7. 高层建筑中可以引入先进的减震(振)技术

地震减灾技术的目的是通过引入隔震装置、耗能减振装置、质量调谐装置等，保护建筑物主要构件、非结构构件、内部设施等免受地震破坏。目前国内外得到公认的基本措施是隔震支座技术、耗能减振阻尼器技术和质量调谐减振技术。

隔震的思路是通过使用隔震支座，改变建筑振动基本周期，使其避开地面运动的卓越周期，从而减少地面输入给上部结构的能量和惯性力。国内外高层建筑隔震的研究主要集中在基础采用叠层橡胶隔震支座技术上，在日本、美国、新西兰和意大利等国都有工程应用。但由于高层建筑的竖向荷载大，隔震支座的材料耐久性、长期稳定性、震后复位性、对基础沉降的敏感性、隔震指标的可靠性等都不易得到保证，在推广中应引起重视。

而耗能减振技术则允许地震能量传递给建筑物，通过在结构抗侧力体系中引入阻尼装置，在建筑物振动过程中消耗掉地震能量。耗能系统一般有4种类型：金属系统、摩擦系统、黏弹性系统、黏滞和半黏滞系统。合理的阻尼装置对高层结构抗风减振也有显著效果。应该说耗能减振技术概念明确，安全可靠，理论研究和试验研究的成果丰富，在高层建筑中已有大量工程应用，是一种成熟的减振技术，值得推广。例如，1999年墨西哥建设的57层225 m高的Torre Mayor钢结构办公大厦，在内筒和外筒之间共设置了96个大型液体黏滞阻尼器，像肌肉一样把内外筒的骨骼有效地连接起来共同工作，将南北向阻尼比提高到0.085，而东西向阻尼比提高到0.12。2003年1月墨西哥沿海地区发生了7.6级大地震，超过13 000多幢居民建筑和商业建筑受到破坏，2 700幢完全毁坏。而Torre Mayor大厦中的阻尼器成功地起到了耗能减振作用，将结构反应控制在了弹性范围内，由此而一举成为阻尼器抗震的世界标志性建筑。又如1972年美国纽约建成的110层世界贸易中心大厦中使用了2万个黏弹性阻尼器，它是一种由上下两个T形钢翼缘间夹一块钢板组成，在钢板接触面之间粘有一层环氧黏结剂的黏弹性材料，将这种阻尼器设置在楼层支承桁架下弦杆与外框筒钢柱之间。当风荷载使结构振动时，每个阻尼器的T形钢与中间钢板相对运动，能量将由夹层间的黏弹性材料吸收，起到减振作用。

质量调谐减震(振)技术(Tuned Mass Damper，TMD)由弹簧或吊索、质量块及黏滞阻尼器组成，通过TMD固有振动频率与主结构所控振型频率谐振，来吸收主结构受控振型的振动能量，以达到结构减振效果。TMD减振系统已大量用于高层建筑的风振控制中，如2004年建成的508 m台北101大厦在顶层使用了一个660 t的质量块，主控频率为0.147 Hz，实测阻尼比随振幅的增大而增大，超过其他同类无减振技术的结构；美国纽约1978年建成的278 m高的City Corp Center中使用了一个370 t的质量块，主控频率为0.16 Hz。然而在TMD应用时也有不可忽视的问题：系统复杂、需长时间持续工作、价格昂贵；只有频率非常接近结构受控振型频率时才有较高的减振效果，一旦结构频率发生改变，减振效果难以预料；巨大的质量块附加在结构上，会增大结构动力响应，一旦质量块限位系统发生破坏，后果十分危险。因此，在我国2010年建成的600 m高的广州西塔中，在2个600 t质量调谐装置

TMD之上又增设了小型主动调谐装置AMD,整套系统具有被动控制的可靠性和主动控制的自适应性,对外部能源需求低。

8. 高层建筑钢结构应采用先进的施工技术

高层建筑钢结构的施工包括工厂制作和现场安装两个部分。施工单位应密切配合设计单位,结合施工技术装备及施工工艺对结构方案、构造处理等进行全面考虑,以保证质量、方便施工和有利于提高综合效益。其中构件制作部分在工厂完成,一般大型钢结构加工厂内制度完善、设备齐全、工艺完备,可以相对容易地按国家相关标准完成深化设计、材料采购、放样切割、焊接矫正和除锈喷涂等工序。而由于重量和体量大、高空作业、气候环境恶劣、安装周期长等不利因素,高层建筑钢结构的现场施工技术则相对复杂,包括以下方面:

①高层建筑的平面和高程控制网垂直传递距离长、测站转换多,易形成测量累计误差,目前比较先进的方法是建立双重控制网,选用GPS定位系统进行测量基线网的测设,并以高精度全站仪为重要手段,进行构件空中三维坐标定位。

②高层钢结构的板件厚,焊接工作量大,重要焊缝要求与母材等强,而且多为高空作业,需要选择合理的焊接工艺、设备和材料,控制焊接变形和接头的焊接收缩值,进行焊缝外观检查和必要的无损检测。

③高层钢结构在安装过程中对日照、季节温差、焊接等产生的温度变化很敏感,会使各种构件在安装过程中不断变动外形尺寸,要采取能调整这种偏差的技术措施,如采用随时都以经纬仪的垂直平面对柱子进行测量校正的办法,安装主梁时以外力将有温度变形的柱子强制复位,此时仅会在柱子内产生30~40 MPa的温度应力,远小于构件加工偏差强制校正时产生的内应力。

④要严格控制柱子和梁顶标高,避免高层建筑因高度和荷载的不断提升及焊接收缩变形引起各构件产生较大标高偏差,必要时应实时调整柱子或其他构件的加工下料长度,或对一些大跨度钢梁等根据节点变形需要实施反向的预变形技术,使完工后建筑物总高度符合设计要求。

⑤高层钢结构施工过程中不断进行着新构件的吊装与安装、各种变形的自然或强制变化、临时支承构件的安装与拆除等工序,下部已建结构的荷载、边界条件和内力都会不断发生变化,整个施工过程需经历一系列准结构状态才能达到竣工状态,此过程中结构的受力状态与时间(施工步骤)在某种程度上表现出了一定的非线性关系,有必要采用施工过程跟踪仿真模拟分析,以了解结构构件内力的实时变化并指导施工。

⑥在混合结构体系中,混凝土核心筒和外部钢框架的竖向压缩刚度存在差别,为避免施工阶段竖向变形差在伸臂桁架中产生过大的初应力,应对悬挑段伸臂桁架采取临时定位措施,待竖向变形差基本消除后再进行刚接。

⑦高层钢结构受力和变形状态受施工工艺、过程和环境的影响显著,仿真计算也未必能充分考虑所有因素的影响,为保证施工过程的安全和可控,有必要采用实时监测设备系统跟踪关键部位的变形和应力变化,核查是否与预期的设计结果一致,以便及时发现问题和解决问题,确保施工安全性。天津津塔(环球金融中心)在建设过程中就全程追踪了关键构件的受力变化和环境对结构的影响,并为建成后的结构健康监测奠定了基础。

第 2 章 高层建筑钢结构材性要求

2.1 建筑钢材的种类与性能

2.1.1 建筑钢材的分类和牌号

钢材是经钢厂将铁矿石冶炼形成的具有一定的形状、尺寸和力学、物理、化学性能的钢产品。钢材的性能与其化学成分、组织构造、冶炼和成型方法等内在因素密切相关，同时也受到荷载类型、结构形式、应力状态、连接方法、钢板厚度和工作环境等因素的影响。钢材中的铁元素和碳元素是主要的化学成分，其中铁是最基本的元素，碳和其他元素所占比例很小，但却左右着钢材的物理和化学性能。

钢材在各种工业领域内得到了广泛应用，依据各种金属及非金属元素含量的不同，钢材种类繁多，物理性能差别很大，在建筑中使用的钢材只是各种工业用钢的一部分。我国建筑用钢总量占全部钢产量的 20% ~25%，而工业发达国家则占 30% 以上，如美国和日本，该项指标均已超过 50%。但我国近年来的钢材实际年产量均在 7 亿 t 以上，一直位居世界第一，按比例换算得到的建筑中实际用钢量也是非常惊人的，远超其他国家。随着我国经济持续高速发展，最近 10 年各国建设的高层及超高层等大型建筑中，有 70% ~80% 位于我国，这也从客观上促进了我国建筑用钢的发展。

按化学成分和合金元素含量的不同，钢材可以分为碳素钢（见国家标准《碳素结构钢》(GB/T 700—2006)）和合金钢（见国家标准《低合金高强度结构钢》(GB/T 1591—2008)）。建筑钢材除要求具有足够的屈服强度和抗拉强度外，还要求具有一定的塑性变形能力、抵抗动力荷载的冲击韧性和冷加工能力等，所以建筑结构所使用的碳素钢均为碳质量分数不高于 0.25% 的低碳钢，所使用的合金钢均为合金元素质量分数不高于 5% 的低合金钢。按国家标准《碳素结构钢》(GB/T 700—2006) 生产的钢材有 Q195、Q215、Q235、Q255 和 Q275 共 5 种品牌，其中数字表示板材厚度不大于 16 mm 的相应牌号钢材的屈服强度标准值，单位为 MPa。每个牌号钢材又根据化学成分和冲击韧性的不同划分为 A、B、C、D 共 4 个质量等级，按字母顺序由 A 到 D，表示质量等级由低到高。按国家标准《低合金高强度结构钢》(GB/T 1591—2008) 生产的钢材有 Q295、Q345、Q390、Q420 和 Q460 共 5 种牌号，其中 Q345、Q390 和 Q420 均按化学成分和冲击韧性各划分为 A、B、C、D、E 共 5 个质量等级。

按化学成分中有害元素硫和磷的不同，钢材可以分为普通钢（硫的质量分数不大于 0.05%，磷的质量分数不大于 0.045%）、优质钢（硫的质量分数不大于 0.045%，磷的质量分数不大于 0.04%）和高级优质钢（硫的质量分数不大于 0.035%，磷的质量分数不大于 0.03%）。这 3 种类型的钢材在建筑结构中都有应用，并以普通钢和优质钢为主。一般在钢材牌号中不体现这些有害元素的含量，但国家标准中对不同质量等级钢材的有害元素含量限值做出了明确规定。

按钢材浇注时脱氧程度和方法的不同，建筑用钢材可以分为沸腾钢、半镇静钢、镇静钢和特种镇静钢，分别在钢材牌号后面以字母 F、b、Z 和 TZ 表示。其中沸腾钢采用脱氧能力较弱的锰作为脱氧剂，脱氧不完全，将钢液浇注入钢锭模时，会有气体逸出，出现钢液的沸腾现象。沸腾钢在铸模中冷却很快，钢液中的氧化铁和碳作用生成的一氧化碳气体不能全部逸出，凝固后在钢材中留有较多的氧化铁夹杂和气孔，钢的质量较差。镇静钢采用锰加硅作为脱氧剂，脱氧较完全，硅在还原氧化铁的过程中还会产生热量，使钢液冷却缓慢，使气体充分逸出，浇注时不会出现沸腾现象，钢材质量较好。半镇静钢的脱氧程度介于上述二者之间。特种镇静钢是在锰硅脱氧后，再用铝补充脱氧，其脱氧程度高于镇静钢。低合金高强度结构钢一般都是镇静钢。随着冶炼技术的不断发展，国内在镇静钢生产中已广泛使用连续铸造法生产钢坯，自动化程度高，生产效率高，因此国内大钢厂已很少生产沸腾钢。

按炼钢方式和炼钢炉炉种的不同，可以分为转炉钢、平炉钢和电炉钢。电炉炼钢是利用电热原理，以废钢和生铁等为主要原料，在电弧炉内冶炼。由于不与空气接触，易于清除杂质和严格控制化学成分，炼成的钢质量好。但因耗电量大、成本高，一般只用来冶炼特种用途的钢材。转炉炼钢是利用高压空气或氧气使炉内生铁熔液中的碳和其他杂质氧化，在高温下使铁液变为钢液。氧气顶吹转炉冶炼的钢中有害元素和杂质少，质量和加工性能优良，且可根据需要添加不同的元素来冶炼碳素钢和合金钢。由于氧气顶吹转炉可以利用高炉炼出的生铁熔液直接炼钢，生产周期短、效率高、质量好、成本低，已成为国内外发展最快的炼钢方法。平炉炼钢是利用煤气或其他燃料供应热能，把废钢、生铁熔液或铸铁块和不同的合金元素等冶炼成各种用途的钢。但平炉炼钢周期长、效率低、成本高，现已逐渐被氧气顶吹转炉炼钢所取代。在钢材牌号中，一般不体现炼钢炉种。

按钢材的耐腐蚀性不同，又有普通钢与耐候钢之分。耐候钢主要用于建筑钢结构外露于具有腐蚀性气、固态介质条件下，或外部环境对钢材的耐腐蚀有特殊要求时。除力学性能、延性和韧性性能具有与普通钢材相同的要求之外，要求耐候钢的耐腐蚀性为普通钢材的 2 倍以上，并可显著提高涂装附着性能。一般在钢材牌号的屈服强度后面冠以字母“NH”。由于钢材在高温下的强度和弹性模量均显著下降，塑性显著上升，达到 600 ℃时，强度几乎为零，钢材几乎处于热塑性状态，因此为使钢结构在遇到火灾的较短时间内（2 h 左右）仍保持较高的承载力，国内外均开发出了耐火钢。当温度处于 500～600 ℃时，要求耐火钢的屈服强度能保持在室温屈服强度的 2/3 以上。

为了确保建筑物的质量和安全，所使用的钢材应具有较高的强度、塑性和韧性，以及良好的加工性能。我国《钢结构设计标准》（GB 50017—2017）推荐碳素结构钢（carbon structural steels）中的 Q235B、C、D 等牌号，以及低合金高强度结构钢（high strength low alloy structural steels）中的 Q345、Q390 和 Q420 的 B、C、D、E 等牌号的钢材作为承重钢结构用钢。由于钢材强度等级提高后，不易保证其伸长率、冲击韧性等力学指标，因此我国《高层民用建筑钢结构技术规程》（JGJ 99—2015）要求更严格一些，规定有足够依据时方可在高层建筑的承重结构中使用 Q420 钢材。

结构用钢板的厚度和外形尺寸应符合现行国家标准《热轧钢板和钢带的尺寸、外形、重量及允许偏差》（GB/T 709—2006）的规定。热轧工字钢、槽钢、角钢、H 型钢和钢管等型材产品的规格、外形、重量和允许偏差应符合相关的现行国家标准的规定。对处于外露环境，且对耐腐蚀有特殊要求或在腐蚀性气体和固态介质作用下的承重结构，宜采用 Q235NH、Q355NH 和 Q415NH 牌号的耐候结构钢，其性能和技术条件应符合现行国家标准《耐候结构钢》(GB/T 4171—2008)的规定。

世界各国结构钢的品种和牌号表达方式存在差异，但一般都在牌号中给出了强度等级，国内外钢材牌号对应关系见表 2.1。其中，有的国家用屈服强度值表达，如中国、美国、俄罗斯、澳大利亚等；有的国家或组织用抗拉强度值表达，如日本、欧盟、英国等。而强度数值的单位，有的国家或组织使用“MPa”，如中国、欧盟、英国、日本、俄罗斯、澳大利亚等；有的国家使用“ksi”(千磅/英寸^2)，如美国等。随着经济全球化时代的到来，不少国外钢材进入了中国的建筑领域，也有大量国内企业参与国外工程。由于各国钢材制造企业依据的钢材标准不同，选用国外钢材时，必须全面了解不同牌号钢材的质量保证项目，包括化学成分和机械性能，检查厂家提供的质保书，并应进行抽样复验，其复验结果应符合现行国家产品标准和设计要求，方可与我国相应的钢材进行代换。

表 2.1　国内外钢材牌号对应关系

国家或组织	中国	美国	日本	欧盟	英国	俄罗斯	澳大利亚
钢材牌号	Q235	A36	SS400 SM400 SN400	Fe360	40	C235	250 C250
	Q345	A529-50， A572-50，A588	SM490 SN490	Fe510 FeE355	50B，C，D	C345	350 C350
	Q390				50F	C390	400 Hd400
	Q420	A572-60	SA440B SA440C			C440	

2.1.2　化学成分对钢材性能的影响

钢材中除铁晶体以外的化学成分对钢材的力学和化学性能都有一定影响，故一般在材质标准中都予以限量。

1. 碳(C)

碳是形成钢材强度的主要成分，随着含碳量的提高，钢的强度逐渐增高，而塑性和韧性下降，冷弯性能、焊接性能和抗锈蚀性能等也变差。碳的质量分数超过 0.2% 时，钢材的焊接性能将开始恶化。碳的质量分数超过 0.3% 时，钢材的抗拉强度很高，但却没有明显的屈服点，且塑性很小。因此，规范推荐的钢材，碳的质量分数均不超过 0.22%，对于焊接结构则严格控制在 0.2% 以内。

2. 锰(Mn)

锰是一种弱脱氧剂，可提高钢材强度，消除硫对钢的热脆影响，改善钢的冷脆倾向，同时不显著降低塑性和韧性。锰还是低合金钢的主要合金元素，其质量分数为 0.8% ~1.8%。但锰对焊接性能不利，因此含量也不宜过多。

3. 硅(Si)

硅是一种强脱氧剂,常与锰共同除氧,生产镇静钢。适量的硅,可以细化晶粒,提高钢的强度,而对塑性、韧性、冷弯性能和焊接性能无显著不良影响。硅的质量分数在一般镇静钢中为0.12% ~0.30%,在低合金钢中为0.20% ~0.55%。过量的硅会恶化塑性、冲击韧性、焊接性能和抗锈蚀性能。

4. 硫(S)

硫是有害元素,与铁可化合成硫化铁,散布在铁晶体之间。当温度达800 ~1 000 ℃时,硫化铁会熔化使钢材变脆,因而在进行焊接或热加工时,有可能引发热裂纹,称为热脆。硫还会降低钢材的冲击韧性、疲劳强度、抗锈蚀性能和焊接性能等。非金属硫化物夹杂经热轧加工后还会在厚钢板中形成局部分层现象,在采用焊接连接的节点中,沿板厚方向承受拉力时,会发生层状撕裂破坏。因而应严格限制钢材中的含硫量,随着钢材牌号和质量等级的提高,硫的质量分数限值由0.05%依次降至0.025%,厚度方向性能钢板,硫的质量分数更限制在0.015%以下。

5. 磷(P)

磷一般也是钢材中的有害元素,含量过高时会严重地降低钢的塑性、韧性、冷弯性能和焊接性能,特别是在温度较低时促使钢材变脆,称为冷脆。因此,磷的含量也要严格控制,随着钢材牌号和质量等级的提高,磷的质量分数限值由0.045%依次降至0.025%。

6. 铝(Al)

铝是强脱氧剂,还能细化晶粒,可提高钢的强度和低温韧性,在要求低温冲击韧性合格保证的低合金钢中,其质量分数不小于0.015%。

7. 氧(O)、氮(N)、氢(H)

氧和氮属于有害元素。氧与硫类似,会使钢热脆,氮的影响和磷类似,因此其含量均应严格控制。但当采用特殊的合金组分匹配时,氮可作为一种合金元素来提高低合金钢的强度和抗腐蚀性。氢是有害元素,常在结构疏松区域、孔洞、晶格错位和晶界处富集,生成氢分子,产生巨大的内压力,使钢材开裂,称为氢脆。含碳量较低且硫、磷含量较少的钢,氢脆敏感性低。钢的强度等级越高,对氢脆越敏感。

8. 其他合金元素

钒、铌、钛等元素在钢中形成微细碳化物,加入适量,能起细化晶粒和弥散强化作用,从而提高钢材的强度和韧性,又可保持良好的塑性。铬、镍是提高钢材强度的合金元素,用于Q390及以上牌号的钢材中,但其含量应受限制,以免影响钢材的其他性能。铜和铬、镍、钼等其他合金元素,可在金属基体表面形成保护层,提高钢对大气的抗腐蚀能力,同时保持钢材具有良好的焊接性能。在我国的焊接结构用耐候钢中,铜的质量分数为0.20% ~0.40%。镧、铈等稀土元素(RE)可提高钢的抗氧化性,并改善其他性能,在低合金钢中其质量分数按0.02% ~0.20%进行控制。

2.1.3 衡量钢材性能的力学指标

1. 屈服强度(屈服点)f_y

钢材标准件的单调拉伸试验可以测得包括屈服强度在内的一系列重要指标。标准件尺寸应符合国家标准《金属材料 拉伸试验 第 1 部分:室温试验方法》(GB/T 228.1—2010),板材单调拉伸试验时的标准件如图 2.1 所示。要求标准件表面光滑,没有孔洞、刻槽等缺陷,室温为 20 ℃时,在拉力试验机上分级缓慢施加荷载,直到试件破坏。对于矩形截面,原始标距与横截面积有 $L_0=k\sqrt{S_0}$ 关系的试样称为比例试样,国际上使用的比例系数 k 的值为 5.65。当试样横截面积太小,以致采用比例系数为 5.65 的值不能符合最小标距要求时,可以采用较高的比例系数(如 11.3)或非比例试样。对于圆形截面,则要求 $L_0=5d_0$ 或 $L_0=10d_0$。表 2.2 给出了矩形和圆形截面比例试样的尺寸要求。

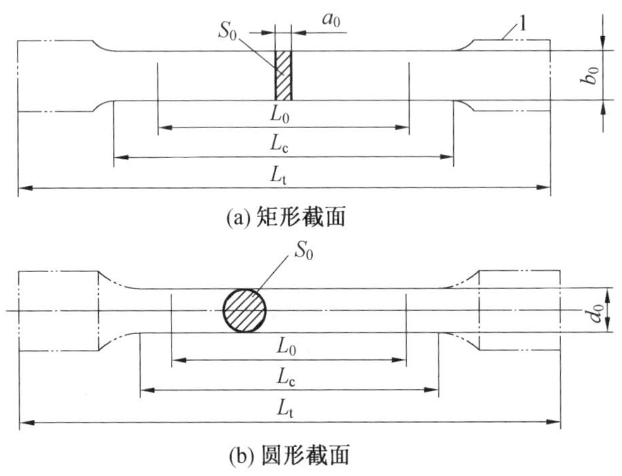

图 2.1 板材单调拉伸试验时的标准件

d_0—圆试样平行长度的原始直径;a_0—板试样原始厚度或管壁原始厚度;b_0—板试样平行长度的原始宽度;L_0—原始标距;L_c—平行长度;L_t—试样总长度;S_0—平行长度的原始横截面积;1—夹持头部

表 2.2 矩形和圆形截面比例试样的尺寸要求

	b_0/mm 或 d_0/mm	r/mm	$k=5.65$		$k=11.3$	
			L_0/mm	L_c/mm	L_0/mm	L_c/mm
厚度小于 3 mm 的矩形截面	10, 12.5, 15, 20	≥20	$5.65\sqrt{S_0}$ ≥15	$\geq L_0+b_0/2$	$11.3\sqrt{S_0}$ ≥15	$\geq L_0+b_0/2$
厚度大于等于 3 mm 的矩形截面	12.5, 15, 20, 25, 30	≥12	$5.65\sqrt{S_0}$	$\geq L_0+1.5\sqrt{S_0}$	$11.3\sqrt{S_0}$	$\geq L_0+1.5\sqrt{S_0}$
圆形截面	3, 5, 6, 8, 10,15, 20, 25	$\geq 0.75d_0$	$5d_0$	$\geq L_0+d_0/2$	$10d_0$	$\geq L_0+d_0/2$

图 2.2 给出了相应钢材的单调拉伸应力-应变曲线。由低碳钢和低合金钢的试验曲线可以看出,在达到比例极限 σ_p 之前都存在刚度较大的线弹性阶段;达到比例极限以后,将进入弹塑性阶段,直至屈服,本阶段范围的大小取决于标准件截面上残余应力等缺陷的严重程

度；达到了屈服强度（屈服点）f_y后，会出现一段塑性流动平台，应变快速增加而应力基本维持不变；此后应力又会有所提高，进入所谓的应力强化阶段，直至达到抗拉强度f_u，并逐渐产生颈缩而断裂。调质处理的低合金钢没有明显的屈服点和塑性平台。这类钢的屈服点可以取卸载后试件中残余应变为 0.2% 所对应的应力，称为名义屈服点或$f_{0.2}$。

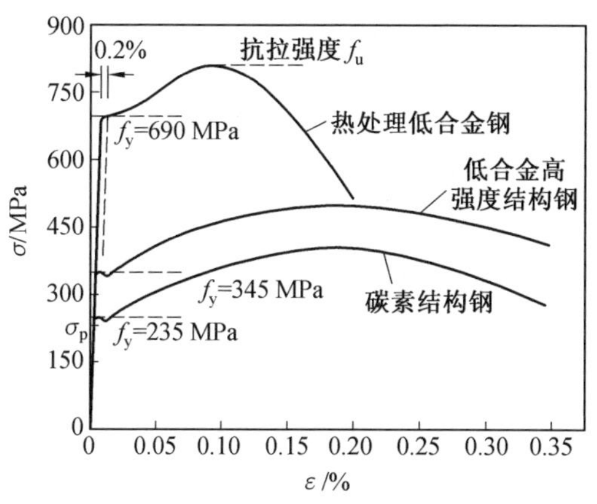

图 2.2　钢材的单调拉伸应力-应变曲线

一般将钢材屈服强度f_y作为受拉、受压或受弯时弹性和弹塑性工作的分界点。钢材屈服后将产生很大的塑性变形，并无法承担更大的荷载，因此，在设计中通常将屈服强度f_y作为强度破坏的极限状态标准值。将屈服强度除以材料抗力分项系数后，可得钢材强度的设计值，供弹性阶段设计使用。

2. 抗拉强度（极限强度）f_u

钢材单调拉伸试验的应力-应变曲线上的最高点称为抗拉强度f_u，也称为极限强度，如图 2.2 所示。对于常用的建筑钢材而言，当应力达到抗拉强度时，已经发展了相当大的塑性应变（20% 左右），尽管此时结构不一定发生倒塌破坏，但已经不能较好地维持初始几何形状，卸载后的残余变形巨大，需要大规模修复，因此设计中很少以应力达到f_u作为极限状态。如果以钢材应力达到屈服强度作为钢结构承载力的极限状态，则抗拉强度可以认为是构件所具有的强度储备。其储备率可以使用屈强比（f_y/f_u）来表示，屈强比越小则强度储备越大，它在高层建筑钢结构抗震中具有重要意义，有利于保证“大震不倒”原则，故有抗震要求时规定钢材的屈强比不应大于 0.85，且有明显的屈服台阶。

另外，对于螺栓和焊缝等连接材料，我国抗震规范要求在罕遇地震作用下的弹塑性阶段验算（第二阶段验算）时，要求抗侧力构件节点连接的极限承载力应大于相连构件的屈服承载力，从而保证弹塑性状态下构件发生了较大塑性变形时节点连接也不能发生断裂失效。所以对于连接材料，其抗拉强度经常作为第二阶段承载力验算的极限状态。

3. 弹性模量 E

钢材单调拉伸试验的应力-应变曲线上初始线弹性段的斜率代表了此阶段下应力与应变的线性变化关系，称之为弹性模量 E，或杨氏模量。它是钢材性能的重要指标，也是结构弹性设计中计算各种变形的依据。对于建筑钢材，各方向的弹性模量基本相等，计算时可取$E=2.06\times10^5$ MPa。

4. **伸长率δ**

伸长率δ是衡量钢材断裂前所具有的塑性变形能力的指标，也可以由钢材单调拉伸试验测得，以试件破坏后在标定长度内的残余应变表示：

$$\delta=\frac{L_1-L_0}{L_0}\times100\%=\frac{\Delta L}{L_0}\times100\% \tag{2.1}$$

式中　L_1——试样拉断后的长度；

L_0——试样的原始标距长度。

试样原始标距按比例系数$k=5.65$或11.3制作时，其相应伸长率分别用δ_5或δ_{10}表示。

伸长率越大，表示塑性变形能力越强，钢材断裂前吸收能量的能力越强，因此对于有抗震要求的钢结构建筑，通常规定钢材的伸长率应大于20%。

5. **厚度方向受拉时的断面收缩率ψ_z**

钢材中的硫化物和氧化物等非金属夹杂，经轧制之后被压成薄片，对轧制压缩比较小的厚钢板来说，该薄片无法被焊合，会出现分层现象。分层使钢板沿厚度方向受拉的性能恶化，在焊接连接处沿板厚方向有拉力作用（包括焊接产生的约束拉应力作用）时，可能出现层状撕裂现象（图2.3）。故此时应要求钢材沿厚度方向具有良好的抗层状撕裂能力（Z向性能），该性能可以取用厚度方向的标准件进行拉伸试验，并以断面收缩率ψ_z作为评定指标。断面收缩率ψ_z是试样拉断后，颈缩处横断面积的最大缩减量与原始横断面积的百分比，也是由单调拉伸试验提供的一个塑性指标。

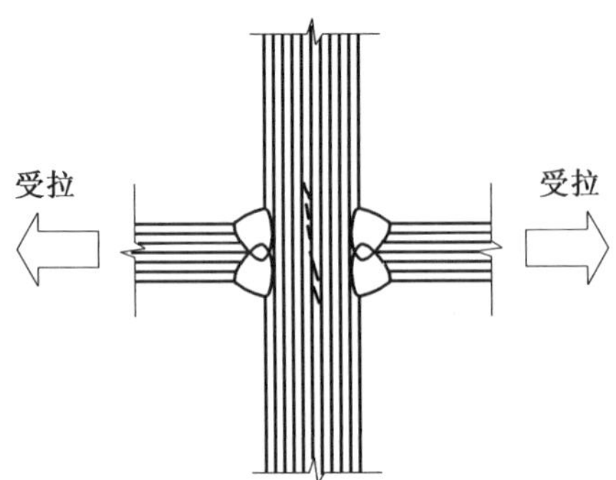

图2.3　厚板的层状撕裂

$$\psi_z=\frac{S_0-S_1}{S_0}\times100\% \tag{2.2}$$

式中　S_0——原横截面积；

S_1——断口处横截面积。

ψ_z越大，塑性越好。在国家标准《厚度方向性能钢板》（GB/T 5313—2010）中，使用沿厚度方向的标准拉伸试件的断面收缩率来定义Z向钢的种类，如按Z向断面收缩率分为Z15、Z25和Z35共3个等级，分别对应着断面收缩率ψ_z不小于15%、25%和35%。

试验时可采用圆柱体试样,由钢板厚度方向加工而成(图 2.4)。当板厚 $t \leqslant 20$ mm 时,应采用摩擦焊或其他合适方法焊接延伸部分;当 $t>20$ mm 时,可选择焊接延伸部分。对于焊接延伸部分的试样,$t \leqslant 25$ mm 时,$d_0=6$ mm 或 10 mm;$t>25$ mm 时,$d_0=10$ mm。对于不带焊接延伸部分的试样,20 mm<$t \leqslant 40$ mm 时,$d_0=6$ mm 或 10 mm;40 mm<$t \leqslant 400$ mm 时,$d_0=10$ mm。无论采用何种试样,均要求试样的平行长度(有效长度)L_c 应至少为 $1.5d_0$,且不超过 80 mm。当 $t \leqslant 80$ mm 时,试样总长 L_t 应等于板厚 t;80 mm<$t \leqslant 400$ mm 时,试样总长 L_t 应使 L_c 包括钢板厚度 1/4 位置。

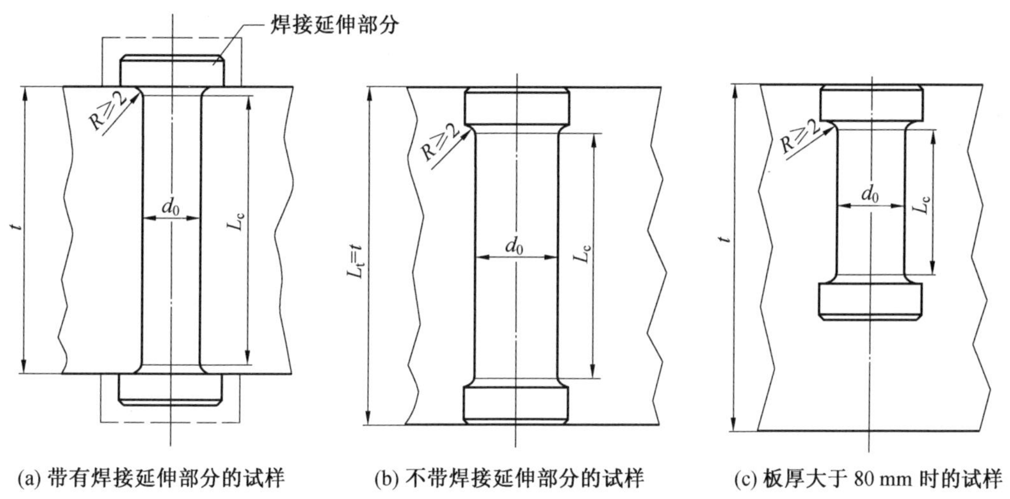

图 2.4 厚度方向性能钢板试样制作图

6. 冷弯性能

钢材的冷弯性能(cold-bending behavior)由冷弯试验确定,是衡量钢材冷加工弯曲变形能力的指标,可以检验钢材晶体和非金属杂质的均匀分布情况,检验是否存在明显缺陷。试验时,根据钢材的牌号和不同的板厚,按国家相关标准规定的弯心直径(表 2.5 和表2.12),在试验机上把试件弯曲 180°(图 2.5),以试件表面和侧面不出现裂纹和分层为合格。焊接承重结构以及重要的非焊接承重结构采用的钢材,均应具有冷弯试验的合格保证。

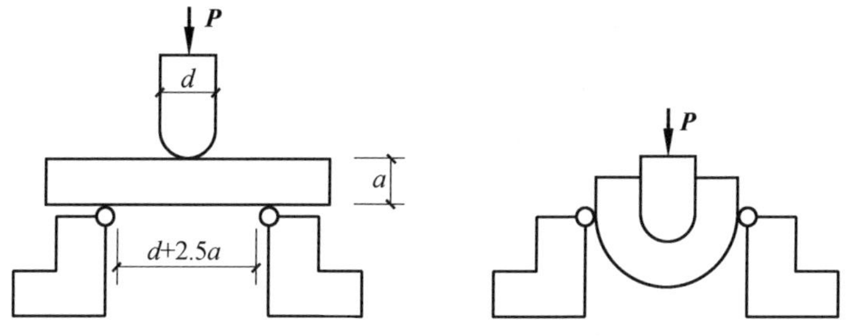

图 2.5 冷弯试验示意图

7. 冲击韧性

钢材的冲击韧性也称缺口韧性(notch toughness),是衡量钢材在动力冲击荷载作用下抵抗脆断能力的指标,通常用带有夏比V形缺口(Charpy V-notch)的标准试件做冲击试验(图2.6),以击断试件所消耗的冲击功大小来衡量钢材抵抗脆性破坏的能力。冲击韧性以冲击功A_{KV}表示,单位为J。我国钢结构标准对不同牌号和等级的钢材规定了应满足不同温度下冲击功数值的要求(表2.4和表2.11),在高层建筑钢结构中主要构件的钢材应具有合格的冲击韧性保证。

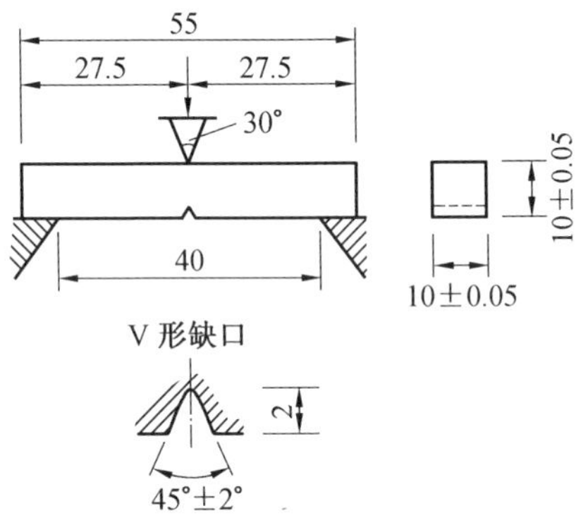

图2.6　冲击韧性试验标准件

8. 硬度

硬度表示材料抵抗硬物体压入其表面的能力,它是金属材料的重要性能指标之一。一般硬度越高,耐磨性越好。常用的硬度指标有布氏硬度(HB)、洛氏硬度(HRC)、维氏硬度(HV)等。布氏硬度一般用于材料较软的时候,如有色金属、热处理之前或退火后的钢铁,是用静力荷载将特定尺寸的小球压入钢试件,用显微镜测量压痕直径,压力除以压痕球面积,即布氏硬度。洛氏硬度一般用于硬度较高的材料,如热处理后的钢材等,是用静力荷载压特定尺寸的球锥形金刚石压头,测量凹痕深度,或从专用测量设备上直接读取洛氏硬度。

金属材料的各种硬度值与强度值之间具有近似的对应关系,因为硬度值是由塑性变形抵抗能力决定的,材料强度越高,塑性变形抵抗能力越高,硬度值也越高。因此对于一些无法进行抗拉试验的重型钢构件,可以采用硬度试验的方法近似推测抗拉强度。例如,对于未淬硬钢材,$f_u \approx (3.43 \sim 3.63)$HB;对于淬火碳素钢,$f_u \approx 3.4$HB;对于淬火合金钢,$f_u \approx 3.32$HB。

2.1.4　建筑用钢的化学成分和力学性能

1. 碳素结构钢

目前国产碳素结构钢共有Q195、Q215、Q235、Q275共4个牌号等级,其中Q235最为常用，具有良好的强度、延性、冲击韧性、冷弯性能和可焊性，其化学成分见表 2.3。该牌号钢材又根据化学成分和冲击韧性的不同划分为 A、B、C、D 共 4 个质量等级，按字母顺序 A 到 D，表示质量等级由低到高。除 A 级外，其他三个级别碳的质量分数均在 0.20% 以下，具有较好的焊接性能。其中 D 级钢应有足够细化晶粒的元素，并在质量证明书中注明细化晶粒元素的含量，当采用铝脱氧时，钢中酸溶铝的质量分数应不小于 0.015%，或总铝的质量分数应不小于 0.020%。钢中残余元素铬、镍、铜的质量分数应都不大于 0.30%，氮的质量分数应不大于 0.008%，砷的质量分数应不大于 0.080%。

表 2.3　碳素结构钢的化学成分(GB/T 700—2006)

<table>
<tr><th rowspan="2">牌号</th><th rowspan="2">统一数字代号①</th><th rowspan="2">等级</th><th rowspan="2">厚度(或直径)/mm</th><th rowspan="2">脱氧方法</th><th colspan="5">化学成分(质量分数)/%，不大于</th></tr>
<tr><th>C</th><th>Si</th><th>Mn</th><th>P</th><th>S</th></tr>
<tr><td>Q195</td><td>U11952</td><td>—</td><td>—</td><td>F、Z</td><td>0.12</td><td>0.30</td><td>0.50</td><td>0.035</td><td>0.040</td></tr>
<tr><td rowspan="2">Q215</td><td>U12152</td><td>A</td><td rowspan="2">—</td><td rowspan="2">F、Z</td><td rowspan="2">0.15</td><td rowspan="2">0.35</td><td rowspan="2">1.20</td><td rowspan="2">0.045</td><td>0.050</td></tr>
<tr><td>U12155</td><td>B</td><td>0.045</td></tr>
<tr><td rowspan="4">Q235</td><td>U12352</td><td>A</td><td rowspan="4">—</td><td rowspan="2">F、Z</td><td>0.22</td><td rowspan="4">0.35</td><td rowspan="4">1.40</td><td rowspan="2">0.045</td><td>0.050</td></tr>
<tr><td>U12355</td><td>B</td><td>0.20②</td><td>0.045</td></tr>
<tr><td>U12358</td><td>C</td><td>Z</td><td rowspan="2">0.17</td><td>0.040</td><td>0.040</td></tr>
<tr><td>U12359</td><td>D</td><td>TZ</td><td>0.035</td><td>0.035</td></tr>
<tr><td rowspan="5">Q275</td><td>U12752</td><td>A</td><td>—</td><td>F、Z</td><td>0.24</td><td rowspan="5">0.35</td><td rowspan="5">1.50</td><td>0.045</td><td>0.050</td></tr>
<tr><td rowspan="2">U12755</td><td rowspan="2">B</td><td>≤40</td><td rowspan="2">Z</td><td>0.21</td><td rowspan="2">0.045</td><td rowspan="2">0.045</td></tr>
<tr><td>>40</td><td>0.22</td></tr>
<tr><td>U12758</td><td>C</td><td rowspan="2">—</td><td>Z</td><td rowspan="2">0.20</td><td>0.040</td><td>0.040</td></tr>
<tr><td>U12759</td><td>D</td><td>TZ</td><td>0.035</td><td>0.035</td></tr>
</table>

注：①表中为镇静钢、特殊镇静钢牌号的统一数字，沸腾钢牌号的统一数字代号如下：

Q195F—U11950；

Q215AF—U12150，Q215BF—U12153；

Q235AF—U12350，Q235BF—U12353；

Q275AF—U12750

②经需方同意，Q235B 碳的质量分数可不大于 0.22%

碳素钢材单调拉伸试验和冲击韧性试验指标见表 2.4，其弯曲试验指标见表 2.5。做拉伸和冷弯试验时，型钢和钢棒取纵向试样，钢板和钢带取横向试样，断后伸长率允许比表中降低 2%(绝对值)。窄钢带取横向试样，如果受宽度限制，可以取纵向试样。夏比(V 型缺口)冲击吸收功值按一组 3 个试件单值的算术平均值计算，允许其中一个试样的单个值低于规定值，但不得低于规定值的 70%。

表 2.4 碳素钢材单调拉伸试验和冲击韧性试验指标(GB/T 700—2006)

牌号	等级	屈服强度[①] R_{eH}/(N·mm^{-2}),不小于						抗拉强度[②] R_m/(N·mm^{-2})	断后伸长率 A/%,不小于					冲击试验(V 形缺口)	
		厚度(或直径)/mm							厚度(或直径)/mm					温度/℃	冲击吸收功(纵向)/J,不小于
		≤16	>16~40	>40~60	>60~100	>100~150	>150~200		≤40	>40~60	>60~100	>100~150	>150~200		
Q195	—	195	185	—	—	—	—	315~430	33	—	—	—	—	—	—
Q215	A	215	205	195	185	175	165	335~450	31	30	29	27	26	—	—
	B													+20	27
Q235	A	235	225	215	215	195	185	370~500	26	25	24	22	21	—	—
	B													+20	27[③]
	C													0	
	D													−20	
Q275	A	275	265	255	245	225	215	410~540	22	21	20	18	17	—	—
	B													+20	27
	C													0	
	D													−20	

注:① Q195 的屈服强度值仅供参考,不作为交货条件

② 厚度大于 100 mm 的钢材,抗拉强度下限允许降低 20 N/mm^2,宽带钢(包括剪切钢板)抗拉强度上限不作为交货条件

③ 厚度小于 25 mm 的 Q235B 级钢材,如供方能保证冲击吸收功值合格,经需方同意,可不做检验

表 2.5 碳素钢的冷弯试验结果要求(GB/T 700—2006)

牌号	试样方向	冷弯试验 180° $B=2a$[①]	
		钢材厚度(或直径)[②]/mm	
		≤60	>60~100
		弯心直径 d	
Q195	纵	0	—
	横	0.5a	
Q215	纵	0.5a	1.5a
	横	a	2a
Q235	纵	a	2a
	横	1.5a	2.5a
Q275	纵	1.5a	2.5a
	横	2a	3a

注:① B 为试样宽度,a 为试样厚度(或直径)

② 钢材厚度(或直径)大于 100 mm 时,弯曲试验由双方协商确定

2. 低合金高强度结构钢

目前国产低合金高强度结构钢有 Q345、Q390、Q420、Q460、Q500、Q550、Q620、Q690 共 8 个牌号等级。其中前 3 种能够具有较好的塑性、韧性和可焊性，是我国规范推荐使用的，其化学成分见表 2.6。这些钢材碳的质量分数均不大于 0.20%，强度的提高主要依靠添加少量合金元素来实现，但合金元素总量不超过 5%，故也称为低合金高强度钢。其中 Q345、Q390 和 Q420 均根据化学成分和冲击韧性的不同划分为 A、B、C、D、E 共 5 个质量等级，按字母顺序 A 到 E，表示质量等级由低到高。A、B 级为镇静钢，C、D、E 级为特种镇静钢。

表 2.6　低合金高强度结构钢的化学成分（GB/T 1591—2008）

牌号	质量等级	化学成分①②（质量分数）/%														
		C	Si	Mn	P	S	Nb	V	Ti	Cr	Ni	Cu	N	Mo	B	Als
					不大于											不小于
Q345	A	≤ 0.20	≤ 0.50	≤ 1.70	0.035	0.035	0.07	0.15	0.20	0.30	0.50	0.30	0.012	0.10	—	—
	B				0.035	0.035										
	C				0.030	0.030										0.015
	D	≤ 0.18			0.030	0.025										
	E				0.025	0.020										
Q390	A	≤ 0.20	≤ 0.50	≤ 1.70	0.035	0.035	0.07	0.20	0.20	0.30	0.50	0.30	0.015	0.10	—	—
	B				0.035	0.035										
	C				0.030	0.030										0.015
	D				0.030	0.025										
	E				0.025	0.020										
Q420	A	≤ 0.20	≤ 0.50	≤ 1.70	0.035	0.035	0.07	0.20	0.20	0.30	0.80	0.30	0.015	0.20	—	—
	B				0.035	0.035										
	C				0.030	0.030										0.015
	D				0.030	0.025										
	E				0.025	0.020										

注：① 型材及棒材 P、S 的质量分数可提高 0.005%，其中 A 级钢上限可为 0.045%

② 当细化晶粒元素组合加入时，20(Nb+V+Ti) ≤0.22%，20(Mo+Cr) ≤0.30%

在低合金高强度结构钢的焊接接头中，热影响区因为急冷而产生淬硬倾向，热影响区淬硬倾向大的钢易产生焊接裂纹，接头的塑性变形能力也会恶化。决定这类钢材热影响区淬硬性的因素之一是碳当量（Carbon Equivalent Value，CEV）。经验表明，当 CEV<0.4% 时，钢材的淬硬性倾向不大，焊接性良好，焊接时可不预热；当 CEV=0.4% ~0.6% 时，钢材的淬硬性倾向增大，焊接时需采取预热、控制焊接参数、缓冷或消除扩散氢等工艺措施；当 CEV>0.6% 时，钢材的淬硬性大，属于较难焊接钢材，需采取较高的预热温度和严格的工艺措施。按国际焊接学会推荐，CEV 应由熔炼分析成分并采用下式计算，即

$$CEV = C + Mn/6 + (Cr + Mo + V)/5 + (Ni + Cu)/15 \tag{2.3}$$

公式(2.3)中各合金元素均代表该元素在钢材中的质量分数。

各牌号除A级钢以外的钢材,当以热轧、控轧状态交货时,最大碳当量值应符合表2.7的规定。当以正火、正火轧制、正火加回火状态交货时,最大碳当量值应符合表2.8的规定。当以热机械轧制(Themo Mechanical Control Process,TMCP)或热机械轧制加回火状态交货时,最大碳当量值应符合表2.9的规定。

表2.7　热轧、控轧状态交货钢材的碳当量(GB/T 1591—2008)

牌号	碳当量(CEV)/%		
	公称厚度或直径≤63 mm	公称厚度或直径63～250 mm	公称厚度>250 mm
Q345	≤0.44	≤0.47	≤0.47
Q390	≤0.45	≤0.48	≤0.48
Q420	≤0.45	≤0.48	≤0.48

表2.8　正火、正火轧制、正火加回火状态交货钢材的碳当量(GB/T 1591—2008)

牌号	碳当量(CEV)/%		
	公称厚度≤63 mm	公称厚度63～120 mm	公称厚度120～250 mm
Q345	≤0.45	≤0.48	≤0.48
Q390	≤0.46	≤0.48	≤0.49
Q420	≤0.48	≤0.50	≤0.52

表2.9　热机械轧制(TMCP)或热机械轧制加回火状态交货钢材的碳当量(GB/T 1591—2008)

牌号	碳当量(CEV)/%		
	公称厚度≤63 mm	公称厚度63～120 mm	公称厚度120～150 mm
Q345	≤0.44	≤0.45	≤0.45
Q390	≤0.46	≤0.47	≤0.47
Q420	≤0.46	≤0.47	≤0.47

在评价低合金高强度结构钢的焊接冷裂纹敏感性时,也常采用裂纹敏感性指数P_{cm},它也是衡量钢材可焊性的指标之一。热机械轧制或热机械轧制加回火状态交货钢材的碳当量不大于0.12%,可采用焊接裂纹敏感性指数代替碳当量评估钢材的可焊性。P_{cm}应由熔炼分析成分并采用公式(2.4)计算,其数值对于Q345、Q390和Q420钢材,不应高于0.2%。

$$P_{cm} = C + Si/30 + Mn/20 + Cu/20 + Ni/60 + Cr/20 + Mo/15 + V/10 + 5B \tag{2.4}$$

低合金高强度结构钢的拉伸试验性能应符合表2.10的规定,夏比(V型)冲击试验的试验温度和冲击吸收能量应符合表2.11的规定,弯曲试验应符合表2.12的规定。

表 2.10 低合金高强度钢的抗拉性能(GB/T 1591—2008)

牌号	质量等级	拉伸试验①②③																					
		以下公称厚度(直径、边长)下屈服强度(R_{eL})/MPa									以下公称厚度(直径、边长)抗拉强度(R_m)/MPa							断后伸长率(A)/% 公称厚度(直径、边长)					
		≤16 mm	16~40 mm	40~63 mm	63~80 mm	80~100 mm	100~150 mm	150~200 mm	200~250 mm	250~400 mm	≤40 mm	40~63 mm	63~80 mm	80~100 mm	100~150 mm	150~250 mm	250~400 mm	≤40 mm	40~63 mm	63~100 mm	100~150 mm	150~250 mm	250~400 mm
Q345	A	≥345	≥335	≥325	≥315	≥305	≥285	≥275	≥265	—	470~630	470~630	470~630	470~630	450~500	450~600	—	≥20	≥19	≥19	≥18	≥17	—
	B																						
	C																	≥20	≥20	≥20	≥19	≥18	
	D									≥265							450~600						≥17
	E																						
Q390	A	≥390	≥370	≥350	≥330	≥330	≥310	—	—	—	490~650	490~650	490~650	490~650	470~620	—	—	≥20	≥19	≥19	≥18	—	—
	B																						
	C																						
	D																						
	E																						
Q420	A	≥420	≥400	≥380	≥360	≥360	≥340	—	—	—	520~680	520~680	520~680	520~680	500~650	—	—	≥19	≥18	≥18	≥18	—	—
	B																						
	C																						
	D																						
	E																						

注:① 当屈服不明显时,可测量 $R_{P0.2}$ 代替下屈服强度;

② 宽度不小于 600 mm 扁平材,拉伸试验取横向试样;宽度小于 600 mm 的扁平材、型材及棒材取纵向试样,断后伸长率最小值相应提高 1%(绝对值);

③ 厚度 250~400 mm 的数值适用于扁平材

表 2.11　低合金高强度钢的夏比冲击试验指标(GB/T 1591—2008)

<table>
<tr><th rowspan="3">牌号</th><th rowspan="3">质量等级</th><th rowspan="3">试验温度/℃</th><th colspan="3">冲击吸收能量(KV_2)/J</th></tr>
<tr><th colspan="3">公称厚度(厚度、边长)</th></tr>
<tr><th>12 ~ 150 mm</th><th>150 ~ 250 mm</th><th>250 ~ 400 mm</th></tr>
<tr><td rowspan="4">Q345</td><td>B</td><td>20</td><td rowspan="4">≥34</td><td rowspan="4">≥27</td><td rowspan="2">—</td></tr>
<tr><td>C</td><td>0</td></tr>
<tr><td>D</td><td>-20</td><td rowspan="2">27</td></tr>
<tr><td>E</td><td>-40</td></tr>
<tr><td rowspan="4">Q390</td><td>B</td><td>20</td><td rowspan="4">≥34</td><td rowspan="4">—</td><td rowspan="4">—</td></tr>
<tr><td>C</td><td>0</td></tr>
<tr><td>D</td><td>-20</td></tr>
<tr><td>E</td><td>-40</td></tr>
<tr><td rowspan="4">Q420</td><td>B</td><td>20</td><td rowspan="4">≥34</td><td rowspan="4">—</td><td rowspan="4">—</td></tr>
<tr><td>C</td><td>0</td></tr>
<tr><td>D</td><td>-20</td></tr>
<tr><td>E</td><td>-40</td></tr>
</table>

表 2.12　低合金高强度钢的弯曲试验要求(GB/T 1591—2008)

<table>
<tr><th rowspan="3">牌号</th><th rowspan="3">试样方向</th><th colspan="2">180 ℃弯曲试验,弯心直径 d
[a=试样厚度(直径)]</th></tr>
<tr><th colspan="2">钢材厚度(直径、边长)</th></tr>
<tr><th>≤16 mm</th><th>16 ~ 100 mm</th></tr>
<tr><td>Q345
Q390
Q420
Q460</td><td>宽度不小于 600 mm 扁平材,拉伸试验取横向试样;宽度小于 600 mm 的扁平材、型材及棒材取纵向试样</td><td>2a</td><td>3a</td></tr>
</table>

3. 建筑结构钢材选用的基本要求

承重结构所用的钢材应具有屈服强度、断后伸长率、抗拉强度、冷弯试验以及硫、磷含量的合格保证,对焊接结构尚应具有碳当量的合格保证;对直接承受动力荷载或需验算疲劳的构件所用钢材尚应具有冲击韧性合格保证。

在确定所选用的钢材质量等级时,应该注意 A 级钢仅可用于结构工作温度高于 0 ℃的不需要验算疲劳的结构,且 Q235A 钢不宜用于焊接结构。需验算疲劳的焊接结构用钢材,当工作环境温度高于 0 ℃时,其质量等级不应低于 B 级;当工作环境温度不高于 0 ℃但高于 -20 ℃时,Q235、Q345 钢不应低于 C 级,Q390、Q420 及 Q460 钢不应低于 D 级;当工作环境温度不高于-20 ℃时,Q235 钢和 Q345 钢不应低于 D 级,Q390 钢、Q420 钢、Q460 钢应选用 E 级。需验算疲劳的非焊接结构,其钢材质量等级要求可较上述焊接结构降低一级但不应低于B级。工作环境温度不高于-20 ℃的受拉构件及承重构件的受拉板材，所用钢材厚度或直径不宜大于40 mm，质量等级不宜低于C级；当钢材厚度或直径不小于40 mm时，其质量等级不宜低于D级；重要承重结构的受拉板材宜选建筑结构用钢板（见下节）。

在T形、十字形和角形焊接接头的连接节点中，当其板件厚度不小于40 mm且沿板厚方向有较高撕裂拉力作用时（含较高约束拉应力作用），该部位板件钢材宜具有厚度方向抗撕裂性能（Z向性能）的合格保证，其沿板厚方向断面收缩率不小于按现行国家标准《厚度方向性能钢板》（GB/T 5313—2010）规定的Z15级允许限值。钢板厚度方向性能等级应根据节点形式、板厚、熔深或焊缝尺寸、焊接时节点约束度以及预热后热情况综合确定。非加劲的直接焊接节点，钢管管材的屈强比不宜大于0.8；与受拉构件焊接连接的钢管，当管壁厚度大于25 mm且沿厚度方向受较大拉应力作用时，应采取措施防止层状撕裂。

采用塑性设计的结构及进行弯矩调幅的构件，所采用的钢材应符合下列要求：①屈强比不应大于0.85；②钢材应有明显的屈服台阶（某些国家规范尚要求钢材的实际屈服点不能比设计中使用的标准值高太多）；③伸长率不应小于20%。

2.2　高层建筑对钢材的相关要求

2.2.1　高层建筑钢结构选材原则

高层钢结构建筑体型庞大、受力复杂、受水平风荷载和地震荷载的动力影响较大，因此对钢材的品种、质量和性能有着更高的要求。同时由于钢结构工程中钢材费用约占工程总费用的60%，故选材时还应充分考虑到工程的经济性，选用性价比高的钢材，做好优化比选工作。作为工程重要依据，在设计文件中应完整地注明对钢材和连接材料的技术要求，包括牌号、型号、质量等级、力学性能和化学成分、附加保证性能和复验要求，以及应遵循的技术标准等。

多高层钢结构中的主要承重构件所用钢材的牌号宜选用Q345钢、Q390钢，且质量等级不宜低于B级。抗震等级为二级及以上的高层民用建筑钢结构，其框架梁、柱和抗侧力支撑等主要抗侧力构件钢材的质量等级不宜低于C级。承重构件中厚度不小于40 mm的受拉构件，当其工作温度低于-20 ℃时，宜适当提高所用钢材的质量等级。承重构件所用钢材应具有屈服强度、抗拉强度、伸长率等力学性能和冷弯试验的合格保证，同时尚应具有碳、硫、磷等化学成分的合格保证。焊接结构所用钢材应具有良好的焊接性能，其碳当量或焊接裂纹敏感性指数应符合国家标准的要求。一般构件宜选用Q235钢，当选用Q235A或Q235B级钢时应选用镇静钢。

对于轧制状态交货的更高强度等级钢材，其延性、韧性和可焊性均会有一定幅度的降低，如Q460钢的伸长率较Q345钢要降低了15%，按最小值计算的屈强比要提高约10%；Q500钢-40 ℃冲击功较Q345钢要降低约10%，碳当量也相应有所提高。因此只有依据充足时，方可采用更高强度的钢材。国际上其他主要国家也有类似规定，如日本SN系列高性能钢材（推荐为抗震用钢）仅列出SN400钢（相当于我国Q235钢）与SN490钢（相当于我国Q345钢），同时专门研发出高性能抗震结构用SA440钢（屈服强度440～540 MPa，屈强比不大于0.8，伸长率大于等于20%且小于26%，其C级钢可保证Z25性能）用于工程；美国抗震规程规定对预期会出现较大非弹性受力构件，如特殊抗弯框架、特殊支撑框架、偏心支撑框架和屈曲约束支撑框架等所用钢材的屈服强度均不应超过 345 MPa，对经受有限非弹性作用的普通抗弯框架和普通中心支撑等结构允许采用屈服强度不大于 380 MPa 的钢材。

外露承重钢结构可选用 Q235NH、Q355NH 或 Q415NH 等牌号的焊接耐候钢，其材质和材料性能要求应符合现行国家标准《耐候结构钢》（GB/T 4171—2008）的规定。除力学性能、延性和韧性性能有保证外，其耐腐蚀性可为普通钢材的 2 倍以上，并可显著提高涂装附着性能，故用于外露大气环境中具有较好的耐腐蚀效果。选用时宜附加要求保证晶粒度不小于 7 级，耐腐蚀指数不小于 6.0。

我国高层建筑钢结构市场空前繁荣，存在大量在建工程，对高性能钢材的需求迫切，因此我国专门开发了高层建筑钢结构中使用的高性能钢板，并制定了国家标准《建筑结构用钢板》（GB/T 19879），其性能与日本 SN 系列高性能钢材相当。其表示方法为在普通钢材牌号后边加上字母“GJ”。与同级别低合金结构钢相比，除化学成分优化、具有较好的塑性变形能力和可焊性之外，还具有厚度效应小、屈服强度波动范围小等特点，并将屈服强度、屈强比、碳当量均作为基本交货条件予以保证，Q235GJ ~ Q460GJ 钢的化学成分及力学性能见表 2.13 和表 2.14。以 Q345 钢 80 ~ 100 mm 厚板为例，Q345GJ 钢板屈服强度较普通 Q345 钢可提高 9.8%，伸长率可提高 10%，碳当量可降低 8% 以上，故推荐为高层中主要构件较厚板件优先选用的钢材。

表 2.13　建筑结构用钢板的化学成分（GB/T 19879—2015）

牌号	质量等级	代学成分（质量分数）/%												
		C	Si	Mn	P	S	V[b]	Nb[b]	Ti[b]	Als[a]	Cr	Cu	Ni	Mo
		≤			≤					≥	≤			
Q235GJ	B、C	0.20	0.35	0.60 ~ 1.5	0.025	0.015	—	—	—	0.015	0.30	0.30	0.30	0.08
	D、E	0.18			0.020	0.010								
Q345GJ	B、C	0.20	0.55	≤1.60	0.025	0.015	0.150	0.070	0.035	0.015	0.30	0.30	0.30	0.20
	D、E	0.18			0.020	0.010								
Q390GJ	B、C	0.20	0.55	≤1.70	0.025	0.015	0.200	0.070	0.030	0.015	0.30	0.30	0.70	0.50
	D、E	0.18			0.020	0.010								
Q420GJ	B、C	0.20	0.55	≤1.70	0.025	0.015	0.200	0.070	0.030	0.015	0.80	0.30	1.00	0.50
	D、E	0.18			0.020	0.010								
Q460GJ	B、C	0.20	0.55	≤1.70	0.025	0.015	0.200	0.110	0.030	0.015	1.20	0.50	1.20	0.50
	D、E	0.18			0.020	0.010								

[a] 允许用全铝质量分数（Alt）来代替酸溶铝质量分数（Als）的要求，此时全铝含量 Alt 应不小于 0.020%，如果钢中添加 V、Nb 或 Ti 任一种元素，且其质量分数不低于 0.015% 时，最小铝质量分数不适用。

[b] 当 V、Nb、Ti 组合加入时，对于 Q235GJ、Q345GJ，（V+Nb+Ti）≤0.15%，对于 Q390GJ、Q420GJ、Q460GJ，（V+Nb+Ti）≤0.22%。

[c] 当添加硼时，Q550GJ、Q620GJ、Q690GJ 及淬火加回火状态钢中的 B≤0.003%

表 2.14　建筑结构用钢板的力学性能(GB/T 19879—2015)

牌号	质量等级	拉伸试验											纵向冲击试验		弯曲试验	
		钢板厚度/mm										断后伸长率 A /%	温度 /℃	冲击吸收能量 KV_2/J	180°弯曲压头直径 D	
		下屈服强度 R_{el} /MPa					抗拉强度 R_m/MPa			屈强比 R_{el}/R_m					钢板厚度/mm	
		6 ~ 16	>16 ~50	>50 ~100	>100 ~150	>150 ~20	≤100	>100 ~150	>150 ~200	6 ~150	>150 ~200	≥		≥	≤16	>16
Q235GJ	B	≥235	235 ~345	225 ~335	215 ~325	—	400 ~510	380 ~510	—	≤0.80	—	23	20	47	$D=2a$	$D=3a$
	C												0			
	D												-20			
	E												-40			
Q345GJ	B	≥345	345 ~455	335 ~445	325 ~435	305 ~415	490 ~610	470 ~610	470 ~610	≤0.80	≤0.80	22	20	47	$D=2a$	$D=3a$
	C												0			
	D												-20			
	E												-40			
Q390GJ	B	≥390	390 ~510	380 ~500	370 ~490	—	510 ~660	490 ~640	—	≤0.83	—	20	20	47	$D=2a$	$D=3a$
	C												0			
	D												-20			
	E												-40			
Q420GJ	B	≥420	420 ~550	410 ~540	400 ~530	—	530 ~680	510 ~660	—	≤0.83	—	20	20	47	$D=2a$	$D=3a$
	C												0			
	D												-20			
	E												-40			
Q460GJ	B	≥460	460 ~600	450 ~590	440 ~580	—	570 ~720	550 ~720	—	≤0.83	—	18	20	47	$D=2a$	$D=3a$
	C												0			
	D												-20			
	E												-40			

a 为试样厚度

高层建筑钢结构中的柱和竖向支撑等构件,其板厚常大于 40 mm,梁、柱、支撑等节点处可能会存在钢板在厚度方向采用熔透焊缝,且沿板厚方向承受较大拉力作用(含较高焊接约束拉应力作用)的情况,故要求钢材沿厚度方向具有良好的抗层状撕裂能力(Z 向性能)。该性能应取用厚度方向的标准件进行拉伸试验,并以断面收缩率 ψ_z 作为评定指标。我国国家标准《厚度方向性能钢板》(GB/T 5313—2010)给出了钢板 Z 向断面收缩率的指标要求和试验方法,按 Z 向断面收缩率分为 Z15、Z25 和 Z35 共 3 个等级,分别对应着断面收缩率 ψ_z 不小于 15%、25% 和 35%。它们的有害元素硫的质量分数及断面收缩率要求见表 2.15。

表 2.15　厚度方向性能钢板的硫的质量分数及断面收缩率

厚度方向性能级别	硫的质量分数/%	断面收缩率/%	
		3 个试样的平均值	单个试样最小值
Z15	≤0.010	15	10
Z25	≤0.007	25	15
Z35	≤0.005	35	25

在强震的往复动力荷载作用下，承重钢结构的工作条件与失效模式和静载作用下的结构是完全不同的。罕遇地震作用时，较大的频率一般为 1 ~3 Hz，造成建筑物破坏的循环周次通常在 100 ~200 周范围内，因而结构处于高应变的低周疲劳工作状态，并进入非弹性工作状态。这就要求钢材具有较高强度的同时，还应具有适应较大塑性变形的延性和韧性性能，将地震输入能量尽可能多地转化为材料的应变能，而不会提前发生构件的断裂，从而减小地震作用，达到结构"大震不倒"的设防目标。因此，高层民用建筑钢结构中按抗震设计的框架梁、柱和抗侧力支撑等主要抗侧力构件，其钢材性能要求尚应符合下列规定：

①钢材抗拉性能应有明显的屈服台阶，其断后伸长率不应小于 20%。

②钢材屈服强度波动范围不应大于 120 MPa，钢材实物的实测屈强比不应大于 0.85。

③抗震等级为三级及以上的高层民用建筑钢结构，其主要抗侧力构件所用钢材应具有与其工作温度相应的冲击韧性合格保证。

偏心支撑框架中的消能梁段是关键的大震屈服耗能部位，对所用钢材的要求更为严格。消能梁段钢材的屈服强度不应大于 345 MPa，屈强比不应大于 0.8；且屈服强度波动范围不应大于 100 MPa。

钢框架柱采用箱形截面且壁厚不大于 20 mm 时，宜选用直接成方工艺成型的冷弯方(矩)形焊接钢管，其材质和材料性能应符合现行行业标准《建筑结构用冷弯矩形钢管》(JG/T 178—2005)中Ⅰ级产品的规定。钢柱采用圆钢管时，宜选用直缝焊接管，其材质和材料性能应符合现行行业标准《建筑结构用冷成型焊接圆钢管》(JG/T 381—2012)的规定，其截面规格的径厚比不宜过小。钢结构屋盖采用压型钢板组合楼板时，宜采用闭口型压型钢板，其材质和材料性能应符合现行国家标准《建筑用压型钢板》(GB/T 12755—2008)的相关规定。钢结构节点部位采用铸钢节点时，其铸钢件宜选用材质和材料性能符合现行国家标准《焊接结构用铸钢件》(GB/T 7659—2010)的 ZG 270-480H、ZG 300-500H 或 ZG 340-550H 铸钢件。

2.2.2　钢材的设计指标

我国《钢结构设计标准》(GB 50017—2017)编制组根据极限状态设计安全度准则和概率统计分析参数取值的要求，组织了较大规模的国产结构钢材材性调研、试件采集和试验研究工作，对 Q235、Q345、Q390、Q420、Q460 和 Q345GJ 等牌号钢材采集试样 1.8 万组，代表了 10 个钢厂约 27 万 t 钢材，统一试验，并对材料性能不确定性、材料几何特征不确定性及试验不确定性等重要影响参数进行了深入分析，得出了规律性的相关公式和计算参数，最终确定了上述牌号钢材的抗力分项系数与强度设计值。表 2.16 给出了各牌号钢材的设计用强度值。

冷弯成型的型材与管材,其强度设计值应按现行国家标准《冷弯薄壁型钢结构技术规范》(GB 50018—2012)的规定采用。焊接结构用铸钢件的抗力分项系数较大($\gamma_R=1.282$),表 2.17 给出了其强度设计值。

表 2.16　各型号钢材的设计用强度值

钢材牌号		钢材厚度或直径/mm	钢材强度		钢材强度设计值		
			抗拉强度最小值 f_u /MPa	屈服强度最小值 f_y /MPa	抗拉、抗压和抗弯强度 f /MPa	抗剪强度 f_v /MPa	端面承压(刨平顶紧)强度 f_{ce}/MPa
碳素结构钢	Q235	≤16	370	235	215	125	320
		>16,≤40		225	205	120	
		>40,≤100		215	200	115	
低合金高强度结构钢	Q345	≤16	470	345	305	175	400
		>16,≤40		335	295	170	
		>40,≤63		325	290	165	
		>63,≤80		315	280	160	
		>80,≤100		305	270	155	
	Q390	≤16	490	390	345	200	415
		>16,≤40		370	330	190	
		>40,≤63		350	310	180	
		>63,≤100		330	295	170	
	Q420	≤16	520	420	375	215	440
		>16,≤40		400	355	205	
		>40,≤63		380	320	185	
		>63,≤100		360	305	175	
建筑结构用钢板	Q345GJ	>16,≤50	490	345	325	190	415
		>50,≤100		335	300	175	

注:表中厚度系指计算点的钢材厚度,对轴心受拉和受压杆件系指截面中较厚板件的厚度

表 2.17　焊接结构用铸钢件强度设计值　　MPa

铸钢件牌号	抗拉、抗压和抗弯强度 f	抗剪强度 f_v	端面承压(刨平顶紧)强度 f_{ce}
ZG 270-480H	210	120	310
ZG 300-500H	235	135	325
ZG 340-550H	265	150	355

注:本表适用于厚度为 100 mm 以下的铸件

2.3 连接材料

2.3.1 焊接材料

钢结构中常用的焊接方法有电弧焊、电渣焊、气体保护焊等,焊接材料的选用需要与相应的焊接方法相适应。

电弧焊是最常用的焊接方法,可以分为手工电弧焊、半自动或自动埋弧焊。手工焊焊条、半自动或自动焊焊丝和焊剂的性能应与构件钢材性能相匹配,其熔敷金属的力学性能不应低于母材的性能。当两种强度级别的钢材焊接时,宜选用与强度较低钢材相匹配的焊接材料。

钢结构中使用手工电弧焊时,Q235 钢的焊接使用 E43 系列焊条,Q345 钢的焊接使用 E50 系列焊条,Q345GJ、Q390、Q420 钢使用 E55 系列焊条。焊条的材质和性能应符合现行国家标准《非合金钢及细晶粒钢焊条》(GB/T 5117—2012)、《热强钢焊条》(GB/T 5118—2012)的有关规定。框架梁柱节点和抗侧力支撑连接节点等重要连接或拼接节点的焊缝宜采用低氢型焊条。手工焊条的表示方法如图 2.7 所示。

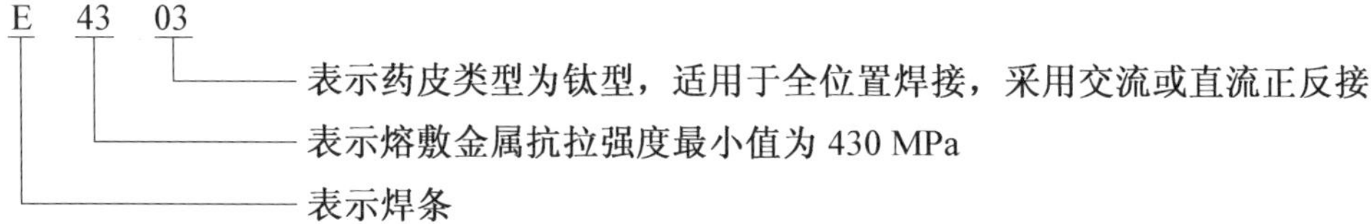

图 2.7 手工焊条的表示方法

半自动或自动埋弧焊所采用的焊丝和焊剂要保证其熔敷金属的抗拉强度不低于相应手工焊焊条的数值。对于 Q235 钢,可以使用 F4XX-H08A 焊剂焊丝;对于 Q345 钢,可以使用 F48XX-H08MnA 或 F48XX-H10Mn2 焊剂焊丝;对于 Q345GJ、Q390、Q420 钢,可以使用 F55XX-H10Mn2 或 F55XX-H08MnMoA 焊剂焊丝。焊丝的材质和性能应符合现行国家标准《熔化焊用焊丝》(GB/T 14957—1994)、《气体保护电弧焊用碳钢、低合金钢焊丝》(GB/T 8110—2008)、《碳钢药芯焊丝》(GB/T 10045—2001)及《低合金钢药芯焊丝》(GB/T 17493—2008)。埋弧焊用焊丝和焊剂的材质和性能应符合现行国家标准《埋弧焊用碳钢焊丝和焊剂》(GB/T 5293—1999)、《埋弧焊用低合金钢焊丝和焊剂》(GB/T 12470—2016)。

高层建筑钢结构中构件制作时,经常遇到一些手工焊和自动焊无法焊接的位置,如箱形截面柱的横隔板的最后一条边与壁板无法直接施焊(除非箱形柱截面足够大,工人能够进入内部施焊),需要采用电渣焊。电渣焊通常以管状焊条作为熔嘴,焊丝由管内进入,也称为熔嘴电渣焊。熔嘴电渣焊焊条的管材一般使用 15 号或 20 号冷拔无缝钢管,管材周围涂有 1.5 ~ 3.0 mm 的药皮涂层,焊接 Q235 钢时使用 H08MnA 焊丝,焊接 Q345 钢时使用 H08MnMoA 焊丝。

另外,随着电渣焊技术的改进,近年来非熔嘴式电渣焊接技术越来越普遍地用于箱型构件隔板的焊接生产制造中,如图 2.8 所示。其导电嘴外表不涂药皮,焊接时不断上升,自身并不熔化,需循环水冷却。所用电流密度高,焊接速度快,生产效率高,且焊接质量好。

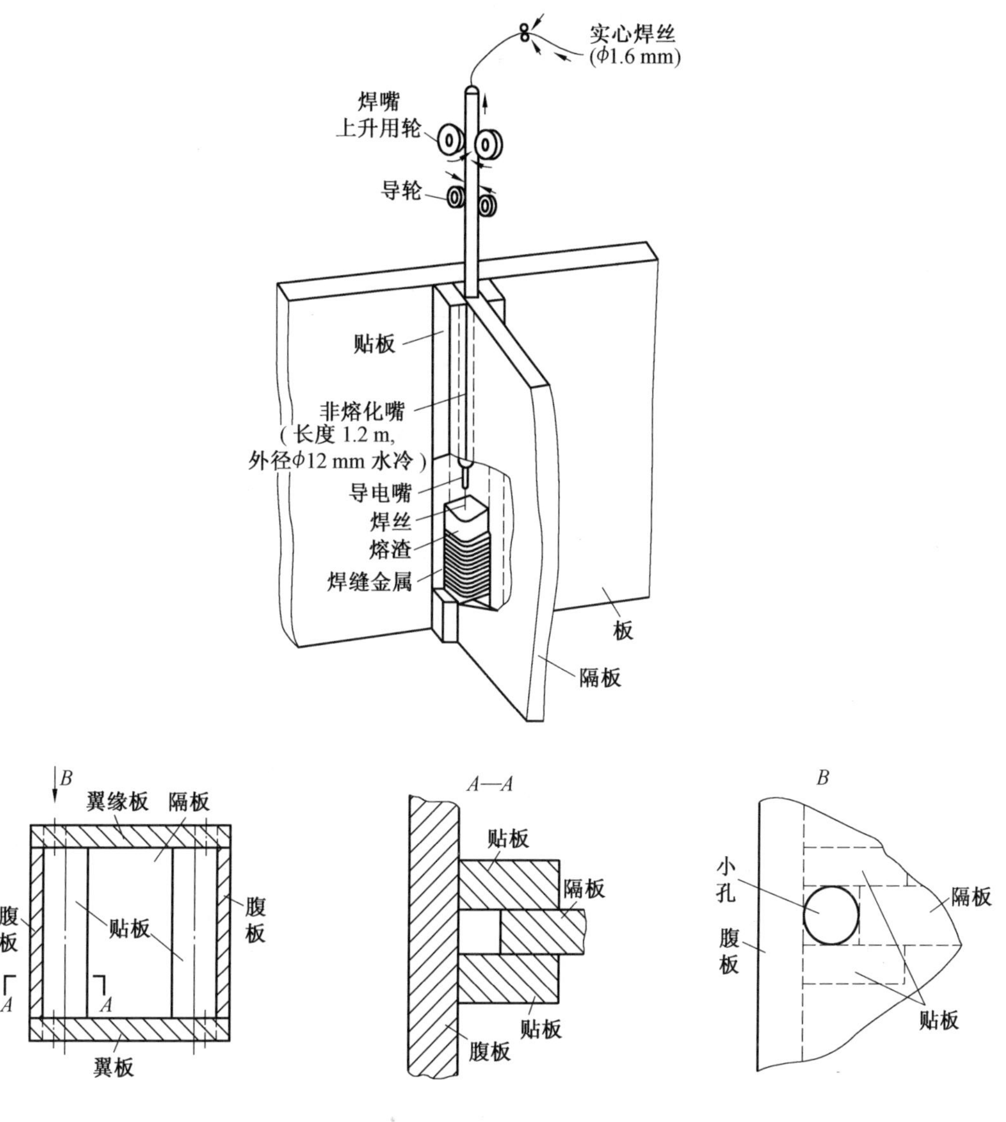

图 2.8　非熔嘴电渣焊示意图

按照《高层民用建筑钢结构技术规程》(JGJ 99—2015)的规定,焊缝强度设计值应按表 2.18 的规定采用。各类型焊条(焊丝)熔敷金属的强度均高于相应被连接钢材的强度,对接焊缝的极限抗拉强度是根据相应钢材的极限抗拉强度最小值 f_u 确定的,角焊缝可按 $0.58f_u$ 取值。

表 2.18 焊缝强度设计值

焊接方法和焊条型号	构件钢材		对接焊缝抗拉强度最小值 f_u /MPa	对接焊缝强度设计值				角焊缝强度设计值
	钢材牌号	厚度或直径 /mm		抗压 f_c^w /MPa	焊缝质量为下列等级时抗拉、抗弯 f_t^w/MPa		抗剪 f_v^w/MPa	抗拉、抗压和抗剪 f_f^w /MPa
					一级、二级	三级		
F4XX-H08A 焊剂-焊丝自动焊、半自动焊 E43 型焊条手工焊	Q235	≤16	370	215	215	185	125	160
		>16,≤40		205	205	175	120	
		>40,≤100		200	200	170	115	
F4XX-H08MnA 或 F48XX-H10Mn2 焊剂-焊丝自动焊、半自动焊、E50 型焊条手工焊	Q345	≤16	470	305	305	260	175	200
		>16,≤40		295	295	250	170	
		>40,≤63		290	290	245	165	
		>63,≤80		280	280	240	160	
		>80,≤100		270	270	230	155	
F55XX-H10Mn2 或 F55XX-H08MnMoA 焊剂-焊丝自动焊、半自动焊、E55 型焊条手工焊	Q390	≤16	490	345	345	295	200	220
		>16,≤40		330	330	280	190	
		>40,≤63		310	310	265	180	
		>63,≤100		295	295	250	170	
	Q420	≤16	520	375	375	320	215	220
		>16,≤40		355	355	300	205	
		>40,≤63		320	320	270	185	
		>63,≤100		305	305	260	175	
	Q345GJ	>16,≤50	490	325	325	275	185	200
		>50,≤100		300	300	255	170	

注:① 焊缝质量等级应符合现行国家标准《钢结构焊接规范》(GB 50661—2011)的规定,其检验方法应符合现行国家标准《钢结构工程施工质量验收规范》(GB 50205—2001)的规定。其中厚度小于 8 mm 钢材的对接焊缝,不应采用超声波探伤确定焊缝质量等级

② 对接焊缝在受压区的抗弯强度设计值取 f_c^w,在受拉区的抗弯强度设计值取 f_t^w

③ 表中厚度系指计算点的钢材厚度,对轴心受拉和轴心受压构件系指截面中较厚板件的厚度

④ 进行无垫板的单面施焊对接焊缝的连接计算时,上表规定的强度设计值应乘折减系数 0.85

⑤ Q345GJ 钢与 Q345 钢焊接时,焊缝强度设计值按较低者采用

2.3.2　螺栓

1. 普通螺栓

普通螺栓分为 A、B、C 共 3 级。A 级与 B 级为精制螺栓，C 级为粗制螺栓。普通螺栓一般为六角头螺栓，产品直径从 M8 至 M64。

C 级螺栓材料性能等级为 4.6 级或 4.8 级，一般由 Q235 钢制成。小数点前的数字表示螺栓成品的抗拉强度不小于 400 MPa，小数点及小数点以后数字表示其屈强比（屈服点与抗拉强度之比）为 0.6 或 0.8。C 级螺栓可由未经加工的圆钢压制而成，栓杆表面粗糙，螺栓孔的直径比螺栓杆的直径大 1.5 ~ 3 mm。由于螺杆与栓孔之间有较大的间隙，受剪力作用时，将会产生较大的剪切滑移，连接的变形大。但安装方便，且能有效地传递拉力，故一般可用于沿螺栓杆轴受拉的连接中，以及次要结构的抗剪连接或安装时的临时固定。其性能和尺寸规格应符合现行国家标准《紧固件机械性能　螺栓、螺钉和螺柱》（GB/T 3098.1—2010）、《六角头螺栓　C 级》（GB/T 5780—2016）和《六角头螺栓》（GB/T 5782—2016）的规定。

A 级和 B 级螺栓材料性能等级则为 8.8 级，一般由低合金钢经淬火并回火后制成，其抗拉强度不小于 800 MPa，屈强比为 0.8。A、B 级精制螺栓由毛坯在车床上经过切削加工精制而成。其表面光滑，尺寸准确，螺杆直径与螺栓孔径相同，但螺杆直径仅允许负公差，螺栓孔直径仅允许正公差，对成孔质量要求高。虽然尺寸精度高、受剪性能好，但制作和安装复杂。

普通螺栓的强度设计值按表 2.19 选取。

表 2.19　普通螺栓的强度设计值　　MPa

螺栓的钢材牌号（或性能等级）和连接构件的钢材牌号		螺栓的强度设计值											锚栓、高强度螺栓钢材的抗拉强度最小值 f_u^b
		普通螺栓						锚栓		承压型连接高强螺栓			
		C 级螺栓			A 级、B 级螺栓								
		抗拉 f_t^b	抗剪 f_v^b	承压 f_c^b	抗拉 f_t^b	抗剪 f_v^b	承压 f_c^b	抗拉 f_t^b	抗剪 f_v^b	抗拉 f_t^b	抗剪 f_v^b	承压 f_c^b	
普通螺栓	4.6 级 4.8 级	170	140	—	—	—	—	—	—	—	—	—	—
	5.6 级	—	—	—	210	190	—	—	—	—	—	—	
	8.8 级	—	—	—	400	320	—	—	—	—	—	—	
锚栓	Q235 钢	—	—	—	—	—	—	140	80	—	—	—	370
	Q345 钢	—	—	—	—	—		180	105	—	—	—	470
	Q390 钢	—	—	—	—	—		185	110	—	—	—	490
承压型连接的高强度螺栓	8.8 级	—	—	—	—	—	—	—	—	400	250	—	830
	10.9 级	—	—	—	—	—	—	—	—	500	310	—	1 040
所连接构件钢材牌号	Q235 钢	—	—	305	—	—	405	—	—	—	—	470	—
	Q345 钢	—	—	385	—	—	510	—	—	—	—	590	
	Q390 钢	—	—	400	—	—	530	—	—	—	—	615	
	Q420 钢	—	—	425	—	—	560	—	—	—	—	655	
	Q345GJ 钢	—	—	400	—	—	530	—	—	—	—	615	

2. 高强度螺栓

高强度螺栓是高层建筑钢结构构件现场拼接时的主要连接件,形成连接节点后的承载力高、刚度大。被连接板的表面经喷砂、喷丸或钢丝刷除锈后,形成粗糙的接触面,拧紧高强螺栓螺母后形成预紧力,进一步增大了被连接板件之间的摩擦阻力。高强度螺栓一般采用45 号、35VB 或 20MnTiB 等特种钢加工制作,经热处理后,螺栓抗拉强度应分别不低于800 MPa 和 1 000 MPa,且屈强比分别为 0.8 和 0.9,因此,其性能等级分别称为 8.8 级和10.9 级。

按施加预紧力的方式不同,高强度螺栓分为大六角头型(图 2.9(a))和扭剪型(图 2.9(b))两种。大六角头高强度螺栓的螺母和螺帽尺寸比普通螺栓要大,适用扭矩扳手施加预紧力,也增大了与被连接板件之间的接触面。扭剪型高强度螺栓的尾部连接着一个梅花头,当特制扳手拧紧螺母时,以梅花头作为反拧支点,将梅花头拧断作为终拧力矩。大六角头型高强度螺栓有 8.8 级和 10.9 级两种,而扭剪型高强度螺栓只有 10.9 级一种。

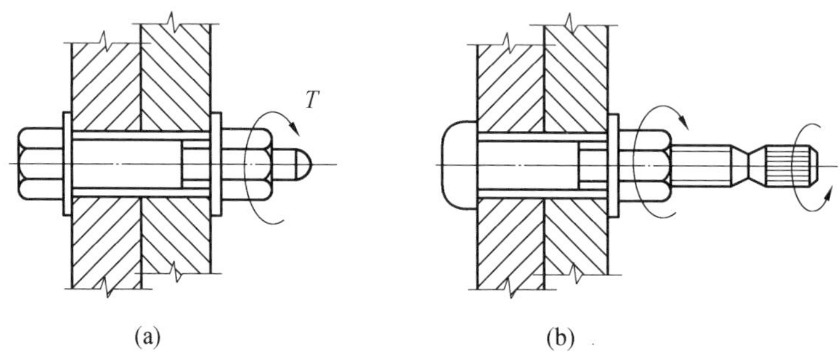

图 2.9　两种类型的高强度螺栓

高强度螺栓的材质、材料性能、级别和规格应分别符合现行国家标准《钢结构用高强度大六角头螺栓》(GB/T 1228—2006)、《钢结构用高强度大六角螺母》(GB/T 1229—2006)、《钢结构用高强度垫圈》(GB/T 1230—2006)、《钢结构用高强度大六角头螺栓、大六角螺母、垫圈技术条件》(GB/T 1231—2006)和《钢结构用扭剪型高强度螺栓连接副》(GB/T 3632—2008)的规定。表 2.20 给出了高强螺栓、螺母、垫圈的性能等级和推荐材料,表 2.21 给出了高强度螺栓制作用钢材经热处理后的力学性能。高强度螺栓、螺母、垫圈的规格和尺寸见附录 1。

高强度螺栓按摩擦型连接设计时,要求栓孔直径比螺杆的公称直径 d 大 1.5 ~2.0 mm;按承压型连接设计时,要求栓孔直径比螺杆的公称直径 d 大 1.0 ~1.5 mm。摩擦型连接的剪切变形小,弹性性能好,特别适用于振动荷载的结构。承压型连接的承载力高于摩擦型,连接紧凑,但剪切变形大,不得用于承受动力荷载的结构中。

高强度螺栓的强度设计值按表 2.19 选取。

表 2.20　高强螺栓、螺母、垫圈的性能等级和推荐材料

类型	类别	性能等级	材料	标准编号	使用规格
大六角头型	螺栓	10.9S	20MnTiB ML20MnTiB	GB/T 3077 GB/T 6478	≤M24
			35VB		≤M30
		8.8S	45,35	GB/T 699	≤M20
			20MnTiB,40Cr, ML20MnTiB	GB/T 3077 GB/T 6478	≤M24
			35CrMo	GB/T 3077	≤M30
			35VB		≤M30
	螺母	10H	35,45 ML35	GB/T 699 GB/T 6478	≤M30
		8H			
	垫圈	35HRC～45HRC	35,45	GB/T 699	
扭剪型	螺栓	10.9S	20MnTiB ML20MnTiB	GB/T 3077 GB/T 6478	≤M24
			35VB 35CrMo	GB/T 3077	M27,M30
	螺母	10H	35,45 ML35	GB/T 699 GB/T 6478	≤M30
	垫圈	35HRC～45HRC	35,45	GB/T 699	

表 2.21　高强度螺栓制作用钢材经热处理后的力学性能

类型	性能等级	抗拉强度 R_m/MPa	规定非比例延伸强度 $R_{0.2}$/MPa	断后伸长率 A/%	断后收缩率 Z/%	冲击吸收功 A_{KV}/J
		不小于				
大六角头型	10.9S	1 040～1 240	940	10	42	47(20 ℃)
	8.8S	830～1 030	660	12	45	63(20 ℃)
扭剪型	10.9S	1 040～1 240	940	10	42	27(−20 ℃)

2.3.3　其他常用连接材料

1. 锚栓

锚栓用于钢结构柱脚与钢筋混凝土基础之间的锚拉连接。按柱脚约束条件和所受内力，当锚栓承受较大拉力和剪力作用时，锚栓应具有足够的承载力；当锚栓不受力时，也应按构造要求配置，并起到柱子安装过程中的临时定位作用。

锚栓宜采用塑性变形能力较好的钢材，以防止柱脚在极端情况下出现锚栓脆性拉断破坏。锚栓钢材可采用现行国家标准《碳素结构钢》(GB/T 700—2006)规定的 Q235 钢，《低合金高强度结构钢》(GB/T 1591—2008)中规定的 Q345 钢、Q390 钢或强度更高的钢材。

锚栓是非标准件，直径通常较大，常类似 C 级螺栓采用未经加工的圆钢制成，不采用高精度车床加工。锚栓内部非金属杂质等缺陷多,外部车制螺纹过程中也不可避免地存在槽口应力集中,因此锚栓屈服强度的离散性较大,设计值较低,见表 2.19。外露柱脚的锚栓常采用双螺母,以防松动。常用锚栓规格和锚固长度要求见附录 2。

2. 圆柱头焊钉(栓钉)

为增加钢构件与混凝土两种材料之间的组合作用,传递剪力和拉力,通常需要在钢构件表面焊接焊钉,并使焊钉埋入混凝土中。例如,插入式或埋入式柱脚在混凝土基础顶面以下的钢柱表面要设置焊钉,以焊钉受剪的形式平衡柱脚弯矩或柱脚上拔力,将柱脚内力传递给周边混凝土基础;按组合梁设计时,钢梁上翼缘的上表面应设置焊钉,焊钉埋于混凝土楼板中,增加楼板与钢梁之间的纵向抗剪连接能力,使楼板参与钢梁受弯,形成组合梁。

圆柱头焊钉形式如图 2.10 所示,焊钉直径 d 有 10 mm、13 mm、16 mm、19 mm、22 mm 和 25 mm 等规格,焊钉焊后长度 l_1 设计值具有 40 mm ~ 300 mm 多种尺寸。所用焊钉一般为圆柱头焊钉,其材料应符合现行国家标准《电弧螺柱焊用圆柱头焊钉》(GB/T 10433—2002)的规定。其屈服强度不应小于 320 MPa,抗拉强度不应小于 400 MPa,伸长率不应小于 14%。

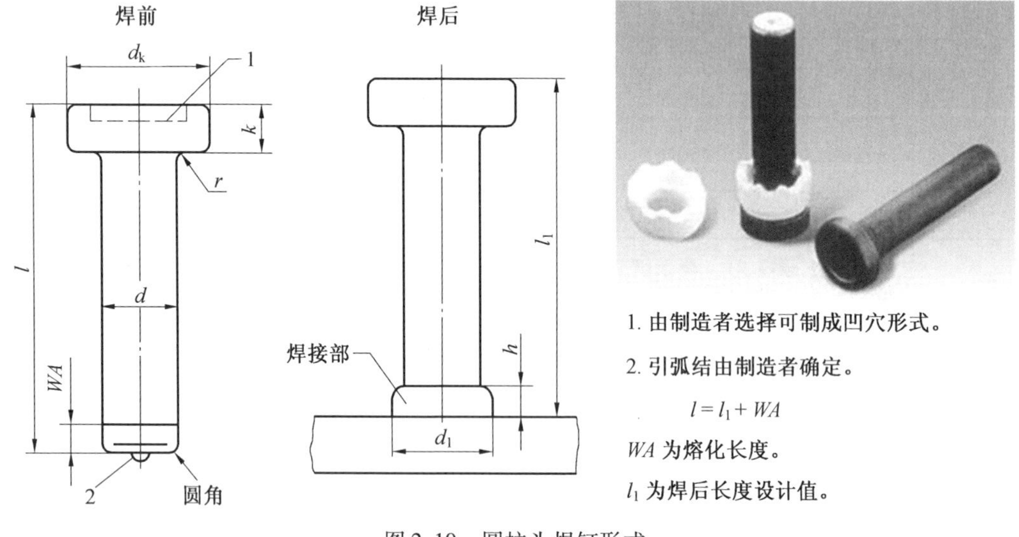

图 2.10 圆柱头焊钉形式

2.4 高层建筑钢结构中常用的型材和板材

高层建筑钢结构中主要构件所使用的各种型材和板材一般来源于以下制作方式:热轧型材、冷弯型材和焊接型材。其中热轧型材和冷弯型材均具有不同的规格和型号(见附录 2),如图2.11 所示,以适应工程中的不同需求,不用额外加工,构件制作效率高、速度快。而焊接型材是由多块钢板或型钢经纵向焊缝的焊接组对而成,如焊接 H 型钢、焊接箱形截面、焊接组合截面等,往往需要根据构件的实际受力和边界条件,由设计者确定组成焊接型材的板件厚度和尺寸,可以得到较为经济合理的截面形式,经济性较高,但焊接工作量稍大。另外,对于高层建筑钢结构中的钢柱等受力较大的构件而言,需要较大的截面尺寸,无法选用到适合型号的热轧型材,此时更多使用焊接型钢。本节重点介绍常见规格的热轧型材和冷弯型材。

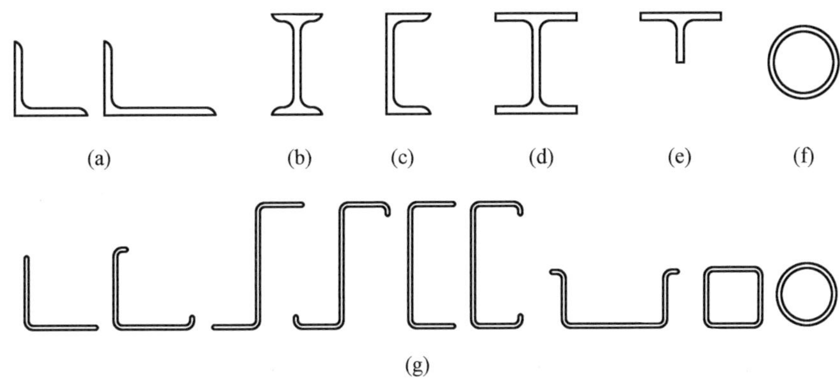

图 2.11　热轧型钢及冷弯型钢

1. 热轧型材

(1)热轧钢板。

钢板或钢板带(扁钢)一般都是直接热轧成型,是制作各种焊接组合截面构件翼缘和腹板的基本材料,也是制作各类冷弯型材的基本材料,常被切割成规定形状用来制造各种节点板、加劲肋和连接板等。钢板截面的表示方法为在符号“-”后加“宽度×厚度”,如-300×20等。钢板的供应规格如下:

厚钢板:厚度 40 ~ 120 mm,宽度 600 ~ 3 000 mm,长度 4 ~ 6 m;

普通钢板:厚度 4.5 ~ 40 mm,宽度 600 ~ 3 000 mm,长度 4 ~ 12 m;

薄钢板:厚度 0.35 ~ 4 mm,宽度 500 ~ 1 500 mm,长度 0.5 ~ 4 m;

扁钢:厚度 4 ~ 60 mm,宽度 12 ~ 200 mm,长度 3 ~ 9 m。

(2)热轧角钢。

热轧角钢分为等边(也称等肢)的和不等边(也称不等肢)的两种(图 2.11(a)),主要用来制作桁架等格构式结构的杆件和支撑等连接杆件。角钢型号的表示方法为在符号“L”后加“长边宽×短边宽×厚度”(对不等边角钢,如 L125×80×8),或加“边长×厚度”(对等边角钢,如 L125×8)。目前我国生产的角钢最大边长为 250 mm,角钢的供应长度一般为 4 ~ 19 m。

(3)热轧工字钢。

工字钢有普通工字钢和轻型工字钢两种(图 2.11(b))。普通工字钢和轻型工字钢的两个主轴方向的惯性矩相差较大,宜用作腹板平面内受弯的构件,或由工字钢和其他型钢组成的组合构件或格构式构件。普通工字钢的型号用符号“I”后加截面高度的厘米数来表示,20 号以上的工字钢,又按腹板的厚度不同,分为 a、b 或 a、b、c 等类别,例如 I20a 表示高度为 200 mm,腹板厚度为 a 类的工字钢。轻型工字钢的翼缘要比普通工字钢的翼缘宽而薄,回转半径较大。普通工字钢的型号为 10 ~ 63 号,轻型工字钢为 10 ~ 70 号,供应长度均为 5 ~ 19 m。

(4)热轧槽钢。

槽钢有普通槽钢和轻型槽钢两种(图 2.11(c))。适于做檩条等双向受弯的构件,也可用其组成组合或格构式构件。槽钢的型号与工字钢相似,例如[32a 表示截面高度 320 mm,腹板较薄的槽钢。目前国内生产的最大型号为[40c,供货长度为 5 ~ 19 m。

(5)热轧钢管。

热轧钢管一般指无缝钢管(图 2.11(f))。由于回转半径较大,常用作桁架、网架、网壳等平面和空间格构式结构的杆件;在钢管混凝土柱中也有广泛的应用。型号可用代号“D”后加“外径×壁厚”表示,如 D180×8 等。国产热轧无缝钢管的最大外径可达 630 mm,供货长度为 3 ~ 12 m。如果所需钢管直径更大,则可采用焊接钢管,一般由施工单位卷制。

(6)热轧 H 型钢。

热轧 H 型钢与普通工字钢相比,其翼缘的内外表面平行,便于与其他构件连接(图 2.11(d))。热轧 H 型钢可分为宽翼缘(HW)、中翼缘(HM)、窄翼缘(HN)和薄壁 H 型钢(HT)4 类,可用 Q235 钢、Q345 钢和 Q390 钢制成,并可制定质量等级。还可剖分成 T 型钢供应(图 2.11(e))代号分别为 TW、TM 和 TN。H 型钢和相应的 T 型钢的型号分别为代号后加“高度×宽度×腹板厚度×翼缘厚度”,例如 HW400×400×13×21 和 TW200×400×13×21 等。宽翼缘和中翼缘 H 型钢可用于钢柱等受压构件,窄翼缘 H 型钢则适用于钢梁等受弯构件。目前国内生产的最大型号 H 型钢为 HN700×300×13×24。供货长度可与生产厂家协商,长度大于 24 m 的 H 型钢不成捆交货。

2. 冷弯型材

(1)冷弯型钢。

冷弯型钢一般采用 1.5 ~6 mm 厚的钢板经冷弯和辊压成型的型材(图 2.11(g)),冷弯后的截面形式可以是不带卷边或带卷边的角钢、Z 型钢、槽钢等,其截面形式和尺寸均可按受力特点合理设计,能充分利用钢材的强度,自重较轻,在高层建筑的隔墙中广泛使用。近年来,冷弯高频焊接圆管和方、矩形管的生产和应用在国内有了很大的进展,冷弯型钢的壁厚已达 22 mm。

(2)压型钢板。

压型钢板系采用 0.4 ~1.6 mm 的 Q215 和 Q235 薄钢板经辊压成型,通常在表面镀锌。在高层建筑钢结构中,压型钢板主要用于楼盖体系,它可以作为混凝土楼板的模板使用,也可以兼作为受力钢筋形成组合楼板。用于组合楼板的压型钢板厚度不应小于 0.75 mm;仅作为模板使用的压型钢板厚度不应小于 0.5 mm。用于组合楼板的压型钢板波槽平均宽度不应小于50 mm。当波槽内设置焊钉时,压型钢板的总高度不应大于 80 mm。压型钢板有开口型、缩口型和闭口型之分,在楼盖体系中常用的国产主要板型如图 2.12 所示,其截面特性见附录 2。

压型钢板用作组合楼板时,为传递压型钢板与混凝土叠合面之间的纵向剪力,需要采用带有闭合式波槽的压型钢板或在压型钢板的翼缘或腹板上压制齿槽,如图 2.13(a)、(b)所示。没有闭合沟槽或压痕的压型钢板多用于非组合板,如果用于组合板中,必须在板的上翼缘上焊接横向附加钢筋或焊接圆柱头焊钉,如图 2.13(c)所示,以提高叠合面抗剪能力,保证组合效应。

YXB51−250−750 t=0.8,1.0,1.2,1.4,1.6

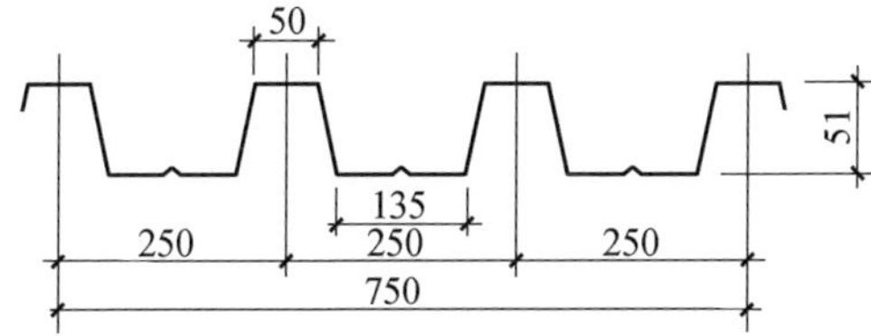

YXB51−226−678 t=0.8,1.0,1.2,1.4,1.6

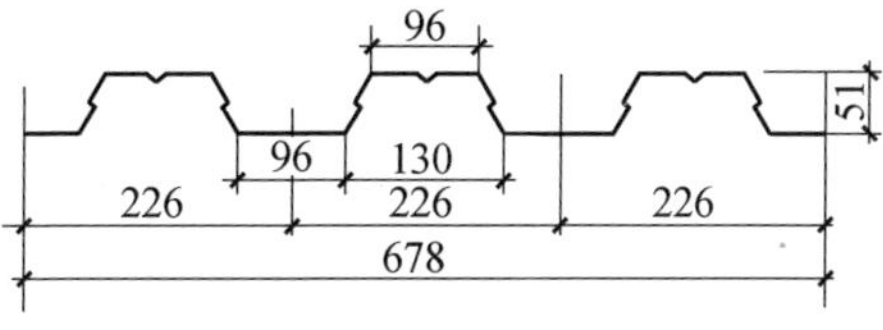

YXB60−200−600 t=0.8,1.0,1.2,1.4,1.6

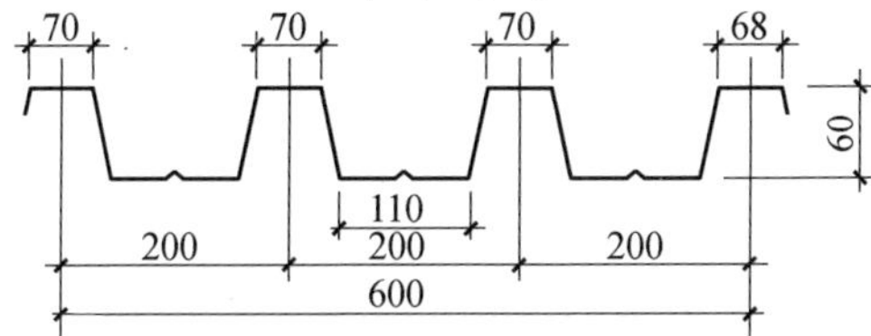

YXB76−344−688 t=0.8,1.0,1.2,1.4,1.6

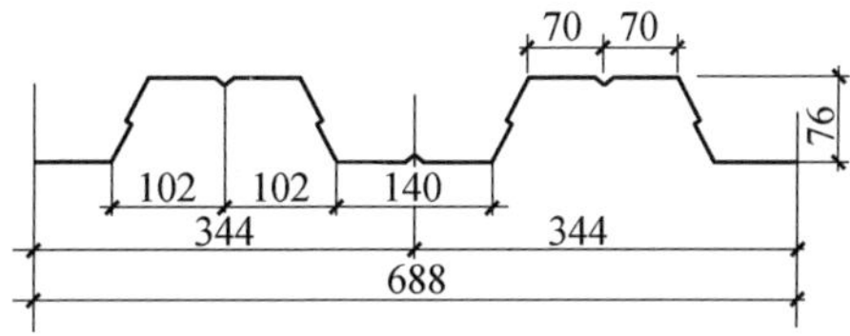

YXB75−200−600 t=0.8,1.0,1.2,1.4,1.6

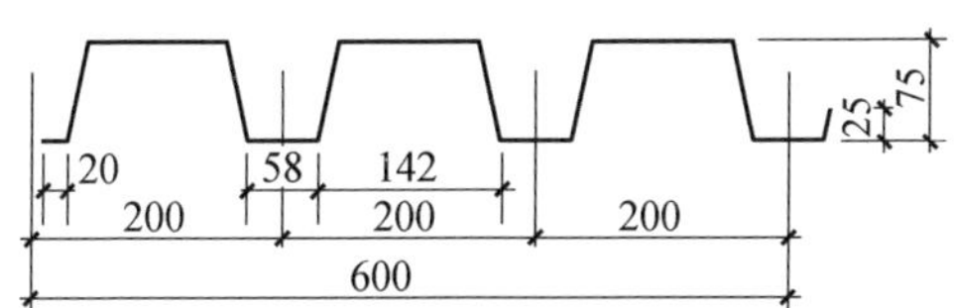

BD−40　t=0.75,0.91,1.06,1.20

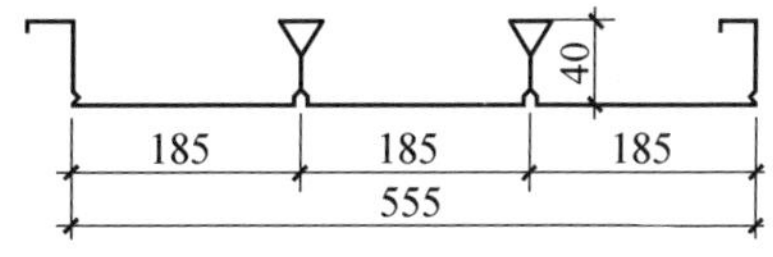

YXB51−165−660 t=0.8,1.0,1.2,1.4,1.6

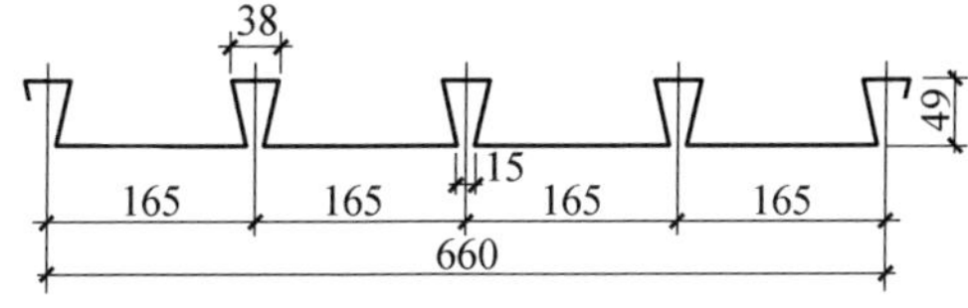

BD−65　t=0.75,0.91,1.06,1.20,1.37,1.52

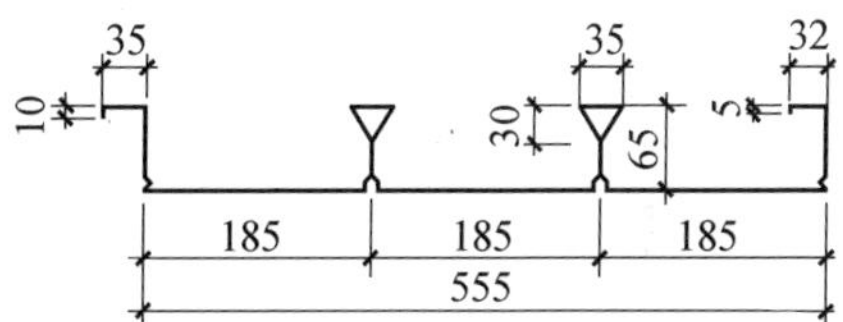

图 2.12　国产压型钢板主要板型

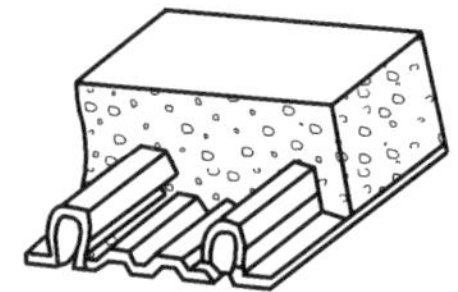
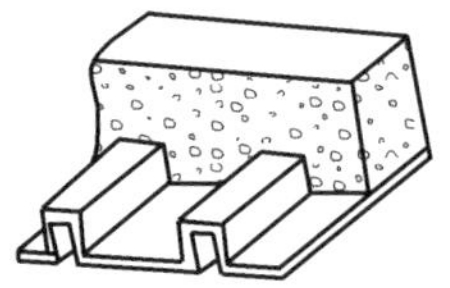

(a) 带有纵向闭合式波槽的压型钢板

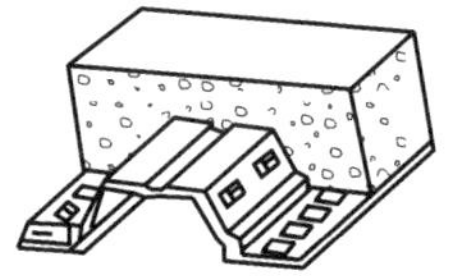
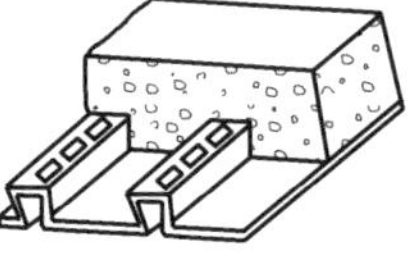

(b) 板上有压痕的压型钢板

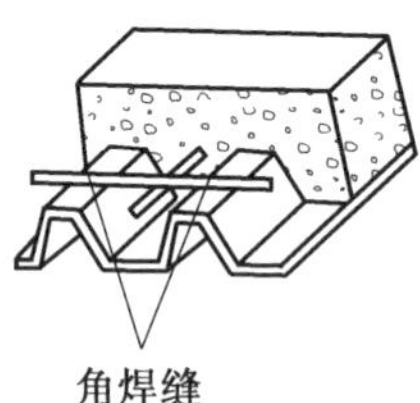

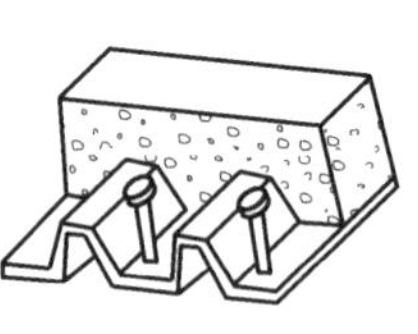

(c) 焊接横向钢筋或焊钉

图 2.13　组合楼板的叠合面

第3章 高层建筑钢结构体系与特点

3.1 高层建筑钢结构体系的基本规定

3.1.1 结构体系的选择原则

建筑工程的抗震设防分类是根据建筑遭遇地震破坏后，可能造成人员伤亡、直接和间接经济损失、社会影响程度以及建筑在抗震救灾中的作用等因素，对各类建筑所做的抗震设防类别划分。我国现行国家标准《建筑工程抗震设防分类标准》(GB 50223—2015)将建筑工程分为以下4个抗震设防类别：①特殊设防类，是指使用上有特殊设施，涉及国家公共安全的重大建筑工程和地震时可能发生严重次生灾害等特别重大灾害后果，需要进行特殊设防的建筑；②重点设防类，即乙类，是指地震时使用功能不能中断或需尽快恢复的生命线相关建筑，以及地震时可能导致大量人员伤亡等重大灾害后果，需要提高设防标准的建筑；③标准设防类，是指大量的除①、②、④以外按标准要求进行设防的建筑；④适度设防类，是指使用人员稀少且震损不致产生次生灾害，允许在一定条件下适度降低要求的建筑。

根据高层民用建筑钢结构的特点，将其归属为上述标准中的前3类，即特殊设防类、重点设防类和标准设防类，分别简称甲类、乙类和丙类。在高层建筑中不存在适度设防类建筑。高层民用建筑钢结构应根据房屋高度和高宽比、抗震设防类别、抗震设防烈度、场地类别和施工技术条件等因素，综合考虑选用适宜的结构体系。

高层民用建筑钢结构可采用下列结构体系：

(1)框架结构。即梁柱刚接、具有抗弯能力的钢框架。

(2)框架-支撑结构。包括框架-中心支撑结构、框架-偏心支撑结构和框架-屈曲约束支撑结构。

(3)框架-延性墙板结构。其中延性墙板主要指钢板剪力墙、无黏结内藏钢板支撑剪力墙和内嵌竖缝钢筋混凝土剪力墙等。

(4)筒体结构。包括框筒结构、筒中筒结构、桁架筒结构和束筒结构。

(5)巨型框架结构。由巨型柱和巨型桁架梁构成的巨型结构体系。

表3.1给出了非抗震设计和抗震设防烈度为6度至9度的乙类和丙类高层民用建筑钢结构适用的最大高度。房屋高度不超过50 m的高层民用建筑可采用框架、框架-中心支撑或其他体系的结构。超过50 m的高层民用建筑，8、9度设防时宜采用框架-偏心支撑、框架-延性墙板或屈曲约束支撑等结构。高层民用建筑钢结构不应采用单跨框架结构。

表 3.1　高层民用建筑钢结构适用的最大高度　　m

结构类型	6 度、7 度 (0.10g)	7 度 (0.15g)	8 度 (0.20g)	8 度 (0.30g)	9 度 (0.40g)	非抗震设防
框架	110	90	90	70	50	110
框架-中心支撑	220	200	180	150	120	240
框架-偏心支撑 框架-屈曲约束支撑 框架-延性墙板	240	220	200	180	160	260
筒体(框筒、筒中筒、桁架筒、束筒)和巨型框架	300	280	260	240	180	360

注:①房屋高度指室外地面到主要屋面板板顶的高度(不包括局部突出屋顶部分)

②超过表内高度的房屋,应进行专门研究和论证,采取有效的加强措施

③表内筒体不包括混凝土筒体

④框架柱包括全钢柱和钢管混凝土柱

⑤甲类建筑,6、7、8 度时宜按本地区抗震设防烈度提高 1 度后符合本表要求,9 度时应专门研究

高层民用建筑钢结构的高宽比不宜大于表 3.2 的规定。应该指出,这里的高宽比是对结构刚度、整体稳定、承载能力和经济合理性的宏观控制。在结构设计满足承载力、稳定、抗倾覆、变形和舒适度等基本要求后,仅从结构安全角度讲,高宽比限制不是必须满足的,高宽比主要影响结构设计的经济性。

表 3.2　高层民用建筑钢结构的最大高宽比

设防烈度/度	6、7	8	9
最大高宽比	6.5	6.0	5.5

注:①计算高宽比的高度从室外地面算起

②当塔形建筑底部有大底盘时,计算高宽比的高度从大底盘顶部算起

有抗震设防要求的高层民用建筑结构体系应满足以下原则性要求:①应具有明确的计算简图和合理的地震作用传递途径;②应具有必要的承载能力、足够大的刚度、良好的变形能力和消耗地震能量的能力;③应避免部分结构或构件的破坏而导致整个结构丧失承受重力荷载、风荷载和地震作用的能力;④对可能出现的薄弱部位,应采取有效的加强措施;⑤结构的竖向和水平布置宜使结构具有合理的刚度和承载力分布,避免因刚度和承载力突变或结构扭转效应而形成薄弱部位;⑥整个结构宜具有多道抗震防线。

我国《建筑抗震设计标准》(GB 50011—2010)根据设防分类、烈度和房屋高度将钢结构房屋分为不同的抗震等级,构件和节点设计时应符合相应的计算和构造要求。抗震等级越高,构件和节点设计时的延性要求越高,丙类建筑的抗震等级应按表 3.3 确定。

表 3.3　钢结构房屋的抗震等级

房屋高度	烈　度			
	6	7	8	9
≤50 m	—	四	三	二
>50 m	四	三	二	一

注:1. 高度接近或等于高度分界时,应允许结合房屋不规则程度和场地、地基条件确定抗震等级;

2. 一般情况,构件的抗震等级应与结构相同;当某个部位各构件的承载力均满足 2 倍地震作用组合下的内力要求时,7 ~9 度的构件抗震等级应允许按降低一度确定

多高层钢结构中柱网和梁格宜规则、整齐,且应考虑结构的受力合理与经济性。通常要考虑以下要求:①柱网形式和柱距应根据建筑和受力要求确定,尽量使主要受力柱与主要抗侧力构件在同一平面内,且应使主要受力柱周边布置;②柱网尺寸一般应根据荷载大小、钢梁经济跨度及结构受力特点等确定;③将较多的楼盖自重直接传递至抵抗倾覆力矩需较大竖向荷载作为平衡重的竖向构件;④钢梁的间距与所采用楼板类型的经济跨度相协调,使用压型钢板的组合楼板,经济跨度为 3 ~4 m;⑤梁格的布置应使柱子在竖向荷载下的受力较均匀。

3.1.2　建筑形体及结构布置的规则性要求

大量工程经验表明,平面和立面不规则的建筑抗震性能差,周期、振型等动力特性不合理,地震作用下容易遭受严重破坏甚至倒塌。因此,高层民用建筑钢结构及其抗侧力结构的平面布置宜规则和对称,并应具有良好的整体性。建筑的立面和竖向剖面宜规则,结构的侧向刚度沿高度宜均匀变化,竖向抗侧力构件的截面尺寸和材料强度宜自下而上逐渐减小,应避免抗侧力结构的侧向刚度和承载力突变。

高层民用建筑钢结构存在表 3.4 所列的某项平面不规则类型或表 3.5 所列的某项竖向不规则类型以及类似的不规则类型时,属于不规则建筑。当存在多项不规则或某项不规则超过规定的参考指标较多时,应属于特别不规则建筑。对于不规则建筑方案,应采取必要的加强措施;对于特别不规则的建筑方案,应进行专门研究和论证,采用特别的加强措施;严重不规则的建筑方案不应采用。

表 3.4　平面不规则的主要类型

不规则类型	定义和参考指标
扭转不规则	在规则的水平力及偶然偏心作用下,楼层两端弹性水平位移(或层间位移)的最大值与其平均值的比值大于 1.2,如图 3.1 所示
偏心布置	任一层的偏心率大于 0.15 或相邻层质心相差大于边长的 15%,如图 3.2 所示
凹凸不规则	结构平面凹进的尺寸大于相应投影方向总尺寸的 30%,如图 3.3 所示
楼板局部不连续	楼板的尺寸和平面刚度急剧变化,例如,有效楼板宽度小于该层楼板典型宽度的 50%,或开洞面积大于该层楼面面积的 30%,或有较大的楼层错层,如图 3.4 所示

表 3.5　竖向不规则的主要类型

不规则类型	定义和参考指标
侧向刚度不规则	该层的侧向刚度小于相邻上一层的 70%，或小于其上相邻 3 个楼层侧向刚度平均值的 80%，如图 3.5 所示；除顶层或出屋面小建筑外，局部收进的水平向尺寸大于相邻下一层的 25%
竖向抗侧力构件不连续	竖向抗侧力构件（柱、支撑、剪力墙）的内力由水平转换构件（梁、桁架等）向下传递，如图 3.6 所示
楼层承载力突变	抗侧力结构的层间受剪承载力小于相邻上一楼层的 80%，如图 3.7 所示

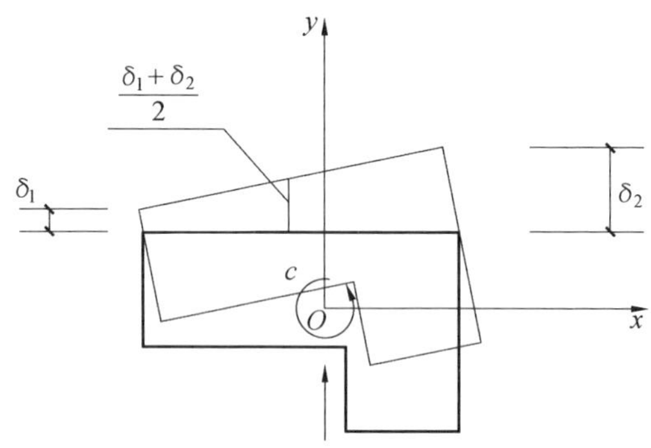

图 3.1　建筑结构平面的扭转不规则示例

注：$\delta_2>1.2\left(\frac{\delta_1+\delta_2}{2}\right)$，属于扭转不规则，但应使 $\delta_2\leqslant1.5\left(\frac{\delta_1+\delta_2}{2}\right)$

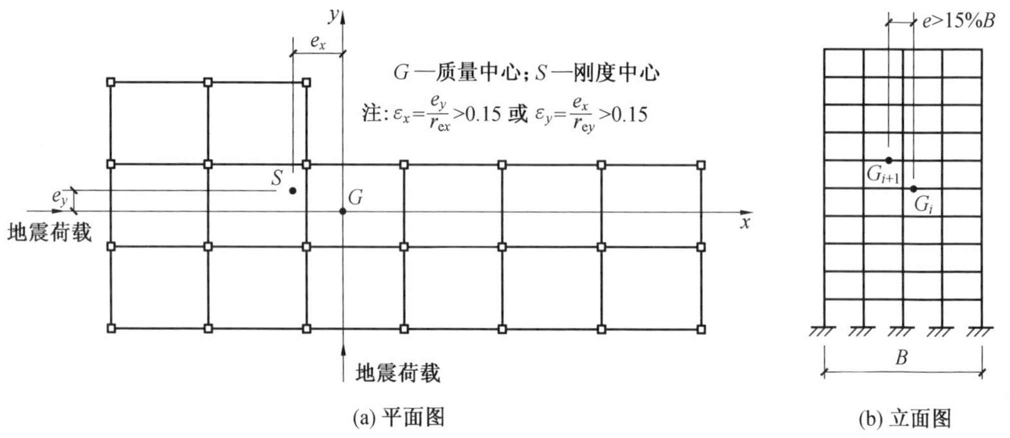

图 3.2　偏心布置的平面不规则示例

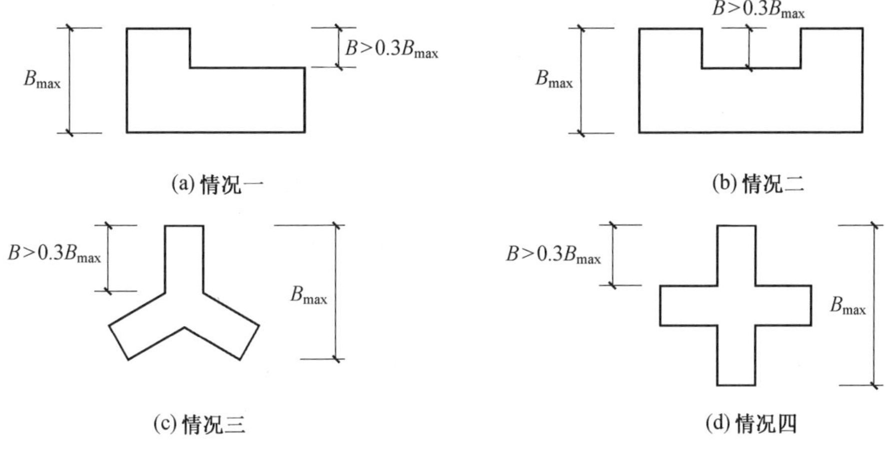

图 3.3　建筑结构平面的凹凸不规则示例

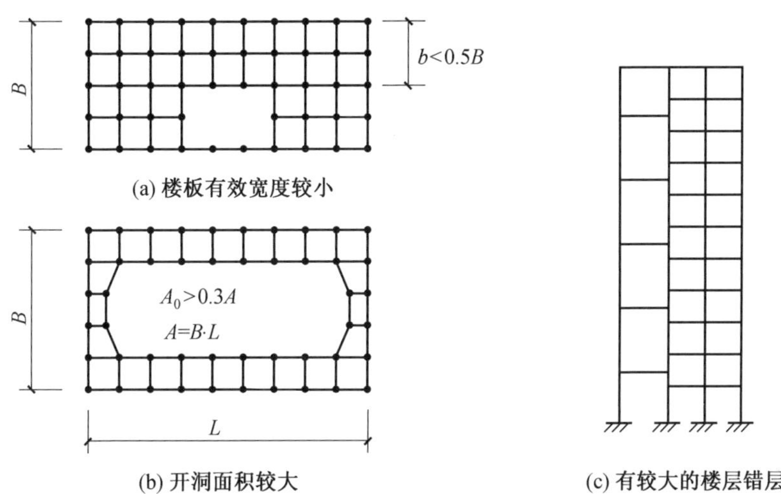

图 3.4　建筑结构平面的局部不连续示例

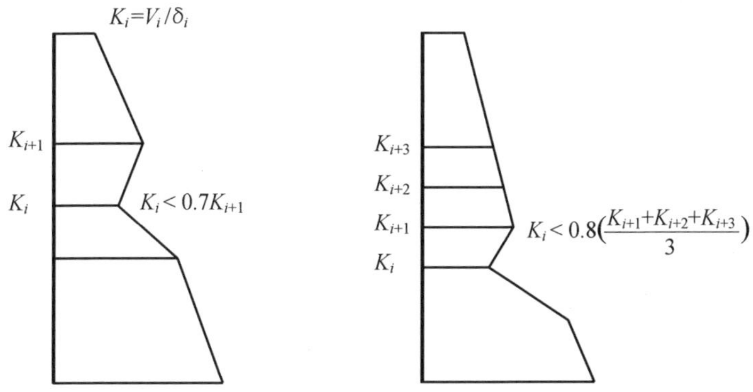

图 3.5　沿竖向的侧向刚度不规则示例（有薄弱楼层）

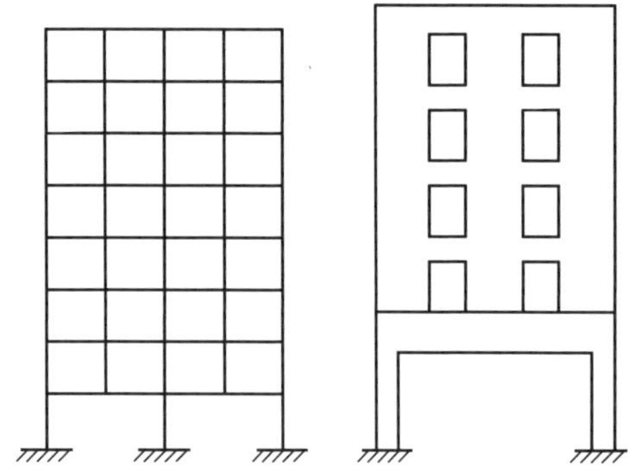

图 3.6　竖向抗侧力构件不连续示例

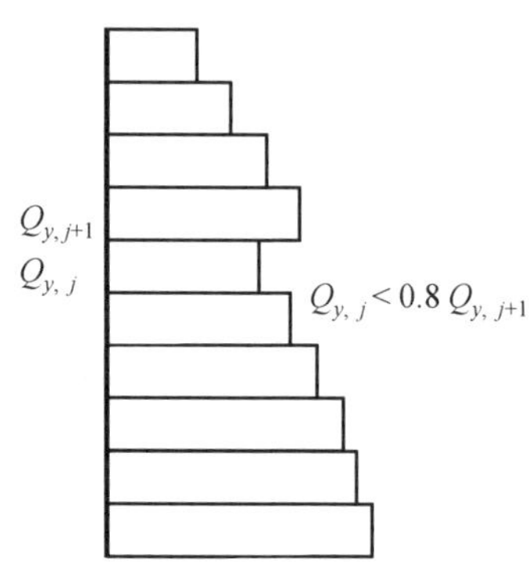

图 3.7　楼层的承载力突变示例

当依据图 3.2 计算偏心率时，可按下式计算：

$$\varepsilon_x=\frac{e_y}{r_{ex}},\quad \varepsilon_y=\frac{e_x}{r_{ey}} \tag{3.1}$$

$$r_{ex}=\sqrt{\frac{K_T}{\sum K_x}},\quad r_{ey}=\sqrt{\frac{K_T}{\sum K_y}} \tag{3.2}$$

$$K_T=\sum(K_x y^2)+\sum(K_y x^2) \tag{3.3}$$

式中　ε_x、ε_y—— 楼层在 x 和 y 方向的偏心率；

e_x、e_y——x 和 y 方向水平作用合力线到结构刚度中心的距离；

r_{ex}、r_{ey}——x 和 y 方向的弹性半径；

$\sum K_x$、$\sum K_y$—— 楼层各抗侧力构件在 x 和 y 方向的侧向刚度之和；

K_T—— 楼层的扭转刚度；

x、y—— 以刚度中心为原点的抗侧力构件坐标。

不规则高层民用建筑应按下列要求进行水平地震作用计算和内力调整，并应对薄弱部位采取有效的抗震构造措施：

(1) 平面不规则而竖向规则的建筑，应采用空间结构计算模型。

扭转不规则或偏心布置时，应计入扭转影响，在规定的水平力及偶然偏心作用下，楼层两端弹性水平位移（或层间位移）的最大值与其平均值的比值不宜大于 1.5，当最大层间位移角远小于规程限值时，可适当放宽。凹凸不规则或楼板局部不连续时，应采用符合楼板平面内实际刚度变化的局部模型；高烈度或不规则程度较大时，宜计入楼板局部变形的影响。平面不对称且凹凸不规则或局部不连续时，可根据实际情况分块计算扭转位移比，对扭转较大的部位应采用局部的内力增大。

(2) 平面规则而竖向不规则的高层民用建筑，应采用空间结构计算模型。

侧向刚度不规则、竖向抗侧力构件不连续、楼层承载力突变的楼层，其对应于地震作用标准值的剪力应乘以不小于 1.15 的增大系数，除应该满足弹塑性变形验算要求之外，尚应符合下列规定：①侧向抗侧力构件不连续时，该构件传递给水平转换构件的地震内力应根据设防烈度和水平转换构件的类型、受力情况、几何尺寸等，乘以 1.25 ~ 2.0 的增大系数；②楼层承载力突变时，薄弱层抗侧力结构的受剪承载力不应小于相邻上一楼层的 65%；③侧向刚度不规则时，相邻层的侧向刚度比应依据其结构类型确定。

对于框架结构,计算楼层与其相邻上层的侧向刚度比 γ_1(式(3.4))不宜小于 0.7,与相邻上部 3 层刚度平均值的比值不宜小于 0.8。对于框架-支撑结构、框架-延性墙板结构、筒体结构和巨型框架结构,本层与其相邻上层的侧向刚度比 γ_2(式(3.5))不宜小于 0.9;当本层层高大于相邻上层层高的 1.5 倍时,该比值不宜小于 1.1;对结构底部嵌固层,该比值不宜小于 1.5。其中:

$$\gamma_1=\frac{V_i\Delta_{i+1}}{V_{i+1}\Delta_i} \tag{3.4}$$

$$\gamma_2=\frac{V_i\Delta_{i+1}}{V_{i+1}\Delta_i}\cdot\frac{h_i}{h_{i+1}} \tag{3.5}$$

式中　γ_1——楼层侧向刚度比;

γ_2——考虑层高修正的楼层侧向刚度比;

V_i、V_{i+1}——第 i 层和第 $i+1$ 层的地震力标准值(kN);

Δ_i、Δ_{i+1}——第 i 层和第 $i+1$ 层在地震作用标准值作用下的层间位移(m);

h_i、h_{i+1}——第 i 层和第 $i+1$ 层的层高(m)。

(3)平面不规则且竖向不规则的高层民用建筑,应根据不规则类型的数量和程度,有针对性地采取不低于上述(1)、(2)条要求的各项抗震措施。当特别不规则时,应经专门研究,采取更有效的加强措施或对薄弱部位采用相应的抗震性能化设计方法。

高层建筑钢结构中提倡避免采用不规则建筑结构方案,也提倡不设防震缝。但对于体型特别复杂的建筑,可根据不规则程度和地基基础等因素决定是否设防震缝。当不设防震缝时,结构分析模型复杂,连接处局部应力集中需要加强,而且需仔细估计地震扭转效应等可能导致的不利影响。设置防震缝时,宜形成多个较规则的抗侧力结构单元,可使结构抗震分析模型较为简单,容易估计其地震作用和采取抗震措施,但确定缝宽时需同时考虑平动与扭转地震效应产生的变形。防震缝应根据抗震设防烈度、结构类型、结构单元的高度和高差情况,留有足够的宽度,其上部结构应完全分开。多高层钢框架结构房屋高度不超过 15 m 时,防震缝的宽度不应小于 150 mm;超过 15 m 时,6 度、7 度、8 度和 9 度分别每增加高度 5 m、4 m、3 m 和 2 m,防震缝宜加宽 30 mm。钢框架-支撑或钢框架-剪力墙结构房屋的防震缝宽度限值可取上述数值的 70%。

抗震设计的框架-支撑、框架-延性墙板结构中,支撑、延性墙板宜沿建筑高度竖向连续布置,并应延伸至计算嵌固端,确保结构的受力和层间刚度变化都比较均匀。除底部楼层和伸臂桁架所在楼层外,支撑的形式和布置沿建筑竖向最好一致。

楼板对维持结构的不同抗侧力构件之间协同工作至关重要,是保证结构平面整体性的关键构件,因此楼板需要具有足够的面内刚度,以传递和分配地震作用。高层民用建筑钢结构为加快施工速度、省去模板搭设工序,多采用压型钢板现浇钢筋混凝土组合楼板,少数情况下也会采用现浇钢筋桁架混凝土楼板或钢筋混凝土楼板。无论使用何种楼板,楼板都应与钢梁具有可靠连接(如预设栓钉等)。当抗震设防烈度为 6 度、7 度时,房屋高度不超过 50 m 的高层民用建筑,尚可采用装配整体式钢筋混凝土楼板,也可采用装配式楼板或其他轻型楼盖,应将楼板预埋件与钢梁焊接,或采用其他措施保证楼板的整体性。对转换层楼盖或楼板有大开洞等情况,宜在楼层平面内设置水平钢支撑。建筑物中有较大中庭时,可在中庭的上、下端楼板平面内用水平桁架将中庭开口连接,或采取其他增强结构抗扭刚度的有效措施。

3.1.3 下部结构的设计要求

高层建筑的下部结构包括地基、基础和地下室。高层民用建筑钢结构的基础形式应根据上部结构情况、地下室情况、工程地质、施工条件等综合确定,宜选用筏基、箱基和桩筏基础。当基岩较浅、基础埋深不符合要求时,可采用岩石锚杆基础,并应验算基础抗拔。

1. 地基

同一结构单元的基础,不宜部分采用天然地基、部分采用人工地基,也不宜采取两类及以上的性质差别较大的土层,作为地基持力层。当高层钢结构基础底板或桩端接近或局部进入下卧土层的倾斜顶面时,宜加深基础或加大桩长,使基础底部或桩端全部在同一下卧层内,以避免可能产生的不均匀沉降。

钢结构建筑场地无法避开地震时可能产生滑移或地裂的江、湖、故河道的边缘地段,应采取针对性的地基稳定措施,并加强基础的整体性。地震区高楼基础下的地基持力层范围内,存在可液化土层时,应采取措施消除该土层液化对上部结构的不利影响。全部消除地基土层液化沉陷对钢结构建筑不利影响,可根据当地条件选用下列措施之一:①采用加密法,如振冲法、砂桩挤密法、强夯法等,加固地基时,应处理至土层液化深度的下界面,且处理后土层的标准贯入锤击数的实测值应大于土层液化的临界值;②采用深基础时,基础底面埋入液化深度以下稳定土层内的深度,不应小于 500 mm;③钢结构工程建筑采用桩基础时,桩端伸入液化深度以下稳定土层内的长度,应按桩的承载力计算确定,并不得小于一定数值(对碎石土、砾砂、粗砂、中砂或坚硬黏性土,500 mm;其他非岩土 2.0 m);④挖除高楼地基持力层范围内的全部可液化土层。

2. 基础

高层建筑筏基、箱基的地基应进行承载力和变形计算。房屋高度超过 50 m 的高层民用建筑宜设置地下室。采用天然地基时,基础埋置深度不宜小于房屋总高度的 1/15;采用桩基时,不宜小于房屋总高度的 1/20。当高层基础埋深较大时,应结合建筑使用要求设置多层地下室,以发挥补偿基础的作用,减小地基压应力和沉降量,同时还有利于提高结构的抗倾覆能力,减轻上部结构的地震反应。

当多幢新建相邻高层建筑的基础距离较近时,应分析各高层建筑之间的相互影响。当新建高层建筑的基础和既有建筑的基础距离较近时,应分析新旧建筑的相互影响,验算新旧建筑的地基承载力、基础变形和地基稳定性。根据国内工程实例的调查和分析,当“影响建筑物”的平均沉降小于 7 cm 或“被影响建筑物”具有较好刚度、长高比小于 1.5 时,一般可不考虑相邻建筑的影响;当“影响建筑物”的平均沉降大于 40 cm 时,相邻建筑基础之间的距离应大于 12 m。

高层建筑由于楼身质心高、荷载重,当筏基和箱基开始产生倾斜后,建筑物总重对基础底面形心将产生新的倾覆力矩增量,又会继续产生新的倾斜增量。倾斜可能随时间而增长,直至地基变形的稳定位置。因此为避免倾斜,对于单幢建筑物,在地基均匀的条件下,筏基和箱基的基地平面形心宜与结构竖向永久荷载中心重合。当不能重合时,在荷载效应准永

久组合下，偏心距 e 宜符合

$$e \leqslant 0.1\frac{W}{A} \tag{3.6}$$

式中　W——与偏心距方向一致的基础底面边缘抵抗矩(m^3)；

A——基础底面积(m^2)。

大面积整体基础上的建筑宜均匀对称布置。当整体基础面积较大且其上建筑数量较多时，可将整体基础按单幢建筑的影响范围分块，每幢建筑的影响范围可根据荷载情况、基础刚度、地下结构及裙房刚度、沉降后浇带的位置等因素确定。每幢建筑竖向永久荷载重心宜与影响范围内的基底平面形心重合。当不能重合时，亦应按公式(3.6)验算。

为使高层民用建筑钢结构在水平力和竖向荷载作用下，其地基压应力不致过于集中，对基础底面压应力较小一端的应力状态应加以限制。在重力荷载与水平荷载标准值或重力荷载代表值与多遇水平地震作用标准值共同作用下，高宽比大于 4 时基础底面不宜出现零应力区；高宽比不大于 4 时，基础底面与基础之间零应力区面积不应超过基础底面积的 15%。满足上述规定时，高层民用建筑钢结构的抗倾覆能力已有足够的安全储备，不需再验算结构的整体倾覆。质量偏心较大的裙房和主楼，可分别计算基底应力。

为确保高层建筑钢结构主楼基础四周有可靠的侧向约束，当主楼与裙房之间设置沉降缝时，应采用粗砂等松散材料将沉降缝地面以下部分填实；当不设沉降缝时，施工中宜设后浇带。

高层民用建筑钢结构与钢筋混凝土基础或地下室的钢筋混凝土结构层之间，宜设置钢骨混凝土过渡层，它可将上部钢结构与钢筋混凝土基础连成整体，使传力均匀，并使框架柱下端完全固定，对结构受力有利。这种做法还有利于下部钢结构的防火和防腐，具有较好的经济性，在日本的钢结构建筑中被较多采用。

3.1.4　水平位移限值和舒适度要求

在正常使用条件下，高层民用建筑钢结构应具有足够的刚度，避免产生过大的位移而影响结构的承载力、稳定性和使用要求，因此我国规范对高层建筑的最大层间位移加以限制，给出了一个宏观指标。宏观指标一方面可以保证主体结构基本处于弹性状态，另一方面保证填充墙、隔墙和幕墙等非结构构件完好，避免产生明显损伤。

1. 抗风验算要求

在风荷载标准值作用下，按弹性方法计算的楼层层间最大水平位移与层高之比不宜大于 1/250。

高层民用建筑钢结构的刚度一般小于同等规模的钢筋混凝土建筑，容易出现对舒适度不利的顺风向和横风向风振。除了通过采用合适的建筑形体来减小风振影响外，对于房屋高度不小于 150 m 的高层民用建筑钢结构尚应满足舒适度要求。在现行国家标准《建筑结构荷载规范》(GB 50009—2012)规定的 10 年一遇的风荷载标准值作用下，结构顶点的顺风向和横风向振动最大加速度计算值不应大于表 3.6 中的限值。结构顶点的顺风向和横风向振动最大加速度，可按《建筑结构荷载规范》的有关规定计算，也可通过风洞试验结果判断确定。计算时对房屋高度小于 100 m 的钢结构阻尼比取 0.015，对房屋高度大于 100 m 的钢结构阻尼比取 0.01。

表 3.6　结构顶点的顺风向和横风向风振加速度限值

使用功能	$a_{lim}/(m \cdot s^{-2})$
住宅、公寓	0.20
办公、旅馆	0.28

对于圆筒形高层民用建筑，如果其顶部风速不大于临界风速，即满足式(3.7)，则可以确保满足风振加速度舒适度验算要求。如果不满足式(3.7)，则应进行横风向涡流脱落试验或增大结构刚度。

$$v_n < v_{cr} \tag{3.7}$$

$$v_{cr} = 5D/T_1 \tag{3.8}$$

$$v_n = 40\sqrt{\mu_z \omega_0} \tag{3.9}$$

式中　v_n——圆筒形高层民用建筑顶部风速(m/s)；

μ_z——风压高度变化系数；

ω_0——基本风压(kN/m^2)，按现行国家标准《建筑结构荷载规范》(GB 50009—2012)的规定取用；

v_{cr}——临界风速(m/s)；

D——圆筒形建筑的直径(m)；

T_1——圆筒形建筑的基本自振周期(s)。

2. 抗震验算要求

在多遇地震标准值作用下，按弹性方法计算的楼层层间最大水平位移与层高之比不宜大于1/250。

在罕遇地震作用下，高层民用建筑钢结构的薄弱层弹塑性变形验算应满足下列要求：

①应进行弹塑性变形验算的结构包括：甲类建筑和9度抗震设防的乙类建筑；采用隔震和消能减振设计的建筑结构；房屋高度大于150 m的结构。

②宜进行弹塑性变形验算的结构包括：表3.7所列高度范围且为竖向不规则类型的高层民用建筑钢结构；7度Ⅲ、Ⅳ类场地和8度时乙类建筑。

③高层民用建筑钢结构薄弱层或薄弱部位弹塑性层间位移不应大于层高的1/50。

表 3.7　宜进行弹塑性变形验算的高层钢结构范围

烈度、场地类别	房屋高度范围/m
8度Ⅰ、Ⅱ类场地和7度	>100
8度Ⅲ、Ⅳ类场地	>80
9度	>60

3. 楼盖的舒适度验算要求

近年来，楼盖结构舒适度控制已引起世界各国广泛关注，英、美等国家进行了大量实测研究。一般情况下，对于钢-混凝土组合楼盖结构和钢筋混凝土楼盖结构，其竖向频率不宜小于3 Hz，以保证结构具有适宜的舒适度，避免跳跃时引起周围人群的不适。楼盖结构竖向振动加速度不仅与楼盖结构的竖向频率有关，还与建筑使用功能及人员起立、行走、跳跃的振动激励有关。一般住宅、办公、商业建筑楼盖结构的竖向频率小于3 Hz时，需验算竖向振动加速度。表3.8给出了楼盖竖向振动加速度限值。舞厅、健身房、音乐厅等振动激励较为特殊的楼盖结构舒适度控制应符合国家现行有关标准的规定。

表3.8　楼盖竖向振动加速度限值

人员活动环境	峰值加速度限值/(m·s^{-2})	
	竖向自振频率不大于2 Hz	竖向自振频率不小于4 Hz
住宅、办公	0.07	0.05
商场及室内连廊	0.22	0.15

注:楼盖结构竖向频率为2~4 Hz时,峰值加速度限值可以按线性插值选取

楼盖振动加速度的计算宜采用时程分析方法,也可采用简化近似方法。式(3.10)给出了人行走时引起的楼盖振动峰值加速度的近似计算方法。

$$a_p = \frac{F_p}{\beta\omega} g \tag{3.10}$$

$$F_p = p_0 e^{-0.35 f_n} \tag{3.11}$$

$$\omega = \bar{\omega} BL \tag{3.12}$$

$$B = CL \tag{3.13}$$

式中　a_p——楼盖振动峰值加速度(m/s^2);

F_p——接近楼盖结构自振频率时人行走产生的作用力(kN);

p_0——人行走产生的作用力(kN),按表3.9选用;

f_n——楼盖结构竖向自振频率(Hz);

β——楼盖结构阻尼比,按表3.9选用;

ω——楼盖结构阻抗有效质量(kN),可按式(3.12)计算;

g——重力加速度,取9.8 m/s^2。

$\bar{\omega}$——楼盖单位面积有效质量(kN/m^2),取恒载和有效分布荷载之和;楼盖有效分布活荷载对办公建筑可取0.55 kN/m^2,对住宅可取0.3 kN/m^2;

L——梁跨度(m);

B——楼盖阻抗有效质量的分布宽度(m);

C——垂直于梁跨度方向的楼盖受弯连续性影响系数,对边梁取1,对中间梁取2。

表3.9　人行走产生的作用力及楼盖结构阻尼比

人员活动环境	人员行走作用力 p_0/kN	结构阻尼比 β
住宅、办公、教堂	0.3	0.02~0.05
商场	0.3	0.02
室内人行天桥	0.42	0.01~0.02
室外人行天桥	0.42	0.01

注:①表中阻尼比用于钢筋混凝土楼盖结构和钢-混凝土组合楼盖结构

②对住宅、办公、教堂建筑,阻尼比0.02可用于无家具和非结构构件情况,如无纸化电子办公区、开敞办公区和教堂;阻尼比0.03可用于有家具、非结构构件、带少量可拆卸隔断的情况;阻尼比0.05可用于含全高填充墙的情况

③对室内人行天桥,阻尼比0.02可用于天桥带干挂吊顶的情况

3.2 钢框架结构

3.2.1 框架结构的特点和分类

钢框架结构体系(Steel Moment Frame)是指沿房屋的纵向和横向均采用由梁、柱构成的框架作为主要承重构件和抗侧力构件的结构体系,有时也称为纯框架结构,如图3.8(a)所示。从抵抗水平力的角度看,框架结构属于单一抗侧力体系。钢框架结构具有如下特点:

①框架的竖向构件仅有柱,平面设计具有较大的灵活性。由于钢梁的刚度较大,且可以考虑钢梁与混凝土楼板的共同作用,可以使钢梁具有较大的经济跨度,这意味着在钢结构中可以使用较大柱距,形成较大的平面空间,有利于房间的灵活布置。

②钢框架的杆件类型少,构造简单,施工周期短,特别适合装配化施工。对于层数不超过30层的楼房,钢框架体系是一种应用较多的结构体系,此时也具有较好的经济性。

③框架结构广泛用于办公楼、旅馆及商场等公共建筑。

在空间框架结构的横向或纵向,均可简化为一榀二维的平面框架,如图3.8(b)所示,因此框架结构本质上是一个二维平面受力体系。平面框架主要依靠梁、柱的受弯来抵抗水平荷载,当然,在水平荷载和竖向荷载作用下柱子内部还会存在较大轴力。框架中梁和柱在节点处连接,由节点传递梁和柱的内力,故节点性能也是决定框架结构水平刚度和承载力的关键因素。

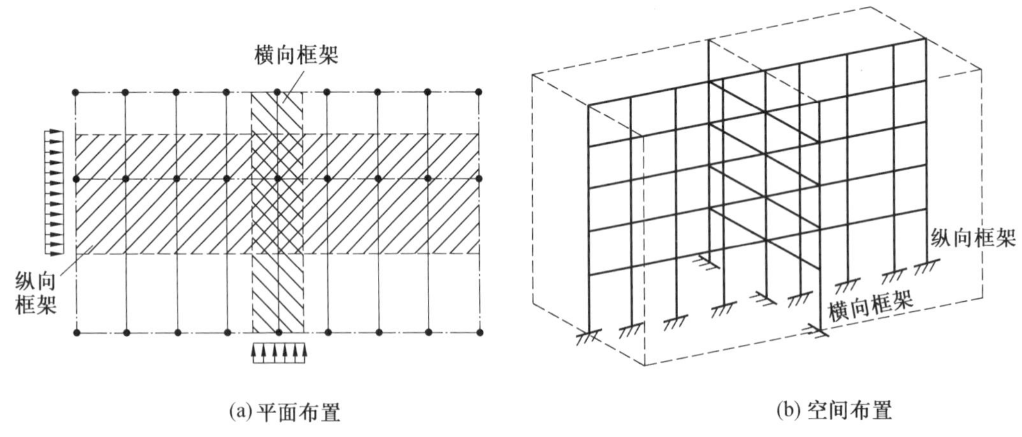

图3.8 钢框架结构示意图

按梁柱节点传递弯矩的能力,可将框架分为刚接框架、半刚接框架和铰接框架,分别对应着梁柱节点刚性连接、半刚性连接和铰接连接的情况,如图3.9所示。对于刚性连接节点,在梁端弯矩作用下梁、柱之间无相对转动(ϕ为0),连接能够承担弯矩,直至达到梁端塑性铰弯矩M_p;对于铰接连接节点,梁、柱之间可以产生任意的相对转动(ϕ为任意,取决于梁的横向荷载),没有任何抗弯能力;而对于半刚性连接节点,梁、柱之间在弯矩作用下会发生一定的相对转动(ϕ为有限值),但存在一定转动刚度,能够使节点承担有限的弯矩。

工程中经常用到的是刚接框架,梁柱节点能够完全传递梁柱的弯矩,使梁、柱构件形成较大的抗弯刚度。铰接框架的梁柱节点不能传递弯矩,很难在多高层框架结构中大范围使

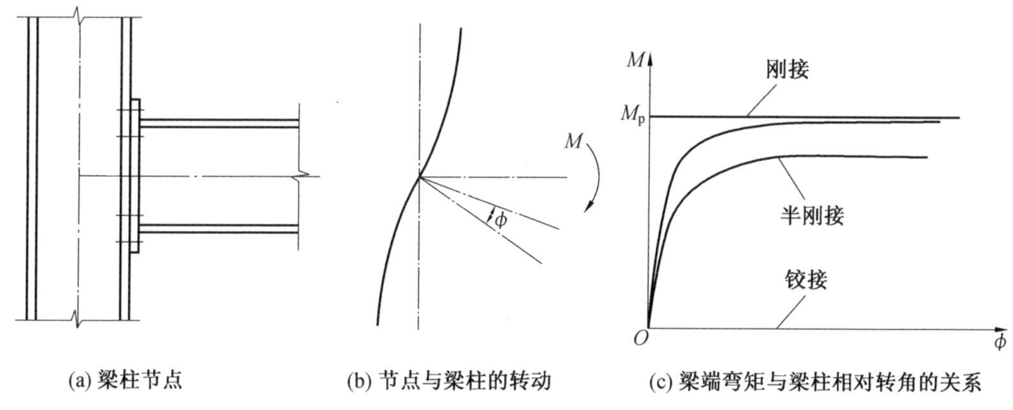

图 3.9　梁柱节点的相对转动示意图

用，容易造成结构水平刚度和承载力的不足，但在单层工业厂房中柱脚刚接、柱子竖向连续时可以作为排架结构使用。而半刚接节点的转动刚度严重依赖节点构造形式，很难事先准确预测梁柱连接的弯矩-转角定量关系，因此也较少在工程设计中采用。

显然，需要一个定量的方法来定义梁柱节点连接形式，我国规范暂无这方面的相关规定。欧洲规范（Eurocode 3）给出了依据节点刚度和节点承载力的两种判断方法，分别如图 3.10 和图 3.11 所示，可见这两种方法只要已知节点的初始转动刚度或承载力，就能直接根据梁、柱的刚度或承载力对节点属性进行分类，使用比较方便。但有如下缺点：

①依据节点刚度分类时，半刚性节点的弯矩随转角呈非线性变化，如图 3.9 所示，初始线弹性段可能很短，甚至没有线弹性段，此时的初始刚度很难定义。

②依据节点承载力分类时，节点抗弯承载力设计值 $M_{j,Rd}$ 与节点转动刚度是不直接相关的。例如，可能会出现节点转动刚度很大，但抗弯承载力低于梁柱塑性铰弯矩的情况（这种节点的延性差，刚度大，但承载力低）；也可能会出现节点转动刚度很低，但抗弯承载力会一直随转角的增加而增加，直至超过梁柱塑性铰弯矩的情况（这种节点的延性好，极限承载力大，但转动刚度较小），此时按承载力的分类方法与按转动刚度的分类方法会出现矛盾，需要设计者灵活掌握。

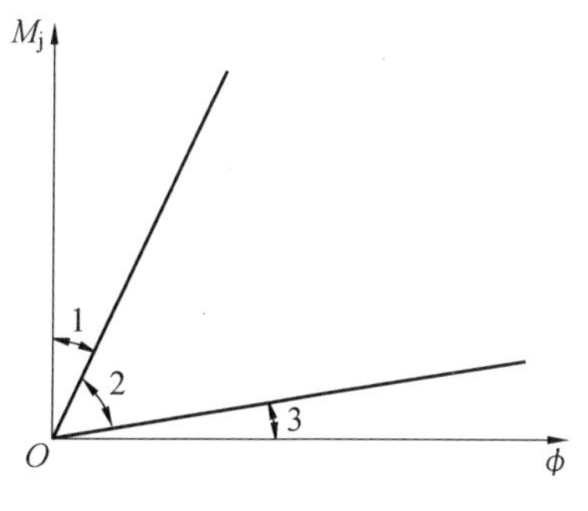

图 3.10　依据节点刚度的分类方法

注：①1 区（刚接）：$S_{j,ini} \geqslant k_b EI_b/L_b$。当框架-支撑结构中的支撑体系能够减小不少于 80% 的水平侧移时，$k_b=8$；其他框架结构中 $K_b/K_c \geqslant 0.1$ 时，$k_b=25$

②2 区（半刚接）：1 区和 3 区以外的其他区域，或者框架的 $K_b/K_c<0.1$ 的框架

③3 区（铰接）：$S_{j,ini} \leqslant 0.5EI_b/L_b$

其中，$S_{j,ini}$ 为节点的初始转动刚度；K_b 为本层所有梁线刚度 EI_b/L_b 的平均值；K_c 为本层所有柱线刚度 EI_c/L_c 的平均值

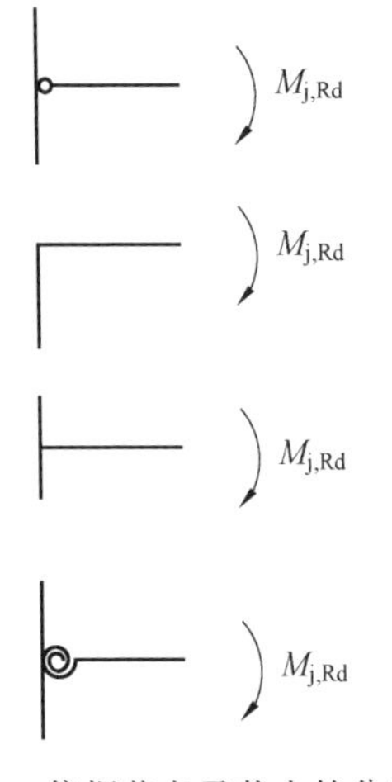

注：①铰接：能够传递除梁端弯矩以外的内力，即使能够传递弯矩，也不会对结构或构件产生不利影响；具有自由转动能力，以允许设计荷载作用下的梁端转角；节点抗弯承载力设计值 $M_{j,Rd}$ 不超过0.25倍的按刚接计算的弯矩，且有足够的转动能力

②刚接：节点抗弯承载力设计值不小于被连接构件的抗弯承载力设计值；对于顶层梁柱节点，$M_{j,Rd} \geqslant M_{b,pl,Rd}$ 或 $M_{j,Rd} \geqslant M_{c,pl,Rd}$；对于一般梁柱节点，$M_{j,Rd} \geqslant M_{b,pl,Rd}$ 或 $M_{j,Rd} \geqslant 2M_{c,pl,Rd}$；其中，$M_{b,pl,Rd}$ 和 $M_{c,pl,Rd}$ 为梁和柱的塑性铰弯矩

③半刚接：不满足铰接条件，也不满足刚接条件的节点

图3.11　依据节点承载力的分类方法

与欧洲规范的直接判断方法不同，美国规范给出了依据节点弯矩-转角曲线割线刚度 K_s 的分类方法，如图3.12(a)所示。如果 $K_sL/EI \geqslant 20$，则认为节点是刚性连接，能够维持被连接构件之间的夹角不变，其中，L 和 EI 为节点所连接的梁的长度和抗弯刚度；如果 $K_sL/EI \leqslant 2$，则认为节点为铰接，被连接构件可以发生相对转动而不产生弯矩；当节点刚度处于上述两者之间时，则属于半刚性连接，此时节点的转动刚度、承载力和延性必须在设计中予以合理考虑。

$$K_s = M_s / \theta_s \tag{3.14}$$

式中　M_s——使用荷载作用下的节点弯矩；

θ_s——使用荷载作用下节点的转角。

可见，使用这种方法对框架节点属性进行判断时，为了求得 M_s 和 θ_s，需对框架结构进行整体非线性分析，整体分析中要同时引入节点的弯矩-转角关系，这种工作是相当烦琐的。但这种方法避免了半刚性节点初始转动刚度难以确定的问题，如图3.12(b)所示，使节点属性的判断更有说服力。

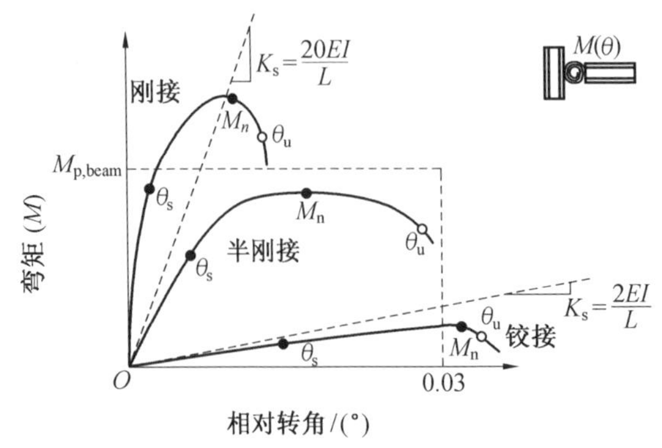

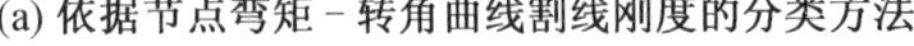
(a) 依据节点弯矩－转角曲线割线刚度的分类方法

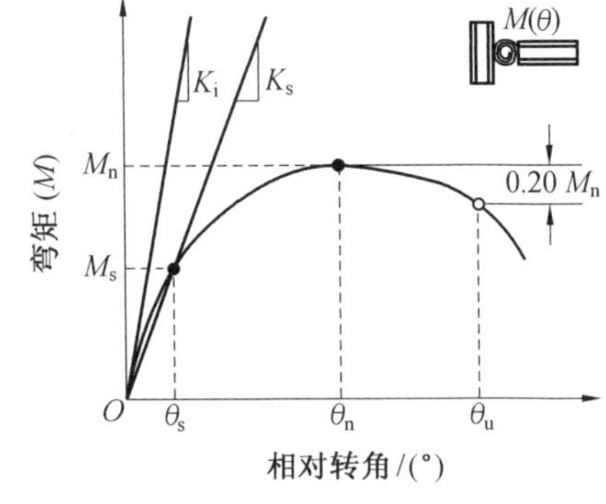

(b) 半刚性节点的刚度、承载力和延性

图3.12　美国规范关于节点属性的分类方法

欧洲规范和美国规范所给方法都要依据节点的弯矩-转角关系，设计人员采用某种节

点时可以依据成熟的经验,或对这种节点进行非线性有限元分析,或进行必要的节点试验研究得到这种关系,这种做法显然不利于工程设计。因此工程中较少使用半刚性框架,一般多采用典型的节点构造,将梁翼缘与柱进行可靠连接,提高其传递弯矩的能力,形成刚性连接;或放松梁翼缘与柱的连接(或不连接翼缘),仅将梁腹板与柱连接,减小节点传递弯矩的能力,形成所谓的铰接。图3.13给出了几种常用的节点形式,其中(a)(b)属于铰接;(c)(d)(e)当连接角钢、端板、T形钢的板厚不大时,属于半刚性连接,但如果连接件厚度较大且使用短加劲肋时则可视为刚性连接;(f)(g)(h)直接将梁翼缘与柱子翼缘或外伸的横隔板进行全熔透的坡口对接焊时,一般即可认为是刚性连接。

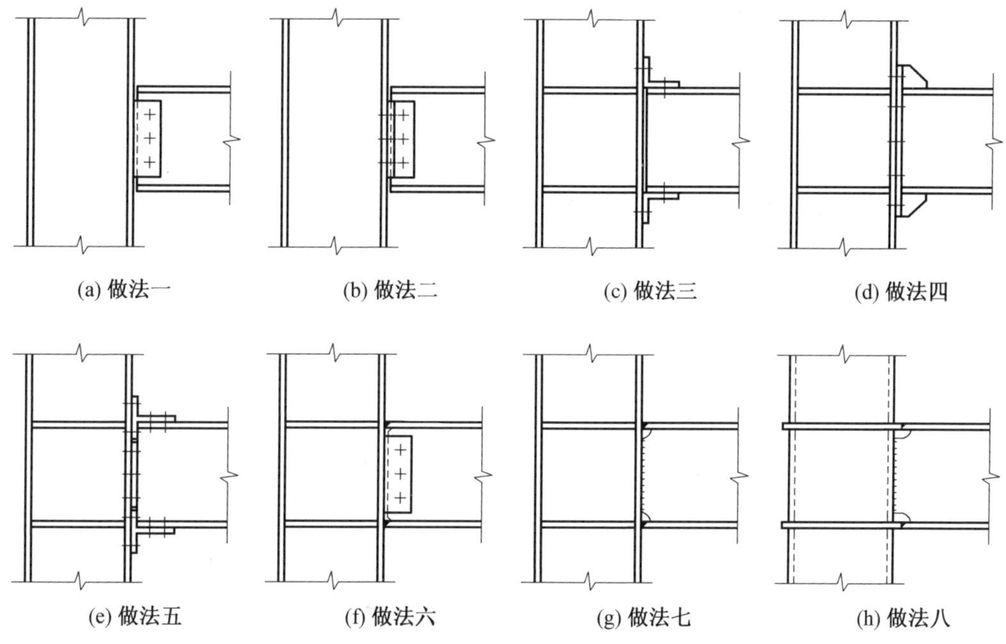

图3.13　梁柱节点连接的几种典型方式

3.2.2　刚接框架的受力性能

对于任何一幢高层建筑,研究其水平变形时,都可以从整体上视为嵌固在地面上的一个悬臂构件(忽略基础的共同作用,假设基础对建筑物完全嵌固),如图3.14所示。因此,从整体角度看,高层建筑的水平变形由两大部分构成,即剪力引起的纯剪切变形和弯矩引起的纯弯曲变形。

假设水平荷载均匀分布,则沿高度的层剪力图呈三角形分布,弯矩图呈抛物线分布。由于底部剪力最大,因此下部楼层的纯剪切变形大于上部楼层,层剪力引起的整体变形呈图中剪切型曲线形式。下部楼层的整体弯矩大于上部楼层,所以下部楼层的整体弯曲曲率大于上部楼层,但由于楼层弯曲变形造成一侧柱子伸长、另外一侧柱子缩短,从而产生楼面整体倾斜,这种倾斜逐层向上累加,造成上部楼层的层间变形大于下部楼层,故弯矩引起的整体变形曲线呈图中的弯曲型曲线形式。应该指出,上部楼层由整体弯曲引起的层间变形中有很大一部分是下部楼层倾斜造成的,并非由弯矩产生,因此有时也将这部分层间变形称为无害变形。但也并非真的“无害”,它会加大高层建筑的重力二阶效应(P-Δ 效应),引起整体

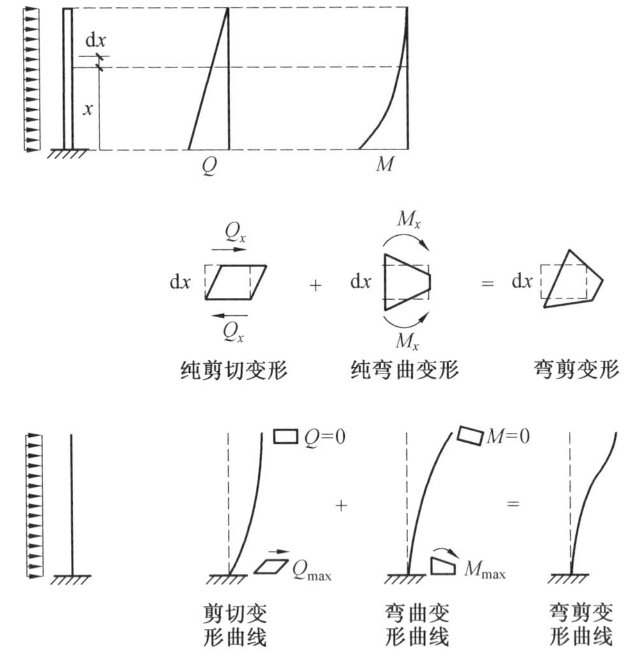

图 3.14　高层建筑的整体变形形式

附加弯矩和附加水平变形。

对于框架结构体系而言，显然整体水平变形也包含了上述两部分。但为了更为深入地考察框架的层间变形，有必要根据框架结构的受力特点对其进行更为细致的分解。在水平荷载作用下，一榀框架在第 i 层的水平位移由以下 5 部分组成：①柱弯曲变形引起的侧移 δ_{ic}；②梁弯曲变形引起的侧移 δ_{ib}；③柱拉压变形引起的侧移 δ_{if}；④节点域剪切变形引起的侧移 δ_{is}；⑤整体二阶效应引起的侧移 Δ_{II}。下面分别讨论它们的特点。

(1)柱弯曲变形引起的侧移 δ_{ic}。

近似认为水平荷载作用下柱子的反弯点(弯矩为 0)位于跨中，为简化起见，使用图 3.15(a)所示的计算模型，仅有本层梁和与之相连的两根柱子，柱子长度包括上柱和下柱各一半的长度。这里只研究柱弯曲变形，需将梁、节点等视为抗弯刚度无穷大，不会产生变形。显然，此时的层间变形均由柱子的自身弯曲引起，半层高的柱子等效于一个悬臂构件，使用结构力学方法很容易求得此时的层间侧移为

$$\delta_{ic}=2\frac{1}{3EI_c}\frac{V}{2}\left(\frac{h}{2}\right)^3=\frac{Vh^3}{24EI_c} \tag{3.15}$$

式中　V——层剪力；

h——层高；

EI_c——柱子的抗弯刚度。

可见，δ_{ic}除了与层剪力成正比、与柱子自身抗弯刚度成反比之外，还与层高的立方成正比，即柱子长度将显著影响柱弯曲变形引起的层间侧移 δ_{ic}。

(2)梁弯曲变形引起的侧移 δ_{ib}。

使用与(1)中相同的计算模型，如图 3.15(b)所示，但此时将柱子的抗弯刚度视为无穷大，仅考虑梁的有限抗弯刚度。层剪力作用下柱子将绕节点产生刚体转动，带动与之刚性连

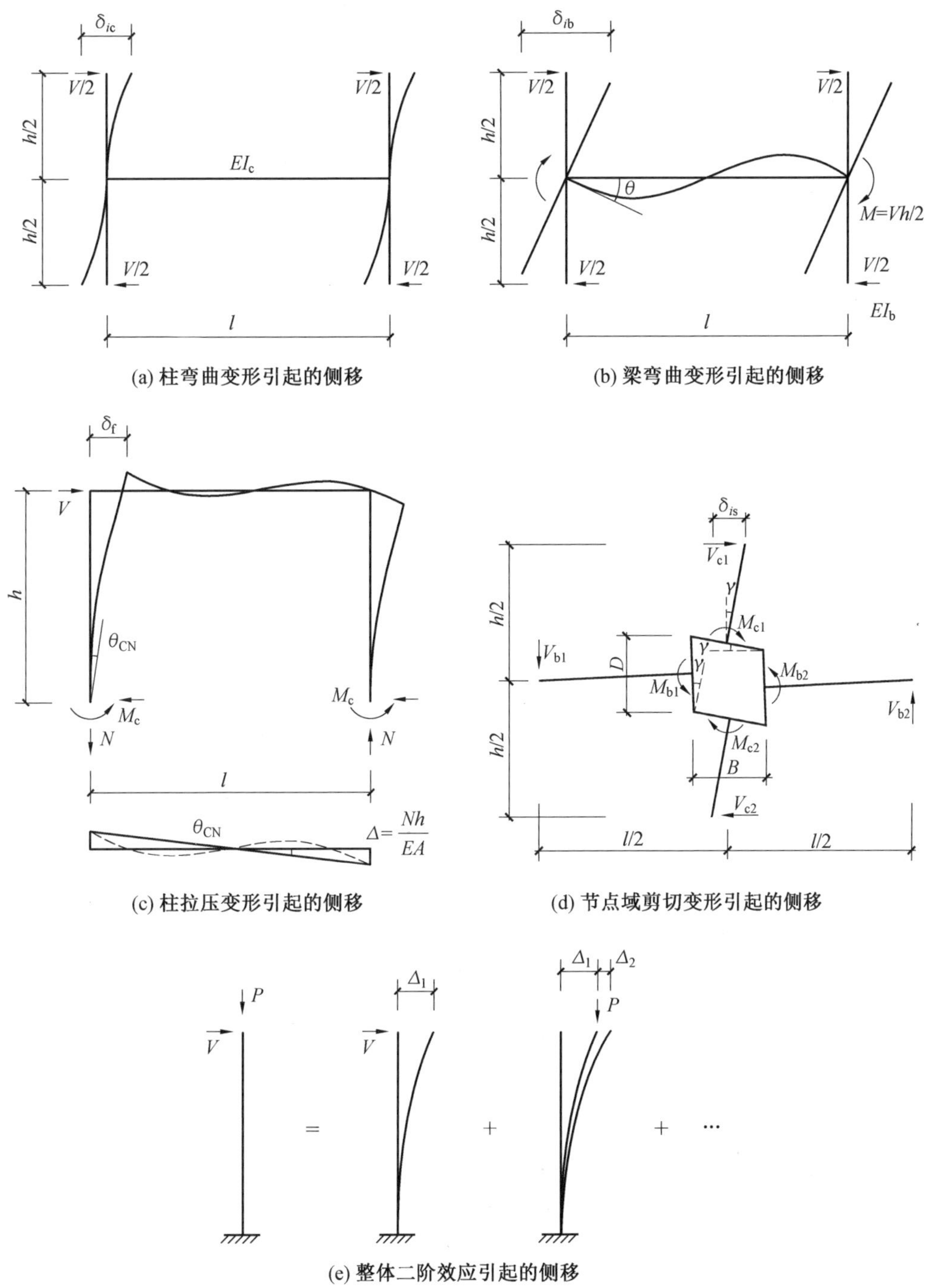

图 3. 15　钢框架结构水平侧移的构成

接的梁产生弯曲变形，根据梁端弯矩和梁端转角的关系，很容易求得梁端转角 θ。梁柱在节点处刚性连接，转角相等，乘以层高，则可得到 δ_{ib} 为

$$\delta_{ib}=\frac{M}{3EI_b/(l/2)}h=\frac{Ml}{6EI_b}h=\frac{Vlh^2}{12EI_b} \tag{3.16}$$

式中 EI_b——梁的抗弯刚度；

l——梁跨度。

可见，δ_{ib}除了与层剪力成正比、与梁自身抗弯刚度成反比之外，尚与层高的平方和梁跨度成正比，说明梁、柱的几何长度将直接影响梁弯曲变形引起的侧移 δ_{ib}。

(3)柱拉压变形引起的侧移 δ_{if}。

为说明此侧移分量的特点，采用图 3. 15(c)所示的单层单跨计算模型，梁、柱具有有限的抗弯刚度和轴向刚度，节点刚接。在层剪力 V 的作用下，柱脚存在竖向反力、水平反力和弯矩，使用结构力学方法可以求解得到。竖向反力的存在说明柱子中存在轴力，左侧受拉、右侧受压。根据整体结构的弯矩平衡，可将轴力表达为

$$N=\frac{Vh-2M_c}{l} \tag{3.17}$$

式中 M_c——柱脚弯矩；

N——柱子轴力。

根据材料力学知识，可以计算出柱子的拉压变形为

$$\Delta=\frac{Nh}{EA} \tag{3.18}$$

式中 EA——柱子的轴向刚度。

由此可以得到梁倾斜的角度(两个梁柱节点的连线与未变形前水平线的夹角)为

$$\theta_{CN}=\frac{\Delta}{l/2}=\frac{2Nh}{EAl} \tag{3.19}$$

忽略梁柱弯曲变形时，根据几何关系，可以认为柱子的倾角亦为 θ_{CN}，因此可得

$$\delta_{if}=\theta_{CN}h=\frac{2Nh^2}{EAl} \tag{3.20}$$

可见，δ_{if}除了与柱子轴力(或层剪力)成正比、与柱子轴向刚度成反比外，尚与层高的平方成正比，与梁跨度成反比。说明层高的增加将显著增大此部分的变形，但梁跨度增加将有利于减小此部分变形。

对于钢框架结构而言，结构的高宽比不大，两侧边柱之间的距离较大，边柱由水平荷载引起的轴向拉、压力也通常较小，而且梁、柱抵抗轴向变形的能力(轴向刚度)远大于抵抗弯曲变形的能力(抗弯刚度)，这些因素会使 δ_{if}在全部水平变形中所占的比例较小，一般不超过20%。而梁、柱的抗弯刚度通常不大，并要承受因层剪力而引起的较大弯矩，会使因梁、柱弯曲变形而引起的水平侧移在总侧移中占绝大比例。

而且越靠近结构下部，各层的层剪力越大，梁、柱弯矩也会相应增大，当然层间变形也会越大，这也是框架结构整体水平变形呈剪切型变形曲线的原因，如图 3. 16(a)所示。与之相反，框架-支撑结构中由于设置了支撑斜杆，使梁、柱内力变为以轴力为主，而不再以弯矩为主，甚至在工程中可以将弯矩忽略，简化为承受水平剪力的桁架模型，如图 3. 16(b)所示。此时两侧柱子在轴力作用下主要产生轴向变形，进而引起楼层倾斜和水平侧移，造成框架-支撑结构整体水平变形呈弯曲型变形曲线。

(4)节点域剪切变形引起的侧移 δ_{is}。

钢框架结构中的节点域即为节点处梁柱腹板高度范围内的一块钢板区域，如图

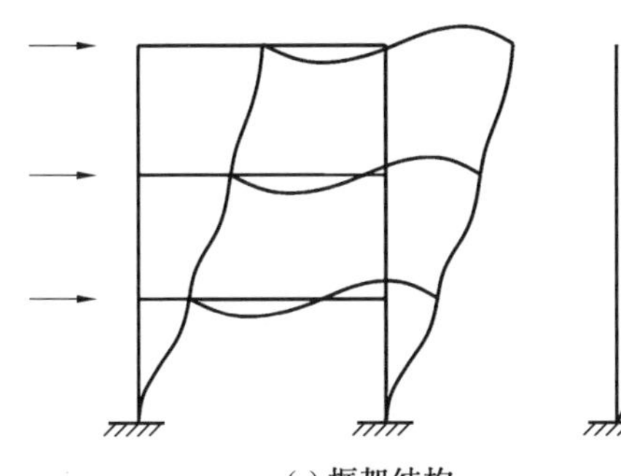

(a) 框架结构
杆件主要受弯矩，以弯曲变形
为主，框架呈剪切型变形曲线

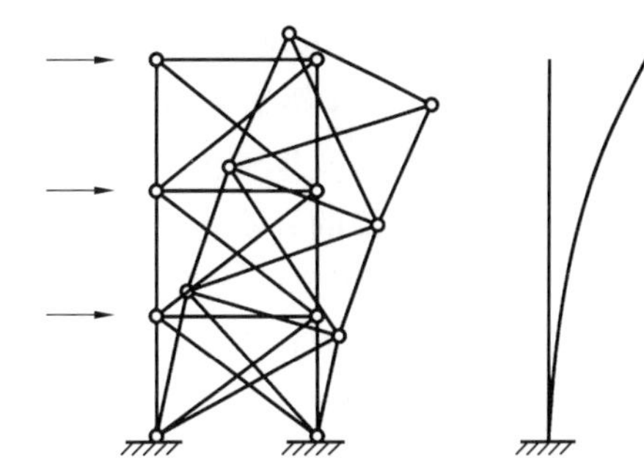

(b) 框架 - 支撑结构（桁架）
杆件以轴力为主，且以轴
向变形为主，桁架呈弯曲型变形曲线

图 3.16　框架结构和框架–支撑结构的水平变形

3.15(d)所示。不采用节点域加厚措施时，节点域钢板厚度通常为柱子腹板厚度，节点受剪力作用时容易在节点域面内产生剪切变形，要比钢筋混凝土梁、柱的实体节点严重，因此节点域较薄时需适当计入它对总体层间变形的贡献。

节点域上、下两边的水平剪力由柱端剪力和梁弯矩在梁翼缘中形成的水平力共同合成，同理节点域左、右两边的竖向剪力由梁端剪力和柱弯矩在柱翼缘中形成的竖向力共同合成。梁、柱自身剪力的数值较小，计算时可忽略，仅考虑梁端和柱端弯矩引起的剪力，则很容易依据公式(3.21)求得节点域上、下边或左、右边的剪应力。由于在节点处梁端弯矩之和与柱端弯矩之和在数值上是相等的，因此节点域周边的剪应力相等，符合剪应力互等原理。剪应力除以剪切模量 G 可以求得节点域的剪应变(即剪切角 γ_i)，认为柱子的倾角约等于节点域剪切角，进而可使用公式(3.22)近似求得节点域剪切变形引起的层间侧移。

$$\tau_{\mathrm{i}} \approx \frac{\sum M_{\mathrm{bj}}}{DBt} = \frac{\sum M_{\mathrm{cj}}}{BDt} \tag{3.21}$$

$$\delta_{\mathrm{is}} = \gamma_{\mathrm{j}}(h - D) = \frac{\sum M_{\mathrm{bj}}}{DBtG}(h - D) \approx \frac{\sum M_{\mathrm{bj}}}{DBtG}h \tag{3.22}$$

式中　B、D、t——分别为节点域的宽度、高度和厚度，它们的乘积为节点域的体积；

G——钢材的剪切模量；

$\sum M_{\mathrm{bj}}$——节点左、右梁端弯矩之和；

$\sum M_{\mathrm{cj}}$——节点上、下柱端弯矩之和。

可见，节点域剪切变形引起的层间侧移与节点域厚度 t 或节点域体积成反比，而与层高成正比。一般的钢框架中节点域剪切变形引起的层间侧移占总层间变形的比例不超过10%。如果采用梁单元基于轴线交点(节点中心)建模时，单元长度比实际要长一些，对于整体结构刚度的削弱可以认为正好弥补了节点域剪切变形造成的整体刚度削弱，所以也常忽略节点域剪切变形的影响。

(5)整体二阶效应引起的侧移 Δ_{II}。

整体二阶效应对高层建筑物影响显著，其来源可以通过图 3.15(e)加以解释。悬臂模型的顶点自由端上存在水平力 V 和竖向力 P 的共同作用，按一阶线性分析顶点水平变形 Δ_1 仅与 V 有关。但事实上 P 是与楼层随动的，此时将会出现一个附加弯矩 $P\Delta_1$ 和与之对应的

位移增量 Δ_2，而此时 P 又随动到了新的位置上，将产生更小一阶的附加弯矩 $P\Delta_2$ 和新的位移增量 Δ_3，以此类推，直至级数和 $\Delta=\Delta_1+\Delta_2+\Delta_3+\cdots$ 收敛，结构才达到平衡。当然，如果各阶位移和不收敛，则结构将发生整体侧移失稳。

可见，求解高层建筑的真实水平侧移是一个非线性迭代过程，求解难度较大，必须依赖计算机程序。但大量工程实践表明，仅考虑前两阶侧移 $\Delta=\Delta_1+\Delta_2$ 已经可以达到计算精度了，因此将考虑附加弯矩 $P\Delta_2$ 影响的分析方法称为二阶分析，由此产生的效应称为二阶效应，简称为 P-Δ 效应，二阶效应产生的水平位移增量称为 Δ_2 或 Δ_{II}。鉴于此，我国《高层民用建筑钢结构技术规程》(JGJ 99—2015)规定，高层民用建筑钢结构整体计算时应计入重力二阶效应的影响。可以采用规程中给出的适合框架结构的等效水平荷载法，或使用具有非线性分析功能的程序直接进行准确的非线性迭代求解。

综上所述，框架结构第 i 层的层间变形可以表达为

$$\delta_i=\delta_{ic}+\delta_{ib}+\delta_{if}+\delta_{is}+\Delta_{\mathrm{II}} \tag{3.23}$$

其中，δ_{if} 和 δ_{is} 相对较小，甚至可以忽略。框架的层间变形主要以梁、柱的弯曲变形产生的侧移 δ_{ic} 和 δ_{ib} 为主，该两种变形都与层剪力 V 成正比，故下大上小，使整体变形曲线呈剪切型。需要说明的是，当前几乎所有商用结构计算软件都具有非线性求解功能，考虑二阶效应 Δ_{II} 已经不是难题了。

3.2.3 钢框架结构体系抗震性能的讨论

钢框架结构被认为是所有结构体系中延性最好的结构形式。水平地震力作用下梁、柱构件中产生三角形分布的弯矩形式，端弯矩最大，跨中某位置存在反弯点，如图 3.17(a)所示。当地震力较大时，不断增加的端弯矩将使梁、柱构件在节点附近发展塑性，形成塑性转动。显然有两个重要因素直接影响了钢框架结构的抗震性能和抗倒塌性能。

(1)结构体系中塑性铰形成的位置，即屈服机制。

如果柱端弯矩先使柱端屈服，此时薄弱楼层中的各个柱子都有可能被各个击破，形成如图 3.17(b)所示的柱屈服机制，显然此时的薄弱楼层变为机构，很容易发生倒塌。而且整个结构体系中的塑性铰数量有限，也不利于迅速耗散地震输入的能量，这显然是不合理的。因此，通常希望塑性铰尽可能多地出现在梁端，形成如图 3.17(c)所示梁屈服机制，柱子保持竖向连续，即使梁上形成很多塑性铰，结构也很难发生倒塌，这有利于地震耗能。所以各国规范都提出了所谓“强柱弱梁”的抗震设计原则(见 6.4.3 节)，确保大震下钢框架结构形成合理的屈服机制。

图 3.18 显示了两个具有几乎相同质量、相同弹性承载力和相同刚度的 20 层钢结构框架承受相同地震加速度记录作用的计算结果，两个框架一个设计为梁屈服机制，而另一个设计为柱屈服机制。显然，采用“强梁弱柱”的框架在底层产生了巨大的层间侧移角，不利于维持结构在大震下的抗倒塌性能。

(2)梁端的塑性转动能力。

大震下的梁端屈服确保了结构体系屈服机制的合理性，但对梁端的塑性转动能力也提出了较高要求。即在梁端塑性转动的过程中梁端及其节点不能过早发生局部屈曲和开裂破坏，否则将影响梁的塑性耗能能力，甚至形成倒塌。例如，在 1994 年 1 月 17 日的美国 Northridge 地震中很多框架结构都遭到了类似的破坏，裂缝从梁翼缘焊缝附近开始发展，或

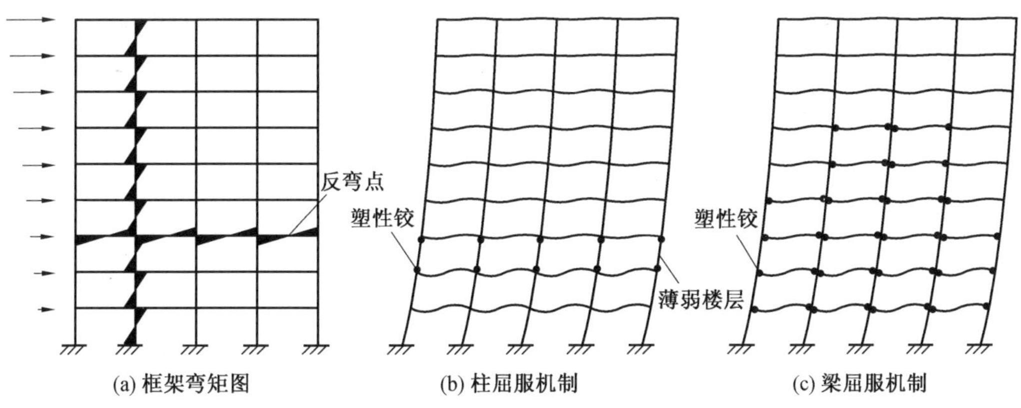

图 3.17　钢框架结构的弯矩分布和屈服机制

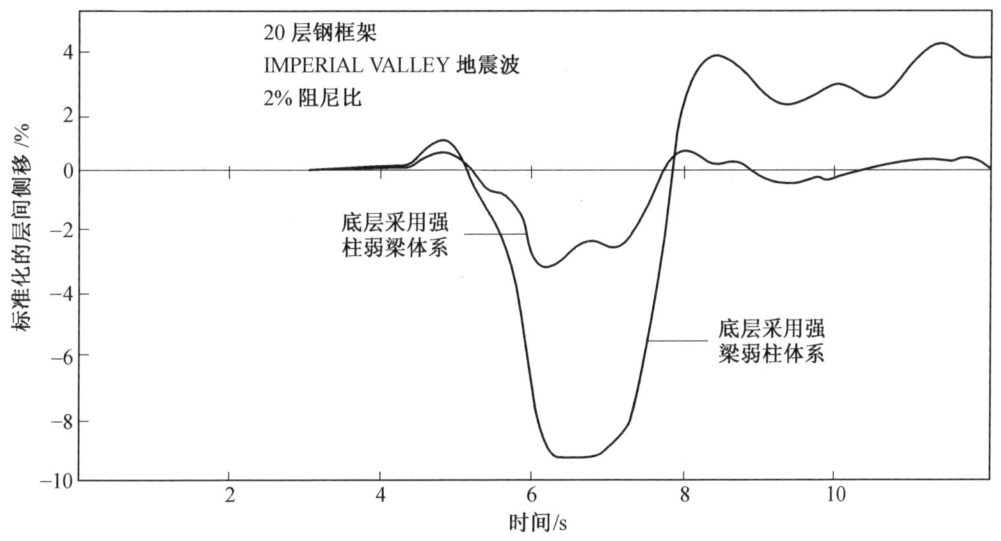

图 3.18　两种屈服机制的钢框架的弹塑性层间位移响应

扩散到梁和柱的节点区,或扩散到梁翼缘或腹板的热影响区。虽然钢框架结构无一倒塌,也没有人员伤亡,但却造成了巨大的经济损失。这促使美国依据结构的塑性发展能力和抗震能力将钢框架结构分为 3 类,即普通的抗弯框架(OMF)、中等的抗弯框架(IMF)和特殊的抗弯框架(SMF)。其中,OMF 对于梁端节点没有塑性转动能力的要求,可以用于非抗震结构;IMF 要求梁端节点具有承受层间侧移角达到 0.02 rad 时的塑性转动能力,用于抗震设防要求不高的建筑;SMF 要求梁端节点具有承受层间侧移角达到 0.04 rad 时的塑性转动能力,用于抗震设防要求较高的建筑。

为了使梁端节点具有更大的塑性转动能力和良好的延性,应延缓梁端的开裂破坏,要求至少做到以下两点:①推迟梁端板件的局部屈曲。梁端翼缘或腹板的局部屈曲会加重板件的塑性应变,加速母材及其连接焊缝的开裂,因此必须对构件与板件的宽厚比或高厚比进行严格的抗震构造要求(见 6.4.2 节),推迟局部屈曲的发生。②采用性能优异、构造合理的梁端节点连接(焊缝)形式,减小连接处的应力水平和应力集中,见 7.5 节。通过这些措施,使梁端在大震下具有足够的塑性转动能力。我国规范尚未依据塑性发展能力对钢框架结构进行分类，但我国高钢规基本是从严要求，抗震构造措施与美国规范中的 SMF 接近。延性较好的钢框架能够发展较大弹塑性层间变形并维持饱满的滞回环，可以有效耗散地震能量，如图 3.19(a)所示。

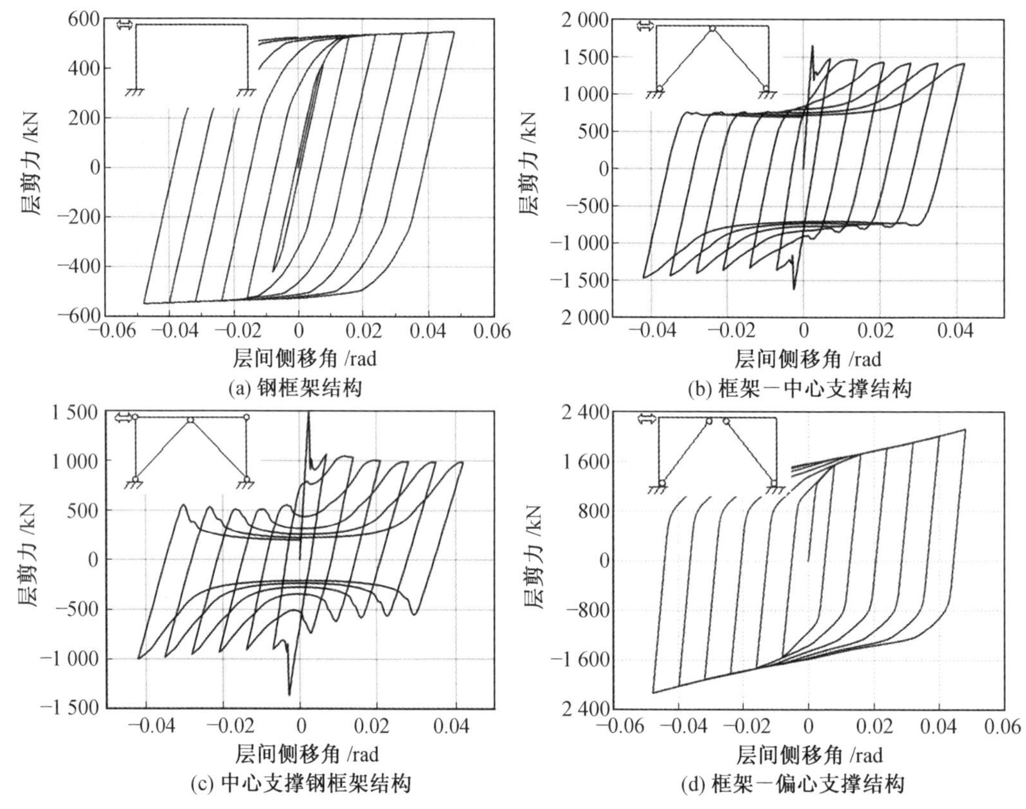

图 3.19　4 种结构体系的滞回性能

3.2.4　钢框架结构的工程实例

北京长富宫中心（长富宫饭店）为旅馆建筑，建成于 1987 年，如图 3.20(a)所示。主体结构地下 2 层，地上 26 层，高 94 m，标准楼层高度为 3.3 m，抗震设防烈度为 8 度。

本结构采用钢框架结构体系，但在 2 层以下和地下室为型钢混凝土结构。建筑平面尺寸为 48 m×25.8 m，基本柱网尺寸为 8 m×9.8 m，标准层平面图如图 3.20(b)所示。

使用日本产的钢材，框架钢柱及主梁为 SM50A（相当于我国钢材 Q345），次梁 SS41（相当于我国钢材 Q235），压型钢板亦为 SS41，高强度螺栓 F10T（相当于我国 10.9 级高强螺栓）。整栋大楼结构的总用钢量为 4 200 t，单位建筑面积的平均用钢量为 138 kg/m^2。

焊接箱形柱截面尺寸为 450 mm×450 mm，柱的钢板厚度自下而上为 42～19 mm。框架梁采用焊接 H 型钢，高为 650 mm，宽为 200～250 mm，翼缘厚度自下而上为 32～19 mm，腹板厚度为 12 mm，多数梁为变截面梁，支座段的翼缘宽度和厚度大于中间段。型钢混凝土柱的截面为 1 200 mm×1 200 mm 及 850 mm×850 mm，内部钢骨为 450 mm×450 mm，与上部钢柱截面相同。型钢混凝土梁的截面为 500 mm×950 mm 及 500 mm×1 100 mm，相应钢骨梁为高度 650 mm 及 850 mm 的工字形截面。采用 1.2 mm 厚的压型钢板组合楼板，支撑于间距

(a) 整体照片

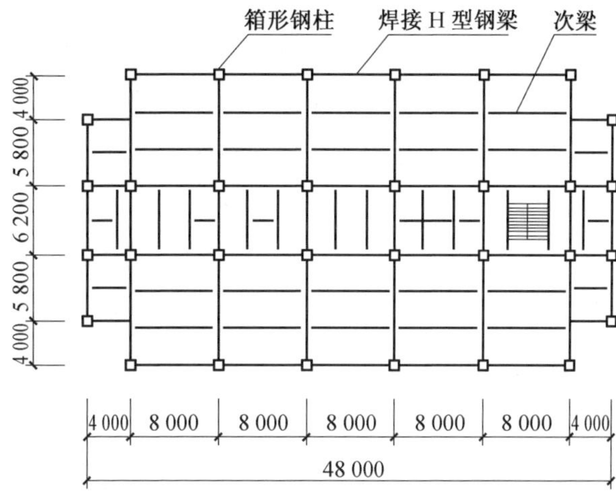

(b) 标准层平面图

图 3.20　北京长富宫中心

小于 3 m 的次梁上，板下不设临时支撑，钢梁上焊接圆柱头栓钉，形成组合梁。

建筑外墙板采用带饰面层的 200 mm 厚的预制轻质钢筋混凝土墙板，墙板不与框架柱相连接，仅与上下楼板层的钢梁及现浇楼板连接。

结构横向前 3 阶周期为 3.6 s、3.27 s、1.64 s，结构纵向前 3 阶周期为 3.6 s、3.16 s、2.23 s。弹性阶段最大层间侧移角为 1/340，发生在第 12 层。经过弹塑性阶段的时程相应分析，能够满足层间侧移角 1/50 的“大震不倒”要求。

3.3　框架-支撑结构

3.3.1　框架-支撑结构

框架-支撑结构体系（Steel Braced Frame）是由框架结构演化而来的，即在框架体系中的部分框架柱之间设置竖向支撑，形成若干榀带有竖向支撑的框架，如图 3.21 所示。由水平荷载作用引起的层间变形将使支撑斜杆产生拉、压变形和与之对应的轴向力，支撑轴向受力所形成的水平刚度要远大于框架梁、柱弯曲受力所形成的水平刚度，因此支撑会分担绝大部分水平力，且支撑布置得越多效果越显著。结果造成框架-支撑结构体系中的支撑、梁、柱均以轴力为主，图 3.16(b)所示的桁架效应明显。由于框架分担的水平力较少，即使在其他未布置支撑的框架梁、柱上，水平荷载所引起的弯矩都不会太大。也正因为设置支撑之后结构整体水平刚度得到了大幅提升，使框架-支撑结构适用于建设较纯框架更高的建筑物。

按支撑布置的位置和形式的不同，框架-支撑结构可以分为框架-中心支撑结构（Steel Concentrically Braced Frame）、框架-偏心支撑结构（Steel Eccentrically Braced Frame）、框架-剪力墙板结构（Frame-Wall Structural System）等。它们的共同点都是将支撑、剪力墙板等抗侧力构件嵌入梁、柱组成的楼层框架内，与抗侧力构件相连的梁、柱也是抗侧力体系的一部分，这些构件及其节点都会产生较大的内力，必须进行严格设计。

图 3.21　某框架-支撑结构

框架结构中的梁、柱如果采用铰接(也称排架),或者即使梁、柱刚接但不按抗震要求设计,则增设支撑或剪力墙板之后仅有一道抗侧力体系(即支撑或剪力墙板),为单重抗侧力体系,称为支撑排架结构、支撑框架结构或框架-支撑单重体系。如果框架的梁、柱采用刚性连接,并且按抗震要求进行必要的构造设计和加强,则具有支撑和框架双重抗侧力体系,称为框架-支撑双重体系(Dual System)。按我国《高层民用建筑钢结构技术规程》的要求,进行抗震设计时应使用框架-支撑双重体系。

图 3.22 给出了框架-支撑结构典型的平面和立面布置示意图。有时也根据建筑平面布置要求,将支撑设置在楼梯间和电梯间的周边,提高使用空间的灵活性,在平面核心处构成一个封闭的筒体。支撑的数量依据建筑物的高度和所需的水平刚度确定。建筑物的横向和纵向也可以根据需要使用不同的支撑形式,图 3.22 中横向使用了人字形中心支撑,而纵向使用了人字形偏心支撑。

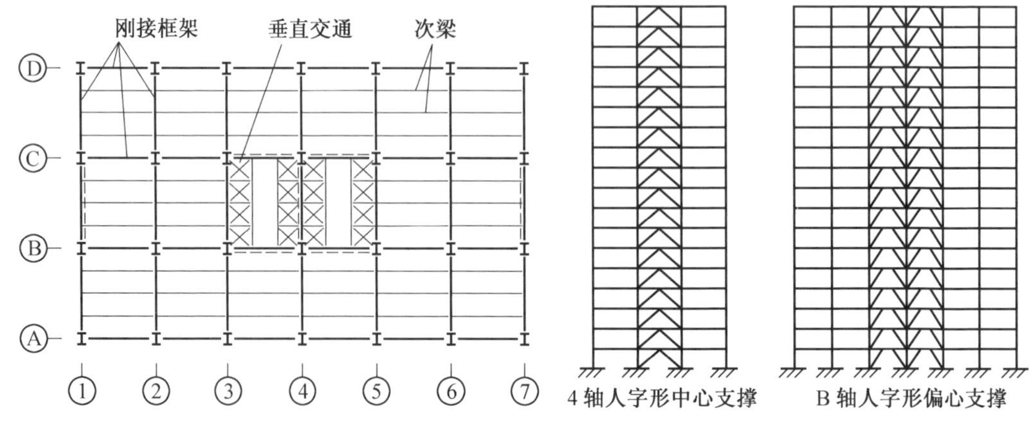

图 3.22　框架-支撑结构布置图

对于平面无扭转、规则对称的结构,有支撑的框架榀和无支撑的纯框架榀是可以通过刚性楼板或弹性楼板的变形协调共同工作的,它们在同一高度处会具有相同的水平变形。如果框架-支撑结构按双重抗侧力体系设计,则支撑和框架共同承担水平荷载。框架连梁和其上面的楼板起到了刚性连杆的作用,传递支撑与框架间的相互作用力,根据空间协同作用原理,图 3.22 整体结构沿横向的计算模型可以采用如图 3.23(a)所示的形式。其中总框架代表所有钢框架的贡献,总支撑代表所有支撑桁架的贡献。如果总框架和总支撑分别单独承受水平荷载,则它们将分别产生整体剪切型变形和整体弯曲型变形,下部各层的框架层间变形大于支撑,上部各层的支撑层间变形大于框架。但实际上由于各层楼板的存在,在每一层上两者被强迫具有相同的变形,如图 3.23(d)所示,形成整体弯剪型变形。

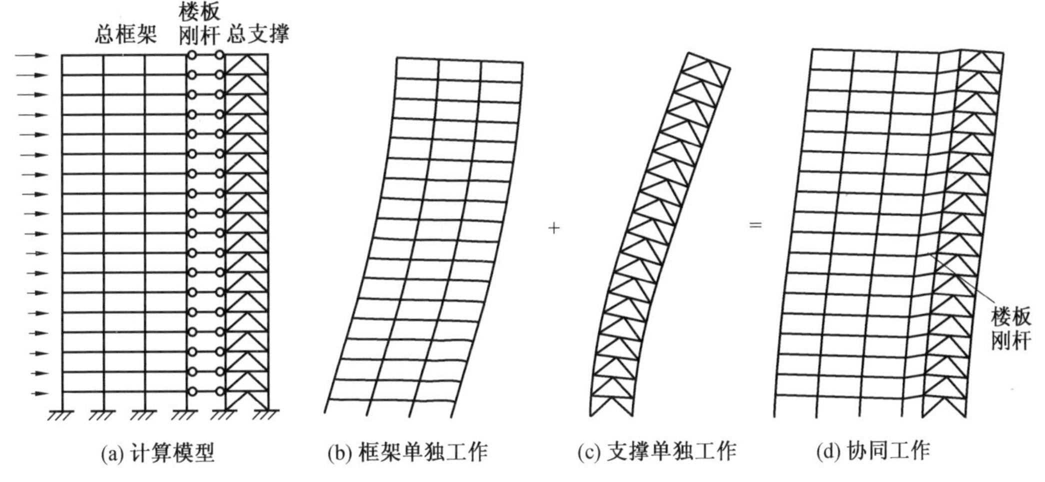

图 3.23　框架-支撑结构的协同变形

两种体系的变形特点决定了楼板刚杆内力随楼层变化的规律。下部各层楼板刚杆主要承受压力,随楼层上升,压力逐渐减小为 0,到中上部各层楼板刚杆转为受拉,达到顶层时拉力达到最大值,如图 3.24 所示。同时图中还给出了在各层的层剪力中框架和支撑各自分担的比例,可以看出:在下部各层由于支撑的水平刚度大、层间变形小,支撑分担了绝大部分的层剪力;在中部各层框架和支撑的刚度趋于一致,分担的层剪力也基本相等;而在上部各层,框架的层间变形小于支撑,从而使框架分担了更多的层剪力。

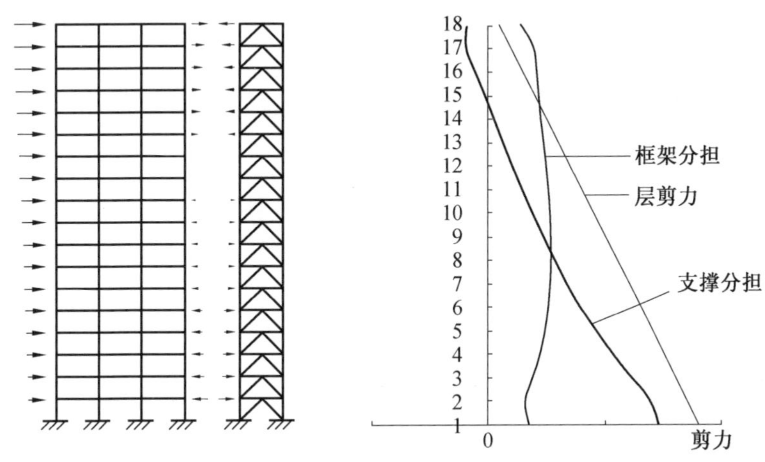

图 3.24　框架-支撑结构的层剪力分配

值得关注的是,在上部几层中框架分担的层剪力甚至大于结构总的层剪力,此时支撑承担的层剪力为负值,说明上部几层中的支撑出现了负刚度,对结构存在负作用。虽然顶部各层的层剪力一般不大,但设计中也应该引起一定重视。可以通过以下几个办法解决这个问题:①上部几层的框架截面不能减小太多,要保持框架具有足够的承载力;②可以人为地削弱上部几层的支撑截面,减小支撑的不利作用;③在保持结构竖向刚度连续变化的情况下,在上部几层不设支撑,改为纯框架。

框架-支撑(延性墙板)结构按双重抗侧力体系设计时,其中的支撑或延性墙板是第一道抗震防线,在强震作用下支撑或延性墙板先屈服,内力重分布使框架部分承担的地震剪力增大,框架发挥第二道防线作用。而框架部分在弹性设计阶段仅按刚度分配所得的层剪力可能很小,即此时框架梁、柱的内力可能很小,不能仅据此对框架梁、柱进行设计,否则框架梁、柱截面可能会很小,无法形成有效的第二道防线。因此,需要对框架部分的内力进行调整,做法是将框架部分按刚度分配计算得到的地震层剪力乘以调整系数,达到不小于结构总地震剪力的25%和框架部分计算最大层剪力1.8倍二者之中的较小值。

3.3.2 框架-中心支撑结构

中心支撑是常用的支撑类型之一,是指支撑斜杆的轴线与横梁和柱的轴线汇交于一点,或支撑斜杆的轴线与横梁汇交于一点,在梁或柱上没有偏心距。不同的支撑布置形式可能导致构件受力和使用功能上的差异。图3.25(a)所示的交叉支撑(X形支撑),在水平荷载的作用下,两根斜杆分别处于受拉和受压状态,整体刚度大、静力性能好,但它可能会引起弹塑性变形的集中,低周疲劳寿命低,在强震作用下的耗能能力差,因此交叉支撑多在地震较少发生的地区或地震活跃地区的低层建筑内使用。图3.25(b)为人字形支撑,拉、压杆共同受力,弹性刚度大,也有利于门窗布置,但人字形支撑两根斜杆的内力交于梁上,尤其是受压支撑屈曲后将对横梁产生竖向不平衡力,对横梁的设计要求严格。有时也会使用V形支撑或V形支撑与人字形支撑配合使用,如图3.25(c)所示,可以形成所谓的跨层X形支撑,能有效克服受压支撑屈曲后对横梁产生的竖向不平衡力。为减小人字形支撑中横梁的竖向不平衡力,也可设置拉链柱,将各层的竖向不平衡力向上传递至顶层刚度较大的桁架,如图3.25(d)所示。人字形支撑和V形支撑广泛应用于各类地区的多高层建筑钢结构中。图3.25(e)所示为单斜支撑,受力明确,应力集中小,但水平力两个方向作用时支撑受拉和受压的承载力差距很大,支撑屈服或屈曲后水平两个方向的刚度也差距很多,大震动力荷载作用下容易逐渐偏离中心位置而发生整体动力失稳,因此在使用时应使结构中两个方向倾斜的支撑数量均衡,即单斜支撑应成对布置。图3.25(f)所示为K形支撑,支撑内力汇交于柱上,容易在柱中引起水平不平衡力而造成柱子过早屈服,因此K形支撑在抗震设防地区禁止使用。

以轴力为主的支撑斜杆,大大提高了结构的整体刚度,可以有效减小结构侧移和改善结构的内力分布,为高层钢结构提供了一种优良的结构形式。但支撑的受压屈曲支配了支撑杆件的受力性能,以下一些典型问题值得在设计中关注。

(1)在水平往复荷载作用下框架-支撑结构(双重体系)的滞回环欠饱满,如图3.19(b)

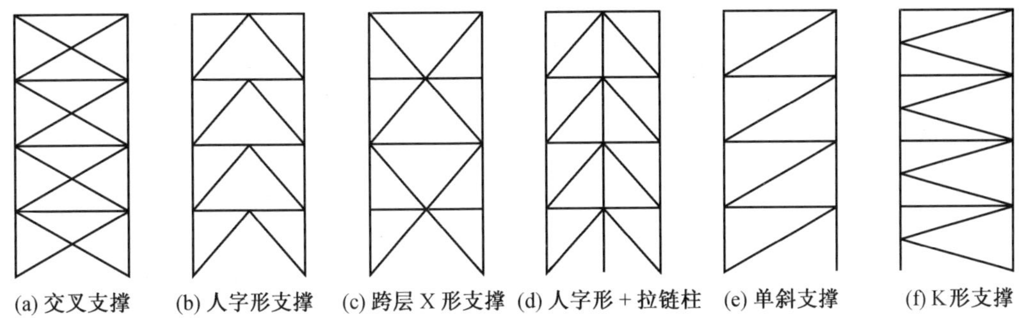

图 3.25　中心支撑的形式

所示，尤其是受压支撑失稳之后结构的承载力只能依靠框架和受拉支撑来维持，滞回环有一定程度的劣化现象。如果使用梁柱铰接的支撑框架结构（单重体系），在支撑失稳后其滞回环劣化将更为严重，如图 3.19（c）所示。由于拉、压斜杆在水平正负方向的成对布置，上述两种结构体系在两个方向的极限承载力基本接近。但必须确保单重体系中的支撑具有足够的低周疲劳寿命，防止支撑系统过早退出工作，才能使结构具有良好的延性和耗能能力，方可用于有抗震要求的建筑物。

（2）支撑斜杆的受压承载力比受拉承载力低很多，且重复受压屈曲后，其受压稳定承载力急剧降低，如图 3.26 所示，使支撑构件的滞回环出现逐圈劣化现象。但受压稳定承载力最后趋于平稳，能够维持在 $0.3\varphi A_{br}f_y$ 左右，其中 $\varphi A_{br}f_y$ 为支撑首次受压失稳时的承载力，见 6.5.5 节。

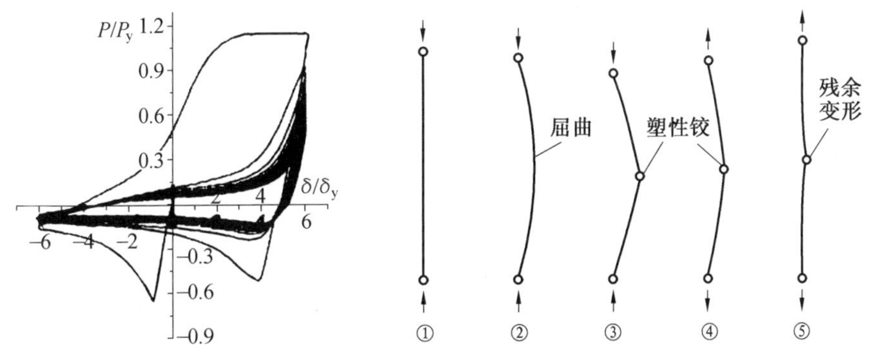

图 3.26　单根支撑的滞回曲线和各阶段的受力状态

（3）支撑端部节点的实际构造做法并非铰接，且要使节点维持较高的承载力也很难做成铰接，非铰接做法容易在支撑端部引发较大的次内力，使支撑并非处于理想轴力状态。

（4）在往复的水平地震作用下，支撑斜杆会从受压弯曲状态变为受拉伸直状态，伸直的一瞬间将对结构产生冲击性作用力，使支撑及其节点和相邻的构件产生很大的附加应力。

（5）在往复的水平地震作用下，如果同一层支撑框架内的斜杆轮流受压屈曲而又不能完全恢复拉直，会降低楼层的受剪承载力。

但近年来的研究显示，如果在支撑杆件截面选择、板件宽厚比控制和支撑节点做法上采取谨慎的构造措施，那么中心支撑也将能够承受相对较大的弹塑性层间变形而不过早发生破坏。美国钢结构抗震规范中据此提出了所谓的“特殊中心支撑框架结构”(Special Concentrically Braced Frame),这种结构可以达到较高的延性,从而在设计中可以使用较小的地震力。我国抗震规范和高钢规中规定的关于中心支撑的各种构造措施也足以保证支撑延性和承载力,使框架-中心支撑结构的优势逐渐被人们所接受。这些措施包括:

①提高支撑节点连接的承载力,并改善其构造措施,使在往复大弹塑性变形情况下支撑节点不先发生破坏,即使支撑单圈的滞回环不饱满,也可以经受多圈大弹塑性变形作用,依然可以累积消耗掉地震输入能量。

②适当放宽支撑长细比限值。有研究成果表明,支撑长细比较大时,其低周疲劳寿命高于长细比较小的支撑。同时较大的支撑长细比也会在一定程度上降低结构整体刚度,减小地震力的作用,尤其是在弹塑性阶段的效果更为明显。

③严格限制支撑板件的宽厚比。大震下支撑发生整体屈曲后,容易在跨中形成塑性铰、并集中发展塑性,此位置极易出现弹塑性局部屈曲,从而产生很高的塑性应变,往复荷载作用下会过早地萌生裂缝,将严重劣化支撑的低周疲劳寿命,因此各国规范都对支撑板件宽厚比进行了非常严格的限制。

④强化人字形支撑框架中横梁的设计。不考虑支撑在横梁跨中的支承作用,使横梁除应承受自身重力荷载代表值的竖向荷载外,尚应承受跨中节点处两根支撑斜杆分别受拉屈服($A_{br}f_y$)和受压屈曲($0.3\varphi A_{br}f_y$)所引起的竖向分力与水平分力作用。为使人字形支撑的横梁截面不至于过大,也可采用跨层 X 支撑或设置拉链柱,如图 3.25(c)和(d)所示。

由于钢结构支撑自身在大震作用下不可避免地会发生受压失稳,使滞回环出现“捏缩”现象,从而促使人们提出了是否存在能够避免支撑发生失稳的更好办法。于是,从 20 世纪 90 年代开始,逐渐出现了屈曲约束支撑(也称为无屈曲支撑、不失稳的支撑等)(Buckling Restrained Brace)的概念和做法。仍作为中心支撑构件使用的屈曲约束支撑具有受压和受拉都能达到支撑钢材屈服的特性,支撑的滞回环在受压时与受拉时同样饱满,如图 3.27 所示。通过图 3.28 所示的支撑核心钢材周边的横向约束材料(钢管和砂浆)限制支撑核心的单波或多波屈曲。支撑核心与横向约束材料之间做成无黏结形式,故支撑的轴向力只由支撑核心承担,横向约束材料只负责约束支撑的屈曲,并不分担轴向力。小震时支撑核心处于弹性阶段,大震时支撑核心进入弹塑性拉、压屈服状态,滞回环饱满,耗能能力极好,甚至可以视为阻尼器。

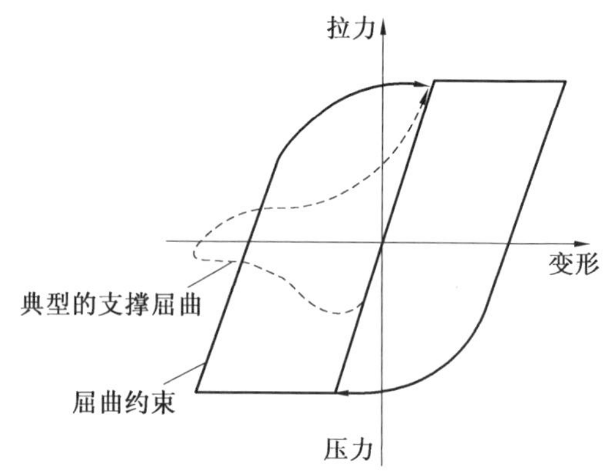

图 3.27　屈曲约束支撑滞回环与传统中心支撑的对比

目前已开发出了多种屈曲约束支撑形式,如图 3.29 所示,外部横向约束材料包括钢管混凝土、钢筋混凝土和全钢构件。由于屈曲约束支撑良好的滞回性能和稳定的承载力,框架-屈曲约束中心支撑结构成为抗震性能良好的结构体系之一，并逐渐为各国规范所采纳和接受。

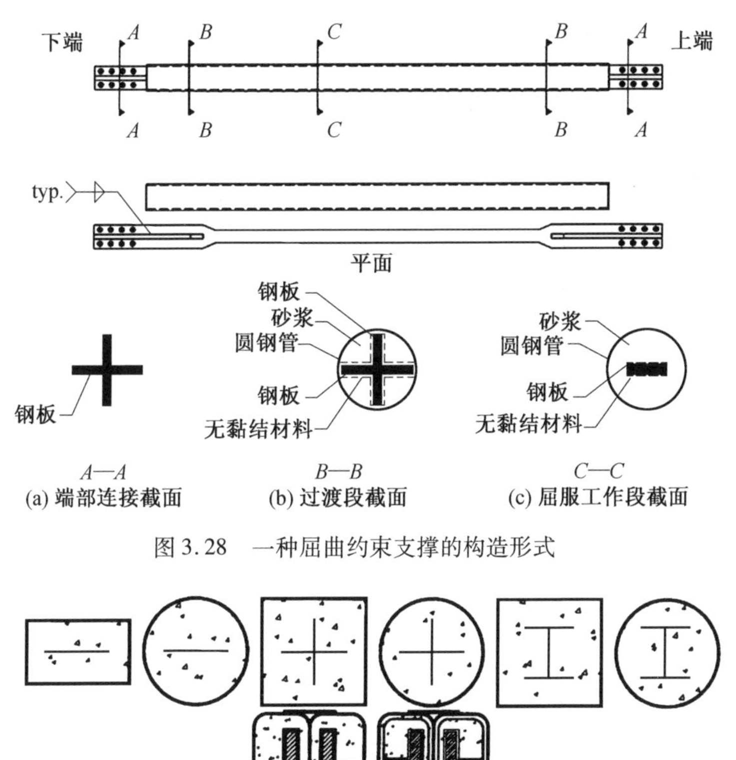

图 3.28　一种屈曲约束支撑的构造形式

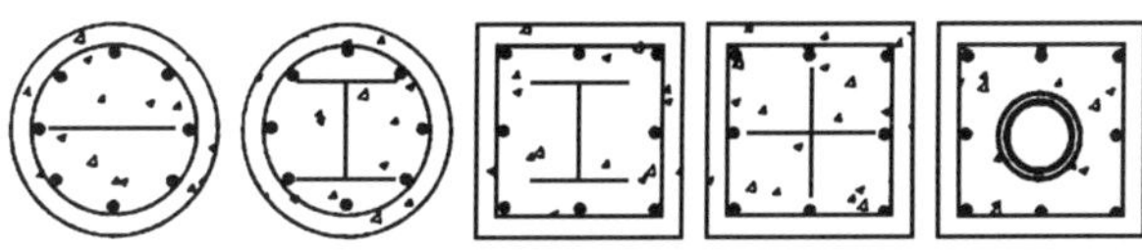

(a) 钢管混凝土约束型屈曲约束支撑

(b) 钢筋混凝土约束型屈曲约束支撑

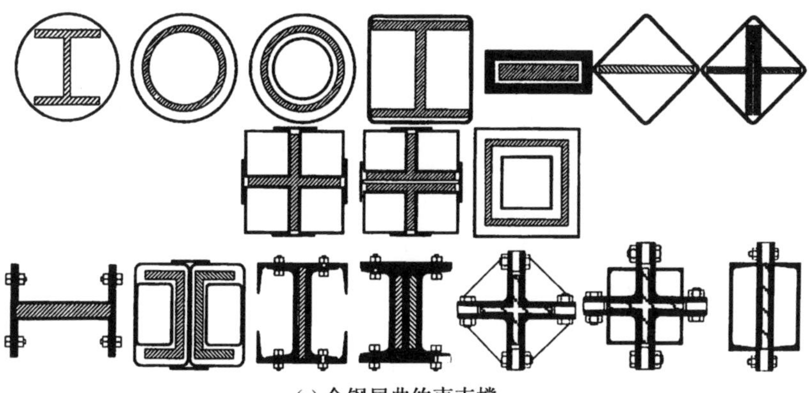

(c) 全钢屈曲约束支撑

图 3.29　屈曲约束支撑常用截面形式

3.3.3 框架-偏心支撑结构

框架-偏心支撑结构综合了中心支撑框架的强度和刚度的优势以及纯框架的高延性的优势。由前文关于中心支撑的介绍可知,中心支撑虽然具有良好的强度和刚度,但其受压斜杆失稳后整体结构的滞回耗能能力较差,滞回环欠饱满,如图 3.19(b)(c)所示;而纯框架虽然滞回环饱满,如图 3.19(a)所示,但依靠梁、柱受弯而形成的框架整体水平刚度和承载力较差,不适合高层建筑。为了使结构既具有足够的承载力和刚度,又具有充分的弹塑性滞回耗能能力,人们提出了框架-偏心支撑结构,良好的构造设计可以保证这种结构具有饱满、稳定的滞回环,如图 3.19(d)所示。

偏心支撑结构的特点是支撑斜杆至少有一端与横梁进行偏心连接,在横梁上形成偏心梁段(也称消能梁段、耗能梁段)。图 3.30 给出了常用的偏心支撑结构。框架-偏心支撑结构的工作原理如下。

(1)结构在弹性工作阶段,所有构件均不能屈服或屈曲,此时偏心支撑与中心支撑的性能类似。唯一的差距是偏心梁段在弯矩和剪力作用下将产生自身的弯、剪变形,会对结构整体水平刚度有一定削弱(与中心支撑相比),但通常的偏心梁段长度 e 需经过严格设计,数值不是很大,对整体结构的刚度削弱有限。

(2)结构在弹塑性工作阶段,通过合理的设计使除偏心梁段之外的梁、柱和支撑都处于弹性及不屈曲状态,或使它们尽可能少、也尽可能晚地发展塑性,使得只有偏心梁段在弯矩、剪力、甚至轴力共同作用下进入塑性并耗能。此时偏心梁段成为消能梁段,形成与框架结构类似的梁塑性屈服耗能机制,如图 3.31 所示。

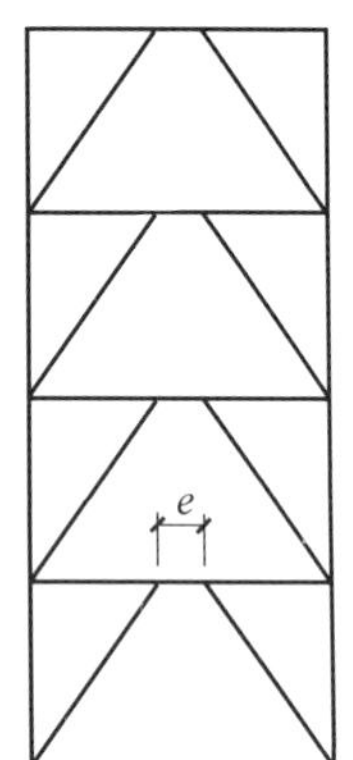

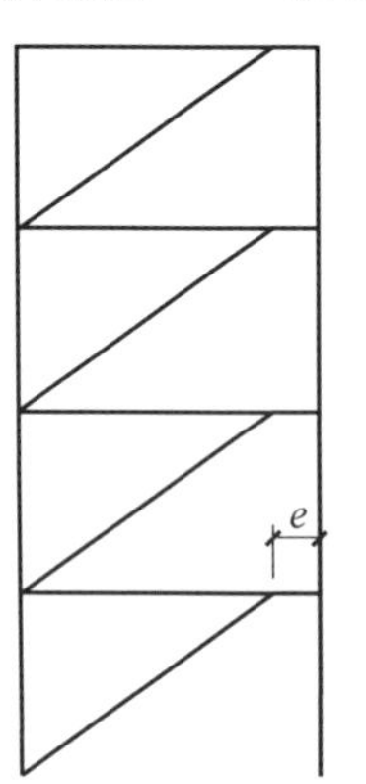

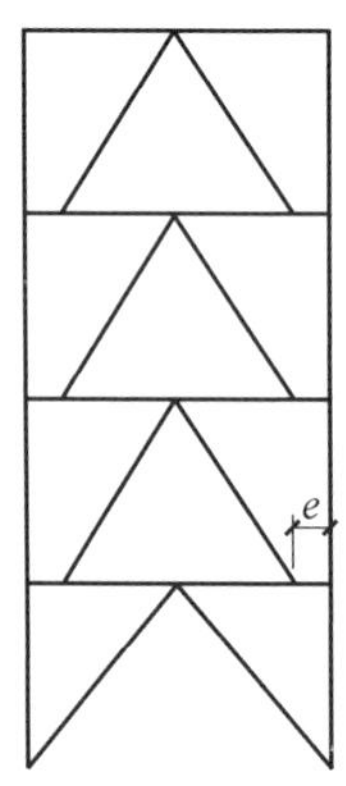

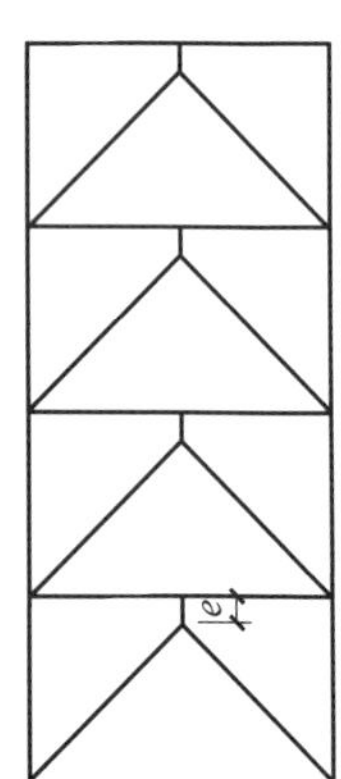

图 3.30 框架-偏心支撑结构

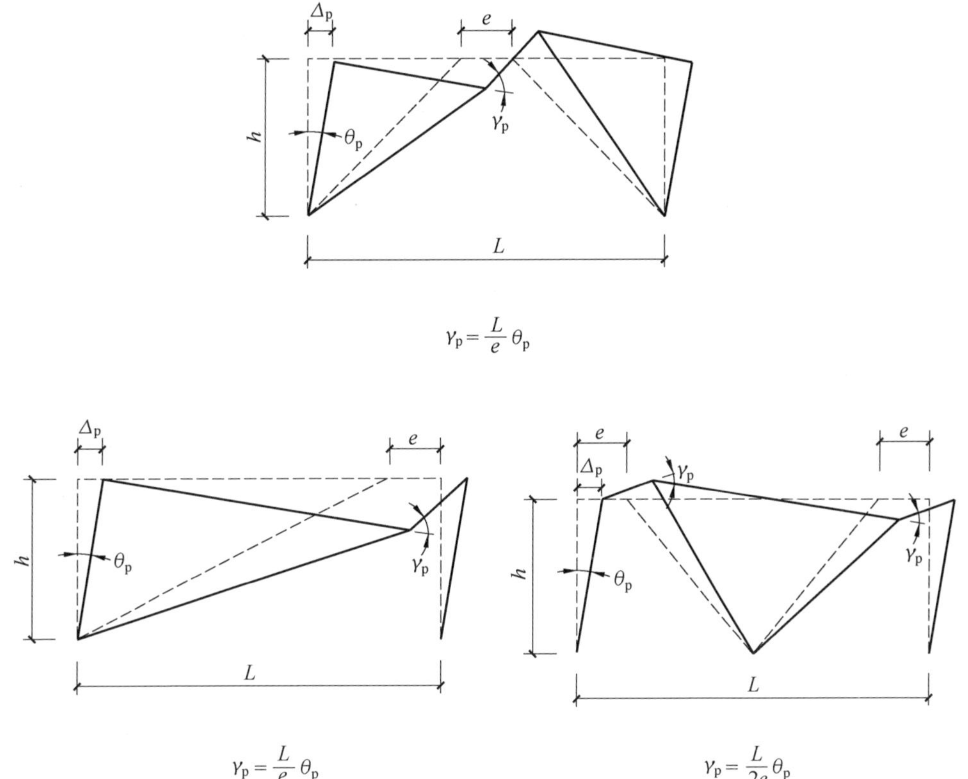

图3.31　消能梁段的塑性转动

L—跨度；h—层高；Δ_p—塑性层间位移；$\theta_p=\Delta_p/h$—塑性层间位移角；γ_p—消能梁段塑性转角(rad)

可见，偏心支撑结构中的消能梁段起到了类似“保险丝”的作用，它是在弹塑性阶段结构中最弱的构件，原则上结构的塑性耗能都发生在消能梁段上，屈服机制明确、可控。消能梁段的屈服限制了与之相连的支撑、柱和其他梁的内力发展，从而防止这些构件过早地发生失稳或屈服。因此，框架-偏心支撑结构在设计时应注意以下问题：

①小震弹性设计时，消能梁段的受剪承载力应取腹板屈服时的剪力和消能梁段两端形成塑性铰时对应的剪力中两者的较小值，当消能梁段的轴力较大时，计算受剪承载力时应计入轴力的影响；消能梁段的受弯承载力验算时也应考虑弯矩与轴力的共同作用。具体计算方法见6.6.3和6.6.4节。

②应加强与消能梁段相连的其他构件，包括支撑、柱和非消能梁段，以确保在消能梁段屈服之前，其他与之相连的构件不屈服和不屈曲。具体做法见6.6.5节。

③消能梁段的长度直接影响其塑性变形能力和耗能能力，如果消能梁段的长度 $e\leqslant 1.6M_p/V_p$（M_p为消能梁段的塑性铰弯矩，V_p为消能梁段的屈服剪力），则主要发生剪切屈服，此时消能梁段的塑性变形能力最强，允许的消能梁段塑性转角 γ_p（图3.31）可以达到0.08 rad；如果消能梁段的长度 $e\geqslant 2.6M_p/V_p$，则主要发生弯曲屈服，此时消能梁段的塑性变形能力最差，允许的消能梁段塑性转角 γ_p只有0.02 rad；如果消能梁段长度 e 在上述两者之

间，则可能同时出现剪切屈服和弯曲屈服，消能梁段的塑性变形能力也介于上述两者之间，允许的消能梁段塑性转角 γ_p 可以在 0.08 rad 和 0.02 rad 之间线性插值。因此，从提高耗能能力的角度看，消能梁段宜设计成剪切屈服型。但考虑到实际工程中支撑布置和使用功能要求，只要控制好可能出现的最大塑性转角，也是允许设计成弯曲屈服型的。

④消能梁段的面外支撑。为防止消能梁段在塑性转动过程中出现面外弯曲或扭转变形，需要在消能梁段的两端设置垂直于框架平面方向的面外支撑。一般来说，多高层建筑钢结构中采用组合楼板并与钢梁有可靠连接时，楼板可以视为消能梁段上翼缘的面外支撑。但楼板对下翼缘不起作用，在消能梁段下翼缘的面外应设置隅撑或其他如次梁等有效支撑方式。要求侧向支撑承载力设计值不应小于消能梁段翼缘轴向屈服承载力的 6%。如果横梁（包括消能梁段）为箱形截面时，除了截面高宽比非常大的特殊箱形梁，一般其面外抗弯能力和抗扭能力都很大，可以不设面外支撑。

⑤为使消能梁段在反复荷载作用下具有良好的滞回性能，需采取合适的构造并加强对腹板的约束，如图 3.32 所示。在消能梁段与支撑斜杆连接处，需双面设置与腹板等高的加劲肋，以传递梁段的剪力并防止梁腹板屈曲。消能梁段腹板的中间加劲肋，需按梁段的长度区别对待，较短的剪切屈服型所需的加劲肋间距小一些；较长的弯曲屈服型需在距端部 1.5 翼缘宽度处设置加劲肋；中等长度时需同时满足剪切屈服型和弯曲屈服型的要求。具体加劲肋间距和腹板宽厚比要求见 6.6.9 节。

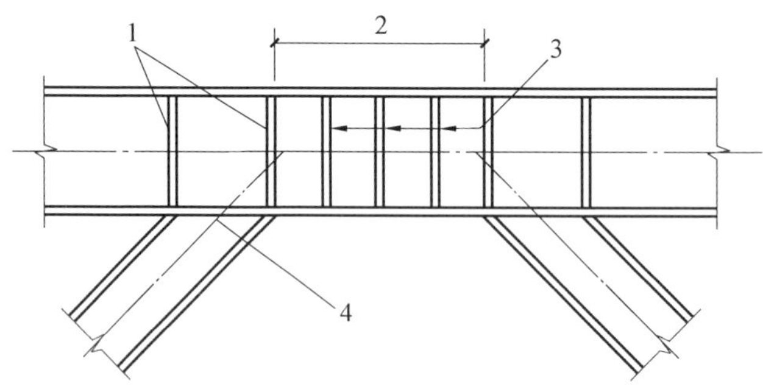

图 3.32　消能梁段的腹板加劲肋设置

1—双面全高设加劲肋；2—消能梁段上、下翼缘均设侧向支撑；3—腹板高大于 640 mm 时设双面中间加劲肋；4—支撑中心线与消能梁段中心线宜交于消能梁段内

3.3.4　钢框架-剪力墙板结构

钢框架-剪力墙结构包括钢框架-钢板剪力墙结构、钢框架-无黏结内藏钢板支撑墙板结构、钢框架-内嵌竖缝混凝土剪力墙板结构等。这里所说的剪力墙板均为嵌入式墙板，可以等效为支撑或剪切板。从某一层上看，嵌入式墙板的作用与支撑类似，用来提高本层的抗侧刚度和水平抗剪承载力。从多高层建筑的整体上看，嵌入式墙板与周边梁柱共同工作，形成类似于底端固定的竖向悬臂梁：竖向边缘构件（钢柱）相当于翼缘，内嵌墙板相当于腹板，水平边缘构件（钢梁）可近似视为横向加劲肋。但与混凝土剪力墙不同的是，嵌入式剪力墙

(包括支撑)一般不能脱离框架而独立地成为剪力墙,且设计中应尽量使嵌入式墙板不承担竖向荷载,以免劣化其抗剪性能。竖向荷载应尽量通过横梁传给两边的框架柱。

(1)钢板剪力墙。

钢板剪力墙采用非加劲钢板和加劲钢板两种形式,如图3.33所示。非抗震设计及四级的高层民用建筑钢结构采用钢板剪力墙时,可以不设加劲肋,如图3.33(a)所示;三级及以上时,宜采用带竖向(或)水平加劲肋的钢板剪力墙,如图3.33(b)所示。竖向加劲肋宜采用两面设置或两面交替设置,横向加劲肋宜采用单面或两面交替设置。

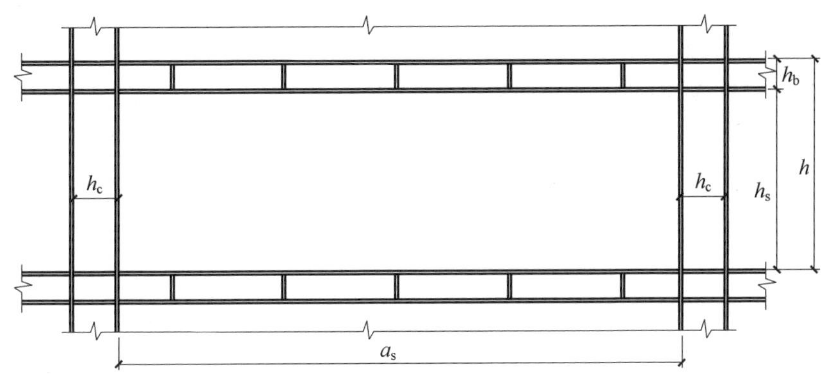

(a) 非加劲钢板剪力墙

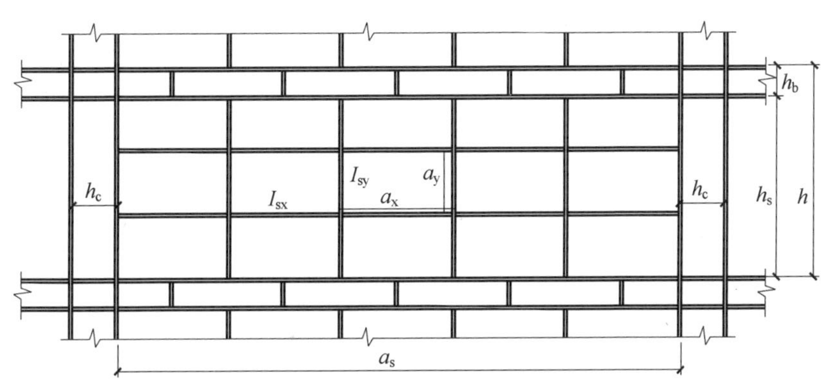

(b) 加劲钢板剪力墙

图3.33 钢板剪力墙

钢板剪力墙应按不承担竖向荷载设计。梁内加劲肋与剪力墙的竖向加劲肋应该错开布置,以减小或避免加劲肋传递竖向力。当钢板剪力墙承受竖向荷载不可避免时,承受竖向荷载的钢板剪力墙,其竖向应力导致抗剪承载力的下降不应大于20%。在结构整体内力分析时,不承担竖向荷载的钢板剪力墙可采用剪切膜单元,参与承担竖向荷载的钢板剪力墙可采用正交异性板的平面应力单元。

钢板剪力墙的周边通常需要与梁、柱进行可靠的对接焊缝连接。如果钢板剪力墙在层剪力作用下不会出现板件的局部屈曲,不产生显著的屈曲后拉力场,此时钢板剪力墙周边的剪应力分布相对均匀,与周边梁、柱之间也可采用摩擦型高强螺栓连接。但为保证周边栓孔都能够准确对齐,各构件需要有较高的加工精度。而需要利用墙板的屈曲后性能时,形成的拉力场将使局部位置的螺栓受力较大,容易在大震下出现螺栓连接各个击破的破坏形式,并伴有较大的摩擦、断裂等噪声,此时应尽量避免使用螺栓连接。

钢板剪力墙与普通支撑相比,不必担心钢板墙的屈曲后承载力和耗能能力的骤降,滞回环的饱满度优于普通支撑。钢板剪力墙弥补了混凝土剪力墙或核心筒延性不足的缺点,试验表明钢板墙自身的鲁棒性非常好,延性系数为 8 ~ 13,很难发生墙板卸载的现象。钢板剪力墙的重量远小于钢筋混凝土墙,可有效降低结构自重、减小地震响应、压缩基础费用、增加使用面积,在既有建筑加固领域有着良好的使用前景。

从 20 世纪 70 年代开始,随着钢板剪力墙的发展与应用,除了上述的非加劲钢板剪力墙和加劲钢板剪力墙之外,很多学者还提出了诸如开缝钢板墙、低屈服点钢板墙、开洞钢板墙、压型钢板墙、竖缝钢板墙、两侧开缝钢板墙、组合钢板墙、防屈曲钢板墙等多种形式的钢板剪力墙。其中以防屈曲钢板墙的抗震性能最好,核心的钢板剪力墙受到两侧的钢筋混凝土板的面外约束,不会发生或者仅发生微小的局部屈曲,核心钢板以剪切屈服为主,耗能能力和低周疲劳寿命都显著提高,而且避免了屈曲后拉力场的产生,有利于减轻内嵌钢板对柱子的不利作用。

(2)无黏结内藏钢板支撑剪力墙。

无黏结内藏钢板支撑剪力墙的抗侧力原理与屈曲约束支撑一致,依靠被墙板混凝土横向约束住的钢板带形式的支撑承受水平力,如图 3.34 所示。

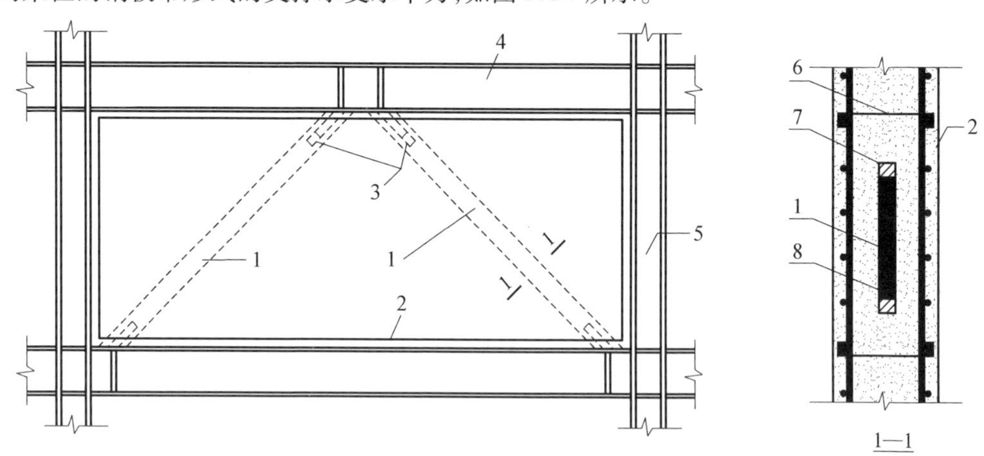

图 3.34　无黏结内藏钢板支撑剪力墙

1—钢板支撑;2—混凝土墙板;3—泡沫等松软材料;4—钢梁;5—钢柱;6—拉结筋;7—松软材料;8—无黏结材料

内藏钢板支撑的形式可以采用人字形支撑、V 形支撑或单斜支撑,且应设置成中心支撑。若采用单斜支撑,应在其他相应柱间成对对称布置。一般根据楼层剪力和刚度要求确定内藏钢板支撑的净截面面积,不用考虑其失稳的问题。钢板支撑所用钢材应具有明显的屈服平台,屈服强度波动范围不应大于 100 MPa,屈强比不应大于 0.8,断后伸长率不应小于 20%,应具有良好的可焊性。钢板支撑的上、下节点与钢梁翼缘可采用角焊缝连接或带端板的高强螺栓连接,其最终的固定应在楼面自重到位后进行,以防支撑承受过大的竖向荷载。某无黏结内藏钢板单斜支撑剪力墙的滞回曲线如图 3.35 所示,由于钢板支撑的受压屈曲受到墙板约束而无法发生,水平力作用下钢板支撑拉、压都能达到屈服,滞回环非常饱满。

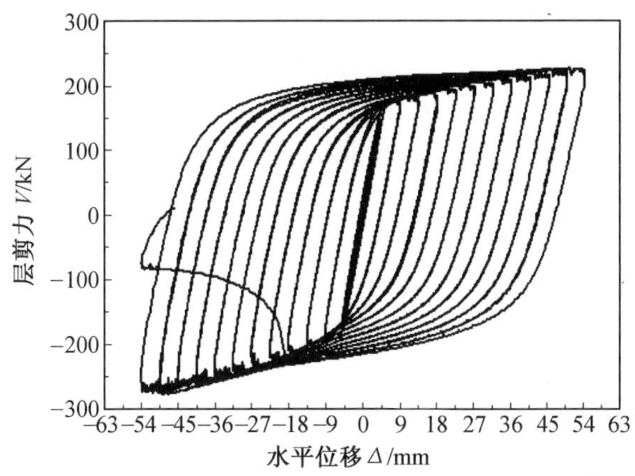

图 3.35　某无黏结内藏钢板单斜支撑剪力墙的滞回曲线

外包钢筋混凝土墙板与钢板支撑之间通过较薄的无黏结材料隔离开，可以确保墙板不参与抵抗水平力。墙板的作用有：①内部的钢板支撑面外刚度很小，极易受压失稳，墙板将为其提供水平约束，防止面外失稳发生；②墙板平面尺寸与梁柱区格匹配，实现了维护墙的建筑功能。无黏结内藏钢板支撑剪力墙仅在节点处与框架结构相连，墙板的四周均应与框架间留有间隙。在无黏结内藏钢板支撑剪力墙安装完毕后，墙板四周与框架之间的间隙宜用隔声的弹性绝缘材料填充，并用轻型金属架及耐火板覆盖。墙板与框架的间隙应综合无黏结内藏钢板剪力墙的连接构造和施工因素确定，最小间隙应满足层间位移角达 1/50 时，墙板与框架在平面内不发生碰撞。

(3)带竖缝钢筋混凝土剪力墙。

带竖缝钢筋混凝土剪力墙也是一种预制的嵌入式墙板，如图 3.36(a)所示。通过在混凝土墙中设置一定数量和一定长度的竖缝，降低了现浇混凝土实体剪力墙的抗侧刚度，但竖向开缝将混凝土墙分割为多个混凝土短柱，改变了墙面整体受剪脆性破坏模式，通过缝间短柱(也称缝间墙)的自身受弯和受剪而形成延性破坏模式。这种墙板刚度退化系数小，延性好，如图 3.36(b)所示，在往复水平荷载作用下墙肢的裂缝还有一定的可恢复性，抗震性能好。缝间短柱应按对称配筋的大偏压构件计算两侧的纵向钢筋和箍筋，满足抗剪和抗弯强度要求。缝两端的实体墙中应配置数量不低于缝间墙一侧纵筋的横向主筋。

带竖缝混凝土剪力墙板应按承受水平荷载、不承受竖向荷载的原则进行设计。由于在罕遇地震下带竖缝剪力墙在缝间短柱端部会发展塑性，形成很多细小裂缝，如图 3.36(c)所示，墙体的竖向承载力会有所下降，因此横梁应该按照承受全部竖向荷载设计，不能因为竖缝剪力墙在弹性阶段可能会分担竖向荷载而减小横梁截面。

带竖缝剪力墙上、下两边可以通过栓钉或螺栓与上、下钢梁连接。带竖缝剪力墙亦应与两侧的钢柱之间预留一定间隙，避免大震下相互挤压而降低各自的性能。形成竖缝的填充材料宜用延性好、宜滑移的耐火材料，如石棉板等。

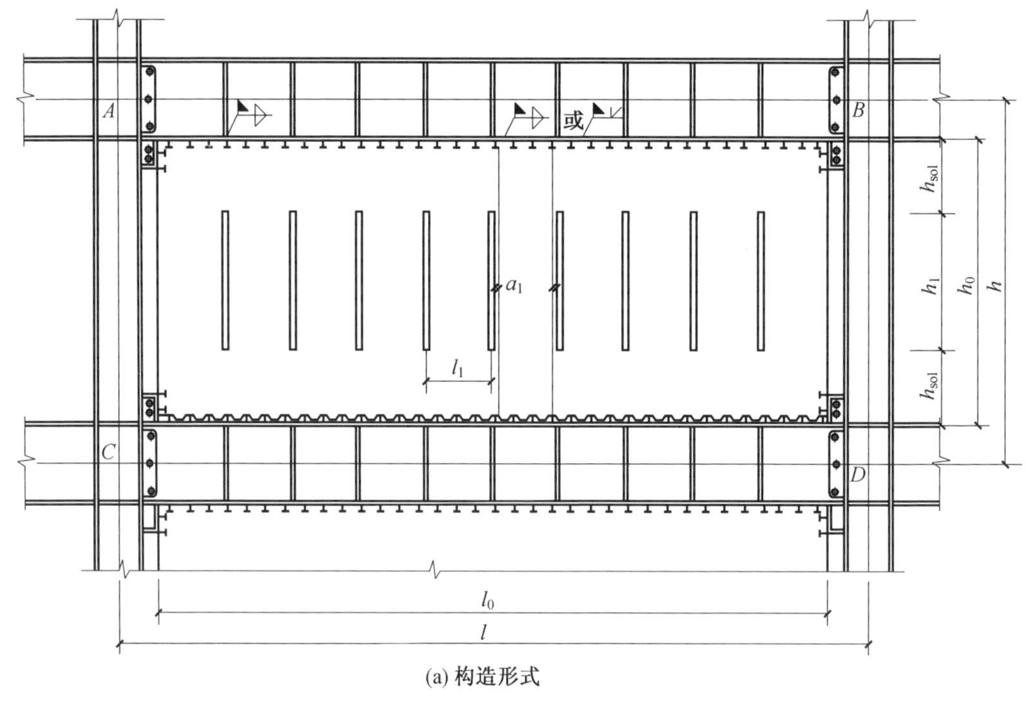

(a) 构造形式

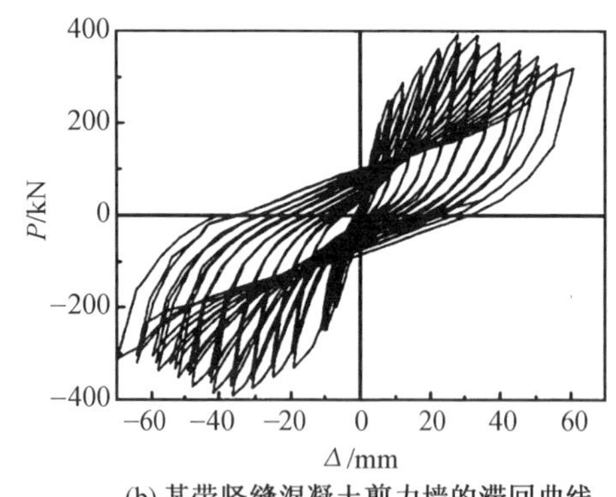

(b) 某带竖缝混凝土剪力墙的滞回曲线

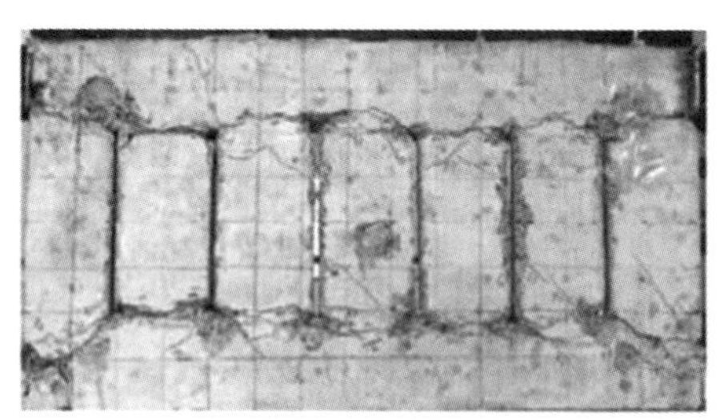

(c) 试验中开缝墙体的破坏模式

图 3.36 带竖缝的钢筋混凝土剪力墙及抗震性能

3.3.5 钢框架-支撑结构工程实例

北京京广中心由株式会社日本设计事务所和株式会社熊谷组设计,建成于 1989 年,如图 3.38(a)所示。主体结构地下 3 层,地上 52 层,地上结构总高度为 196 m,基础埋深约为 14 m,结构高宽比约为 5.4。标准层平面为 90°夹角的扇形平面,外侧弧长约为 72.68 m,横向宽度为 36.277 m,如图 3.37 所示。从 39 层起至顶层,内部开有 21.6 m×17.2 m 的天井。

北京京广中心采用钢框架-支撑结构体系,支撑的位置如图 3.37 所示,除天井位置外均由底层一直升到顶层。竖向支撑主要采用带竖缝钢筋混凝土剪力墙板,但在 1 ~6 层、23 层、38 层,由于层高较大,预制墙板太重,则改用钢支撑,大部分支撑为人字形中心支撑,局部为偏心支撑,如图 3.38(b)所示。地下室部分采用型钢混凝土框架和钢筋混凝土剪力墙。

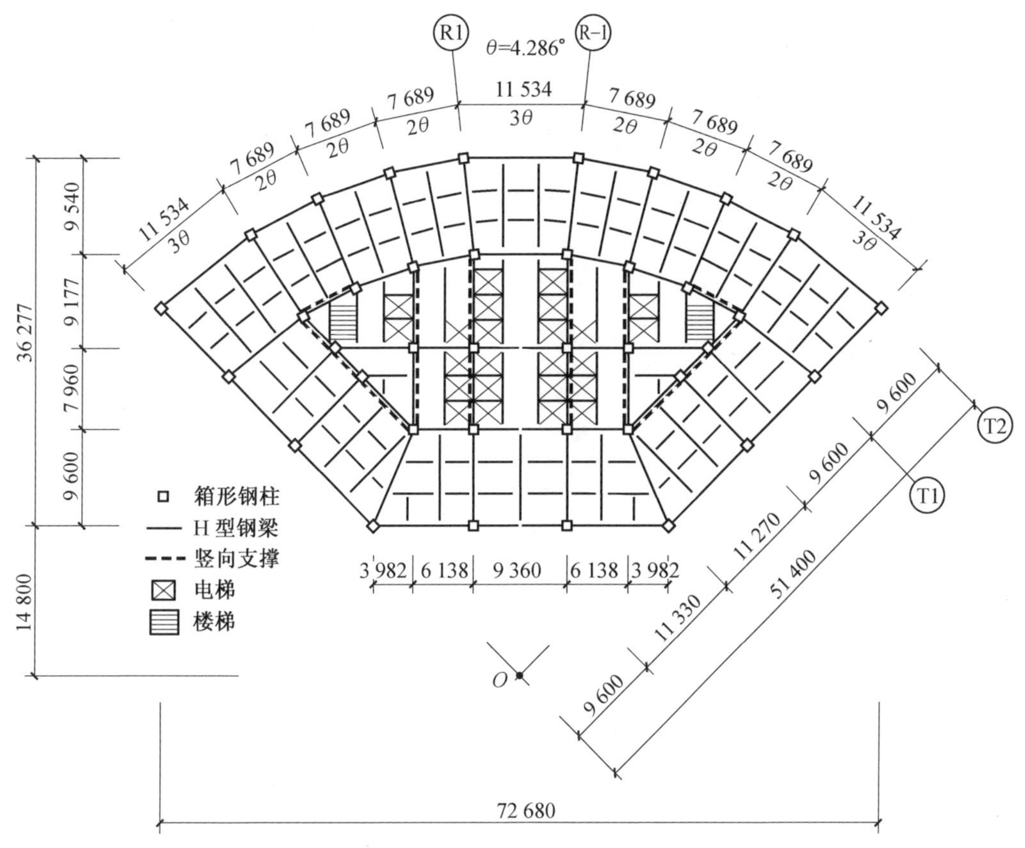

图3.37 北京京广中心标准层平面图

地面以上的钢柱采用焊接箱形截面,截面尺寸为850 mm×850 mm×70 mm～650 mm×650 mm×19 mm,个别位置最大壁厚为80 mm。框架梁采用焊接工字钢,截面尺寸一般为800 mm×200 mm×12 mm×36(25)mm,个别位置使用1 000 mm×350 mm×19 mm×36mm。支撑斜杆的截面尺寸采用BH300 mm×300 mm×10 mm×15 mm和BH350 mm×350 mm×36 mm×36 mm等规格,支撑斜杆H形截面的翼缘位于框架平面内,以减小面外长细比。嵌入式预制混凝土开缝剪力墙板仅在顶边、底边与上、下钢梁相连,每边有6～8个连接点,墙板两侧边与钢柱之间留有10 mm间隙。

地面以下的型钢混凝土框架柱内的型钢芯柱,采用一个H型钢和两个剖分T型钢拼焊成的带翼缘十字形截面,H型钢的截面尺寸分为750 mm×350 mm×32 mm×60 mm和850 mm×450 mm×50 mm×80 mm两种。

采用日本钢材,钢板厚度不大于40 mm时采用SM50A,钢板厚度大于40 mm时采用SM50B。轧制H型钢的次梁等采用SS41。

在布置支撑和剪力墙板时,使结构横向和纵向的刚度大致相等,结构的前三阶周期分别为5.92 s、2.48 s、1.54 s(横向)和6.05 s、2.39 s、1.48 s(纵向)。选用了El Centro(NS)、Taft(EW)和Hachinohe(NS)3种地震动,对结构进行了地震相应的时程分析。地震反应分析基于两个水准:第一水准采用北京地区100年一遇的中震,峰值速度基准取值调整为20 cm/s,要求结构处于弹性阶段,层间侧移角不大于1/200;第二水准采用北京地区150年一遇的大

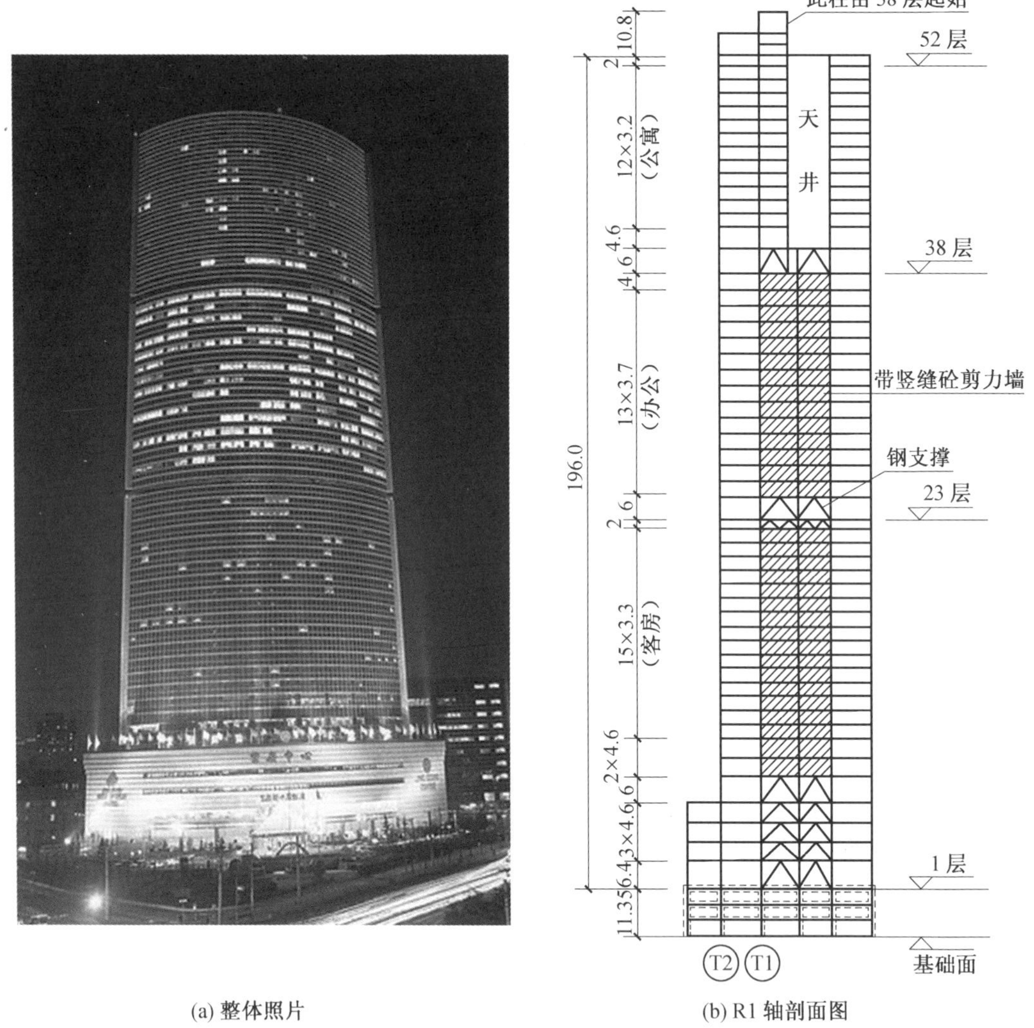

(a) 整体照片　　(b) R1 轴剖面图

图 3.38　北京京广中心照片及横向剖面图

震，峰值速度基准取值调整为 35 cm/s，要求结构不倒塌，层间侧移角不大于 1/100。

3.4　框架-核心筒结构及伸臂桁架结构

如果框架-支撑结构中的支撑跨布置在中间榀的核心区域，且平面两个方向的支撑在核心区围成一个封闭矩形，如图 3.39 所示，则从空间整体上看形成了所谓的框架-核心筒结构（Frame-Tube Structural System）。因此，如果根据空间协同工作原理，当将空间的框架-核心筒结构简化为平面结构计算模型时，就成为平面的框架-支撑结构，故框架-核心筒结构在水平两个方向的受力性能和变形特征都与框架-支撑结构体系相似，核心筒的支撑形式及布置方式也均可参照 3.3 节。当然，如果不能简化为平面模型，对于框架-核心筒结构应采用空间三维模型计算内力和变形。核心筒内部可以布置楼梯、电梯和管道井等垂直公共设施，满足建筑需求。

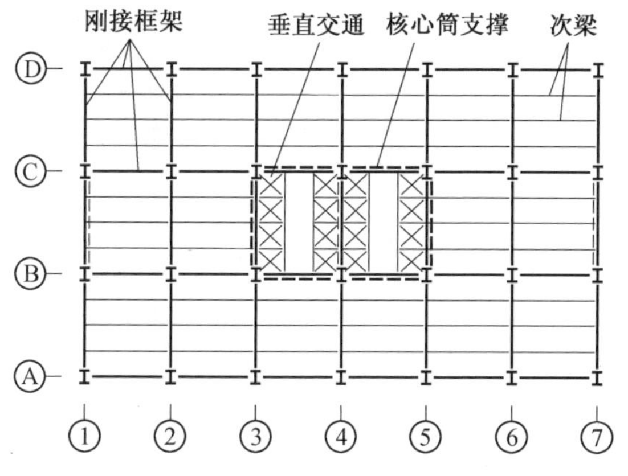

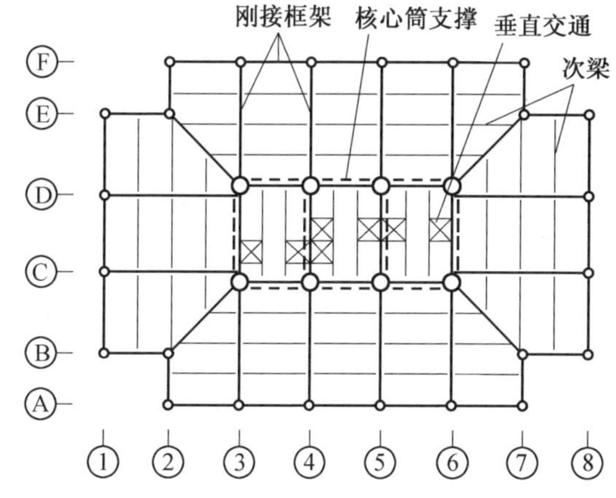

图 3.39　框架-核心筒结构平面图

周边钢框架的梁、柱如果采用铰接，则整体结构属于单重抗侧力体系；如果采用刚接，则整体结构属于双重抗侧力体系，具有支撑和抗弯框架两道抗震防线。框架-核心筒结构的水平刚度和承载力与框架-支撑结构相当，因此其适用高度也与框架-支撑结构体系一致。

即使外框架梁、柱刚接，但建筑上追求较大使用空间时，会使用较大柱距（即较大跨度的梁），从而削弱外框架的抗侧刚度，使绝大部分的水平荷载都传到了内筒上。同时，核心筒的平面宽度不大，有时甚至不足建筑平面宽度的 1/3，其高宽比较大，因此会出现内筒水平刚度和承载力不足的情况。带伸臂桁架（Outrigger Truss）的框架-核心筒结构是针对这种内筒刚度不足而改进的一种结构体系，如图 3.40 所示。在不改变结构整体尺寸的前提下，通过在一定高度处设置一道或多道伸臂桁架，使外框架柱更多地参与抵抗整体倾覆弯矩。该结构在水平荷载作用下，内筒的整体弯曲变形带动伸臂桁架由水平变为倾斜，在两侧框架柱中将产生拉、压力，通过伸臂桁架转化为内筒的反向弯矩 M_1 和 M_2，从而降低内筒所分担的倾覆弯矩，提高整体结构的水平刚度，并减小结构水平侧移。

高层建筑结构一般都需设置设备层或避难层，可以利用这些楼层位置设置伸臂桁架，其高度可为设备层或避难层层高，其腹杆布置尚应考虑人员穿行和管道穿越的方便。

伸臂桁架应与内筒支撑位于同一平面内，从而使伸臂桁架平面内的外框架柱直接参与抵抗水平荷载的作用。显然，此时外框架柱的利用效率是不高的，未与伸臂桁架在同一平面

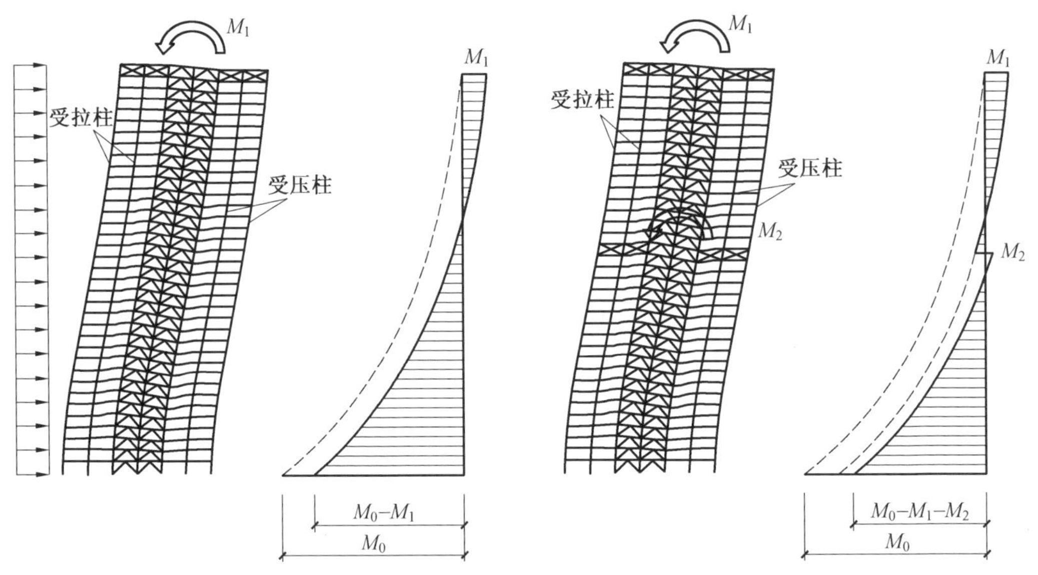

图 3.40 伸臂桁架结构及内筒弯矩图

内的外框架柱无法通过各层钢梁的变形协调参与工作。因此,有时为使外框架周边更多的柱子参与抵抗倾覆弯矩,也常在伸臂桁架位置的周边框架上设置带状桁架(在顶层时也称为帽桁架,在中部时也称为腰桁架),如图 3.41 所示。由于周边带状桁架的抗弯刚度很大,可以较好地实现周边框架柱轴向变形协调,使周边框架柱都能参与抵抗水平荷载,并通过伸臂桁架对内筒产生反向弯矩。伸臂桁架与带状桁架的配合使用,可以使框架-核心筒结构体系的水平刚度提高 20% ~30% 。

抗震设计时,应考虑设置伸臂桁架和带状桁架的楼层处自身刚度很大而引起刚度突变的后果,宜适当提高与这些楼层相邻楼层重要构件的承载力和抗震构造措施。

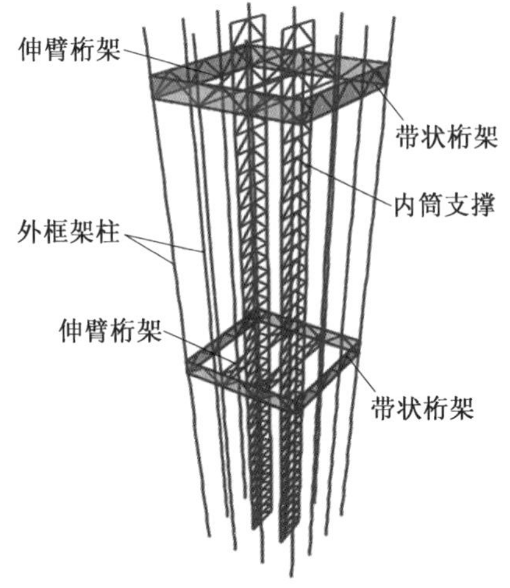

图 3.41 带状桁架与伸臂桁架的配合使用

3.5　筒体结构

3.5.1　外筒结构

外筒结构体系是依靠建筑物周边的梁、柱、支撑或墙体等构件组成的整体抗侧力结构体系，如图 3.42 所示，按外筒的构成方式，可以将其分为框架筒体（Framed Tube Structural System）和桁架筒体（Trussed Tube Structural System）两种。整个外筒负责承担全部的水平荷载，类似实腹式构件的翼缘和腹板一样工作。内部框架柱或内部梁可以刚接，也可以铰接，主要用来承担竖向荷载。内部结构可以不必设置支撑等抗侧力构件，柱网不必正交，可以使用较大柱距。

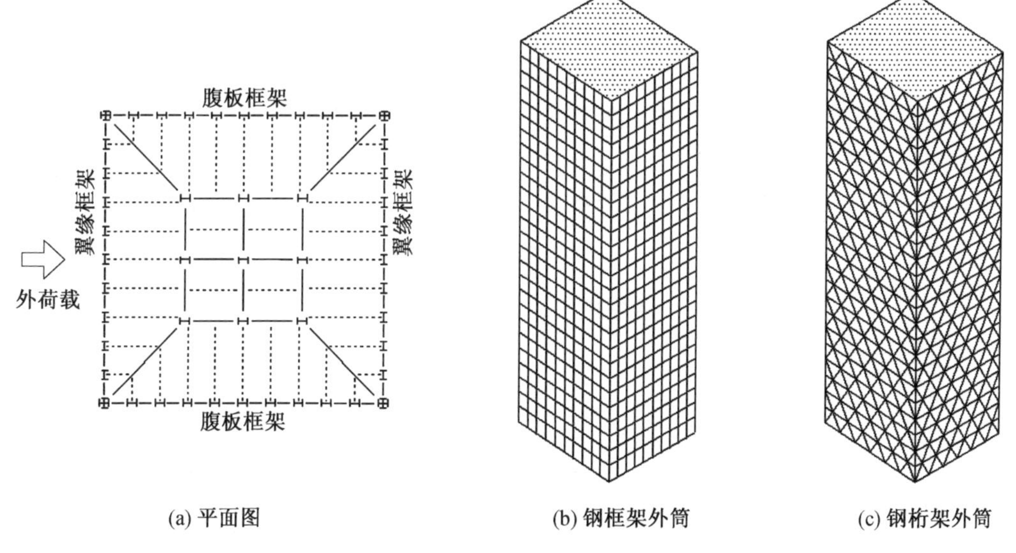

(a) 平面图　　(b) 钢框架外筒　　(c) 钢桁架外筒

图 3.42　外筒结构示意图

实际工程中的外筒采用钢框架时，要考虑开窗、采光和通风等需要，立面开洞率较大，钢框架的梁柱截面尺寸是有限的。在水平荷载作用下，由于裙梁自身弯曲变形和剪切变形的影响，除角柱以外的其他框架柱不能与角柱产生变形协调，导致翼缘框架和腹板框架中的各柱轴向变形不满足平截面假定，从而产生所谓的剪力滞后效应，如图 3.43 所示。对于翼缘框架，如果裙梁的抗弯和抗剪刚度无穷大时，各中柱与角柱将产生相同的竖向拉伸或压缩变形，相同截面的各个柱子将产生相同的轴力，此时无剪力滞后现象，翼缘框架中各柱的利用效率较高，可以形成较大的整体抗弯刚度；但实际的裙梁刚度是有限的，裙梁的弯曲和剪切变形将放松各中柱的轴向变形，使中柱轴力降低，越远离角柱，这种现象越明显，形成了翼缘框架的剪力滞后效应，使翼缘框架的整体抗弯能力变弱。对于腹板框架，有限刚度裙梁产生的弯曲和剪切变形，将使各柱的轴向变形和应力不再服从平截面假定的三角形分布，而呈现出图中所示的曲线分布，形成了腹板框架的剪力滞后效应，也降低了腹板框架的整体抗弯能力。

为克服框架外筒结构的剪力滞后效应，一般要求外筒的建筑平面为方形、圆形或正多边

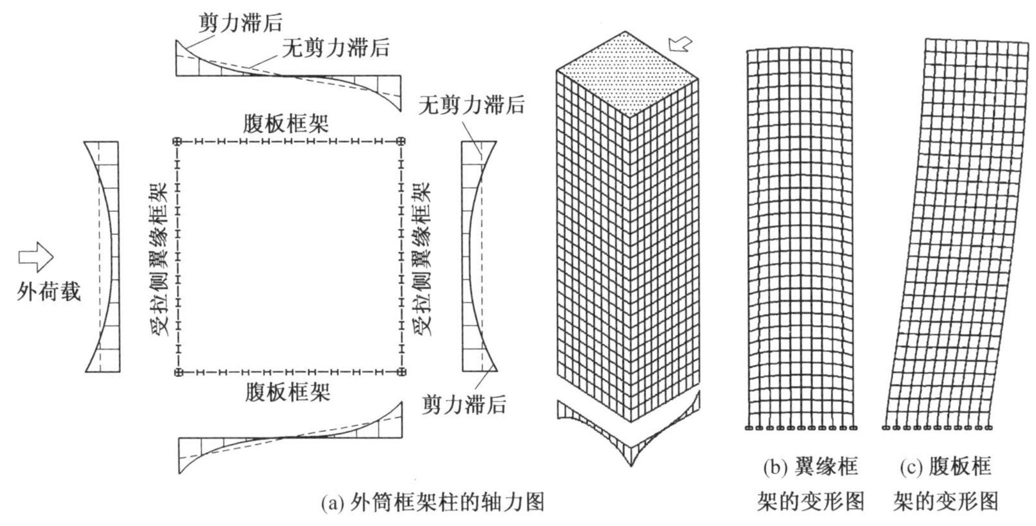

图 3.43　框架外筒的剪力滞后效应

形,使用矩形平面时,长宽比宜小于 1.5。为增加裙梁的抗弯和抗剪能力,要求使用密柱深梁,且框架外筒的梁柱应刚性连接。框架外筒常用的柱距一般为 1.5 ~3 m。图 3.44 所示的原美国纽约世界贸易中心的外筒框架中甚至使用了 1.02 m 的柱距,裙梁高度为 1.32 m,外筒立面开洞率仅为 36% 。

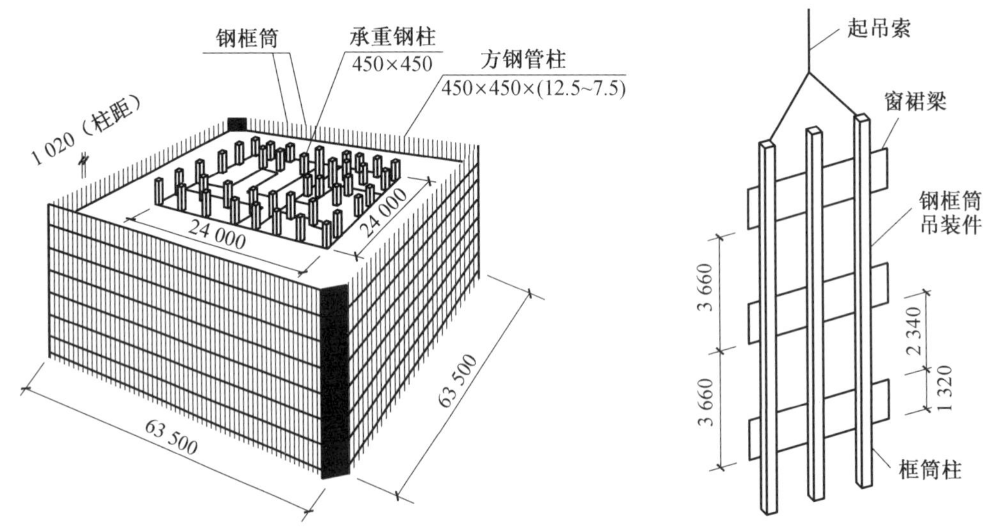

图 3.44　原纽约世界贸易中心的外筒框架示意图

在外筒结构中设置多道带状桁架,也可以较好地减小剪力滞后效应。带状桁架的面内刚度很大,可以有效协调翼缘框架和腹板框架中柱子的轴向变形和轴向力,强制外筒在带状桁架处满足平截面假定。合理地设置带状桁架,可以降低外筒对密柱深梁的依赖,提高结构的经济性。

使用钢桁架外筒时,在水平荷载作用下,斜柱与裙梁以轴力为主,通常轴向刚度较大,可使桁架筒体较好地维持平截面假定,可以较好地克服剪力滞后效应。此时外筒平面的长宽比依然不宜超过 1.5,但可不必密柱深梁,梁柱甚至可以使用铰接,柱距可以 3 ~6 m。由于桁架斜柱会汇交到角柱上,可能造成角柱受力较大的现象。

3.5.2　筒中筒结构

依靠外筒结构的翼缘框架,可以形成很大的整体抗弯刚度和抗弯承载力,可承担绝大部分的整体倾覆弯矩。但水平剪力主要由外筒的腹板框架承担,由于腹板框架中受梁柱弯曲变形的影响,整体的抗剪刚度和抗剪能力不高。因此可以在外筒结构中设置一个或多个内筒,如图 3.45 所示,形成所谓的筒中筒结构体系(Tube in Tube Structural System)。内筒可以采用支撑框架或支撑排架形式,形成较强的抗剪能力。但内筒的位置更靠近建筑平面的中和轴,且内筒自身的高宽比很大,它承担整体倾覆弯矩的能力较差。

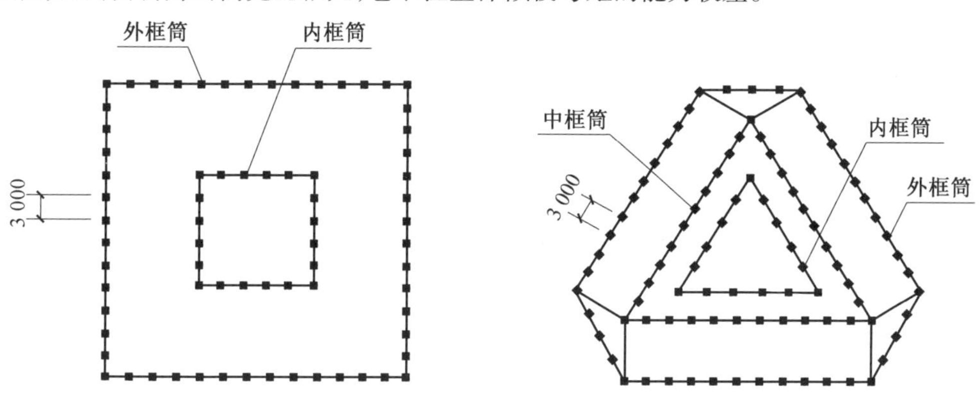

图 3.45　筒中筒结构的平面形式

在筒中筒结构体系中,外筒主要用来承担整体倾覆弯矩和部分的水平剪力,内筒主要用来承担水平剪力。可见,当外筒和内筒结合后,既可发挥外筒的抗弯能力,又可发挥内筒的抗剪能力,优势互补,适合建设更高的超高层建筑。根据外筒和内筒的对竖向荷载的负荷面积,它们共同承担竖向荷载,通常内筒承担的竖向荷载较多。

对于筒中筒结构中的外筒结构,其构成要求与上述的外筒结构相同。内筒结构一般位于建筑平面核心处,平面形状多为正方形或近似正方形,尺寸由垂直交通的数量决定。

另外,如果外筒为减小剪力滞后而设置带状桁架,可以在同一高度处的内筒中伸出伸臂桁架与外筒的带状桁架相连,进一步增加外筒和内筒的协同工作能力,增加抗侧力体系的冗余度。图 3.46 所示的中国国际贸易中心三期中在 28 ~ 29 层和 54 ~ 55 层之间设置了两个伸臂桁架层,与此处外筒中的带状桁架相连接,既改善了外筒的剪力滞后效应,又增加了内、外筒的协同工作能力。

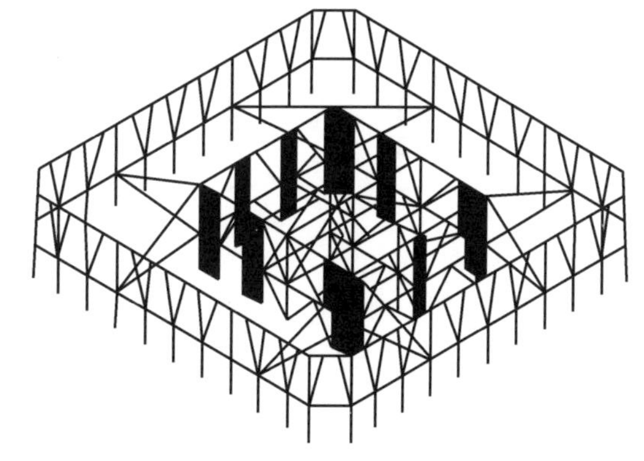

图 3.46　中国国际贸易中心三期的带状桁架和伸臂桁架

3.5.3 成束筒结构

单一筒体采用圆形、正方形建筑平面最为有效。当矩形平面长宽比大于1.5时，或者建筑平面长边超过45 m时，由于剪力滞后效应显著，不宜再采用单一筒体。由两个以上的筒体并连为一体所形成的结构体系，或由外框筒及其内部纵、横向密柱深梁的框架共同组成的结构体系，称之为成束筒结构(Bundled Tube Structural System)。

图3.47所示的建筑平面使用两个错位的半圆形成束筒，解决了平面形状不规则或长宽比较大的情况。美国洛杉矶的57层克劳柯中心大楼的建筑平面为梯形，采用一个三角形筒和一个矩形筒合并而成的梯形成束筒，如图3.48(a)所示。美国旧金山加利福尼亚街的345号大厦的建筑平面近似为梭形，是采用一个矩形筒和两个近似三角形筒合并而成的梭形成束筒，如图3.48(b)所示。新西兰奥克兰的雷蒙凯塞工程设计公司大厦采用两个正方形筒合并而成的矩形成束筒，如图3.48(c)所示。

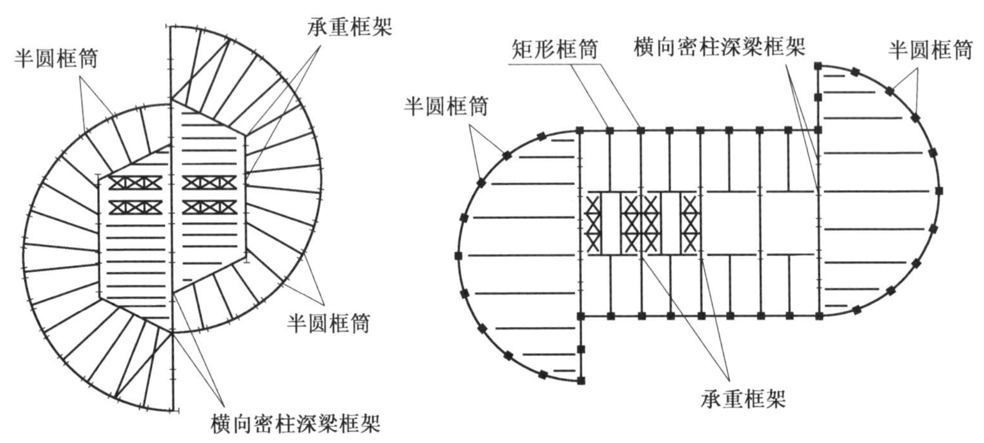

图3.47 复杂建筑平面的成束筒结构

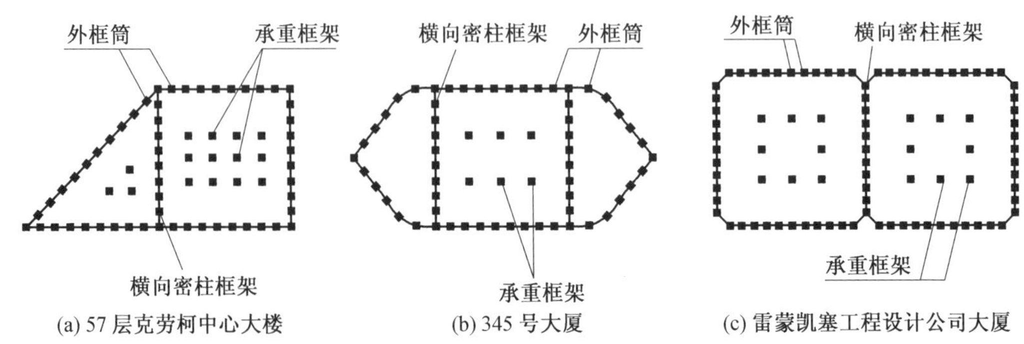

图3.48 采用并排式成束筒的工程实例

外框筒及其内部纵、横向密柱深梁的框架共同组成的成束筒结构的典型代表是美国芝加哥的西尔斯大厦，结构平面如图3.49所示。从平面形式上看，也可以视为9个小正方形筒合并而成的大正方形成束筒。由于多道腹板框架的存在，翼缘框架的剪力滞后效应得到显著改善，翼缘框架的柱子轴力在腹板框架的边柱处得到调幅，使翼缘框架的各柱轴力分布趋于一致。基于此，筒体的柱距也可以适当放宽，图中所示西尔斯大厦的柱距为4.57 m。

在成束筒结构中,水平剪力由内、外的腹板框架承担,倾覆力矩由内、外翼缘框架和内、外腹板框架共同承担。外部翼缘框架的柱子轴力会显著大于内部翼缘框架,而内、外腹板框架柱子轴力分布规律基本一致。

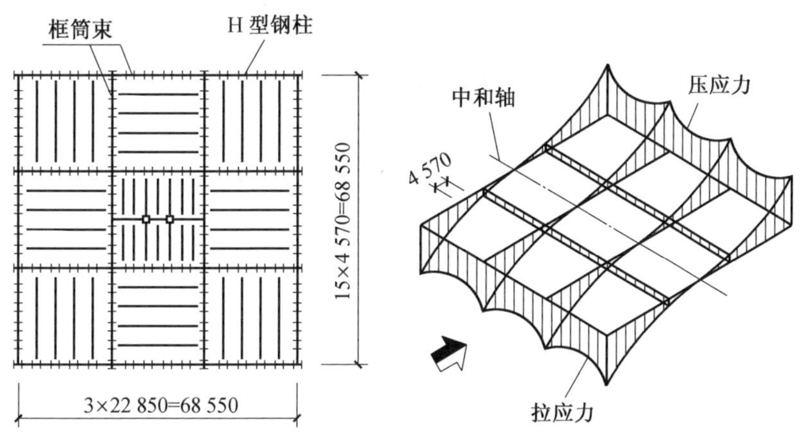

图3.49 西尔斯大厦平面及各柱轴力分布示意图

3.6 交错桁架钢结构

交错桁架结构体系(Staggered Steel Truss Framing System)是在钢框架结构基础上演变而来的,因所采用的承重桁架在垂直方向上是交错跳层布置,故得名为交错桁架结构。这种体系是在20世纪60年代中期,为适应多高层旅馆、住宅、办公楼等高而窄的民用建筑而发展起来的,是由美国麻省理工学院Hansen、Paul等人在美国钢铁公司资助下而提出的一种较为经济的结构形式。

交错桁架结构体系的基本组成是楼板、平面桁架和柱子。柱子仅在房屋周边布置,可采用钢柱或钢管混凝土柱。桁架高度与层高相同,跨度与建筑物宽度相同,桁架两端支承在房屋纵向边柱上。桁架在建筑物横向的每条轴线上每隔一层设置一个,在相邻轴线上则是交错布置,如图3.50所示。在相邻轴线间,楼层板一端支承在下一层桁架的上弦杆上,另一端支承在本层桁架的下弦杆上。结构中楼板的作用至关重要,将水平荷载传递到桁架斜腹杆上,而两端钢柱并不承受显著剪力和弯矩。

在一般框架结构中,水平荷载产生的倾覆力矩将引起柱中的拉力与压力,而水平剪力将引起柱中的弯矩,结构刚度不大,效率不高。在某层设置桁架后,本层水平剪力将由桁架斜腹杆承担,若没有其他向下传递机制,最终也会转化为下层两侧柱子的剪力。但在交错桁架结构中,由于面内刚度近似无穷大的楼板的存在,上层桁架腹杆承担的水平剪力不会直接传递给自身下层水平刚度很小的柱子,而是通过下弦杆与楼板的连接,以楼板面内剪力的形式传递至相邻榀下层桁架的上弦杆和腹杆,如图3.51所示,并按此方式继续向下传递至底层基础。由此可见,单独看任何一榀框架,都沿高度交错存在刚度较小、承载力较小的薄弱楼层,这种结构是不成立的。但通过楼板的协同作用,相邻两榀框架可以共同工作,如图3.52所示,从而使整个结构任一楼层均具有较大的水平刚度和承载力。在交错桁架结构体系中,柱子以轴力为主,弯矩和弯曲变形均较小。

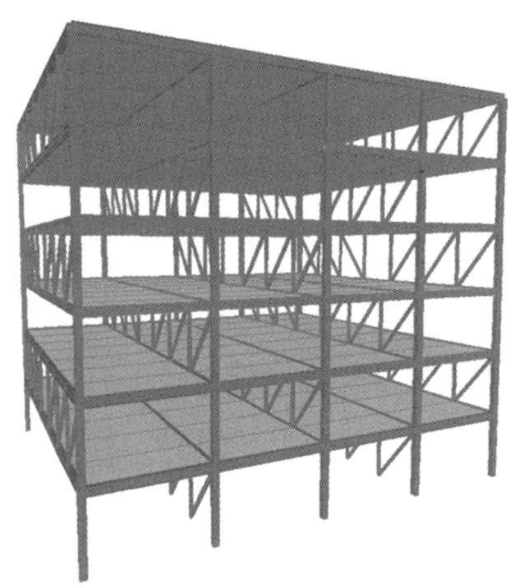

图 3.50　交错桁架结构体系

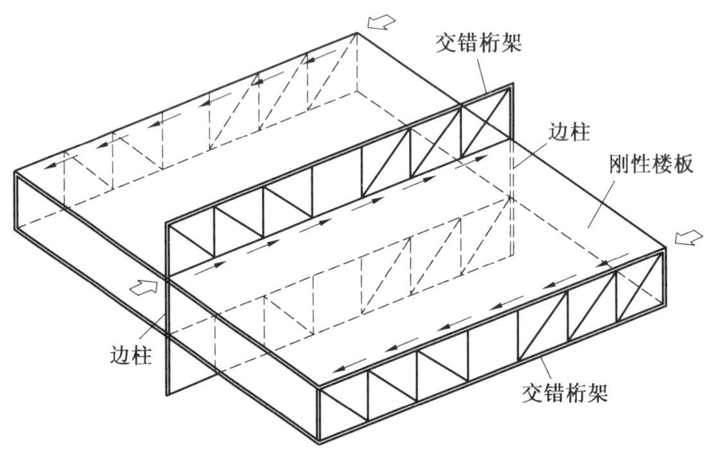

图 3.51　交错桁架结构体系中荷载传递路线

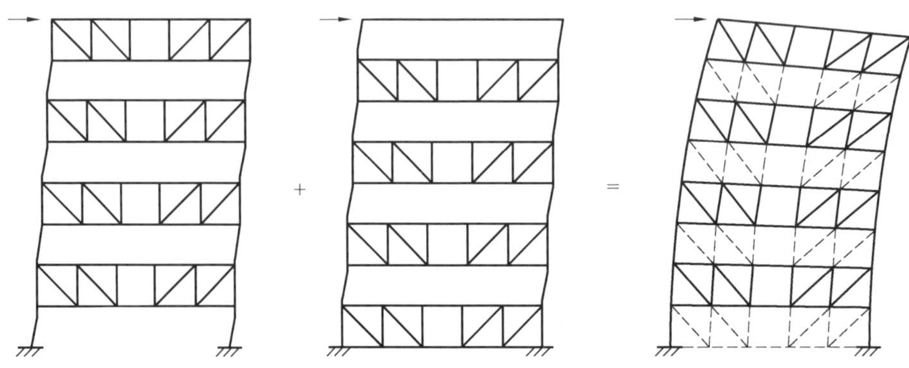

图 3.52　交错桁架结构的协同工作模型

交错桁架结构体系适用于窄长的矩形建筑平面，如图 3.53 所示。用于其他建筑平面（如环形）时，结构分析较为复杂。因桁架交错设置，故框架榀数宜为奇数，以保证结构平面的对称性。交错桁架钢结构的经济高宽比为 3 ~ 6，桁架的跨度不宜大于 21 m，桁架的跨高比宜为 5～6。结构的纵向柱距宜为 6～9 m，楼板可直接与相邻桁架的上下弦相连，楼板厚度不宜小于 120 mm。采用小柱距可以增加结构刚度，减小楼板厚度，但会造成柱子、桁架数量增加。而采用大柱距时，楼板厚度也会相应增加。楼板宜采用压型钢板组合楼板、现浇钢筋桁架混凝土楼板、现浇钢筋混凝土楼板等，有抗震要求时不建议使用整体性较差的预制板。楼板与桁架弦杆应有可靠连接，如设置足够的抗剪件、焊钉等。

作用在交错桁架结构上的纵向水平力应由纵向框架或框架-支撑体系承受，柱子的强轴宜与横向桁架平行。顶层无桁架的轴线可采用立柱支承屋面结构，如图 3.53 中的“1”。当第二层有桁架而底层无落地桁架时，应在底层对应轴线及相邻两侧设置横向支撑，如图 3.54(a)所示；当第三层有桁架、第二层无桁架，并打算取消一层落地桁架时，可采用图 3.54(b)的形式，可在二层无桁架轴线位置设置吊杆支承楼面。采用立柱或吊杆支承楼面时，立柱和吊杆应连接在桁架节点处，避免桁架弦杆产生附加弯矩。

桁架可采用混合桁架和空腹桁架两种形式，如图 3.55 所示。为考虑房间布置与通行方便，混合桁架宜采用单斜杆体系，斜腹杆的倾角宜为 45°～60°。建筑平面内的走廊一般设置在桁架跨中节间附近，此处桁架剪力很小，可不设置斜杆。采用混合桁架时，弦杆应保持连续，桁架腹杆与弦杆的连接、桁架与柱子的连接可按铰接设计。采用空腹桁架时，桁架节点应设计成刚性节点，桁架弦杆与柱的连接应按刚性连接设计。

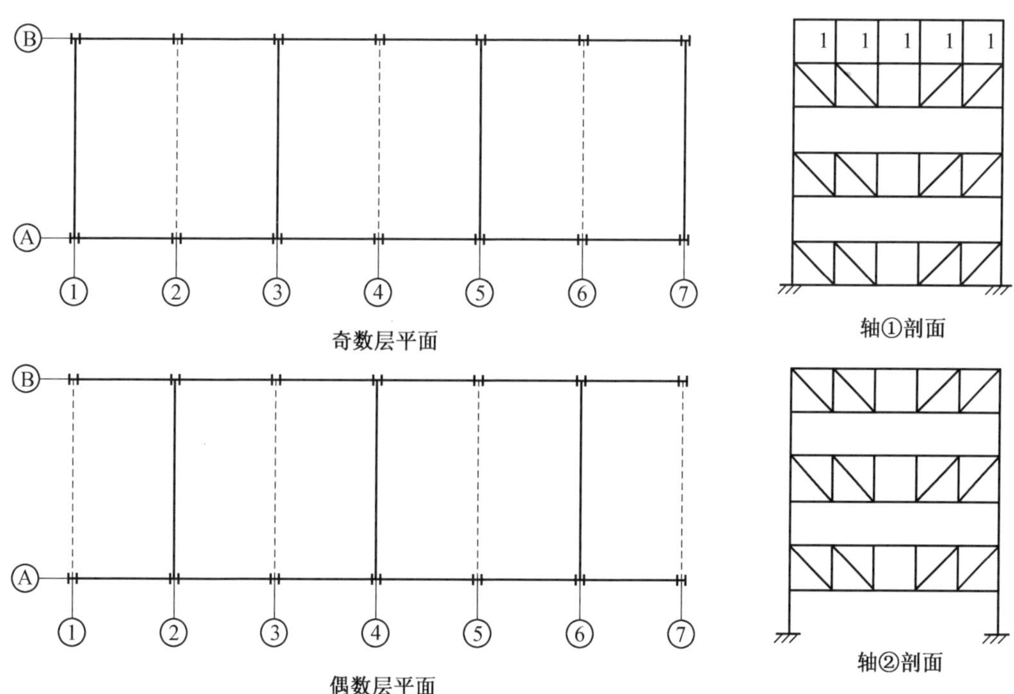

图 3.53　交错桁架结构单元的平面和剖面

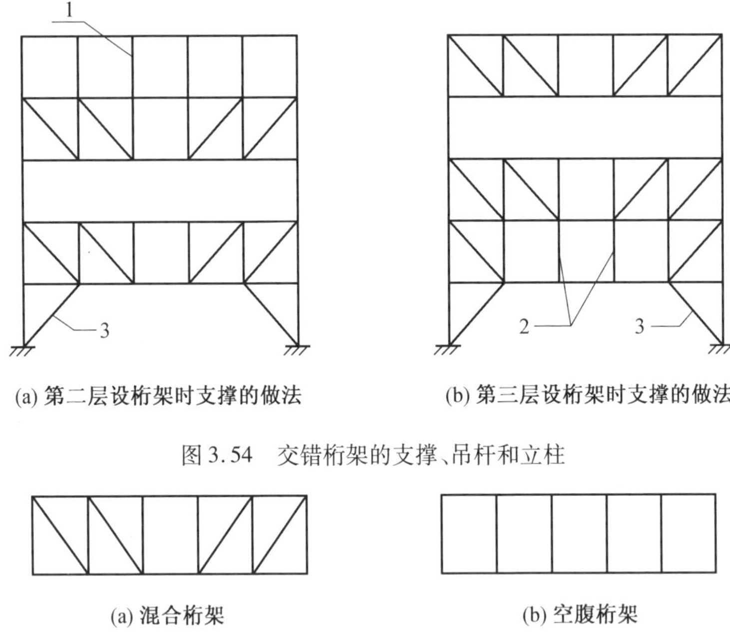

(a) 第二层设桁架时支撑的做法　(b) 第三层设桁架时支撑的做法

图 3.54　交错桁架的支撑、吊杆和立柱

(a) 混合桁架　(b) 空腹桁架

图 3.55　桁架的形式

3.7　巨型钢结构

巨型钢结构是与超高层建筑相运而生的建筑结构体系，是由巨型梁、巨型柱或巨型支撑等大型构件组成的主结构与常规构件组成的次结构共同工作的一种结构体系。因其具有抗侧刚度大、整体工作性能好、材料利用效率高、传力简洁明确等优点，同时可以满足多功能、多用途及造型新颖的建筑设计要求，而成为一种具有广阔应用前景的超高层建筑结构体系。按巨型钢结构的受力特点和传力机制，可以将其分为巨型框架结构、巨型桁架结构、巨型悬挂结构和巨型分离式结构等。

3.7.1　巨型框架结构

巨型框架结构体系（Mega Frame Structural System）是以巨型梁、柱组成的主结构作为抗侧力体系，在巨型梁、柱之间设置普通的小型框架作为承担和传递自身竖向荷载的次结构。根据巨型梁、柱的构成形式不同，巨型框架可以分为以下 3 种形式：

（1）支撑型。巨型柱是由 4 片竖向支撑围成的小尺寸支撑筒体，类似于放大的钢结构缀条式格构柱；巨型梁是由两榀竖向桁架和水平桁架围成的空间立体桁架，类似横放的巨型柱，如图 3.56（a）所示。这种形式的巨型框架最为常用。

（2）斜杆型。巨型梁、柱均是由 4 片斜格式多重腹杆桁架围成的空间立体巨型构件，如图 3.56（b）所示。

（3）框筒型。巨型柱是由密柱深梁框架构成的小尺寸筒体，巨型梁依旧采用由两榀竖向桁架和水平桁架围成的空间立体桁架，如图 3.56（c）所示。

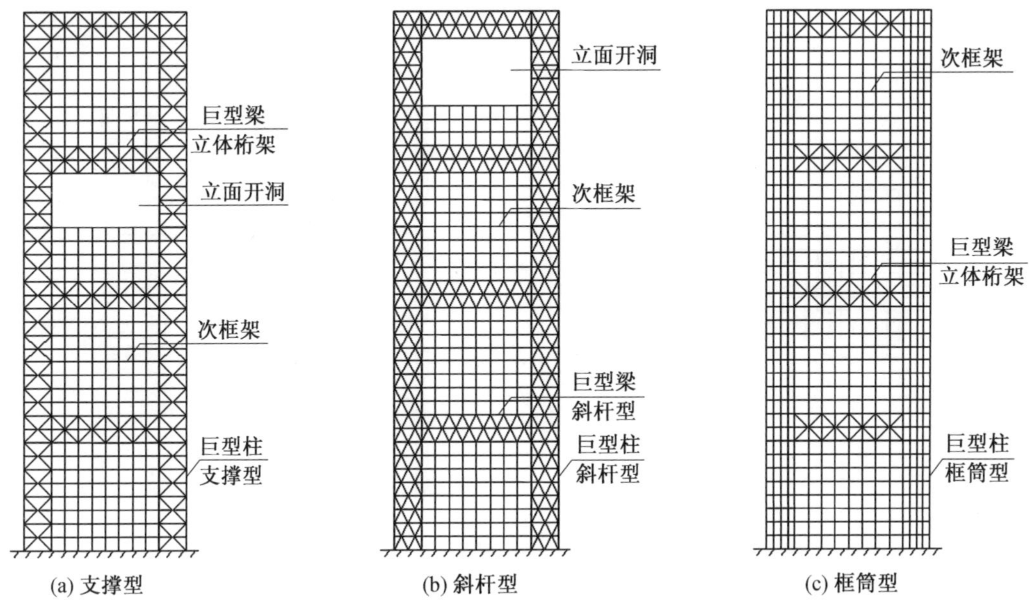

(a) 支撑型　　(b) 斜杆型　　(c) 框筒型

图3.56　巨型钢框架的3种类型

巨型柱一般是沿建筑平面的周边布置,巨型柱截面尺寸依据横向和纵向的建筑空间要求和水平荷载作用下巨型柱的抗弯刚度确定;巨型梁截面高度通常为1~2个层高,视巨型梁的跨度而定,沿建筑物高度每隔12~15层设置一道。巨型框架节间内的次框架,与普通的小型承重框架一样,可采用实腹式型钢。

作为结构主体的巨型梁和巨型柱承担全部水平荷载所产生的水平剪力和倾覆弯矩。巨型框架的整体水平侧移主要由巨型梁、柱的弯曲变形和巨型柱自身的剪切变形构成,整体上呈与普通框架类似的剪切型变形曲线,巨型框架因倾覆力矩产生的整体弯曲型变形所占比例很小。巨型梁、柱还承担次框架所传来的重力荷载和局部水平荷载,而次框架一般可认为不为主体结构提供水平刚度和承载力。巨型柱一般位于建筑平面的四个角上,当建筑长宽比较大时,也可以沿长边设置多个巨型柱,经横向和纵向的巨型桁架梁连接后,具有较大的抵抗倾覆力矩的能力。

图3.57给出了采用巨型框架体系的东京新市府大厦的平面及立面图,地上48层,高243 m,主体结构是由8根巨型柱和6道巨型梁组成的多跨巨型框架体系,承担了作用于整座大厦的横向和纵向全部水平荷载所产生的水平剪力和倾覆力矩。巨型柱中的柱肢采用箱形截面1 000 mm×1 000 mm×(30~80)mm,巨型梁的弦杆采用焊接H型钢H1 000 mm×450 mm×(19~40)mm×(28~40)mm,巨型柱支撑采用焊接H型钢H350 mm×350 mm×19 mm×22 mm,巨型梁支撑采用焊接H型钢H415 mm×405 mm×18 mm×28 mm。东京市的地震烈度相当于我国地震烈度表中的8度多一点,使用巨型框架结构成功建设了200 m以上的超高层,充分证明了这种结构体系具有良好的抗震性能和充足的抗侧刚度。

图3.58所示为日本东京都于1990年建成的电器总社塔楼(NEC大厦),地下3层,基础埋深-24.4 m;地上43层,高180 m。结构在双向均采用了巨型框架结构,巨型柱的4个

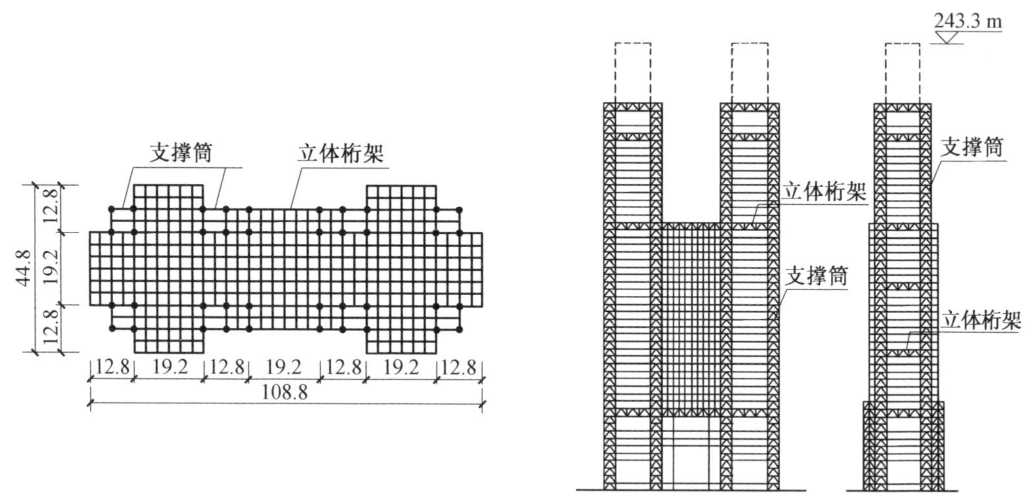

图 3.57　东京新市府大厦平面及立面图

柱肢和 4 片支撑分别采用 H1 000 mm×1 000 mm 和 H500 mm×500 mm 的焊接 H 型钢,壁厚为 40 ~ 100 mm;巨型梁的上、下弦杆和斜腹杆采用 1 000 mm×(600 ~ 900) mm 的焊接 H 型钢。

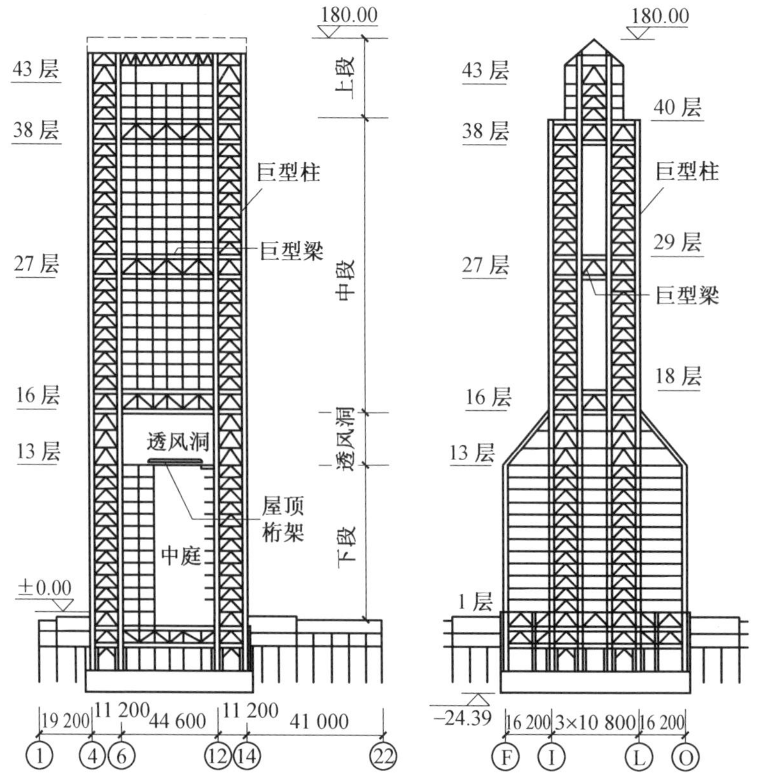

图 3.58　日本电器总社塔楼立面图

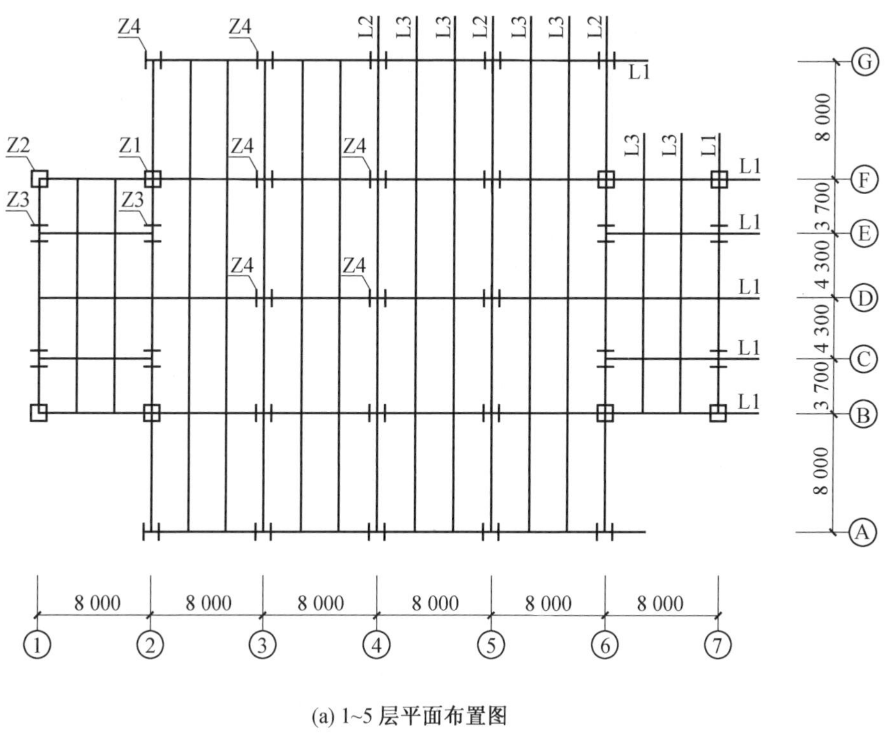

(a) 1~5 层平面布置图

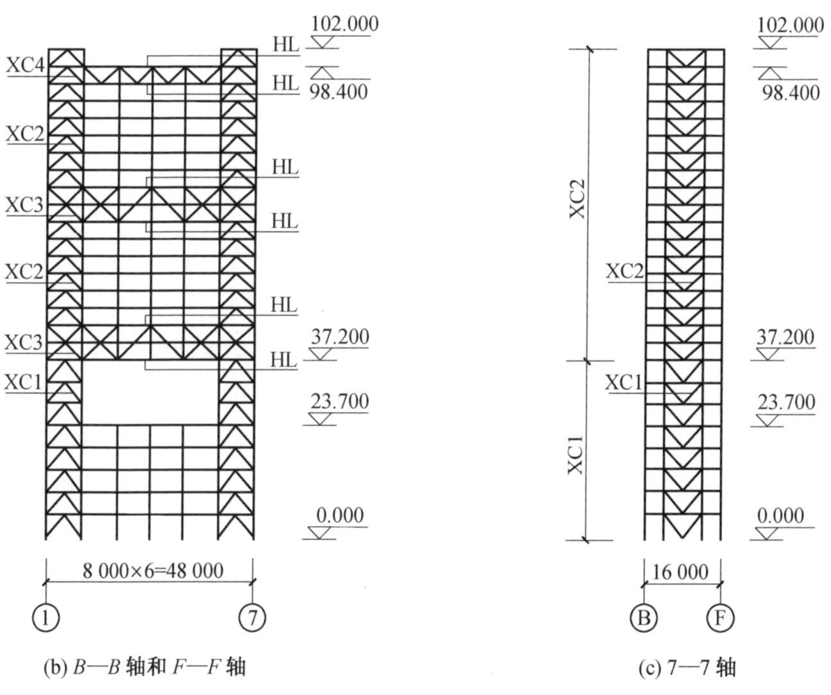

(b) B—B 轴和 F—F 轴　　(c) 7—7 轴

图 3.59　光大银行长春分行主体结构平面及立面布置图

中国光大银行长春分行营业大厦是一座综合性商业大厦，总建筑面积约为 30 000 m^2，其中裙房面积为 1 540 m^2。地面以下 2 层，地面以上 25 层，另有两个屋顶小塔楼一层，总高 102 m。地上部分全部采用钢结构，采用两组各 8 根钢柱（4 根箱型截面柱，4 根 H 型截面柱）构成该大楼两条"巨腿"的内部骨架，用以承担全部竖向荷载，在 9 层与 10 层、17 层与 18 层以及 25 层 3 个位置仅在纵向设有两片带有 X 形及人字形支撑的巨型平面桁架梁，用以承担各种竖向及纵向水平荷载，如图 3.59 所示。可见，结构纵向为巨型框架结构体系，而横向为框架-中心支撑结构体系。Z1 和 Z2 的底层最大截面为 1 000 mm×1 000 mm×80 mm 和 600 mm×600 mm×40 mm，到顶层分 7 级减小为 600 mm×600 mm×20 mm，巨型柱的支撑采用焊接 H 型钢，规格介于 H570 mm×570 mm×50 mm×50 mm 和 H250 mm×250 mm×12 mm×18 mm 之间。巨型梁弦杆采用 600 mm×900 mm×40 mm。

该建筑物的抗震设防烈度为 7 度，场地土为Ⅱ类。纵向第一、第二振型自振圆频率为 $\omega_1=2.545$，$\omega_2=7.674$；横向第一、第二振型自振圆频率为：$\omega_1=2.451$，$\omega_2=8.445$。纵向的最大弹塑性层间位移角为 1/107，顶层最大位移为 40.9 cm；横向的最大弹塑性层间位移角为 1/112，顶层最大位移为 49.4 cm。

3.7.2 巨型桁架结构

巨型桁架结构体系（Mega Trussed Structural System）是通过在结构立面上设置跨越很多楼层的大型支撑而形成的结构体系，大型支撑与梁、柱均以轴力为主，提高了构件的利用效率。最典型的巨型桁架结构为大型支撑框筒结构（Braced Frame Tube），在使用普通柱距和梁高的框架筒体上，增设跨越若干楼层的大型支撑，形成类似竖向桁架工作机制的支撑筒体，如图 3.60 所示，有效克服了普通框架外筒中的剪力滞后效应。此时外筒可以使用较大柱距（3.0 m 以上），解决了建筑立面的自然采光问题。

大型支撑框筒结构可以看成是外筒结构体系中的一种，由于大型支撑的存在，也可以划归为本节的巨型桁架结构。支撑框筒立面上的大型支撑在角柱上汇交于一点，使整个结构成为空间几何不变体系，并保证了传力路线的直接性与连续性。

水平荷载所产生的水平剪力和倾覆力矩全部由外圈大型支撑框筒承担，各层的竖向荷载则由外圈支撑筒体和内部承重框架按各自从属面积共同承担。

普通框筒是依靠钢柱弯剪刚度提供的抗剪能力来抵抗水平剪力，依靠各层裙梁竖向弯剪刚度提供的抗剪能力来传递倾覆弯曲所引起的竖向剪力，因此翼缘框架和腹板框架中均存在剪力滞后效应，如图 3.61（a）所示。大型支撑框筒是依靠支撑斜杆的轴向刚度来抵抗水平荷载，一般杆件的轴向刚度远大于梁柱构件的弯剪刚度，故框筒中梁柱构件的弯剪变形很小，剪力滞后现象得到显著改善，如图 3.61（b）所示。支撑框筒更接近于完全的抗侧力立体构件，各柱的轴力分布更接近于实墙筒体的直线分布，因此大型支撑框筒的整体变形呈弯曲型。有资料表明，大型支撑框筒整体弯曲型变形所引起的结构侧移占结构总侧移的 80% 以上，整体剪切型变形所引起的结构侧移占总侧移的比例在 20% 以下。

但需要注意的是，在大型支撑与角柱汇交处，角柱轴力显著增加，这是由于大型支撑传给角柱较大轴力引起的。

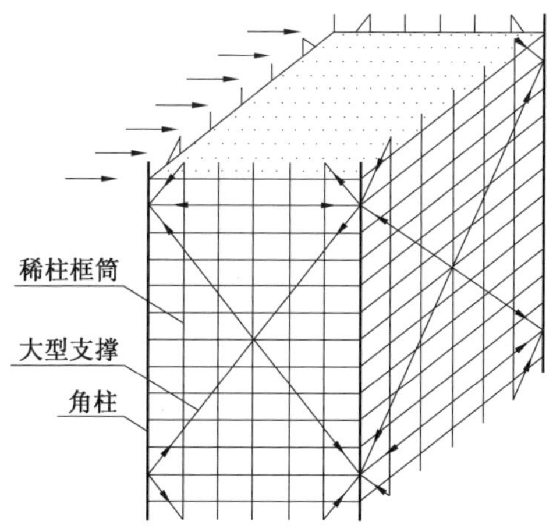

图3.60　大型支撑框筒及杆件内力

表3.10给出了使用大型支撑框筒结构的典型工程。根据不同的建筑立面和平面尺寸，工程师创造了多种多样的结构布置形式，但其中大型支撑均是重要的传力构件，使结构形成了较大的水平刚度和承载力。其中巨型支撑通常用于外筒立面，与钢柱或型钢混凝土柱及钢梁配合使用，形成了外筒的巨型桁架工作机制。为增加外筒的整体性，必要时还可以设置一定数量的带状桁架梁。根据需要，内部可以采用普通钢框架结构、框架支撑结构或混凝土内筒结构，并可设置伸臂桁架连接内筒和外筒。

表3.10　巨型桁架结构的典型工程汇总

建筑名称	城市	建成时间	层数	高度/m	结构简介
John Hancock 大厦	美国芝加哥	1970年	100	344	钢结构大型支撑框筒
达拉斯第一国际广场	美国达拉斯	1974年	2+56	216	全钢结构大型支撑框筒
花旗银行 Citicorp 大厦	美国纽约	1978年	60	279	钢结构大型空间桁架
旧金山铝业公司总部	美国旧金山	1986年	3+27	116	钢结构斜格支撑外筒+内部钢框架
联邦银行大厦	美国洛杉矶	1989年	77	338	大型立体支撑筒体+延性框架
香港中国银行大厦	中国香港	1989年	70	315	混合结构大型支撑筒体
上海环球金融中心	中国上海	2008年	3+101	492	混合结构大型支撑外筒+混凝土内筒
上海21世纪大厦	中国上海	2009年	50	236	钢结构大型支撑外筒+框架支撑内筒
亚洲企业中心大厦	中国台湾高雄	拟建	7+103	430	钢结构大型支撑外筒+跨层支撑内筒
Erewhon Center 大厦	美国芝加哥	拟建	207	840	混合结构大型支撑筒体
Shimizu 大厦	日本东京	拟建	121	550	钢管混凝土柱大型支撑框筒
Millennium 大厦	日本东京	拟建	150	800	钢结构大型支撑框筒
西南银行大厦	美国休斯敦	拟建	78	372	混合结构大型支撑外筒+钢框架内筒

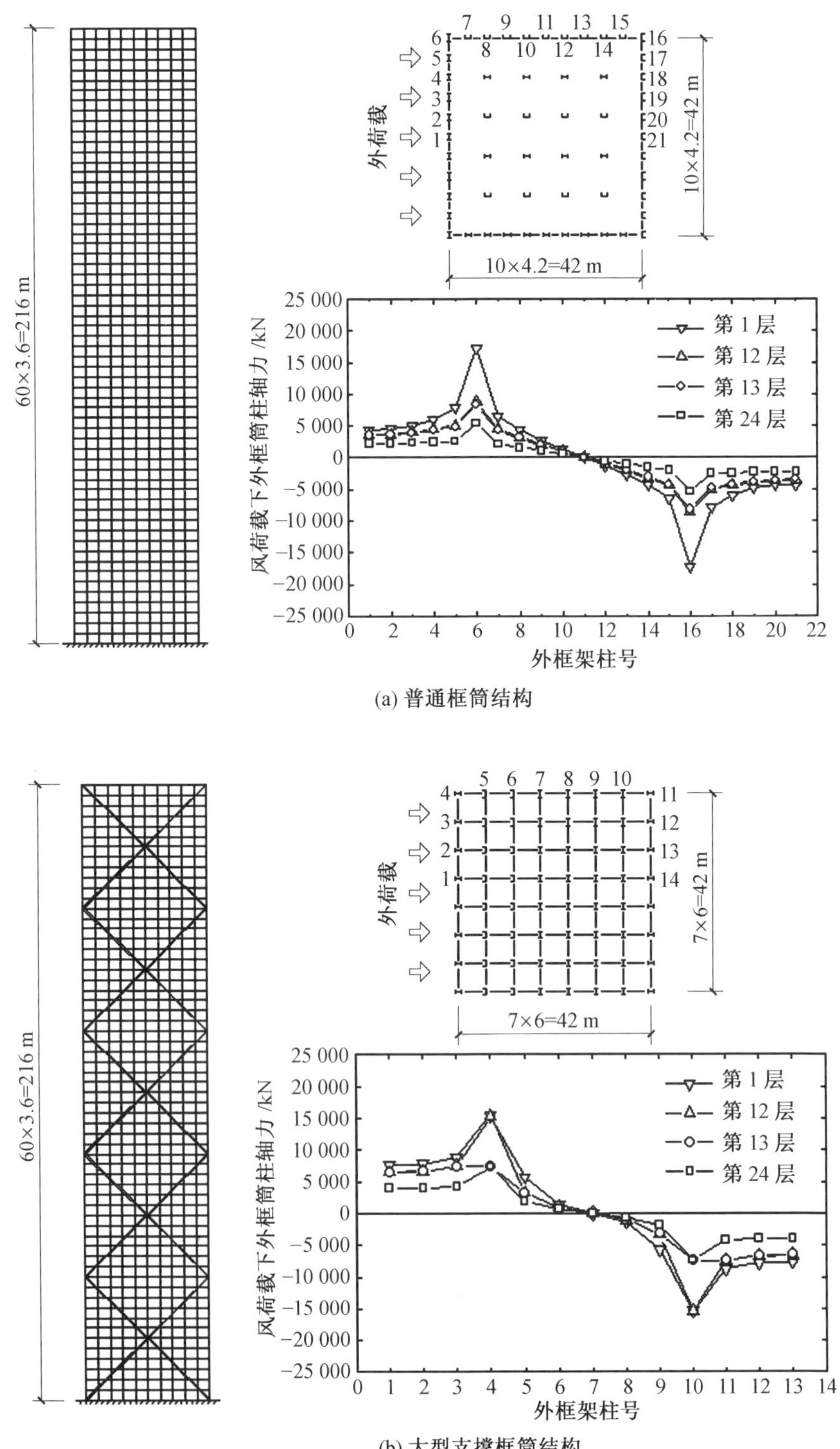

图 3.61　普通框筒和大型支撑框筒的剪力滞后

美国洛杉矶联邦银行大厦建成于 1989 年,地面以上 77 层,高 338 m。建筑平面采用四边为弧形的矩形平面,立面上采用沿高度多次收进的阶梯形式,如图 3.62 所示。设计地震加速度为 0.4g,相当于我国的 9 度设防。结构主体采用大型支撑所形成的支撑筒体,布置在除弧形以外的周边处。建筑平面外圈的弧形周边采用延性抗弯框架,外筒内部采用一般钢框架。大型支撑采用横贯房屋全宽的 X 形支撑,节间高度为 14 个楼层,外筒角部设置三根立柱,角柱为焊接箱形钢管,其余两根钢柱为焊接 H 形截面。为提高支撑斜杆的受压稳定性,在支撑每个节间高度范围内增设两根水平弦杆。

上海环球金融中心位于上海浦东,曾一度成为国内最高建筑,如图 3.63 所示。该建筑地上 101 层,高为 492 m,地下 3 层。裙房地上 4 层,高为 15.8 m。塔楼底部尺寸 57.6 m,高宽比为 8.5。总建筑面积为 35 万 m^2,主楼建筑面积为 252 935 m^2。其主要功能为办公,兼有商贸、宾馆、观光、展览、零售等。设计基准期 50 年,安全等级为一级,抗震设防烈度为 7 度,基本地震加速度为 0.1g,场地土特征周期为 0.9 s,场地土类别为Ⅳ类(软土地基),设计地震动分组为第三组。

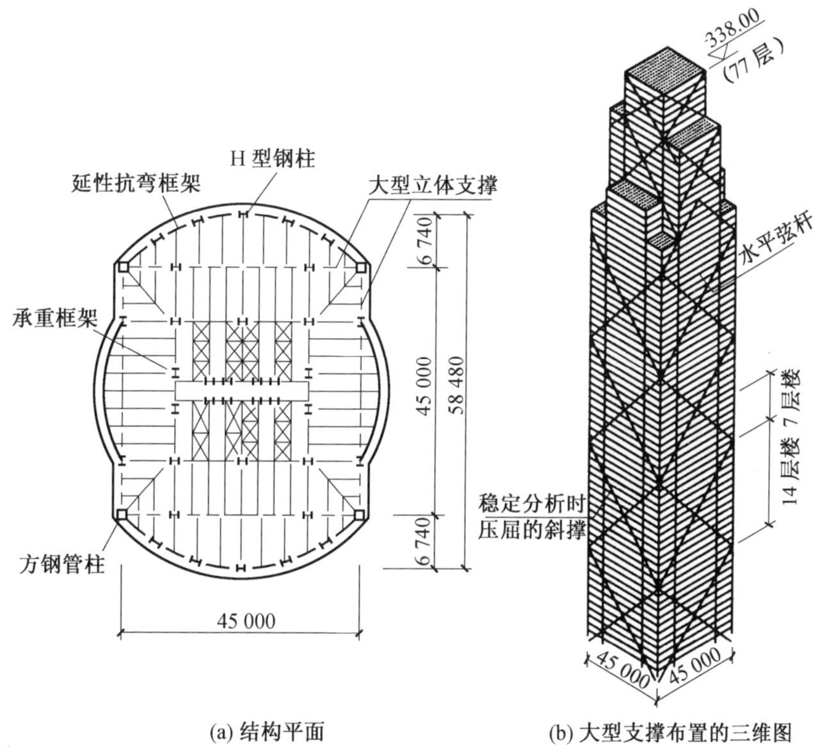

(a) 结构平面　　(b) 大型支撑布置的三维图

图 3.62　联邦银行大厦的结构示意

(a) 效果图

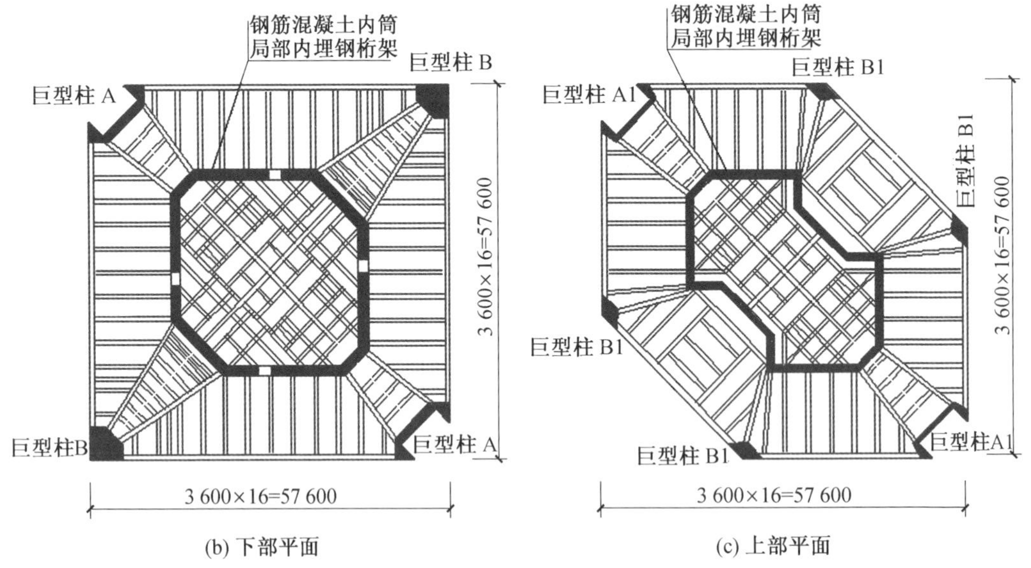

(b) 下部平面　　(c) 上部平面

图 3.63　上海环球金融中心的效果图和平面图

上海环球金融中心使用了三重抗侧力体系(图 3.64):①由巨型柱、巨形斜撑和周边带状桁架组成的巨型框撑结构;②钢筋混凝土核心筒(79 层以上为带混凝土端墙的钢支撑核心筒);③联系核心筒和巨型结构柱的伸臂桁架。以上 3 种体系共同承担风和地震引起的倾覆弯矩,前两个体系承担风和地震引起的剪力。巨型斜撑和伸臂桁架构件的截面尺寸见表 3.11,它们都采用了焊接箱形截面,由两块竖向翼缘和两块水平连接腹板组成,结构中大部分梁、柱、斜撑的截面高度相等,便于节点连接。为增加巨型斜撑的刚度和稳定承载力,在箱形截面内部填充了混凝土,也有效避免了壁板局部屈曲的问题。

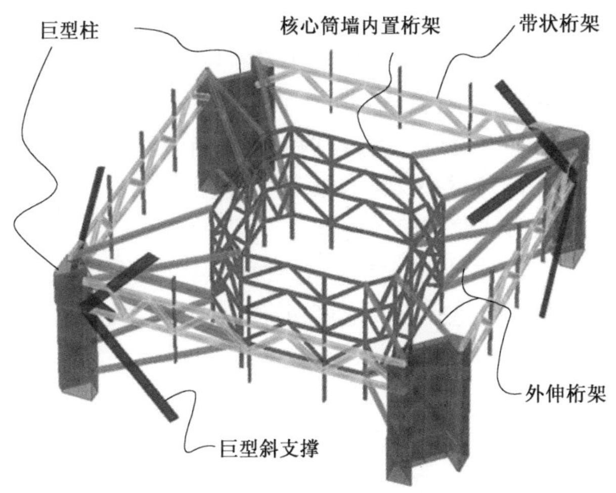

图 3.64　上海环球金融中心的抗侧力体系

表 3.11　巨型斜撑和伸臂桁架构件规格

巨型斜撑构件的尺寸规格/mm

楼层	88 ~ 98	78 ~ 88	66 ~ 78	54 ~ 66	42 ~ 54	18 ~ 42	6 ~ 18	20 和 $t_f/4$ 中较大值；t_w；40；栓钉 ϕ19×100@250；内填 C40 混凝土；D；40；t_f　320　t_f
t_f	20 ~ 60	40 ~ 80	80 ~ 100	60 ~ 100	80 ~ 100	60 ~ 100	50 ~ 80	
D	800	1 000	1 000	1 200	1 200	1 400	1 600	

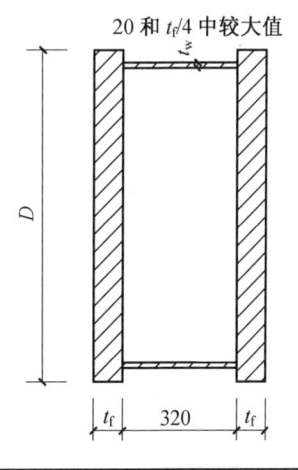

伸臂桁架构件的尺寸规格/mm

楼层	弦杆		斜杆		20 和 $t_f/4$ 中较大值；t_w；D；t_f　320　t_f
	t_f	D	t_f	D	
88 ~ 91	60	600	60	800	
52 ~ 55	50	1 000	90	800	
28 ~ 31	50	1 000	90	800	

结构体系的主要特点为:

(1)外筒刚度巨大。巨型柱、巨型斜撑、周边带状桁架构成的巨型结构具有很大的抗侧刚度,在结构底部周边的巨型桁架筒体承担了60%以上的倾覆力矩和30% ~40%的层剪力,而且与普通框筒相比显著地避免了剪力滞后,并适当减轻了结构自重。

(2)设置非贯穿核心筒的伸臂桁架。伸臂桁架作用较常规框架-筒体结构体系已大为减小,故采用非贯穿核心筒的伸臂桁架成为可行。

(3)角柱作用显著。位于建筑角部的型钢混凝土巨型柱具有强大的承载力,可以起到抗风抗震的最佳效果,并能方便与钢构件连接,并使巨型柱与核心筒竖向变形差异的控制更容易。

(4)独特的钢管混凝土斜撑。巨型斜撑采用内灌混凝土的焊接箱形截面,不仅能增加结构的刚度和阻尼,也能防止斜撑板件局部屈曲。

(5)带状桁架作用显著。每隔12层的一层高周边带状桁架不仅是巨型框撑体系的组成部分,也将荷载从周边小柱传递至巨型柱,解决了周边相邻柱子之间竖向变形差异的问题。

3.7.3 巨型悬挂结构

悬挂结构不但在桥梁、大跨度场馆等建筑物中应用较多,在高层建筑中也占有一席之地。高层中的巨型悬挂结构体系(Mega Suspension Structural System)是将各层楼盖分段悬挂在主构架上所形成的结构体系。结构体系一般由主构架、吊杆、次楼层等构成。主构架的功能与巨型框架类似,承担全部侧向和竖向荷载,并将它传递至基础。但主构架的形式多种多样,不同的主构架形式的受力特点也是不同的,有的以受弯为主,如巨型梁、柱构成的主构架,多使用钢结构;有的则以轴压为主,如巨型拱构成的主构架,多使用钢筋混凝土结构或型钢混凝土结构;而有的则同时承受较大的弯矩、剪力和轴力,如由芯筒构成的主构架,多使用钢筋混凝土结构。吊杆(拉力柱)是次构件,负责将局部若干楼层的竖向荷载传递至主构架,由于只受拉力,适合采用钢结构构件,如高强拉杆、高强钢索等,都具有较好的经济性。

在巨型悬挂体系中,除主构架落地外,其余部分均可不落地,为实现建筑底层的全开敞空间创造了条件。巨型悬挂结构将整体建筑质量分批次地悬挂在主构架上,可以避免地震的直接冲击,从而大幅度减小建筑物所受到的地震作用,甚至可以将其视为质量减振阻尼器。但巨型悬挂体系的结构设计、施工都比较复杂,一般都是为了适应建筑规划的要求才采用这种结构体系。

1. 巨型框架悬挂体系

美国明尼苏达州明尼阿波利斯市于1973年建成了联邦储备银行大楼(Federal Reserve Building),现更名为Marquette Plaza,采用了混合结构的巨型框架悬挂结构,并与高强悬链式拉索配合使用,如图3.65所示。建筑高度67.06 m,共13层。两侧的巨型柱为钢筋混凝土筒体,筒体之间使用大跨度的钢桁架连接,形成单层巨型框架的主构架,承受整栋大楼的水平和竖向荷载。为减轻桁架大梁的负担,在两端筒顶锚固高强钢悬索,可以承托钢索上方楼层的重量,并吊挂钢索下方各层楼盖。两端筒顶处存在钢悬索拉力的水平分力,由桁架梁平衡,以减小两端筒体的弯矩。次楼层均为小型钢框架,其大部分竖向荷载通过钢悬索传至两端筒顶。由于各层楼盖被吊挂起来,因此为大楼底层提供了一个很大的无柱空间。

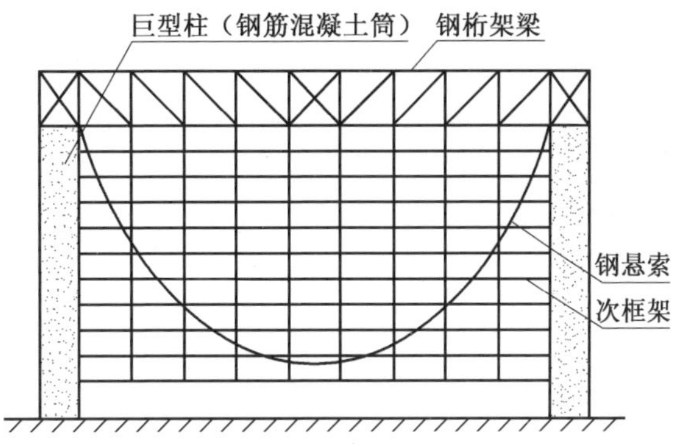

图3.65　Marquette Plaza照片和结构简图

香港汇丰银行大楼建成于1985年,地下4层,地上43层,高175 m,底层矩形平面尺寸为55 m×72 m,如图3.66所示。按城市规划和建筑要求,底层为全开敞大空间,与大楼前的皇后广场连成一体。主体结构由8根截面为4.8 m×4.8 m的格构柱和5道截面高度为7.8 m的纵、横向立体桁架构成,各层桁架梁利用钢吊杆分别悬吊其下的4~7层楼盖。格构柱的柱肢采用4根圆管截面,截面规格由底层的ϕ1 400×100分级减小到顶层的ϕ800×40。沿房屋纵向,一对格构柱之间的净距(即桁架梁的净跨度)33.6 m,并在两边各有10.8 m的悬挑桁架;沿房屋横向,格构柱净距11.1 m,亦使用一个节间的交叉支撑桁架相连。整栋大楼为全钢结构,总用钢量为2.5万t。

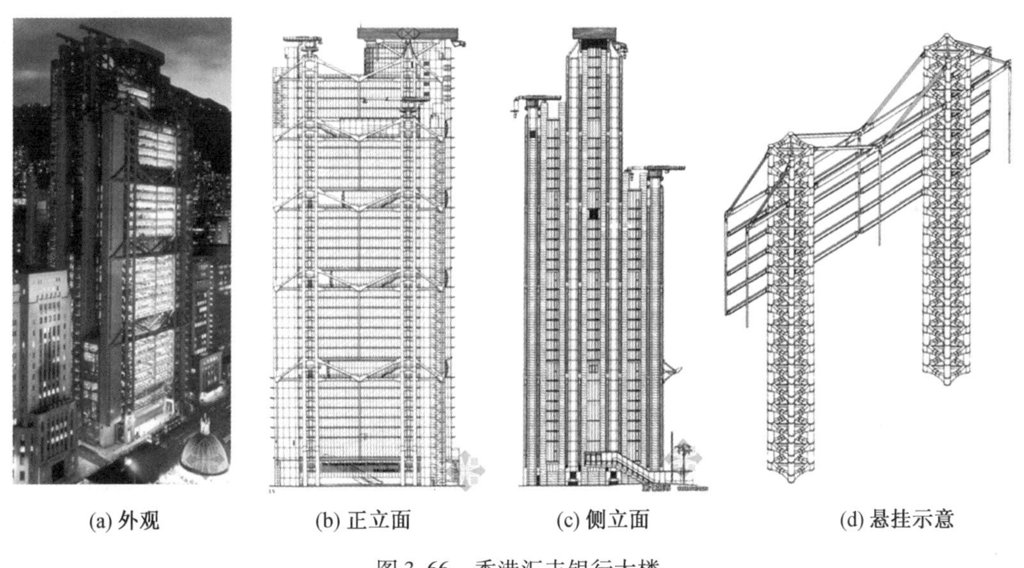

(a) 外观　(b) 正立面　(c) 侧立面　(d) 悬挂示意

图3.66　香港汇丰银行大楼

2. 芯筒悬挂体系

芯筒悬挂体系属于混合结构,由钢筋混凝土核心筒或型钢混凝土核心筒、伸臂钢桁架、钢吊杆以及各层楼盖组成。

核心筒宜采用对称的多边形平面形状,其承受大楼的全部水平荷载和竖向荷载,整体处于受弯、受剪和受压状态,核心筒的平面尺寸和高宽比决定了整个建筑物的水平刚度,从力学角度看,材料的利用效率是不高的,不太适合建设超高层建筑。为了增加芯筒的刚度和承载力,也可在钢筋混凝土筒墙内设置型钢桁架,形成型钢混凝土核心筒,内置的型钢也为伸臂桁架的连接提供了方便。混凝土核心筒的高宽比不宜大于 8(非抗震)、6(6 度设防)或 5(7 度设防),在高烈度地区应采取合理的耗能减振措施。

伸臂桁架通常采用钢结构,每隔若干层设置一道,由核心筒向周边放射布置。伸臂桁架需承担其下方的几层或十几层楼盖的质量,要保证其具有足够的承载力和抗弯刚度。

被悬挂的楼盖通常由楼板、径向钢梁、环向钢梁构成,径向钢梁可以采用一端吊挂式或两端吊挂式连接方式,如图 3.67 所示。对于一端吊挂式径向钢梁,其外端直接吊挂在外圈吊杆上,或吊挂在由吊杆悬挂的外圈环向钢梁上,内端与钢筋混凝土核心筒的筒壁相连,适用于 6 度(不超过 80 m)和 7 度(不超过 60 m)设防的建筑。对于两端吊挂式径向钢梁,多用于需要抗震设防的结构,其外端吊挂方式与上面相同,但内端与核心筒的筒壁脱开,吊挂在内圈吊杆上,或吊挂在由吊杆悬挂的内圈环向钢梁上。楼盖内圈环梁与核心筒之间还可以安装黏弹性减振阻尼器,形成悬吊隔震体系,适合于设防烈度较高的高层建筑。

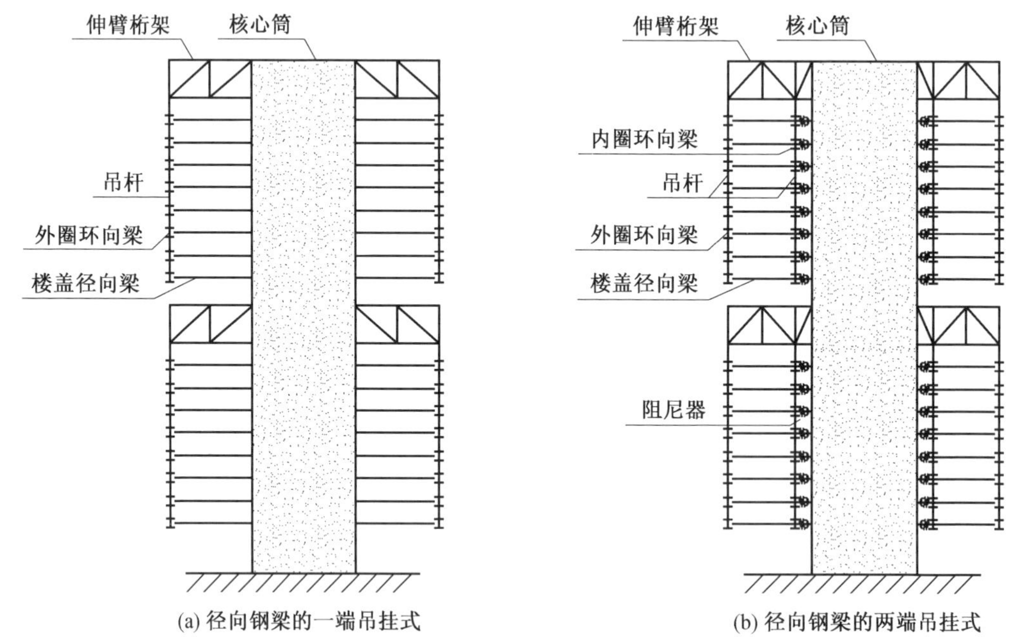

图 3.67　楼盖吊挂的两种方式

图 3.68 所示为德国慕尼黑市 1972 年建成的 BMW 办公大楼,共 22 层,由底层的公共用房、碗状的陈列室和高层办公楼 3 部分组成,高层办公楼顶部和中部各有一个设备层,设置伸臂桁架。大楼平面中心为钢筋混凝土核心筒,周边楼面由 4 个类似花瓣的形状构成,每个花瓣为楼面的一个小单元,供 40 人办公使用。各层的 4 个楼面单元分别悬吊在 4 根预应力钢筋混凝土吊杆上,4 根吊杆则连接在伸臂桁架上。

图 3.69 所示为南非约翰内斯堡市 1968 年建成的标准银行大厦(Standard Bank Centre),地上共 34 层,地下 5 层,高 137 m,平面尺寸为 33.7 m×33.7 m。全部楼层的重量均悬挂在平面尺寸为 14.2 m×14.2 m 的钢筋混凝土核心筒上,核心筒是由 4 个正方形的小筒构成的成束筒,4 个小筒利用梁与楼板连成一体。整栋大楼沿高度方向共设置 3 道伸臂

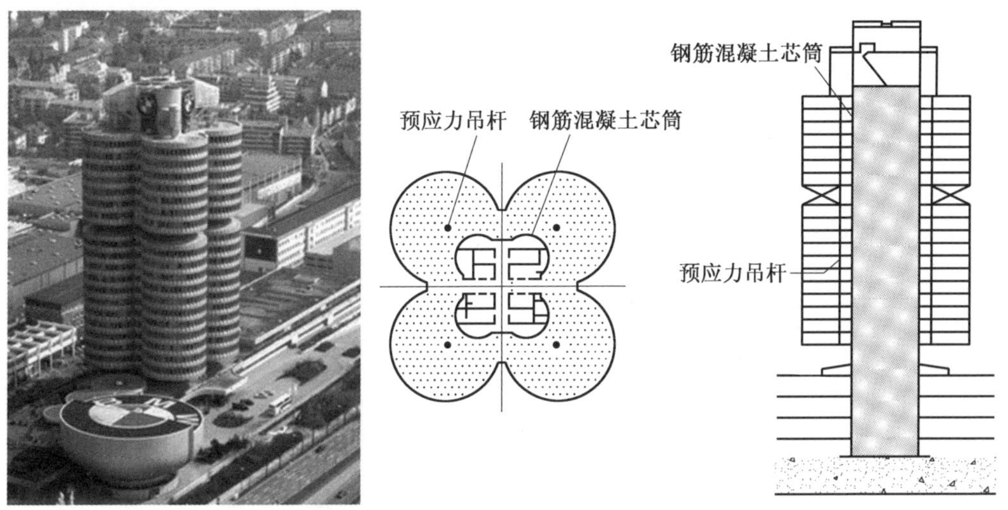

图 3.68　慕尼黑市 BMW 办公大楼

桁架层，每个伸臂桁架层上共有 8 个伸臂桁架，分别使用 8 根吊杆悬挂其下方的 10 个楼层。每层的吊杆由中心预留孔洞的钢筋混凝土块和穿过孔洞的一束预应力筋构成，吊块置于上、下层边梁之间，预应力筋则穿过吊块锚固在上、下层边梁上。

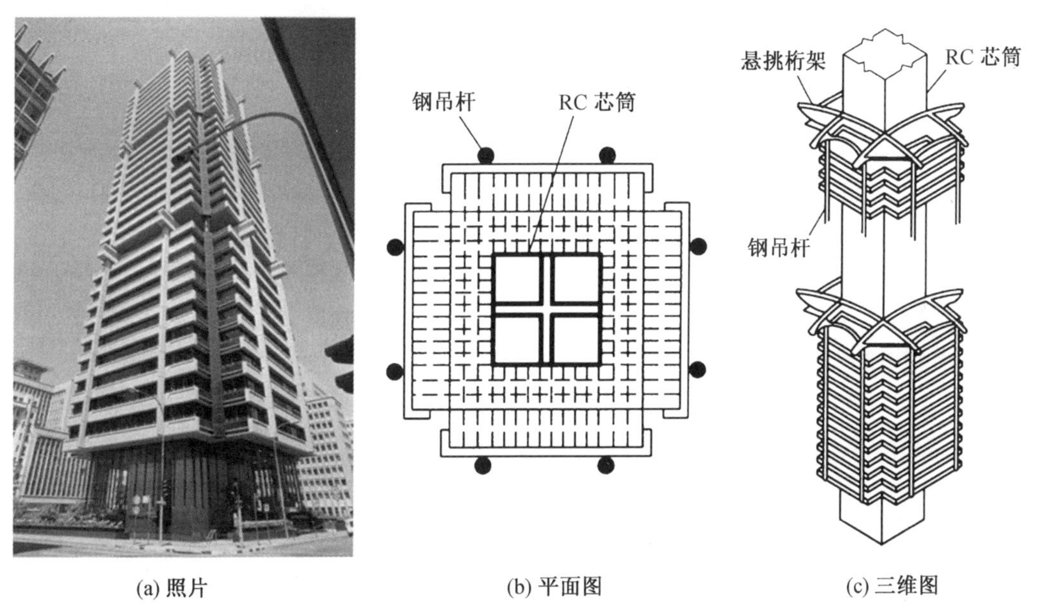

(a) 照片　　(b) 平面图　　(c) 三维图

图 3.69　约翰内斯堡市标准银行大厦

3.7.4　巨型分离式结构

巨型分离式结构是通过巨型构件，将若干个相对独立的结构单元(如筒体等)连接成一体而形成的联合体式结构。应用这种“搭积木”式的概念，可以设计出极高的建筑物，能够缓解城市人口密集、生产生活用房紧张、地价高涨、交通拥挤的矛盾。令人遗憾的是，目前尚未出现巨型分离式结构的工程应用，仍停留在建筑设计方案阶段，但这并不影响我们学习和认知这种优秀的超高层结构设计概念。

日本鹿岛建设公司提出的 800 m 高的动力智能大厦(图 3.70)设计方案就采用了巨型分离式筒体结构。大厦地上 200 层,地下 7 层,总建筑面积为 150 万 m^2,由 12 个巨型单元体组成。每个单元体是一个直径 50 m、高 50 层(200 m)的独立框筒,1 ~ 100 层设 4 个框筒柱,101 ~ 150 层设 3 个框筒柱,151 ~ 200 层设 1 个框筒柱。每 50 层设置一道巨型梁,负责将本位置的框筒柱之间连接起来。结构上设有主动控制系统,进一步削弱地震反应,因此被称为智能动力大厦。

图 3.70 动力智能大厦

1989 年 Takenaka 公司提出了建设东京空中之城 1000(图 3.71)的设想,整座城市可以实现自给自足,能够缓解东京的交通拥堵,恢复城市绿地。该建筑结构高度为 1 000 m,底部直径为 400 m。空中之城 1000 由 14 个玻璃层保护的“盆状”平台构成,每个平台都是独立的结构,平台支承于周边的巨型柱上。所有平台所形成的内部绿地面积可达 3.1 平方英里(1 平方英里≈2.59 km^2)。整幢大楼拥有多种用途,可容纳常驻居民 3.6 万人,工人 10 万人,并有广阔空间可供办学校、开商场、建影院等。空中之城 1000 或许会成为世界上第一个生态城市。

空中都市 Aeropolis 2001(图 3.72)由日本大林组公司提出设计,高度为 2 000 m(是珠穆朗玛峰高度的 1/3),有 500 层,计划建造在日本东京湾地区,建成后将能够容纳 30 万人居住,拥有旅馆、商店、公寓、影院、学校、医院、邮局以及办公场所,高速电梯从底部行至建筑顶部需要 15 min。整个结构由若干个平面为三角形的筒体组合而成,由底层到顶层,三角形筒体数量逐渐递减,形成一个错落有致的立面效果。

东京清水 TRY 2004 巨城金字塔(图 3.73)的高度是埃及吉萨大金字塔的 12 倍。高 6 574 英尺(约合 2 003 m),占地面积 3 平方英里,可容纳 75 万人。整座建筑共有 8 个大层,由若干个小型金字塔相互堆叠而成,总面积估计达到 34 平方英里。采用便捷的交通运输系统以及快速移动的人行道和电梯网,通过 55 个交通枢纽将整个城市连成一片。这座超级结构的外立面覆盖光电涂层,将阳光转换为电能。

X-Seed 4000 摩天巨塔(图 3.74)最早于 1995 年提出,尽管它可能永远地停留在绘图上,但它仍然堪称非凡的建筑设计。X-Seed 4000 摩天巨塔楼高 13 123 英尺(约合

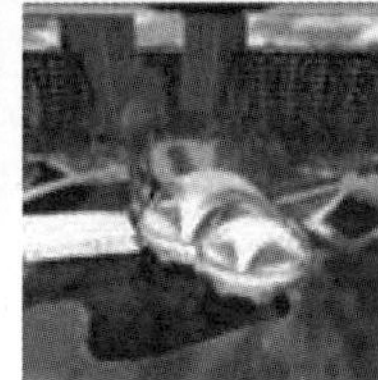

图 3.71　东京空中之城 1000

图 3.72　空中都市 Aeropolis 2001

4 000 m)，即便是富士山也在它面前黯然失色。此建筑共有 800 个楼层，占地空间为 26 平方英里，可以让 50 万～100 万人在此安居乐业。巨塔周边单体楼群由巨柱支撑，每根柱子都是具有使用功能的超级筒体；周边楼群内部是绿化的开敞空地，可供使用者日常运动、休闲。整个建设项目包括新一代便捷交通运输网、高速电梯和一套可以减缓整幢大楼内温度、风速及气压等巨大波动的系统。

图 3.73　东京清水 TRY 2004 巨城金字塔

图 3.74　X-Seed 4000 摩天巨塔

第 4 章　荷载和作用效应

工程结构的重要功能是承受其服役过程中可能出现的各种环境荷载与作用,如房屋结构要承受自重、人群和家具及设备质量、风荷载、地震作用等。通常将能使结构产生效应(结构或构件的内力、应力、位移、应变、裂缝等)的各种因素,统称为结构上的作用。结构上的作用一般分为两类:第一类为直接作用,它直接以力的不同集结形式作用于结构,包括结构的自重、各种物品及设备质量、风压力、土压力、雪压力、水压力、冻胀力、积灰质量等,这一类作用通常也称为荷载;第二类为间接作用,它不是直接以力的某种集结形式出现,而是引起结构的振动、约束变形或外加变形(包括裂缝),但也能使结构产生效应,它包括温度变化、材料的收缩和膨胀变形、地基不均匀沉降、地震等。

对于高层建筑钢结构而言,其结构设计需考虑的主要作用有:结构自重、建筑使用时的楼面竖向活荷载、风荷载、地震作用、温度作用及火灾作用。本章主要介绍竖向活荷载和温度作用、风荷载与地震作用的概念、原理及其确定方法。

4.1　竖向活荷载和温度作用

4.1.1　楼面和屋面活荷载

楼面和屋面活荷载是指高层建筑中生活或工作的人群、家具、用品、设施等分别在楼面和屋面上产生的重力荷载。

考虑到楼面活荷载分布的任意性,为工程设计方便,一般将其处理为楼面均布活荷载。均布活荷载的量值与建筑物的功能有关,如公共建筑(商店、展览馆、电影院、车站等)的均布活荷载值一般比民用建筑(如住宅、办公楼等)的大。

《建筑结构荷载规范》(GB 50009—2012)(为表述简便,以下简称"2012 荷载规范")第 5.1.1 条规定:民用建筑的楼面均布活荷载标准值应按表 4.1 采用。

一般使用条件下,楼面活荷载取值应不低于表 4.1 中的规定值;当使用荷载较大、情况特殊或有专门要求时,应按实际情况采用。

表 4.1 中所列的各项均布活荷载不包括隔墙自重和二次装修荷载。对固定隔墙的自重应按永久荷载考虑,当隔墙位置可灵活自由布置时,非固定隔墙的自重应取不小于 1/3 的每延长米墙重(kN/m)作为楼面活荷载的附加值(kN/m^2)计入,且附加值不应小于1.0 kN/m^2。

表 4.1　民用建筑楼面均布活荷载标准值

<table>
<tr><th>项次</th><th colspan="3">类别</th><th>标准值/(kN·m^{-2})</th></tr>
<tr><td rowspan="2">1</td><td colspan="3">(1)住宅、宿舍、旅馆、办公楼、医院病房、托儿所、幼儿园</td><td>2.0</td></tr>
<tr><td colspan="3">(2)试验室、阅览室、会议室、医院门诊室</td><td>2.0</td></tr>
<tr><td>2</td><td colspan="3">教室、食堂、餐厅、一般资料档案室</td><td>2.5</td></tr>
<tr><td rowspan="2">3</td><td colspan="3">(1)礼堂、剧场、影院、有固定座位的看台</td><td>3.0</td></tr>
<tr><td colspan="3">(2)公共洗衣房</td><td>3.0</td></tr>
<tr><td rowspan="2">4</td><td colspan="3">(1)商店、展览厅、车站、港口、机场大厅及其旅客等候室</td><td>3.5</td></tr>
<tr><td colspan="3">(2)无固定座位的看台</td><td>3.5</td></tr>
<tr><td rowspan="2">5</td><td colspan="3">(1)健身房、演出舞台</td><td>4.0</td></tr>
<tr><td colspan="3">(2)运动场、舞厅</td><td>4.0</td></tr>
<tr><td rowspan="2">6</td><td colspan="3">(1)书库、档案室、储藏室</td><td>5.0</td></tr>
<tr><td colspan="3">(2)密集柜书库</td><td>12.0</td></tr>
<tr><td>7</td><td colspan="3">通风机房、电梯机房</td><td>7.0</td></tr>
<tr><td rowspan="4">8</td><td rowspan="4">汽车通道及客车停车库</td><td rowspan="2">(1)单向板楼盖(板跨不小于 2 m)和双向板楼盖(板跨不小于 3 m×3 m)</td><td>客车</td><td>4.0</td></tr>
<tr><td>消防车</td><td>35.0</td></tr>
<tr><td rowspan="2">(2)双向板楼盖(板跨不小于 6 m×6 m)和无梁楼盖(柱网不小于 6 m×6 m)</td><td>客车</td><td>2.5</td></tr>
<tr><td>消防车</td><td>20.0</td></tr>
<tr><td rowspan="2">9</td><td rowspan="2">厨房</td><td colspan="2">(1)餐厅</td><td>4.0</td></tr>
<tr><td colspan="2">(2)其他</td><td>2.0</td></tr>
<tr><td>10</td><td colspan="3">浴室、卫生间、盥洗室</td><td>2.5</td></tr>
<tr><td rowspan="3">11</td><td rowspan="3">走廊、门厅</td><td colspan="2">(1)宿舍、旅馆、医院病房、托儿所、幼儿园、住宅</td><td>2.0</td></tr>
<tr><td colspan="2">(2)办公楼、餐厅、医院门诊部</td><td>2.5</td></tr>
<tr><td colspan="2">(3)教学楼及其他可能出现人员密集的情况</td><td>3.5</td></tr>
<tr><td rowspan="2">12</td><td rowspan="2">楼梯</td><td colspan="2">(1)多层住宅</td><td>2.0</td></tr>
<tr><td colspan="2">(2)其他</td><td>3.5</td></tr>
<tr><td rowspan="2">13</td><td rowspan="2">阳台</td><td colspan="2">(1)可能出现人员密集的情况</td><td>3.5</td></tr>
<tr><td colspan="2">(2)其他</td><td>2.5</td></tr>
</table>

注:①第 6 项中,当书架高度大于 2 m 时,书库活荷载尚应按每米书架高度不小于 2.5 kN/m^{2}确定

②第 8 项中的客车活荷载仅适用于停放载人少于 9 人的客车;消防车活荷载适用于满载总重为 300 kN 的大型车辆;当不符合本表的要求时,应将车轮的局部荷载按结构效应的等效原则,换算为等效均布荷载

③第 8 项中的消防车活荷载,当双向板楼盖板跨介于 3 m×3 m～6 m×6 m 时,应按跨度线性插值确定

④第 12 项中的楼梯活荷载,对于预制楼梯踏步平板,尚应按 1.5 kN 集中荷载验算

作用在楼面上的活荷载,不可能以标准值大小同时布满所有楼面,因此在设计梁、墙、柱和基础时,也即在确定梁、墙、柱和基础的荷载标准值时,还要考虑实际荷载分布的变异情况,允许对楼面活荷载标准值进行折减。

“2012 荷载规范”第 5.1.2 条规定:设计楼面梁、墙、柱及基础时,表 4.1 中的楼面活荷载标准值在下列情况下应乘以折减系数。

(1)设计楼面梁时的折减系数。

①第 1 项第(1)类:当楼面梁的从属面积超过 25 m^2时,应取 0.9,其中从属面积按梁两侧各延伸 1/2 梁间距的范围内的实际面积确定,如图 4.1 所示。

②第 1 项第(2)类 ~7 项:当楼面梁的从属面积超过 50 m^2时,应取 0.9。

③第 8 项:对单向板楼盖的次梁和槽形板的纵肋应取 0.8,对单向板楼盖的主梁应取 0.6,对双向板楼盖的主梁应取 0.8。

④第 9 ~13 项:应采用与所属房屋类别相同的折减系数。

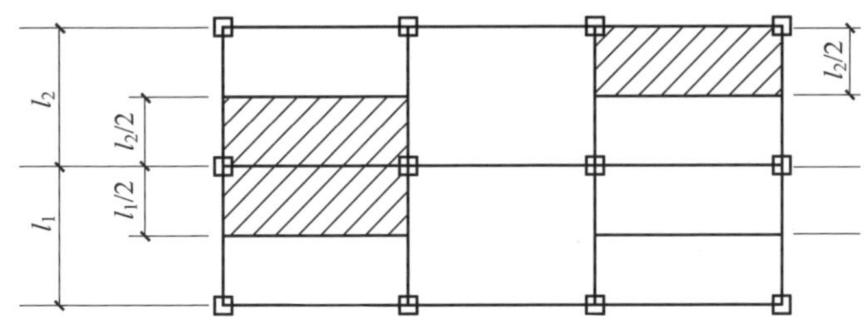

图 4.1　梁的从属面积

(2)设计墙、柱和基础时的折减系数。

①第 1 项第(1)类:应按表 4.2 采用。

②第 1 项第(2)类 ~7 项:应采用与其楼面梁相同的折减系数。

③第 8 项的客车:对单向板楼盖应取 0.5,对双向板楼盖和无梁楼盖应取 0.8。

④第 9 ~13 项:应采用与所属房屋类别相同的折减系数。

表 4.2　活荷载按楼层划分的折减系数

墙、柱、基础计算截面以上的层数	1	2 ~ 3	4 ~ 5	6 ~ 8	9 ~ 20	>20
计算截面以上各楼层活荷载总和的折减系数	1.00 (0.90)	0.85	0.70	0.65	0.60	0.55

注:当楼面梁的从属面积超过 25 m^2时,应采用括号内的系数

“2012 荷载规范”第 5.1.3 条规定:设计墙、柱时,由于消防车的活荷载标准值很大,但出现概率小,作用时间短,表 4.1 中第 8 项的消防车活荷载标准值应由设计人员根据经验确定折减系数,且容许较大的折减;设计基础时,为减少平时使用时产生的不均匀沉降,可根据经验和习惯不考虑消防车活荷载。

“2012 荷载规范”第 5.3.1 条规定:民用建筑的屋面均布活荷载标准值应按表 4.3 采用。不上人的屋面均布活荷载,可不与雪荷载和风荷载同时组合。

表 4.3　屋面均布活荷载

项次	类别	标准值/(kN·m^{-2})
1	不上人的屋面	0.5
2	上人的屋面	2.0
3	屋顶花园	3.0

注:①不上人的屋面,当施工或维修荷载较大时,应按实际情况采用;对不同结构应按有关设计规范的规定,将标准值作 0.2 kN/m^2 的增减

②上人的屋面,当兼作其他用途时,应按相应楼面活荷载采用

③对于因屋面排水不畅、堵塞等引起的积水荷载,应采用构造措施加以防止;必要时,应按积水的可能深度确定屋面活荷载

④屋顶花园活荷载不包括花圃土石等材料自重

"2012 荷载规范"第 5.3.2 条规定:屋面直升机平台的活荷载应按下列规定采用:

①屋面直升机平台荷载应按局部荷载考虑,根据直升机实际最大起飞重量决定的局部荷载标准值乘以动力系数确定。对具有液压轮胎起落架的直升机,动力系数可取 1.4;当没有机型技术资料时,可按表 4.4 选用局部荷载标准值及其作用面积。

②屋面直升机平台的等效均布活荷载标准值不应低于 5.0 kN/m^2。

表 4.4　屋面直升机停机坪局部荷载标准值及其作用面积

类型	最大起飞质量/t	局部荷载标准值/kN	作用面积
轻型	2	20	0.20 m× 0.20 m
中型	4	40	0.25 m× 0.25 m
重型	6	60	0.30 m× 0.30 m

4.1.2　温度作用

当某一结构或构件的温度发生变化时,由于体内任一单元体的热变形(收缩或膨胀)受到周围相邻单元体的约束(内约束)或其边界受到其他结构或构件的约束(外约束),会使体内该单元体产生一定的应力,这种应力称为温度应力,即温度作用。因此,温度作用是一种间接的荷载作用,它主要由季节性气温变化、太阳辐射、使用热源等因素引起的。

土木工程中所遇到的许多因温度作用而引发的问题,从约束条件看大致可分为以下两类:

①结构物的变形受到其他物体的阻碍或支承条件的制约,不能自由变形。例如,钢框架结构的梁嵌固于两钢柱之间,温度变化时梁的伸缩变形受到柱子的约束,产生内力。排架结构支承于地基,当上部横梁因温度变化伸长时,横梁的变形使柱子产生侧移,在柱中引起内力;柱子对横梁施加约束,在横梁中产生压力。

②构件内部各单元体之间相互制约,不能自由变形。例如,屋面简支梁在日照作用下温度升高,而室内温度相对较低,使得简支梁沿梁高受到不均匀温差作用,产生弯曲变形,在梁中引起应力。钢结构的焊接过程也是一个不均匀的温度作用过程。施焊时,焊缝及附近温度很高,可达 1 600 ℃以上,其邻近区域则温度急剧减小。不均匀的温度场使焊件材料产生

不均匀的膨胀。高温处的钢材膨胀最大，由于受到两侧温度较低钢材的限制，产生了热塑性压缩。焊缝冷却时，被塑性压缩的焊缝区趋于缩短，受到两侧钢材的限制，使焊缝区产生纵向拉应力，即纵向焊接残余应力。

考虑到钢结构对温度作用比较敏感，因此《高层民用建筑钢结构技术规程》(JGJ 99—2015，为表述简便，以下简称“2015 高钢规”)第 5.1.7 条规定：宜考虑施工阶段和使用阶段温度对钢结构的影响。

温度变化对结构内力和变形的影响，应根据不同的结构形式和约束条件分别加以考虑。

(1)静定结构的温度应力。

静定结构在温度变化时能够自由变形，结构无约束应力产生，故不产生内力。但由于任何材料都具有热胀冷缩的性质，因此静定结构在满足其约束的条件下可自由地变形，这时应考虑结构的变形是否超过允许范围。

高层建筑钢结构的结构构件多为等截面杆件形式，设任一杆件截面两侧的温度变化量分别为 t_1 和 t_2(图 4.2)，其变形可由变形体系的虚功原理按下式计算：

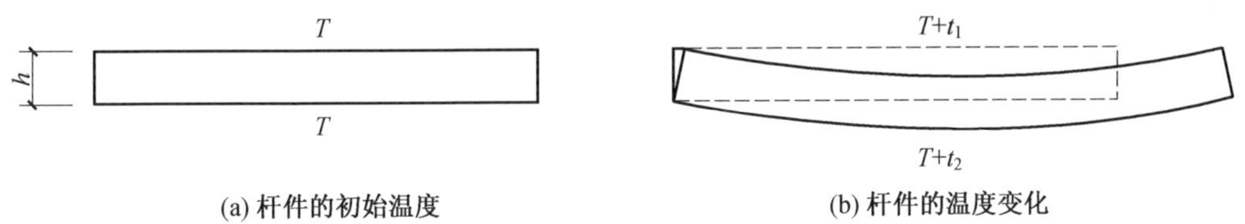

图 4.2　杆件的温度作用

$$\Delta_{Pi} = \sum \alpha t_0 \omega_{N\mathrm{p}} + \sum \alpha \Delta t \omega_{M\mathrm{p}} / h \tag{4.1}$$

式中　Δ_{Pi}——结构中任一点 P 沿任意方向 p-p 的变形；

α——材料的线膨胀系数(1/℃)，温度每升高或降低 1 ℃，单位长度构件的伸长或缩短量，表 4.5 给出了几种主要材料的线膨胀系数；

t_0——杆件轴线处的温度变化，即 $t_0 = \dfrac{t_1 + t_2}{2}$；

Δt——杆件上、下侧温差的绝对值，即 $\Delta t = |t_2 - t_1|$；

h——杆件截面高度(m)；

$\omega_{N\mathrm{p}}$——杆件的 N_p 图的面积(m^2)，N_p 图为虚力下轴力大小沿杆件的分布图；

$\omega_{M\mathrm{p}}$——杆件的 M_p 图的面积(m^2)，M_p 图为虚力下弯矩大小沿杆件的分布图。

表 4.5　常用材料的线膨胀系数 α　　1/℃

结构种类	钢结构	混凝土结构	混凝土砌块砌体	石砌体	砖砌体
α	1.2×10^{-5}	1.0×10^{-5}	0.9×10^{-5}	0.8×10^{-5}	0.7×10^{-5}

(2)超静定结构的温度应力。

超静定结构存在有多余约束或相互制约的构件，温度变化引起的变形将受到限制，从而在结构中产生内力。温度作用效应的计算可根据变形协调条件，按结构力学方法确定。下面举例说明：

①受均匀温差 t 作用的两端嵌固于支座上的梁(图 4.3)。

欲求此梁的温度应力,可将其一端约束解除,成为一个静定悬臂梁。悬臂梁在温差 t 作用下产生的自由伸长量 ΔL 及相对变形值 ε 可由下式求得:

$$\Delta L = \alpha t L \tag{4.2}$$

$$\varepsilon = \frac{\Delta L}{L} = \alpha t \tag{4.3}$$

式中 t——温差(℃);

L——梁跨度(m)。

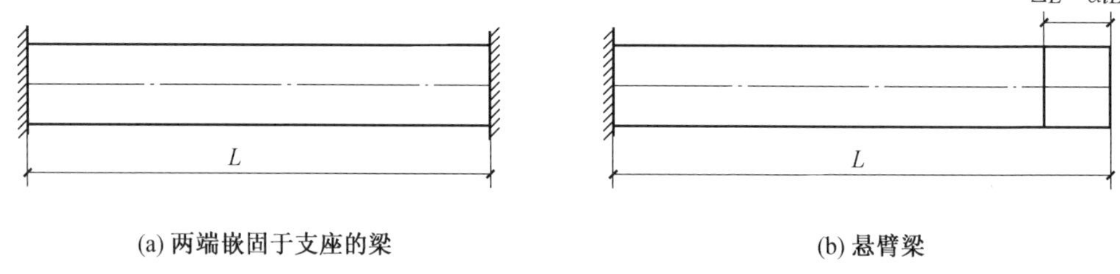

(a) 两端嵌固于支座的梁　　(b) 悬臂梁

图 4.3　两端嵌固的梁与自由变形梁示意图

如果悬臂梁右端受到嵌固不能自由伸长,梁内便产生约束力 N,其大小等于将自由变形梁压回原位所需施加的力(拉为正,压为负),即

$$N = -\frac{EA}{L}\Delta L \tag{4.4}$$

截面应力为

$$\sigma = -\frac{N}{A} = -\frac{EA}{LA} \cdot \alpha t L = -\alpha t E \tag{4.5}$$

式中 E——材料的弹性模量(N/mm^2);

A——杆件的截面面积(m^2);

σ——杆件的约束应力(N/mm^2)。

可见,杆件约束应力只与温差、线膨胀系数和弹性模量有关,其数值等于温差引起的应变与弹性模量的乘积。

②受均匀温差 t 作用的排架横梁(图 4.4)。

横梁受温度影响伸长 $\Delta L = \alpha t L$,此即为柱顶产生的水平位移。令 K 为柱的抗侧刚度,即柱顶产生单位位移所需施加的力。K 的计算式为

$$K = \frac{3EI}{H^3} \tag{4.6}$$

则柱顶所受到的水平剪力为

$$V = K \cdot \frac{\Delta L}{2} = \frac{3EI}{H^3}\alpha t L/2 \tag{4.7}$$

式中 I——柱子的截面惯性矩(m^4);

H——柱高(m);

L——横梁长(m)。

由此可见,温度变化在柱中引起的约束内力与结构物长度(横梁长 L)成正比。当结构物长度很长时,将在结构中产生较大的温度应力。

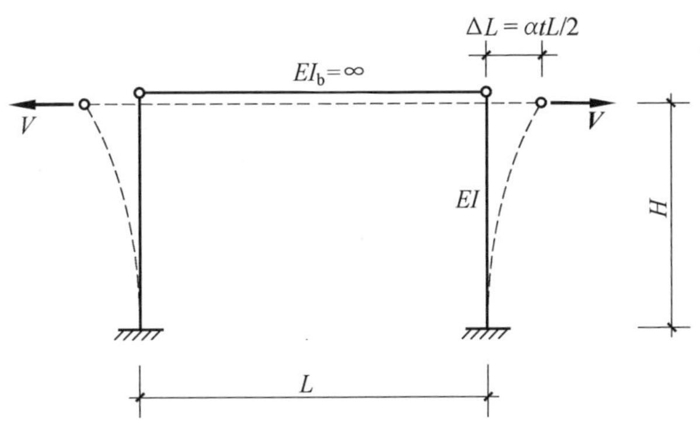

图 4.4　排架横梁受温度应力示意图

4.1.3　竖向构件的轴向变形

在竖向荷载作用下,高层建筑钢结构中各个部位的竖向构件(角柱、边柱、核心筒)的轴向应力有高有低,导致其竖向变形存在差异。在高层建筑钢结构施工时,核心筒施工往往先于周边框架柱施工,造成结构各部位的竖向构件受荷时间有先有后。若结构中采用钢管混凝土组合结构或型钢混凝土结构时,由于混凝土受弹性压缩、收缩、徐变以及温度变化等因素影响,最终会使得竖向构件产生可观的轴向变形及各竖向构件间的变形差异。一般而言,当高层建筑超过 30 层或总高度大于 100 m 时,在施工中就应对此进行考虑。此外,由 4.1.2 节可知,室内外温差变化也会使竖向构件产生显著的轴向内力和变形。

因此,上述的竖向荷载、施工顺序和温差影响均会引起竖向构件产生较大的轴向变形。这些变形将给非结构构件带来不利影响,导致墙体开裂、幕墙与管道设备损坏以及电梯受损等。严重时会导致结构局部失效或者不适宜继续使用,必须经过维修或加固处理后才能重新投入使用,因此造成较大的经济损失。

此外,上述的竖向构件变形差对结构的水平构件也有重要影响。在构件内力计算时,若不考虑轴向变形(进行一阶分析)的影响,将对水平构件设计带来不安全因素——它将在水平构件中产生附加弯矩和剪力、引起结构发生内力重分布。当变形差较大、水平构件刚度较大或竖向构件相邻较近时,将对水平构件产生较大的内力,且该内力是不可忽视的。

对于高层建筑钢结构的竖向变形差问题,可以从材料和结构两方面来拟定解决方案。

从材料方面来说:

①使用混合结构或组合结构时,应选择合适的混凝土组成成分,调整混凝土的配合比,避免过大的水灰比和过高的水泥浆量,从而减小混凝土的徐变量。

②设计过程中考虑轴向刚度,根据竖向荷载下各竖向构件的轴向变形计算结果,确定各层柱的下料长度。

③施工过程中实时调整钢柱的初始下料长度,减小竖向构件的变形差,使结构受力合理。

从结构构造方面来说:

①在内外竖向构件间设置刚臂(刚性层)以抵抗竖向变形差所引起的内力,体现了“抗”的思想。这种刚臂通常在高层建筑钢结构的某些层设置,与避难层或设备层相结合,高度为一个或几个层高。它能显著地增加结构的水平刚度,对控制结构的水平位移有很好的作用。

由于刚臂具有很大的刚度，在设计时可考虑由它来减小竖向构件的变形差，但应计算由此在刚臂和竖向构件中产生的内力。

②在结构合适的位置设置柔性节点以适应结构的竖向变形差，体现了“放”的思想。设计者可利用这些关键位置的少量柔性连接来“释放”由于混凝土徐变收缩及温度效应所引起的附加弯矩和次应力。承重构件与非承重构件之间的柔性连接可避免承重构件将次应力传给非承重构件，通常在框架与隔墙、框架与幕墙之间采用柔性连接，以避免次应力引起非承重构件的开裂。此外，承重构件之间也可采用柔性连接，以减小附加弯矩。

③调整结构的轴压比，体现了“防”的思想。柱子钢号相同时，使各柱的轴压比大致相同，可以保证各柱的竖向应变相同，即竖向变形相同。另外，在多数情况下，外柱比内柱或剪力墙承担的竖向荷载小，而通常内外柱截面相同，从而导致内柱的轴压比高于外柱的。因此，为了使各柱的徐变量相同，可通过将外柱板件厚度适当减小，以减少竖向变形差的影响。

另外，还可对施工方案进行控制来减小竖向变形差异。对于前述的混合结构体系的施工，一般按“筒体先行，钢框架跟进”的程序进行。

4.2 风　荷　载

4.2.1 风的基本知识

1. 风的成因

风是空气相对于地球表面的运动，它是空气从气压大的地方向气压小的地方流动而形成的。

空气运动的最直接原因是不同区域存在气压差，而这种气压差的产生又往往与热力学因素有关。例如，当某处空气变热，就会因受热膨胀而上升，导致该处的气压降低，周围的冷空气从旁边流过来补充，由此就形成了风（图 4.5）。

我们知道，太阳是地球获取能量的主要来源。太阳辐射到地球的能量有一部分被大气反射回宇宙，有一部分被大气吸收，余下的到达地球表面。地球表面在被加热后，会以地面辐射的形式向外释放热量。大气对太阳短波辐射的直接吸收很少，主要是吸收地球表面长波辐射的热量。由于受太阳照射角度、大气透明度、云量、海拔高度和地理纬度等因素的影响，地球表面受到太阳辐射的能量是不均匀的，此外地球表面的水陆分布也是不均匀的，从而使大气的受热也不均匀，存在温度差和气压差。地球上温差最大的地方是两极和赤道，那么在忽略其他影响因素的条件下，地球表面就会存在图 4.6 所示的大气环流。

当然，实际的大气流动要比图 4.6 复杂得多。除了前面介绍的太阳辐射和地表水陆分布外，地球自转偏向力也是一个重要影响因素。所谓地球自转偏向力是指由于地球沿着其主轴自西向东旋转而产生的偏向力，使得在北半球移动的物体（包括空气微团）的轨迹会向右偏斜，而在南半球移动的物体的轨迹会向左偏斜。这种现象最早由法国物理学家科里奥利(Coriolis)于1835年进行了详细研究,因此也被称为“科里奥利效应”。

图 4.5　由于压差引起的空气流动

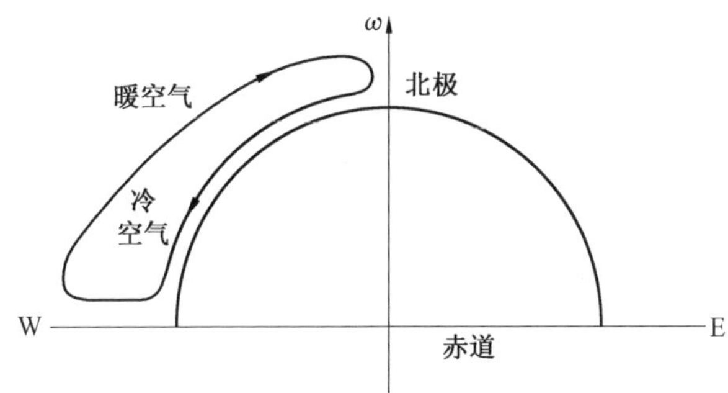

图 4.6　大气环流的简化模型

地球自转偏向力(也称科里奥利力)的矢量表达式为

$$\boldsymbol{F}_{c}=2m(\boldsymbol{v}\times\boldsymbol{\omega}) \tag{4.8}$$

式中　m——空气微团的质量;

$\boldsymbol{\omega}$——地球自转角速度矢量;

$\boldsymbol{v}$——空气微团相对于地球的速度,如图 4.7 所示。

$\boldsymbol{F}_{c}$ 垂直于 $\boldsymbol{\omega}$ 和 $\boldsymbol{v}$,其方向由矢量乘积(右手)法则确定,大小为 $2m|\boldsymbol{\omega}||\boldsymbol{v}|\cdot\sin\phi$,其中 ϕ 为 $\boldsymbol{\omega}$ 和 $\boldsymbol{v}$ 的夹角。由图 4.7 不难发现,当空气微团位于赤道附近时,ϕ 接近于 0,科里奥利力最小;而当位于两极附近时,科里奥利力达到最大。

需要说明的是,科里奥利力本质上并不是真的力,而是一种惯性作用。设想在一个绕其中心逆时针旋转的平台上,从中心向外滚动一个皮球,如图 4.8 所示。由于平台上离中心越远处的转动切线速度越快,因此当球向外滚时,球下转台的切线速度会逐渐增大,但是由于惯性效应使得球本身的切向线速度总是滞后于其下转台的速度,这相当于使球受到了一个与旋转方向相反的推力,其运行轨迹就会朝顺时针方向弯曲。反之,如果从靠近外缘的一点向中心滚动皮球,球本身的切向线速度总是快于其下转台的速度,相当于使球受到一个与旋转方向相同的推力,其运行轨迹也会朝着顺时针方向弯曲。

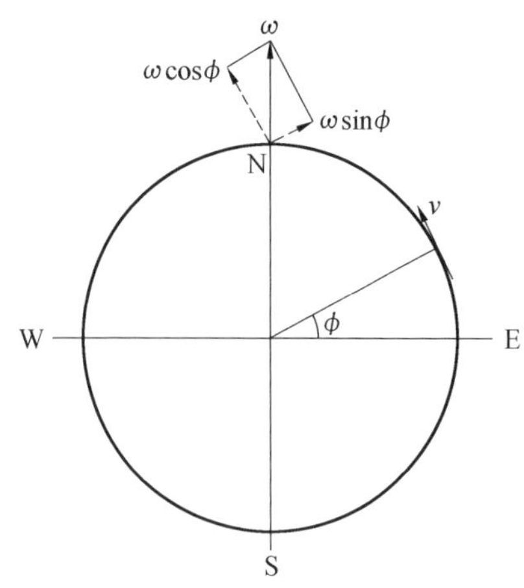

图 4.7　科里奥利力示意图

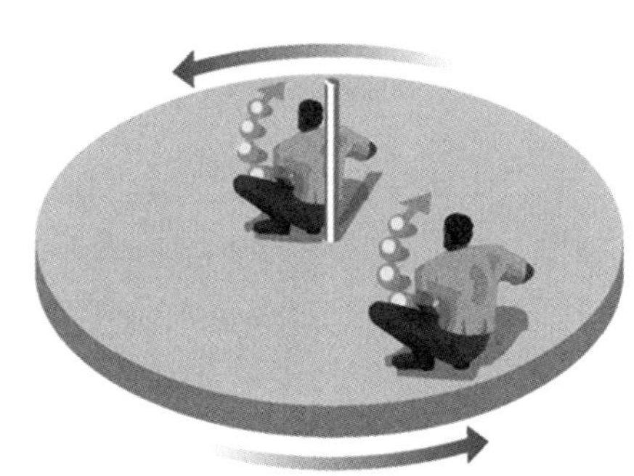

图 4.8　旋转平台上的科里奥利效应

在日常生活中,我们并没有感觉到“科里奥利效应”,这是因为人的质量较轻、运动速度较慢,导致科里奥利力很小。即便是一辆重 2 t 的越野车,当其在北纬 45°附近以 120 km/h 的速度行驶时,所受到的科里奥利力也不到 9.8 N。但是“科里奥利效应”对于大气环流的影响却是十分显著的。它不仅会使地球上沿南北向流动的气流发生东西向偏转,而且当某处出现低气压时,周围的空气会沿着稍微偏离低气压中心的路径向中心汇聚,从而在局部形成旋涡。这种现象类似于江河海流中的旋涡,因而被称为气旋。夏秋季节,在我国东南沿海地区经常出现的台风就是热带气旋发展的结果。

2. 风的类型

由于大气中的热力和动力现象存在明显的时空不均匀性,使得大气运动如同一条川流不息的河流,既有整体流动,也有很多局部的旋涡和激流。在气象学上,将具有一定的温度、气压或风等气象要素空间结构特征的大气运动系统称为天气系统。如低压、高压、气旋、反气旋、冷锋、暖锋等,都是较为常见的天气系统。天气系统又可称为风气候(Wind Climate),以下介绍一些典型的对土木工程结构影响较大的风气候。

(1)大气环流。

大气环流是指在全球范围由太阳辐射和地球自转作用形成的大尺度的大气运动,它决定了各地区天气的形成与变化。根据罗斯贝(Rossby)提出的三圈环流模型(图 4.9),大气环流由低纬度环流圈、中纬度环流圈和高纬度环流圈组成。这 3 个环流圈在地面形成了 3 个风带(即信风带、西风带和极地东风带)及 4 个气压带(即赤道低压带、副热带高压带、副极地低压带和极地高压带)。三圈环流模型较图 4.6 所示的单圈环流模型有所进步,较好地反映了大气环流的基本情况,即由太阳辐射差异引起的赤道和两极之间的温差是引起和维持大气环流的根本原因,地球自转运动产生的偏向力使径向环流变为纬向环流;赤道两侧的气流是上升的,因而这里是地球上云、雨最多的地带;30°纬度附近的气流是下沉的,故这一地带少雨而干旱。但该模型是在假设地表均匀的情况下建立的,而实际上地球表面存在海陆和地形的差异。因此,它仍然是一个理想模型,与真实的大气环流存在一定的差异。

季风是由大气环流、海陆分布和大陆地形等多种因素造成的,以年为周期的一种区域性的大气运动。在夏季,由于海洋比陆地增温慢,海洋上的空气比陆地上的冷,因此近地风从海洋吹向陆地。反之,在冬季,陆地上的空气较海洋上的冷,因此近地风从陆地吹向海洋。由于亚洲大陆幅员辽阔,所以受季风的影响非常显著,呈现出季节性气候变化特征。

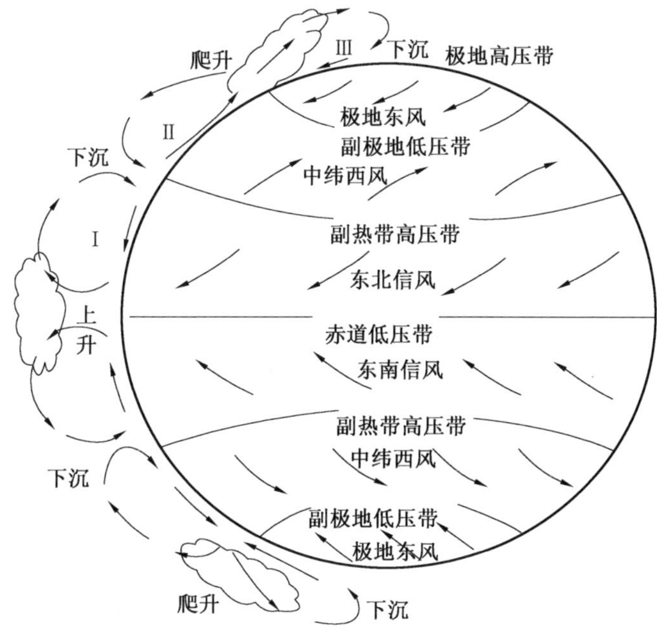

图4.9 三圈环流理论模型示意图

(2)热带气旋。

在热带或副热带海洋上产生的强烈的空气旋涡称为热带气旋,其直径通常为几百千米,厚度为几十千米。强烈的热带气旋,不但形成狂风、巨浪,而且往往伴随着暴雨、风暴潮等,造成严重的灾害。热带气旋根据中心附近地面最大平均风速大小划分为6个等级。

①热带低压:风速10.8~17.1 m/s,也即风力为6~7级。

②热带风暴:风速17.2~24.4 m/s,也即风力8~9级。

③强热带风暴:风速24.5~32.6 m/s,也即风力10~11级。

④台风:风速32.7~41.4 m/s,也即风力12~13级。

⑤强台风: 风速41.5~50.9 m/s,也即风力14~15级。

⑥超强台风:风速≥51.0 m/s,也即风力16级或以上。

热带气旋的能量来源于海洋表面水汽冷凝所释放的潜热,通常发生在纬度5°~20°之间的热带洋面上。最初,如果某处洋面比较热,此处的空气受热上升,气压变低,周围的空气就会赶来补充这个低压区域。由于地球自转偏向力的作用,赶来的空气不会沿径向直达低气压中心,而是盘旋着靠近中心。于是,在热带洋面上就形成了一个小规模的旋涡。为了给气旋持续提供能量,海洋的温度至少要保持在27 ℃以上。如果条件合适,这个气旋的能量就会逐渐增强,直至形成台风。

在赤道南北纬5°之间,海水温度虽高,但地球自转偏向力极小或为零,热带气旋无法形成。而在高纬度洋面上,由于水温较低等原因,也难以形成热带气旋。只有少数热带气旋能够发展为热带风暴,能够由热带风暴发展为台风的则更少。

受地球自转偏向力的影响,北半球的台风绕中心呈逆时针方向旋转,在南半球则相反。

越靠近台风中心,气压越低,风速越大,但在台风中心却是一片风平浪静的晴空区,即出现所谓的台风眼。这是因为中心附近的风转速很快,由于离心力的作用反而无法靠近中心。图4.10所示为一成熟阶段的台风结构垂直剖面图,可以看出它主要由5个区组成。其中,Ⅰ区是台风中心,这里的空气比较干燥,空气在眼壁附近缓慢上升,然后在其中心下沉;Ⅱ区为涡旋区,这里存在很强的上升潮湿气流,气流在上升过程中发生水汽凝结,产生暴雨并释放出巨大的潜热;气流从Ⅱ区流出进入外流层,即Ⅲ区;Ⅳ区是涡状区;气流非常缓慢地下沉到边界层,即Ⅴ区。

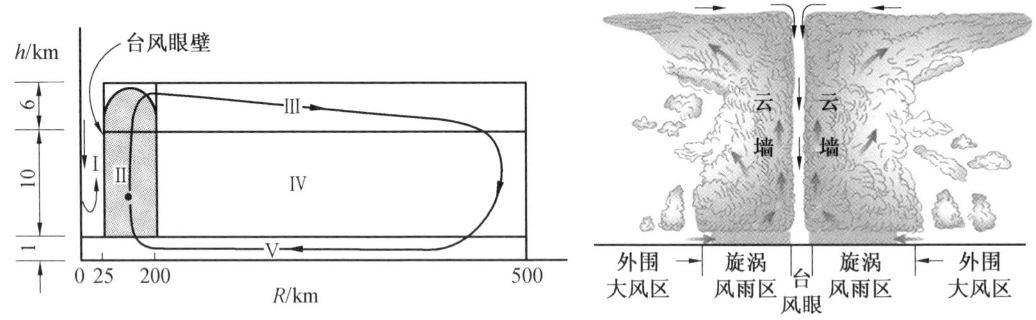

图4.10 台风的结构

台风在绕自身中心急速旋转的同时,也随着周围大气整体向前移动。台风的整体平均移动速度为5~50 km/h。受大气环流的影响,台风形成后会向纬度较高的地区运动。但是在台风登陆后,由于得不到足够的水汽和能量供给,会很快减弱消失。因而台风不会运动到纬度太高的地区。

每一个台风都会被编上一个4位数的号码,其中前两位为年份,后两位为顺序号。同时,为了提醒公众对台风危害的注意,还会给台风起一个名字。20世纪初,美国人曾用女孩的名字为台风命名。2000年起,台风命名改由国际气象组织中的台风委员会负责。对于西北太平洋及中国南海地区的台风,先由台风委员会的14个成员(包括中国、朝鲜、韩国、日本、柬埔寨、越南等)各提供10个名字,制成包含140个名字的命名表,然后按顺序年复一年地循环重复使用。对于造成特别严重损失的台风,成员可申请将其名字从命名表中永久删去,再补充一个新名字。台风的实际命名工作交由区内的日本气象厅负责。每当日本气象厅将西北太平洋或中国南海上的热带气旋确定为热带风暴强度时,即根据列表给其命名,并同时赋予一个四位数的编号。例如:0312,即2003年第12号热带风暴,英文名为KROVANH,中文名为"科罗旺";0313即2003年第13号热带风暴,英文名为DUJUAN,中文名为"杜鹃"。

需要说明的是,出现在西北太平洋和我国南海的强烈热带气旋被称为"台风",而发生在大西洋、加勒比海和北太平洋东部的强烈热带气旋则被称为"飓风",这只是称呼习惯上的不同,实质上二者是一样的。

(3)温带气旋。

温带气旋是出现在中高纬度地区具有冷中心性质的近似椭圆形涡旋,直径平均为1 000 km,小的也有几百千米,大的可达3 000 km或以上。温带气旋从生成、发展到消亡一般为2~6 d。其对中高纬度地区的天气变化有重要影响,常伴有多风雨天气,有时还伴有暴雨或强对流天气，近地面最大风力可达 10 级以上。

温带气旋的形成与沿锋面两侧的气团相互作用有关。所谓气团是指气象要素（主要指温度和湿度）水平分布比较均匀的大范围的空气团。按气团的热力性质不同，可分为冷气团和暖气团。不同气团之间的交界面称为锋面，锋面与地面的交线称为锋线。锋面和锋线可统称为“锋”。根据锋面向暖空气一侧或冷空气一侧的移动，又可分为冷锋或暖锋，如图 4.11 所示。由于锋两侧的气团在性质上有很大差异，所以锋附近的空气运动活跃，在锋中有强烈的升降运动，气流极不稳定。

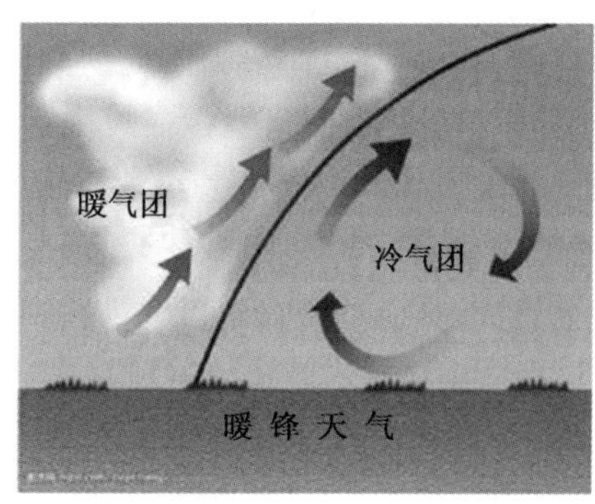

图 4.11　冷锋天气和暖锋天气

温带气旋也可由热带气旋转变而成。当热带气旋北移至温带，受西风槽影响而失去了热带气旋的特性，即转变成温带气旋。

（4）雷暴。

雷暴是伴有雷击和闪电的局地强对流天气，通常伴有暴雨和大风，有时也伴有冰雹或龙卷。雷暴的发展可大致分为积云、降水和消散 3 个阶段，如图 4.12 所示。在积云阶段，地面暖湿空气上升在高空形成积雨云，在积雨云中悬浮有大量的小水滴和冰晶。随着水蒸气的不断凝结，上升气流已不足以托起那些悬浮的水滴和冰晶，从而产生大规模的降雨，并形成很强的下沉冷气流（即下击暴流），气流在地面以壁急流形式扩散，形成向四面铺开的环状涡（图 4.13）。在雷暴消散阶段，由于上升气流逐渐减弱，系统能量来源被切断，雷暴系统消散。雷暴风的水平尺度仅为几百米至几千米，竖直范围为 100 m 左右，但特点是突发、风速急剧增大，可达 50 ~ 100 m/s，破坏力极强。

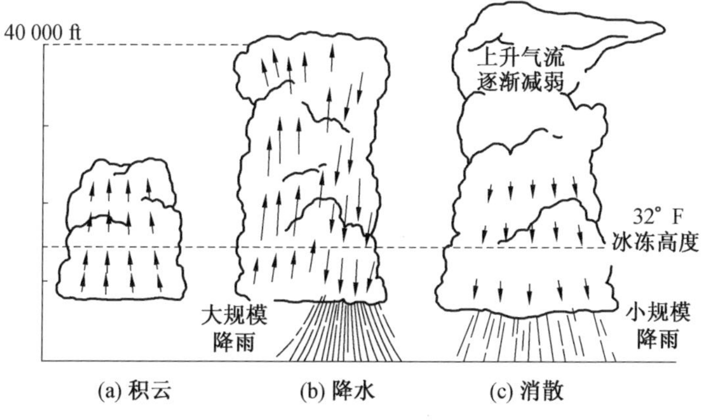

图 4.12　雷暴形成过程示意图

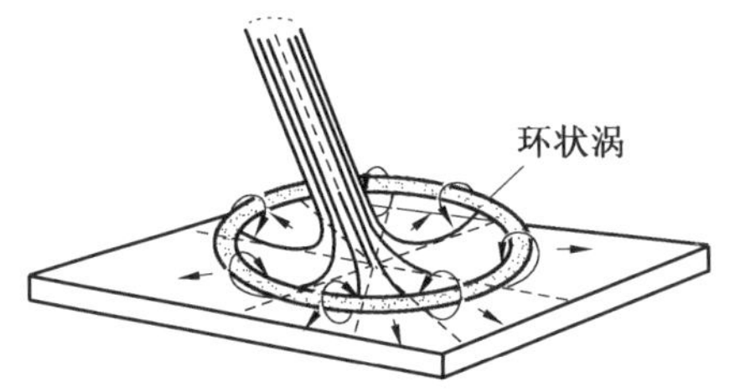

图 4.13　雷暴时在地面形成的环状涡

(5)龙卷。

龙卷俗称“龙卷风”,是一种出现在强对流云内的漏斗状旋涡(图 4.14),具有活动范围小、时间过程短、风速高、破坏性极强的特点。龙卷的直径很小,一般在几米到几百米之间,持续时间一般仅为几分钟到几十分钟。但是其风速最大时可达到 100 ~ 200 m/s,且急速旋转,可拔树倒屋,对生命财产破坏性极大。龙卷的移动路径多为直线,平均移动速度约 15 m/s,最快的可达到 70 m/s,移动距离一般为几百米到几千米。所以,龙卷的破坏往往是沿一条线。

图 4.14　龙卷风照片

3. 风力等级

风的强度通常用风速来表达。目前最常用的风力等级划分方法是由爱尔兰人蒲福于 1805 年提出的,他根据风速和地物征象把风力分为 13 个等级,见表 4.6。

表 4.6　蒲福氏风力等级表

风力等级	名称	距地 10 m 高度处风速/($m \cdot s^{-1}$)	陆上地物征象
0	静风	0 ~ 0.2	静,烟直向上
1	软风	0.3 ~ 1.5	烟能表示风向,树叶略有摇动,但风向标不转动
2	轻风	1.6 ~ 3.3	人面感觉有风,树叶有微响,风向标转动,旗子开始飘动
3	微风	3.4 ~ 5.4	树叶及小树枝摇动不息,旗子展开
4	和风	5.5 ~ 7.9	吹起地面灰尘和纸张,小树枝摇动

续表 4.6

风力等级	名称	距地 10 m 高度处风速/($m \cdot s^{-1}$)	陆上地物征象
5	清劲风	8.0 ~ 10.7	有叶的小树摇摆,内陆水面有波纹
6	强风	10.8 ~ 13.8	大树枝摇摆,持伞有困难,电线有呼呼声
7	疾风	13.9 ~ 17.1	全树摇动,人迎风前行感觉不便
8	大风	17.2 ~ 20.7	小树枝折断,人向前行感觉阻力很大
9	烈风	20.8 ~ 24.4	建筑物有小毁(烟囱顶部),屋瓦被掀起,大树枝折断
10	狂风	24.5 ~ 28.4	树木吹倒,一般建筑物遭破坏
11	暴风	28.5 ~ 32.6	大树吹倒,一般建筑物遭严重破坏
12	台风/飓风	32.7 ~ 36.9	陆上少见,建筑物普遍严重损毁

我们所关心的主要是平均风力达 6 级或以上(即风速 10.8 m/s 以上),瞬时风力达 8 级以上(风速大于 17.8 m/s),以及对生活、生产有严重影响的大风。大风除有时会造成少量人员伤亡、失踪外,主要是破坏房屋、车辆、船舶、树木、农作物以及通信设施、电力设施等,由此造成的灾害称为风灾。风灾等级一般可划分为 3 级。

①一般大风:相当 6 ~ 8 级大风,主要破坏农作物,对工程设施一般不会造成破坏。

②较强大风:相当 9 ~ 11 级大风,除破坏农作物、林木外,对工程设施可造成不同程度的破坏。

③特强大风:相当于 12 级以上大风,除破坏农作物、林木外,对工程设施和船舶、车辆等可造成严重破坏,并严重威胁人员生命安全。

20 世纪 50 年代,随着测风仪器的不断改进,测量到的自然界的风速可大大超出 12 级的风速,于是又把 12 级以上的风细分为台风(12 ~ 13 级)、强台风(14 ~ 15 级)和超强台风(16 ~ 17 级),即共 18 个等级。

4.2.2　近地风特性

大量实测资料表明,风速基本上是随时间变化的平稳随机过程,主要包含了长周期和短周期两种成分。其中,长周期在 10 min 以上,而短周期通常只有几秒至几十秒。由于长周期成分的周期远大于高层建筑钢结构的自振周期(通常在 1 ~ 10 s 之间),因此其对结构的作用可近似认为是静力的。而短周期成分的周期与高层建筑钢结构的自振周期较为接近,因此对结构具有动力作用,需要按随机振动问题来分析。在工程实际应用中,瞬时风速 $U(t)$ 可看成是平均风速 U 和脉动风速 $u(t)$ 的叠加(图 4.15),对结构的作用也可按平均风的静力作用和脉动风的动力作用分开来处理。

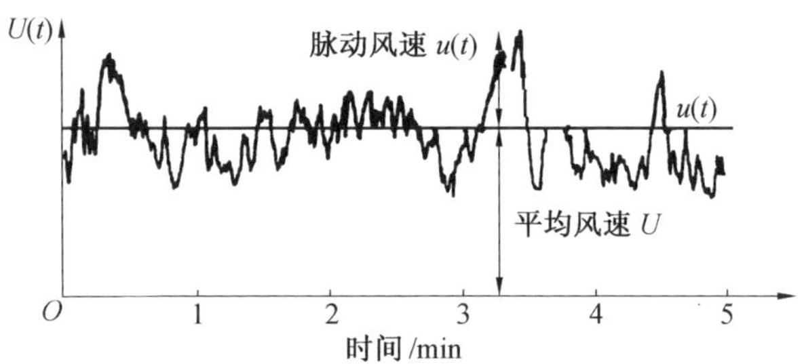

图 4.15　实测瞬时风速的分解

实际上大气边界层中的脉动风具有不同方向，可视为一个空间矢量 $\boldsymbol{U}(t)$，将其沿空间直角坐标系分解，可得到 3 个分量（图 4.16），分别为

$$U_x(t)=U+u(t),\quad U_y(t)=v(t),\quad U_z(t)=w(t) \tag{4.9}$$

式中　$U_x(t)$、$U_y(t)$ 和 $U_z(t)$——x、y 和 z 这 3 个方向的瞬时风速；

$u(t)$、$v(t)$ 和 $w(t)$——3 个方向的速度脉动分量，其中以顺风向脉动分量 $u(t)$ 最大。

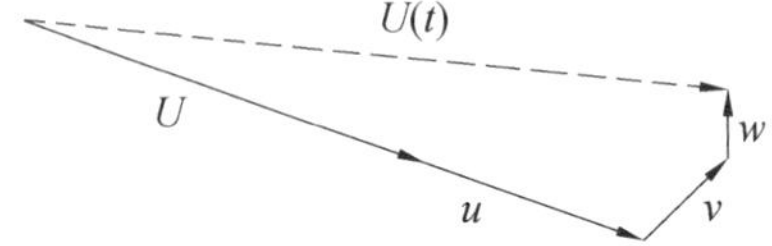

图 4.16　脉动风速三分量示意图

注：$u>v>w$

以下所述平均风速特性和脉动风速特性如非特别强调，均指顺风向。

1. 平均风速特性

“2012 荷载规范”采用指数律来描述平均风速剖面。离地高度 z 处的平均风速 $U(z)$ 可表示为

$$U(z)=U_r(z/z_r)^{\alpha} \tag{4.10}$$

或

$$U(z)=U(z_G)(z/z_G)^{\alpha} \tag{4.11}$$

式中　U_r——离地参考高度 z_r 处的平均风速；

α——地面粗糙度指数，其数值与地面粗糙度类别有关；

$U(z_G)$——梯度风高度 z_G 处的平均风速，即梯度风速。

“2012 荷载规范”将地面粗糙度分为 A、B、C、D 共 4 类（图 4.17），各种地面粗糙度类别及其对应的 α 和 z_G 取值见表 4.7。

(a) A 类地貌

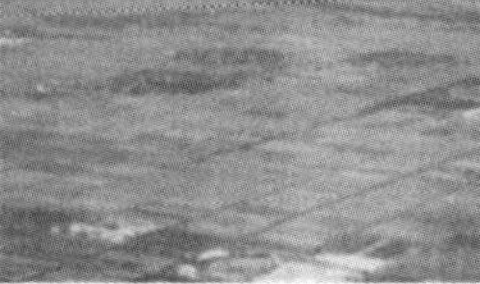

(b) B 类地貌

(c) C 类地貌

(d) D 类地貌

图 4.17　我国规范 4 类地貌分类示意图

表 4.7　我国规范的地面粗糙度类别及其对应的 α 和 z_G 值

地面粗糙度类别	描述	α	z_G/m
A	近海海面、海岛、海岸及沙漠地区	0.12	300
B	田野、乡村、丛林、丘陵以及房屋比较稀疏的中小城镇和大城市郊区	0.15	350
C	有密集建筑群的城市市区	0.22	450
D	有密集建筑群且有大量高层建筑的大城市市区	0.30	550

考虑到在靠近地表的某一高度以下风速随高度变化比较紊乱，不符合指数律变化规律，故在实际应用中将该高度定义为截断高度 z_b，假定截断高度以下的平均风速不再随高度变化，其大小等同于截断高度处风速。“2012 荷载规范”中规定，对应 A、B、C、D 这 4 类地貌的截断高度分别取 5 m、10 m、15 m 和 30 m。

图 4.18 给出了“2012 荷载规范”中 A、B、C、D 这 4 类地貌的平均风速剖面示意图。可以看出，当 4 类地貌的离地高度分别达到各自的梯度风高度 z_G 后，其平均风速均相等；同一高度处，地面粗糙度越小，风速越大，这也解释了为什么我们经常感受到海边的风速比城市中心大。

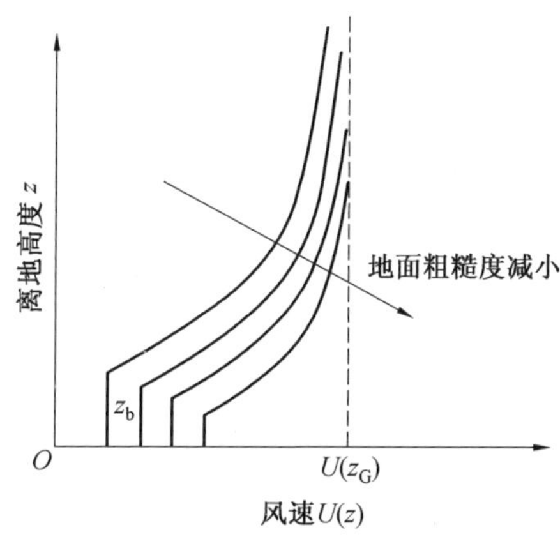

图 4.18　我国规范 4 类地貌平均风速剖面示意图

2. 脉动风速特性

大气运动可以看成是各态历经的平稳随机过程，因此对脉动风特性的描述多采用数理统计方法。脉动风的统计特性包括湍流强度、湍流积分尺度、脉动风速功率谱和空间相关性等。

(1) 湍流强度。

脉动风速的三分量 $u(t)$、$v(t)$、$w(t)$ 可视为零均值的平稳随机过程，其均方根值分别为 σ_u、σ_v、σ_w。定义脉动风速的均方根值与平均风速 U 之比为湍流强度，其表征了风速脉动的相对强度。则顺风向、横风向和竖向的湍流强度 I_u、I_v、I_w 可按下式计算：

$$I_u=\frac{\sigma_u}{U},\quad I_v=\frac{\sigma_v}{U},\quad I_w=\frac{\sigma_w}{U} \tag{4.12}$$

一般地,顺风向的湍流强度 I_u 大于横风向的湍流强度 I_v,横风向的湍流强度 I_v 大于竖向的湍流强度 I_w。对于完全发展的大气边界层湍流,有 $\sigma_u = 2.5u_*$;此外,Holmes 建议横风向脉动风速均方根取 $2.2u_*$,竖向脉动风速均方根取 $1.3u_* \sim 1.4u_*$。据此,我国桥梁抗风规范建议无实测资料时,取 $I_v = 0.88I_u$,$I_w = 0.55I_u$。

“2012 荷载规范”给出的顺风向湍流强度 $I_u(z)$ 的公式为

$$I_u(z) = I_{10}\left(\frac{z}{10}\right)^{-\alpha} \tag{4.13}$$

式中　I_{10}——10 m 高度处的名义湍流度,对应于 A、B、C 和 D 类地貌,分别取 0.12、0.14、0.23 和 0.39;

$I_u(z)$——离地高度 z 的反函数,即随 z 的增加而减小。

图 4.19 给出了“2012 荷载规范”中 4 类地貌下的顺风向湍流强度 $I_u(z)$ 分布示意图。由图 4.19 可知,D 类地貌下 $I_u(z)$ 最大,而 A 类地貌下 $I_u(z)$ 最小。

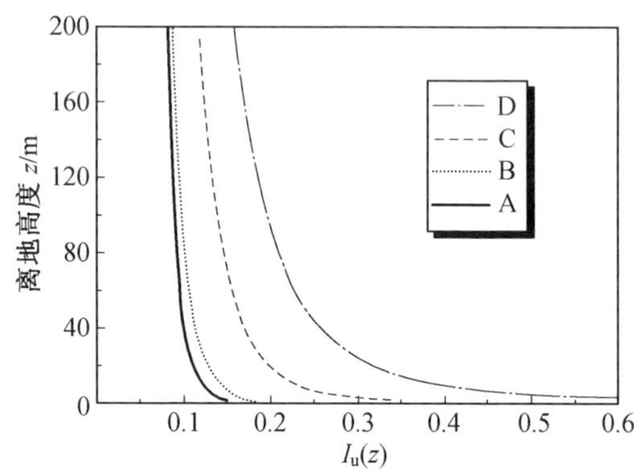

图 4.19　我国荷载规范给出的湍流强度分布

(2)湍流积分尺度。

大气边界层湍流可看作是由平均风输运的一系列大小不同的旋涡组成。假设每个旋涡会在流场中引起一个频率为 f 的周期脉动,则由行波理论可定义旋涡的波长为 $\lambda = U / f$(其中 U 为平均风速),这个波长就是涡旋大小的度量。这些旋涡大小的平均尺度即为湍流积分尺度。

脉动风的湍流积分尺度反映了湍流中空间两点脉动风速的相关性,当湍流积分尺度很大时,涡旋能将结构完全包含在内,脉动风在结构各个部位所引起的动荷载接近同步,其对结构的影响就十分明显;反之,当脉动涡旋不足以包含整个结构时,不同位置上的脉动风是不相关的,则在统计意义上可认为其对结构的作用将相互抵消。

大量观测结果表明,大气边界层中的湍流积分尺度是地面粗糙度的减函数,而且随着高度的增加而增加。欧洲规范(Eurocode 1)建议的湍流积分尺度经验公式为

$$L_u^x = 300\ (z/300)^{0.46+0.074\ln z_0} \tag{4.14}$$

日本规范(AIJ2004)建议的湍流积分尺度经验公式为

$$L_u^x = 100\ (z/30)^{0.5} \tag{4.15}$$

与式(4.14)相比,该式忽略了地面粗糙长度 z_0 的影响。

(3)脉动风速功率谱。

脉动风速功率谱描述了脉动风能量在频率域的分布情况，反映了脉动风中不同频率成分对湍流脉动总动能的贡献。

由前所述，大气运动中包含了一系列大小不同的旋涡作用，每个旋涡的尺度与其作用频率存在反比关系，即大旋涡的脉动频率较低，而小旋涡的脉动频率较高。湍流运动的总动能就是所有大小不同的旋涡贡献的总和，了解湍流的脉动频谱规律及其统计特征，对于明确湍流结构及其作用机理无疑具有十分重要的意义。

脉动风速谱按脉动风速的方向分为顺风向(水平向)脉动风速谱与竖向脉动风速谱。较早被人们认可并广泛采用的一种顺风向脉动风速谱是 Davenport 谱。它是 Davenport 根据世界上不同地点、不同高度实测得到的 90 多次强风纪录，在假定湍流积分尺度沿高度不变(取常数值 1 200 m)的前提下，对不同离地高度的实测值取平均导出的，我国规范中即采用该谱。此后，Simiu、Solari、von Karman 等学者又分别提出了一些功率谱的经验表达式，并被有些国家规范采用。

Davenport 谱的表达式为

$$fS_u(f)/u_*^2 = 4\bar{f}^2/(1+\bar{f}^2)^{4/3} \tag{4.16}$$

式中　f——脉动风频率(Hz)；

$\bar{f}$——无量纲频率，$\bar{f}=(fL)/U_{10}$，$L=1\ 200$ m；

U_{10}——高 10 m 处的平均风速。

该谱的峰值约在 $\bar{f}=2.16$ 处。该风速谱被我国“2012 荷载规范”和加拿大规范 NBC 2005 所采用。

Kaimal 谱的表达式为

$$fS_u(z,f)/u_*^2 = 200\bar{f}/(1+50\bar{f})^{5/3} \tag{4.17}$$

其中，$\bar{f}=(fz)/U(z)$。该风速谱被美国规范 ASCE 7-05 所采用。

Solari 谱的表达式为

$$fS_u(z,f)/u_*^2 = 41.2\bar{f}/(1+10.32\bar{f})^{5/3} \tag{4.18}$$

其中，$\bar{f}=(fL_u)/U(z)$，湍流积分尺度 L_u 可由式(4.14)得到。该风速谱被欧洲规范(Eurocode 1)所采用。

von Karman 谱的表达式为

$$fS_u(z,f)/u_*^2 = 24\bar{f}/(1+70.8\bar{f}^2)^{5/6} \tag{4.19}$$

其中，$\bar{f}=(fL_u)/U(z)$，湍流积分尺度 L_u 可由式(4.15)得到。该风速谱被日本规范(AIJ 2004)所采用。

由式(4.16)～式(4.19)可以看出，Davenport 谱实际上是高 10 m 处的风速谱，不随高度变化，Kaimal 谱、Solari 谱和 von Karman 谱则考虑了近地层中湍流尺度随高度变化的特点。

(4)空间相关性。

强风观测表明，空间各点的风速、风向并不是完全同步的，甚至可能是完全无关的。当结构上一点的风压达到最大值时，在一定范围内离该点越远处的风荷载同时达到最大值的可能性就越小，这种性质称为脉动风的空间相关性。空间上 p_i 点的风速与 p_j 点的风速的相关性可通过互相关函数、互功率谱密度函数及相干函数三种形式来描述，其中相干函数是最为常用的。

脉动风速的相干函数通常是根据风洞试验和现场实测资料拟合得到的。图 4.20 所示即为根据现场实测得到的不同地貌下的相干函数曲线。可以看出，相干函数随着无量纲频率 $\Delta z \cdot f/U$ 的增大呈迅速衰减趋势，因而通常采用指数衰减函数来表示：

$$\gamma(p_i, p_j, f) = \exp\left[-C\left(\frac{f|z_i - z_j|}{U}\right)\right] \tag{4.20}$$

式中 $\Delta z = |z_i - z_j|$——空间两点间的竖向距离；

f——频率；

U——平均风速；

C——衰减系数，通过拟合得到，在大气边界层中通常取为 10～20。

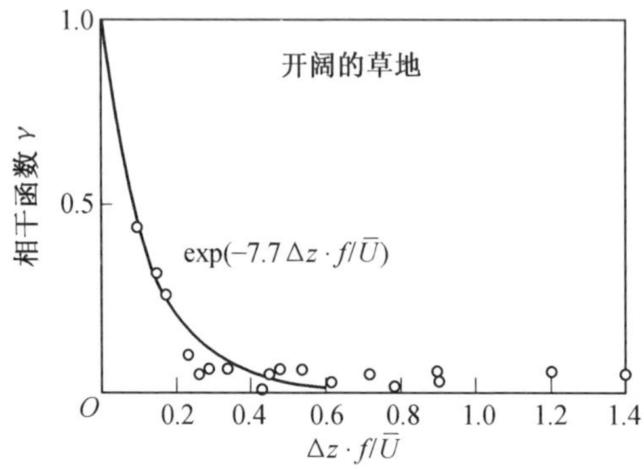

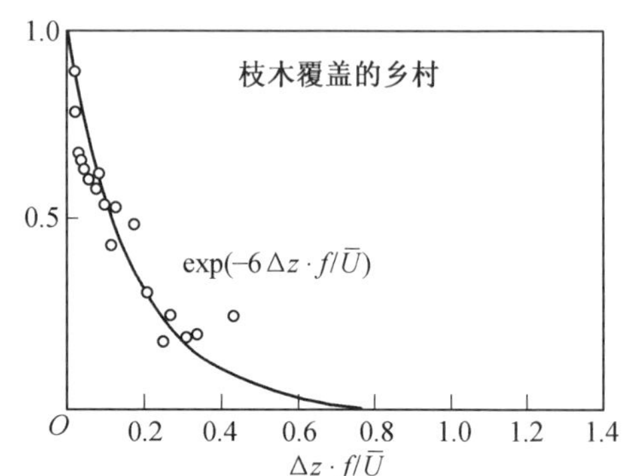

图 4.20 现场实测得到的竖向相干函数曲线

指数型相干函数有两个特点：

①其值域在 0～1 之间，即不存在负相关，这与实际不符，但有研究表明其在实际应用中误差不大。

②其与频率、距离、平均风速有关，即两点之间的距离越近、频率越低、风速越高，空间相关性越好。

对于高层建筑，风速的空间相关需考虑水平方向的左右相关和竖向的上下相关。脉动风速的二维空间相干函数的经验表达式为

$$\gamma(p_i, p_j, f) = \exp\left\{\frac{-2f(C_x|x_i - x_j| + C_z|z_i - z_j|)}{U_{p_i} + U_{p_j}}\right\} \tag{4.21}$$

其中，Davenport 认为 $C_x = 8$，$C_z = 7$；而 Simiu 则认为 $C_x = 16$，$C_z = 10$。

为了更简化地表示二维空间相干函数，Shiotani 采用了频率无关型相干函数，即

$$\gamma(p_i, p_j, f) = \exp(-|x_i - x_j|/L_x - |z_i - z_j|/L_z) \tag{4.22}$$

其中，$L_z = 60$ m，$L_x = 50$ m。

4.2.3　基本风速

基本风速是不同地区气象观察站通过风速仪的大量观察、记录，并按照标准条件下的记录数据进行统计分析得到的该地区最大平均风速。标准条件的确定涉及标准高度、标准地面粗糙度类别、标准平均时距、最大风速样本和最大风速重现期等因素。而对记录数据的统计分析则涉及概率分布函数的确定。

(1)标准高度。

如前所述，平均风速是随高度变化的，因而需要确定一个标准高度，然后才能衡量一个地区平均风速的大小。我国气象台站风速记录仪大都安装在 8～12 m 高度，因此“2012 荷载规范”规定离地 10 m 高为标准高度。目前世界上规定 10 m 为标准高度的国家占大多数，如美国、日本、俄罗斯、加拿大、澳大利亚、新西兰、丹麦等；瑞士规定 5～20 m 为标准高度；挪威和巴西规定 20 m 为标准高度。

(2)标准地面粗糙度类别。

地表粗糙元会导致近地风风速减小，其减小的程度与粗糙元的尺度、密集度和分布有关。一般地，如果风吹过地面上的粗糙元大且密集，则该地面是粗糙的；如果地面障碍物小且稀疏，甚至没有障碍物，则地面是光滑的。风吹过粗糙的表面，能量损失多，风速减小快；相反，风吹过光滑的地表面，则风速减小慢。“2012 荷载规范”规定，标准地面粗糙度类别(也称为标准地貌)为空旷平坦地面，意指田野、乡村、丛林、丘陵及房屋比较稀疏的乡镇和大城市郊区，即 B 类地貌。

(3)标准平均时距。

平均时距是指按风速记录为确定最大平均风速而规定的时间间隔，如图 4.21 所示。显然，平均时距越短，所得的最大平均风速越大。如果平均时距能够包含若干个周期的风速脉动，则所得平均风速会较为稳定。由于阵风的卓越周期约为 1 min，故通常取平均时距为 10～60 min。多数国家(包括我国)将平均时距取为 10 min，但也有的国家(如加拿大)取1 h，甚至有的国家(如美国、澳大利亚、新西兰)取 3～5 s 时距的瞬时风速。英国规范规定：对于所有围护构件、玻璃及屋面，都采用 3 s 时距的阵风速度；对于竖向水平最大尺寸大于 50 m 的房屋或结构物，采用 15 s 时距的平均风速。

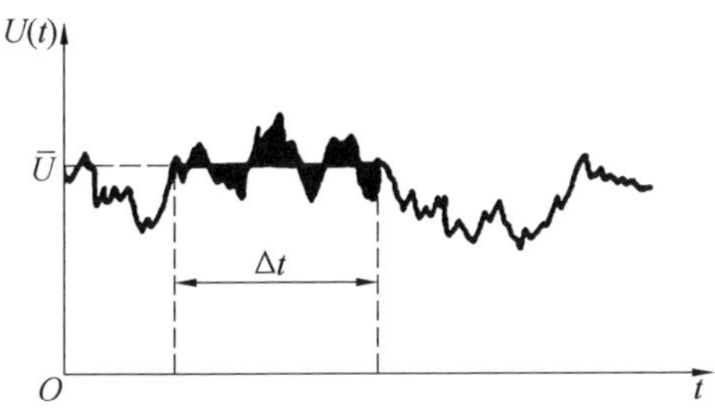

图 4.21　平均时距示意图

(4)最大风速样本。

由于一年是一个自然周期，而一年中的四季以及各月份之间的平均风速相差较大，因此很多国家(包括中国、美国、加拿大、澳大利亚、新西兰等)均采用年最大风速作为基本风速的统计样本,即采用一年中所有平均时距内的平均风速的统计最大值作为样本。将年最大风速作为样本是为了确保工程结构能承受一年中任何日子的极大风速。

(5)最大风速重现期。

在工程中,不能直接选取各年最大平均风速的平均值进行设计,而应取大于平均值的某一风速作为设计依据。从概率的角度分析,在间隔一定时间后,会出现大于某一风速的年最大平均风速,该时间间隔称为重现期。多数国家(包括中国、美国、加拿大、澳大利亚、新西兰等)规定基本风速的重现期为50年。

若基本风速的重现期为T年,则在任一年中只超越该风速一次的概率为$1/T$。例如,假设$T=50$年,则一年内的超越概率为$1/T=0.02$。因此,一年内不超过基本风速的概率(或保证率)为$p_0=1-1/T=98\%$。那么,n年内不超过基本风速的保证率为$p_0=(1-1/T)^n=(1-0.02)^n$,而n年内的超越概率为$1-(1-1/T)^n=1-(1-0.02)^n$。表4.8给出了不同重现期的超越概率。由表4.8可知,T越大,超越概率越小。

表4.8 不同重现期的超越概率 %

重现期 T/年	10	30	50	100	500	1 000
10年的超越概率	65.1	28.8	18.3	9.6	2.0	1.0
30年的超越概率	95.8	63.8	45.5	26.0	5.8	3.0
50年的超越概率	99.5	81.6	63.6	39.5	9.5	4.9

(6)概率分布函数。

在确定最大风速重现期后,如何根据重现期来确定某地区的设计最大风速呢?这里还需要知道年最大风速的概率分布函数。一般地,我们所研究的对象是不会出现异常风(如龙卷风)的气候,即良态气候。对于这种气候,每个风速时程样本在不同时刻的风速可认为服从高斯(正态)分布,而每个时程样本的最大值构成的随机变量则服从极值分布。

极值分布函数通常有3种,即极值Ⅰ型分布(Fisher-Tippett Type-I Distributions)、极值Ⅱ型分布(Fisher-Tippett Type-II Distributions)和韦布尔分布(Weibull Distributions)。目前,大多数国家采用极值Ⅰ型概率分布函数,如中国、加拿大、美国和欧洲钢结构协会等。

极值Ⅰ型分布又称耿贝尔(Gumbel)分布,其表达式为

$$F_{\mathrm{I}}(x)=\exp\{-\exp[-(x-u)/\alpha]\} \tag{4.23}$$

式中 u、α——位置参数和尺度参数,可表示为

$$u=E(x)-0.5772\alpha \tag{4.24}$$

$$\alpha=\sqrt{6}\sigma_x/\pi \tag{4.25}$$

式中 $E(x)$、σ_x——风速样本的数学期望和均方根,可由风速观测资料确定。

实际上,风速样本的数学期望就是年最大风速x_i的数学平均值,用$\bar{x}$表示,即

$$\bar{x}=E(x)=\frac{1}{n}\sum_{i=1}^{n}x_i \tag{4.26}$$

$$\sigma_x = \left[\frac{\sum_{i=1}^{n} (x_i - \bar{x})^2}{n - 1} \right]^{1/2} \tag{4.27}$$

将式(4.26)和式(4.27)中的 $E(x)$ 和 σ_x 代入式(4.24)和式(4.25),便可求得参数 u 和 α,则极值Ⅰ型的概率分布函数 $F_{\mathrm{I}}(x)$ 就确定了。

由式(4.23)可得极值Ⅰ型概率分布函数的设计最大风速(或基本风速)x_{I} 为

$$x_{\mathrm{I}} = x = u - \alpha \ln(-\ln F_{\mathrm{I}}) \tag{4.28}$$

式中　F_{I}——不超过该设计最大风速 x_{I} 的概率,或称为保证率。它与重现期 T 的关系为

$$F_{\mathrm{I}} = 1 - 1/T \tag{4.29}$$

将式(4.24)和式(4.25)代入到式(4.28),有

$$x_{\mathrm{I}} = \bar{x} + \psi \sigma_x \tag{4.30}$$

式中,保证系数 ψ 的表达式为

$$\psi = -\frac{\sqrt{6}}{\pi}[0.577\ 2 + \ln(-\ln F_{\mathrm{I}})] \tag{4.31}$$

利用近似关系式:

$$-\ln\left[-\ln\left(1 - \frac{1}{T}\right)\right] \approx \ln T \tag{4.32}$$

则保证系数可近似表示为

$$\psi = 0.78 \ln T - 0.45 \tag{4.33}$$

极值Ⅰ型分布的保证系数与概率密度函数如图4.22所示。其中,横坐标 x 为设计风速,纵坐标 $p(x)$ 为极值Ⅰ型分布对应的概率密度函数。对于不同的 $F_{\mathrm{I}}(x)$(即不同的重现期 T),保证系数 ψ 具有不同数值,其与 $F_{\mathrm{I}}(x)$ 的对应关系见表4.9。这样,先根据重现期 T 确定保证率 $F_{\mathrm{I}}(x)$,再由保证率 $F_{\mathrm{I}}(x)$ 确定保证系数 ψ,最后由式(4.30)即可确定相应的设计最大风速。

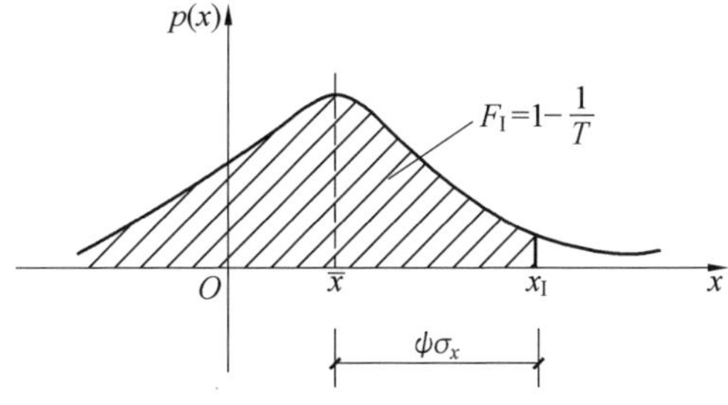

图4.22　极值Ⅰ型分布的保证系数与概率密度函数

表 4.9　极值 I 型分布的保证系数 ψ 与保证率 $F_{\mathrm{I}}(x)$ 的关系

$F_{\mathrm{I}}(x)/\%$	ψ	$F_{\mathrm{I}}(x)/\%$	ψ
0.1	−1.957	80	0.719
1	−1.641	90	1.305
3	−1.428	95	1.866
5	−1.306	97	2.272
10	−1.100	98	2.592
20	−0.821	99	3.137
30	−0.595	99.5	3.679
40	−0.382	99.9	4.936
50	−0.164	99.98	6.191
60	0.074	99.99	6.731
70	0.354	99.999	8.527

4.2.4　非标准条件下的基本风速换算

实际测量的风速数据并不都满足基本风速的标准条件。此外,在进行一些国际工程项目的设计时,也会遇到不同国家规范的基本风速规定不同的问题。这就需要进行不同条件间的基本风速换算。

(1)非标准高度换算。

世界上大多数国家均采用指数律来描述平均风速剖面,因此标准地面粗糙度类别下任一高度 z 处的基本风速为

$$U(z)=U_1\left(\frac{z}{z_1}\right)^{\alpha_b}=U_2\left(\frac{z}{z_2}\right)^{\alpha_b} \tag{4.34}$$

式中　z_1、z_2——标准高度 1 和标准高度 2;

U_1、U_2——z_1 和 z_2 高度处的基本风速。

由式(4.34)可得

$$U_2=U_1\left(\frac{z_2}{z_1}\right)^{\alpha_b} \tag{4.35}$$

以“2012 荷载规范”为例,规定标准高度为 10 m,若将其改为 5 m 或 20 m,则需在标准高度为 10 m 时基本风速的基础上乘以 0.901 或 1.110。

(2)非标准地面粗糙度类别换算。

设标准地面粗糙度类别的基本风速、梯度风高度、标准高度和地面粗糙度指数分别为 U_0、z_{Gb}、z_b 和 α_b,任意地面粗糙度类别的对应值为 U_a、z_{Ga}、z_a 和 α_a。

由标准地面粗糙度求得梯度风高度处的风速为

$$U(z_{Gb})=U_0\left(\frac{z_{Gb}}{z_b}\right)^{\alpha_b} \tag{4.36}$$

由任意地面粗糙度求得梯度风高度处的风速为

$$U(z_{Ga})=U_a\left(\frac{z_{Ga}}{z_a}\right)^{\alpha_a} \tag{4.37}$$

由于任一地面粗糙度类别在梯度风高度处的风速均相等，故有：

$$U_0\left(\frac{z_{Gb}}{z_b}\right)^{\alpha_b}=U_a\left(\frac{z_{Ga}}{z_a}\right)^{\alpha_a} \tag{4.38}$$

故有：

$$U_a=U_0\left(\frac{z_{Gb}}{z_b}\right)^{\alpha_b}\left(\frac{z_{Ga}}{z_a}\right)^{-\alpha_a} \tag{4.39}$$

“2012 荷载规范”规定 B 类地貌的 $z_{Gb}=350\ \mathrm{m}$、$z_b=10\ \mathrm{m}$、$\alpha_b=0.15$，将以上数据代入式(4.39)，可得任意地面粗糙度类别下任一高度 z 处的基本风速 U_a：

$$U_a=U_0\left(\frac{350}{10}\right)^{0.15}\left(\frac{z_{Ga}}{z}\right)^{-\alpha_a}=1.705U_0\left(\frac{z_{Ga}}{z_a}\right)^{-\alpha_a} \tag{4.40}$$

(3)不同平均时距换算。

由于不同国家采用不同的平均时距，这就涉及各平均时距统计所得的基本风速之间如何换算的问题。研究表明，平均时距为 $\Delta t(s)$ 的基本风速 $U_{\Delta t}(z)$ 与平均时距为 1 h 的基本风速 $U_{3\,600}(z)$ 之间的关系可表示为

$$U_{\Delta t}(z)=U_{3\,600}(z)+c(\Delta t)\sigma_u \tag{4.41}$$

式中　$c(\Delta t)$——与 Δt 有关的系数；

σ_u——顺风向脉动风速均方根值，其近似表达式为

$$\sigma_u=[\beta u_*^2]^{1/2} \tag{4.42}$$

式中　u_*——摩擦速度，其表达式为

$$u_*=\kappa U_{3\,600}(z)/\ln(z/z_0) \tag{4.43}$$

式中　β——与地形有关的无量纲系数，可假定 β 不随高度变化。

表 4.10 列出了经过大量实测获得的对应于不同粗糙长度 z_0 的 β 值。

表 4.10　实测 β 值

z_0/m	0.005	0.07	0.30	1.00	2.5
β	6.50	6.00	5.25	4.85	4.00

$c(\Delta t)$ 可由 Durst 对风速资料的统计分析结果得到，见表 4.11。

表 4.11　$c(\Delta t)$ 取值

Δt/s	1	3	5	10	20	30	50	100	200	300	600	1 000	3 600
$c(\Delta t)$	3.00	2.80	2.55	2.32	2.00	1.73	1.35	1.02	0.70	0.54	0.36	0.16	0

将式(4.42)和式(4.43)代入式(4.41)，可得

$$U_{\Delta t}(z)=U_{3\,600}(z)\left[1+\frac{\sqrt{\beta}c(\Delta t)}{2.5\ln(z/z_0)}\right] \tag{4.44}$$

取 $z=10\ \mathrm{m}$、$z_0=0.05\ \mathrm{m}$ 和 $\beta\approx6.0$，基于 $U_{\Delta t}/U_{3\,600}$ 与 Δt 之间的关系式，可得到 $U_{\Delta t}/U_{600}$、$U_{\Delta t}/U_3$ 与 Δt 之间的关系，见表 4.12。

表 4.12　不同时距基本风速之间的转化

Δt/s	1	3	5	10	20	30	50	100	200	300	600	1 000	3 600
$U_{\Delta t}/U_{3\,600}$	1.555	1.517	1.472	1.429	1.370	1.320	1.250	1.189	1.129	1.100	1.067	1.030	1.000
$U_{\Delta t}/U_{600}$	1.458	1.422	1.399	1.340	1.284	1.238	1.172	1.115	1.059	1.031	1.000	0.965	0.938
$U_{\Delta t}/U_{3}$	1.025	1.000	0.983	0.942	0.903	0.870	0.824	0.784	0.745	0.725	0.703	0.679	0.659

(4)不同重现期换算。

重现期不同,保证率也不同,影响到最大设计风速的统计数值。由于结构重要性不同,重现期规定也可不同。为了满足不同的使用要求,各国规范一般还会给出不同重现期时基本风速间的换算关系。“2012 荷载规范”分别给出了重现期为 10 年、50 年和 100 年的各地区的基本风压值(可换算成不同重现期的基本风速值),其他重现期 T 的基本风速按下式计算:

$$U_T=U_{10}+(U_{100}-U_{10})(\ln T/\ln 10-1) \tag{4.45}$$

日本规范(AIJ2004)是以最大风速重现期为 100 年的基本风速为基准的,其他重现期的基本风速须乘以换算系数 k_T:

$$k_T=\frac{U_T}{U_{100}}=0.55-0.098\ln\left[\ln\left(\frac{T}{T-1}\right)\right] \tag{4.46}$$

欧洲钢结构协会标准规定的换算系数是以重现期为 50 年的基本风速为基准的,其表达式为

$$k_T=\frac{U_T}{U_{50}}=0.664-0.086\ln\left[\ln\left(\frac{T}{T-1}\right)\right] \tag{4.47}$$

表 4.13 给出了上述两式在不同重现期时的换算系数,其他国家的规范也都给出了相应的换算系数取值或计算方法,这里不再逐一列出。

表 4.13　最大风速重现期换算系数 k_T

重现期 T/年		10	20	30	50	100	200	300	500	1 000
k_T	日本	0.771	0.814	0.882	0.932	1.000	1.069	1.109	1.159	1.227
	欧洲钢结构协会	0.858	0.920	0.956	1.000	1.060	1.120	1.156	1.200	1.259

4.2.5　抗风设计的基本目标与要求

1. 基本目标

高层建筑钢结构抗风设计的基本目标是保证结构在施工阶段和建成后的使用阶段能够安全承受可能发生的最大风荷载和风振引起的动力作用,具体体现在:

①防止结构或其构件因过大的风力而产生破坏或出现失稳。

②防止结构或其构件产生过大的挠度和变形。

③防止结构或其构件因风振作用出现疲劳破坏。

④防止结构出现气动弹性失稳。

⑤防止围护结构破坏。

⑥防止由于过大的振动导致建筑物使用者的不舒适感等。

综上而言，结构抗风设计要满足安全性、耐久性和使用性三方面的要求，即确保建筑结构不出现破坏、疲劳和不舒适等方面的问题。

2. 抗风设计要求

高层建筑钢结构的抗风设计要求主要包括对强度、刚度和舒适度等方面的要求。经验表明，强度要求往往易于满足，而满足刚度（变形）和舒适度的要求则是设计重点。

（1）强度要求。

要求高层建筑的主体结构和围护结构在设计风荷载作用下不发生强度破坏，即

$$\sigma \leqslant f \tag{4.48}$$

式中　σ——结构在设计风荷载为第一可变荷载的可变荷载效应组合下的最大应力；

f——材料强度的设计值。

（2）刚度要求。

为了不影响结构的正常使用和观感，在正常使用条件下，高层建筑钢结构应具有足够的刚度，避免产生过大的侧向位移而影响结构的承载力、稳定性和使用要求。侧向位移过大，将会引起结构开裂、倾斜、损坏，在一定频率范围内还可使居住者感觉不舒适。

“2015 高钢规”规定，在风荷载标准值作用下，楼层层间最大水平位移与层高之比不宜大于 1/250。

（3）舒适度要求。

对于高层建筑钢结构，由于高度的增加、抗侧刚度和阻尼比的减小，在遭受强风袭击时，结构的振动会引起居住者心理上的不适，即我们通常所说的舒适度问题。近年来，随着建筑高度的不断增加以及材料轻质高强化的趋势，舒适度问题已成为很多高层建筑钢结构抗风设计时的控制性因素。

研究表明，振幅和振动频率是影响居住者舒适度的主要因素，当两者达到某一关系时就会导致居住者的不舒适感。因此对高层建筑风振舒适度的评价不应仅考虑水平侧移，还应考虑结构风振引起的最大加速度值。

国内外研究人员结合人体工程学和试验心理学的有关原理，提出了风振舒适度的不同评价标准，其中最有代表性的是 F. K. Chang 所提出的最大加速度判别标准。他建议将振动频率为 0.10～0.25 Hz 的高层建筑上的居住/办公人员的风振舒适度根据基于 10 年重现期的最大加速度进行分类，并建立了不同风振加速度时人体风振反应的分级标准，见表 4.14，表中 g 为重力加速度，$g=9.81\ \mathrm{m/s^2}$。

表 4.14　人体风振反应的分级标准

结构风振加速度 a	$<0.005g$	$0.005g \sim 0.015g$	$0.015g \sim 0.05g$	$0.05g \sim 0.15g$	$>0.15g$
人体反应	无感觉	有感觉	令人烦躁	令人非常烦躁	无法忍受

“2015 高钢规”规定，对于房屋高度不小于 150 m 的高层民用钢结构，当其在 10 年一遇

风荷载标准值作用下,其顶点的顺风向和横风向振动最大加速度计算值应满足下式:

住宅、公寓建筑: a_d(或 a_w)$\leqslant 0.20\ \mathrm{m/s^2}$ (4.49)

办公、旅馆建筑: a_d(或 a_w)$\leqslant 0.28\ \mathrm{m/s^2}$ (4.50)

式中 a_d、a_w——顺风向和横风向的顶点最大加速度,计算时,钢结构阻尼比宜取 0.01 ~ 0.015。

4.2.6 顺风向风荷载确定方法

结构抗风设计可分为主体结构(承重结构)抗风设计和围护结构抗风设计。前者的受荷面积大,刚度相对偏柔,因而风致动力效应是其核心问题;后者的受荷面积小,刚度相对较大,因此局部脉动风压的瞬时增大效应是其设计中的关键问题。以下结合"2012 荷载规范"的相关规定,首先介绍高层建筑钢结构抗风设计的基本流程与方法,然后针对高层钢结构的特点,介绍相关的抗风设计要点和方法。

高层建筑钢结构抗风设计的基本流程大致包括风场基本信息确定、主体结构抗风设计和围护结构抗风设计等步骤,如图 4.23 所示,以下分别予以介绍。

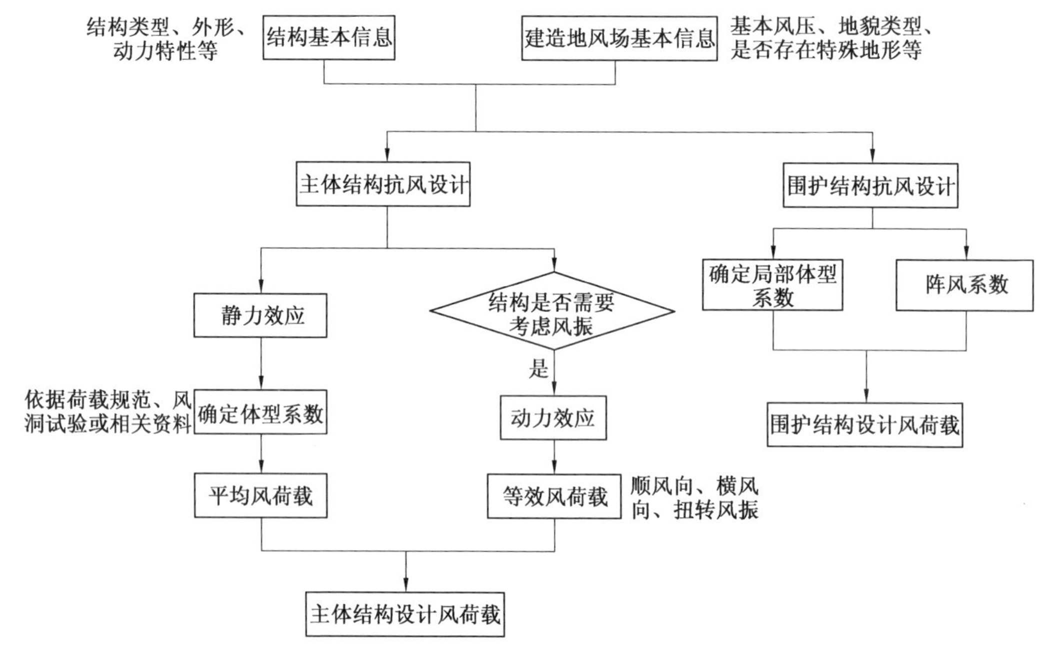

图 4.23 高层钢结构抗风设计的基本流程

1. 风场基本信息确定

(1)基本风压。

基本风压 w_0 是根据当地气象台站历年来的最大风速记录,按基本风速的标准要求,将不同风速仪高度和时次、时距的年最大风速,统一换算为离地 10 m 高,10 min 平均年最大风速数据,经统计分析确定重现期为 50 年的最大风速,作为当地基本风速 U_0,再按以下伯努利公式计算得到：

$$w_0=\frac{1}{2}\rho U_0^2 \tag{4.51}$$

“2012 荷载规范”根据全国 672 个地点的基本气象台(站)的最大风速资料，给出了不同城市重现期为 50 年的基本风压以及重现期分别为 10 年和 100 年的风压，如表 E. 5 所示。同时，规范图 E6. 3 还给出了我国各地区的基本风压分布图。由图 E6. 3 可知，我国东南沿海地区(如浙江、福建、广东和海南等省)由于受台风影响，基本风压较大，局部甚至超过 0. 9 kN/m^2；此外，新疆局部地区由于受地理环境(如山口、隘道众多)和气象条件(如西伯利亚高压)的影响，风力也较大。

在确定基本风压时，需注意以下几个问题：

①对于高层建筑钢结构，由于计算风荷载的各种因素和方法还不十分确定，基本风压应适当提高。通用做法是将其重现期提高至 100 年。

②“2012 荷载规范”已给出了重现期分别对应 10 年、50 年和 100 年的基本风压值。对于其他重现期 T 所对应的基本风压，可根据 10 年和 100 年的风压值按下式确定：

$$x_T=x_{10}+(x_{100}-x_{10})(\ln T/\ln 10-1) \tag{4.52}$$

也可根据表 4. 15 给出的不同重现期风压比值确定。

表 4. 15　不同重现期的风压比值

重现期/年	100	60	50	40	30	20	10	5
风压比值	1. 10	1. 03	1. 00	0. 97	0. 93	0. 87	0. 77	0. 66

③当城市或建设地点的基本风压值在规范中没有给出时，可根据当地年最大风速资料，按基本风压定义，采用极值 I 型概率分布函数通过统计分析确定。当地没有风速资料时，可根据附近地区规定的基本风压或长期资料，通过气象和地形条件的对比分析确定。

(2)风压高度变化系数。

风压高度变化系数 μ_z 考虑了地面粗糙程度、地形和离地高度对风荷载的影响。“2012 荷载规范”将风压高度变化系数 μ_z 定义为任意地貌、任意高度处的平均风压与 B 类地貌10 m 高度处的基本风压之比，即

$$\mu_z(z)=\frac{w_a(z)}{w_0}=\frac{U_a^2(z)}{U_0^2} \tag{4.53}$$

式中　$U_a(z)$——任意地面粗糙类别任一高度 z 处的基本风速。

根据 4. 2. 4 节中介绍的非标准地貌下的风速换算方法，可得到不同地貌下的风压高度变化系数分别为

$$\left.\begin{aligned}\mu_z^A(z)&=1.284\ (z/10)^{0.24}\\ \mu_z^B(z)&=1.000\ (z/10)^{0.30}\\ \mu_z^C(z)&=0.544\ (z/10)^{0.44}\\ \mu_z^D(z)&=0.262\ (z/10)^{0.60}\end{aligned}\right\} \tag{4.54}$$

为了便于应用，将式(4. 54)制成表格形式，见表 4. 16。

表 4.16　风压高度变化系数 μ_z

离地面或海平面高度/m	地面粗糙度类别			
	A	B	C	D
5	1.09	1.00	0.65	0.51
10	1.28	1.00	0.65	0.51
15	1.42	1.13	0.65	0.51
20	1.52	1.23	0.74	0.51
30	1.67	1.39	0.88	0.51
40	1.79	1.52	1.00	0.60
50	1.89	1.62	1.10	0.69
60	1.97	1.71	1.20	0.77
70	2.05	1.79	1.28	0.84
80	2.11	1.87	1.36	0.91
90	2.18	1.93	1.43	0.98
100	2.23	2.00	1.50	1.04
150	2.46	2.25	1.79	1.33
200	2.64	2.46	2.03	1.58
250	2.78	2.63	2.24	1.81
300	2.91	2.77	2.43	2.02
350	2.91	2.91	2.60	2.22
400	2.91	2.91	2.76	2.40
450	2.91	2.91	2.91	2.58
500	2.91	2.91	2.91	2.74
≥550	2.91	2.91	2.91	2.91

(3)特殊地形处理。

表 4.16 中给出的风压高度变化系数 μ_z 只适用于平坦或稍有起伏的地形。对于山区地形、远海海面和海岛的建筑物或构筑物，μ_z 除按该表确定外，还应乘以地形修正系数 η。

①对于山峰和山坡(图 4.24)，其顶部 B 处的地形修正系数可按下式计算：

$$\eta_B=\left[1+\kappa\tan\alpha\left(1-\frac{z}{2.5H}\right)\right]^2 \tag{4.55}$$

式中　$\tan\alpha$——山峰或山坡在迎风面一侧的坡度，当 $\tan\alpha>0.3$ 时，取 0.3；

κ——系数，对山峰取 2.2，对山坡取 1.4；

H——山顶或山坡全高(m)；

z——计算位置离建筑物地面的高度(m)，当 $z>2.5H$ 时，取 $z=2.5H$。

②对于山峰和山坡的其他部位，取 A、C 处的修正系数 $\eta_A=1$、$\eta_C=1$，AB 间和 BC 间的修

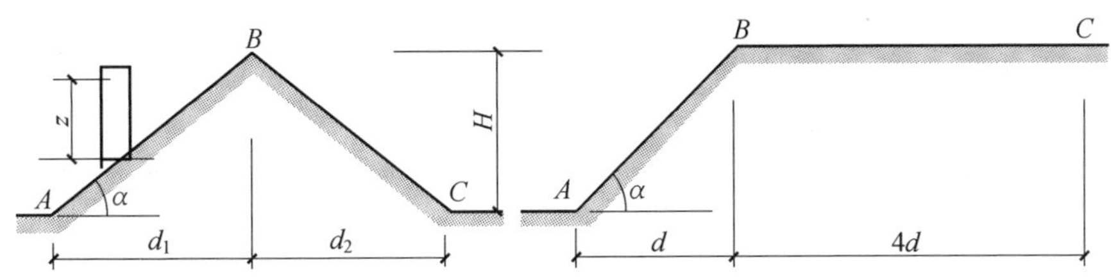

图 4.24　山峰和山坡的示意图

正系数 η 按线性插值确定。

③对于山间盆地、谷地等闭塞地形，$\eta=0.75\sim0.85$。

④对于与风向一致的谷口、山口，$\eta=1.20\sim1.50$。

⑤对于远海海面和海岛的建筑物或构筑物，风压高度变化系数 μ_z 可按 A 类地面粗糙度类别，由表 4.16 确定外，还应考虑表 4.17 中给出的修正系数 η。

表 4.17　远海海面和海岛的修正系数 η

距海岸距离/km	η
<40	1.0
40 ~ 60	1.0 ~ 1.1
60 ~ 100	1.1 ~ 1.2

2. 主体结构抗风设计

对于主要受力结构，其风荷载标准值的计算公式如下：

$$w_k=\beta_z\mu_s\mu_z w_0 \tag{4.56}$$

式中　w_k——风荷载标准值（kN/m^2）；

β_z——高度 z 处的风振系数；

μ_s——风荷载体型系数；

μ_z——高度 z 处的风压高度变化系数；

w_0——基本风压（kN/m^2）。

式（4.56）中涉及基本风压 w_0、风压高度变化系数 μ_z、风荷载体型系数 μ_s 和风振系数 β_z 等几个关键参数，其中基本风压和风压高度变化系数已在前文做了介绍，下面将介绍风荷载体型系数和风振系数。

（1）风荷载体型系数。

风荷载体型系数是指风作用在建筑物表面一定面积范围内所引起的平均压力（或吸力）与来流风速度压的比值。对于建筑物表面某点 i 处的风荷载体型系数 μ_{si} 可按下式计算：

$$\mu_{si}=\frac{w_i}{\rho U_i^2/2} \tag{4.57}$$

式中　w_i——风作用在 i 点所引起的实际压力（或吸力）；

U_i——i 点高度处的来流平均风速。

由于建筑物表面的风压分布是不均匀的，工程上为了简化，通常采用各面上所有测点的

风荷载体型系数的加权平均值来表示该面上的体型系数 μ_s，即

$$\mu_s = \frac{\sum_i \mu_{si} A_i}{A} \tag{4.58}$$

式中 A_i——测点 i 所对应的面积。

风荷载体型系数描述了建筑物在平稳来流风作用下的平均风压分布规律，主要与建筑物的体型和尺度有关，也与周围环境和地面粗糙度有关。由于它涉及复杂的流体动力学问题，很难给出解析解，因此一般需通过风洞试验确定。

“2012 荷载规范”根据国内外的试验资料列出了 39 项不同类型的建筑物和构筑物的风荷载体型系数。同时，规范还规定了不同情况下风荷载体型系数的确定原则：①当房屋和构筑物与规范所给的体型类同时，可按规范规定采用；②当房屋和构筑物与规范所给的体型不同时，可参考有关资料确定，当无资料时，宜由风洞试验确定；③对于重要且体型复杂的房屋和构筑物，应由风洞试验确定。

值得说明的是，随着计算机硬件的发展和数值计算方法的进步，计算流体动力学（Computational Fluid Dynamics，CFD）方法得到了迅速的发展，并逐渐被广泛用于研究大气边界层中的钝体绕流问题，而且也获得了一些规律性的结果甚至是定量的结果，这也为风荷载体型系数的确定提供了另一种手段。

关于风荷载体型系数的确定，有几点补充说明：

①由于空气的黏性极小，抗剪能力极差，因此一般认为风力的作用是垂直于建筑物表面的，如果先将体型系数沿顺风向和横风向分解，再沿建筑物表面进行面积加权积分，即可得到建筑物整体的阻力系数和升力系数。

②对于单榀桁架结构，可将每根杆件看作独立的钝体，确定其体型系数和挡风面积；当为平行布置的多榀桁架时，应考虑上游桁架对下游桁架的遮挡效应，进行适当折减，具体方法可参考“2012 荷载规范”的相关条文。

（2）群体风干扰效应。

城市化发展使得密集型高层建筑群成为现代都市的重要标志之一。由于相邻高层建筑之间的流场相互干扰，使得受扰建筑和施扰建筑的风荷载和风致响应与其单独存在时相比有较大变化。因此，当所设计的高层建筑附近存在多个体量相当的建筑物时，宜考虑风力相互干扰的群体效应。一般可将单独建筑物的风荷载体型系数 μ_s 乘以相互干扰系数 η 来描述干扰所引起的静力和动力干扰作用。相互干扰系数 η 可定义为

$$\eta = R_G / R_S \tag{4.59}$$

式中 R_G——受扰后的结构风荷载或响应参数；

R_S——单体结构的风荷载或响应参数。

“2012 荷载规范”根据大量风洞试验研究结果，采用基于基底弯矩的相互干扰系数描述，给出如下取值建议：

①对于矩形平面高层建筑，当单个施扰建筑与受扰建筑高度相近时，根据施扰建筑的位置，对顺风向风荷载可取 1.00～1.10，对横风向风荷载可取 1.00～1.20。

②其他情况可参考类似条件的风洞试验资料确定，对于比较重要的建筑物，宜通过风洞试验确定。

当为单个施扰建筑且其与受扰建筑高度相同时，图 4.25 和图 4.26 分别给出了单个施扰建筑作用的顺风向和横风向的风荷载相互干扰系数研究结果。图中，b 为受扰建筑的迎风面宽度，x 和 y 分别为施扰建筑离受扰建筑的纵向和横向距离。

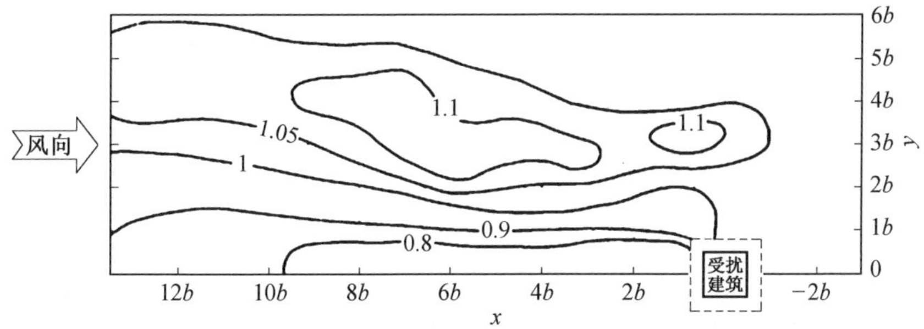

图 4.25　单个施扰建筑作用的顺风向风荷载相互干扰系数

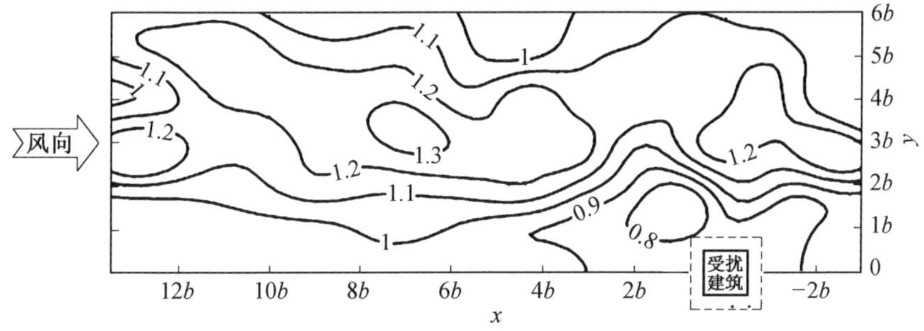

图 4.26　单个施扰建筑作用的横风向风荷载相互干扰系数

当为单个施扰建筑且施扰建筑和受扰建筑的高度不同时，可用下式计算考虑施扰建筑相对高度影响后的相互干扰系数：

$$\eta_H=\begin{cases}0.93+0.11\eta_0 & (H_u/H_d=0.6)\\ 0.51+0.53\eta_0 & (H_u/H_d=0.8)\\ 1.08\eta_0 & (H_u/H_d=1.2)\\ 1.12\eta_0 & (H_u/H_d\geqslant 1.4)\end{cases} \tag{4.60}$$

式中　H_u、H_d——施扰建筑和受扰建筑的高度；

η_0——$H_u/H_d=1$ 时的干扰系数。

值得说明的是，当 $H_u/H_d\leqslant 0.5$ 时，可不考虑风致干扰效应。

(3)风振系数。

“2012 荷载规范”规定：对于高度大于 30 m 且高宽比大于 1.5 的房屋，应考虑脉动风荷载对结构风振的影响。

对于高层建筑钢结构，当仅考虑结构第 1 阶振型的影响时，“2012 荷载规范”给出了其风振系数的计算公式：

$$\beta_z=1+2gI_{10}B_z\sqrt{1+R^2} \tag{4.61}$$

式中　g——峰值因子，可取 2.5；

I_{10}——10 m 高度处的名义湍流强度，对 A ~ D 类地面粗糙度，可分别取 0.12、0.14、0.23 和 0.39；

R——脉动风荷载的共振分量因子；

B_z——脉动风荷载的背景分量因子。

脉动风荷载的共振分量因子的一般计算式为

$$R^2 = S_f(f_1)\frac{\pi f_1}{4\xi_1} \tag{4.62}$$

式中 f_1——结构第1阶自振频率(Hz)；

S_f——归一化的风速谱，若采用Davenport谱，则有

$$S_f(f) = \frac{2x^2}{3f(1+x^2)^{4/3}} \tag{4.63}$$

式中，$x=1\ 200f/U_{10}$，其中U_{10}为10 m高度处的平均风速。

将式(4.63)代入式(4.62)，并将风速用不同地貌下的基本风压来表示，则

$$R^2 = \frac{\pi}{6\xi_1}\frac{x_1^2}{(1+x_1^2)^{4/3}} \tag{4.64}$$

式中，$x_1=\dfrac{30f_1}{\sqrt{k_w w_0}}$且$x_1>5$，其中，$k_w$为地面粗糙度修正系数，对A～D类地面粗糙度分别取1.28、1.0、0.54和0.26；ξ_1为结构第1阶振型的阻尼比，对钢结构可取0.01，对有填充墙的钢结构房屋可取0.02，对钢-混凝土组合结构可取0.035，对其他结构可根据工程经验确定。

脉动风荷载的背景分量因子的计算式为多重积分式，较为复杂。规范经大量试算及回归分析，采用非线性最小二乘法拟合得到简化经验公式如下：

$$B_z = kH^{a_1}\rho_x\rho_z\frac{\phi_1(z)}{\mu_z(z)} \tag{4.65}$$

式中 $\phi_1(z)$——结构的第1阶振型系数，可根据结构动力计算确定；

H——结构总高度(m)，对A、B、C和D类地面粗糙度，其取值应分别不大于300 m、350 m、450 m和550 m；

ρ_z——脉动风荷载竖直方向相关系数，可按下式计算：

$$\rho_z = \frac{10\sqrt{H+60e^{-H/60}-60}}{H} \tag{4.66}$$

ρ_x——脉动风荷载水平方向相关系数，计算式为

$$\rho_x = \frac{10\sqrt{B+50e^{-B/50}-50}}{B} \tag{4.67}$$

式中 B——结构迎风面宽度(m)，且$B\leqslant 2H$；

k、a_1——系数，可按表4.18取值。

表4.18 系数k和a_1

粗糙度类别		A	B	C	D
高层建筑	k	0.944	0.670	0.295	0.112
	a_1	0.155	0.187	0.261	0.346

对于以上公式，做以下几点补充说明：

①上述推导过程引入了 Davenport 建议的风速谱密度经验公式和 Shiotani 提出的脉动风速相干函数表达式，由于前者忽略了风速谱随高度的变化，而后者忽略了相干函数随频率的变化，因而减少了积分变量，使推导过程简化。

②以上公式适用于体型和质量沿高度均匀分布的高层建筑，对于更加复杂的结构，则应通过风洞试验和随机风振响应分析确定其风振系数。

3. 围护结构抗风设计

围护结构的振动周期一般为 0. 02 ~0. 2 s，远小于平均风速和脉动风速的波动周期(10 min 和 1 ~2 s)，因此在围护结构的抗风设计中，风荷载可视为准静力荷载。

围护结构的风荷载标准值应按下式计算：

$$w_k = \beta_{gz} \mu_{sl} \mu_z w_0 \tag{4.68}$$

式中　β_{gz}——高度 z 处的阵风系数；

μ_{sl}——风荷载局部体型系数。

(1)局部体型系数。

通常情况下，在建筑物角隅、檐口、边棱和附属结构(如阳台、雨篷等外挑构件)等部位，局部风压会超过按体型系数确定的平均风压。局部体型系数就是考虑建筑物表面风压分布不均匀，导致局部风压超过全表面平均风压的情况所做出的调整。

当计算围护构件及其连接的风荷载时，局部体型系数 μ_{sl} 可按下列规定采用：

①封闭式矩形平面房屋的墙面及屋面可按表 4. 19 采用。

②檐口、雨篷、遮阳板、边棱处的装饰条等突出构件，取-2. 0。

③对于突出建筑物顶部的玻璃幕墙等围护结构，应考虑其表面两侧风荷载的叠加效应。

④其他房屋和构筑物可按“2012 荷载规范”中规定的风荷载体型系数的 1. 25 倍取值。

表 4. 19　封闭式矩形平面房屋的局部体型系数

<table>
<tr><th>项次</th><th>类别</th><th colspan="2">体型及局部体型系数</th></tr>
<tr><td>1</td><td>封闭式矩形平面房屋的墙面</td><td> 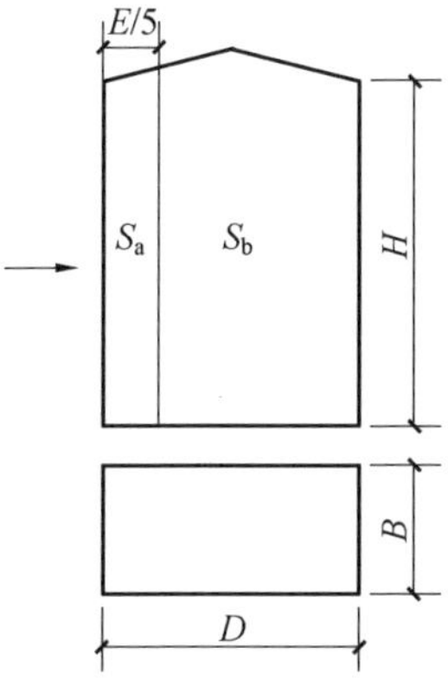E/5
S_a　S_b
H
B
D</td><td><table><tr><td colspan="2">迎风面</td><td>1.0</td></tr><tr><td rowspan="2">侧面</td><td>S_a</td><td>-1.4</td></tr><tr><td>S_b</td><td>-1.0</td></tr><tr><td colspan="2">背风面</td><td>-0.6</td></tr></table>注：E 取 2H 和迎风宽度 B 中的较小值</td></tr>
</table>

续表 4.19

<table>
<tr><th>项次</th><th>类别</th><th>体型及局部体型系数</th></tr>
<tr><td>2</td><td>封闭式矩形平面房屋的双坡屋面</td><td> 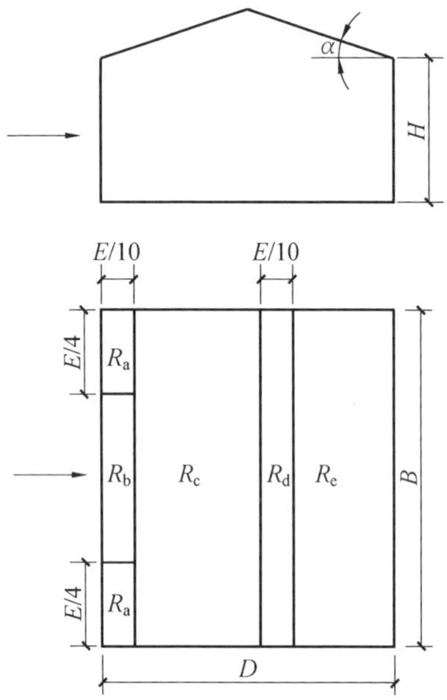
<table>
<tr><td colspan="2">α</td><td>≤5°</td><td>15°</td><td>30°</td><td>≥45°</td></tr>
<tr><td rowspan="2">R_a</td><td>H/D≤0.5</td><td>−1.8
+0</td><td>−1.5
+0.2</td><td rowspan="2">−1.5
+0.7</td><td rowspan="2">−0
+0.7</td></tr>
<tr><td>H/D≥1.0</td><td>−2.0
+0</td><td>−2.0
+0.2</td></tr>
<tr><td colspan="2">R_b</td><td>−1.8
+0</td><td>−1.5
+0.2</td><td>−1.5
+0.7</td><td>−0
+0.7</td></tr>
<tr><td colspan="2">R_c</td><td>−1.2
+0</td><td>−0.6
+0.2</td><td>−0.3
+0.4</td><td>−0
+0.6</td></tr>
<tr><td colspan="2">R_d</td><td>−0.6
+0.2</td><td>−1.5
+0</td><td>−0.5
+0</td><td>−0.3
+0</td></tr>
<tr><td colspan="2">R_e</td><td>−0.6
+0</td><td>−0.4
+0</td><td>−0.4
+0</td><td>−0.2
+0</td></tr>
</table>
注:①E 取 $2H$ 和迎风宽度 B 中的较小值
②中间值可按线性插值法计算(应对相同符号项插值)
③同时给出两个值的区域应分别考虑正负风压的作用
④风沿纵轴吹来时,靠近山墙的屋面可参照表中 α≤5°时的 R_a 和 R_b 取值
</td></tr>
<tr><td>3</td><td>封闭式矩形平面房屋的单坡屋面</td><td> 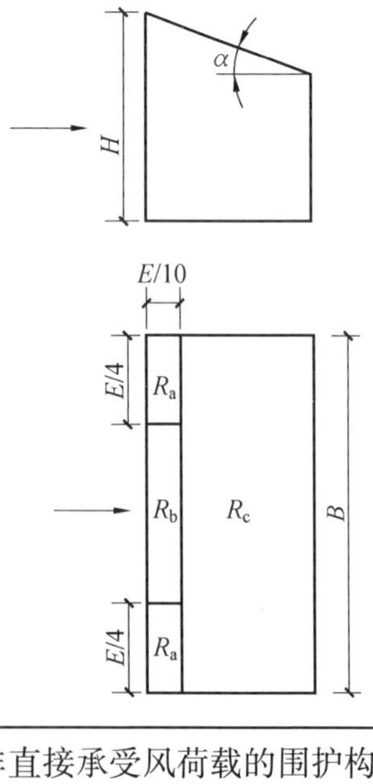
<table>
<tr><td>α</td><td>≤5°</td><td>15°</td><td>30°</td><td>≥45°</td></tr>
<tr><td>R_a</td><td>−2.0</td><td>−2.5</td><td>−2.3</td><td>−1.2</td></tr>
<tr><td>R_b</td><td>−2.0</td><td>−2.0</td><td>−1.5</td><td>−0.5</td></tr>
<tr><td>R_c</td><td>−1.2</td><td>−1.2</td><td>−0.8</td><td>−0.5</td></tr>
</table>
注:①E 取 $2H$ 和迎风宽度 B 中的较小值
②中间值可按线性插值法计算
③迎风坡面参考第 2 项取值
</td></tr>
</table>

此外,当验算非直接承受风荷载的围护构件(如檩条、幕墙骨架等)时,局部风荷载体型系数 μ_{sl} 可按构件的从属面积 A 进行折减,折减系数按下列规定采用:

①当 A≤1 m^2时,折减系数取 1.0。

②当 A≥25 m^2时,对墙面折减系数取 0.8,对局部体型系数绝对值大于 1.0 的屋面折减

系数取0.6,对其他屋面区域折减系数取 1.0。

③当 $1\ \text{m}^2<A<25\ \text{m}^2$ 时,墙面和绝对值大于 1.0 的屋面局部体型系数可采用对数插值,按下式计算局部体型系数:

$$\mu_{sl}(A)=\mu_{sl}(1)+[\mu_{sl}(25)-\mu_{sl}(1)]\log A/1.4 \tag{4.69}$$

(2)内压局部体型系数。

对于封闭式建筑物,考虑到建筑物内实际存在的个别孔口和缝隙,以及机械通风等因素,室内可能存在正负不同的气压。因此在验算围护构件时,还需考虑内压局部体型系数。通常可根据其外表面风压的正负情况按最不利的情况取-0.2 或 0.2。

(3)阵风系数。

阵风系数 β_{gz} 反映了脉动风压的瞬时增大作用,可表示为具有一定保证率的瞬态峰值风压与平均风压的比值,即

$$\beta_{gz}=\frac{\hat{w}(z)}{\bar{w}(z)}=1+g\frac{\sigma_w(z)}{\bar{w}(z)}=1+g\frac{2U(z)\sigma_u(z)}{U^2(z)}=1+2gI_u(z) \tag{4.70}$$

式中　$\hat{w}(z)$、$\bar{w}(z)$ 和 $\sigma_w(z)$——z 高度处的峰值风压、平均风压和脉动风压均方根值;

g——峰值因子,常采用取值范围为 3.0~4.0;

$U(z)$、$\sigma_u(z)$——z 高度处的平均风速和脉动风速均方根值。

由于“2012 荷载规范”采用了与高度无关的 Davenport 谱来描述脉动风速,因此 $\sigma_u(z)$ 亦与高度 z 无关。则顺风向湍流度 $I_u(z)$ 可表示为

$$I_u(z)=\frac{\sigma_u(z)}{U(z)}=\frac{\sigma_u(10)}{U_{10}(z/10)^{\alpha}}=I_{10}(z/10)^{-\alpha} \tag{4.71}$$

将式(4.71)代入式(4.70)可得

$$\beta_{gz}=1+2gI_{10}(z/10)^{-\alpha} \tag{4.72}$$

可以看出,$I_u(z)$ 和 β_{gz} 仅与地面粗糙度类别和离地高度有关。地面粗糙度越大,$I_u(z)$ 和 β_{gz} 越大;离地高度越大,$I_u(z)$ 和 β_{gz} 越小。图 4.27 给出了“2012 荷载规范”中 4 类地面粗糙度类别下阵风系数 β_{gz} 的分布示意图。

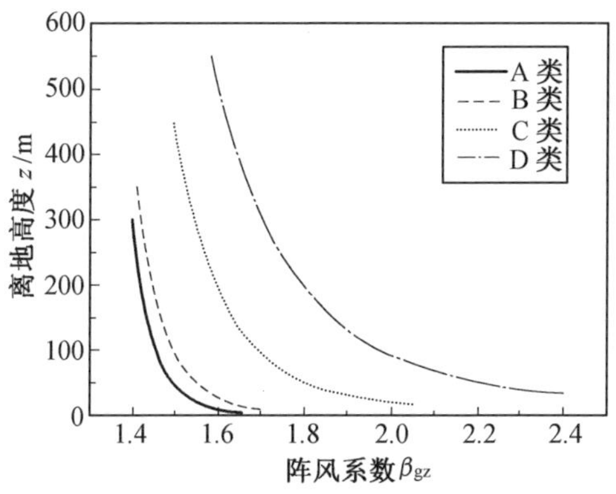

图 4.27　我国荷载规范给出的阵风系数 β_{gz}

依据式(4.72),“2012 荷载规范”制成了不同地面粗糙度和不同离地高度下的阵风系数表格,见表 4.20,可用于计算围护构件(包括门窗)的风荷载。

表 4.20　阵风系数 β_{gz}

离地高度/m	地面粗糙度类别			
	A	B	C	D
5	1.65	1.70	2.05	2.40
10	1.60	1.70	2.05	2.40
15	1.57	1.66	2.05	2.40
20	1.55	1.63	1.99	2.40
30	1.53	1.59	1.90	2.40
40	1.51	1.57	1.85	2.29
50	1.49	1.55	1.81	2.20
60	1.48	1.54	1.78	2.14
70	1.48	1.52	1.75	2.09
80	1.47	1.51	1.73	2.04
90	1.46	1.50	1.71	2.01
100	1.46	1.50	1.69	1.98
150	1.43	1.47	1.63	1.87
200	1.42	1.45	1.59	1.79
250	1.41	1.43	1.57	1.74
300	1.40	1.42	1.54	1.70
350	1.40	1.41	1.53	1.67
400	1.40	1.41	1.51	1.64
450	1.40	1.41	1.50	1.62
500	1.40	1.41	1.50	1.60
550	1.40	1.41	1.50	1.59

4.2.7　横风向风振等效风荷载确定方法

大量的风洞试验和实测结果均表明，当某些超高层建筑（>200 m）的高宽比大于 4 时，其横风向响应往往会超过顺风向响应，成为结构抗风设计的控制性因素，而且横风向振动也是超高层建筑舒适性设计的控制性因素。

横风向风振的作用机理十分复杂，一般将其划分成来流湍流引起的激励、交替旋涡脱落和尾流激励、结构横风向振动导致的激励 3 种类型。实际高层建筑的横风向运动是上述机制共同作用的结果。由于横风向风振的机理复杂及其重要性，使得这方面的研究一直是风工程界的热点问题。横风向风荷载不符合准定常假定，因此横风向风荷载谱不能根据脉动风速谱得到。许多专家和学者做了大量的研究工作，试图提出一种横风向风荷载的解析计算方法，目前除了圆形截面高层建筑外，其他截面的横风向风荷载都还没有解析解。

在进行结构横风向风振响应分析之前，应先根据建筑物和构筑物的高度、高宽比、自振频率和阻尼比等因素，判断是否需要考虑横风向风振的影响。“2012 荷载规范”规定，高度超过 150 m 或高宽比大于 5 的高层建筑，横风向风振效应较为明显，此时宜考虑横风向风振的影响。

对于平面或立面体型较复杂的高层建筑，横风向风振的等效风荷载 w_{Lk} 宜通过风洞试验确定，也可参考有关资料确定。对于形状相对简单的圆形截面和矩形截面高层建筑，其横风向风振等效风荷载可依据“2012 荷载规范”所给出的公式确定。

1. 圆形截面高层建筑

对于圆形截面高层建筑，主要是对可能发生的跨临界区强风共振进行验算。结构发生跨临界区强风共振的条件是雷诺数 $Re \geqslant 3.5 \times 10^6$ 且 $1.2U_H > U_{\mathrm{cr}}$，其中 U_H 为高层建筑顶点高度 H 处的来流风速，U_{cr} 为涡激共振临界风速。

圆形截面高层建筑跨临界强风共振时，z 高度处振型 j 的横风向等效共振力为

$$p_{\mathrm{dj}}(z) = m(z)\omega_j^2 y_j(z) = \frac{m(z)\varphi_j(z)\mu_1\rho U_{\mathrm{cr}}^2}{4\xi_j}\frac{\int_{H_1}^{H}\varphi_j(z)B(z)\,\mathrm{d}z}{m_j^*} \tag{4.73}$$

当结构竖向斜率小于 0.01 时，取 $B(z)=B_0$，$m(z)=m_0$，代入上式得

$$p_{\mathrm{dj}}(z) = \frac{\varphi_j(z)B_0\mu_1\rho U_{\mathrm{cr}}^2}{4\xi_j}\frac{\int_{H_1}^{H}\varphi_j(z)\,\mathrm{d}z}{\int_{0}^{H}\varphi_j^2(z)\,\mathrm{d}z} \tag{4.74}$$

考虑空气密度 $\rho \approx 1.25\ \mathrm{kg/m^3}$、升力系数 $\mu_{\mathrm{L}} = 0.25$，可得 z 高度处振型 j 的横风向等效风荷载标准值 $w_{\mathrm{Lk}j}$（$\mathrm{kN/m^2}$）为

$$w_{\mathrm{Lk}j} = \frac{p_{\mathrm{dj}}(z)}{B_0} = |\lambda_j| U_{\mathrm{cr}}^2\varphi_j(z)/(12\ 800\xi_j) \tag{4.75}$$

式中　λ_j——振型折算系数，$\lambda_j = \dfrac{\int_{H_1}^{H}\varphi_j(z)\,\mathrm{d}z}{\int_{0}^{H}\varphi_j^2(z)\,\mathrm{d}z}$，可按表 4.21 确定，其中 H_1 代表共振区的起始高度；

$\varphi_j(z)$——z 高度处结构的第 j 阶振型系数；

ξ_j——结构第 j 阶振型的阻尼比。对于第 1 阶振型，钢结构取 0.01，有填充墙的钢结构房屋取 0.02，钢 - 混凝土组合结构取 0.035；对于高振型的阻尼比，若无实测资料，可近似按第 1 阶振型的值取用。

需要说明的是，对于一般高层建筑，校核横风向风振时所考虑的高阶振型序号不大于 2，即可只取第 1 阶或第 2 阶振型。

表 4.21 高层建筑的 λ_j 计算用表

振型序号	H_1/H										
	0	0.1	0.2	0.3	0.4	0.5	0.6	0.7	0.8	0.9	1.0
1	1.56	1.56	1.54	1.49	1.41	1.28	1.12	0.91	0.65	0.35	0
2	0.73	0.72	0.63	0.45	0.19	-0.11	-0.36	-0.52	-0.53	-0.36	0

2. 矩形截面高层建筑

当矩形截面高层建筑满足下列条件：

①建筑的平面形状和质量在整个高度范围内基本相同。

②高宽比 $H/\sqrt{BD}$ 在 4～8 之间，厚宽比 D/B 在 0.5～2 之间，其中 B 为结构迎风面宽度，D 为结构顺风向尺寸。

③折算风速 $U_H T_{L1}/\sqrt{BD}\leqslant 10$，其中 T_{L1} 为结构横风向第 1 阶自振周期。

横风向风振等效风荷载标准值 w_{Lk}（kN/m²）可按下式计算：

$$w_{Lk}=gw_0\mu_z C'_L\sqrt{1+R_L^2} \tag{4.76}$$

式中 g——峰值因子，取 2.5；

C'_L——横风向风力系数；

R_L——横风向共振因子；

$\sqrt{1+R_L^2}$——横风向共振系数。

横风向风力系数 C'_L 可按下式计算：

$$C'_L=(2+2\alpha)\gamma_{CM} \tag{4.77}$$

其中，横风向基底弯矩系数 γ_{CM} 可表示为

$$\gamma_{CM}=C_R-0.019\left(\frac{D}{B}\right)^{-2.54} \tag{4.78}$$

式中 α——风速剖面指数；

C_R——地面粗糙度系数，对于 A～D 类粗糙度分别取 0.236、0.211、0.202、0.197。

横风向共振因子 R_L 可按下式计算：

$$R_L=K_L\sqrt{\frac{\pi S_{F_L}/\gamma_{CM}^2}{4(\xi_1+\xi_{a1})}} \tag{4.79}$$

式中 K_L——振型修正系数，$K_L=\dfrac{1.4}{(\alpha+0.95)}\left(\dfrac{z}{H}\right)^{0.9-2\alpha}$；

S_{F_L}——无量纲横风向广义风力功率谱，可根据厚宽比 D/B 和折算频率 f_{L1}^* 按图 4.28 确定，其中折算频率 $f_{L1}^*=f_{L1}B/U_H$；

f_{L1}——结构横风向第 1 阶自振频率；

ξ_1——结构横风向第 1 阶振型阻尼比；

ξ_{a1}——结构横风向第 1 阶振型气动阻尼比，其表达式为

$$\xi_{a1}=\frac{0.0025(1-T_{L1}^{*2})T_{L1}^*+0.000125T_{L1}^{*2}}{(1-T_{L1}^{*2})^2+0.0291T_{L1}^{*2}} \tag{4.80}$$

式中　T_{L1}^*——折算周期，$T_{L1}^*=\dfrac{U_H T_{L1}}{9.8B}$。

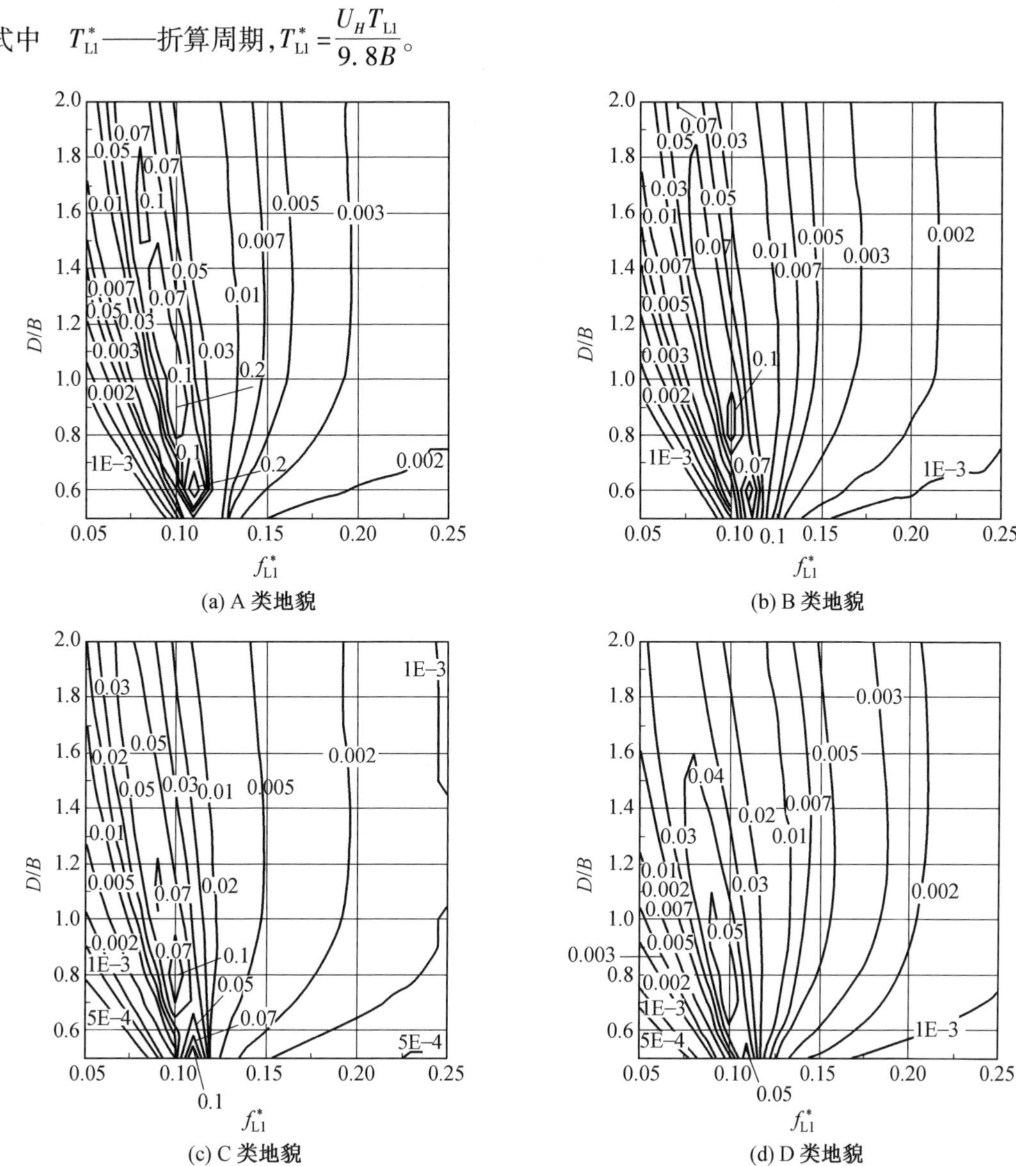

图 4.28　不同地面粗糙度的横风向广义力功率谱

有几点补充说明：

①上述公式是依据大量典型建筑模型的风洞试验结果给出的，而非如圆形截面那样，可以借助理论推导得出。但从总体可以看出，矩形截面高层建筑的横风向风振等效荷载主要与来流风特性（包括风压高度变化系数 μ_z、基本风压 w_0、风速剖面指数 α），结构形状（包括 D/B 和 $H/\sqrt{DB}$），以及结构动力特性（包括阻尼比、气动阻尼比、折算周期与折算频率等）等 3 方面因素有关。

②只考虑风正对着建筑表面吹来，因为在这个风向上，通常横风向振动的程度是最大的。

③当由横风向风振等效风荷载标准值计算风力时，应乘以迎风面的面积。

4.2.8 扭转风振等效风荷载确定方法

在1926年的佛罗里达飓风中，迈阿密的两幢高层建筑分别为15层的Realty大楼和17层的Meyer-Kiser大楼，由于横风向风荷载与风致扭矩联合作用下产生了严重变形。这两幢高层建筑均采用钢框架结构，其中Meyer-Kiser大楼的两个水平框架分别出现了0.60 m和-0.20 m的水平侧移。这一事件后，国内外学者开始关注起风致扭转效应的研究。

高层建筑的扭转风振，主要是由于质心、形心、刚心与脉动风荷载的合力作用点不重合而引起的。高层建筑的风致扭矩与结构的平面形状有很大关系，往往平面形状不规则的高层建筑会引起较大的风致扭矩，从而导致较大的扭转响应。要判断高层建筑是否需要考虑扭转风振的影响，需要考虑建筑的高度、高宽比、厚宽比、结构自振频率、结构刚度与质量的偏心等多种因素。

"2012荷载规范"规定：对于高度超过150 m，且同时满足高宽比 $H/\sqrt{DB}\geqslant 3$、折算风速 $T_{T1}U_H/\sqrt{DB}\geqslant 0.4$（$T_{T1}$ 为第1阶扭转周期）和厚宽比 $D/B\geqslant 1.5$ 的高层建筑，宜考虑扭转风振的影响。

对于平面形状和质量在整个高度范围内基本相同的高层建筑，当其刚度或质量的偏心率（偏心距/回转半径）不大于0.2，且同时满足 $H/\sqrt{DB}\leqslant 6$，$D/B\leqslant 5$，$T_{T1}U_H/\sqrt{DB}\leqslant 10$ 这3个条件时，扭转风振等效风荷载标准值 w_{Tk}（kN/m²）可按下式计算：

$$w_{Tk}=1.8gw_0\mu_H C'_T\left(\frac{z}{H}\right)^{0.9}\sqrt{1+R_T^2} \tag{4.81}$$

式中 μ_H——结构顶部风压高度变化系数；

g——峰值因子，取2.5；

C'_T——风致扭矩系数，$C'_T=[0.0066+0.015(D/B)^2]^{0.78}$；

R_T——扭矩共振因子，可按下式计算：

$$R_T=K_T\sqrt{\frac{\pi F_T}{4\xi_1}} \tag{4.82}$$

式中 K_T——扭矩振型修正系数，可按式(4.83)计算：

$$K_T=\frac{(B^2+D^2)}{20r^2}\left(\frac{z}{H}\right)^{-0.1} \tag{4.83}$$

r——结构回转半径；

F_T——扭矩谱能量因子，可根据厚宽比 D/B 和扭转折算频率 f_T^* 按图4.29确定；

f_T^*——扭转折算频率，$f_T^*=\dfrac{\sqrt{BD}}{T_{T1}U_H}$；

ξ_1——结构第1阶扭转振型的阻尼比。

有3点补充说明：

①当由扭转风振等效风荷载标准值计算风力扭矩时，应乘以迎风面面积和宽度。

②当偏心率大于0.2时，高层建筑的弯扭耦合风振效应显著，结构风振响应规律非常复杂，此时不能直接采用上述方法计算扭转风振等效荷载。

③大量风洞试验结果表明，风致扭矩与横风向风力具有较强相关性，当 $H/\sqrt{BD}>6$ 或

$T_{T1}U_H/\sqrt{BD}>10$ 时，两者的耦合作用易发生不稳定的气动弹性现象，此时建议采用风洞试验方法进行专门研究。

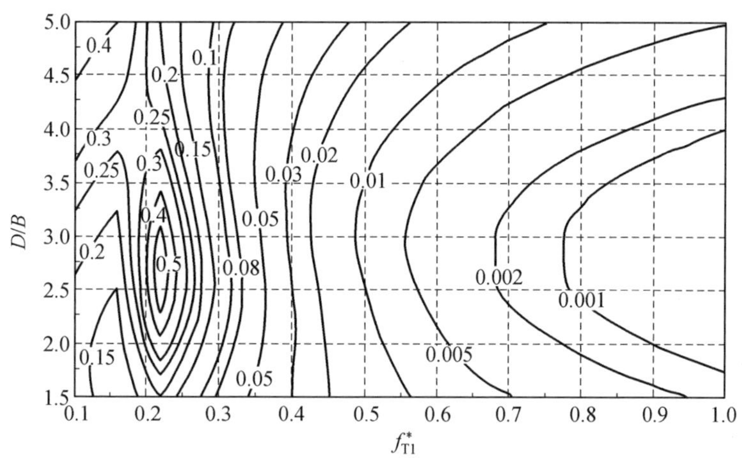

图 4.29　扭矩谱能量因子

4.2.9　风荷载组合

在脉动风荷载作用下，高层建筑的顺风向风荷载、横风向风振等效风荷载和扭转风振等效风荷载一般是同时存在的，但 3 种风荷载的最大值并不一定同时出现，因此在工程应用时应考虑各方向等效风荷载之间的组合。

一般情况下，顺风向风振响应与横风向风振响应的相关性较小，因此对于顺风向风荷载为主的情况，横风向风荷载不参与组合。对于横风向风荷载为主的情况，顺风向风荷载仅静力部分参与组合，简化为在顺风向风荷载前乘以 0.6 的折减系数。虽然扭转风振与顺风向及横风向风振响应之间均存在相关性，但由于影响因素较多，在目前研究尚不成熟的情况下，暂不考虑扭转风振等效风荷载与另外两个方向的风荷载的组合。

基于上述考虑，“2012 荷载规范”规定：顺风向风荷载、横风向风振等效风荷载和扭转风振等效风荷载可按表 4.22 进行组合。

表 4.22　风荷载的组合

项次	顺风向风荷载	横风向风振等效风荷载	扭转风振等效风荷载
1	F_{Dk}	—	—
2	$0.6F_{Dk}$	F_{Lk}	—
3	—	—	T_{Tk}

表中，F_{Dk} 为顺风向单位高度风力标准值（kN/m），其计算式为

$$F_{Dk}=(w_{k1}-w_{k2})B \tag{4.84}$$

F_{Lk} 为横风向单位高度风力标准值（kN/m），其计算式为

$$F_{Lk}=w_{Lk}B \tag{4.85}$$

T_{Tk} 为单位高度风致扭矩标准值（kN · m/m），其计算式为

$$T_{Tk}=w_{Tk}B^2 \tag{4.86}$$

式中 w_{k1}、w_{k2}——迎风面、背风面的风荷载标准值（kN/m^2）；

w_{Lk}、w_{Tk}——横风向风振等效风荷载标准值（kN/m^2）和扭转风振等效风荷载标准值（kN/m^2）；

B——高层建筑的迎风面宽度（m）。

4.3 地震作用

4.3.1 地震基本知识

地震是一种突发式的自然灾害，能对人们的生命和财产造成巨大损失。据统计，全世界每年发生的地震约500万次，其中99%的地震由于发生在地球深处或其释放的能量较小而不被人们察觉。人们能够感觉到的地震称为有感地震，约占地震总数的1%。造成灾害的强烈地震则为数更少，平均每年发生十几次。强烈地震会引起地震区地面剧烈摇晃和颠簸，并会危及人民生命财产安全和造成工程建筑物的破坏。地震还可能引起火灾、水灾、山崩、滑坡以及海啸等，这些现象都会给人类造成灾难。

1. 地震的类型与成因

地震按其产生的原因，可分为火山地震、陷落地震和构造地震。火山地震是指由于火山活动时岩浆喷发冲击或热力作用而引起的地震；陷落地震是指由于地下空洞突然塌陷而引起的地震；由于地质构造运动引起的地震则称为构造地震。一般火山地震和陷落地震强度低，影响范围小，而构造地震释放的能量大，影响范围广，造成的危害严重。因此，工程结构设计时，主要考虑构造地震的影响。

构造地震的形成是地球内部地质构造不停运动的结果。地球可近似为一个椭球体，平均半径为6 371 km。通常认为地球由3层不同的物质构成，如图4.30（a）所示。最表面的一层是很薄的地壳，平均厚度约为30～40 km；中间很厚的一层是地幔，厚度约为2 900 km；最里面的一层是地核，其半径约为3 500 km。

地壳由各种不均匀的岩石组成，除地面的沉积层外，陆地下面的地壳，其上部为花岗岩层，下部为玄武岩层；海洋下面的地壳一般只有玄武岩层。地壳各处厚薄不一，世界上绝大部分地震都发生在薄的地壳内（图4.30（b））。

地幔主要由质地坚硬的橄榄岩组成。由于地球内部放射性物质不断释放热量，地球内部的温度随深度的增加而升高。从地下20 km到地下700 km，其温度从大约600 ℃上升到2 000 ℃。由于温度分布不均匀，导致地幔内部的软流层发生对流。到目前为止，所观测到的最深的地震发生在地下700 km左右处，可见地震仅发生在地球的地壳和地幔上部。

地核是地球的核心部分，可分为外核（厚2 100 km）和内核，其主要构成物质是Ni和Fe。由于地核温度高达4 000～5 000 ℃，故推测外核可能处于液态，而内核可能处于固态。

除上述的地幔热对流外，地球的自转与公转、月球和太阳的引力影响等，也会引起地质构造运动。但目前普遍认为地幔的热对流是引起地质构造运动的最主要原因。

地质构造运动引起构造地震的过程如图4.31所示。地质构造运动会使地壳岩层变形而产生应力，从而发生褶皱和变形（图4.31（b））；岩层变形的不断累积会使应力增大，当岩层应力大于岩层的强度极限时,在一定长度和范围内的岩层就会发生突然断裂和猛烈错动,从而引起振动(图4.31(c))。振动以波的形式传到地面,形成地震。

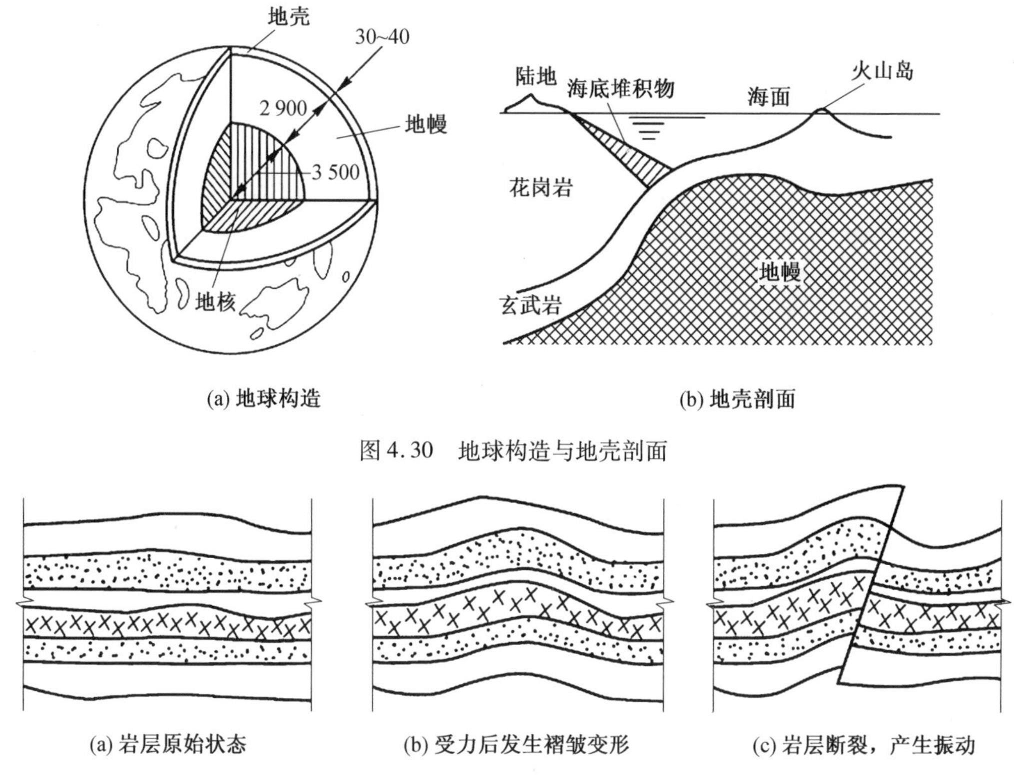

(a) 地球构造

(b) 地壳剖面

图4.30 地球构造与地壳剖面

(a) 岩层原始状态

(b) 受力后发生褶皱变形

(c) 岩层断裂,产生振动

图4.31 地壳构造变动与地震形成示意图

由于岩层的破裂往往不是沿一个平面发展,而是形成一系列裂缝组成的破碎带,沿整个破碎带的岩层不可能同时达到平衡,因此在一次强烈地震(即主震)之后,岩层的变形还有不断的零星调整,从而形成一系列余震。

图4.32是有关地震术语示意图。震源即发震点,是指岩层断裂处。震源正上方的地面地点称为震中。震中至震源的距离为震源深度。地面某处到震中的距离称为震中距。地面某处到震源的距离称为震源距。在震中附近,振动最剧烈、破坏最严重的地区称为震中区。一次地震中,在其所涉及的地区中,根据地面破坏情况利用地震烈度表可对每一个地点评估出一个烈度,烈度相同点的外包连线称为等震线。

按震源的深浅,地震可分为浅源地震、中源地震和深源地震。浅源地震的震源深度一般小于60 km,一年中全世界所有地震释放能量的约85%来自浅源地震,故浅源地震造成的危害最大,发生的次数也最多。中源地震的震源深度为60~300 km,一年中全世界所有地震释放能量的约12%来自中源地震。深源地震的震源深度一般大于300 km,一年中全世界所有地震释放能量的约3%来自深源地震。

世界上绝大多数地震是浅源地震,震源深度集中在5~20 km,中源地震比较少,而深源地震为数更少。一般来说,对于同样大小的地震,当震源较浅时,涉及范围较小,而破坏程度较大;当震源深度较大时,涉及范围较大,而破坏程度则相对较小。因此,当震源深度超过100 km时,地震释放的能量在传播到地面的过程中大部分被损耗掉,故通常不会在地面上造成震害。

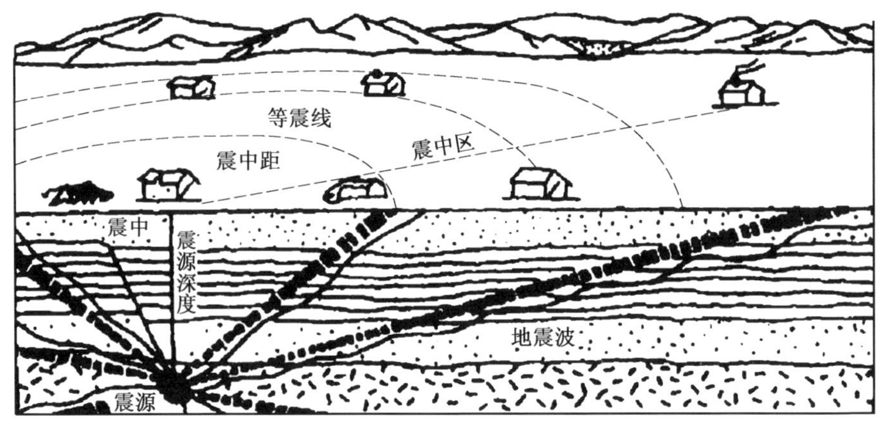

图 4.32　地震术语示意图

2. 地震分布

由于构造地震是由于地壳岩层应力累积造成岩层破裂引起的,因此地震的震源总是在岩层的最薄弱处。一般地壳岩层总有一些断层,而断层处抵抗应力的能力通常比非断层处要低,故地震一般发生在岩层断层处。

20 世纪初,地震工作者在进行宏观地震资料调查的基础上,编制了世界地震活动图,后来又根据地震台的观测数据编制了较精确的世界地震分布图。

可以看出,地球上有 4 组主要地震带,包括环太平洋地震带,欧亚地震带,沿北冰洋、大西洋和印度洋中主要山脉的狭窄浅震活动带,以及地震相当活跃的断裂谷,包括东非洲和夏威夷群岛等。据统计,全球约 80% 的浅源地震和 90% 的中源地震,以及几乎所有的深源地震都集中发生在环太平洋地震带,而其余大部分地震则发生在欧亚地震带上,因此环太平洋地震带和欧亚地震带为世界地震的主要活动带。

我国东临环太平洋地震带,南接欧亚地震带,位于世界两大地震带的交汇处,因此地震发生频繁,是世界上少数多地震国家之一。

我国大致可划分成 6 个地震活动区:①台湾及其附近海域;②喜马拉雅山脉活动区;③南北地震带;④天山地震活动区;⑤华北地震活动区;⑥东南沿海地震活动区。其中,①、②、⑥为板块边地震,属环太平洋地震带;③、④、⑤为板块内地震。我国板块内地震也较多的原因是,我国东面受到太平洋板块的挤压,南面受到澳洲板块的挤压,因此板内应力较大,从而容易引发地震。

3. 震级与烈度

(1)震级。

震级是衡量一次地震规模大小的等级。震级的表示方法很多,国际上比较通用的是里氏震级,其定义是由里克特(Richter)于 1935 年给出的。地震震级 M 可表示为

$$M=\lg A \tag{4.87}$$

式中　A——标准地震仪(指周期为 0.8 s、阻尼系数为 0.8、放大倍数为 2 800 的地震仪)在距震中 100 km 处记录的以 μm(1 μm = 10^{-6} m)为单位的最大水平地面位移。

当震中距不是 100 km 时，地震震级 M 需按下式进行计算：

$$M=\lg A-\lg A_0 \tag{4.88}$$

式中　A——待定震级的地震记录的最大振幅；

A_0——被选为标准的某一特定地震（在同一震中距）的最大振幅。

由式（4.87）可知，震级增大一级，地面振动幅值增大 10 倍。一般来说，对于 $M<2$ 的地震（$A<10^2$ μm），人体感觉不到，只有仪器才能记录到，称为微震；对于 $M=2\sim4$ 的地震（$A<10^2\sim10^4$ μm），人体能感觉到，称为有感地震；而对于 $M>5$ 的地震（$A>0.1$ m），会引起地面工程结构的破坏，称为破坏性地震。此外，习惯上将 $M>7$ 的地震称为强烈地震或大地震；$M>8$ 的地震称为特大地震。2008 年 5 月 12 日在我国四川省汶川县发生的汶川地震，震级为 8.0 级，造成 6.9 万人死亡，37.5 万人受伤，1.8 万人失踪。到目前为止，记录到的世界最大地震是 1960 年 5 月 22 日发生在智利南部的 8.5 级地震。

（2）地震能。

地震是由于岩层破裂释放能量引起的，因此一次地震所释放的能量（简称为地震能，记为 E）是一定的。因此经统计，可得震级 M 与地震能 E 之间的关系为

$$\lg E=1.5M+11.8 \tag{4.89}$$

式中　E——地震能，单位是尔格 erg（$1\ \text{erg}=10^{-7}$ J）。

由式（4.89）可知，震级相差一级，地震能相差约 32 倍。

一次 7 级地震，其释放的能量相当于 30 枚 2 万 t 的 TNT 原子弹爆炸所释放的能量。可见，一次大地震所释放的能量是巨大的，其造成的破坏也将是毁灭性的。

（3）地震烈度。

地震烈度是指某一地区的地面和各类建筑物、构筑物遭受一次地震影响的强弱程度。对于一次地震，表示地震大小的震级只有一个，但它对不同地点的影响是不一样的。因此，对某建筑结构进行抗震设计时，应根据当地的地震烈度，而不是震级。

一般地，震中附近地震的影响最大，而随着震中距的增大，地震的影响逐渐减小。减小的程度与传播过程中的地质构造等诸多因素有关。如果对一次地震作详细记录，就可画成围绕震中的封闭的等震线，据此可划分不同烈度的区划图。

除了震级、震中距外，地震烈度还与震源深度、地震传播介质、表土性质，以及建筑物、构筑物的动力特性等因素有关。为评定地震烈度，各国制定了地震烈度表。表中的地震烈度值一般根据人的感觉、器物的反应以及地貌、建筑物的破坏等宏观现象综合评定得到的。

由于对烈度影响大小的分段不同，以及在宏观现象和定量指标确定方面有差异，加之各国建筑物、构筑物情况及地表条件的不同，各国所制定的地震烈度表也就不同。目前，除日本外，世界上绝大多数地震国家均采用 1～12 个等级的地震烈度表。表 4.23 给出了现行规范《中国地震烈度表》（GB/T 17742—2008）中给出的地震烈度划分等级。《建筑抗震设计规范》（GB 50011—2010）（为表述简便，以下简称“2010 抗震规范”）规定，当烈度大于Ⅵ度（6 度）时才需要考虑地震作用，最高为Ⅸ度（9 度）；每增加 1 度，地震对结构的作用增加 1 倍。

表 4.23　中国地震烈度表

地震烈度	人的感觉	房屋震害			其他震害现象	水平向地震动参数	
		类型	震害程度	平均震害指数		峰值加速度/($m \cdot s^{-2}$)	峰值速度/($m \cdot s^{-1}$)
Ⅰ	无感	—	—	—	—	—	—
Ⅱ	室内个别静止中的人有感觉	—	—	—	—	—	—
Ⅲ	室内少数静止中的人有感觉	—	门、窗轻微作响	—	悬挂物微动	—	—
Ⅳ	室内多数人、室外少数人有感觉，少数人梦中惊醒	—	门、窗作响	—	悬挂物明显摆动，器皿作响	—	—
Ⅴ	室内绝大多数人、室外多数人有感觉，多数人梦中惊醒	—	门窗、屋顶、屋架颤动作响，灰土掉落，个别房屋墙体抹灰出现细微裂缝，个别屋顶烟囱掉砖	—	悬挂物大幅度晃动，不稳定器物摇动或翻倒	0.31 (0.22 ~ 0.44)	0.03 (0.02 ~ 0.04)
Ⅵ	多数人站立不稳、少数人惊逃户外	A	少数中等破坏，多数轻微破坏和/或基本完好	0.00 ~ 0.11	家具和物品移动；河岸和松软土出现裂缝，饱和砂层出现喷砂冒水；个别独立砖烟囱轻度裂缝	0.63 (0.45 ~ 0.89)	0.06 (0.05 ~ 0.09)
		B	个别中等破坏，少数轻微破坏，多数基本完好				
		C	个别轻微破坏，大多数基本完好	0.00 ~ 0.08			
Ⅶ	大多数人惊逃户外，骑自行车的人有感觉，行驶中的汽车驾乘人员有感觉	A	少数毁坏和/或严重破坏，多数中等破坏和/或轻微破坏	0.09 ~ 0.31	物体从架子上掉落；河岸出现塌方，饱和砂层常见喷水冒砂，松软土地上地裂缝较多；大多数独立砖烟囱中等破坏	1.25 (0.90 ~ 1.77)	0.13 (0.10 ~ 0.18)
		B	少数中等破坏，多数轻微破坏和/或基本完好				
		C	少数中等和/或轻微破坏，多数基本完好	0.07 ~ 0.22			

续表 4.23

地震烈度	人的感觉	房屋震害			其他震害现象	水平向地震动参数	
		类型	震害程度	平均震害指数		峰值加速度/(m·s^{-2})	峰值速度/(m·s^{-1})
Ⅷ	多数人摇晃颠簸,行走困难	A	少数毁坏,多数严重和/或中等破坏	0.29~0.51	干硬土上亦出现裂缝,饱和砂层绝大多数喷砂冒水;大多数独立砖烟囱严重破坏	2.50(1.78~3.53)	0.25(0.19~0.35)
		B	个别毁坏,少数严重破坏,多数中等和/或轻微破坏				
		C	少数严重和/或中等破坏,多数轻微破坏	0.20~0.40			
Ⅸ	行动的人摔倒	A	多数严重破坏或/和毁坏	0.49~0.71	干硬土上多处出现裂缝,可见基岩裂缝、错动、滑坡、塌方常见;独立砖烟囱多数倒塌	5.00(3.54~7.07)	0.50(0.36~0.71)
		B	少数毁坏,多数严重和/或中等破坏				
		C	少数毁坏和/或严重破坏,多数中等和/或轻微破坏	0.38~0.60			
Ⅹ	骑自行车的人会摔倒,处于不稳状态的人会摔离原地,有抛起感	A	绝大多数毁坏	0.69~0.91	山崩和地震断裂出现,基岩上拱桥破坏;大多数独立砖烟囱从根部破坏或倒毁	10.00(7.08~14.14)	1.00(0.72~1.41)
		B	大多数毁坏				
		C	多数毁坏和/或严重破坏	0.58~0.80			
Ⅺ	—	A	绝大多数毁坏	0.89~1.00	地震断裂延续很长;大量山崩滑坡	—	—
		B					
		C		0.78~1.00			
Ⅻ	—	A	几乎全部毁坏	1.00	地面剧烈变化,山河改观	—	—
		B					
		C					

注:①表中给出的“峰值加速度”和“峰值速度”是参考值,括弧内给出的是变动范围

②Ⅰ度~Ⅴ度(1 度~5 度)应以地面上以及底层房屋中的人的感觉和其他震害现象为主;Ⅵ度~Ⅹ度(6 度~10 度)应以房屋震害为主,参照其他震害现象,当用房屋震害程度与平均震害指数评定结果不同时,应以震害程度评定结果为主,并综合考虑不同类型房屋的平均震害指数;Ⅺ度(11 度)和Ⅻ度(12 度)应综合房屋震害和地表震害现象

③表中数量词:个别为 10% 以下;少数为 10% ~50%;大多数为 70% ~90%;普遍为 90% 以上

(4)地震烈度与震级的关系。

地震烈度与震级虽是两个不同的概念,但发生一次地震时,震级是一定的,对于确定地点上的地震烈度也是一定的,且在定性上震级越大,确定地点上的地震烈度也越大。

震中区一般是一次地震烈度最大的地区，震中烈度与震级和震源深度有关。在环境条件基本相同的情况下，震级越大、震源深度越小，则震中烈度越高。根据全国范围内的宏观资料，以及仪器测定震级的35次地震资料统计分析结果，下面给出了根据震中烈度I_0估计震级M的经验公式：

$$M=1.5+0.58I_0 \tag{4.90}$$

震中烈度与震级的大致对应关系见表4.24。

表4.24　震中烈度与震级的大致对应关系

震级M	2	3	4	5	6	7	8	8以上
震中烈度I_0	1~2	3	4~5	6~7	7~8	9~10	11	12

4.地震波与地面运动

(1)地震波。

岩层破裂时(即发生地震时)，将引起周围介质振动，并以波的形式从震源向各个方向传播并释放能量。这种传播地震能量的波即为地震波，它包含在地球内部传播的体波和只在地面附近传播的面波。一般认为，面波是体波经地层界面多次反射、折射所形成的次生波。

体波有两种，即纵波(记为P波)和横波(记为S波)。纵波为由震源向外传递的压缩波，其质点的振动方向与波的前进方向一致，如图4.33(a)所示。纵波的特点是周期短、振幅小。纵波可在固体与流体中传播，如声音就是在空气中传播的一种纵波。横波为由震源向外传递的剪切波，其质点的振动方向与波的前进方向垂直，如图4.33(b)所示。横波的特点是周期长，振幅较大。由于横波的传播过程是介质质点不断受剪切变形的过程，因此横波只能在固体介质中传播。

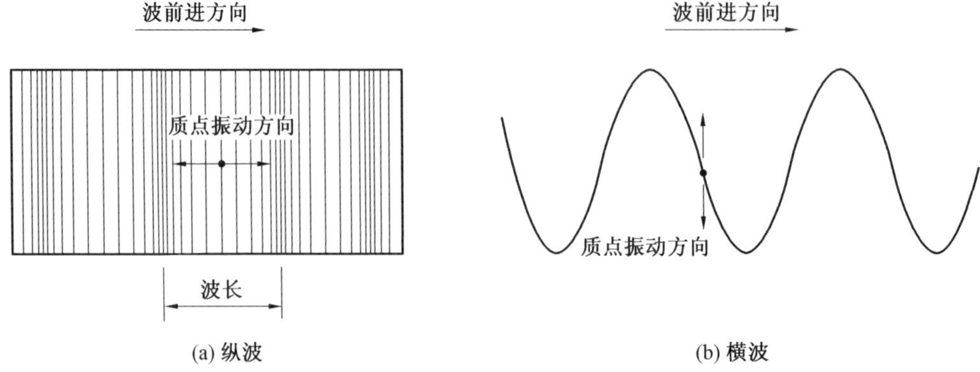

图4.33　体波质点振动方向

根据弹性波动理论，纵波和横波的传播速度可分别按下列公式计算：

$$v_P=\sqrt{\frac{E(1-\nu)}{\rho(1+\nu)(1-2\nu)}} \tag{4.91a}$$

$$v_S=\sqrt{\frac{E}{2\rho(1+\nu)}}=\sqrt{\frac{G}{\rho}} \tag{4.91b}$$

式中　v_P——纵波速度；

v_S——横波速度；

E——介质的弹性模量；

G——介质的剪切模量；

ρ——介质的密度；

ν——介质的泊松比。

对于一般地表土层介质，近似取 $\nu=0.25$，则可得 $v_P=\sqrt{3}v_S$。因此，纵波传播速度比横波传播速度要快，在仪器观测到的地震记录图上，一般也是纵波先于横波到达，这也正是纵波称为 P 波(Primary Wave)，横波称为 S 波(Secondary Wave)的原因。

表 4.25 列出了 S 波在一些介质中的传播速度值。

表 4.25　不同介质的 S 波传播速度 v_S　m/s

砂	人工填土	含砂砾石	饱和砂土	粉质黏土	黏土	砾石	第三纪岩层
50	100	300 ~ 400	340	100 ~ 200	250	600	1 000 以上

面波也有两种，即瑞利波(记为 R 波)和洛夫波(记为 L 波)。瑞利波是 P 波和 S 波在固体层中沿界面传播相互叠加的结果。瑞利波传播时，质点在波的传播方向与地面法线组成的平面内(xz 平面)作椭圆形运动，而在与该平面垂直的水平方向(y 方向)没有振动，质点在地面上呈滚动形式，如图 4.34(a)所示。洛夫波的形成与波在自由表面的反射和波在两种不同介质界面上的反射、折射有关。洛夫波传播时，质点在与波前进方向相垂直的水平方向(y 方向)做剪切运动，在地面上呈蛇形运动形式，如图 4.34(b)所示。质点在水平方向的振动与波前进方向耦合后会产生水平扭转分量，这是洛夫波的一个重要特点。

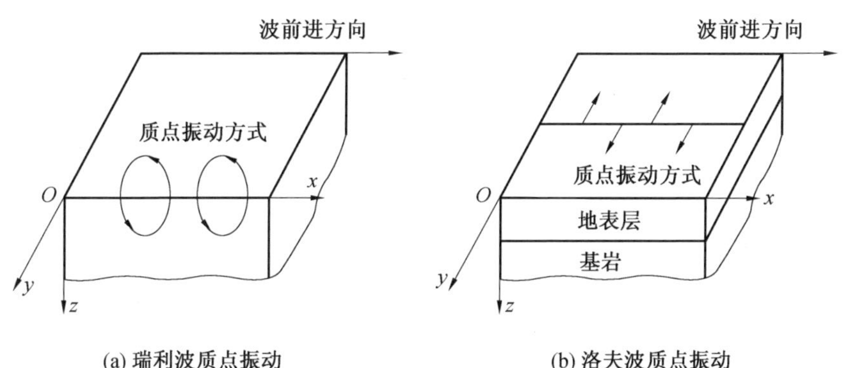

(a) 瑞利波质点振动　　(b) 洛夫波质点振动

图 4.34　面波质点的运动

根据观测与分析，面波比 S 波的传播速度慢，其速度只有 S 波传播速度的 92%。

一般来说，波的传播速度越快，其振动周期和振幅越小。由此可得，地震各种波的特点为纵波速度快、周期短、振幅小；横波速度较快、周期较长、振幅较大；面波速度慢、周期长、振幅大。

(2)地震地面运动及地震记录。

对于地面上的某一点，当地震体波到达该点或面波经过该点时，就会引起该点往复运动，此即为地震地面运动。

如将地面任一观测点与震中的连线方向定义为前后方向，将地面上与上述连线垂直的方向定义为左右方向，将垂直于地面的方向定义为上下方向，则 P 波主要引起地面的上下运动，S 波主要引起地面的前后运动及左右运动，R 波主要引起地面上下运动及前后运动，L 波主要引起地面左右运动。可见，三维地震运动的竖向运动主要由 P 波和 R 波引起，而水平的前后运动主要由 S 波和 R 波引起，水平的左右运动主要由 S 波和 L 波引起。

根据地震波的特性，两个方向水平地面运动的强度大致相等，而竖向地面运动的强度一般小于水平地面运动的强度。一般震中附近，体波成分较多，面波成分较少；而随着震中距增加，周期短的体波衰减较快，体波成分将减少，面波成分增加。因此，竖向地面运动与水平地面运动的比值在震中附近可能会较大，而远离震中，该比值则会减小。实测资料统计表明，一次地震竖向地面运动的平均强度约为水平地面运动平均强度的 2/3。

地震地面运动的位移、速度和加速度可以用仪器记录下来。在目前的结构抗震设计中，常用的是地震加速度记录，因为它与结构地震惯性力相联系。图 4.35 给出了 2008 年 5 月 12 日汶川地震中记录到的加速度时程曲线，这是我国近年来记录到的最有价值的地震地面运动记录之一。

上述实测记录表明，地震地面运动是非常复杂的，具有很强的随机性。由数学上的三角级数展开概念，地面运动可理解为由许多不同频率简谐运动合成的复合运动。

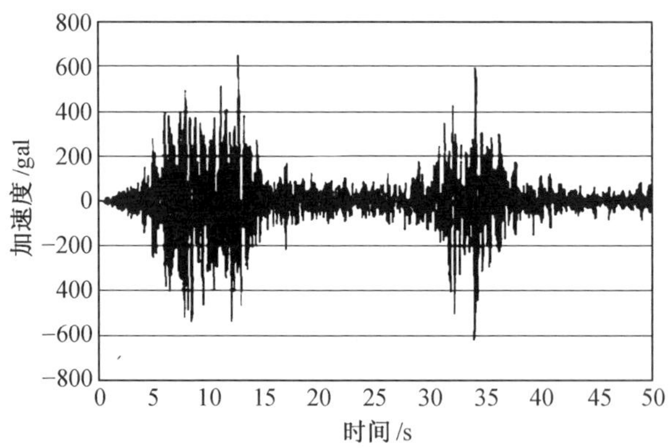

图 4.35　汶川地震中记录到的加速度时程曲线

描述地震地面运动特性的主要物理量有 3 个，即地震动的幅值、频谱和持时。

地震动的幅值是指地面运动的加速度、速度或位移时程的最大值或某种意义下的有效值，它表征地面运动的强烈程度。由于地震烈度是地震对地面影响的宏观评价，地面运动幅值仅是影响地震烈度的一个因素，还有一些其他因素（如频谱、持时等）对其也有影响。因此，单独建立地面运动幅值与地震烈度的关系时，通常离散性很大，但总的趋势是地震烈度越大，地面运动幅值越大。由表 4.23 可知，地震地面运动峰值加速度与地震烈度间的关系可表示为

$$a = 1.25 \times 2^{I-7}\ \mathrm{m/s^2} \tag{4.92}$$

式中　I——地震烈度；

　　a——地面加速度幅值，$\mathrm{m/s^2}$。

频谱是指地震波分解后不同频率简谐运动的幅值与其频率的关系，或指地震动对具有不同自振周期的结构的反应特性，它表征地面运动的频率成分。影响地面运动频谱的因素主要有两个：一是震中距，二是场地条件。

一般波的周期越短，在有阻尼介质中传播衰减得越快。因此，随着震中距的增加，地面运动短周期成分所占的比例越来越小，长周期成分所占的比例越来越大。

场地条件主要指所考虑的工程结构所在场地地表土层的软硬程度和土层的覆盖层厚度（地表至地下坚硬土层顶面）。根据 S 波在单一土层中传播的分析，可得出场地有一特征周期，即

$$T_g = \frac{4d_{ov}}{v_{sm}} \tag{4.93}$$

式中　v_{sm}——场地土平均剪切波速；

d_{ov}——剪切波速小于 500 m/s 的场地土覆盖层厚度。

当 S 波的周期与上式中的特征周期一致时，会发生共振反应，使得地面运动放大几倍甚至数十倍；而对于其他周期的 S 波所引起的地面运动，则不会有这样的放大效应。

由于地震波的周期成分很多，而仅与场地特征周期 T_g 接近的周期成分会被显著放大。因此，T_g 是地面运动的主要周期，也称为场地卓越周期。

持时是指强震的持续时间，表征地面运动对工程结构反复作用的次数和对其损伤、破坏的累积效应。地面运动持续时间是震级、震中距和局部场地条件的函数。一般来说，地震动持续时间由 3 部分组成，即与震源有关的持续时间、与传播途径有关的持续时间和与时间后效有关的持续时间。与局部场地条件有关的地震动持续时间主要受地震波在土层中多次反射、折射过程所控制，这种效应在从基岩传播到松软的沉积岩时表现得更为明显。地表层越松软，波速越小，持续时间就越长。

4.3.2　结构的抗震设防

1. 抗震设防的基本目标

工程抗震设防的基本目标是在一定的经济条件下，最大限度地限制和减轻建筑物的地震破坏，保障人民生命财产的安全。

我国抗震设计规范（GBJ 11—1989、GB 50011—2001、GB 50011—2010）采用三水准的抗震设防要求，即当建筑物遭受频度较高、低于本地区抗震设防烈度的多遇地震影响时，主体结构一般不损坏也不需修理。结构在弹性阶段工作，可按线弹性理论进行分析，用弹性反应谱计算地震作用，按强度要求进行截面设计。此即为建筑抗震设防的第一水准。

当建筑物遭受相当于本地区抗震设防烈度的设防地震影响时，允许结构部分达到或超过屈服极限，或者结构的部分构件发生裂缝，结构通过塑性变形消耗地震能量，结构的变形和破坏程度发生在可以修复使用的范围之内。此即为建筑抗震设防的第二水准，本水准的设防要求主要通过概念设计和构造措施来实现。

当建筑物遭受高于本地区抗震设防烈度的罕遇地震影响时，不至于发生结构倒塌或发生危及生命安全的严重破坏。此即为建筑抗震设防的第三水准，这时，应该按防止倒塌的要求进行抗震设计。

概括地说，中国抗震设计规范确定的抗震设防要求是“小震不坏、中震可修、大震不倒”，这一设计思想与世界各国公认的抗震设计准则是一致的。

应该指出，上述小震、中震或大震的概念，实质上是指小震烈度、中震烈度和大震烈度。

为量化小震、中震或大震,我国规定了具体的概率水准。我国抗震设防的目标是根据不同的水准用不同的抗震设计方法和要求来实现的,称为三水准、两阶段抗震设计方法。

根据对我国几个主要地震区的地震危险性分析结果,可认为我国地震烈度的概率分布基本上符合极值Ⅲ型分布,其概率密度函数可表示为

$$f(I)=\frac{k\ (\omega-I)^{k-1}}{(\omega-\varepsilon)^{k}}\cdot \mathrm{e}^{-\left(\frac{\omega-I}{\omega-\varepsilon}\right)^{k}} \tag{4.94}$$

式中 I——地震烈度;

k——形状参数,取决于一个地区地震背景的复杂性;

ω——地震烈度上限值,取 $\omega=12$;

ε——众值烈度,烈度曲线上峰值所对应的烈度,由各地震区在设计基准期内统计确定。

地震烈度的概率密度函数曲线的基本形状如图 4.36 所示,其具体形状参数取决于设定的分析年限和具体地点。

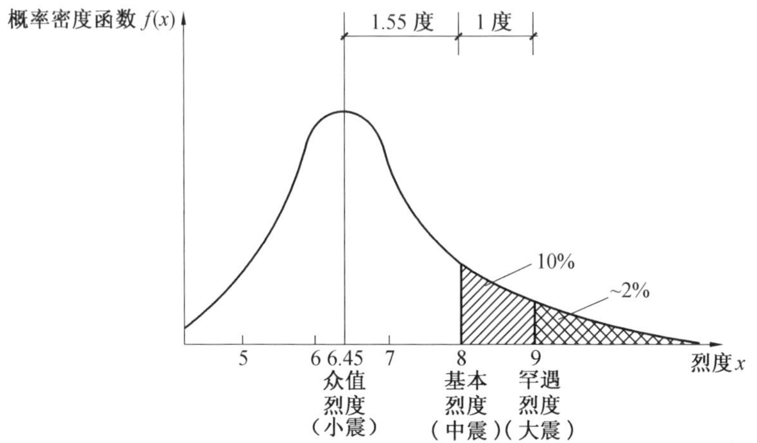

图 4.36　某地区 3 种烈度含义及其关系

从概率意义上说,小震烈度就是发生概率较高的地震烈度。分析表明,当分析年限取为 50 年时,概率密度函数曲线的峰值烈度所对应的超越概率为 63.2%,因此,可将这一峰值烈度定义为小震烈度,又称多遇地震烈度或众值烈度,相当于 50 年一遇的烈度值。全国地震区划图所规定的各地的基本烈度,可取为中震对应的烈度,相当于 474 年一遇的烈度值,它在 50 年内的超越概率一般为 10%。大震烈度应是罕遇的地震烈度,它所对应的地震烈度在 50 年内的超越概率为 2%~3%,这个烈度又可称为罕遇地震烈度,相当于 1 600~2 500 年一遇的烈度值。

基本烈度是抗震设防的依据,小震和大震与基本烈度之间必有一定的关系。通过对我国 45 个城镇的地震危险性研究结果进行统计分析表明:设计基准期内超越概率为 10% 的地震烈度(基本烈度)比多遇烈度约高 1.55 度,而比罕遇烈度约低 1 度。

2. 抗震设防烈度与设防标准

(1)抗震设防烈度。

某地区的抗震设防烈度,一般是指该地区在指定分析年限内超越概率为 10% 时的地震

基本烈度。“2010 抗震规范”附录 A 给出了中国各地区 50 年内超越概率为 10% 时的抗震设防烈度及其对应的设计基本地震加速度和设计地震分组。

对于一般的高层建筑钢结构，其使用年限为 50 年，可直接按照“2010 抗震规范”中附录 A 及其对应的地震动参数（地面运动加速度，场地特征周期及反应谱等）进行抗震设计。对于特别重要的建筑或要求设计使用年限为 100 年的重要建筑，可参照专门经过批准的区域场地的地震安全性评价报告提供的设防标准及其对应的地震动参数进行结构设计，也可按“2010 抗震规范”规定的设防标准及其对应的地震动参数进行结构设计。

（2）抗震设防分类和设防标准。

出于经济上的考虑，建筑的重要性程度不同，其结构的抗震设防标准应该不同。我国“2010 抗震规范”把建筑分为如下几类：

①甲类建筑是指重大建筑工程，以及地震时可能发生严重次生灾害的建筑。这类建筑若在地震作用下发生破坏，将会产生不可挽回的严重损失，如核污染、剧毒气体的泄露以及其他政治、经济、社会的重大影响等。

②乙类建筑是指重要的建筑物，包括城市生命线系统的建筑和地震时救灾需要的建筑。生命线系统包括交通运输系统、给水排水系统、能源系统、电讯广播系统等。抗震救灾建筑包括医院、消防、粮食供应系统等。

③丙类建筑是指甲、乙、丁类之外的一般工业与民用建筑。

④丁类建筑是指次要建筑。所谓次要建筑是指地震破坏不致造成人员伤亡和重大经济损失的建筑。

“2010 抗震规范”给出了上述 4 类建筑的设防标准。

①甲类建筑。

地震作用：应按高于本地区设防烈度进行地震作用计算，其值应按批准的地震安全性评价结果确定。

抗震构造措施：Ⅵ ~ Ⅷ度（6 ~ 8 度）时，应按本地区设防烈度提高一度进行设计；Ⅸ度（9 度）时，应按比Ⅸ度设防更高的要求进行设计。

②乙类建筑。

地震作用：应按本地区设防烈度进行地震作用计算。

抗震构造措施：Ⅵ ~ Ⅷ度时，应按本地区设防烈度提高一度进行设计；Ⅸ度时，应按比Ⅸ度设防更高的要求进行设计。

③丙类建筑。

地震作用：应按本地区设防烈度进行地震作用计算。

抗震构造措施：应按本地区设防烈度的要求进行设计。

④丁类建筑。

地震作用：一般情况下，地震作用仍按本地区设防烈度进行地震作用计算。

抗震构造措施：允许比本地区设防烈度的要求适当降低，但设防烈度为Ⅵ度时不应降低。

3. 建筑抗震设计的基本要求

（1）选择对抗震有利的建筑场地，做好地基基础的抗震设计。具体来说，新设计建筑物时,要选择对抗震有利的地段,避开对建筑不利的地段。当无法避开时,应采取有效的抗震措施,不应在危险地段建造各类工业与民用建筑。同一结构单元的基础不宜设置在性质截然不同的地基上;同一结构单元不宜部分采用天然地基、部分采用桩基。当建筑物地基主要受力层范围为软土层时,可采取减小基础偏心、加强基础的整体性和刚性等措施。对于可液化地基,一般应避免采用未经加固处理的可液化土层作为天然地基的持力层,根据液化等级,结合具体情况选用适当的抗震措施。

(2)建筑及其抗侧力结构的平面布置宜规则、对称,并应具有良好的整体性;建筑的立面和竖向剖面宜规则,结构的侧向刚度宜均匀变化,竖向抗侧力构件的截面尺寸和材料强度宜自下而上逐渐减小,避免抗侧力结构的侧向刚度和承载力的突变,楼层不宜错层。地震灾害表明,简单规则、对称的建筑在地震时不容易破坏。从结构设计的角度来看,简单规则、对称结构的地震反应也容易估计,抗震构造措施的细部设计也容易处理。当由于建筑物的体型复杂需要设置抗震缝时,应将建筑分成规则的结构单元,结构的计算模型应能反映这种实际情况。

(3)抗震结构体系要综合考虑采用经济合理的类型。对抗震结构体系的要求有:①具有明确的计算简图和合理的地震作用传递路径;②具有多道抗震防线,避免因部分结构或构件破坏而导致整个体系丧失抗震能力或丧失对重力荷载的承载能力;③具备必要的强度、良好的变形能力和耗能能力;④具有合理的刚度和强度分布,避免因局部削弱或突变形成薄弱部位,产生过大的应力集中或塑性变形集中,对可能出现的薄弱部位,应采取措施以提高其抗震能力;⑤结构在两个主轴方向的动力特性宜相近;⑥钢结构构件的尺寸应合理控制,避免板件局部失稳和构件整体失稳过早发生,使构件具有必要的强度和变形能力;⑦各类构件之间应具有可靠的连接,节点的破坏不应先于被连接的构件,支撑系统应能保证地震时结构稳定。

(4)要选择符合结构实际受力特性的力学模型,对结构进行地震作用下的内力和变形分析,包括线弹性分析和弹塑性分析。当利用计算机进行结构抗震分析时,应符合下列要求:①计算模型的建立、必要的简化计算与处理,应符合结构的实际工作状况;②计算软件的技术条件应符合“2010 抗震规范”及有关技术标准的规定,并应明确其特殊处理的内容和依据;③复杂结构进行多遇地震作用下的内力和变形分析时,应采用不少于两个不同的力学模型和计算软件,并对其计算结果进行对比分析;④所有计算结果,应经分析判断确认其合理、有效后方可用于工程设计。

(5)应考虑非结构构件对抗震结构的不利或有利影响,避免不合理地设置而导致主体结构构件的破坏。非结构构件,包括建筑非结构构件和建筑附属机电设备。非结构构件自身及其与主体结构的连接,应进行抗震设计。非结构构件一般指下列 3 类:①附属结构构件,如女儿墙、高低跨封墙、雨篷等;②装饰物,如贴面、顶棚、悬吊重物等;③围护墙和隔墙。处理好非结构构件和主体结构的关系,可防止附加灾害,减少地震损失。

(6)对材料和施工的要求,包括对结构材料性能指标的最低要求、材料代用方面的特殊要求以及对施工程序的要求。主要目的是减少材料的脆性,避免形成新的薄弱部位以及加强结构的整体性等。

此外,根据我国“2010 抗震规范”强制性条文的规定,建筑设计应符合抗震概念设计的要求,不规则的建筑方案应按规定采取加强措施,特别不规则的建筑方案应进行专门研究和论证，采取特别的加强措施，不应采用严重不规则的建筑方案。

4. 抗震性能化设计

在设防地震作用下，结构中的主要抗震构件实质上是可能由于屈服或屈曲等影响而进入非弹性状态的。大量的地震经验表明，为使结构获得良好的抗震性能，绝不仅仅取决于简单提高结构的承载力，提高结构发展塑性变形能力（延性）也尤为重要。当结构开始屈服或发生非弹性变形时，结构的有效周期趋于增长，对很多结构这势必导致地震作用减小（具体见 4.3.3 节的反应谱曲线）；而且非弹性作用也会引起滞变阻尼，导致大量耗能，从而衰减地震响应。因此，很多国外规范（如美国的 ASCE/SEI 7 - 10、欧洲的 EC8 及日本规范等）都采用这种基于结构抗震能力的性能化设计方法，使用结构影响系数将设防地震予以折减。它们充分考虑了结构的延性和塑性耗能能力，结构的延性越好，地震作用的折减幅度越大，反之则越小。

我国现行《建筑抗震设计规范》（GB50011—2010）也根据我国现状，立足于承载力和变形能力的综合考虑，引入了抗震性能化设计。当建筑结构采用抗震性能化设计时，应根据其抗震设防类别、设防烈度、场地条件、结构类型和不规则性，建筑使用功能和附属设施功能要求、投资大小、震后损失和修复难易程度等，提出合理的抗震性能目标和对应的设计水准。例如，我国《高层民用建筑钢结构技术规程》（JGJ 99—2015）中就给出了 5 个结构抗震性能水准，它们分别规定了结构的宏观损坏程度、各种构件的损坏程度和结构继续使用的可能性。设计中就可以针对不同设计水准，采用不同的地震力和整体计算分析方法（如是否考虑弹塑性）完成内力和变形计算，并进行关键构件的抗震承载力验算和结构薄弱部位层间位移的验算。我国新颁布的《钢结构设计标准》（GB 50017—2017）也专门针对不高于100 m 的框架结构、支撑结构和框架-支撑结构的构件和节点，给出了抗震性能化设计方法，对于构造要求严格的高延性结构，结构性能系数的最小值可以达到 0.28，已经与国外主流标准的性能化设计思想趋于统一。

4.3.3　单质点体系地震作用

1. 单质点体系地震反应

当结构的质量相对集中在某一确定位置时，可将结构处理成单质点体系进行地震反应分析，如图 4.37 所示。

尽管地震地面运动为三维运动，但若结构处于弹性状态，可将三维地面运动对结构的影响分解为 3 个一维地面运动对结构的影响之和。故以下只讨论单向水平地震对单质点体系的影响。

单质点体系在地震水平地面运动作用下，将产生相对于地面的水平运动，如图 4.38 所示。此时质点上作用有 3 种力：

①惯性力：

$$f_I=-m(\ddot{x}_g(t)+\ddot{x}(t)) \tag{4.95a}$$

②阻尼力：

$$f_c=-c\dot{x}(t) \tag{4.95b}$$

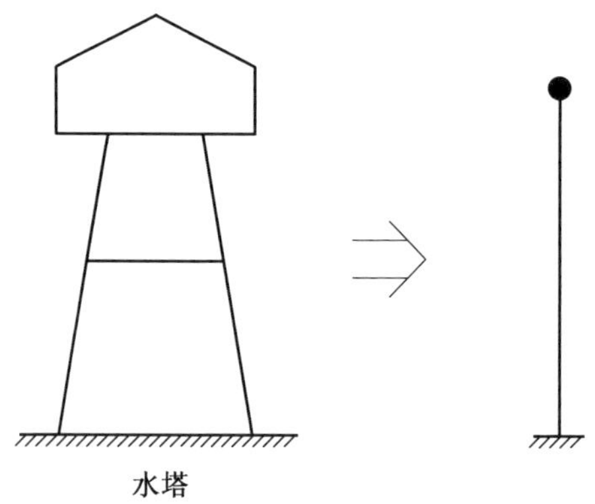

图 4.37　单质点体系简图

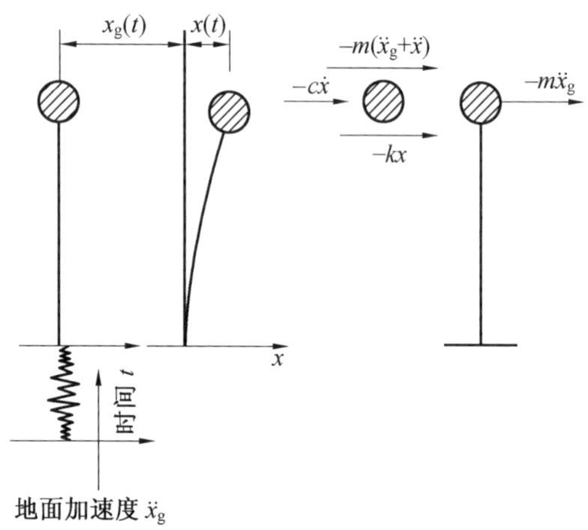

图 4.38　单质点体系地震反应

③弹性恢复力：

$$f_k = -kx(t) \tag{4.95c}$$

式中　$x(t)$、$\dot{x}(t)$、$\ddot{x}(t)$——质点相对于地面的位移、速度和加速度时程；

$\ddot{x}_g(t)$——地震时的水平地面运动的加速度时程；

m——质量；

c——体系阻尼系数，$c=2m\omega\xi$，其中 ξ 为阻尼比，ω 为无阻尼结构体系的自振圆频率，$\omega=\sqrt{\dfrac{k}{m}}$；

k——体系刚度(使质点产生单位位移所需的力)。

由于上述 3 种力的方向都与质点的运动方向相反，故都带负号。

根据达朗贝尔原理，上述 3 种力构成一个平衡力系，于是有

$$f_I+f_c+f_k=0 \tag{4.96}$$

将式(4.95)代入式(4.96)，可得地震作用下单质点体系的运动微分方程：

$$m\ddot{x}(t)+c\dot{x}(t)+kx(t)=-m\ddot{x}_g(t) \tag{4.97}$$

或

$$\ddot{x}(t)+2\omega\xi\dot{x}(t)+\omega^2x(t)=-\ddot{x}_g(t) \tag{4.98}$$

比较式(4.97)和式(4.98),可以发现,线性单质点体系在地面运动加速度 $\ddot{x}_g(t)$ 作用下的运动方程和外荷载 $-m\ddot{x}_g(t)$ 作用下的运动方程是完全一样的。换言之,地面运动的动力效应可用一个动力外荷载 $P(t)=-m\ddot{x}_g(t)$ 等效地表达。

式(4.98)是一个常系数二阶非齐次微分方程,它的解包含两部分:一个是与该式对应的齐次方程的通解,代表自由振动;另一个是该式的特解,代表强迫振动。由于结构的阻尼作用,自由振动很快就会衰减,故方程(4.98)在零初始条件(初位移 $x(0)=0$、初速度 $\dot{x}(0)=0$)下的解可表示为

$$x(t)=-\frac{1}{\omega_D}\int_0^t \ddot{x}_g(\tau)e^{-\xi\omega(t-\tau)}\sin[\omega_D(t-\tau)]d\tau \tag{4.99}$$

其中,$\omega_D=\omega\sqrt{1-\xi^2}$。式(4.99)通常被称为 Duhamel 积分。

2. 地震作用的定义

地震时,地面因地震波的作用而发生强烈运动,带动结构的基础运动,而结构则因基础的运动而被迫发生振动。在振动过程中,结构的质量因受到地面运动加速度和结构振动相对加速度作用而产生惯性力。这种由于地面运动而引起的惯性力,称为地震作用。它并非是直接作用在结构上的外力,而是施予结构基础以运动所引起的结构反应。

对于结构抗震设计而言,地震反应的最大值才是结构工程师所感兴趣的。为此,将质点所受最大惯性力定义为单质点体系的地震作用,即

$$F=m\left|\ddot{x}_g+\ddot{x}\right|_{max} \tag{4.100}$$

将单质点体系运动方程(4.97)改写为

$$m(\ddot{x}_g+\ddot{x})=-(c\dot{x}+kx) \tag{4.101}$$

并注意到物体振动的一般规律为:加速度最大时,速度最小($\dot{x}\to 0$)。则由式(4.101)近似可得

$$m\left|\ddot{x}_g+\ddot{x}\right|_{max}=k\left|x\right|_{max} \tag{4.102}$$

即

$$F=k\left|x\right|_{max} \tag{4.103}$$

上式的意义是求得地震作用后,即可按静力分析方法计算结构的最大位移反应。

3. 地震反应谱

为了进行建筑结构的抗震设计,首先必须求得地震作用下建筑结构各构件的内力。目前求解建筑结构在地震作用下构件内力的方法主要有两种:第一种是根据建筑结构在地震作用下的位移反应,利用刚度方程,直接求解内力,这时要求结构体系的动力学模型比较精确;第二种方法是根据地震作用下建筑结构的加速度反应,求出该结构体系的惯性力,将此惯性力视为一种反映地震影响的等效力,即地震作用,再进行结构的静力计算,求出各构件的内力,进行抗震验算,从而使结构抗震计算这一动力问题转化为相当于静力荷载作用下的静力计算问题。"2010 抗震规范"对于一般的建筑结构采用上述的第二种方法。

(1)定义与计算。

为便于求地震作用,将单质点体系的地震最大绝对加速度反应与其自振周期 T 的关系定义为地震加速度反应谱,或简称地震反应谱,记为 $S_a(T)$。

将地震位移反应表达式(4.99)微分两次得

$$\ddot{x}(t)=\omega_{\mathrm{D}}\int_{0}^{t}\ddot{x}_{\mathrm{g}}(\tau)\mathrm{e}^{-\xi\omega(t-\tau)}\left\{\left[1-\left(\frac{\xi\omega}{\omega_{\mathrm{D}}}\right)^{2}\right]\sin[\omega_{\mathrm{D}}(t-\tau)]+2\frac{\xi\omega}{\omega_{\mathrm{D}}}\cos[\omega_{\mathrm{D}}(t-\tau)]\right\}\mathrm{d}\tau-\ddot{x}_{\mathrm{g}}(t) \tag{4.104}$$

注意到结构阻尼比一般较小,故 $\omega_{\mathrm{D}}\approx\omega$。令单质点体系的自振周期为 $T=\frac{2\pi}{\omega}$,可得

$$S_{\mathrm{a}}(T)=|\ddot{x}_{\mathrm{g}}+\ddot{x}|_{\max}\approx\left|\frac{2\pi}{T}\int_{0}^{t}\ddot{x}_{\mathrm{g}}(\tau)\mathrm{e}^{-\xi\frac{2\pi}{T}(t-\tau)}\sin\left[\frac{2\pi}{T}(t-\tau)\right]\mathrm{d}\tau\right|_{\max} \tag{4.105}$$

(2)$S_{\mathrm{a}}(T)$的意义与影响因素。

地震加速度反应谱 $S_{\mathrm{a}}(T)$可理解为一个确定的地面运动,通过一组阻尼比相同但自振周期各不相同的单质点体系,所引起的各体系最大加速度反应与相应体系自振周期间的关系曲线,如图4.39所示。

形象地说,位于同一场地条件下,按自振周期长短依次排列的一组弹性单质点系,遭遇某次地震时,各个质点最大加速度反应值的连线,就是地震反应谱。

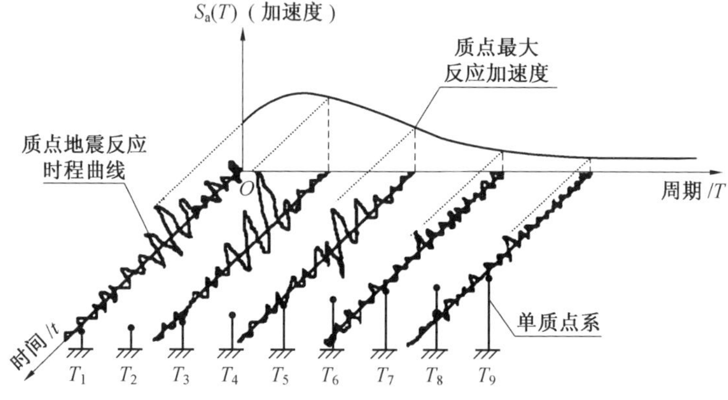

图4.39 地震反应谱的形成

由式(4.105)知,影响地震反应谱的因素有两个:一是体系阻尼比,二是地震动。

一般地,体系阻尼比越小,体系地震加速度反应越大,因此地震反应谱值越大,如图4.40所示。

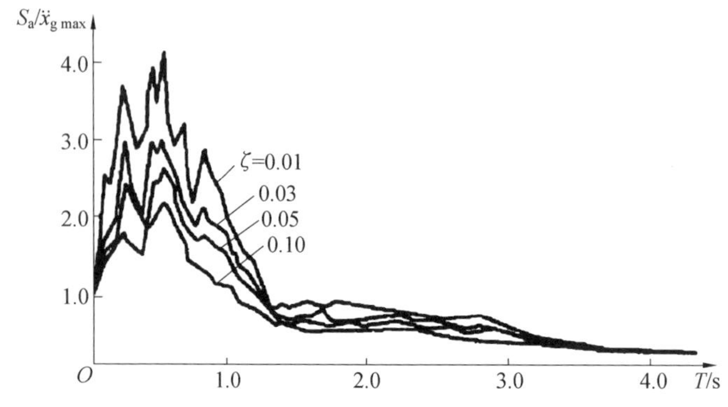

图4.40 阻尼比对地震反应谱的影响

显然,地震动记录不同,地震反应谱也将不同,即不同的地震动将有不同的地震反应谱,或地震反应谱总是与一定的地震动相对应。因此,影响地震动的各种因素也将影响地震反应谱。

地震动频谱反映了地震动不同频率简谐运动的叠加。由共振原理知,地震反应谱的“峰”将分布在地震动的主要频率成分段上。因此地震动的频谱不同,地震反应谱的“峰”出现的位置也将不同。图 4.41、图 4.42 分别给出了不同场地地震动和不同震中距地震动的反应谱,反映了场地越软和震中距越大,地震动主要频率成分越小(或主要周期成分越长),因此地震反应谱的“峰”对应的周期也越长的特性。可见,地震动频谱对地震反应谱的形状有影响。因此影响地震动频谱的各种因素,如场地条件、震中距等,均对地震反应谱有影响。

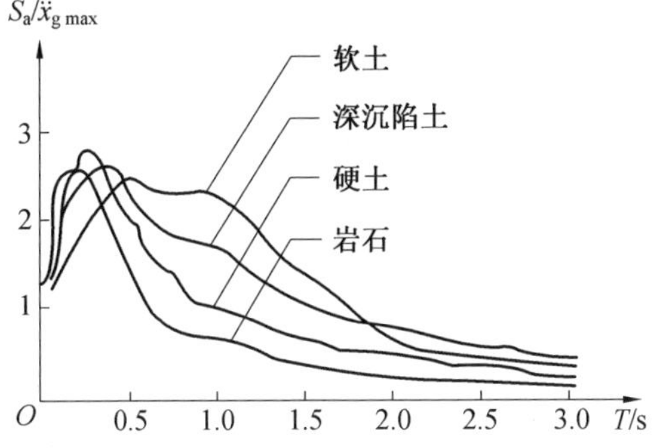

图 4.41　不同场地条件下的平均反应谱

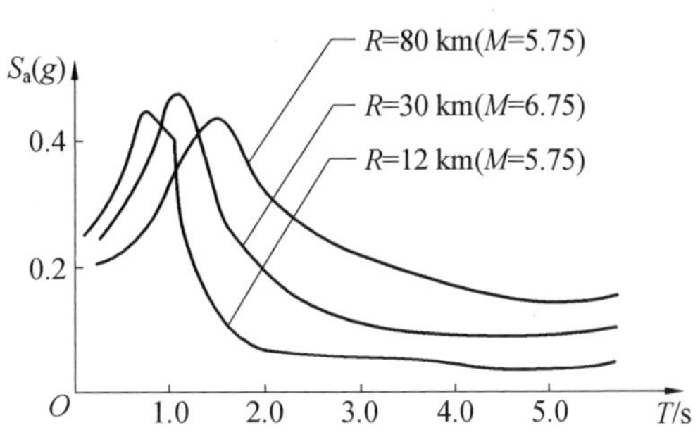

图 4.42　不同震中距条件下的平均反应谱
R—震中距;M—震级

4. 设计反应谱

由地震反应谱可方便地计算单质点体系水平地震作用为

$$F=mS_a(T) \tag{4.106}$$

然而,地震反应谱除受体系阻尼比的影响外,还受地震动的振幅、频谱等的影响,不同的地震动记录,地震反应谱也不同。当进行结构抗震设计时,由于无法确知今后发生地震的地震动时程,因此无法确定相应的地震反应谱。可见,地震反应谱直接用于结构抗震设计有一定的困难,而需专门研究可供结构抗震设计用的反应谱,称之为设计反应谱。

为此,将式(4.106)改写为

$$F=mg\frac{|\ddot{x}_g|_{\max}}{g}\frac{S_a(T)}{|\ddot{x}_g|_{\max}}=Gk\beta(T) \tag{4.107}$$

式中　G——体系的重量,按建筑的重力荷载代表值确定,其计算详见 4.3.4 节中“重力荷载代表值”部分;

k——地震系数,$k=\frac{|\ddot{x}_g|_{\max}}{g}$;

$\beta(T)$——动力系数,$\beta(T)=\frac{S_a(T)}{|\ddot{x}_g|_{\max}}$。

下面讨论地震系数 k 与动力系数 $\beta(T)$ 的确定方法。

(1)地震系数。

地震系数 k 是地面运动加速度峰值 $|\ddot{x}_g|_{max}$ 与重力加速度 g 的比值。通过地震系数可将地震动振幅对地震反应谱的影响分离出来。一般地,地面运动加速度峰值越大,地震烈度越大,即地震系数与地震烈度之间存在一定的对应关系。

根据统计分析,地震烈度每增加一度,地震系数大致增加一倍。表 4.26 是“2010 抗震规范”采用的地震系数与基本烈度的对应关系。该表综合考虑了我国目前的经济发展水平与安全性要求,所采取的 $|\ddot{x}_g|_{max}$ 数值约为我国地震烈度表(表 4.23)中地震烈度对应的地震地面运动峰值加速度的 80%。

表 4.26　地震系数与地震烈度的关系

地震烈度	Ⅵ度	Ⅶ度	Ⅷ度	Ⅸ度
地震系数 k	0.05	0.1	0.2	0.4

(2)动力系数。

动力系数 $\beta(T)$ 定义为体系最大加速度反应 $S_a(T)$ 与地面运动加速度峰值 $|\ddot{x}_g|_{max}$ 之比,表示体系的加速度放大系数。

将式(4.105)代入动力系数的表达式中,可得

$$\beta(T)=\frac{2\pi}{T}\frac{1}{|\ddot{x}_g|_{max}}\left|\int_0^t \ddot{x}_g(\tau)\mathrm{e}^{-\xi\frac{2\pi}{T}(t-\tau)}\sin\left[\frac{2\pi}{T}(t-\tau)\right]\mathrm{d}\tau\right|_{max} \tag{4.108}$$

$\beta(T)$ 实质为规一化的地震反应谱。当地震动记录 $|\ddot{x}_g|_{max}$ 不同时,$S_a(T)$ 不具有可比性,但 $\beta(T)$ 却具有可比性。

由式(4.108)可知,$\beta(T)$ 是与单质点体系的自振周期和阻尼比、地面运动加速度 $\ddot{x}_g(t)$ 及其峰值 $|\ddot{x}_g|_{max}$ 等参数有关的函数。为使 $\beta(T)$ 用于结构抗震设计,需采取以下做法:

①取确定的阻尼比 $\xi=0.05$,因大多数实际建筑结构的阻尼比在 0.05 左右。

②按场地、震中距将地震动记录分类。

③计算每一类地震动记录动力系数的平均值:

$$\bar{\beta}(T)=\frac{\sum_{i=1}^{n}\beta_i(T)\Big|_{\xi=0.05}}{n} \tag{4.109}$$

上述措施①采用了确定的阻尼比,消除了阻尼比对地震反应谱的影响;措施②考虑了地震动频谱的主要影响因素;措施③考虑了类别相同的不同地震动记录对地震反应谱的变异性,平均得到的 $\bar{\beta}(T)$ 经平滑后如图 4.43 所示,可供结构抗震设计时采用。

表 4.27 中的场地类别可根据场地土层的等效剪切波速 v_{se} 和场地覆盖层厚度(地表面至地下基岩的距离或剪切波速 v_{se} 大于 500 m/s 的坚硬土层厚度)两个指标综合确定,见表 4.28。

表 4.27　特征周期 T_g　　s

设计地震分组	场地类别				
	I_0	I_1	Ⅱ	Ⅲ	Ⅳ
第一组	0.20	0.25	0.35	0.45	0.65
第二组	0.25	0.30	0.40	0.55	0.75
第三组	0.30	0.35	0.45	0.65	0.90

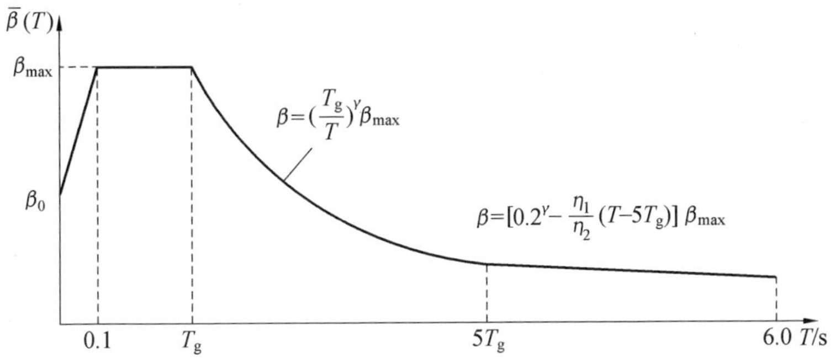

图 4.43　动力系数谱

T_g—特征周期，与场地条件和设计地震分组有关，按表 4.27 确定；T—单质点体系的自振周期；γ—衰减指数，取 $\gamma=0.9$；η_1—直线下降段的下降斜率调整系数，取 $\eta_1=0.02$；η_2—阻尼调整系数，取 $\eta_2=1.0$

表 4.28　各类建筑场地的覆盖层厚度　m

等效剪切波速/($m\cdot s^{-1}$)	场地类别			
	Ⅰ	Ⅱ	Ⅲ	Ⅳ
$v_{se}>500$	0	—	—	—
$250<v_{se}\leqslant500$	<5	≥5	—	—
$140<u_{se}\leqslant250$	<3	3～50	>50	—
$v_{se}\leqslant140$	<3	3～15	15～80	>80

（3）地震影响系数。

由式（4.107）可得抗震设计时单质点体系的水平地震作用计算公式为

$$F=\alpha(T)G \tag{4.110}$$

式中，地震影响系数 $\alpha(T)$ 代表设计谱，可表示为

$$\alpha(T)=k\bar{\beta}(T)=\frac{mS_a(T)}{G}=\frac{S_a(T)}{g} \tag{4.111}$$

由于地震系数 k 为一个常数，故 $\alpha(T)$ 的物理意义与 $\bar{\beta}(T)$ 相同。

图 4.44 给出了 $\alpha(T)$ 与 T 的关系曲线，可以看出该曲线的形状与图 4.43 中的 $\bar{\beta}(T)$ 相同。图中地震影响系数最大值可表示为

$$\alpha_{max}=k\beta_{max} \tag{4.112}$$

目前，我国建筑抗震采用两阶段设计方法，第一阶段进行结构和构件的承载力验算与弹性变形验算时采用多遇地震烈度，其 k 值相当于基本烈度所对应 k 值的 1/3。第二阶段进行结构弹塑性变形验算时采用罕遇地震烈度，其 k 值相当于基本烈度所对应 k 值的 1.5～2 倍（地震烈度越高，k 值越大）。由此，由表 4.26 及式（4.112）可得各设计阶段的 α_{max} 值见表 4.29。

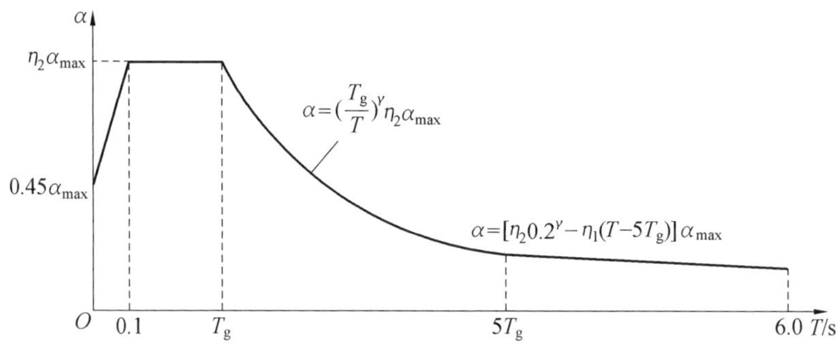

图 4.44　地震影响系数曲线

表 4.29　水平地震影响系数最大值 α_{max}

地震影响	地震烈度			
	Ⅵ	Ⅶ	Ⅷ	Ⅸ
多遇地震	0. 04	0. 08(0. 12)	0. 16(0. 24)	0. 32
罕遇地震	0. 28	0. 50(0. 72)	0. 90(1. 20)	1. 40

注:括号中的数值分别用于设计基本地震加速度为 0. 15g 和 0. 30g 的地区

(4)阻尼对地震影响系数的影响。

进行多遇地震下的结构抗震计算时,对于不超过 12 层的钢结构,其阻尼比可采用 0. 035;对于超过 12 层的钢结构,其阻尼比可采用 0. 02;型钢混凝土结构的阻尼比可近似取为 0. 04;钢管混凝土结构的阻尼比可取为 0. 03。

进行罕遇地震下的结构抗震计算时,无论是钢结构还是"钢-混凝土"组合结构,阻尼比均可取为 0. 05。

由于图 4. 44 中给出的地震影响系数曲线是阻尼比为 0. 05 时的结果,因此对于阻尼比不等于 0. 05 的建筑结构,其地震影响系数曲线的形状参数和阻尼调整系数应符合下列规定。

①曲线下降段的衰减指数应按下式确定:

$$\gamma=0.9+\frac{0.05-\xi}{0.5+5\xi} \tag{4.113}$$

②直线下降段的下降斜率调整系数应按下式确定:

$$\eta_1=0.02+\frac{0.05-\xi}{8} \tag{4.114}$$

③阻尼调整系数应按下式确定:

$$\eta_2=1+\frac{0.05-\xi}{0.06+1.7\xi} \tag{4.115}$$

当 $\eta_2<0.55$ 时,取 $\eta_2=0.55$。

4.3.4　多质点体系地震作用

1. 多质点体系地震反应

实际工程中的建筑结构(如多、高层建筑钢结构)是不宜简化为单质点体系来计算的,这不仅是因为这种计算模型过于简单,将影响到计算的准确性,而且按这种模型计算所得的结构破坏形态和实际情况也有可能不符。因此,对于高层建筑钢结构,一般应简化为多质点体系。

对于建筑结构而言,一般每层楼面及屋面可作为一个质点,而楼面与楼面(屋面)之间墙、柱的质量则分别向上、向下集结到楼面及屋面质点处。这种多质点体系在工程上一般称为层间模型。图 4.45 所示为这种层间模型的计算简图。

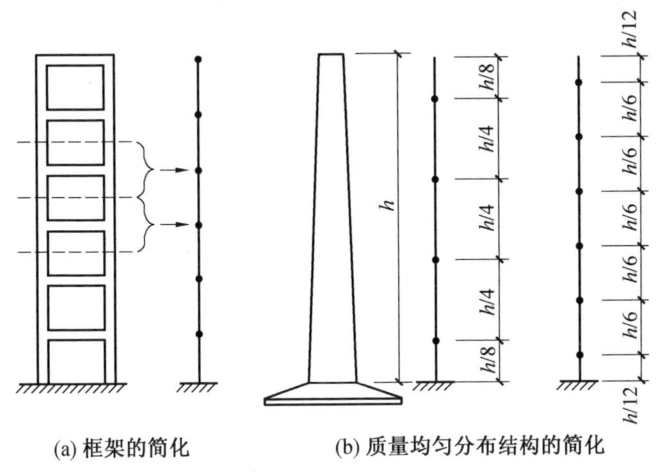

图 4.45　多质点体系简图

(1)运动方程。

多质点体系在单向水平地面运动作用下将产生相对于地面的运动,如图 4.46 所示。

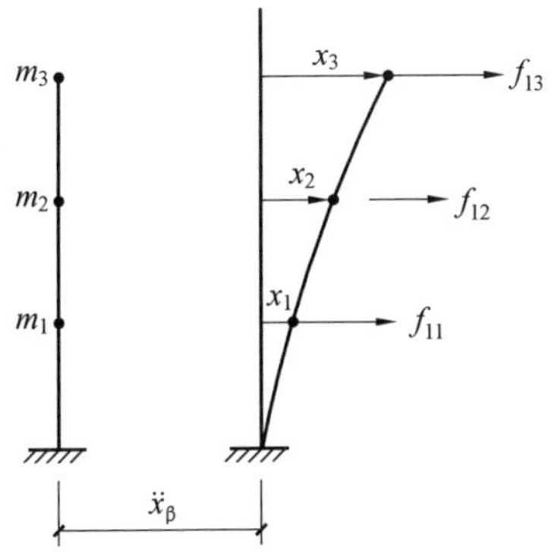

图 4.46　多质点体系地震反应

设体系有 n 个质点,令:

$$\{x\}=[x_1,x_2,\cdots,x_n]^{\mathrm{T}}$$

$$\{\dot{x}\}=[\dot{x}_1,\dot{x}_2,\cdots,\dot{x}_n]^{\mathrm{T}}$$

$$\{\ddot{x}\}=[\ddot{x}_1,\ddot{x}_2,\cdots,\ddot{x}_n]^{\mathrm{T}}$$

$$[M]=\mathrm{diag}(m_1,m_2,\cdots,m_n)$$

$$\{F\}=[f_{I1},f_{I2},\cdots,f_{In}]^{\mathrm{T}}$$

式中　$\{x\}$、$\{\dot{x}\}$、$\{\ddot{x}\}$——体系的位移、速度和加速度向量;

$[M]$——体系的质量矩阵；

$\{F\}$——体系的惯性力向量。

由于$f_{\mathrm{I}i}=-m_i(\ddot{x}_i+\ddot{x}_{\mathrm{g}})$，故惯性力向量可表示为

$$\{F\}=-[M](\{\ddot{x}_i\}+\{I\}\ddot{x}_{\mathrm{g}}) \tag{4.116}$$

式中，$\{I\}=[1,1,\cdots,1]^{\mathrm{T}}$。

当结构无阻尼时，由结构力学理论知，外力应与体系的弹性恢复力（内力）相等，即

$$\{F\}=[K]\{\boldsymbol{x}\} \tag{4.117}$$

式中　$[K]$——体系与位移向量相应的刚度矩阵。

将式（4.116）代入式（4.117），即可得多质点无阻尼体系在地面运动作用下的运动方程为

$$[M]\{\ddot{x}\}+[K]\{x\}=-[M]\{I\}\ddot{x}_{\mathrm{g}} \tag{4.118}$$

对照单质点体系的运动方程（式（4.97）），可得多质点有阻尼体系的运动方程为

$$[M]\{\ddot{x}\}+[C]\{\dot{x}\}+[K]\{x\}=-[M]\{I\}\ddot{x}_{\mathrm{g}} \tag{4.119}$$

式中　$[C]$——体系的阻尼矩阵。

（2）自由振动。

由式（4.118）可知，无外界激励的多质点无阻尼体系的自由振动方程为

$$[M]\{\ddot{x}\}+[K]\{x\}=\{0\} \tag{4.120}$$

上式为二阶线性微分方程。根据方程的形式，可令其解为

$$\{x\}=\{\phi\}\sin(\omega t+\varphi) \tag{4.121}$$

$$\{\phi\}=[\phi_1,\phi_2,\cdots,\phi_n]^{\mathrm{T}} \tag{4.122}$$

式中　ϕ_i——常数，是每个质点的振幅，$i=1,2,\cdots,n$。

将式（4.121）关于时间t微分两次，得

$$\{\ddot{x}\}=-\omega^2\{\phi\}\sin(\omega t+\varphi) \tag{4.123}$$

将式（4.121）、式（4.123）代入式（4.120），可得

$$([K]-\omega^2[M])\{\varphi\}\sin(\omega t+\varphi)=\{0\} \tag{4.124}$$

由于$\sin(\omega t+\varphi)\neq0$，则由上式可得：

$$([K]-\omega^2[M])\{\phi\}=\{0\} \tag{4.125}$$

可见，微分方程形式的自由振动方程可转化为代数方程形式，其中未知参数ω和$\{\phi\}$分别为体系各质点的自由振动圆频率和由各质点振幅组成的向量（亦称为振型）。由于振型表征了体系自由振动的形状特征，故式（4.125）也称为特征方程。

体系自由振动时，$\{\phi\}\neq\{0\}$，则由线性代数理论知，为使式（4.125）有$\{\phi\}$的非零解，其系数矩阵的行列式应等于0，即

$$|[K]-\omega^2[M]|=0 \tag{4.126}$$

式（4.126）也称为特征值方程。将其展开后实际上为ω^2的n次代数方程，应有ω^2的n个解。由于结构的刚度矩阵$[K]$是对称正定的，则可在理论上证明ω^2的n个解全为正实数解。如将ω的n个正数解按从小到大的次序排列$\omega_1<\omega_2<\cdots<\omega_n$，则称$\omega_1$为体系自振第一阶频率（或基本频率），$\omega_i(i>1)$为体系自振第$i$阶频率。

将任意i阶自振频率ω_i代入特征方程式（4.125），可确定与之相对应的i阶自由振动振型$\{\phi_i\}$，即

$$([K]-\omega_i^2[M])\{\phi_i\}=\{0\} \tag{4.127}$$

具体求解时，可令$\{\phi_i\}$中的任一元素为一个确定值(一般令$\{\phi_i\}$中的第一个元素等于1)，则可由式(4.127)解得$\{\phi_i\}$的其他元素。

为证明振型的一个重要性质，将式(4.127)改写为

$$[K]\{\phi_i\}=\omega_i^2[M]\{\phi_i\} \tag{4.128}$$

上式对体系的第j阶自由振动也应成立，即

$$[K]\{\phi_j\}=\omega_j^2[M]\{\phi_j\} \tag{4.129}$$

将式(4.128)和式(4.129)的两边分别左乘$\{\phi_j\}^{\mathrm{T}}$和$\{\phi_i\}^{\mathrm{T}}$，得

$$\{\phi_j\}^{\mathrm{T}}[K]\{\phi_i\}=\omega_i^2\ \{\phi_j\}^{\mathrm{T}}[M]\{\phi_i\} \tag{4.130}$$

$$\{\phi_i\}^{\mathrm{T}}[K]\{\phi_j\}=\omega_j^2\ \{\phi_i\}^{\mathrm{T}}[M]\{\phi_j\} \tag{4.131}$$

对式(4.130)两边转置，并注意到$[M]$和$[K]$的对称性，有

$$\{\phi_i\}^{\mathrm{T}}[K]\{\phi_j\}=\omega_i^2\ \{\phi_i\}^{\mathrm{T}}[M]\{\phi_j\} \tag{4.132}$$

将式(4.132)与式(4.131)两边相减，得

$$(\omega_i^2-\omega_j^2)\{\phi_i\}^{\mathrm{T}}[M]\{\phi_j\}=0 \tag{4.133}$$

当$i\neq j$时，$\omega_i\neq\omega_j$，则由上式可推论：

$$\{\phi_i\}^{\mathrm{T}}[M]\{\phi_j\}=0\quad(i\neq j) \tag{4.134}$$

将式(4.134)代入式(4.131)，得

$$\{\phi_i\}^{\mathrm{T}}[K]\{\phi_j\}=0\quad(i\neq j) \tag{4.135}$$

式(4.134)和式(4.135)表明，多质点体系的任意两个不同振型均关于体系的质量矩阵和刚度矩阵加权正交。

(3)运动方程的求解。

为利用振型的正交性求解任意多质点有阻尼体系的运动方程(4.119)，可令阻尼矩阵$[C]$为质量矩阵和刚度矩阵的线性组合，即

$$[C]=\alpha[M]+\beta[K] \tag{4.136}$$

式(4.136)称为瑞利(Rayleigh)阻尼矩阵，其中α、β为常数。显然，振型关于瑞利阻尼矩阵也正交，即

$$\{\phi_i\}^{\mathrm{T}}[C]\{\phi_j\}=0\quad(i\neq j) \tag{4.137}$$

由振型的正交性知，$\{\phi_1\}$，$\{\phi_2\}$，…，$\{\phi_n\}$相互独立。根据线性代数理论，n维向量$\{\boldsymbol{x}\}$总可以表达为n个独立向量$\{\phi_i\}(i=1,2,\cdots,n)$的代数和，即

$$\{x\}=\sum_{i=1}^{n}q_i\{\phi_i\} \tag{4.138}$$

将式(4.138)代入式(4.119)得

$$\sum_{i=1}^{n}([M]\{\phi_i\}\ddot{q}_i+[C]\{\phi_i\}\dot{q}_i+[K]\{\phi_i\}q_i)=-[M]\{I\}\ddot{x}_{\mathrm{g}} \tag{4.139}$$

将上式两边左乘$\{\phi_j\}^{\mathrm{T}}$，同时注意到振型的正交性关系式(4.134)、式(4.135)和式(4.137)，可得

$$\{\phi_j\}^{\mathrm{T}}[M]\{\phi_j\}\ddot{q}_j+\{\phi_j\}^{\mathrm{T}}[C]\{\phi_j\}\dot{q}_j+\{\phi_j\}^{\mathrm{T}}[K]\{\phi_j\}q_j=-\{\phi_j\}^{\mathrm{T}}[M]\{I\}\ddot{x}_{\mathrm{g}} \tag{4.140}$$

由式(4.131)，令$i=j$，得

$$\omega_j^2=\frac{\{\phi_j\}^{\mathrm{T}}[K]\{\phi_j\}}{\{\phi_j\}^{\mathrm{T}}[M]\{\phi_j\}} \tag{4.141}$$

令

$$2\omega_j\xi_j=\frac{\{\phi_j\}^{\mathrm{T}}[C]\{\phi_j\}}{\{\phi_j\}^{\mathrm{T}}[M]\{\phi_j\}} \tag{4.142}$$

$$\gamma_j=\frac{\{\phi_j\}^{\mathrm{T}}[M]\{I\}}{\{\phi_j\}^{\mathrm{T}}[M]\{\phi_j\}} \tag{4.143}$$

式中　ξ_j——体系第 j 阶振型的阻尼比；

γ_j——j 阶振型的振型参与系数。

由式(4.142)可求得式(4.136)中的常数 α 和 β。令多质点体系的第一、二阶振型的圆频率分别为 ω_1 和 ω_2，第一、二阶振型的阻尼比分别为 ξ_1 和 ξ_2，则有

$$\begin{cases}\alpha+\beta\omega_1^2=2\xi_1\omega_1\\ \alpha+\beta\omega_2^2=2\xi_2\omega_2\end{cases} \tag{4.144}$$

可得

$$\alpha=\frac{2\omega_1\omega_2(\xi_1\omega_2-\xi_2\omega_1)}{\omega_2^2-\omega_1^2}\qquad \beta=\frac{2(\xi_2\omega_2-\xi_1\omega_1)}{\omega_2^2-\omega_1^2} \tag{4.145}$$

利用式(4.141)、式(4.142)、式(4.143)，将方程(4.140)两边同除以 $\{\phi_j\}^{\mathrm{T}}[M]\{\phi_j\}$，得

$$\ddot{q}_j+2\omega_j\xi_j\dot{q}_j+\omega_j^2q_j=-\gamma_j\ddot{x}_{\mathrm{g}} \tag{4.146}$$

上式实际上是圆频率为 ω_j、阻尼比为 ξ_j 的单质点体系的单向振动运动方程(见式(4.98))，仅地面运动乘以一比例系数 γ_j，因此可将解表达为

$$q_j(t)=\gamma_j\Delta_j(t) \tag{4.147}$$

式中　$\Delta_j(t)$——圆频率为 ω_j、阻尼比为 ξ_j 的单质点体系在水平地面运动 $\ddot{x}_{\mathrm{g}}$ 作用下的相对地面位移反应。

将式(4.147)代入式(4.138)，得

$$\{x\}=\sum_{j=1}^{n}\gamma_j\Delta_j(t)\{\phi_j\}=\sum_{j=1}^{n}\{x_j\} \tag{4.148}$$

式中

$$\{x_j\}=\gamma_j\Delta_j(t)\{\phi_j\} \tag{4.149}$$

显然，$\{x_j\}$ 是体系按振型 $\{\phi_j\}$ 振动的位移反应，称为第 j 阶振型的地震反应。由式(4.148)和式(4.149)可知，多质点体系的地震反应可分解为多个相互独立的单质点体系的地震反应之和，故将这种分析多质点体系地震反应的方法称为振型分解法。

尽管采用上述的振型分解法可求得体系各质点的位移、速度和加速度向量等，但对于工程实践而言，振型分解法还是稍微复杂了点，且运用也不方便。注意到工程抗震设计时仅关心各质点反应的最大值，可在振型分解法的基础上，结合运用单质点体系的反应谱理论，推导出实用的振型分解反应谱法。并且，在某些特定条件下，还可推得更为简单实用的底部剪力法。

2. 振型分解反应谱法

(1)质点 i 任意时刻的地震惯性力。

由式(4.143)可得

$$\sum_{j=1}^{n}\gamma_j\{\phi_j\}=\sum_{j=1}^{n}\frac{\{\phi_j\}^{\mathrm{T}}[M]\{I\}}{\{\phi_j\}^{\mathrm{T}}[M]\{\phi_j\}}\{\phi_j\}=\{I\} \tag{4.150}$$

对于图 4.46 所示的多质点体系,由式(4.148) 可得质点 i 任意时刻的水平相对位移反应为

$$x_i(t)=\sum_{j=1}^{n}\gamma_j\Delta_j(t)\phi_{ji} \tag{4.151}$$

式中　ϕ_{ji}—— 振型 j 在质点 i 处的振型系数。

这样,质点 i 在任意时刻的水平相对加速度反应为

$$\ddot{x}_i(t)=\sum_{j=1}^{n}\gamma_j\ddot{\Delta}_j(t)\phi_{ji} \tag{4.152}$$

由式(4.150),将水平地面运动加速度表达为

$$\ddot{x}_{\mathrm{g}}(t)=(\sum_{j=1}^{n}\gamma_j\phi_{ji})\ddot{x}_{\mathrm{g}}(t) \tag{4.153}$$

则可得质点 i 任意时刻的水平地震惯性力为

$$f_i(t)=-m_i[\ddot{x}_i(t)+\ddot{x}_{\mathrm{g}}(t)]=-m_i[\sum_{j=1}^{n}\gamma_j\ddot{\Delta}_j(t)\phi_{ji}+\sum_{j=1}^{n}\gamma_j\phi_{ji}\ddot{x}_{\mathrm{g}}(t)]=$$

$$-m_i\sum_{j=1}^{n}\gamma_j\phi_{ji}[\ddot{\Delta}_j(t)+\ddot{x}_{\mathrm{g}}(t)]=\sum_{j=1}^{n}f_{ji}(t) \tag{4.154}$$

式中

$$f_{ji}(t)=-m_i\gamma_j\phi_{ji}[\ddot{\Delta}_j(t)+\ddot{x}_{\mathrm{g}}(t)] \tag{4.155}$$

式(4.155)为对应于第 j 阶振型质点 i 的水平地震惯性力。

(2)第 j 振型质点 i 的水平地震作用。

将第 j 阶振型质点 i 的水平地震作用定义为该阶振型该质点的水平地震惯性力的最大值,即

$$F_{ji}=|f_{ji}(t)|_{\max} \tag{4.156}$$

将式(4.155)代入式(4.156),可得

$$F_{ji}=m_i\gamma_j\phi_{ji}|\ddot{\Delta}_j(t)+\ddot{x}_{\mathrm{g}}(t)|_{\max} \tag{4.157}$$

因此,第 j 阶振型质点 i 的水平地震作用可通过式(4.157)求得。但更为简单实用的方法为:利用单质点体系的反应谱,按式(4.157)求得对应于第 j 阶振型各质点的最大水平地震作用及所产生的作用效应(弯矩、剪力、轴力、位移等),再将对应于各振型的作用效应进行组合,从而求得多质点体系在水平地震作用下产生的作用效应。

注意到 $|\ddot{\Delta}_j(t)+\ddot{x}_{\mathrm{g}}(t)|$ 是自振频率为 ω_j(或自振周期为 T_j)、阻尼比为 ξ_j 的单质点体系的地震绝对加速度反应,则由地震反应谱的定义(式(4.105)),可将第 j 阶振型质点 i 的水平地震作用表示为

$$F_{ji}=m_i\gamma_j\phi_{ji}S_{\mathrm{a}}(T_j) \tag{4.158}$$

进行结构抗震设计需采用设计谱，由地震影响系数设计谱与地震反应谱的关系式(4.111)，可得第 j 阶振型质点 i 的水平地震作用计算式为

$$F_{ji}=(m_i g)\gamma_j\phi_{ji}\alpha_j=G_i\alpha_j\gamma_j\phi_{ji} \tag{4.159}$$

式中 G_i——质点 i 的重力荷载代表值，其计算详见本节中“重力荷载代表值”部分；

α_j——由体系第 j 阶振型的周期 T_j 及阻尼比 ξ_j 计算的第 j 阶振型的地震影响系数，按图 4.44 确定。

(3)振型组合。

由第 j 阶振型各质点的水平地震作用，按结构力学方法计算，可得体系第 j 阶振型的最大地震反应。记体系第 j 阶振型的某待定最大地震反应(即振型地震作用效应，如弯矩、剪力、轴力、位移等)为 S_j，而该待定体系最大地震反应为 S，则可通过各振型反应 S_j 估计 S，此称为振型组合。

由于各振型的最大反应不在同一时刻发生，因此直接由各振型最大反应叠加来估计体系最大反应，所得结果会偏大。根据随机振动理论，若假定地震时地面运动为平稳随机过程，则对于各振型产生的地震反应可近似地采用“平方和开方”法确定，即

$$S=\sqrt{\sum_{j=1}^{n}S_j^2} \tag{4.160}$$

必须注意，式(4.160)中的 S_j 为对应于第 j 阶振型的地震反应，在应用振型分解反应谱法时，不能将各振型的地震作用 F_{ji} 采用“平方和开方”法进行组合求总的地震作用，之后，再求地震反应。

(4)振型组合时振型数的确定。

分析表明：结构的低阶振型反应大于高阶振型反应，即振型阶数越高，振型反应越小。因此，结构的总地震反应以低阶振型反应为主，而高阶振型反应对结构总地震反应的贡献较小。故计算结构总地震反应时，不需要取全部振型反应进行组合。经统计分析，振型反应的组合数可按如下规定确定：

①一般情况下，可取结构前 2 ~ 3 阶振型反应进行组合，但不多于结构的自由度数。

②当结构基本周期 $T_1>1.5$ s 时或建筑高宽比大于 5 时，可适当增加振型反应组合数。

(5)考虑扭转耦联的地震效应计算抗规 5.2.3 条。

在水平地震作用下，建筑结构的扭转耦联地震效应应符合下列要求：

①规则结构不进行扭转耦联计算时，平行于地震作用方向的两个边榀各构件，其地震作用效应应乘以增大系数。一般情况下，短边可按 1.15 采用，长边可按 1.05 采用；当扭转刚度较小时，周边各构件宜按不小于 1.3 采用。角部构件宜同时乘以两个方向各自的增大系数。

②按扭转耦联振型分解法计算时，各楼层可取两个正交的水平位移和一个转角共 3 个自由度，并应按下列公式计算结构的地震作用和作用效应。确有依据时，尚可采用简化计算方法确定地震作用效应。

a. j 振型 i 层的水平地震作用标准值，应按下列公式确定：

$$\begin{cases}F_{xji}=\alpha_j\gamma_{tj}X_{ji}G_i\\F_{yji}=\alpha_j\gamma_{tj}Y_{ji}G_i\\F_{tji}=\alpha_j\gamma_{tj}r_i^2\varphi_{ji}G_i\end{cases}\quad i=1,2,\cdots,n;j=1,2,\cdots,m \tag{4.161}$$

式中　F_{xji}、F_{yji}、F_{tji}——j振型i层的x方向、y方向和转角方向的地震作用标准值；

X_{ji}、Y_{ji}——j振型i层质心在x、y方向的水平相对位移；

φ_{ji}——j振型i层的相对扭转角；

r_i——i层转动半径，可取i层绕质心的转动惯量除以该层质量的商的正二次方根；

γ_{tj}——计入扭转的j振型的参与系数，可按下列公式确定：

当仅取x方向地震作用时，有

$$\gamma_{xj} = \sum_{i=1}^{n} X_{ji}G_i / \sum_{i=1}^{n} (X_{ji}^2 + Y_{ji}^2 + \varphi_{ji}^2 r_i^2) G_i \tag{4.162}$$

当仅取y方向地震作用时，有

$$\gamma_{yj} = \sum_{i=1}^{n} Y_{ji}G_i / \sum_{i=1}^{n} (X_{ji}^2 + Y_{ji}^2 + \varphi_{ji}^2 r_i^2) G_i \tag{4.163}$$

当取与x方向斜交的地震作用时，有

$$\gamma_{tj} = \gamma_{xj}\cos\theta + \gamma_{yj}\sin\theta \tag{4.164}$$

式中　γ_{xj}、γ_{yj}——由式(4.162)和式(4.163)求得的参与系数；

θ——地震作用方向与x方向的夹角。

b. 单向水平地震作用下的扭转耦联效应，可按下列公式确定：

$$S_{\mathrm{Ek}} = \sqrt{\sum_{j=1}^{m}\sum_{k=1}^{m} \rho_{jk} S_j S_k} \tag{4.165}$$

$$\rho_{jk} = \frac{8\sqrt{\zeta_j \zeta_k}(\zeta_j + \lambda_{\mathrm{T}}\zeta_k)\lambda_{\mathrm{T}}^{1.5}}{(1-\lambda_{\mathrm{T}}^2)^2 + 4\zeta_j\zeta_k(1+\lambda_{\mathrm{T}}^2)\lambda_{\mathrm{T}} + 4(\zeta_j^2+\zeta_k^2)\lambda_{\mathrm{T}}^2} \tag{4.166}$$

式中　S_{Ek}——地震作用标准值的扭转效应；

S_j、S_k——j、k振型地震作用标准值的效应，可取前9～15个振型；

ζ_j、ζ_k——j、k振型的阻尼比；

ρ_{jk}——j振型与k振型的耦联系数；

λ_{T}——k振型与j振型的自振周期比。

c. 双向水平地震作用下的扭转耦联效应，可按下列公式中的较大值确定：

$$S_{\mathrm{Ek}} = \sqrt{S_x^2 + (0.85S_y)^2} \tag{4.167}$$

或

$$S_{\mathrm{Ek}} = \sqrt{S_y^2 + (0.85S_x)^2} \tag{4.168}$$

式中　S_x、S_y——x向、y向单向水平地震作用按式(4.165)计算的扭转效应。

3. 底部剪力法

采用振型分解反应谱法计算结构最大地震反应的精度较高，但一般情况下无法采用手算，且计算量较大。因此，为简化计算，下面介绍底部剪力法。

底部剪力法是将多质点体系视为等效单质点体系，在确定地震影响系数α后，先计算结构底部截面的水平地震剪力，即求得整个建筑的总水平地震作用；然后按照某种竖向分布规律，将总水平地震作用沿建筑物高度分配到各个质点上，得出分别作用于各质点上的水平地震作用。它是一种经过简化的计算方法，其所以得到简化是因为引入了以下两条假定：

①将多质点体系简化为一等效的单质点体系来计算其基底剪力，二者等效的前提是二

者的底部水平地震剪力和基本自振周期分别相等。

②假定结构在地震作用下的反应通常以第 1 阶振型为主,且该振型沿高度近似线性变化。而对于结构高阶振型引起的剪力误差,采用顶部附加一水平地震作用来加以调整。

(1)计算假定。

理论分析表明,当建筑物满足下述条件时,可采用更为简便的底部剪力法计算其地震反应:

①建筑物总高度不超过 40 m。

②结构的质量和刚度沿高度分布较均匀。

③结构在地震作用下的变形以剪切变形为主。

④结构在地震作用下的扭转效应可忽略不计。

满足上述条件的结构在地震作用下的反应通常以第 1 阶振型为主,且第 1 阶振型近似为直线,故任意质点的第 1 阶振型系数与其高度成正比:

$$\phi_{1i}=CH_i \tag{4.169}$$

式中 C——比例常数;

H_i——质点 i 离地面的高度。

由于建筑顶部的归一化振型系数为 1,故 $C=1/H$,其中 H 为建筑总高。

(2)底部剪力的计算。

由上述假定,任意质点 i 的水平地震作用为

$$F_i=G_i\alpha_1\gamma_1\phi_{1i}=G_i\alpha_1\frac{\{\phi_1\}^{\mathrm{T}}[M]\{1\}}{\{\phi_1\}^{\mathrm{T}}[M]\{\phi_1\}}\phi_{1i}=G_i\alpha_1\frac{\sum_{j=1}^{n}G_j\phi_{1j}}{\sum_{j=1}^{n}G_j\phi_{1j}^2}\phi_{1i} \tag{4.170}$$

将式(4.170) 代入上式,可得

$$F_i=\frac{\sum_{j=1}^{n}G_jH_j}{\sum_{j=1}^{n}G_jH_j^2}G_iH_i\alpha_1 \tag{4.171}$$

则结构底部剪力为

$$F_{\mathrm{EK}}=\sum_{i=1}^{n}F_i=\frac{\sum_{j=1}^{n}G_jH_j}{\sum_{j=1}^{n}G_jH_j^2}\sum_{i=1}^{n}G_iH_i\alpha_1=\frac{\left(\sum_{j=1}^{n}G_jH_j\right)^2}{\left(\sum_{j=1}^{n}G_jH_j^2\right)\left(\sum_{j=1}^{n}G_j\right)}\left(\sum_{j=1}^{n}G_j\right)\alpha_1 \tag{4.172}$$

令

$$\chi=\frac{\left(\sum_{j=1}^{n}G_jH_j\right)^2}{\left(\sum_{j=1}^{n}G_jH_j^2\right)\left(\sum_{j=1}^{n}G_j\right)} \tag{4.173}$$

$$G_{\mathrm{eq}}=\chi G_{\mathrm{E}}=\chi\sum_{j=1}^{n}G_j \tag{4.174}$$

则结构底部剪力的计算式可简化为

$$F_{EK}=G_{eq}\alpha_1 \tag{4.175}$$

式中　$G_i(G_j)$——质点 $i(j)$ 处的重力荷载代表值，其计算详见本节中“重力荷载代表值”部分；

G_E——结构总的重力荷载代表值，$G_E=\sum_{j=1}^{n}G_j$；

G_{eq}——结构等效总重力荷载；

χ——结构总重力荷载等效系数。

一般建筑各层重量和层高均大致相同，即

$$G_i=G_j=G \tag{4.176}$$

$$H_j=jh \tag{4.177}$$

式中　h——层高。将式(4.176)和式(4.177)代入式(4.173)，可得

$$\chi=\frac{3(n+1)}{2(2n+1)} \tag{4.178}$$

对于单质点体系，$n=1$，则$\chi=1$。对于多质点体系，$n\geqslant2$，则$\chi=0.75\sim0.9$，故我国“2010 抗震规范”规定统一取$\chi=0.85$。

(3)地震作用分布。

按式(4.175)求得结构的底部剪力即结构所受的总水平地震作用后，再将其分配至图 4.47 所示的各质点上。为此，将式(4.171)改写为

$$F_i=\frac{\left(\sum_{j=1}^{n}G_jH_j\right)^2}{\left(\sum_{j=1}^{n}G_jH_j^2\right)\left(\sum_{j=1}^{n}G_j\right)}\left(\sum_{j=1}^{n}G_j\right)\alpha_1\frac{G_iH_i}{\sum_{j=1}^{n}G_jH_j} \tag{4.179}$$

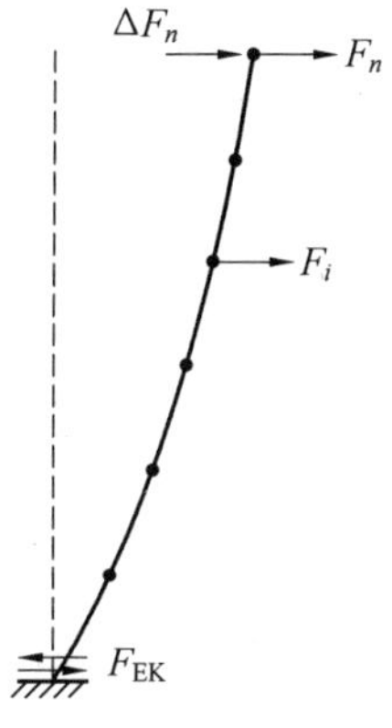

图 4.47　底部剪力法地震作用分布

将式(4.173)、式(4.174) 和式(4.175) 代入上式，得

$$F_i=\frac{G_iH_i}{\sum_{j=1}^{n}G_jH_j}F_{EK}\quad(i=1,2,\cdots,n) \tag{4.180}$$

式(4.175)表达的地震作用分布实际上仅考虑了第 1 阶振型的地震作用。当结构的基本周期较长时，结构的高阶振型地震作用影响将不能忽略。图 4.48 显示了高阶振型反应对地震作用分布的影响。可见，高阶振型反应对结构上部地震作用的影响较大，为此我国抗震规范采用在结构顶部附加集中水平地震作用的方法来考虑高阶振型的影响。“2010 抗震规

范”规定，当结构基本周期 $T_1>1.4T_g$ 时，需在结构顶部附加如下集中水平地震作用：

$$\Delta F_n=\delta_n F_{EK} \tag{4.181}$$

式中　δ_n——结构顶部附加地震作用系数，对于高层钢结构房屋按表 4.30 采用。

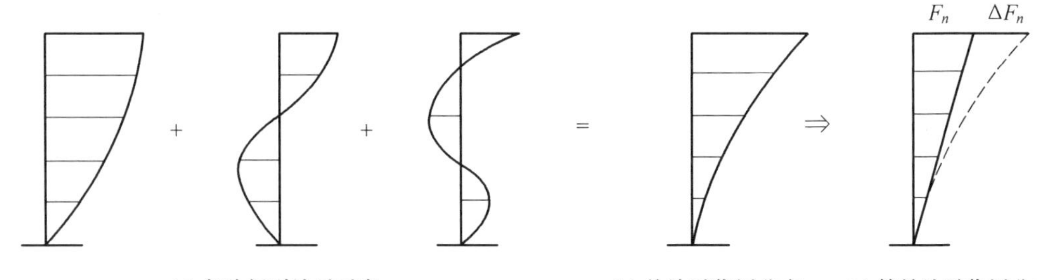

图 4.48　高阶振型反应对地震作用分布的影响

表 4.30　顶部附加地震作用系数

$T_g(s)$	$T_1>1.4T_g$	$T_1\leqslant1.4T_g$
≤0.35	$0.08T_1+0.07$	不考虑
0.35～0.55	$0.08T_1+0.01$	
≥0.55	$0.08T_1-0.02$	

当考虑高阶振型的影响时，结构的底部剪力仍按式(4.175)计算而保持不变，但各质点的地震作用需按 $F_{EK}-\Delta F_n=(1-\delta_n)F_{EK}$ 进行分布，即

$$F_i=\frac{G_iH_i}{\sum_{j=1}^{n}G_jH_j}(1-\delta_n)F_{EK}\quad(i=1,2,\cdots,n) \tag{4.182}$$

这样处理后，总地震剪力不变，而上部各层的地震层间剪力有所增大，比较符合实际。

应该指出的是，ΔF_n 是集中于结构顶部，而不是集中于局部的突出物顶部。

(4)鞭梢效应。

底部剪力法适用于质量和刚度沿高度分布比较均匀的结构。当建筑物有局部突出屋面的小建筑(如屋顶间、女儿墙、烟囱)等时，由于该部分结构的质量和刚度突然变小(远小于主体结构)，将产生“鞭梢效应”，即局部突出的小建筑的地震反应有加剧的现象。因此，当采用底部剪力法计算这类小建筑的地震反应时，按式(4.180)或式(4.182)计算得到小建筑上的地震作用后需乘以增大系数。“2010 抗震规范”规定该增大系数取为 3。但是，应注意“鞭梢效应”只对局部突出的小建筑有影响，因此该增大部分的地震作用不向下传递，即在计算主体结构的层间剪力时，局部突出的小建筑的地震作用仍按未放大前的取值。

4. 时程分析法

如前所述，对于一般的建筑结构，可采用振型分解反应谱法和基底剪力法计算地震反应，但对于特别不规则的建筑、特别重要的建筑以及房屋高度和设防烈度较高的建筑，为确保这些建筑在地震作用下的安全，规范规定，宜采用时程分析法进行补充计算。另外，当进行房屋结构的弹塑性变形验算时，由于结构已出现了明显的非线性，因此，振型分解反应谱法已不再适用,而需采用弹塑性时程分析法。

地震作用下的时程分析方法和基本要求将在 5.4 节详细介绍。

5. 竖向地震作用

震害调查和分析表明,在高烈度区,竖向地震对高层建筑钢结构的破坏也会有较大影响。高层建筑钢结构的上部在竖向地震作用下,因上下振动,易出现受拉破坏。因此“2010 抗震规范”规定:对于设防烈度为Ⅸ度(9 度)区的高层建筑,应考虑竖向地震作用。

可采用类似于水平地震作用的底部剪力法,计算高层建筑的竖向地震作用,即先确定结构底部总竖向地震作用,再计算作用在结构各质点上的竖向地震作用(图 4.49),其计算公式为

$$F_{\mathrm{EvK}} = \alpha_{\mathrm{vmax}} G_{\mathrm{eq}} \tag{4.183}$$

$$F_{\mathrm{v}i} = \frac{G_i H_i}{\sum_{j=1}^{n} G_j H_j} F_{\mathrm{EvK}} \quad (i = 1, 2, \cdots, n) \tag{4.184}$$

式中　F_{EvK}——结构总竖向地震作用标准值;

$F_{\mathrm{v}i}$——质点 i 的竖向地震作用标准值;

α_{vmax}——竖向地震影响系数的最大值,可取水平地震影响系数最大值的 65%;

G_{eq}——结构等效总重力荷载,可取其重力荷载代表值的 75%。

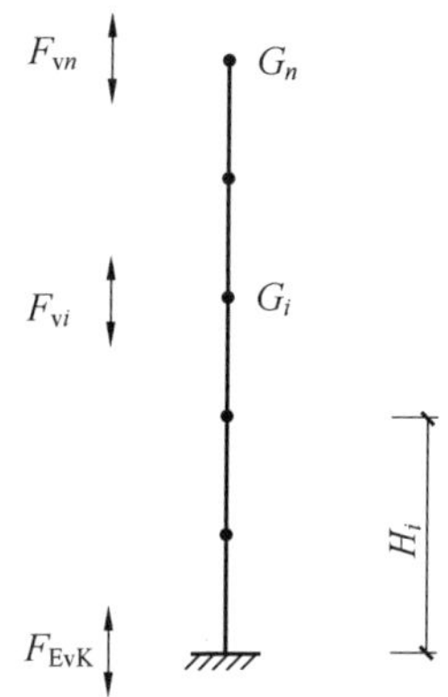

图 4.49　高层建筑的竖向地震作用

式(4.184)中结构等效总重力荷载同样按式(4.174)计算,其中等效系数 χ 可按式(4.178)确定。由于高层建筑的质点数 n 较大,“2010 抗震规范”规定统一取 $\chi = 0.75$。即计算高层建筑竖向地震作用时,结构等效总重力荷载取为结构总重力荷载代表值 G_{E} 的 75%。

分析表明,各类场地的竖向地震反应谱与水平地震反应谱大致相同,因此竖向地震影响系数谱与图 4.44 所示的水平地震影响系数谱形状类似。因高层建筑竖向基本自振周期很短(约为水平自振周期的 1/15 ~ 1/10),一般处在地震影响系数最大值的周期范围内;同时注意到竖向地震动加速度峰值为水平地震动加速度峰值的 1/2 ~ 2/3,震中距越小,该系数越大。因此,可近似取竖向地震影响系数最大值为水平地震影响系数最大值的 2/3,则有

$$\alpha_{\mathrm{v1}} = \frac{2}{3} \alpha_{\max} \approx 0.65 \alpha_{\max} \tag{4.185}$$

其中，α_{max}按表 4.29 确定。

计算竖向地震反应时，可按各构件承受的重力荷载代表值的比例进行分配，并乘以竖向地震反应增大系数 1.5。竖向地震反应增大系数主要是根据中国台湾“9 · 21”大地震的经验而提出的要求。对高层建筑各楼层的竖向地震反应乘以 1.5 后，使结构总竖向地震作用标准值在 8 度和 9 度时分别略大于重力荷载代表值的 10% 和 20%。

6. 重力荷载代表值

进行结构抗震设计时，所考虑的重力荷载，称为重力荷载代表值。

结构的重力荷载可分为恒荷载（自重）和活荷载（可变荷载）两种。活荷载的变异性较大，“2012 荷载规范”规定的活荷载标准值是按 50 年最大活荷载的平均值加 0.5 ~ 1.5 倍的均方根确定的。地震发生时，活荷载通常达不到标准值的水平，因此在计算重力荷载代表值时可对活荷载进行折减。

“2010 抗震规范”规定重力荷载代表值 G_E 可由下式计算得到

$$G_E = D_k + \sum \psi_i L_{ki} \tag{4.186}$$

式中 D_k——结构恒荷载标准值；

L_{ki}——有关活荷载（可变荷载）标准值；

ψ_i——有关活荷载组合值系数，按表 4.31 采用。

表 4.31 组合值系数

可变荷载种类		组合值系数
雪荷载		0.5
屋顶积灰荷载		0.5
屋面活荷载		不计入
按实际情况考虑的楼面活荷载		1.0
按等效均布荷载考虑的楼面活荷载	藏书库、档案库	0.8
	其他民用建筑	0.5
吊车悬吊物重力	硬钩吊车	0.3
	软钩吊车	不计入

第5章　计算模型与分析方法

5.1　一般原则和基本假定

高层钢结构建筑是一个复杂的空间结构,平面形状多变,立面体型样式繁多。它一般由垂直方向的抗侧力构件(如框架、剪力墙、筒体等)和水平放置的楼板连接成整体。对于这种复杂的空间结构,要进行精确的内力和位移计算是十分困难的,必须根据要求引入一些必要的计算假定,对计算模型和受力分析进行不同程度的简化,进而简化计算。

1. 结构工作状态假定

在竖向荷载、风荷载和多遇地震作用下,高层民用建筑钢结构的内力和位移可采用弹性方法计算。罕遇地震作用下,高层民用建筑钢结构的弹塑性变形可采用弹塑性时程分析法或静力弹塑性分析法计算,具体规定如下:

①房屋高度不超过100 m时,可采用静力弹塑性分析方法;高度超过150 m时,应采用弹塑性时程分析法,高度在100~150 m时,可按结构的不规则程度选用静力弹塑性分析方法或弹塑性时程分析法;高度超过300 m时,应有两个独立的计算。

②复杂结构应首先进行施工模拟分析,应以施工全过程完成后的状态作为弹塑性分析的初始状态。

③结构构件上应作用重力荷载代表值,其效应应是与水平地震作用产生的效应的组合,分项系数可取1.0。

④钢材强度可取屈服强度f_y。

⑤应计入重力二阶效应的影响。

2. 计算模型的选择

高层建筑钢结构弹性计算模型应根据实际情况确定,模型应能较准确地反映结构的刚度、质量分布以及各结构构件的实际受力情况。弹塑性分析的计算模型应能较正确地反映结构的承载力以及结构构件的弹塑性性能。

在进行高层建筑钢结构分析时,可采用平面抗侧力结构空间协同模型。对于结构布置对称、不考虑扭转、楼面为刚性且有两个正交的抗侧力体系时,可按平面结构计算。当结构为布置不规则、体型复杂、无法划分成平面抗侧力单元的结构,或为筒体结构时,或进行弹塑性分析时,应采用三维空间结构计算模型。

3. 楼板刚度假定

设计中,若采取能够保证楼面(屋面)内整体刚度的构造措施,可假定楼面(屋面)在其自身平面内无限刚性。对于采用的腰桁架与帽桁架或整体性差,或开孔面积大,或有较长外伸段的楼面,或相邻层刚度有突变的楼面,或建筑平面不规则不能保持有效连续性的楼面,当不能保证楼板平面内的整体刚度时,应采用楼板平面内的实际刚度进行结构计算。

4. 构件变形

进行高层民用建筑钢结构弹性分析时,应考虑构件的下列变形:

①梁的弯曲和扭转变形,当梁同时作为腰桁架或帽桁架的弦杆或支撑跨梁,尚应考虑轴向变形。

②柱的弯曲、轴向、剪切和扭转变形。

③支撑的弯曲、轴向和扭转变形。

④延性墙板的剪切变形。

⑤消能梁段的剪切变形和弯曲变形。

高层民用建筑钢结构弹塑性分析时,应考虑构件的下列变形:

①梁的弹塑性弯曲变形,柱在轴力和弯矩作用下的弹塑性变形,支撑的弹塑性轴向变形,延性墙板的弹塑性剪切变形,消能梁段的弹塑性剪切变形。

②宜考虑梁柱节点域的弹塑性剪切变形。

③采用消能减振设计时应考虑消能器的弹塑性变形,隔震结构应考虑隔震支座的弹塑性变形。

5. 梁柱节点域

高层建筑钢结构梁、柱节点域的剪切变形对结构内力影响较小,一般在10%以内,因此不需要对结构内力进行修正。但节点域的剪切变形对结构水平位移影响一般较大,其影响程度主要与梁的弯曲刚度、节点域的剪切刚度、梁腹板高度以及梁柱刚度比有关。在设计中,梁柱刚性连接的钢框架计入节点域剪切变形对结构水平侧移的影响时,可以将节点域作为一个单独的剪切单元进行结构整体分析,也可按照下列规定做近似计算:

①对于箱形截面柱框架,可按结构轴线尺寸进行分析,但应将节点域作为刚域,梁柱刚域的总长度取柱截面宽度和梁截面高度的一半两者的较小值。

②对于H形截面柱框架,可按结构轴线尺寸进行分析,不考虑刚域。

③当结构弹性分析模型不能计算节点域的剪切变形时,可将框架分析得到的楼层最大层间位移角与该楼层柱下端的节点域在梁端弯矩设计值作用下的剪切变形角平均值相加,得到计入节点域剪切变形影响的楼层最大层间位移角。任一楼层节点域在梁端弯矩设计值作用下的剪切变形角平均值可按下式计算:

$$\theta_{m}=\frac{1}{n}\sum_{i=1}^{n}\frac{M_{i}}{GV_{p,i}}\quad(n=1,2,\cdots,n)\tag{5.1}$$

式中 θ_m——楼层节点域的剪切变形角平均值;

M_i——该楼层第 i 个节点域在所考虑的受弯平面内的不平衡弯矩(N·mm),$M_i=M_{b1}+M_{b2}$,M_{b1}、M_{b2}分别为受弯平面内该楼层第 i 个节点左、右梁端同方向的地震作用组合下的弯矩设计值;

n——该楼层的节点域总数;

G——钢材的剪切模量(N/mm^2);

$V_{p,i}$——第 i 个节点域的有效体积(mm^3)。

6. 楼板与钢梁的共同工作

进行高层建筑钢结构弹性计算时,若钢筋混凝土楼板或组合楼板与钢梁有可靠连接,可以将楼板作为钢梁的翼缘,进而通过提高钢梁的惯性矩来考虑二者共同工作,具体为:两侧均有楼板的钢梁其惯性矩可取为 $1.5I_b$,仅有一侧有楼板的钢梁其惯性矩可取为 $1.2I_b$,I_b 为钢梁截面惯性矩。进行弹塑性计算时,结构变形很大,楼板可能开裂,不考虑楼板对钢梁惯性矩的增大作用。

7. 非结构构件

高层建筑钢结构中有围护结构、隔墙等较多的非结构构件,结构计算中不考虑非结构构件对结构承载力和刚度的有利作用,所得结构周期往往要高于实际结构周期。因此,为不使结构地震作用偏小,要考虑周期折减。当非承重墙体为轻质砌块、填充轻质墙板或外挂墙板时,自振周期折减系数可取 0.9~1.0。

8. 支撑节点

钢框架-支撑结构的支撑斜杆两端宜按铰接计算;当实际构造为刚接时,也可按刚接计算。

5.2 结构的简化计算方法

高层钢结构建筑结构分析模型及方法的选择与设计阶段有关。一般情况下,初步(方案)设计阶段精度相对要求不高,可采用简化的计算模型及方法,方便快捷。最终设计阶段时选择较为精确的分析模型及方法计算构件内力。

5.2.1 结构分析模型

1. 平面分析模型

20 世纪 70 年代以前,由于计算工具的限制,高层建筑结构设计基本上是手算,因此结构分析计算时,采用的方法是将三维空间结构转化为平面结构模型。

将高层建筑钢结构沿着两个正交主轴方向划分为若干榀平面抗侧力结构,如图 5.1 所示,每个方向上的水平荷载由该方向上的平面抗侧力结构承担。假设楼板刚性且不考虑扭转影响,各榀抗侧力结构在同方向上的水平位移相等,层剪力在各榀抗侧力结构之间的分配取决于各榀抗侧力结构的刚度,刚度越大,该榀抗侧力结构分配到的剪力越多。

平面分析模型一般用于平面非常规则的单纯结构(如纯框架、纯剪力墙结构等),较为简单,计算出来的内力和位移仅作为方案估算的依据,在高层钢结构建筑中应用较少。

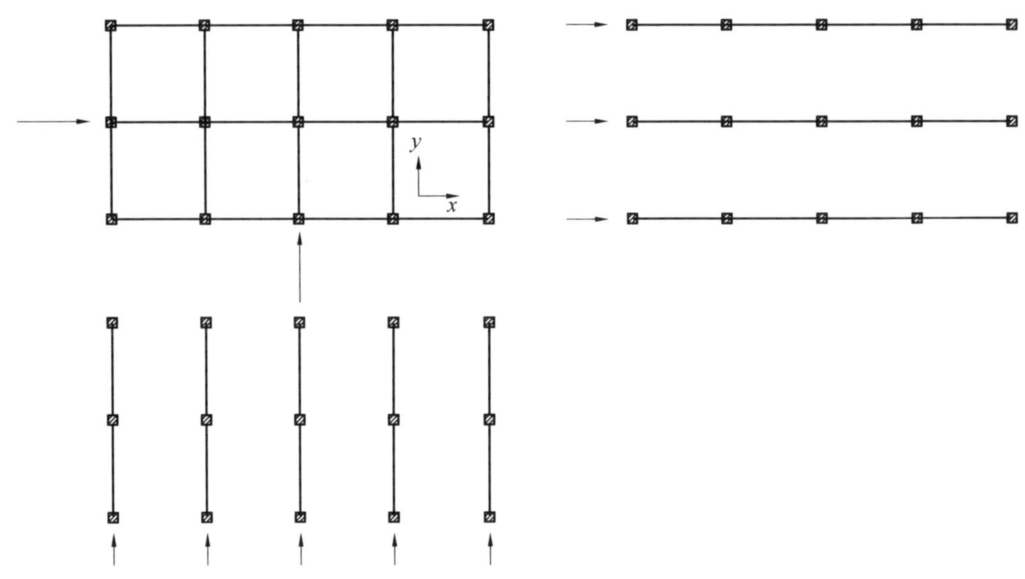

图 5.1　平面分析模型

2. 平面结构空间协同分析模型

平面结构空间协同分析模型于 1975 年首次被提出，该模型仍假定各榀抗侧力结构按平面考虑，它们由刚性楼板连接在一起。在水平荷载作用下，将结构看成一个整体，所有与之正交和斜交的抗侧力结构均参与工作，楼板既可发生平移也可以产生刚体转动。层剪力在各榀抗侧力结构之间的分配取决于各榀抗侧力结构的侧移量和刚度，即按各榀抗侧力结构的空间位移协调条件来分配层间剪力，如图 5.2 所示。

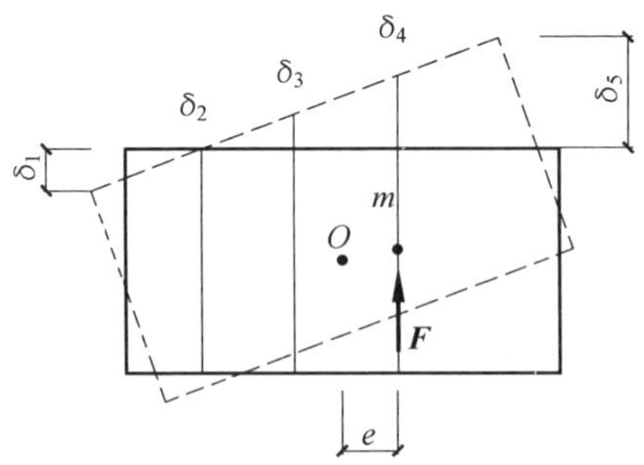

图 5.2　平面结构空间协同分析模型

总体上，各榀平面抗侧力结构通过协同工作抵抗水平力，能够反映规则结构整体工作的主要特征，并且基本未知量少，计算较为简单。因此，较为规则的框架、剪力墙和框架-剪力墙三大结构体系进行简化计算时多采用平面结构空间协同分析模型。

平面结构空间协同分析模型的缺点是仅能考虑各抗侧力结构在楼层处的水平位移和转动协调，不能考虑在竖直方向上的协调，因此一旦结构受力具有较明显的空间特征时，平面结构空间协同分析模型不再适用，只能采用三维空间结构计算模型才能解决。

3. 三维空间结构计算模型

进入 20 世纪 80 年代后期，新的高层建筑结构体系不断涌现，除三大常规体系外，还出现了框-筒、剪-筒、筒中筒和群筒等多种结构体系。由于高层建筑的平面和体型日趋复杂，平面结构空间协同分析模型的使用受到极大的限制，同时伴随着计算机技术的飞速发展，极大地推动了三维空间结构计算模型的发展。该模型适用于任意平面、任意体型、任意结构体系的高层建筑。目前，在高层钢结构建筑分析计算中，绝大部分均采用三维空间结构计算模型。

5.2.2　钢框架结构的内力和位移简化计算

目前，随着计算机技术的飞速发展，高层钢结构建筑主要采用基于三维空间结构的较精确计算模型，结构工程师也基本都能熟练地运用计算程序进行结构计算，但采用简化的手算方法对结构进行计算仍然是必要的。这是由于：

① 手算方法概念清楚，简单明了，当对基于计算机的空间计算方法结果的正确性不能做出准确判断时，手算方法是比较可靠的。

② 进行结构初步设计阶段的方案对比时，可采用手算方法优选结构方案。

本小节先对规则的框架结构的简化分析方法进行介绍，再对常见的双重体系（如框架-支撑结构、框架-剪力墙结构等）、框筒结构、巨型框架结构的简化分析方法进行介绍。

1. 竖向荷载下的简化计算

钢框架结构是杆件体系，竖向荷载下框架内力的近似计算方法较多，其中较为常用的是分层法，下面对分层法进行介绍。

(1) 计算假定。

钢框架结构在竖向荷载下，一般采用平面分析模型，取一榀框架作为计算单元，平面框架的竖向荷载按楼盖的布置方案确定。多高层钢结构的竖向荷载一般以恒载为主，因此，可不进行活载的最不利布置分析，认为活载满跨布置，这样钢框架侧移很小，可忽略不计。另外，大量分析表明，每层框架梁上的竖向荷载仅对本楼层的框架梁以及与该层梁直接相连的框架柱的弯矩和剪力影响较大，而对其余层框架梁和框架柱的内力影响较小，可以忽略不计。基于上述原因，分层法做如下假定：

① 框架在竖向荷载下的侧移为零。

② 每层框架梁上的竖向荷载仅对本楼层的框架梁以及与该层梁直接相连的框架柱产生弯矩和剪力。

(2)计算步骤。

① 建立分层模型。将每层框架梁连同上、下层框架柱作为计算单元，进而将 n 层框架分解成 n 个开口的单层框架，且假定这些柱的远端为固接，如图 5.3 所示。

② 调整相关系数。考虑到柱远端（底层除外）并非如图 5.3 所示的固定端，而是介于铰支和固定之间的弹性约束，除底层柱外，将其余柱的线刚度乘以 0.9 的修正系数，并将其弯矩传递系数修正为 1/3。底层柱的弯矩传递系数仍取 1/2。

③ 弯矩计算。用力矩分配法计算每一单层开口框架弯矩，每个开口框架中计算所得梁

弯矩即为原框架相应楼层梁的弯矩,而原框架柱的最终弯矩为相邻上、下两个开口框架计算所得弯矩叠加。弯矩叠加后,在节点处会出现弯矩不平衡,为提高精度,可把不平衡弯矩再在本层内分配一次,但不再传递。

④ 剪力计算。框架剪力通过外荷载与框架梁柱弯矩求得。

⑤ 轴力计算。柱中轴力可通过梁端剪力和其上柱传来的竖向荷载叠加求得。

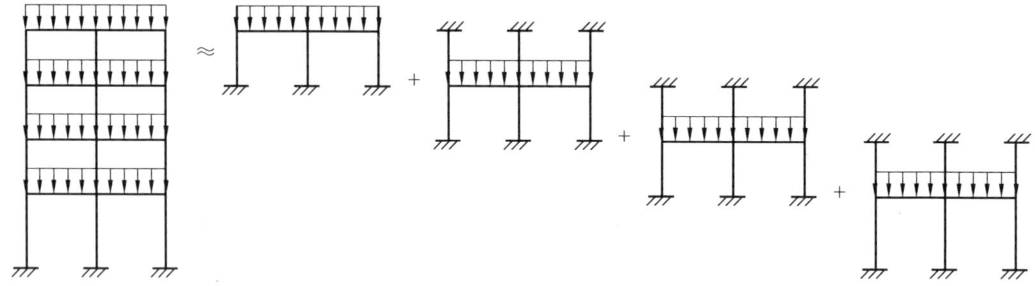

图 5.3　分层法计算竖向荷载作用下框架内力示意图

【例 5.1】　用分层法分析如图 5.4(a)所示平面框架内力,图中括号内的数字是构件线刚度的相对比值。

解　注意柱构件的抗弯刚度乘以修正系数 0.9,各杆端分配系数的计算结果记在图 5.4(b)(c)中的方框内,例如节点 A 的梁端分配系数为:$3.8/(3.8+0.9\times1.0)=0.809$。

力矩分配的过程详细标示如图 5.4(b)、(c)所示。各层框架单元端弯矩的计算结果如图 5.5 所示。节点上的弯矩不平衡,但误差不是太大。如果要求高精度,可再做几轮分配计算。

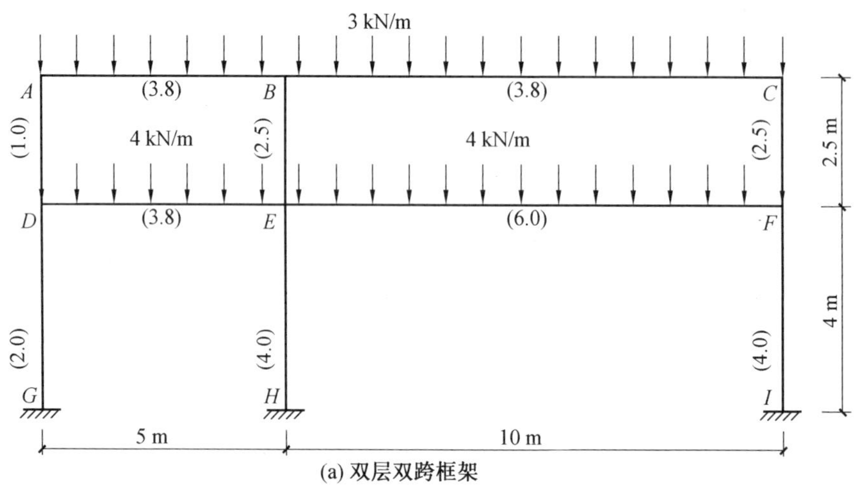

(a) 双层双跨框架

图 5.4　分层法计算示例

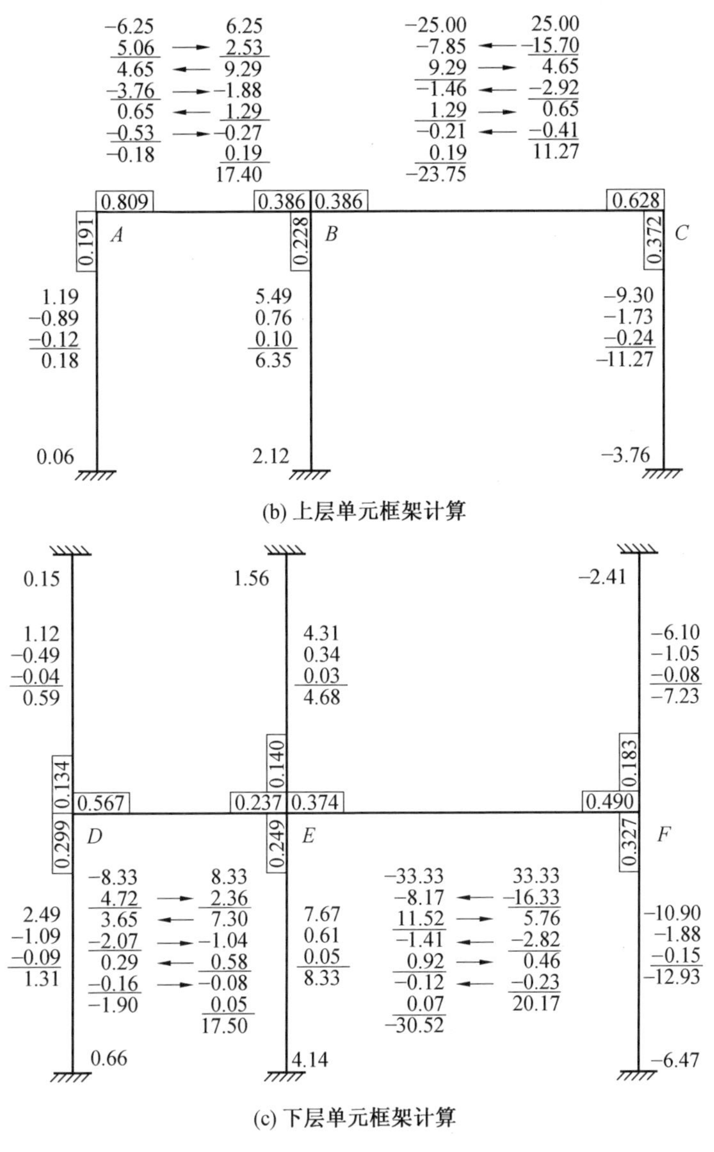

(b) 上层单元框架计算

(c) 下层单元框架计算

续图 5.4

2. 水平荷载下的简化计算

水平荷载一般可以简化为作用在框架节点上的集中力。在水平荷载下，比较规则钢框架结构的内力和侧移，当柱轴向变形对其影响不大时，可采用 D 值法或反弯点法计算。

(1)柱抗侧刚度 D 值计算。

柱上、下两端产生相对单位水平位移时，柱中所产生的剪力称为该柱的抗侧刚度。以一多层多跨规则结构(图 5.6)为例，推导第 j 层第 k 根柱 AB 抗侧刚度 D 值。为简化计算，假设：

① 柱 AB 及其上、下相邻柱高度均为 h_j，线刚度为 i_c，柱的层间位移均为 δ_j。

② 柱 AB 两端点及与其上、下、左、右相邻的各个节点的转角均为 θ。

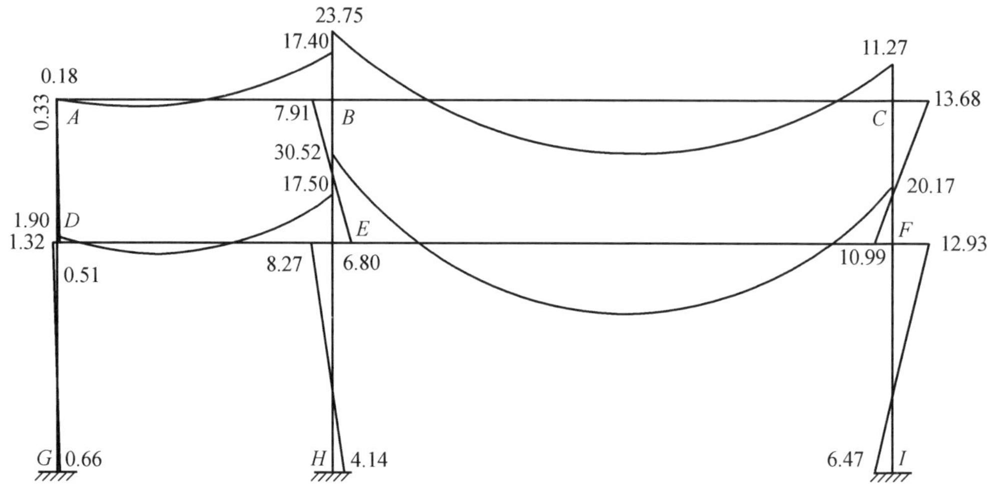

图 5.5　例 5.1 弯矩图(单位:kN・m)

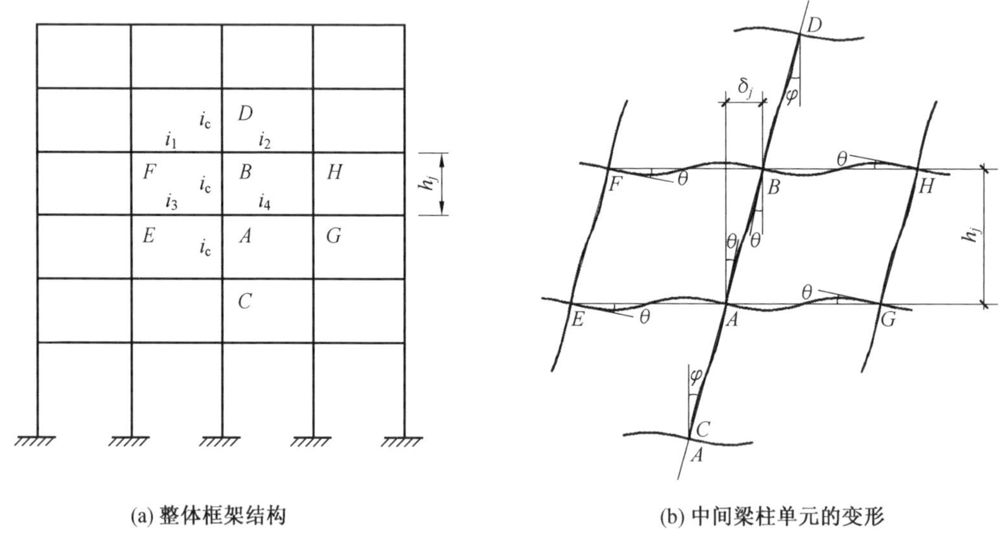

图 5.6　D 值推导计算简图

③ 各层层间侧移角均为 $\varphi=\delta_j/h_j$。

④ 与柱 AB 相交的横梁线刚度分别为 i_1、i_2、i_3、i_4。

由结构力学知识可知,$M_{AB}=M_{AC}=i_c(4\theta+2\theta-6\varphi)$,$M_{AG}=i_4(4\theta+2\theta)$,$M_{AE}=i_3(4\theta+2\theta)$。

由节点 A 平衡关系 $\sum M_A=0$ 可得

$$M_{AB}+M_{AG}+M_{AC}+M_{AE}=0 \tag{5.2}$$

将 M_{AB}、M_{AG}、M_{AC}、M_{AE} 代入式(5.2),可得

$$6(i_3+i_4)\theta+12i_c\theta-12i_c\varphi=0 \tag{5.3}$$

同理,由节点 B 的平衡关系,可得

$$6(i_1+i_2)\theta+12i_c\theta-12i_c\varphi=0 \tag{5.4}$$

式(5.3)和式(5.4)相加,可得

$$\theta = \frac{2}{2 + \frac{\sum i}{2i_c}}\varphi = \frac{2}{2 + K}\varphi \tag{5.5}$$

式中　$\sum i$—— 梁的线刚度之和；

K—— 梁柱的线刚度比。

由结构力学知识及式(5.5)，可知柱 AB 受到的剪力 V_{jk} 为

$$V_{jk} = \frac{12i_c}{h_j}(\varphi - \theta) = \frac{K}{2+K} \cdot \frac{12i_c}{h_j}\varphi = \frac{K}{2+K} \cdot \frac{12i_c}{h_j^2}\delta_j \tag{5.6}$$

令

$$\alpha = \frac{K}{2+K} \tag{5.7}$$

则

$$V_{jk} = \alpha \frac{12i_c}{h_j^2}\delta_j \tag{5.8}$$

进而，第 j 层第 k 根柱 AB 抗侧刚度 D_{jk} 值为

$$D_{jk} = \frac{V_{jk}}{\delta_j} = \alpha \frac{12i_c}{h_j^2} \tag{5.9}$$

式中　α——考虑梁柱刚度比值及柱端约束条件对抗侧刚度的修正系数。

底层柱的抗侧刚度修正系数同理可求。表 5.1 给出了一般柱和底层柱（含边柱和中柱）的 α 及相应的 K 值计算公式。

表 5.1　α 及相应的 K 值计算公式

楼层	简图	K	α
一般层	i_1 i_2 i_c i_3 i_4	$\frac{i_1+i_2+i_3+i_4}{2i_c}$	$\frac{K}{2+K}$
	i_2 i_c i_4	$\frac{i_2+i_4}{2i_c}$	
底层	i_1 i_2 i_c	$\frac{i_1+i_2}{i_c}$	$\frac{K+0.5}{2+K}$
	i_2 i_c	$\frac{i_2}{i_c}$	

计算出各柱抗侧刚度 D 值后，依据平面框架各柱侧移相等（楼板刚性假设），可得各柱剪力为

$$V_{jk}=\frac{D_{jk}}{\sum_{i=1}^{m}D_{ji}}V_j \tag{5.10}$$

式中 V_{jk}——第 j 层第 k 根柱的剪力值；

D_{jk}——第 j 层第 k 根柱的抗侧刚度；

$\sum_{i=1}^{m}D_{ji}$——在平面分析模型中，第 j 层所有柱的抗侧刚度；

V_j——在平面分析模型中，由外荷载引起的第 j 层剪力。

用 D 值分配框架剪力的方法即为 D 值法。实际上，由于假定楼板面内无限刚性，式（5.10）中的 V_j 可以取为第 j 层的整个框架的剪力，此时 $\sum_{i=1}^{m}D_{ji}$ 为第 j 层所有柱的抗侧刚度之和。

若梁的线刚度比柱的大很多，则抗侧刚度的修正系数 α 值接近 1.0，此时柱的抗侧刚度为 d 值（取 $\alpha=1.0$），在剪力计算公式（5.10）中可用 d 值来代替 D 值，这种方法称为反弯点法。反弯点法的前提是梁线刚度比柱大很多，工程中一般当梁柱线刚度比大于 3 时采用反弯点法；反之，用 D 值法。反弯点法是 D 值法的特例。

（2）柱反弯点位置。

在得到柱剪力后，要想求出柱的弯矩，还必须知道柱的反弯点位置。柱的反弯点位置取决于其上、下端弯矩的比值。其影响因素主要有：结构总层数及该层所在位置；梁柱线刚度比；荷载形式；上层与下层梁刚度比；上、下层的层高变化等。分析时，可假定同层各横梁的反弯点均在各横梁跨中且该点无竖向位移，进而多层多跨框架可简化成如图 5.7 所示的计算简图。

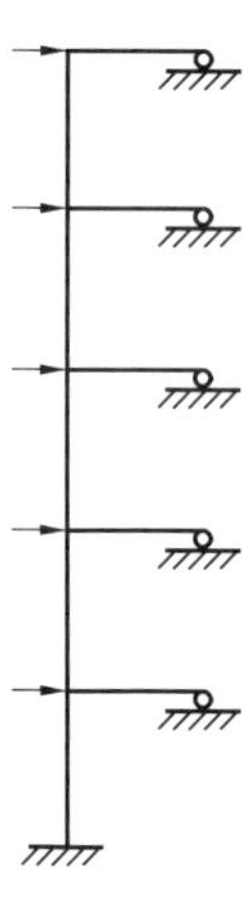

图 5.7 求反弯点位置的计算简图

将上述因素逐一变化，即可得出柱底端至反弯点的距离（即反弯点高度），并制成相应的表格，如附录 3 所示。

① 标准反弯点高度比 y_0。

标准反弯点高度比 y_0 是指在水平荷载作用下，对于各层等高、等跨以及各层梁柱线刚度保持不变的框架的反弯点高度与层高的比值，具体数值可由附录 3 查得。

② 上、下层横梁线刚度变化时的反弯点高度修正值 y_1。

若上、下层横梁的线刚度不同，则反弯点将向横梁线刚度较小的一侧偏移，因此需对反弯点高度进行修正，具体修正办法为在原标准反弯点高度的基础上偏移 y_1h，y_1 值可由附录 3 查得。对于底层柱，不需要考虑 y_1，即取 $y_1=0$。

③ 层高度变化时的反弯点高度修正值 y_2、y_3。

当上、下层的层高发生变化时，反弯点高度的上移增量分别为 y_2h、y_3h，其中 y_2、y_3 可根据上、下层高的比值 α_2、α_3 和 K 由附录 3 查得。对于顶层柱，$y_2=0$；对于底层柱，$y_3=0$。

经过各项修正后，柱底至反弯点的高度 yh 可由式(5.11)计算得到：

$$yh=(y_0+y_1+y_2+y_3)h \tag{5.11}$$

(3)梁柱构件内力。

求得反弯点高度以及各柱的剪力后，由图 5.8 可知，第 j 层第 k 根柱的柱端弯矩为

$$M_c^l=yh\cdot V_{jk} \tag{5.12}$$

$$M_c^u=(1-y)h\cdot V_{jk} \tag{5.13}$$

求出所有柱的柱端弯矩后，依据节点弯矩平衡关系(图 5.9)，由梁端弯矩之和等于柱端弯矩之和可求出梁端弯矩之和。节点左、右梁端弯矩 M_b^l、M_b^r 大小按照其线刚度比例分配，可得

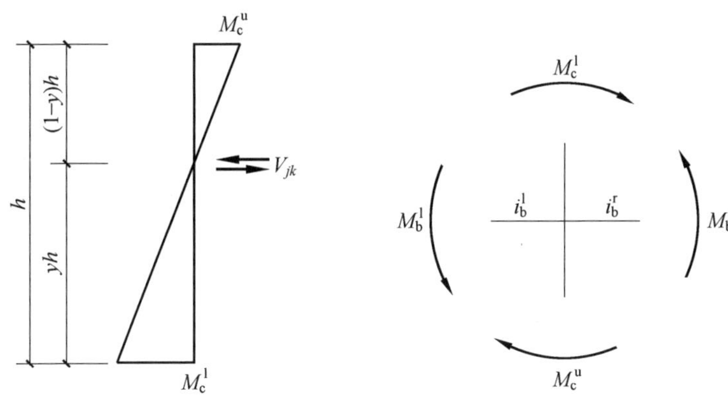

图 5.8　柱端弯矩计算　　　　图 5.9　节点平衡关系

$$M_b^l=(M_c^u+M_c^l)\frac{i_b^l}{i_b^l+i_b^r} \tag{5.14}$$

$$M_b^r=(M_c^u+M_c^l)\frac{i_b^r}{i_b^l+i_b^r} \tag{5.15}$$

式中　i_b^l、i_b^r——节点左、右梁的线刚度。

梁端剪力 V_b^l、V_b^r 可由平衡条件求得(图 5.10)，具体为

$$V_b^l=V_b^r=\frac{M_b^r+M_b^l}{l} \tag{5.16}$$

式中　l——梁的跨度。

柱的轴力等于节点左、右梁端剪力之和(图 5.11)，即

$$N_{jk}=\sum_{m=j}^{n}(V_{mb}^l-V_{mb}^r) \tag{5.17}$$

式中　N_{jk}——第 j 层第 k 根柱的轴力；

V_{mb}^l、V_{mb}^r——第 m 层第 k 根柱两侧梁传来的剪力。

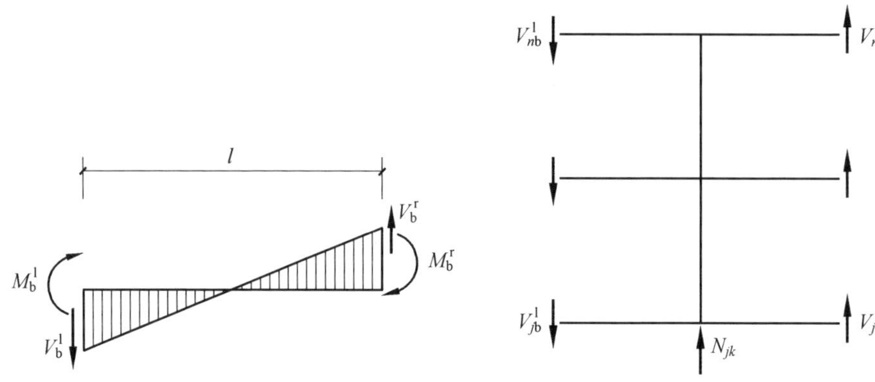

图 5.10　梁端剪力计算　　　　图 5.11　柱轴力计算

【例 5.2】 用 D 值法计算图 5.12 所示平面框架内力，图中括号内的数字是构件线刚度的相对比值。

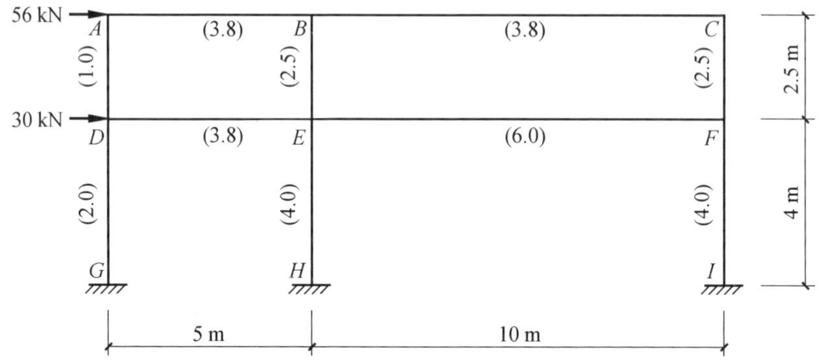

图 5.12　双层双跨框架(水平荷载作用)

解　(1)计算各柱侧移刚度。

按公式 $D=\alpha\dfrac{12i}{h^2}$ 计算各层相对侧移刚度 D 值，其中柱侧移刚度修正系数 α 按表 5.1 采用。

AD 柱　$K=\dfrac{3.8\times2}{2\times1}=3.8$　$D_{AD}=\dfrac{3.8}{2+3.8}\times\dfrac{12\times1}{2.5^2}=1.26$

BE 柱　$K=\dfrac{3.8\times3+6}{2\times2.5}=3.5$　$D_{BE}=\dfrac{3.5}{2+3.5}\times\dfrac{12\times2.5}{2.5^2}=3.05$

CF 柱　$K=\dfrac{3.8+6}{2\times2.5}=2.0$　$D_{CF}=\dfrac{2.0}{2+2.0}\times\dfrac{12\times2.5}{2.5^2}=2.40$

DG 柱　$K=\dfrac{3.8}{2}=1.9$　$D_{DG}=\dfrac{1.9+0.5}{2+1.9}\times\dfrac{12\times2}{4^2}=0.92$

EH 柱　$K=\dfrac{3.8+6}{4}=2.5$　$D_{EH}=\dfrac{2.5+0.5}{2+2.5}\times\dfrac{12\times4}{4^2}=2.00$

FI 柱　$K=\dfrac{6}{4}=1.5$　$D_{FI}=\dfrac{0.5+1.5}{2+1.5}\times\dfrac{12\times4}{4^2}=1.71$

(2)计算各柱剪力。

按公式 $V_{jk}=\dfrac{D_{jk}}{\sum\limits_{i=1}^{m}D_{ji}}V_j$ 算各柱剪力。

上层柱：　$\sum D_{jk}=1.26+3.05+2.4=6.71$，$V_{AD}=1.26\times\dfrac{56}{6.71}\text{kN}=10.52\text{ kN}$

$V_{BE}=3.05\times\dfrac{56}{6.71}=25.45\text{ kN}$，$V_{CF}=2.4\times\dfrac{56}{6.71}\text{kN}=20.03\text{ kN}$

下层柱：　$\sum D_{jk}=0.92+2.0+1.71=4.63$，$V_{DG}=0.92\times\dfrac{86}{4.63}\text{kN}=17.09\text{ kN}$

$V_{EH}=2.0\times\dfrac{86}{4.63}=37.15\text{ kN}$，$V_{FI}=1.71\times\dfrac{86}{4.63}\text{kN}=31.76\text{ kN}$

(3)计算各柱反弯点高度比。

按公式 $y=y_0+y_1+y_2+y_3$ 确定各柱反弯点高度比。

AD 柱：　$y_0=0.45$，$y_1=0$，$\alpha_3=1.6$，$y_3=0$，$y=0.45$

BE 柱：　$y_0=0.45$，$\alpha_1=0.78$，$y_1=0$，$\alpha_3=1.6$，$y_3=0$，$y=0.45$

CF 柱：　$y_0=0.45$，$\alpha_1=0.63$，$y_1=0.05$，$\alpha_3=1.6$，$y_3=0$，$y=0.5$

DG 柱：　$y_0=0.55$，$\alpha_2=0.63$，$y_2=0$，$y=0.55$

EH 柱：　$y_0=0.55$，$\alpha_2=0.63$，$y_2=0$，$y=0.55$

FI 柱：　$y_0=0.575$，$\alpha_2=0.63$，$y_2=0$，$y=0.575$

(4)计算各柱端弯矩。

按公式 $M_c^l=yh\cdot V_{jk}$，$M_c^u=(1-y)h\cdot V_{jk}$ 分别计算各柱上下端弯矩。

AD 柱：　$M_c^l=0.45\times2.5\times10.52\text{ kN}\cdot\text{m}=11.84\text{ kN}\cdot\text{m}$

$M_c^u=(1-0.45)\times2.5\times10.52\text{ kN}\cdot\text{m}=14.47\text{ kN}\cdot\text{m}$

BE 柱：　$M_c^l=0.45\times2.5\times25.45\text{ kN}\cdot\text{m}=28.63\text{ kN}\cdot\text{m}$

$M_c^u=(1-0.45)\times2.5\times25.45\text{ kN}\cdot\text{m}=34.99\text{ kN}\cdot\text{m}$

CF 柱：　$M_c^l=M_c^u=0.5\times2.5\times20.03\text{ kN}\cdot\text{m}=25.04\text{ kN}\cdot\text{m}$

DG 柱　$M_c^l=0.55\times4\times17.09\text{ kN}\cdot\text{m}=37.6\text{ kN}\cdot\text{m}$

$M_c^u=(1-0.55)\times4\times17.09\text{ kN}\cdot\text{m}=30.76\text{ kN}\cdot\text{m}$

EH 柱：　$M_c^l=0.55\times4\times37.15\text{ kN}\cdot\text{m}=81.73\text{ kN}\cdot\text{m}$

$M_c^u=(1-0.55)\times4\times37.15\text{ kN}\cdot\text{m}=66.87\text{ kN}\cdot\text{m}$

FI 柱：　$M_c^l=0.575\times4\times31.76\text{ kN}\cdot\text{m}=73.05\text{ kN}\cdot\text{m}$

$M_c^u=(1-0.575)\times4\times31.76\text{ kN}\cdot\text{m}=53.99\text{ kN}\cdot\text{m}$

(5)绘制框架弯矩图。

由柱端弯矩绘制框架弯矩图，如图 5.13 所示。

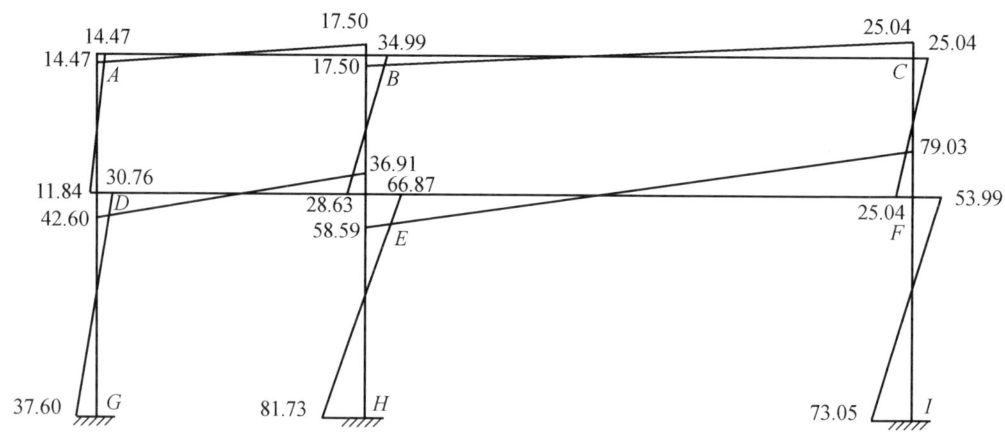

图 5.13 例 5.2 弯矩图(单位:kN·m)

3. 水平荷载作用下的框架位移计算

框架的水平位移主要由两部分组成,即由框架梁、柱弯曲变形(框架整体剪切变形)产生的位移和由柱轴向变形(框架整体弯曲变形)产生的位移。

(1)框架梁、柱弯曲变形产生的位移。

由前述 D 值法的概念可知,当已知结构第 j 层所有柱的 D 值及层剪力后,可得第 j 层层间侧移的近似计算公式,即

$$\delta_j^M = \frac{V_j}{\sum_{i=1}^{m} D_{ji}} \tag{5.18}$$

(2)柱轴向变形产生的位移。

在水平荷载下,框架结构两端的边柱轴力较大,中柱因其两边梁的剪力相互抵消,轴力很小。因此,近似计算由柱轴向变形产生的水平位移时,假定仅在边柱有轴力和轴向变形,则可得边柱轴力为

$$N(z) = \pm\frac{M(z)}{B} \tag{5.19}$$

式中 $M(z)$——水平荷载在结构高度 z 处引起的弯矩;

B——两边柱轴线间距离。

如图 5.14 所示,由单位荷载法,可得框架柱轴向变形引起的第 j 层层顶处的侧移为

$$\Delta_j^N = 2\int_0^{H_j}\left(\frac{\overline{N}N}{EA}\right)\mathrm{d}z \tag{5.20}$$

$$\overline{N} = \frac{\pm(H_j - z)}{B} \tag{5.21}$$

式中 $\overline{N}$——单位力作用在第 j 层层顶处时边柱上的轴力;

N——外荷载在边柱上产生的轴力;

E、A——边柱的弹性模量和截面面积。

假定柱截面沿结构高度线性变化,即

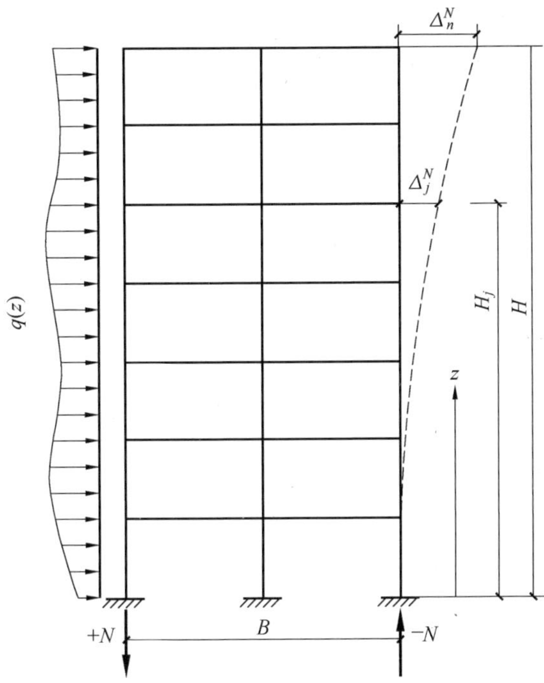

图 5.14　框架柱轴向变形引起的位移

$$A(z)=A_{底}\left(1-\frac{1-n}{H}z\right) \tag{5.22}$$

$$n=\frac{A_{顶}}{A_{底}} \tag{5.23}$$

式中　$A(z)$、$A_{底}$、$A_{顶}$——结构 z 高度处、底部、顶部柱截面的面积。

将式(5.19)、式(5.21)、式(5.22)代入式(5.20)可得

$$\Delta_j^N=\frac{2}{EA_{底}B^2}\int_0^{H_j}\frac{(H_j-z)M(z)}{1-\dfrac{(1-n)z}{H}}\mathrm{d}z \tag{5.24a}$$

$M(z)$与外荷载有关,积分后可得

$$\Delta_j^N=\frac{V_0H^3}{EA_{底}B^2}F_{\mathrm{n}} \tag{5.24b}$$

式中　V_0——结构基底剪力;

F_{n}——与外荷载有关的侧移系数。

常用的顶点集中力、均布荷载、倒三角形荷载下的 F_{n} 值可由式(5.25)~(5.27)计算。

顶点集中力:

$$F_{\mathrm{n}}=\frac{2}{(1-n)^3}\left\{\left(1+\frac{H_j}{H}\right)\left(n^2\frac{H_j}{H}-2n\frac{H_j}{H}+\frac{H_j}{H}\right)-1.5-\frac{R_j^2}{2}+2R_j-\left[n^2\frac{H_j}{H}+n\left(1-\frac{H_j}{H}\right)\right]\ln R_j\right\} \tag{5.25}$$

均布荷载:

$$F_{\mathrm{n}}=\frac{2}{(1-n)^4}\left\{\left[(n-1)^3\frac{H_j}{H}+(n-1)^2\left(1+2\frac{H_j}{H}\right)+(n-1)\left(2+\frac{H_j}{H}\right)+1\right]\ln R_j\right.$$
$$\left.-(n-1)^3\frac{H_j}{H}\left(1+2\frac{H_j}{H}\right)-\frac{1}{3}(R_j^3-1)+\left[n\left(1+\frac{H_j}{H}\right)-2\frac{H_j}{H}+\frac{1}{2}\right](R_j^2-1)\right.$$

$$-\left[2n\left(2+\frac{H_j}{H}\right)-2\frac{H_j}{H}-1\right](R_j-1)\Bigg\}\tag{5.26}$$

倒三角形荷载：

$$F_n=\frac{2}{3}\left\{\frac{1}{(n-1)}\left[2\frac{H_j}{H}\ln R_j-\left(3\frac{H_j}{H}+2\right)\frac{H_j}{H}\right]+\frac{1}{(n-1)^2}\left[\left(3\frac{H_j}{H}+2\right)\ln R_j\right]+\right.$$
$$\frac{3}{2(n-1)^3}[(R_j^2-1)-4(R_j-1)+2\ln R_j]+$$
$$\frac{1}{(n-1)^4}\frac{H_j}{H}\left[\frac{1}{3}(R_j^3-1)+\frac{3}{2}(R_j^2-1)+3(R_j-1)-\ln R_j\right]+$$
$$\left.\frac{1}{(n-1)^5}\left[\frac{1}{4}(R_j^4-1)-\frac{4}{3}(R_j^3-1)+3(R_j^2-1)-4(R_j-1)+\ln R_j\right]\right\}\tag{5.27}$$

式中
$$R_j=\frac{H_j}{H}n+\left(1-\frac{H_j}{H}\right)$$

依据 n、$\frac{H_j}{H}$，也可由相关图表查出 F_n，具体可见文献[55]、[56]，此处不再赘述。

按式(5.25)计算出 Δ_j^N 后，由柱子轴向变形产生的第 j 层层间位移为

$$\delta_j^N=\Delta_j^N-\Delta_{j-1}^N\tag{5.28}$$

框架第 j 层的层间侧移为

$$\delta_j=\delta_j^M+\delta_j^N\tag{5.29}$$

5.2.3 双重抗侧力体系简化计算

在竖向荷载作用下，对于平面布置规则、质量和刚度分布均匀的框架-支撑双重结构体系，可忽略支撑，按框架承担竖向荷载计算，基于分层法计算框架内力，具体见 5.2.2 节，不再赘述。对于框架-剪力墙双重结构体系，可按各自承受所在范围内的竖向荷载进行内力和位移计算。因此，本节主要针对水平荷载作用下的框架-支撑(剪力墙)双重结构体系的内力和位移进行计算。

在水平荷载作用下，对于平面布置规则、质量和刚度分布均匀的框架-支撑(剪力墙)双重结构体系，将其简化为平面抗侧力体系，需考虑支撑(剪力墙)与框架的协同工作。具体为将同一方向所有框架合并为总框架，所有竖向支撑合并为总支撑，所有剪力墙合并为总剪力墙，每层楼盖处设置一根刚性水平连杆，如图 5.15(a)所示。

框架与支撑(剪力墙)的受力性能不同，支撑(剪力墙)类似于一根竖向悬臂弯曲梁，在水平荷载作用下的变形曲线呈现弯曲型，如图 5.15(b)所示，楼层越高，水平位移增加越快；框架类似于竖向悬臂剪切梁，在水平荷载作用下的变形曲线呈现剪切型，如图 5.15(c)所示，楼层越高，水平位移增加越慢。当框架与支撑(剪力墙)通过刚性楼面连接形成框架-支撑(剪力墙)结构时，框架与支撑(剪力墙)协同工作，彼此相互约束，其变形曲线介于弯曲变形与剪切变形之间，属于弯剪型变形。

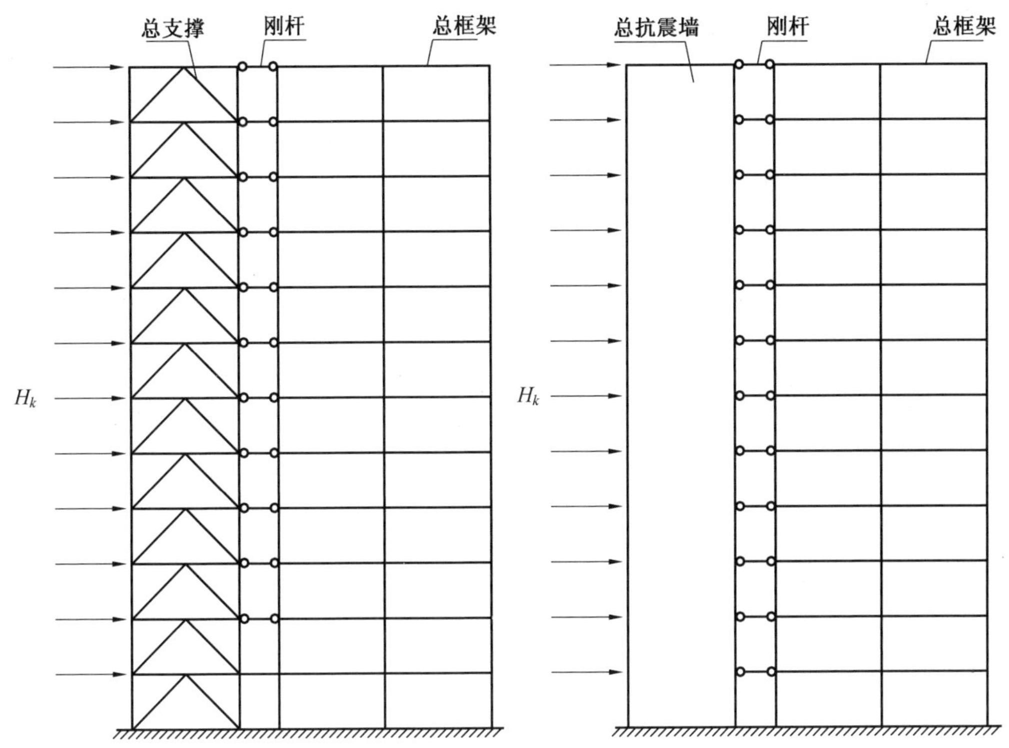

(a) 协同工作简图

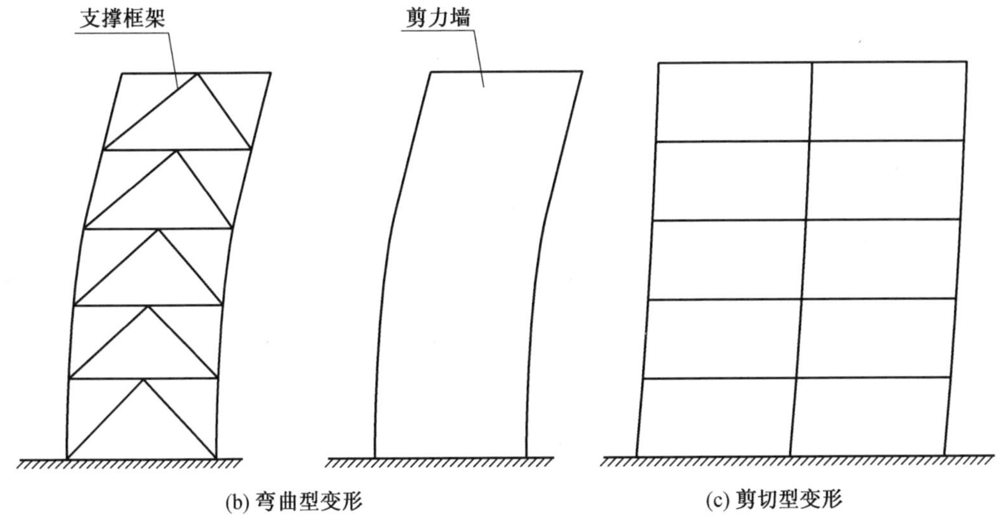

(b) 弯曲型变形　　(c) 剪切型变形

图 5.15　框架-支撑(剪力墙)协同工作原理

1. 结构等效刚度的确定

进行协同工作分析时，总框架的抗剪刚度 C_F 是同方向所有框架柱抗剪刚度的总和。C_F 的物理含义是：该层框架产生单位侧移角时所需剪力值，如图 5.16 所示。C_F 可由框架柱的 D 值求得，总框架的抗剪刚度为

$$C_F = h\sum D_j \tag{5.30}$$

式中　$\sum D_j$—— 计算榀同层中所有柱的 D 值之和；

h—— 楼层层高。

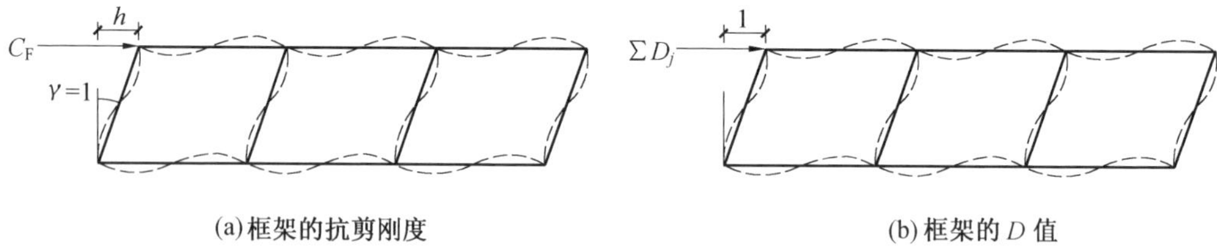

(a)框架的抗剪刚度　　(b)框架的 D 值

图 5.16　框架抗剪刚度

总支撑的等效抗弯刚度 EI_{eq} 的计算公式为

$$EI_{eq} = \mu\sum_{j=1}^{m}\sum_{i=1}^{n} E_{ij}A_{ij}a_{ij}^2 \tag{5.31}$$

式中　μ——折减系数，对中心支撑可取 0.8～0.9；

A_{ij}——第 j 榀竖向支撑第 i 根柱的截面面积；

a_{ij}——第 i 根柱至第 j 榀竖向支撑的柱截面形心轴的距离；

n——每一榀竖向支撑的柱子数；

m——水平荷载作用方向竖向支撑的榀数；

E_{ij}——第 j 榀竖向支撑中第 i 根柱的弹性模量。

总剪力墙的抗弯刚度 E_wI_w 是每片墙抗弯刚度的总和，即

$$E_wI_w = \sum_j E_jI_j \tag{5.32}$$

式中　E_j、I_j——第 j 片(等效)剪力墙的弹性模量和截面惯性矩。

本节在协同工作计算方法中，假定总框架各层抗剪刚度 C_F、支撑各层抗弯刚度 EI_{eq}、剪力墙各层抗弯刚度 E_wI_w 不随楼层的变化而变化。但实际中各层 C_F、EI_{eq}、E_wI_w 可能不同，如果相差不大，可采用沿高度加权平均值的方法得到平均的 C_F、EI_{eq}、E_wI_w 值，具体见式(5.33)；若各层刚度变化太大，本方法不适用。

$$\left.\begin{aligned} C_F &= \frac{\sum C_{Fj}h_j}{H} \\ EI_{eq} &= \frac{\sum (EI_{eq})_j h_j}{H} \\ E_wI_w &= \frac{\sum (E_wI_w)_j h_j}{H} \end{aligned}\right\} \tag{5.33}$$

式中　C_{Fj}、$(EI_{eq})_j$、$(E_wI_w)_j$——第 j 层总框架抗剪刚度、总支撑的等效抗弯刚度及总剪力墙的抗弯刚度；

h_j——第 j 层层高；

H——结构总高。

2. 结构内力及位移计算

确定结构等效刚度以后，可采用图 5.15(a) 中的模型计算，本节以框架-剪力墙模型为例进行分析。如图 5.17 所示，内力分析时将连杆截断代之以未知力 P_{Fi}。为简化计算，将各楼层处的 P_{Fi}、P_i 转化为连续分布力 $p_f(x)$、$p(x)$。当楼层数较多时，此简化不会给计算结果带来较大误差。

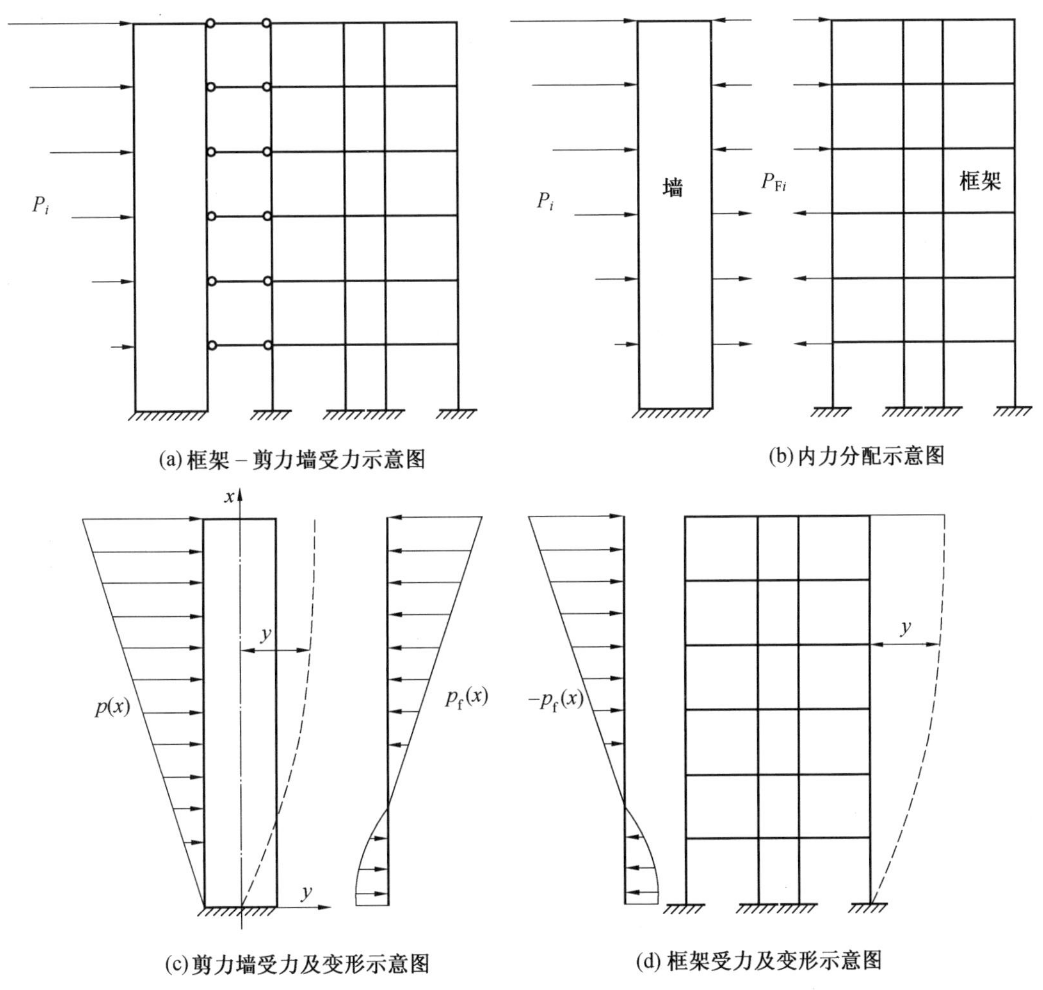

图 5.17　铰接体系计算简图

切开后的剪力墙为静定结构，取总剪力墙为隔离体，所受荷载如图 5.18 所示。按照图中规定的正负号规则，依据弹性理论，墙的弯曲变形、内力和荷载的关系如下：

$$\left.\begin{aligned}M_{\mathrm{w}}&=E_{\mathrm{w}}I_{\mathrm{w}}\frac{\mathrm{d}^2y}{\mathrm{d}x^2}\\V_{\mathrm{w}}&=-E_{\mathrm{w}}I_{\mathrm{w}}\frac{\mathrm{d}^3y}{\mathrm{d}x^3}\\p_{\mathrm{w}}&=p(x)-p_{\mathrm{f}}(x)=E_{\mathrm{w}}I_{\mathrm{w}}\frac{\mathrm{d}^4y}{\mathrm{d}x^4}\end{aligned}\right\}\tag{5.34}$$

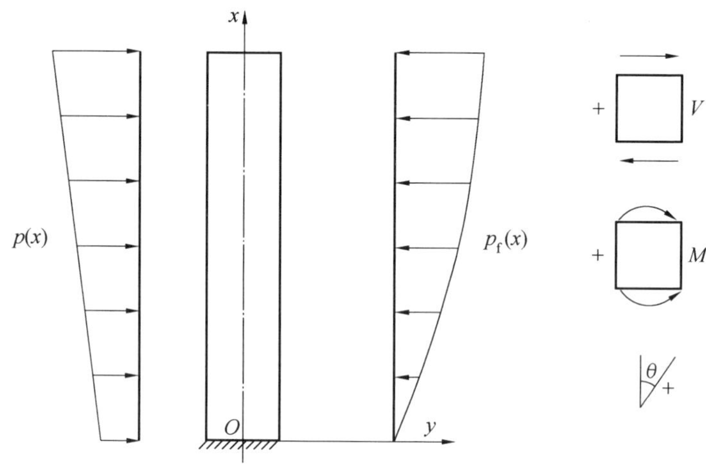

图 5. 18　总剪力墙隔离体及符号规则

如图 5. 19 所示,框架的剪力为(剪切变形为 θ)

$$V_{\mathrm{F}}=C_{\mathrm{F}}\theta=C_{\mathrm{F}}\frac{\mathrm{d}y}{\mathrm{d}x}\tag{5.35}$$

微分一次,则可得

$$\frac{\mathrm{d}V_{\mathrm{F}}}{\mathrm{d}x}=C_{\mathrm{F}}\frac{\mathrm{d}^2y}{\mathrm{d}x^2}=-p_{\mathrm{f}}(x)\tag{5.36}$$

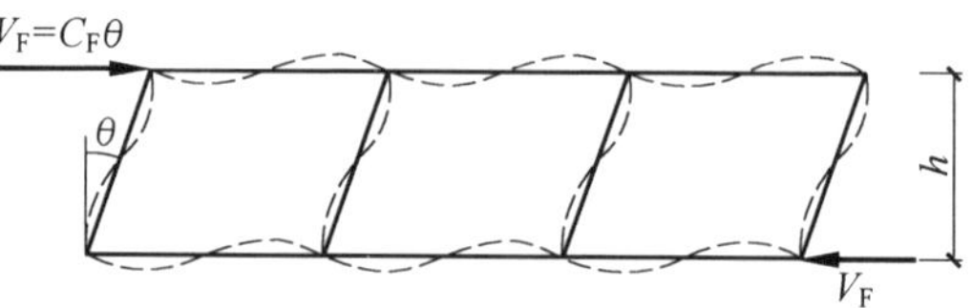

图 5. 19　框架受力与变形

将式(5. 36)代入式(5. 34)中的第三式后,整理可得

$$\frac{\mathrm{d}^4y}{\mathrm{d}x^4}-\frac{C_{\mathrm{F}}}{E_{\mathrm{w}}I_{\mathrm{w}}}\frac{\mathrm{d}^2y}{\mathrm{d}x^2}=\frac{p(x)}{E_{\mathrm{w}}I_{\mathrm{w}}}\tag{5.37}$$

令

$$\left.\begin{aligned}\xi&=x/H\\\lambda&=H\sqrt{C_{\mathrm{F}}/E_{\mathrm{w}}I_{\mathrm{w}}}\end{aligned}\right\}\tag{5.38}$$

式中　ξ——相对坐标,坐标原点取在固端处;

λ——无量纲量,称为结构刚度特征值,反映总框架和总剪力墙刚度比,对框架-剪力墙结构的受力和变形状态有较大影响。

引入式(5. 38)的相关符号后,式(5. 37)可以写成

$$\frac{\mathrm{d}^4 y}{\mathrm{d}\xi^4}-\lambda^2\frac{\mathrm{d}^2 y}{\mathrm{d}\xi^2}=\frac{H^4}{E_{\mathrm{w}}I_{\mathrm{w}}}p(\xi) \tag{5.39}$$

该式是一个四阶常系数非齐次线性微分方程，它的解包含两部分：一部分是对应齐次方程的通解；另一部分是该方程的特解，即

$$y=C_1+C_2\xi+A\mathrm{sh}\ \lambda\xi+B\mathrm{ch}\ \lambda\xi+y_1 \tag{5.40}$$

式中　C_1、C_2、A、B——4 个积分常数；

y_1——方程特解，视外荷载的形式而定，常见均布荷载、倒三角形分布荷载、顶部集中力作用时的 y_1 为

$$y_1=\begin{cases}-\dfrac{qH^2}{2C_{\mathrm{F}}}\xi^2 & (\text{均布荷载})\\ -\dfrac{qH^2}{6C_{\mathrm{F}}}\xi^3 & (\text{倒三角形分布荷载})\\ 0 & (\text{顶部集中荷载})\end{cases} \tag{5.41}$$

C_1、C_2、A、B 这 4 个积分常数需根据 4 个边界条件确定，具体如下：

(1) 当 $x=H(\xi=1)$ 时，结构顶部总剪力为

$$V_{\mathrm{w}}+V_{\mathrm{F}}=-\frac{E_{\mathrm{w}}I_{\mathrm{w}}}{H^3}\frac{\mathrm{d}^3 y}{\mathrm{d}\xi^3}+\frac{C_{\mathrm{F}}}{H}\frac{\mathrm{d}y}{\mathrm{d}\xi}=\begin{cases}0 & (\text{均布荷载、倒三角形分布荷载})\\ P & (\text{顶部集中荷载})\end{cases} \tag{5.42}$$

(2) 当 $x=0(\xi=0)$ 时，剪力墙底部转角为零，即

$$\frac{\mathrm{d}y}{\mathrm{d}\xi}=0 \tag{5.43}$$

(3) 当 $x=H(\xi=1)$ 时，剪力墙顶部弯矩为零，由式(5.34)第一式可得

$$\frac{\mathrm{d}^2 y}{\mathrm{d}\xi^2}=0 \tag{5.44}$$

(4) 当 $x=0(\xi=0)$ 时，剪力墙底部位移为零，即

$$y(0)=0\Rightarrow C_1+B+y_1=0 \tag{5.45}$$

由上述 4 个条件，可确定 C_1、C_2、A、B，进而求得 y、M_{w}、V_{w}、V_{F}，具体见式(5.46)～(5.49)。

$$y=\begin{cases}\dfrac{qH^4}{EI_{\mathrm{w}}\lambda^4}\left\{\dfrac{1+\lambda\mathrm{sh}\ \lambda}{\mathrm{ch}\ \lambda}(\mathrm{ch}\ \lambda\xi-1)-\lambda\mathrm{sh}\ \lambda\xi+\lambda^2\xi\left(1-\dfrac{\xi}{2}\right)\right\} & (\text{均布荷载})\\ \dfrac{qH^4}{EI_{\mathrm{w}}\lambda^2}\left\{\dfrac{\mathrm{ch}\ \lambda\xi-1}{\mathrm{ch}\ \lambda}\left(\dfrac{\mathrm{sh}\ \lambda}{2\lambda}-\dfrac{\mathrm{sh}\ \lambda}{\lambda^3}+\dfrac{1}{\lambda^2}\right)+\left(\xi-\dfrac{\mathrm{sh}\ \lambda\xi}{\lambda}\right)\left(\dfrac{1}{2}-\dfrac{1}{\lambda^2}\right)-\dfrac{\xi^2}{6}\right\} & (\text{倒三角形分布荷载})\\ \dfrac{PH^3}{EI_{\mathrm{w}}\lambda^3}\left\{\dfrac{\mathrm{sh}\ \lambda}{\mathrm{ch}\ \lambda}(\mathrm{ch}\ \lambda\xi-1)-\mathrm{sh}\ \lambda\xi+\lambda\xi\right\} & (\text{顶部集中荷载})\end{cases} \tag{5.46}$$

$$M_{\mathrm{w}}=\begin{cases}\dfrac{qH^2}{\lambda^2}\left\{\left(\dfrac{1+\lambda\mathrm{sh}\ \lambda}{\mathrm{ch}\ \lambda}\right)\mathrm{ch}\ \lambda\xi-\lambda\mathrm{sh}\ \lambda\xi-1\right\} & (\text{均布荷载})\\ \dfrac{qH^2}{\lambda^2}\left\{\left(1+\dfrac{\lambda\mathrm{sh}\ \lambda}{2}-\dfrac{\mathrm{sh}\ \lambda}{\lambda}\right)\dfrac{\mathrm{ch}\ \lambda\xi}{\mathrm{ch}\ \lambda}-\left(\dfrac{\lambda}{2}-\dfrac{1}{\lambda}\right)\mathrm{sh}\ \lambda\xi-\xi\right\} & (\text{倒三角形分布荷载})\\ \dfrac{PH}{\lambda}\left\{\dfrac{\mathrm{sh}\ \lambda}{\mathrm{ch}\ \lambda}\mathrm{ch}\ \lambda\xi-\mathrm{sh}\ \lambda\xi\right\} & (\text{顶部集中荷载})\end{cases} \tag{5.47}$$

$$V_w=\begin{cases}\dfrac{qH}{\lambda}\left\{\lambda\operatorname{ch}\lambda\xi-\dfrac{1+\lambda\operatorname{sh}\lambda}{\operatorname{ch}\lambda}\lambda\operatorname{sh}\lambda\xi\right\} & (均布荷载)\\ \dfrac{qH}{\lambda}\left\{\left(1+\dfrac{\lambda\operatorname{sh}\lambda}{2}-\dfrac{\operatorname{sh}\lambda}{\lambda}\right)\dfrac{\operatorname{ch}\lambda\xi}{\operatorname{ch}\lambda}-\left(\dfrac{\lambda}{2}-\dfrac{1}{\lambda}\right)\operatorname{sh}\lambda\xi-\dfrac{1}{\lambda}\right\} & (倒三角形分布荷载)\\ P\left\{\operatorname{ch}\lambda\xi-\dfrac{\operatorname{sh}\lambda}{\operatorname{ch}\lambda}\operatorname{sh}\lambda\xi\right\} & (顶部集中荷载)\end{cases}\tag{5.48}$$

$$V_F=V_P(\xi)-V_w(\xi)=\begin{cases}(1-\xi)qH-V_w(\xi) & (均布荷载)\\ \dfrac{1}{2}(1-\xi^2)qH-V_w(\xi) & (倒三角形分布荷载)\\ P-V_w(\xi) & (顶部集中荷载)\end{cases}\tag{5.49}$$

详细的计算公式推导参见文献[57]，y、M_w、V_w、V_F 各函数自变量均为 λ、ξ，为使用方便，可将公式分别制成曲线，具体可参见文献[56]、[57]。

3. 位移与内力分布规律

框架-剪力墙结构的侧向位移曲线，与结构刚度特征值 λ 有很大关系。均匀荷载作用下的结构侧向位移曲线如图 5.20 所示，当 λ 很小（如 $\lambda\leqslant1$）时，框架刚度相对较小，结构变形以剪力墙的弯曲型为主；当 λ 很大（如 $\lambda\geqslant6$）时，框架的刚度相对较大，结构变形以框架的剪切型为主；当 λ 在 1 ~ 6 之间时，结构下部剪力墙作用大，变形表现以弯曲型为主，结构上部剪力墙作用减小，变形表现为以剪切型为主的反 S 型变形，结构最终的变形即为弯剪型变形，此时上、下层的层间变形较为均匀。

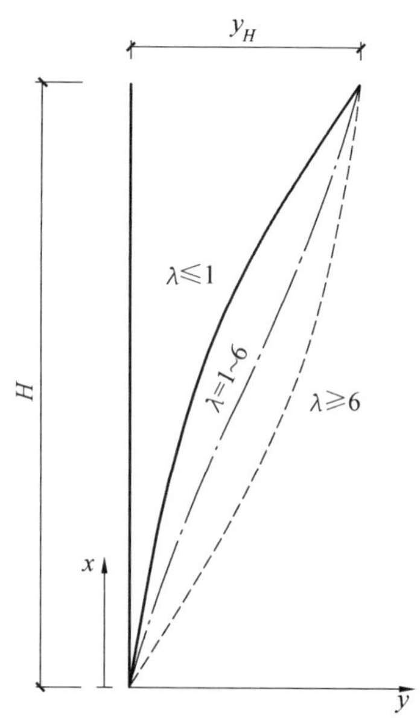

图 5.20　框架-剪力墙结构变形曲线图

图 5.21 给出了均布荷载作用下总框架与总剪力墙的剪力分配情况。可见，当 λ 很小时，剪力墙承担了大部分剪力；当 λ 很大时，框架承担了大部分剪力。通常情况下，由于剪力墙的刚度比框架的大很多，剪力墙要承受绝大部分剪力。就不同楼层的剪力分配而言，在结构下部，剪力墙承受的剪力较大，由于计算方法的近似性，框架结构在结构底部承担的剪

力为零,与实际情况略有差别;在结构上部,剪力墙出现负剪力(剪力方向与下部相反),框架出现正剪力,这是剪力墙的弯曲变形和框架的剪切变形相互协调的结果;在结构顶部,框架与剪力墙的剪力均不为零,但框架剪力与剪力墙剪力之和为零(外荷载为零)。从图 5.21 还可见,框架结构的总剪力最大值发生在结构的中间某层($\xi=0.3\sim0.6$),向上向下都逐渐减小。

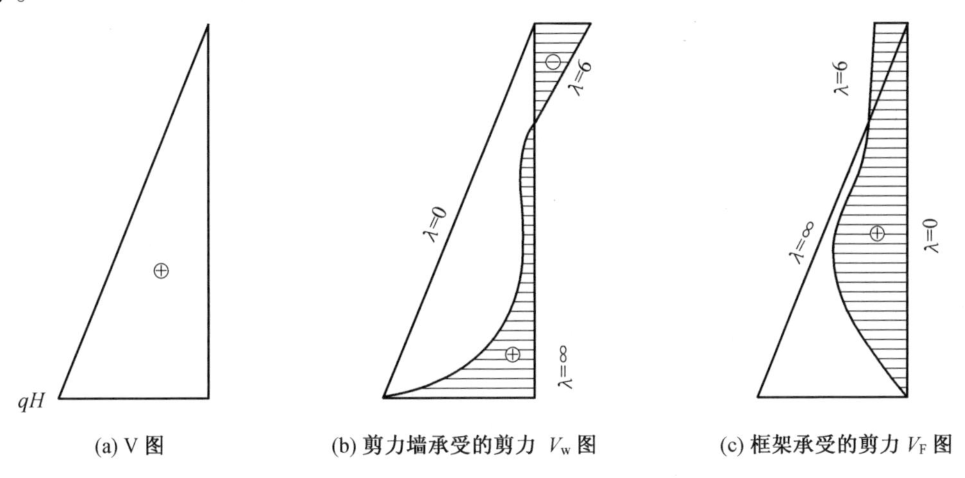

图 5.21　框架-剪力墙结构剪力分配图

图 5.22 给出了均布荷载下剪力墙和框架之间的荷载分配情况。剪力墙下部承受的荷载大于外荷载,随着结构高度的增加,承受的外荷载逐渐减小,若继续上升,承受的外荷载又有所增加,并在顶部有反向集中力。框架则刚好相反,下部出现反向荷载,随着结构高度的增加,反向荷载逐渐减小,待出现零点后,出现了正荷载,并在顶部有集中力作用。出现这种分布特点的原因在于当剪力墙和框架单独承受水平荷载时,两者的变形曲线不同,当两者共同工作时,变形曲线必须是协调一致产生的。

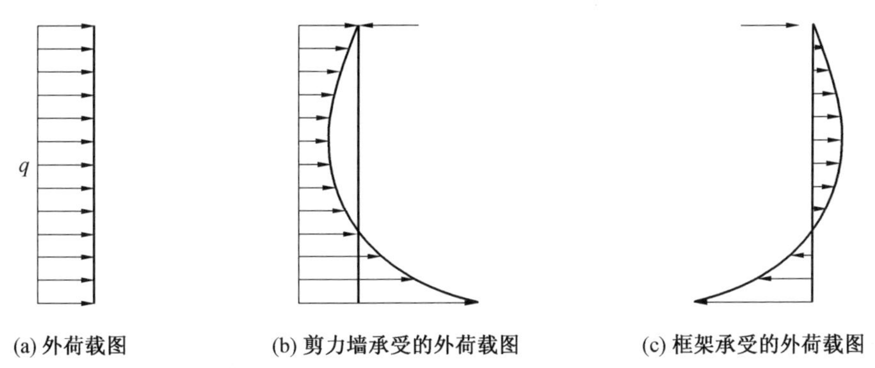

图 5.22　框架-剪力墙结构荷载分配图

4. 框架内力调整

为了避免按框架-支撑(剪力墙)协同工作计算所得的框架部分剪力过小,从而有可能导致框架的设计偏于不安全,因此,《高层民用建筑钢结构技术规程》(JGJ 99—2015)规定,在抗震设计中,钢框架-支撑(延性墙板)结构中框架部分按刚度分配计算得到的地震层剪力应乘以调整系数，达到不小于结构总地震剪力的25%或框架部分计算最大层剪力的1.8倍二者的较小值。

5.2.4 框筒结构的简化计算

框筒结构是由密排柱和裙梁（高跨比很大）所组成的空腹筒体（图5.23(a)），它与普通钢框架结构的受力有较大区别。在水平荷载下，除与水平力平行的腹板框架参与受力外，与水平力垂直的翼缘框架也参与工作。水平剪力主要由腹板框架承担，整体弯矩主要由翼缘框架承担。值得注意的是，在水平荷载下，框筒水平截面的竖向应变不符合平截面假定，如图5.23(b)所示，框筒结构的翼缘框架和腹板框架在角区附近的应力大于理想的实腹筒体，中间部分的应力则小于理想的实腹筒体，这种现象即为剪力滞后。

剪力滞后使得框筒结构部分中柱的承载力得不到充分发挥，结构的空间作用变弱。相关理论分析和试验结果表明，裙梁抗剪刚度越大，框筒宽度越小，剪力滞后效应越小。因此，为减小剪力滞后效应，应加大梁的高度，限制框筒的柱距，控制框筒结构的长宽比。

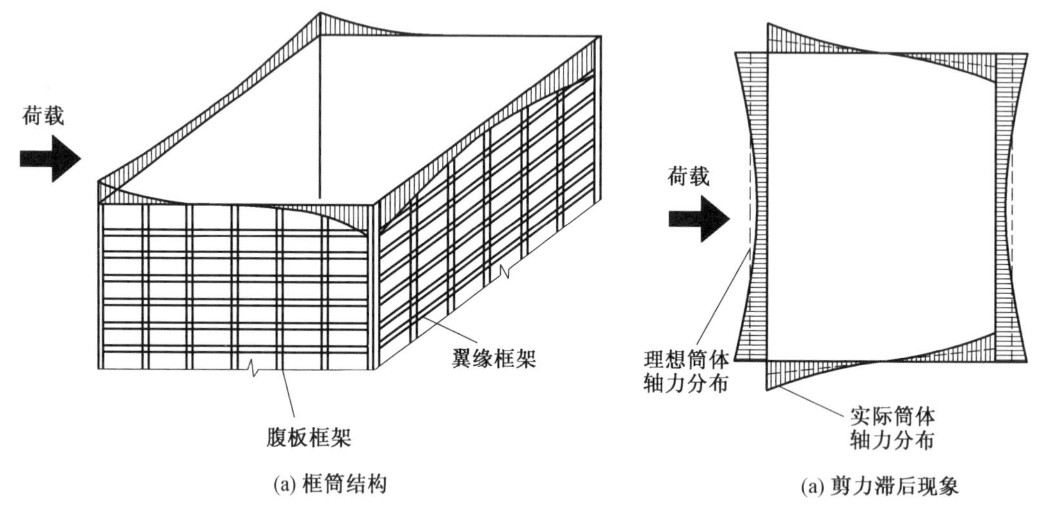

图5.23 框筒柱的轴力分布规律

针对框筒结构受力较复杂的特点，水平荷载下的内力和位移计算大多数情况下都通过计算机来完成，简化方法仅用于方案阶段估算截面尺寸。根据框筒结构的特点，目前常用的简化方法有等效槽形截面法、展开平面框架法等。

1. 等效槽形截面法

在水平荷载作用下，剪力滞后效应使得与水平荷载作用方向垂直的翼缘框架中部的柱子轴力较小；靠近腹板框架（与水平荷载作用方向平行）的柱子轴力较大。分析时，将翼缘框架中靠近腹板框架的部分作为腹板框架的有效翼缘，忽略翼缘框架中间那部分的抗力作用。这样，框筒结构简化为两个等效槽形截面（图5.24），等效槽形截面翼缘有效宽度 b 为

$$b=\min\left(\frac{B}{2},\frac{L}{3},\frac{H}{10}\right) \tag{5.50}$$

式中 B——腹板框架的长度；

L——翼缘框架的长度；

H——框筒高度。

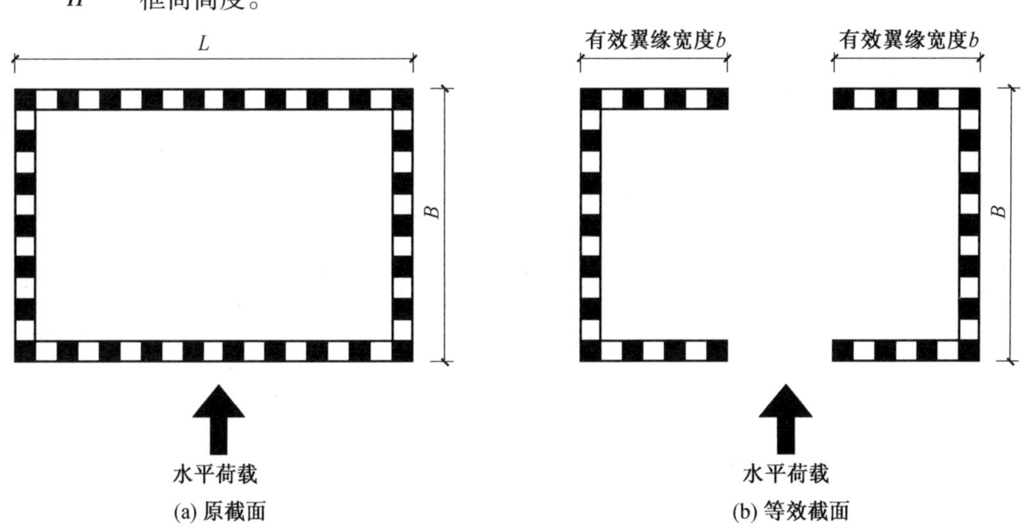

(a) 原截面　　(b) 等效截面

图 5.24　等效槽形截面

双槽形等效截面作为悬臂梁结构抵抗水平荷载的作用，可按材料力学的方法近似计算梁、柱内力。单根柱子范围内的弯曲正应力合成柱的轴力，层高范围内的剪应力构成裙梁的剪力，第 i 根柱内轴力 N_{ci} 及第 j 根梁内剪力 V_{bj} 分别为

$$N_{ci}=\frac{Mc_i}{I_c}A_{ci} \tag{5.51}$$

$$V_{bj}=\frac{VS_j}{I_c}h \tag{5.52}$$

式中　M、V——水平荷载作用下整体弯曲产生的弯矩和剪力；

I_c——双槽形截面对其中性轴的惯性矩；

c_i——第 i 根柱形心到框筒中性轴的距离；

A_{ci}——第 i 根柱截面面积；

S_j——第 j 根梁中心线以外的面积对中性轴的面积矩；

h——第 j 根梁所在高度处的楼层层高，如果梁的上、下层层高不同，则取平均值。

假定梁的反弯点在梁净跨度的中点，根据式(5.52)求得的梁剪力可求得梁端弯矩；柱的剪力可根据楼层剪力(假定仅由两腹板框架柱(包括角柱)承担)按 D 值分配而求得，进而求得柱的弯矩。

计算位移时，可只考虑弯曲变形，框筒结构顶点位移按式(5.53)近似计算。

$$\Delta=\begin{cases}\dfrac{1}{8}\dfrac{V_0H^3}{EI_c} & \text{(均布荷载)}\\[2ex] \dfrac{11}{60}\dfrac{V_0H^3}{EI_c} & \text{(倒三角形分布荷载)}\\[2ex] \dfrac{1}{3}\dfrac{V_0H^3}{EI_c} & \text{(顶部集中荷载)}\end{cases} \tag{5.53}$$

式中 V_0——结构底部剪力。

2. 展开平面框架法

展开平面框架法就是将空间框筒结构展开为等效的平面框架结构，然后按框架结构的分析方法进行分析。这种分析方法的概念较明确，运算也并不复杂，在对一般框架分析过程稍加变通后即可进行运算。

水平荷载下框筒结构的变形特点是：① 翼缘框架主要承受轴力进而产生轴向变形；② 腹板框架主要承受剪力和弯矩，产生剪切变形和弯曲变形；③ 翼缘框架与腹板框架之间的整体作用，主要通过角柱协调实现；④各框架面外刚度很小，可忽略不计。

框筒结构通常有两个对称轴，可仅取 1/4 筒体来计算，水平荷载亦仅取整个筒体所承受的水平荷载的 1/4，如图 5.25 所示。把 1/4 框筒在腹板框架平面内展开，其计算简图如图 5.26 所示。水平荷载可视为作用在腹板框架上，腹板框架和翼缘框架通过虚拟剪切梁相连，此梁仅能传递腹板框架和翼缘框架间通过角柱传递的竖向力，并保证腹板框架和翼缘框架在角柱处竖向位移协调。角柱在翼缘框架和腹板框架中各取一半面积，惯性矩按各自方向全截面惯性矩取用。

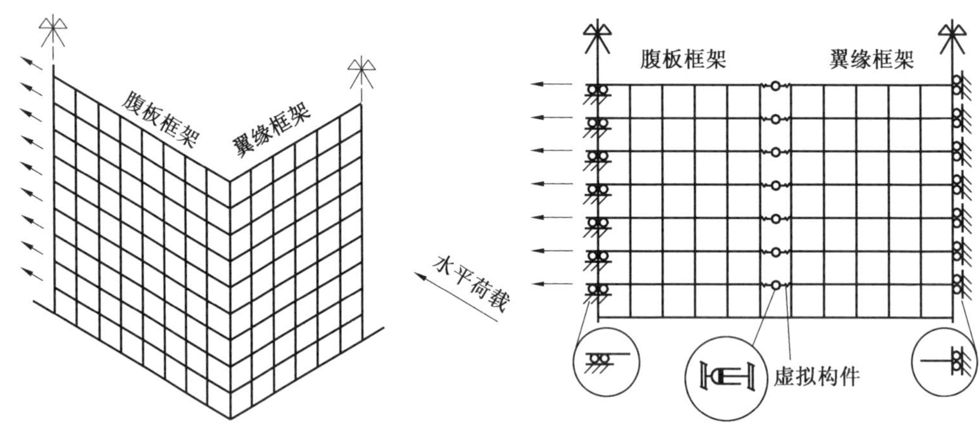

图 5.25　1/4 框筒受力状况　　　　图 5.26　计算简图

1/4 筒体结构的边界条件如下：在平行于荷载方向的腹板框架对称轴上，柱的轴向位移为零，可用竖向位移约束来表示；在翼缘框架的对称轴上，水平位移和转角均应为零，可用水平位移约束来表示。

基于上述分析，用现有一般平面框架程序对框筒结构进行分析时，需做如下处理：

① 边界节点可附加相应约束，或取腹板框架边界上各柱横截面面积为无限大，但惯性矩取实际惯性矩的一半；取翼缘框架边界上各柱惯性矩为无限大，但横截面面积取实际横截面积的一半。

② 增加虚拟构件的单元刚度矩阵，且刚度矩阵中与剪切有关的元素取很大的数值，其他的元素取为零。

求解出 1/4 框筒结构的内力和位移后，利用对称与反对称的关系，即可求得整个框筒结构的内力和位移。

5.2.5　巨型框架结构的简化计算

1. 模型简化及基本假定

为分析方便，根据连续化概念和刚度等效原则，如图 5.27 所示，将巨型框架中的巨型梁和巨型柱等效为实腹构件。等效时，为确定巨型梁柱构件的等效刚度，做如下基本假定：

① 巨型柱中同一方向的两片竖向平面桁架的构件尺寸、钢材牌号相同。

② 巨型柱中斜撑与框架铰接，主要承受水平剪力。

③ 巨型柱中的立柱与横梁刚接，承担部分剪力。

④ 巨型梁中竖向两片平面桁架所对应的构件尺寸、钢材牌号相同。

⑤ 巨型梁中的斜撑主要承受剪力。

⑥ 巨型梁中的弦杆与竖腹杆刚接，承担部分竖向剪力。

⑦ 材质匀质、弹性。

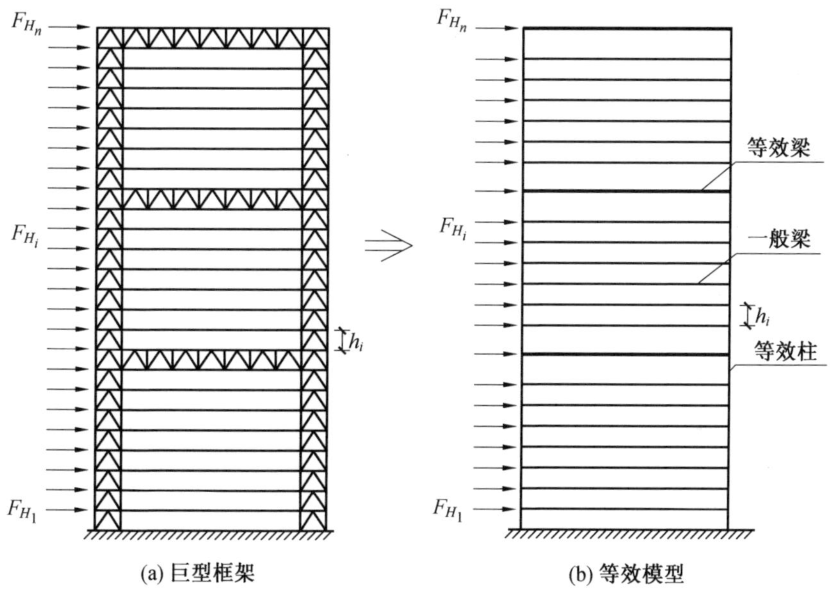

图 5.27　巨型框架简化

2. 巨型柱等效刚度

(1) 巨型柱等效剪切刚度。

由基本假定①、②、④，第 j 层巨型柱的剪切变形如图 5.28 所示，可得巨型柱的等效剪切刚度为

$$(GA)_{cj}=\frac{4b^2h_jEA_{dj}}{d_j^3}+\frac{48(i_{bj}+i_{bj-1})i_{cj}}{(4i_{cj}+i_{bj}+i_{bj-1})h_j}\tag{5.54}$$

式中　d_j——斜杆长度，按 $d_j=\sqrt{b^2+h_j^2}$ 计算。

(2) 巨型柱等效抗弯刚度。

由基本假定③，按等效刚度原则，由图 5.28(a) 可得等效抗弯刚度(确定巨型柱的等效

抗弯刚度时，只考虑原巨型柱中的各柱肢的作用）为

$$(EI)_{cj}=4\mu E(I_{c1}+A_{cj}b^2) \tag{5.55}$$

式中 μ——考虑柱肢局部弯曲效应的刚度折减系数，可取 0.8 ~0.9；

I_{c1}——原巨型柱中的柱肢对自身形心轴的惯性矩。

（3）巨型柱等效轴向刚度。

忽略原巨型柱中支撑腹杆的作用，则等效轴向刚度为

$$(EA)_{cj}=4EA_{cj} \tag{5.56}$$

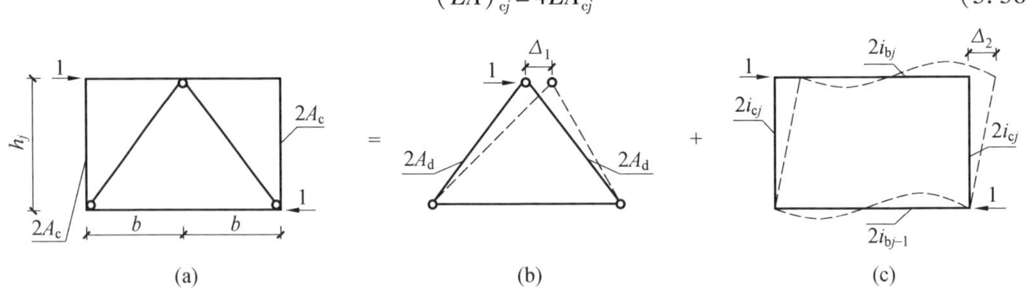

图 5.28 第 j 层巨型柱剪切变形分解

3. 巨型梁等效刚度

（1）巨型梁等效抗剪刚度。

在单位力作用下，巨型梁竖向平面斜腹杆、竖向平面竖腹杆和弦杆的剪切变形如图5.29 和图 5.30 所示。其竖向平面的等效抗剪刚度为

$$(GA)_{gjv}=\frac{2bh_j^2EA_b}{d_j^3}+\frac{12i_{vj}}{b}\left(\frac{i_{bj}}{i_{bj}+i_{vj}}+\frac{i_{bj-1}}{i_{bj-1}+i_{vj}}\right) \tag{5.57}$$

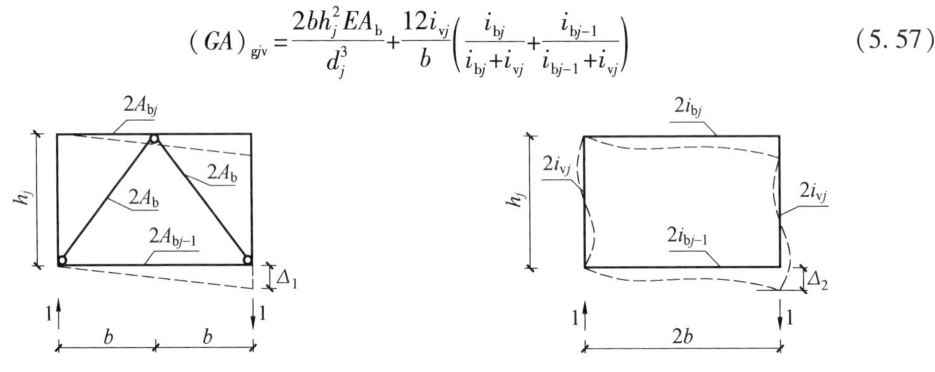

图 5.29 巨型梁斜杆的剪切变形　　图 5.30 巨型梁弦杆与竖腹杆的剪切变形

（2）巨型梁等效抗弯刚度。

其等效弯曲刚度为

$$(EI)_g=\frac{2EA_{bj}A_{bj-1}h_j^2}{A_{bj}+A_{bj-1}} \tag{5.58}$$

（3）巨型梁的等效轴向刚度。

巨型框架结构中的巨型梁所在楼层通常为转换层或设备层，比较重要。因此，不宜忽略其轴力的影响。为便于在等效模型中计入轴力，需对轴向刚度进行等效。按等效刚度原则可得其轴向刚度为

$$(EA)_g = 2E(A_{bj}+A_{bj-1}) \tag{5.59}$$

上述公式的推导过程详见文献[58]、[59]，这里不再赘述。在求出巨型框架中的巨型梁和巨型柱的等效刚度之后(一般梁、柱无须等效)，可视其为普通框架结构，进而对其进行相关简化计算。

5.2.6　扭转的近似计算

前面介绍的框架结构、框架-支撑(剪力墙)等的计算均是基于结构平移基础上的，即水平荷载作用线通过结构刚度中心，结构只产生平动，不发生扭转。当水平荷载合力作用线不通过结构刚度中心时，结构不仅发生平移变形，还会出现扭转，如图 5.31 所示。虽然结构平面对称，水平作用通过结构质心，但抗侧力结构布置不对称，刚度中心偏向结构左下方，结构在水平荷载下发生扭转。关于结构平面不规则性和扭转变形的相关要求见 3.1.2 节。

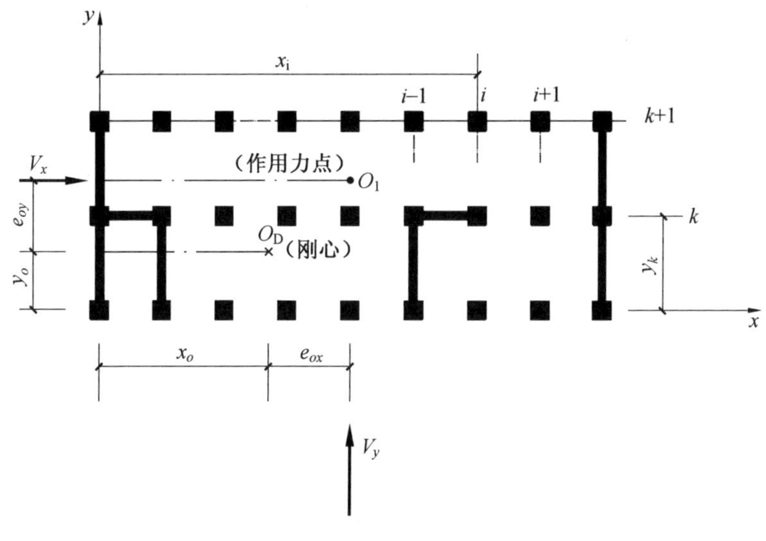

图 5.31　结构受扭

1. 质量中心、刚度中心及扭转偏心距

考虑扭转的计算方法，大致分为两类：一种是采用空间结构计算模型；另一种是采用简化的近似计算方法。扭转的近似计算方法是建立在平面结构及楼板在平面内无限刚性基础上的，它将刚性楼、屋盖房屋的平移-扭转耦联振动分解为平移振动和静力矩扭转两种状态的叠加，将结构的振动问题转化为静力问题来求解。显然，这与结构的实际受力状况有较大误差，但该方法计算简单，可以很快计算出结构扭转效应的近似值，本节将对扭转的近似计算方法进行介绍。

在近似计算方法中，需先确定水平力作用线及刚度中心，二者之间的距离即为扭转偏心距。风荷载的合力作用线位于迎风面或背风面的中心上，不难确定。水平地震作用点即惯性力的合力作用点，与结构质量分布有关，称为质心。质心具体计算方法为：将建筑面积分成若干个质量均匀分布的单元，如图 5.32 所示，在参考坐标系 xoy 中确定质心坐标或重心坐标(计算时用重量代替质量)x_m、y_m。

$$x_m = \frac{\sum x_i m_i}{\sum m_i} = \frac{\sum x_i w_i}{\sum w_i} \tag{5.60}$$

$$y_m = \frac{\sum y_i m_i}{\sum m_i} = \frac{\sum y_i w_i}{\sum w_i} \tag{5.61}$$

式中 x_i、y_i——第 i 个面积单元的重心坐标;

m_i、w_i——第 i 个面积单元的质量和重量。

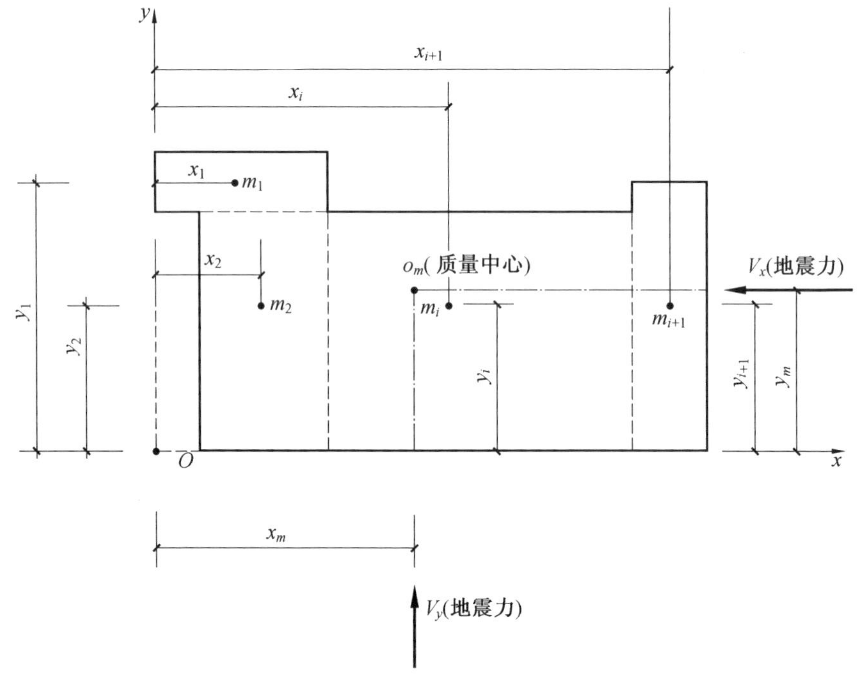

图 5.32 质心坐标

刚度中心是指各榀抗侧力结构的抗侧移刚度的中心,其计算方法与质心计算方法类似。把抗侧力单元的抗侧刚度作为假想面积,求得各假想面积的总形心就是刚度中心。抗侧刚度是指抗侧力单元产生单位层间位移时,需要作用的层剪力值,即

$$D_{yi} = \frac{V_{yi}}{\delta_y} \tag{5.62}$$

$$D_{xk} = \frac{V_{xk}}{\delta_x} \tag{5.63}$$

式中 V_{yi}——与 y 轴平行的第 i 榀结构的剪力;

V_{xk}——与 x 轴平行的第 k 榀结构的剪力;

δ_x、δ_y——结构在 x、y 方向平移变形的层间侧移。

以图 5.31 为例,在参考坐标系 xoy 中与 y 轴平行的各抗侧力单元以 1,2,…,i 为编号,抗侧移刚度为 D_{yi};同理,与 x 轴平行的各抗侧力单元以 1,2,…,k 为编号,抗侧移刚度为 D_{xk},则刚度中心坐标为

$$x_0 = \frac{\sum D_{yi}x_i}{\sum D_{yi}} \tag{5.64}$$

$$y_0 = \frac{\sum D_{xk}y_k}{\sum D_{xk}} \tag{5.65}$$

确定了水平合力作用线位置(风或地震作用)和刚度中心之后,二者之间的距离 e_{0x}、e_{0y} 分别为 y 方向作用力 V_y 和 x 方向作用力 V_x 的计算偏心距。

在高层建筑钢结构抗震设计过程中,考虑结构地震动力反应过程中可能由于地面扭转运动,结构实际刚度和质量分布相对于计算假定值存在偏差,以及在弹塑性响应过程中各抗侧力结构刚度退化程度不同等原因引起的扭转反应增大,计算单向水平地震作用效应应考虑偶然偏心的影响,要将偏心距增大,进而得到设计偏心距,设计偏心距为

$$e_x = e_{0x} \pm 0.05L_x \tag{5.66}$$

$$e_y = e_{0y} \pm 0.05L_y \tag{5.67}$$

式中　L_x、L_y——分别是与力作用方向垂直的建筑平面长度。

2. 考虑扭转作用的层剪力修正

以图 5.33 为例,推导考虑扭转作用时各抗侧力结构的剪力。图 5.33(a)中虚线表示结构某层平面在偏心的层剪力作用下发生的层间变形情况:层剪力 V_y 不通过该层的刚度中心 O_{D},偏心距为 e_x,进而产生扭矩 $M_y = V_y e_x$。因为楼盖无限刚性,整个楼盖产生平移变形和扭转变形,可将图 5.33(a)分解为图 5.33(b)和图 5.33(c)。在图 5.33(b)中 V_y 通过刚度中心 O_{D},楼盖沿 y 方向产生层间相对水平位移 δ。图 5.33(c)中 $M_y = V_y e_x$ 使楼盖绕通过刚度中心的竖轴产生层间相对位移 θ。这样,任意一点的位移均可用 δ 和 θ 表示。如图 5.33 所示,将坐标值的原点固定在刚度中心 O_D 上,规定位移与坐标轴一致时为正,转角以逆时针转动为正,各榀抗侧力结构在其自身平面内的侧移可表示如下。

y 方向第 i 榀结构沿 y 方向的层间侧移:

$$\delta_{yi} = \delta + \theta x_i \tag{5.68}$$

x 方向第 k 榀结构沿 x 方向的层间侧移:

$$\delta_{xk} = -\theta y_{\mathrm{k}} \tag{5.69}$$

由抗侧刚度的定义可得

$$V_{yi} = D_{yi}\delta_{yi} = D_{yi}\delta + D_{yi}\theta x_i \tag{5.70}$$

$$V_{xk} = D_{xk}\delta_{xk} = -D_{xk}\theta y_{\mathrm{k}} \tag{5.71}$$

式中各符号意义同前。

根据沿 y 方向所受的总作用力 V_y 应与各榀结构在 y 方向所能承担的剪力平衡,即

$$V_y = \sum V_{yi} = \sum D_{yi}\delta_{yi} = \delta \sum D_{yi} + \sum D_{yi}\theta x_i \tag{5.72}$$

这里总求和号为对 y 方向的各榀结构求和。

因为 O_{D} 为刚度中心,所以

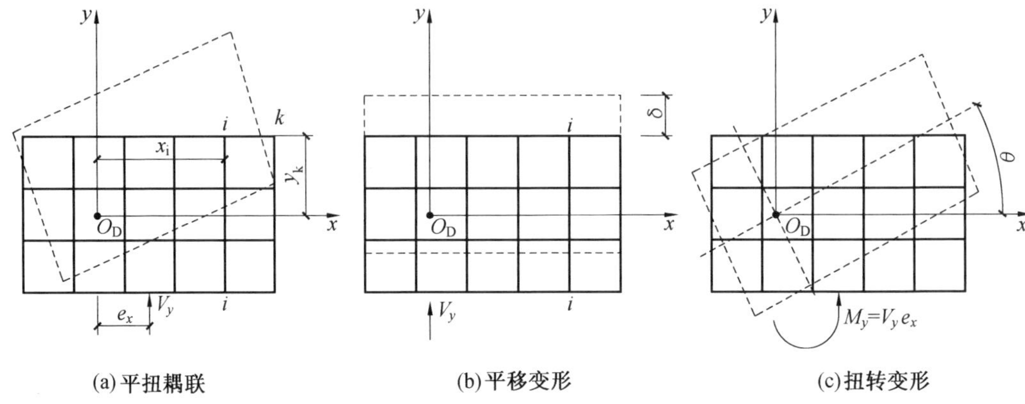

图 5.33　结构平移和扭转

$$\sum D_{yi}x_i = 0 \tag{5.73}$$

将式(5.73)代入式(5.72)得

$$\delta = \frac{V_y}{\sum D_{yi}} \tag{5.74}$$

式中　$\sum D_{yi}$——结构沿 y 方向的抗侧刚度。

根据对刚度中心的外力矩 $M_y = V_y e_x$ 应与各榀结构所能承担的剪力对刚心的抵抗力矩平衡，即

$$V_y e_x = \sum V_{yi}x_i - \sum V_{xk}y_k \tag{5.75}$$

将式(5.70)、(5.71)代入式(5.75)，并利用式(5.73)的关系，得

$$\theta = \frac{V_y e_x}{\sum D_{yi}x_i^2 + \sum D_{xk}y_k^2} \tag{5.76}$$

式中　$\sum D_{yi}x_i^2 + \sum D_{xk}y_k^2$——结构的抗扭刚度。

将式(5.74)和式(5.76)代入式(5.70)、(5.71)，可得每榀结构在考虑扭转时分担的层间剪力，即

$$V_{xk} = -\frac{D_{xk}y_k}{\sum D_{yi}x_i^2 + \sum D_{xk}y_k^2}V_y e_x \tag{5.77}$$

$$V_{yi} = \frac{D_{yi}}{\sum D_{yi}}V_y + \frac{D_{yi}x_i}{\sum D_{yi}x_i^2 + \sum D_{xk}y_k^2}V_y e_x \tag{5.78}$$

由式(5.77)、(5.78)可知，无论在哪个方向水平荷载有偏心而引起结构扭转，两个方向的抗侧力结构都能参与抵抗扭矩。但是在平移变形时，与力作用方向垂直的抗侧力结构不起作用(平面结构假定导致的)。

当在 y 方向有荷载作用时，x 方向的受力一般不大，所以式(5.77)常可忽略不计。式(5.78)第一项表示结构平移产生的层间剪力，第二项表示结构扭转产生的层间剪力。

将式(5.78)改写为

$$V_{yi}=\left[1+\frac{x_i e_x\sum D_{yi}}{\sum D_{yi}x_i^2+\sum D_{xk}y_k^2}\right]\frac{D_{yi}}{\sum D_{yi}}V_y=\alpha_{yi}\frac{D_{yi}}{\sum D_{yi}}V_y \tag{5.79}$$

$$\alpha_{yi}=1+\frac{(\sum D_{yi})x_i e_x}{\sum D_{yi}x_i^2+\sum D_{xk}y_k^2} \tag{5.80}$$

以上是按y方向有偏心距推导的。同理,当x方向总剪力V_x有偏心距e_y时,x方向第k榀结构的层间剪力为

$$V_{xk}=\left[1+\frac{e_y y_k\sum D_{xk}}{\sum D_{yi}x_i^2+\sum D_{xk}y_k^2}\right]\frac{D_{xk}}{\sum D_{xk}}V_x=\alpha_{xk}\frac{D_{xk}}{\sum D_{xk}}V_x \tag{5.81}$$

$$\alpha_{xk}=\left[1+\frac{e_y y_k\sum D_{xk}}{\sum D_{yi}x_i^2+\sum D_{xk}y_k^2}\right] \tag{5.82}$$

式(5.79)、式(5.81)说明,在考虑扭转效应后,某个抗侧力单元的层间剪力可以通过直接按抗侧移刚度比求得的层间剪力乘以修正系数得到,修正系数见式(5.80)和式(5.82)。

由以上各式可知:

① 每榀抗侧力结构的坐标位置有正负之分,因此,扭转修正系数α有可能$\alpha>1$,也有可能$\alpha<1$。当$\alpha<1$时,相当于考虑扭转后,剪力减小。在考虑扭转的验算中,只考虑$\alpha>1$的情况。此外,一般情况下,离刚心越远的抗侧力结构,剪力修正也越大。

② 结构的抗扭刚度为$\sum D_{yi}x_i^2+\sum D_{xk}y_k^2$,也就是说,结构中纵向和横向抗侧力单元共同抵抗扭矩。距离刚心越远的抗侧力单元对抗扭刚度的贡献越大。因此,加大四周构件截面尺寸,可以有效增大结构的抗扭刚度。

③在扭转作用下,各片抗侧力结构的层间变形不同,离刚心较远的结构边缘的抗侧力单元的层间侧移最大。因此,可以用结构中最远点的侧移与平均侧移的比值来近似确定结构扭转的严重程度,相关规范也正是基于此条来确定结构不规则。

④在上、下刚度不均匀变化的结构中,各层的刚心并不一定在同一根竖轴上。此时,各层结构的偏心距和扭转会改变,各层结构的扭转修正系数也会改变,应分别计算。

5.3　结构的精确计算方法

随着结构高度的不断增加、造型的日益复杂,依靠手算方法求解较准确的结构位移和内力已经不太现实。本节所指的精确计算方法,指的是使用较少的计算假定,基于有限元法,借助计算机对多高层钢结构进行分析计算的方法,这也是目前工程结构计算中应用最为普遍的方法。

5.3.1 有限元方法的基本思想

1. 结构离散、划分单元

将一个完整的结构离散成很多结构单元,这些单元可以归类为少数几种标准单元,单元与单元之间仅通过节点相联系。

高层建筑钢结构形式多种多样,梁柱构件作为一维构件,主要承受弯矩,可统一采用梁单元。支撑作为主要承受轴力的一维杆件,一般采用桁架单元。楼板、剪力墙等二维受力构件,可采用薄板单元或平面单元等,转换厚板、曲面薄壳等三维受力构件可采用厚板单元或壳单元等。相应地,对于阻尼器等特殊构件,尚有阻尼器单元、弹簧单元等与之对应。对于不同构件,通过选择合理的单元进行集成,可以较精确地模拟实际结构的特性。

2. 建立单元刚度方程

采用局部坐标系,建立单元节点力向量与节点位移向量之间关系的平衡方程,即

$$[k]^e\{\delta\}^e=\{f\}^e \tag{5.83}$$

式中 $[k]^e$——单元刚度矩阵;

$\{\delta\}^e$——单元节点位移向量;

$\{f\}^e$——单元节点力向量。

3. 建立结构总体刚度方程

根据单元节点处的位移连续条件和结构各节点的力平衡条件,将局部坐标系转换为整体坐标系,建立结构的总体刚度方程,即结构节点变形与节点荷载向量之间的平衡方程,即

$$[K]\{\Delta\}=\{F\} \tag{5.84}$$

式中 $[K]$——结构总刚度矩阵;

$\{\Delta\}$——结构节点位移向量;

$\{F\}$——结构节点荷载向量。

4. 求解结构变形及内力

引入约束条件(如支座约束等),求解结构总体刚度方程,获得结构各节点的位移。根据单元节点与结构节点的对应关系,确定各单元的变形。将各单元节点位移代入式(5.83),由单元刚度方程求得单元节点力与内力。

结构的总体刚度方程实际为未知量很多的线性或非线性方程组,需利用计算机程序求解,从而得到结构各单元节点位移及内力效应。上述计算过程是一种静力计算过程,按照静力学方法来求解静力方程,可计算恒荷载、活荷载等作用下构件的内力和变形。对于某些特殊荷载,如需要考虑动力效应的地震荷载,应按照结构的动力分析要求,考虑惯性力与阻尼等的影响,建立结构的运动方程,通过求解运动方程获得结构的动力特性(频率、振型等)和动力响应。

5.3.2　梁单元

图 5.34 为空间梁单元示意图,在局部坐标系 xyz 下,空间受力梁单元的每端作用有 3 个力 N_x、Q_y、Q_z 和 3 个力矩 M_x、M_y、M_z。与之相对应,变形状态由单元两端的 3 个平移量 δ_x、δ_y、δ_z 和 3 个转角量 θ_x、θ_y、θ_z 确定,其中假设 3 个平移量与对应坐标轴正向一致时为正,假设 3 个转角量与对应 3 个力矩的转向一致时为正。分别用 $\{f\}^e$、$\{\delta\}^e$ 表示空间受力梁单元的作用力向量和位移向量,则根据梁柱理论及有限变形理论等,可导出考虑剪切效应的空间梁单元二阶弹性刚度方程为

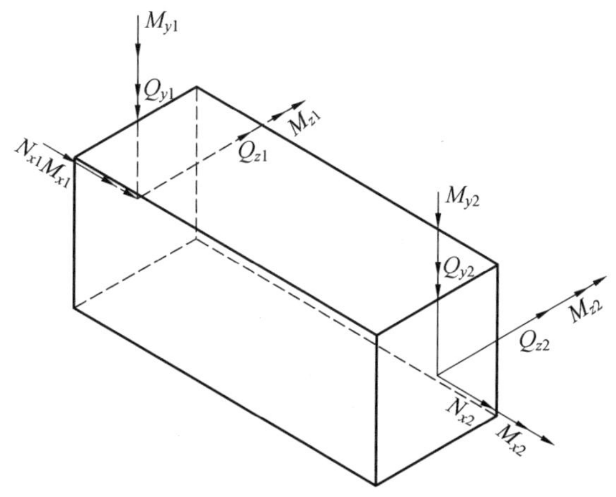

图 5.34　空间梁单元示意图

$$[k]^e\{\delta\}^e=\{f\}^e \tag{5.85}$$

式中　$\{\delta\}^e$——单元节点位移向量,$\{\delta\}^e=[\delta_{x1},\delta_{y1},\delta_{z1},\theta_{x1},\theta_{y1},\theta_{z1},\delta_{x2},\delta_{y2},\delta_{z2},\theta_{x2},\theta_{y2},\theta_{z2}]^T$;

$\{f\}^e$——单元节点力向量,$\{f\}^e=[N_{x1},Q_{y1},Q_{z1},M_{x1},M_{y1},M_{z1},N_{x2},Q_{y2},Q_{z2},M_{x2},M_{y2},M_{z2}]^T$;

$[k]^e$——单元刚度矩阵,可用式(5.86)表示。

$$
[k]^e=\begin{bmatrix}
\frac{EA}{l} & 0 & 0 & 0 & 0 & 0 & \frac{-EA}{l} & 0 & 0 & 0 & 0 & 0 \\
 & \frac{12EI_z}{l^3}\phi_{1z} & 0 & 0 & 0 & \frac{6EI_z}{l^2}\phi_{2z} & 0 & -\frac{12EI_z}{l^3}\phi_{1z} & 0 & 0 & 0 & \frac{6EI_z}{l^2}\phi_{2z} \\
 & & \frac{12EI_y}{l^3}\phi_{1y} & 0 & -\frac{6EI_y}{l^2}\phi_{2y} & 0 & 0 & 0 & -\frac{12EI_y}{l^3}\phi_{1y} & 0 & -\frac{6EI_y}{l^2}\phi_{2y} & 0 \\
 & & & \frac{GI_P}{l} & 0 & 0 & 0 & 0 & 0 & -\frac{GI_P}{l} & 0 & 0 \\
 & & & & 4\frac{EI_y}{l}\phi_{3y} & 0 & 0 & 0 & \frac{6EI_y}{l^2}\phi_{2y} & 0 & 2\frac{EI_y}{l}\phi_{4y} & 0 \\
 & & & & & 4\frac{EI_z}{l}\phi_{3z} & 0 & -\frac{6EI_z}{l^2}\phi_{2z} & 0 & 0 & 0 & 2\frac{EI_z}{l}\phi_{4z} \\
 & & \text{对称} & & & & \frac{EA}{l} & 0 & 0 & 0 & 0 & 0 \\
 & & & & & & & \frac{12EI_z}{l^3}\phi_{1z} & 0 & 0 & 0 & -\frac{6EI_z}{l^2}\phi_{2z} \\
 & & & & & & & & \frac{12EI_y}{l^3}\phi_{1y} & 0 & \frac{6EI_y}{l^2}\phi_{2y} & 0 \\
 & & & & & & & & & \frac{GI_P}{l} & 0 & 0 \\
 & & & & & & & & & & 4\frac{EI_y}{l}\phi_{3y} & 0 \\
 & & & & & & & & & & & 4\frac{EI_z}{l}\phi_{3z}
\end{bmatrix}
\tag{5.86}
$$

当单元受轴拉力时($N>0$):

$$\phi_{1z}=\frac{1}{12\phi_{tz}}\eta_z^2(\alpha_z l)^3\sinh\alpha_z l \tag{5.87a}$$

$$\phi_{2z}=\frac{1}{6\phi_{tz}}\eta_z(\alpha_z l)^2(\cosh\alpha_z l-1) \tag{5.87b}$$

$$\phi_{3z}=\frac{1}{4\phi_{tz}}\alpha_z l(\eta_z\alpha_z l\cosh\alpha_z l-\sinh\alpha_z l) \tag{5.87c}$$

$$\phi_{4z}=\frac{1}{2\phi_{tz}}\alpha_z l(\sinh\alpha_z l-\eta_z\alpha_z l) \tag{5.87d}$$

其中

$$\phi_{tz}=2-2\cosh\alpha_z l+\eta_z\alpha_z l\sinh\alpha_z l \tag{5.88}$$

$$\eta_z=1+\frac{\mu_z|N|}{GA} \tag{5.89}$$

$$\alpha_z=\sqrt{\frac{|N|}{\eta_z EI_z}} \tag{5.90}$$

$$\phi_{ty}=2-2\cosh\alpha_y l+\eta_y\alpha_y l\sinh\alpha_y l \tag{5.91}$$

$$\eta_y = 1 + \frac{\mu_y |N|}{GA} \tag{5.92}$$

$$\alpha_y = \sqrt{\frac{|N|}{\eta_y EI_y}} \tag{5.93}$$

将式(5.87a)~(5.87d)的 ϕ_{tz}、η_z、α_z 分别用式(5.91)~(5.93)中的 ϕ_{ty}、η_y、α_y 代替,即可求解式(5.86)中的 ϕ_{1y}、ϕ_{2y}、ϕ_{3y}、ϕ_{4y}。

当单元受轴压力时($N<0$):

$$\phi_{1z} = \frac{1}{12\phi_{cz}}\eta_z^2\ (\alpha_z l)^3 \sin\alpha_z l \tag{5.94a}$$

$$\phi_{2z} = \frac{1}{6\phi_{cz}}\eta_z\ (\alpha_z l)^2 (1-\cos\alpha_z l) \tag{5.94b}$$

$$\phi_{3z} = \frac{1}{4\phi_{cz}}\alpha_z l(\sin\alpha_z l - \eta_z\alpha_z l\cos\alpha_z l) \tag{5.94c}$$

$$\phi_{4z} = \frac{1}{2\phi_{cz}}\alpha_z l(\eta_z\alpha_z l - \sin\alpha_z l) \tag{5.94d}$$

其中

$$\phi_{cz} = 2-2\cos\alpha_z l - \eta_z\alpha_z l\sin\alpha_z l \tag{5.95}$$

$$\eta_z = 1 - \frac{\mu_z |N|}{GA} \tag{5.96}$$

$$\alpha_z = \sqrt{\frac{|N|}{\eta_z EI_z}} \tag{5.97}$$

$$\phi_{cy} = 2-2\cos\alpha_y l - \eta_y\alpha_y l\sin\alpha_y l \tag{5.98}$$

$$\eta_y = 1 - \frac{\mu_y |N|}{GA} \tag{5.99}$$

$$\alpha_y = \sqrt{\frac{|N|}{\eta_y EI_y}} \tag{5.100}$$

将式(5.94a)~(5.94d)的 ϕ_{cz}、η_z、α_z 分别用式(5.98)~(5.100)中的 ϕ_{cy}、η_y、α_y 代替,即可求解式(5.86)中的 ϕ_{1y}、ϕ_{2y}、ϕ_{3y}、ϕ_{4y}。

上面各式中,I_z、I_y、I_P、A 分别是单元杆件对 z 轴的截面惯性矩、对 y 轴的截面惯性矩、截面抗扭极惯性矩以及截面面积;E、G 分别为弹性模量及剪切弹性模量;l 为单元杆件长度;μ 为考虑截面剪切变形不均匀影响的截面形状系数,具体取值可参见文献[29]。

式(5.86)全面反映了轴向变形、剪切变形、双向弯曲、扭转及其耦合项对单元刚度矩阵的贡献。当采用平面梁单元时,如梁的变形仅发生在 xy 平面内,即 $\delta_{z1}=\theta_{x1}=\theta_{y1}=\delta_{z2}=\theta_{x2}=\theta_{y2}=0$,则单元节点位移向量 $\{\delta\}^e$ 中去掉这些零位移、单位力向量 $\{f\}^e$ 中去掉与这些零位移对应的力,单元刚度矩阵 $[k]^e$ 去掉相应的行和列即可,平面梁单元 $\{\delta\}^e$、$\{f\}^e$、$[k]^e$ 分别为

$$\{\delta\}^e = [\delta_{x1}, \delta_{y1}, \theta_{z1}, \delta_{x2}, \delta_{y2}, \theta_{z2}]^T \tag{5.101}$$

$$\{f\}^e = [N_{x1}, Q_{y1}, M_{z1}, N_{x2}, Q_{y2}, M_{z2}]^T \tag{5.102}$$

$$[k]^e=\begin{bmatrix} \frac{EA}{l} & 0 & 0 & \frac{-EA}{l} & 0 & 0 \\ & \frac{12EI_z}{l^3}\phi_{1z} & \frac{6EI_z}{l^2}\phi_{2z} & 0 & -\frac{12EI_z}{l^3}\phi_{1z} & \frac{6EI_z}{l^2}\phi_{2z} \\ & & 4\frac{EI_z}{l}\phi_{3z} & 0 & -\frac{6EI_z}{l^2}\phi_{2z} & 2\frac{EI_z}{l}\phi_{4z} \\ & & & \frac{EA}{l} & 0 & 0 \\ & \text{对称} & & & \frac{12EI_z}{l^3}\phi_{1z} & -\frac{6EI_z}{l^2}\phi_{2z} \\ & & & & & 4\frac{EI_z}{l}\phi_{3z} \end{bmatrix} \tag{5.103}$$

1. 不考虑剪切变形的平面梁单元

对于式(5.101)~(5.103)的平面梁单元,若忽略梁的剪切变形,近似取 GA 为无穷大,仅考虑轴力引起的二阶效应,则由式(5.89)、式(5.96)可知 $\eta_z=1.0$。将式(5.87)、式(5.94)展开为 $\alpha_z l$ 的形式,无论单元受拉或受压,ϕ_{1z}、ϕ_{2z}、ϕ_{3z}、ϕ_{4z}均可表示为

$$\phi_{1z}=\frac{1}{12\phi}\left\{1+\sum_{n=1}^{\infty}\frac{1}{(2n+1)!}[(\alpha_z l)^2]^n\right\} \tag{5.104a}$$

$$\phi_{2z}=\frac{1}{6\phi}\left\{\frac{1}{2}+\sum_{n=1}^{\infty}\frac{1}{(2n+2)!}[(\alpha_z l)^2]^n\right\} \tag{5.104b}$$

$$\phi_{3z}=\frac{1}{4\phi}\left\{\frac{1}{3}+\sum_{n=1}^{\infty}\frac{2(n+1)}{(2n+3)!}[(\alpha_z l)^2]^n\right\} \tag{5.104c}$$

$$\phi_{4z}=\frac{1}{2\phi}\left\{\frac{1}{6}+\sum_{n=1}^{\infty}\frac{1}{(2n+3)!}[(\alpha_z l)^2]^n\right\} \tag{5.104d}$$

其中

$$\phi=\frac{1}{12}+\sum_{n=1}^{\infty}\frac{2(n+1)}{(2n+4)!}[(\alpha_z l)^2]^n \tag{5.105}$$

此时

$$\alpha_z l=\sqrt{\frac{Nl^2}{EI_z}} \tag{5.106}$$

当仅保留 ϕ_{1z} ~ ϕ_{4z}级数展开式中$(\alpha_z l)^2$ 的一次项时,则由$\frac{1}{12\phi}\approx 1-\frac{(\alpha_z l)^2}{15}$,可求得 $\phi_{1z}\approx 1+\frac{(\alpha_z l)^2}{10}$、$\phi_{2z}\approx 1+\frac{(\alpha_z l)^2}{60}$、$\phi_{3z}\approx 1+\frac{(\alpha_z l)^2}{30}$、$\phi_{4z}\approx 1-\frac{(\alpha_z l)^2}{60}$。将 ϕ_{1z}、ϕ_{2z}、ϕ_{3z}、ϕ_{4z} 代入式(5.103),可得忽略剪切变形影响的梁单元刚度矩阵为

$$[k]^e=[k]_0^e+[k]_G^e \tag{5.107}$$

其中

$$[k]_0^e=\begin{bmatrix} \frac{EA}{l} & 0 & 0 & \frac{-EA}{l} & 0 & 0 \\ & \frac{12EI_z}{l^3} & \frac{6EI_z}{l^2} & 0 & -\frac{12EI_z}{l^3} & \frac{6EI_z}{l^2} \\ & & 4\frac{EI_z}{l} & 0 & -\frac{6EI_z}{l^2} & 2\frac{EI_z}{l} \\ & & & \frac{EA}{l} & 0 & 0 \\ & \text{对称} & & & \frac{12EI_z}{l^3} & -\frac{6EI_z}{l^2} \\ & & & & & 4\frac{EI_z}{l} \end{bmatrix} \tag{5.108}$$

$$[k]_G^e=N\begin{bmatrix} 0 & 0 & 0 & 0 & 0 & 0 \\ & \frac{6}{5l} & \frac{1}{10} & 0 & -\frac{6}{5l} & \frac{1}{10} \\ & & \frac{2l}{15} & 0 & -\frac{1}{10} & -\frac{l}{30} \\ & & & 0 & 0 & 0 \\ & \text{对称} & & & \frac{6}{5l} & -\frac{1}{10} \\ & & & & & \frac{2l}{15} \end{bmatrix} \tag{5.109}$$

式中　$[k]_0^e$——忽略剪力变形影响的梁单元刚度矩阵；

$[k]_G^e$——由轴力引起的附加刚度矩阵，称为几何刚度矩阵。

从式(5.107)可见，单元轴拉力($N>0$)会增大梁单元的刚度，而轴压力($N<0$)则会减小梁单元的刚度。

2. 不考虑二阶效应、考虑剪切变形的平面梁单元

因不考虑二阶效应，式(5.103)中的 $\phi_{1z}\sim\phi_{4z}$ 可由 $N\to 0$ 确定。修改后的单元刚度矩阵表达式为

$$[k]^e=\begin{bmatrix} \frac{EA}{l} & 0 & 0 & \frac{-EA}{l} & 0 & 0 \\ & \frac{12}{1+\beta}\frac{EI_z}{l^3} & \frac{6}{1+\beta}\frac{EI_z}{l^2} & 0 & -\frac{12}{1+\beta}\frac{EI_z}{l^3} & \frac{6}{1+\beta}\frac{EI_z}{l^2} \\ & & \frac{4+\beta}{1+\beta}\frac{EI_z}{l} & 0 & -\frac{6}{1+\beta}\frac{EI_z}{l^2} & \frac{2-\beta}{1+\beta}\frac{EI_z}{l} \\ & & & \frac{EA}{l} & 0 & 0 \\ & \text{对称} & & & \frac{12}{1+\beta}\frac{EI_z}{l^3} & -\frac{6}{1+\beta}\frac{EI_z}{l^2} \\ & & & & & \frac{4+\beta}{1+\beta}\frac{EI_z}{l} \end{bmatrix} \tag{5.110}$$

式中
$$\beta=\frac{12\mu_z EI_z}{GAl^2}$$

3. 不考虑二阶效应及剪切变形的平面梁单元

单元刚度矩阵表达式见式(5.108)。

4. 不考虑二阶效应、剪切变形及轴向变形的平面梁单元

单元刚度矩阵表达式为

$$[k]^e=\begin{bmatrix} \frac{12EI_z}{l^3} & \frac{6EI_z}{l^2} & -\frac{12EI_z}{l^3} & \frac{6EI_z}{l^2} \\ & 4\frac{EI_z}{l} & -\frac{6EI_z}{l^2} & 2\frac{EI_z}{l} \\ & \text{对称} & \frac{12EI_z}{l^3} & -\frac{6EI_z}{l^2} \\ & & & 4\frac{EI_z}{l} \end{bmatrix} \tag{5.111}$$

5. 考虑半刚性连接的平面受力梁单元

进行结构分析时,在常用的节点形式下,由于梁柱连接的变形,梁端转角与柱端转角不协调,即所谓的半刚性连接。分析中,对于梁单元,可采用在单元两端增设抗扭转弹簧来模拟梁柱节点的半刚性,建立考虑梁柱连接变形的梁单元刚度方程。

如图 5.35 所示,θ_{za1}、θ_{za2}为与梁相连柱端转角,φ_1、φ_2 为半刚性连接引起的梁柱间相对转角,θ_1、θ_2 为梁端最终转角。令

$$\{\delta\}_a^e=[\delta_{x1},\delta_{y1},\theta_{za1},\delta_{x2},\delta_{y2},\theta_{za2}]^T \tag{5.112}$$

考虑梁柱连接变形的梁单元刚度方程为

$$[k]_a^e\{\delta\}_a^e=\{f\}^e \tag{5.113}$$

$$[k]_a^e=[k]^e-[k]^e[H]^T([H]([k]^e+[k]_a)[H]^T)^{-1}[H][k]^e \tag{5.114}$$

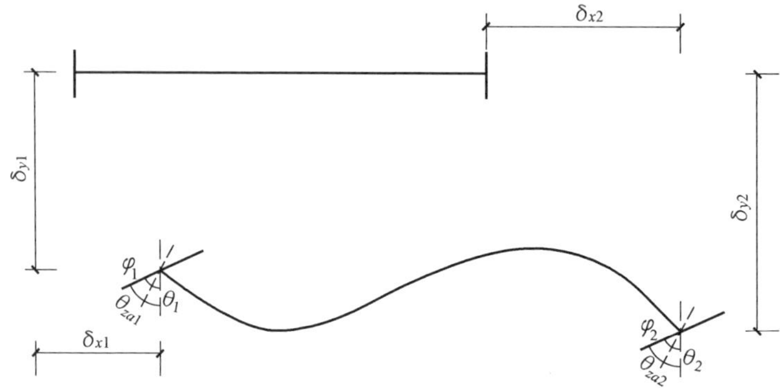

图 5.35 半刚性连接时梁的变形

$$[H]=\begin{bmatrix}0&0&1&0&0&0\\0&0&0&0&0&1\end{bmatrix} \tag{5.115}$$

$$[k]_a=\text{diag}[0,0,k_1,0,0,k_2] \tag{5.116}$$

式中　k_1、k_2——梁单元两端梁柱连接的转动刚度。

一般情况下半刚性梁柱连接的弯矩-转角关系为非线性,结构分析时,梁柱连接刚度应取两端弯矩 M 所对应的割线刚度。若梁端弯矩不能事先确定,结构分析时可使用迭代方法。

6. 梁端刚域的影响

框架使用箱形截面柱时,节点域刚度很大,可按结构轴线尺寸进行分析,但应将节点域作为刚域,梁柱刚域的总长度取柱截面宽度和梁截面高度的一半中两者的较小值。另外,有些时候上下柱偏心、梁的轴线与柱的形心不重合,都可产生刚域效果。梁端刚域如图 5.36 所示。梁端节点 1′、2′的位移可用单元节点 1、2 处的位移来表示,即

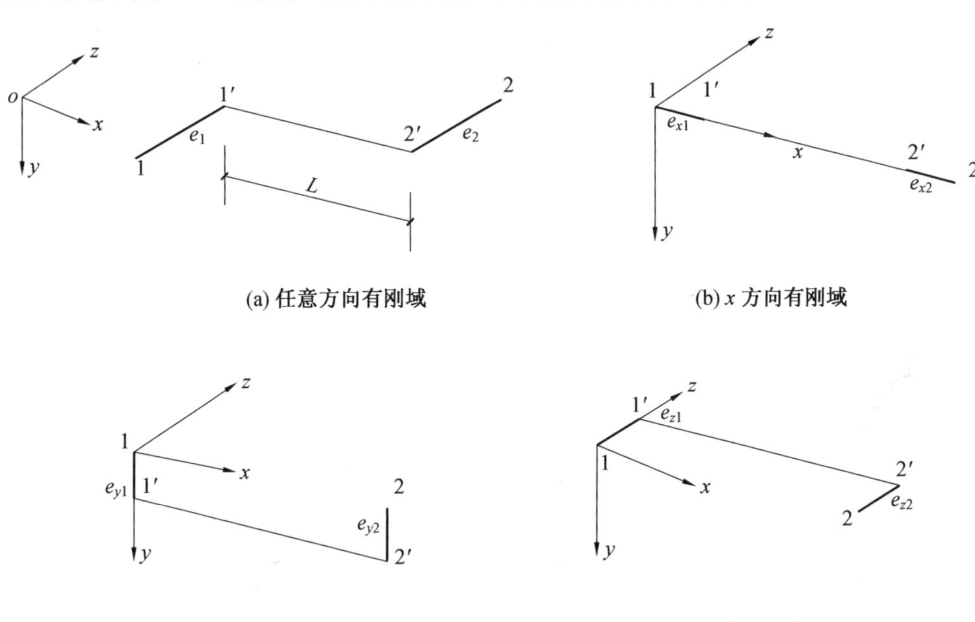

图 5.36　梁端刚域

$$\{\delta_1'\}^e=\begin{Bmatrix}\delta_{x1}'\\\delta_{y1}'\\\delta_{z1}'\\\theta_{x1}'\\\theta_{y1}'\\\theta_{z1}'\end{Bmatrix}=\begin{bmatrix}1&0&0&0&e_{z1}&-e_{y1}\\0&1&0&-e_{z1}&0&e_{x1}\\0&0&1&e_{y1}&-e_{x1}&0\\0&0&0&1&0&0\\0&0&0&0&1&0\\0&0&0&0&0&1\end{bmatrix}\begin{Bmatrix}\delta_{x1}\\\delta_{y1}\\\delta_{z1}\\\theta_{x1}\\\theta_{y1}\\\theta_{z1}\end{Bmatrix}=[H_1]\{\delta_1\}^e \tag{5.117}$$

$$\{\delta'_2\}^e=\begin{Bmatrix}\delta'_{x2}\\ \delta'_{y2}\\ \delta'_{z2}\\ \theta'_{x2}\\ \theta'_{y2}\\ \theta'_{z2}\end{Bmatrix}=\begin{bmatrix}1&0&0&0&e_{z2}&-e_{y2}\\0&1&0&-e_{z2}&0&-e_{x2}\\0&0&1&e_{y2}&e_{x2}&0\\0&0&0&1&0&0\\0&0&0&0&1&0\\0&0&0&0&0&1\end{bmatrix}\begin{Bmatrix}\delta_{x2}\\ \delta_{y2}\\ \delta_{z2}\\ \theta_{x2}\\ \theta_{y2}\\ \theta_{z2}\end{Bmatrix}=[H_2]\{\delta_2\}^e \tag{5.118}$$

对于整个梁单元,考虑梁端刚域影响时节点位移向量的转换关系为

$$\{\delta'\}^e=\begin{Bmatrix}\{\delta'_1\}^e\\ \{\delta'_2\}^e\end{Bmatrix}=\begin{bmatrix}[H_1]&0\\0&[H_2]\end{bmatrix}\begin{Bmatrix}\{\delta_1\}^e\\ \{\delta_2\}^e\end{Bmatrix}=[H]\{\delta\}^e \tag{5.119}$$

式中 $[H]$——位移修正矩阵,$[H]=\begin{bmatrix}[H_1]&0\\0&[H_2]\end{bmatrix}$。

7. 节点域变形的影响

多高层钢结构的节点域是指梁柱结合部分的区域,如图 5. 37 所示,在节点域相邻的梁端和柱端反力作用下,由于梁的约束作用,节点域的变形以剪切变形为主。规范规定,在梁柱刚性连接的钢框架设计中,考虑节点域剪切变形对结构水平侧移的影响时,可以将节点域作为一个单独的剪切单元进行结构整体分析。

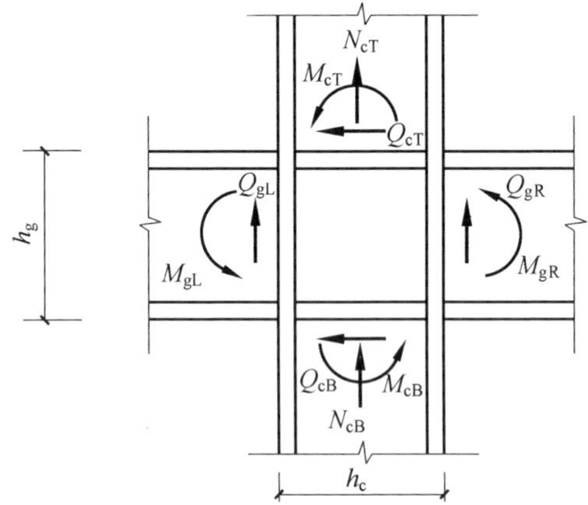

图 5. 37　节点域受力情况

(1)节点单元。

如图 5. 37 所示,节点域四周受到与之相连的梁和柱的反力作用,图中作用力使得节点域受剪,等效为图 5. 38 所示的形式,则可得

$$Q_H=-\frac{M_{gL}+M_{gR}}{h_g}+\frac{1}{2}(Q_{cB}-Q_{cT}) \tag{5.120a}$$

$$Q_V=\frac{M_{cT}+M_{cB}}{h_c}+\frac{1}{2}(Q_{gR}-Q_{gL}) \tag{5.120b}$$

式中 Q_H、Q_V——节点域的等效水平剪力和等效竖向剪力。

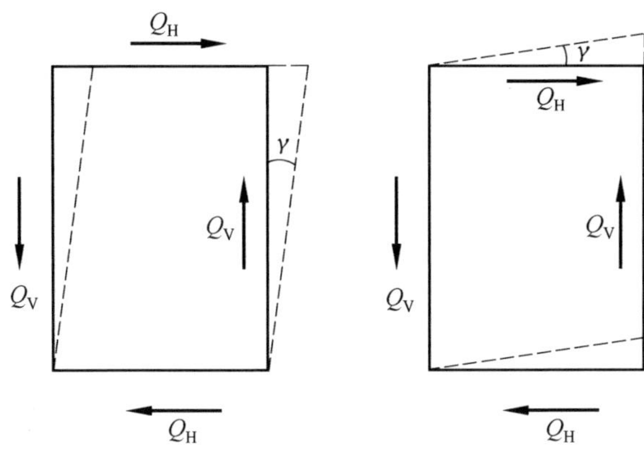

图 5.38　节点域等效受力情况

进而节点域水平剪应力和竖向剪应力分别为

$$\tau_H=\frac{Q_H}{h_c t_p},\quad \tau_V=\frac{Q_V}{h_g t_p} \tag{5.121}$$

式中　h_c、h_g——柱和梁的截面高度；

t_p——节点域的厚度。

由剪应力互等定理有

$$\frac{Q_H}{h_c t_p}=\frac{Q_V}{h_g t_p} \tag{5.122}$$

节点域剪切力矩为

$$M_\gamma=Q_H h_g=Q_V h_c=\frac{1}{2}(Q_H h_g+Q_V h_c)=$$

$$\frac{1}{2}\left[M_{cT}+M_{cB}-M_{gL}-M_{gR}+\frac{h_g}{2}(Q_{cB}-Q_{cT})+\frac{h_c}{2}(Q_{gR}-Q_{gL})\right] \tag{5.123}$$

由式(5.121)、式(5.123)得节点域剪应力和节点域剪应变分别为

$$\tau=\frac{M_\gamma}{h_g h_c t_p} \tag{5.124}$$

$$\gamma=\frac{M_\gamma}{G h_g h_c t_p} \tag{5.125}$$

式中　G——节点域剪切弹性模量。

由材料力学可知，在弹性小变形条件下，节点域因纯剪而引起的转角 θ_γ 在数值上等于剪应变 γ，由此定义节点域弹性转动刚度为

$$k_{\gamma e}=G h_g h_c t_p \tag{5.126}$$

(2)考虑节点域框架梁和框架柱单元刚度方程。

节点域剪切变形会造成框架相邻梁柱的边界变形不协调，使得在梁、柱构件由单元刚度矩阵形成结构总体刚度矩阵时具有一定的困难。文献[60]取节点域的位移和变形(节点域的水平位移 u、竖向位移 w、转角 θ 和剪切变形 γ)为结构变形的基本变形量，避免了这一问题，从而建立框架梁、柱单元刚度方程，如图 5.39 所示。

考虑节点域剪切变形的框架梁单元刚度矩阵$[k]_{g\gamma}$为

$$[k]_{g\gamma}=[A]_g^T[k]_g[A]_g \tag{5.127}$$

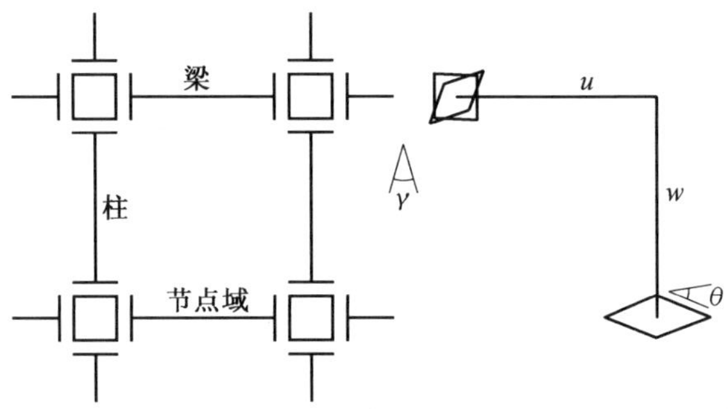

图 5.39　框架结构基本未知量

$$[A]_g=\begin{bmatrix}1 & 0 & 0 & 0 & 0 & 0 & 0 & 0\\ 0 & 1 & \frac{1}{2}h_{ci} & -\frac{1}{4}h_{ci} & 0 & 0 & 0 & 0\\ 0 & 0 & 1 & \frac{1}{2} & 0 & 0 & 0 & 0\\ 0 & 0 & 0 & 0 & 1 & 0 & 0 & 0\\ 0 & 0 & 0 & 0 & 0 & 1 & -\frac{1}{2}h_{cj} & \frac{1}{4}h_{cj}\\ 0 & 0 & 0 & 0 & 0 & 0 & 1 & \frac{1}{2}\end{bmatrix} \tag{5.128}$$

式中　h_{ci}、h_{cj}——单元 i、j 端柱的截面高度；

$[A]_g$——转换矩阵；

$[k]_g$——单纯梁的单元刚度矩阵，可按前述方法确定。

考虑节点域剪切变形的框架柱单元刚度矩阵$[k]_{c\gamma}$有

$$[k]_{c\gamma}=[A]_c^T[k]_c[A]_c \tag{5.129}$$

$$[A]_c=\begin{bmatrix}1 & 0 & 0 & 0 & 0 & 0 & 0 & 0\\ 0 & 1 & \frac{1}{2}h_{gi} & \frac{1}{4}h_{gi} & 0 & 0 & 0 & 0\\ 0 & 0 & 1 & -\frac{1}{2} & 0 & 0 & 0 & 0\\ 0 & 0 & 0 & 0 & 1 & 0 & 0 & 0\\ 0 & 0 & 0 & 0 & 0 & 1 & -\frac{1}{2}h_{gj} & -\frac{1}{4}h_{gj}\\ 0 & 0 & 0 & 0 & 0 & 0 & 1 & -\frac{1}{2}\end{bmatrix} \tag{5.130}$$

式中　h_{gi}、h_{gj}——单元 i、j 端梁截面高度；

$[A]_c$——转换矩阵；

$[k]_c$——单纯柱的单元刚度矩阵，可按前述方法确定。

5.3.3　桁架单元

桁架单元只能承受拉伸或者压缩载荷，不传递弯矩和剪力，只传递轴向力，可当作二力杆。桁架单元可以近似用于模拟不失稳的支撑或桁架杆件(考虑失稳时,支撑或桁架杆件可以用梁单元模拟)以及部分加强构件。如图 5.40 所示,桁架单元在局部坐标系下的刚度方程可写为

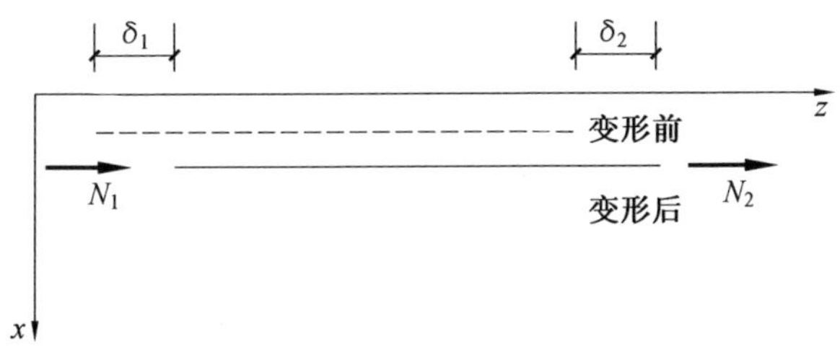

图 5.40　桁架单元

$$\begin{Bmatrix} N_1 \\ N_2 \end{Bmatrix} = \frac{EA}{l} \begin{bmatrix} 1 & -1 \\ -1 & 1 \end{bmatrix} \begin{Bmatrix} \delta_1 \\ \delta_2 \end{Bmatrix} \tag{5.131}$$

式中　A、l——单元的截面面积与长度;

E——弹性模量。

5.3.4　板壳单元

板壳单元按照受力特点,可分为膜单元、板单元(薄板、厚板)和壳单元。所谓薄板一般指板厚 h 与板面最小尺寸 b 的比值为$\left(\frac{1}{80}\sim\frac{1}{100}\right)\leqslant\frac{h}{b}\leqslant\left(\frac{1}{5}\sim\frac{1}{8}\right)$,超过上限时为厚板。考虑到工程中绝大部分板件为薄板,这里不对厚板进行介绍。

膜单元是平面应力单元,仅考虑面内刚度,承受膜力,忽略面外刚度,每个节点有 u、v、θ_z 共 3 个平面内自由度,对应构件的平面内受力,如图 5.41 所示。板单元只具有面外刚度,承受弯曲力,如图 5.42 所示,每个节点有平面外的 3 个自由度 w、θ_x、θ_y。壳单元是膜单元与板单元的组合,每个节点有 u、v、w、θ_x、θ_y、θ_z 共 6 个自由度。

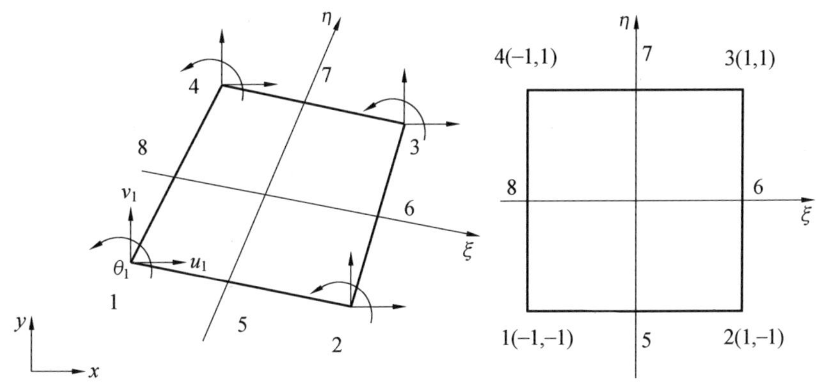

图 5.41　平面膜单元

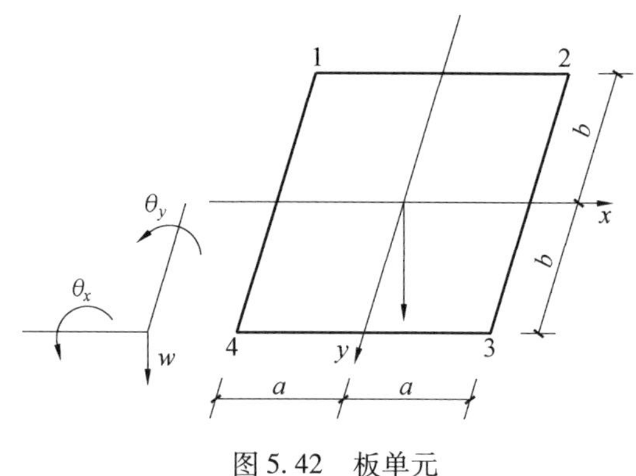

图 5.42　板单元

1. 平面膜单元

构造膜的转角刚度的方式很多,大多数采用以平面四节点单元为基原,如图 5.41 所示,每个节点的位移向量为:$\{\delta_i\}=\{u_i,\nu_i,\theta_i\}^{\mathrm{T}}(i=1,2,3,4)$,每个单元的位移向量为:$\{\delta\}^e=\{\{\delta_1\}^{\mathrm{T}},\{\delta_2\}^{\mathrm{T}},\{\delta_3\}^{\mathrm{T}},\{\delta_4\}^{\mathrm{T}}\}^{\mathrm{T}}$,其中 u_i、ν_i 为平动自由度,θ_i为节点的平面内转动自由度。

单元的位移场由以下两部分组成:

$$U=U_0+U_{\mathrm{P}} \tag{5.132}$$

式中　U_0——平面应力四节点等参元位移场,考虑了节点刚体转角引起的附加位移;

U_{P}——为提高单元计算精度引入的泡状位移场。

$$U_0=\begin{Bmatrix}u_0\\v_0\end{Bmatrix}=\sum_{i=1}^{4}\begin{bmatrix}N_{0i} & 0 & N_{u\theta i}\\0 & N_{0i} & N_{v\theta i}\end{bmatrix}\begin{Bmatrix}u_i\\v_i\\\theta_i\end{Bmatrix}=[N]\{\delta\}^e \tag{5.133}$$

$$N_{0i}=\frac{1}{4}(1+\xi_i\xi)(1+\eta_i\eta)\qquad(i=1,2,3,4) \tag{5.134}$$

$$N_{u\theta i}=\frac{1}{8}[\xi_i(1-\xi^2)(b_1+b_3\eta_i)(1+\eta_i\eta)+\eta_i(1-\eta^2)(b_2+b_3\xi_i)(1-\xi_i\xi)] \tag{5.135}$$

$$N_{v\theta i}=\frac{1}{8}[\xi_i(1-\xi^2)(a_1+a_3\eta_i)(1+\eta_i\eta)+\eta_i(1-\eta^2)(a_2+a_3\xi_i)(1-\xi_i\xi)] \tag{5.136}$$

$$\begin{aligned}a_1&=\frac{1}{4}\sum_{i=1}^{4}\xi_ix_i,\quad a_2=\frac{1}{4}\sum_{i=1}^{4}\eta_ix_i,\quad a_3=\frac{1}{4}\sum_{i=1}^{4}\xi_i\eta_ix_i\\b_1&=\frac{1}{4}\sum_{i=1}^{4}\xi_iy_i,\quad b_2=\frac{1}{4}\sum_{i=1}^{4}\eta_iy_i,\quad b_3=\frac{1}{4}\sum_{i=1}^{4}\xi_i\eta_iy_i\end{aligned} \tag{5.137}$$

式中　ξ、η——等参变换后的母单元坐标;

ξ_i、η_i——母单元的节点坐标值;

x_i、y_i——单元的节点坐标。

$$U_{\mathrm{p}}=\begin{Bmatrix}u_{\mathrm{p}}\\v_{\mathrm{p}}\end{Bmatrix}=\begin{bmatrix}N_{\mathrm{p}} & 0\\0 & N_{\mathrm{p}}\end{bmatrix}\begin{Bmatrix}P_1\\P_2\end{Bmatrix}=[N_P]\{P\} \tag{5.138}$$

$$N_P=(1-\xi^2)(1-\eta^2) \tag{5.139}$$

式中　P_1、P_2——任意参数。

根据几何方程,由单元位移可得到单元应变

$$\begin{Bmatrix}\varepsilon_x\\ \varepsilon_y\\ \gamma_{xy}\end{Bmatrix}=\begin{Bmatrix}\dfrac{\partial u}{\partial x}\\ \dfrac{\partial v}{\partial y}\\ \dfrac{\partial u}{\partial y}+\dfrac{\partial v}{\partial x}\end{Bmatrix}=\begin{bmatrix}\dfrac{\partial}{\partial x} & 0\\ 0 & \dfrac{\partial}{\partial y}\\ \dfrac{\partial}{\partial y} & \dfrac{\partial}{\partial x}\end{bmatrix}\begin{Bmatrix}u\\ v\end{Bmatrix}=\begin{bmatrix}\dfrac{\partial}{\partial x} & 0\\ 0 & \dfrac{\partial}{\partial y}\\ \dfrac{\partial}{\partial y} & \dfrac{\partial}{\partial x}\end{bmatrix}([N]\{\delta\}^e+[N_P]\{P\})=[B]\{\delta\}^e+[B_P]\{P\} \tag{5.140}$$

按式(5.140),根据能量变分原理,可构造单元刚度矩阵$[K]^e$为

$$[K]^e=[K_{\delta\delta}]-[K_{P\delta}]^{\mathrm T}[K_{PP}]^{-1}[K_{P\delta}] \tag{5.141}$$

$$[K_{\delta\delta}]=t\int_{-1}^{1}\int_{-1}^{1}[B]^{\mathrm T}[D][B]\,|J|\,\mathrm d\xi\mathrm d\eta \tag{5.142a}$$

$$[K_{P\delta}]=t\int_{-1}^{1}\int_{-1}^{1}[B_P]^{\mathrm T}[D][B]\,|J|\,\mathrm d\xi\mathrm d\eta \tag{5.142b}$$

$$[K_{PP}]=t\int_{-1}^{1}\int_{-1}^{1}[B_P]^{\mathrm T}[D][B_P]\,|J|\,\mathrm d\xi\mathrm d\eta \tag{5.142c}$$

$$[D]=\frac{E}{1-\mu^2}\begin{bmatrix}1 & \mu & 0\\ \mu & 1 & 0\\ 0 & 0 & \dfrac{1-\mu}{2}\end{bmatrix} \tag{5.142d}$$

式中　t——单元厚度;

$|J|$——雅可比矩阵;

$[D]$——弹性矩阵;

E、μ——材料弹性模量、泊松比。

2. 板单元

如图5.42所示,以12自由度的矩形薄板为例,板单元部分各节点具有平面外的3个自由度w、θ_x、θ_y。在板的挠度w小于厚度h时,根据Kirchhoff薄板理论,有如下基本假定:

①板的中面(平分厚度h的平面)没有变形,中面不产生应力,即在弯曲时中面是中性曲面。

②弯曲前板内垂直于中面的直线在弯曲后仍保持为直线,并垂直于中性曲面($\tau_{zx}=\tau_{zy}=0$)。

③略去垂直于中面的法向应力及应变($\sigma_z=0$、$\varepsilon_z=0$)。

根据假设可知:

由$\varepsilon_z=0$可推知
$$w=w(x,y) \tag{5.143}$$

由$\tau_{zx}=0$可推知
$$\gamma_{zx}=0 \tag{5.144}$$

进而
$$u=-z\frac{\partial w}{\partial x}+f_1(x,y) \tag{5.145}$$

同理由$\tau_{zy}=0$可推知
$$v=-z\frac{\partial w}{\partial y}+f_2(x,y) \tag{5.146}$$

因为假设中面无变形，即 $z=0$ 时，$u=v=0$，可得

$$u=-z\frac{\partial w}{\partial x} \tag{5.147}$$

$$v=-z\frac{\partial w}{\partial y} \tag{5.148}$$

因此薄板的分析主要是求解挠度 w。

板的应变分量为

$$\{\boldsymbol{\varepsilon}\}=\begin{Bmatrix}\varepsilon_x\\ \varepsilon_y\\ \gamma_{xy}\end{Bmatrix}=\begin{Bmatrix}-z\dfrac{\partial^2 w}{\partial x^2}\\ -z\dfrac{\partial^2 w}{\partial y^2}\\ -2z\dfrac{\partial^2 w}{\partial x\partial y}\end{Bmatrix}=z\{\boldsymbol{\kappa}\}=z\{L\}w \tag{5.149}$$

式中
$$\{\boldsymbol{\kappa}\}=\left\{-\frac{\partial^2 w}{\partial x^2}\quad -\frac{\partial^2 w}{\partial y^2}\quad -2\frac{\partial^2 w}{\partial x\partial y}\right\}^{\mathrm{T}}=\{L\}w \tag{5.150a}$$

$$\{L\}=\left\{-\frac{\partial^2}{\partial x^2}\quad -\frac{\partial^2}{\partial y^2}\quad -2\frac{\partial^2}{\partial x\partial y}\right\}^{\mathrm{T}} \tag{5.150b}$$

$\{\boldsymbol{\kappa}\}$ 中各分量分别代表薄板弯曲后中面在 x、y 方向的曲率以及在 x 和 y 方向的扭率，它们完全确定了板内各点的应变，因此也称 $\{\boldsymbol{\kappa}\}$ 为板的形变矩阵。

根据物理方程（应力-应变关系）和内力方程（内力-应力关系）可得如下内力矩阵[61]：

$$\{F\}=\begin{Bmatrix}M_x\\ M_y\\ M_{xy}\end{Bmatrix}=\frac{Et^3}{12(1-\mu^2)}\begin{bmatrix}1 & \mu & 0\\ \mu & 1 & 0\\ 0 & 0 & \dfrac{1-\mu}{2}\end{bmatrix}\begin{Bmatrix}-\dfrac{\partial^2 w}{\partial x^2}\\ -\dfrac{\partial^2 w}{\partial y^2}\\ -2\dfrac{\partial^2 w}{\partial x\partial y}\end{Bmatrix}=[D]\{\boldsymbol{\kappa}\} \tag{5.151}$$

$$[D]=\frac{Et^3}{12(1-\mu^2)}\begin{bmatrix}1 & \mu & 0\\ \mu & 1 & 0\\ 0 & 0 & \dfrac{1-\mu}{2}\end{bmatrix} \tag{5.152}$$

式中 t——单元厚度；

$[D]$——薄板的弹性矩阵；

M_x、M_y——由 σ_x 产生的绕 y 轴单位长度上的弯矩，由 σ_y 产生的绕 x 轴单位长度上的弯矩；

M_{xy}——由剪应力产生的单位长度上的扭矩；

E、μ——材料弹性模量、泊松比。

板的全部变形和应力、应变均可由厚度方向的挠度 w 确定。板的位移分量：法向位移挠度、绕 x 轴转角、绕 y 轴转角可表示为

$$\{\delta\}=\{w\quad \theta_x\quad \theta_y\}^{\mathrm{T}}=\left\{w\quad \frac{\partial w}{\partial y}\quad -\frac{\partial w}{\partial x}\right\}^{\mathrm{T}} \tag{5.153}$$

设薄板被离散成若干个矩形单元的集合，计单元节点的位移向量为

$$\{\delta^e\}=\{w_1,\theta_{x1},\theta_{y1},w_2,\theta_{x2},\theta_{y2},w_3,\theta_{x3},\theta_{y3},w_4,\theta_{x4},\theta_{y4}\}^{\mathrm{T}} \tag{5.154}$$

因单元节点位移参数共有 12 个，依据广义坐标法，位移模式可取为

$$w=a_1+a_2x+a_3y+a_4x^2+a_5xy+a_6y^2+a_7x^3+a_8x^2y+a_9xy^2+a_{10}y^3+a_{11}x^3y+a_{12}xy^3 \tag{5.155}$$

对式(5.155)求导可得

$$\theta_x=\left(\frac{\partial w}{\partial y}\right)=a_3+a_5x+2a_6y+a_8x^2+2a_9xy+3a_{10}y^2+a_{11}x^3+3a_{12}xy^2 \tag{5.156}$$

$$-\theta_y=\left(\frac{\partial w}{\partial x}\right)=a_2+2a_4x+a_5y+3a_7x^2+2a_8xy+a_9y^2+3a_{11}x^2y+a_{12}y^3 \tag{5.157}$$

将板 4 个角点的位移、转角代入上述 3 式，可确定 12 个未知参数 $a_1\sim a_{12}$。将 $a_1\sim a_{12}$ 代入式(5.155)，并经整理可得插值形函数为

$$[N]=[N_1,N_2,N_3,N_4] \tag{5.158a}$$

$$N_i=[N_i,N_{xi},N_{yi}] \tag{5.158b}$$

式中

$$N_i=\frac{1}{8}(\xi_0+1)(\eta_0+1)(2+\xi_0+\eta_0-\xi^2-\eta^2) \tag{5.159a}$$

$$N_{xi}=-\frac{1}{8}b\eta_i(\xi_0+1)(\eta_0+1)(1-\eta^2) \tag{5.159b}$$

$$N_{yi}=\frac{1}{8}a\xi_i(\xi_0+1)(\eta_0+1)(1-\xi^2) \tag{5.159c}$$

$$\xi=x/a,\eta=y/b,\xi_0=\xi_i\xi,\eta_0=\eta_i\eta \tag{5.160}$$

(ξ_i,η_i)对各节点的取值为 1(−1,−1)、2(1,−1)、3(1,1)、4(−1,1)。

则挠度 w 可表示为

$$w=[N]\{\delta^e\} \tag{5.161}$$

将式(5.161)代入式(5.150a)得

$$\{\boldsymbol{\kappa}\}=\{L\}[N]\{\delta^e\}=[B]\{\delta^e\} \tag{5.162}$$

式中

$$[B]=\{L\}[N] \tag{5.163}$$

由能量变分原理可得到板单元刚度矩阵为

$$[K]^e=\iint_A[B]^{\mathrm{T}}[D][B]\mathrm{d}A \tag{5.164}$$

3. 平面壳单元

假定任意单曲或双曲的薄壳，单元较小时可以用薄板单元组成一个单向或双向的折板体系来近似。进而，在小变形情况下，折板体系中的薄板单元受面内的所谓薄膜力和板弯曲的弯矩、扭矩等联合作用，但薄膜力引起的变形不产生弯、扭内力；弯曲变形也不产生薄膜力，即平面应力与薄板弯曲不产生耦联。

对于壳单元来说，每个节点有 6 个自由度(u、v、w、θ_x、θ_y、θ_z)，因此，其既具有平面内刚度，也具有平面外刚度。平面壳单元的单元特性可根据单元节点位移矩阵元素的排列情况，由平面膜单元和板单元相应的单元特性拼装而成。

5.4 结构地震反应分析

5.4.1 抗震设计方法

高层建筑钢结构宜采用振型分解反应谱法进行抗震计算；对于质量和刚度不对称、不均匀的结构以及高度超过 100 m 的高层建筑钢结构应采用考虑扭转耦联振动影响的振型分解反应谱法。对于高度不超过 40 m、以剪切变形为主且质量和刚度沿高度分布比较均匀的高层建筑钢结构，可采用底部剪力法进行抗震计算。采用振型分解反应谱法或底部剪力法进行多高层钢结构抗震设计时，按照第 4 章的方法确定地震作用后，将地震作用等效为静力荷载，依据 5.2 节或 5.3 节的方法确定地震作用效应，将该效应与其他荷载效应进行组合，进而进行构件验算和结构变形验算。

对于 7 ~9 度抗震设防的高层钢结构建筑，若抗震设防类别属于甲类，或属于表 5.2 所示的乙、丙类抗震设防类别，或属于特殊不规则建筑，应采用弹性时程分析法进行多遇地震下的补充计算。

表 5.2　采用时程分析法的房屋高度范围

烈度、场地类别	房屋高度范围/m
8 度Ⅰ、Ⅱ类场地和 7 度	大于 100
8 度Ⅲ、Ⅳ类场地	大于 80
9 度	大于 60

对于高度大于 150 m、或甲类建筑、或 9 度时的乙类建筑、或采用隔振和消能减振设计的结构，应进行弹塑性变形验算。对于高度范围属于表 5.2 且竖向不规则、或位于 7 度Ⅲ、Ⅳ类场地和 8 度时的乙类建筑、或高度不大于 150 m 的其他高层钢结构，宜进行弹塑性变形验算。

运用底部剪力法或振型分解反应谱法进行多高层钢结构抗震设计时，只需综合运用前述有关各章节内容即可，本节不再赘述。本节主要介绍时程分析法和静力弹塑性分析方法（Pushover 方法）在多高层钢结构抗震设计中的应用。

5.4.2 时程分析法

时程分析法是一种直接动力法，可以较真实地描述结构弹性及弹塑性地震反应的全程。通过对结构的振动微分方程进行逐步积分求解，可以得到结构及构件在整个地震过程中各时刻的内力、变形、塑性发展等。采用时程分析法对高层建筑钢结构进行地震反应分析时，基本步骤如下：

① 选择合适的输入地震记录。

② 根据结构体系的受力特点、验算指标、计算精度等要求，选择合适的力学模型。

③ 根据结构材料特性、构件类型、受力状态等选择构件的恢复力模型和破坏准则。

④ 建立结构在地震作用下的振动微分方程，并求解，得出结构在地震作用下的响应。

⑤ 对结构响应进行判别。如多遇地震下结构的弹性时程分析计算出来的地震作用效应与其他荷载效应进行组合，进行截面设计；罕遇地震下弹塑性时程分析计算出来的层间侧

移角要满足规范的弹塑性层间位移角限值要求等。

1. 输入地震记录的选取

(1)地震记录的数量。

每条输入地震记录都具有特定的频谱特征,不同输入地震记录的情况下结构响应可能有较大差别,因此,《建筑抗震设计规范》规定,采用时程分析法时,应按建筑场地类别和设计地震分组选用实际地震记录和人工模拟的加速度时程曲线作为输入,且实际地震记录的数量不得少于总数量的2/3。

多组时程曲线的平均地震影响系数曲线应与振型分解反应谱法所采用的地震影响系数曲线在统计意义上相符,即多组时程曲线的平均地震影响系数曲线与振型分解反应谱法所用的地震影响系数曲线相比,在对应于结构主要振型的周期点上相差不大于20%。弹性时程分析时,每条时程曲线计算所得结构底部剪力不应小于振型分解反应谱法计算结果的65%,多条时程曲线计算所得结构底部剪力的平均值不应小于振型分解反应谱法计算结果的80%。从工程角度考虑,这样可以保证时程分析结果满足最低安全要求。但计算结果也不能太大,每条地震输入计算不大于135%,平均不大于120%。

当取3组加速度时程曲线输入时,结构地震作用效应宜取时程法计算结果的包络值与振型分解反应谱法计算结果的较大值;当取7组及7组以上的加速度时程曲线进行计算时,结构地震作用效应可取时程法计算结果的平均值与振型分解反应谱法计算结果的较大值。

(2)加速度峰值。

输入地震记录的加速度峰值反映了地面运动的剧烈程度,在不同的设防烈度下,输入峰值可见表5.3。进行时程分析时,需对输入的地震记录峰值做标准化处理。

表5.3　时程分析法所用地震加速度峰值　　cm/s^2

地震影响	6度	7度	8度	9度
多遇地震	18	35(55)	70(110)	140
设防地震	50	100(150)	200(300)	400
罕遇地震	125	220(310)	400(510)	620

注:表中括号内数值分别用于设计基本加速度为0.15g和0.30g的地区

$$a'_t = \frac{A_{\max}}{a_{\max}} a_t \tag{5.165}$$

式中　a'_t——调整后输入地震记录各时刻加速度值;

$A_{\max}$、$a_{\max}$——按表5.3确定的、原始地震记录加速度峰值;

a_t——原始地震记录各时刻加速度值。

(3)持续时间。

输入地震记录的有效持续时间,一般从首次达到该时程曲线最大峰值的10%的那点算起,到最后一点达到峰值的10%为止,为结构基本周期的5~10倍,即结构顶点的位移可按基本周期往复5~10次。地震记录的时间间隔一般取0.01 s或0.02 s,且不宜超过输入地震特征周期的1/10。

2. 简化的结构力学模型

采用时程分析法计算高层建筑钢结构的地震反应时,要求所选用的计算模型既能较真实地描述结构内力和变形,又能使计算简单方便。目前常用的主要有层模型、杆系模型、有限元模型等。

(1)层模型。

层模型是将一层的所有构件捏合成一个基本单元,将整个结构简化为一根等效悬臂杆件,结构各楼层只有一个水平方向的自由度。结构质量按层集中在楼层处,质点间的等效杆件代表了结构某层的层间刚度,从而形成了竖向的"串联质点系"振动模型。

根据结构的变形特点,层模型又可分为剪切型模型、弯曲型模型及剪弯型层模型,如图5.43(a)所示。剪切型层模型只考虑结构楼层的水平剪切变形,忽略整体弯曲效应,适用于多层与高层的强梁弱柱型框架结构,弯曲型层模型主要用于结构整体变形以弯曲为主的结构,如剪力墙结构、高耸的烟囱等,剪弯型层模型适用于侧向变形为剪切和弯曲综合组成且都不能忽略的结构,如框架-支撑结构、框剪结构、弯曲变形较大的高层框架等。

当楼层的质量中心与刚度中心不一致时,水平地震作用下楼层会同时出现平动变形和扭转变形,"串联质点系"模型不再适用。此时,可以将每个楼层视为一个刚片,"拐把"形的等效杆件将各层质心串联起来,"拐把"长度为该楼层相对于下一层的偏心距,这种模型也称为"串联刚片系"模型,如图5.43(b)所示。等效杆件不但要具有抗弯刚度和抗剪刚度,还要具有该楼层的抗扭刚度。

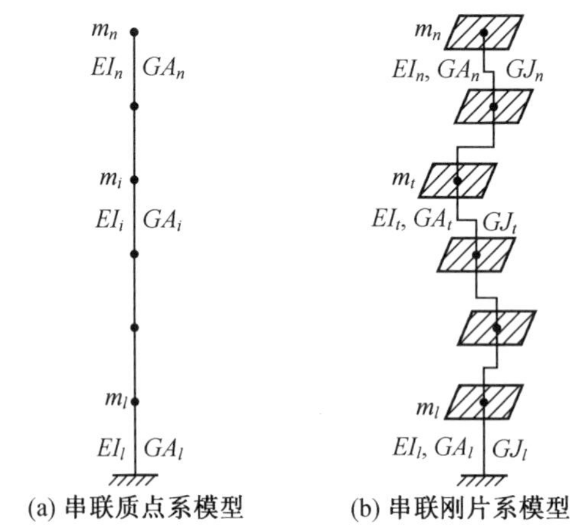

(a) 串联质点系模型　(b) 串联刚片系模型

图5.43　层模型

层模型的自由度数为结构的总层数,大大减小了结构自由度;层弹性刚度及层弹塑性恢复力特性较容易确定。其缺点是不能考虑弹塑性阶段层刚度沿层高的改变,不能给出结构各构件在动力反应过程中的弹塑性特征变化,不能得到各构件内力、变化规律等,仅可以给出结构的薄弱层、最不利变形状态等。

(2)杆系模型。

杆系模型是以结构中的梁、柱、支撑、剪力墙(剪力墙有些时候可以简化为等效的框架模型,其力和变形性质可分别采用简化的非线性变形特征来描述)等构件为基本单元,将构件上的质量集中到各节点处,根据各种构件受力、变形性能等的不同,采用不同的构件单元分析模型和相应的单元恢复力模型，进行结构的弹塑性地震反应分析。杆系模型可以是空间结构分析模型，也可以是平面分析模型。杆系模型的优点在于可以给出结构杆件的时程响应，可以得到时程过程中的内力重分布以及塑性发展顺序，计算结果更为精确，缺点在于计算工作量较层模型大很多，对剪力墙以及筒体的非线性性能的模拟具有一定的局限性以及处理弹性楼板、楼盖开洞等这些复杂情况时，杆系模型可能会产生较大的误差。

杆件的单元模型可以分为微观模型和宏观模型，微观模型基于有限元理论，将构件和结构离散，单元数量庞大。宏观模型是指将杆系结构按层、跨度划分为基本单元的一种模型。宏观模型力学概念清晰，模型较简单。本部分仅对杆件单元模型中的宏观模型进行讨论，杆件的微观模型讨论见有限元模型部分内容。

①梁柱单元计算模型。

根据对梁柱塑性区域的模拟方式不同，杆件单元通常分为集中塑性模型和分布塑性模型，本文主要对集中塑性模型进行介绍。集中塑性模型中应用最广的是 M. F. Giberson 提出的单分量模型，如图 5.44 所示，在杆件两端各设置一个等效弹簧（等效弹簧长度为零）以反映杆件的弹塑性性能。模型在弹性范围内服从线弹性规律，超出弹性范围后，在杆端出现塑性铰（只考虑杆件弯曲破坏，塑性铰长度为零）。单分量模型较为粗糙，但计算简便。

单分量模型弹塑性刚度矩阵采用以下基本假定：

a. 采用单根杆端弯矩 M 与其转角 θ 的恢复力曲线，忽略与之相连的其他杆件的影响；

b. 杆端塑性转角增量取值仅取决于本端弯矩增量，与另一端弯矩无关。

图 5.44　单分量模型

设杆件弹塑性变形状态如图 5.45 所示。图中 θ_1、θ_2 为杆端 1、2 的总转角；θ_1'、θ_2' 为杆端 1、2 的弹性转角；θ''_1、θ''_2 为杆端塑性转角。则有

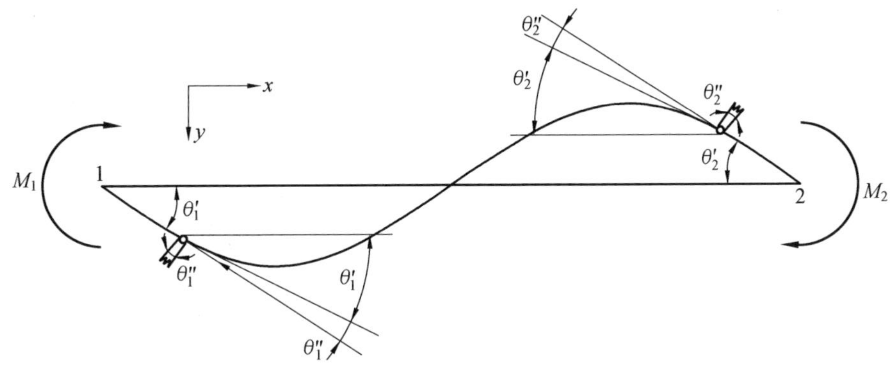

图 5.45　杆件弹塑性变形状态

$$\theta_1 = \theta_1' + \theta''_1 \tag{5.166}$$

$$\theta_2 = \theta_2' + \theta''_2 \tag{5.167}$$

弹塑性阶段杆端力与杆端位移的增量形式可表示为

$$\{\Delta f\}^e=[k]_{\mathrm{ep}}^e\{\Delta\delta\}^e \tag{5.168}$$

式中 $\{\Delta f\}^e=[\Delta N_{x1},\Delta Q_{y1},\Delta M_1,\Delta N_{x2},\Delta Q_{y2},\Delta M_2]^{\mathrm{T}}$，为杆端力增量向量；

$\{\Delta\delta\}^e=[\Delta\delta_{x1},\Delta\delta_{y1},\Delta\theta_1,\Delta\delta_{x2},\Delta\delta_{y2},\Delta\theta_2]^{\mathrm{T}}$，为杆端位移增量向量；

$[k]_{\mathrm{ep}}^e$——杆单元弹塑性刚度矩阵，见式(5.169)。

$$[k]_{\mathrm{ep}}^e=\begin{bmatrix} \tilde{e} & 0 & 0 & -\tilde{e} & 0 & 0 \\ 0 & \tilde{a} & -\tilde{b}_1 & 0 & -\tilde{a} & -\tilde{b}_2 \\ 0 & -\tilde{b}_1 & \tilde{c}_1 & 0 & \tilde{b}_1 & \tilde{d} \\ -\tilde{e} & 0 & 0 & \tilde{e} & 0 & 0 \\ 0 & -\tilde{a} & \tilde{b}_1 & 0 & \tilde{a} & \tilde{b}_2 \\ 0 & -\tilde{b}_2 & \tilde{d} & 0 & \tilde{b}_2 & \tilde{c}_2 \end{bmatrix} \tag{5.169}$$

式中

$$\tilde{e}=\frac{EA}{l}$$

$$\tilde{a}=\frac{6EI}{l^3}\cdot\frac{a_{1(1)}+a_{1(2)}}{\gamma}$$

$$\tilde{b}_1=\frac{6EI}{l^2}\cdot\frac{a_{1(1)}}{\gamma}$$

$$\tilde{b}_2=\frac{6EI}{l^2}\cdot\frac{a_{1(2)}}{\gamma}$$

$$\tilde{c}_1=\frac{4EI}{l}\cdot\frac{a_{1(1)}\left[3-\left(1-\frac{\beta}{2}\right)a_{1(2)}\right]}{\gamma}$$

$$\tilde{c}_2=\frac{4EI}{l}\cdot\frac{a_{1(2)}\left[3-\left(1-\frac{\beta}{2}\right)a_{1(1)}\right]}{\gamma}$$

$$\tilde{d}=\frac{2EI}{l}\cdot\frac{\left[\left(1-\frac{\beta}{2}\right)\right]a_{1(1)}a_{1(2)}}{\gamma}$$

$$\gamma=3-\left(1-\frac{\beta}{2}\right)(a_{1(1)}+a_{1(2)})$$

上述各式的具体推导过程及式中相关符号意义见文献[62]，可自行查阅。

②剪力墙单元计算模型。

剪力墙宏观模型一般可分为等效梁模型、墙柱单元模型、等效支撑模型、三垂直杆模型、多垂直杆模型、扩展铁木辛哥分层梁单元模型、二元件模型、二维墙板单元模型、分层壳墙单元模型和纤维模型等。现对文献[63]提出的基于经典梁理论的多垂直杆单元模型进行介绍，其余模型可查阅相关文献。

该模型是在经典梁理论的基础上提出的,如图 5.46 所示,多个非线性弹簧沿单元横截面方向均匀布置,以模拟墙体的整体弯曲变形和弹塑性发展。第 m 根弹簧的初始弹性刚度为 k_m,考虑到各子弹簧的长度,4 个子弹簧的初始弹性刚度关系为

$$\frac{1}{k_m}=\frac{1}{k_{m1}}+\frac{1}{k_{m2}}+\frac{1}{k_{m3}}+\frac{1}{k_{m4}} \tag{5.170}$$

式中 $k_{m1}=k_{m4}=3k_m,k_{m2}=k_{m3}=6k_m$

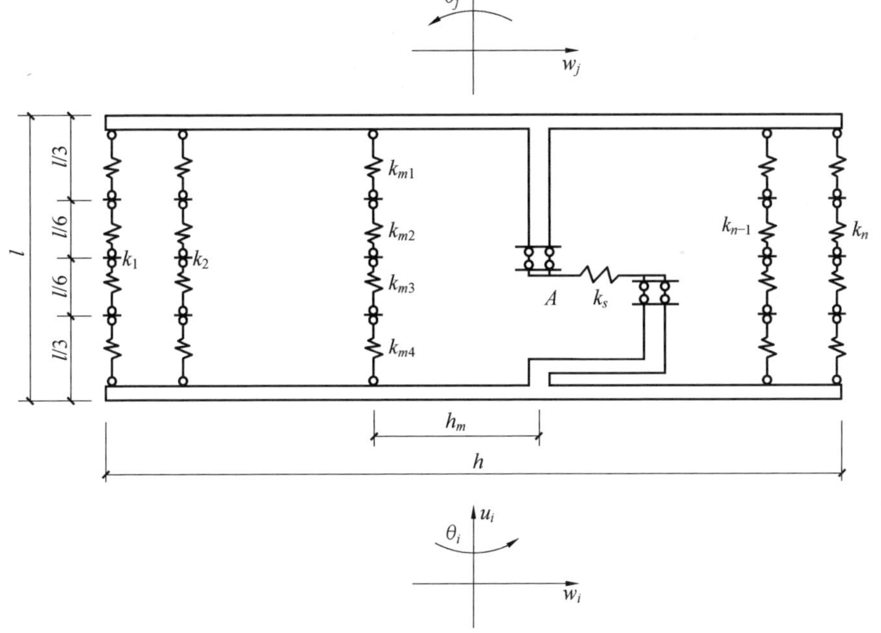

图 5.46　多垂直杆单元模型

经推导,由最小势能原理得到的单元刚度矩阵为

$$[k]^e=\begin{bmatrix} k_{11} & k_{12} & k_{13} & k_{14} & k_{15} & k_{16} \\ & k_{22} & k_{23} & k_{24} & k_{25} & k_{26} \\ & & k_{33} & k_{34} & k_{35} & k_{36} \\ & \text{对称} & & k_{44} & k_{45} & k_{46} \\ & & & & k_{55} & k_{56} \\ & & & & & k_{66} \end{bmatrix} \tag{5.171}$$

式中 $k_{11}=k_{44}=\sum_{m=1}^{n}\left[\frac{1}{9}(k_{m1}+k_{m4})+\frac{1}{36}(k_{m2}+k_{m3})\right]$

$$k_{12}=k_{45}=\sum_{m=1}^{n}\left[\frac{4}{9(1+\beta)}(k_{m4}-k_{m1})+\frac{1}{36(1+\beta)}(k_{m3}-k_{m2})\right]\frac{h_m}{l}$$

$$k_{13}=k_{46}=\sum_{m=1}^{n}-\left[\frac{3+\beta}{9(1+\beta)}k_{m1}-\frac{1-\beta}{9(1+\beta)}k_{m4}+\frac{3+2\beta}{72(1+\beta)}k_{m2}+\frac{1+2\beta}{72(1+\beta)}k_{m3}\right]h_m$$

$k_{14}=-k_{11},k_{15}=-k_{12},k_{16}=k_{34}=-k_{13}$

$$k_{22}=k_{55}=\left(\frac{\beta}{1+\beta}\right)^2 k_s+\sum_{m=1}^{n}\frac{1}{(1+\beta)^2}\cdot\left[\frac{16}{9}(k_{m1}+k_{m4})+\frac{1}{36}(k_{m2}+k_{m3})\right]\left(\frac{h_m}{l}\right)^2$$

$$k_{23}=k_{26}=\frac{1}{2}\left(\frac{\beta}{1+\beta}\right)^2 k_s l+\sum_{m=1}^{n}\left[\frac{4(3+\beta)}{9(1+\beta)^2}k_{m1}+\frac{(3+2\beta)}{72(1+\beta)^2}k_{m2}-\frac{1+2\beta}{72(1+\beta)^2}k_{m3}+\frac{4(1-\beta)}{9(1+\beta)^2}k_{m4}\right]\frac{h_m^2}{l}$$

$$k_{24}=-k_{12},k_{25}=-k_{22}$$

$$k_{33}=k_{66}=\frac{1}{4}\left(\frac{\beta}{1+\beta}\right)^2 k_s l^2+\sum_{m=1}^{n}\left[\frac{(3+\beta)^2}{9(1+\beta)^2}k_{m1}+\frac{(3+2\beta)^2}{144(1+\beta)^2}k_{m2}+\frac{(1+2\beta)^2}{144(1+\beta)^2}k_{m4}+\frac{(1-\beta)^2}{9(1+\beta)^2}k_{m4}\right]h_m^2$$

$$k_{35}=k_{56}=-\frac{1}{2}\left(\frac{\beta}{1+\beta}\right)^2 k_s l-\sum_{m=1}^{n}\left[\frac{4(3+\beta)}{9(1+\beta)^2}k_{m1}+\frac{3+2\beta}{72(1+\beta)^2}k_{m2}-\frac{1+2\beta}{72(1+\beta)^2}k_{m3}+\frac{4(1-\beta)}{9(1+\beta)^2}k_{m4}\right]\frac{h_m^2}{l}$$

$$k_{36}=\frac{1}{4}\left(\frac{\beta}{1+\beta}\right)^2 k_s l^2+\sum_{m=1}^{n}\left[\frac{(3+\beta)(1-\beta)}{9(1+\beta)^2}(k_{m1}+k_{m4})-\frac{(3+2\beta)(1+2\beta)}{144(1+\beta)^2}(k_{m2}+k_{m3})\right]h_m^2$$

(3)有限元模型。

将建筑结构按上述方法离散成为层间模型、杆系模型等模型时，也可以把它们看成是有限元模型。但这些模型不能很好地解决弹性楼板连接、错层、剪力墙构件实际应力状态等复杂问题，因此，使用梁元、桁架单元、板壳单元、索单元、接触单元等建立结构计算模型，可适用于更为复杂的结构，这种模型称为有限元模型。有限元模型每种单元节点自由度一般为3或6，两节点空间梁元刚度矩阵为12×12阶，四节点实体单元刚度矩阵为24×24阶等。

有限元模型虽然采用有限个参数表征无限个形态自由度，但可根据需要对网格进行调整，如对我们关注的结构局部进行较细的网格划分，对不是特别关注部位采用相对较粗的网格划分。其优点是计算精度较高，几乎适用于所有工程问题；缺点是计算工作量大，耗费机时。目前，随着计算机技术的飞速发展，有限元模型除在单独构件的受力性能分析、结构局部分析中应用非常广泛外，在结构整体响应分析方面也是最主要的模型。

3. 恢复力模型

结构或构件在承受外力产生变形后企图恢复到原有状态的抗力称为恢复力。恢复力与变形的关系曲线称为恢复力特性曲线。在弹性状态下，力与变形之间的关系为直线关系，符合胡克定律。在弹塑性地震反应分析中，构件和结构产生的弹塑性反应与荷载、时间、各截面塑性发展及屈服先后次序等很多因素有关，使得力与变形之间的关系非常复杂，必须通过大量的试验研究才能得出恢复力特性曲线。在实际应用中，由于恢复力曲线的复杂性，常常将其简化，得到既能满足工程需要，又能便于使用的数学-力学模型，称为恢复力模型。恢复力模型具有滞回性质,又被称为滞回曲线。恢复力模型是结构弹塑性直接动力分析的重要依据。

在多高层钢结构中,钢柱、钢梁、屈曲约束支撑及偏心支撑消能梁段恢复力模型的骨架曲线可采用双线性模型,其滞回模型可不考虑刚度退化,钢支撑和延性墙板的恢复力模型,应按杆件特性确定。多高层钢结构主要构件常用滞回模型如下:

①钢柱、钢梁的双线性模型如图5.47(a)所示。图中,M、φ 分别为梁柱截面的弯矩与曲率;M_p 为截面塑性弯矩;EI 为截面弯曲刚度;β 为钢材强化系数,一般可取0.01~0.02。

②钢框架节点域的双线性模型如图5.47(b)所示。图中,M_γ 与 γ 分别为节点域剪切力矩与剪切变形;$M_{\gamma p}$ 为节点域剪切屈服力矩,$M_{\gamma p}=k_{\gamma e}f_{vy}$;$k_{\gamma e}$ 为节点域的弹性刚度,见式(5.126);f_{vy} 为剪切屈服强度;β 为钢材强化系数,一般可取0.01~0.02。

③屈曲约束支撑的双线性模型如图5.47(c)所示。图中,N_{ysc} 为屈曲约束支撑的屈服承载力;δ_y 为屈曲约束支撑的初始屈服变形;k 为屈曲约束支撑的刚度,$k=\dfrac{EA_e}{L_t}$,A_e 为屈曲约束支撑的等效截面面积;L_t 为支撑总长度。

④单斜和人字形无黏结内藏钢板支撑墙板计算分析时,可采用的双线性模型如图5.47(d)所示。图中,P_y 为屈服承载力;k_e 为钢板屈服前的抗侧刚度,$k_e=E(\cos\alpha)^2/(l_p/A_p+l_e/A_e)$,$k_t$ 为钢板屈服后的抗侧刚度,$k_t=(\cos\alpha)^2/(l_p/E_tA_p+l_e/EA_e)$,$A_e$、$A_p$ 分别为支撑两端弹性段、中间屈服段截面面积;l_p、l_e 分别为支撑屈服段长度和弹性段总长度;E、E_t 分别为钢材的弹性模量和屈服段的切线模量。

对于单斜杆钢板支撑,当拉、压两侧的承载力和刚度相差较小时,也可以采用拉、压两侧一致的滞回模型。

⑤普通支撑。关于普通支撑的恢复力模型较多,其中较为理想的是Masion模型,如图5.47(e)所示。Masion模型不仅能分段线性描述屈曲后承载力的恶化,而且能考虑支撑在屈曲及加载过程中长度变化,图中PCR表示第一临界屈曲荷载,PCRF表示屈曲后承载力。除此模型外,还有Ikeda模型、李国强模型、15参数支撑模型等,详见文献[64]。

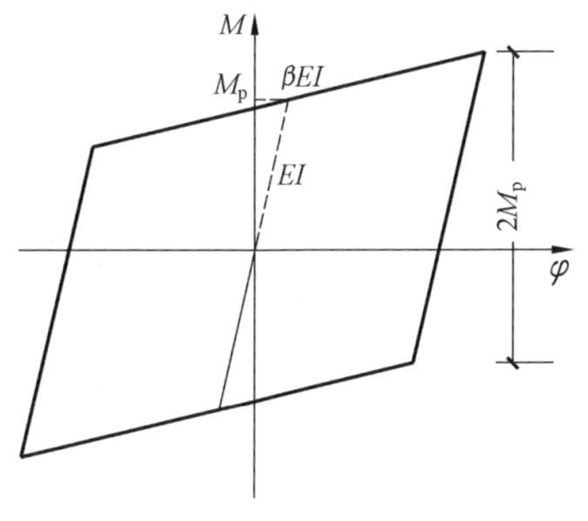

(a) 钢梁与柱恢复力模型

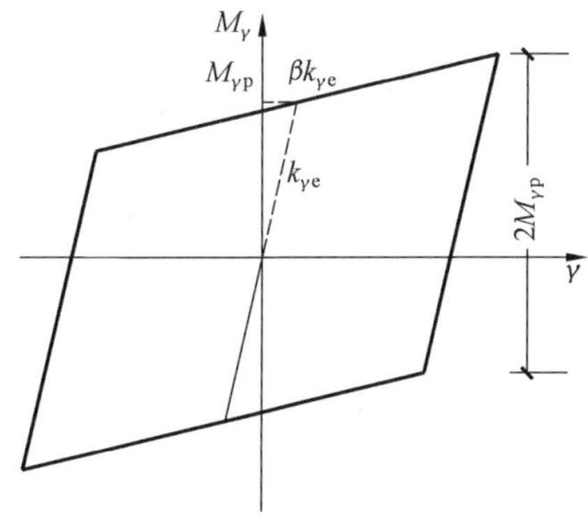

(b) 节点域恢复力模型

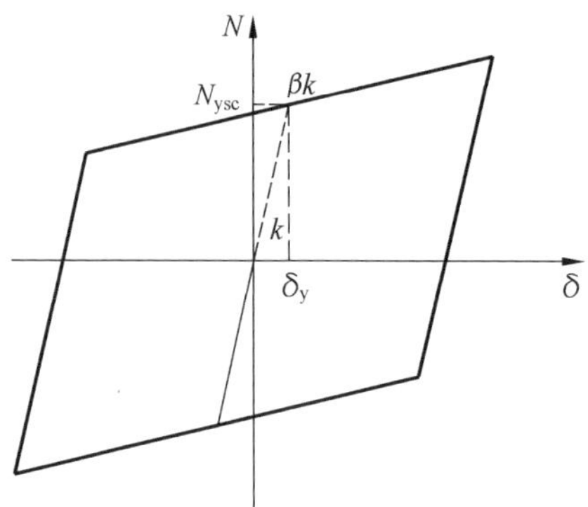

(c) 屈曲约束支撑恢复力模型

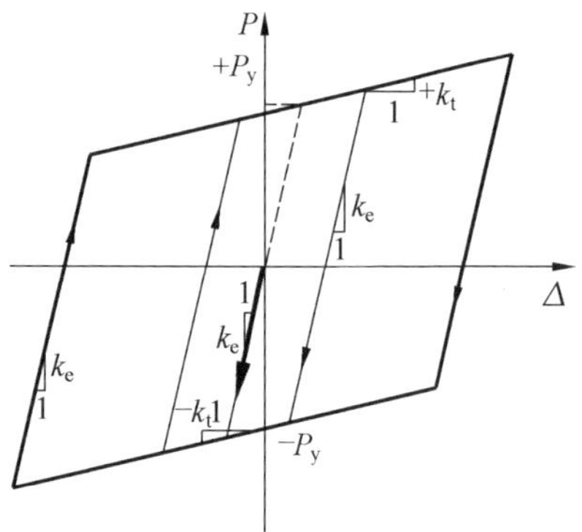

(d) 单斜和人字形无黏结内藏钢板剪力墙板恢复力模型

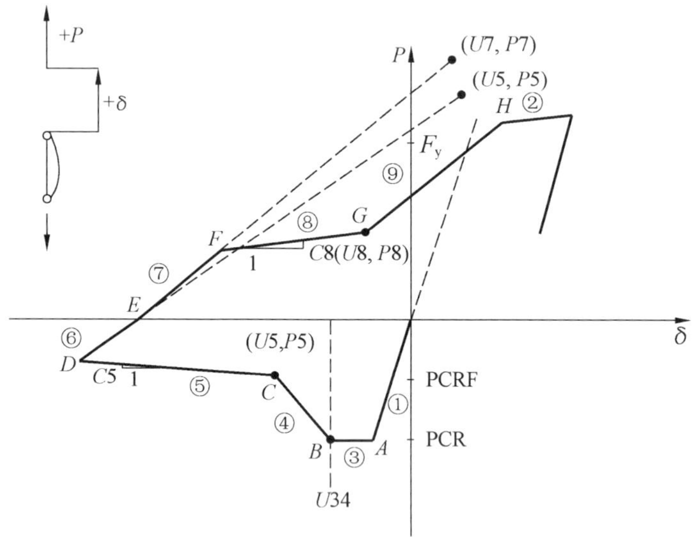

(e) 普通支撑 Masion 模型

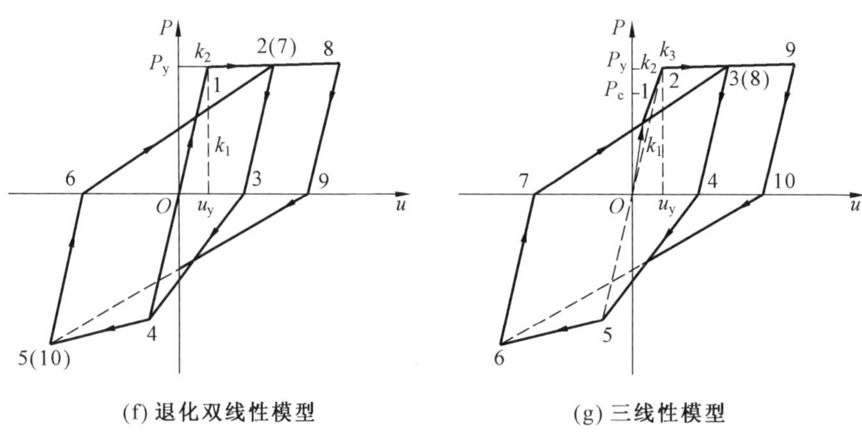

(f) 退化双线性模型

(g) 三线性模型

图 5.47　典型构件恢复力模型

⑥钢筋混凝土剪力墙、剪力墙板和核心筒。可选用退化的双线性或三线性恢复力模型，如图 5.47(f)、5.47(g)所示。图中，P_c 为开裂荷载；P_y 为屈服荷载；u_y 为屈服位移；k_1、k_2、k_3 为各段刚度。恢复力模型中的关键点可由试验确定。

4. 阻尼矩阵

结构的阻尼比与结构形式、结构材料、受力状态等多种因素有关。《高层民用建筑钢结构技术规程》(JGJ 99—2015)规定，多遇地震下的计算，高度不大于 50 m 时阻尼比，可取 0.04；高度大于 50 m 且小于 200 m 时，可取 0.03；高度不小于 200 m 时，宜取 0.02。当偏心支撑框架部分承担的地震倾覆力矩大于结构总地震倾覆力矩的 50% 时，其阻尼比可相应地增加 0.005。罕遇地震下的弹塑性分析，阻尼比可取 0.05。

在结构运动方程中，影响阻尼矩阵的因素很多，阻尼矩阵通常用刚度矩阵与质量矩阵的线性组合来表示，由公式(4.136)给出的瑞利阻尼矩阵计算。

进行弹塑性时程分析时，其刚度矩阵随时间的变化而变化，故阻尼矩阵也是变化的。

5. 振动微分方程求解

在地震作用下，由于材料非线性和几何非线性的影响，结构刚度矩阵和阻尼矩阵时刻都会改变，故只能使用增量形式的结构动力方程

$$[M]\{\Delta\ddot{x}\}_i+[C]_i\{\Delta\dot{x}\}_i+[K]_i\{\Delta x\}_i=-[M]\{\Delta\ddot{u}_g\}_i \tag{5.172}$$

式中

$$\left.\begin{aligned}\{\Delta\ddot{x}\}_i&=\{\ddot{x}\}_{i+1}-\{\ddot{x}\}_i\\ \{\Delta\dot{x}\}_i&=\{\dot{x}\}_{i+1}-\{\dot{x}\}_i\\ \{\Delta x\}_i&=\{x\}_{i+1}-\{x\}_i\end{aligned}\right\} \tag{5.173}$$

由于地面运动及刚度矩阵、阻尼矩阵等均为随时间变化的不规则函数，因此方程(5.172)不能求出解析解，常用的数值解法有中点加速度法、线性加速度法、Newmark-β 法、Wilson-θ 法等。借助于不同的处理方法，可以把$\{\Delta\ddot{x}\}_i$、$\{\Delta\dot{x}\}_i$ 用$\{\Delta x\}_i$ 来表示，进而获得拟静力方程，即

$$[K^*]_i\{\Delta x\}_i=\{\Delta P^*\}_i \tag{5.174}$$

求出$\{\Delta x\}_i$ 后，即可求得 i 时刻的位移、速度、加速度以及相应的内力和变形，并作为下一个时刻的初值，进而求出全部时程结果。

在弹性时程分析中，$[K^*]_i$ 保持不变；在弹塑性时程分析中，$[K^*]_i$ 与结构及构件所处状态有关，在不同时刻可能取不同数值。

表 5.4 给出了采用 Newmark-β 法、Wilson-θ 法求解振动微分方程时的相关公式，按时间逐步计算即可。

表 5.4　相关计算公式

方法	计算公式
Newmark-β 法	$[K^*]_i\{\Delta x\}_i=\{\Delta P^*\}_i$ $[K^*]_i=\frac{\gamma}{\beta(\Delta t)^2}[M]+\frac{\gamma}{\beta\Delta t}[C]_i+[K]_i$ $\{\Delta P\}_i^*=-[M]\{\Delta\ddot{u}_g\}_i+[M]\left(\frac{1}{\beta\Delta t}\{\dot{x}\}_i+\frac{1}{2\beta}\{\ddot{x}\}_i\right)+[C]_i\left[\frac{\gamma}{\beta}\{\dot{x}\}_i+\Delta t\left(\frac{\gamma}{2\beta}-1\right)\{\ddot{x}\}_i\right]$ $\{x\}_{i+1}=\{x\}_i+\{\Delta x\}_i$ $\{\ddot{x}\}_{i+1}=\frac{1}{\beta\Delta t^2}\{\Delta x\}_i-\frac{1}{\beta\Delta t}\{\dot{x}\}_i-\left(\frac{1}{2\beta}-1\right)\{\ddot{x}\}_i$ $\{\dot{x}\}_{i+1}=\frac{\gamma}{\beta\Delta t}\{\Delta x\}_i+\left(1-\frac{\gamma}{\beta}\right)\{\dot{x}\}_i+\left(1-\frac{\gamma}{2\beta}\right)\Delta t\{\ddot{x}\}_i$
Wilson-θ 法	$[K^*]_i\{\Delta x_\tau\}_i=\{\Delta P^*{}_\tau\}_i$ $\tau=\theta\cdot\Delta t$ $[K^*]_i=[K]_i+\frac{6}{\tau^2}[M]+\frac{3}{\tau}[C]_i$ $\{\Delta P_\tau^*\}_i=-[M](\{\ddot{u}_g\}_{i+1}+(\theta-1)\{\Delta\ddot{u}_g\}_{i+1})+[M]\left(\frac{6}{\tau}\{\dot{x}\}_i+3\{\ddot{x}\}_i\right)$ $+[C]_i\left(3\{\dot{x}\}_i+\frac{\tau}{2}\{\ddot{x}\}_i\right)$ $\{\Delta\ddot{x}\}_i=\frac{1}{\theta}\{\Delta\ddot{x}_\tau\}_i=\frac{6}{\theta\tau^2}\left(\{\Delta x_\tau\}_i-\{\dot{x}\}_i\tau-\{\ddot{x}\}_i\frac{\tau^2}{2}\right)$ $\{x\}_{i+1}=\{x\}_i+\{\dot{x}\}_i\Delta t+\frac{1}{2}\{\ddot{x}\}_i\Delta t^2+\frac{1}{6}\{\Delta\ddot{x}\}_i\Delta t^2$ $\{\dot{x}\}_{i+1}=\{\dot{x}\}_i+\{\ddot{x}\}_i\Delta t+\frac{1}{2}\{\Delta\ddot{x}\}_i\Delta t$ $\{\ddot{x}\}_{i+1}=-\{\ddot{u}_g\}_{i+1}-[M]^{-1}[C]_{i+1}\{\dot{x}\}_{i+1}-[M]^{-1}[K]_{i+1}\{x\}_{i+1}$

当 Newmark-β 法中的 $\gamma=0.5$、$\beta=0.25$ 时，为中点加速度法，此时对于线性分析积分无条件收敛。当取 $\gamma=0.5$、$\beta=\frac{1}{6}$时，为线性加速度法。对于 Wilson-θ 法，当 $\theta\geqslant1.37$ 时无条件稳定，但 θ 越大，误差也将增大，因此通常取 $\theta=1.40$。

5.4.3　静力弹塑性分析方法

弹塑性时程分析方法是一种十分有效的方法，可计算结构每一时刻的动力响应，进而对结构的工作状态进行准确判断，但该方法对于工程技术人员来说较难掌握，且计算工作量大，动力响应受恢复力模型、输入地震记录等影响较大。静力弹塑性分析方法又称推覆分析(Pushover Analysis)，是由美国学者 Freeman 在 1975 年提出的一种简化弹塑性分析方法。该方法不需要输入地震记录，也不需要使用恢复力模型，计算量小，操作简单。目前，静力弹塑性分析方法在我国已经得到了较为广泛的应用。

1. 推覆分析基本假定

①假定结构的地震反应与某个等效的单自由度体系反应相关。该假定表明结构的地震反应由某一振型(一般为第一振型)起主要控制作用,而不考虑其他振型的影响。

②结构沿高度变形形状可由形状向量$\{\phi\}$表示(图 5.48),且在整个地震反应过程中,形状向量$\{\phi\}$保持不变。

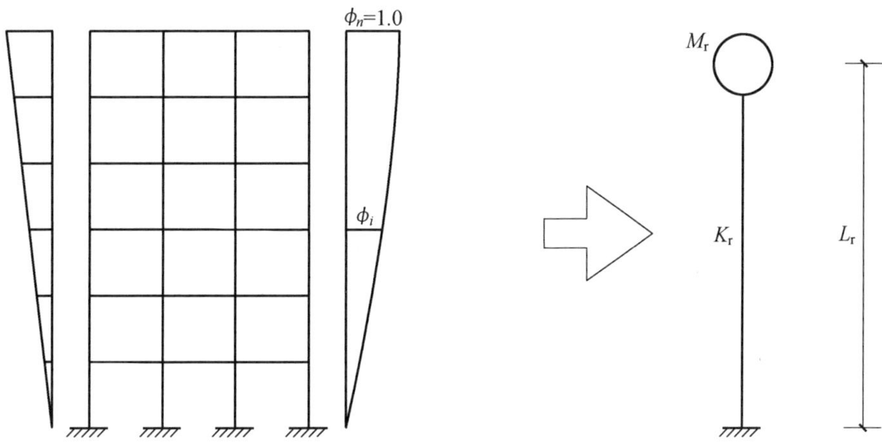

图 5.48　多质点体系等效为单质点体系示意图

2. 等效单自由度体系的建立

将多自由度体系等效为单自由度体系的等效原则是原结构和等效单自由度体系的动力平衡方程等效。多自由度体系的动力平衡方程为

$$[M]\{\ddot{x}(t)\}+[C]\{\dot{x}(t)\}+\{Q\}=-[M]\{1\}\ddot{u}_g(t) \tag{5.175}$$

式中　$[M]$、$[C]$——结构质量矩阵和阻尼矩阵;

$\{x(t)\}$——结构相对位移向量;

$\{Q\}$——结构层间恢复力向量,$\{Q\}=[K]\{x(t)\}$;

$[K]$——结构刚度矩阵;

$\ddot{u}_g(t)$——地面输入地震加速度。

因结构体系的位移可用单一形状向量$\{\phi\}$来表示,则多自由度体系的位移向量可表示为$\{x(t)\}=x_n(t)\{\phi\}$,其中$x_n(t)$为结构顶点位移。式(5.175)可以转化为

$$[M]\{\phi\}\ddot{x}_n(t)+[C]\{\phi\}\dot{x}_n(t)+\{Q\}=-[M]\{1\}\ddot{u}_g(t) \tag{5.176}$$

定义等效单自由度体系的参考位移为$x_{eq}(t)$:

$$x_{eq}(t)=\frac{\{\phi\}^T[M]\{\phi\}}{\{\phi\}^T[M]\{1\}}x_n(t) \tag{5.177}$$

式(5.177)可转化为

$$x_n(t)=\frac{\{\phi\}^T[M]\{1\}}{\{\phi\}^T[M]\{\phi\}}x_{eq}(t) \tag{5.178}$$

将式(5.178)代入式(5.176),同时方程两边左乘$\{\phi\}^T$,可得:

$$\{\phi\}^T[M]\{\phi\}\frac{\{\phi\}^T[M]\{1\}}{\{\phi\}^T[M]\{\phi\}}\ddot{x}_{eq}(t)+\{\phi\}^T[C]\{\phi\}\frac{\{\phi\}^T[M]\{1\}}{\{\phi\}^T[M]\{\phi\}}\dot{x}_{eq}(t)+\{\phi\}^T\{Q\}=$$

$$-\{\phi\}^{T}[M]\{1\}\ddot{u}_{g}(t) \tag{5.179}$$

式(5.179)可转化为

$$M_{eq}\ddot{x}_{eq}(t)+C_{eq}\dot{x}_{eq}(t)+Q_{eq}=-M_{eq}\ddot{u}_{g}(t) \tag{5.180}$$

式中 M_{eq}、C_{eq}、Q_{eq}——等效单自由度体系的等效质量、等效阻尼和等效恢复力,具体取值见式(5.181)。

$$\begin{aligned} M_{eq} &= \{\phi\}^{T}[M]\{1\} \\ C_{eq} &= \{\phi\}^{T}[C]\{\phi\}\frac{\{\phi\}^{T}[M]\{1\}}{\{\phi\}^{T}[M]\{\phi\}} \\ Q_{eq} &= \{\phi\}^{T}\{Q\} \end{aligned} \tag{5.181}$$

由式(5.181)可以看出,等效单自由度体系的所有特征参数均依赖于原型结构体系形状向量$\{\phi\}$的选取,因此形状向量$\{\phi\}$是否合理,直接影响着计算结果的准确性。

通过对多自由度体系原型的增量静力分析,可以得到的基底剪力 V-顶点位移 x_n 关系曲线,又称结构的能力曲线,如图5.49所示。能力曲线一般为曲线形式,可将其简化为二折线型(直线在曲线下方和上方分别围成的面积大致相等),并确定结构的屈服强度 V_y 和等效弹性刚度 K_e、屈服后强化段刚度 $K_s=\alpha K_e$。等效弹性刚度 K_e 一般取 $0.6V_y$ 所对应的割线刚度。

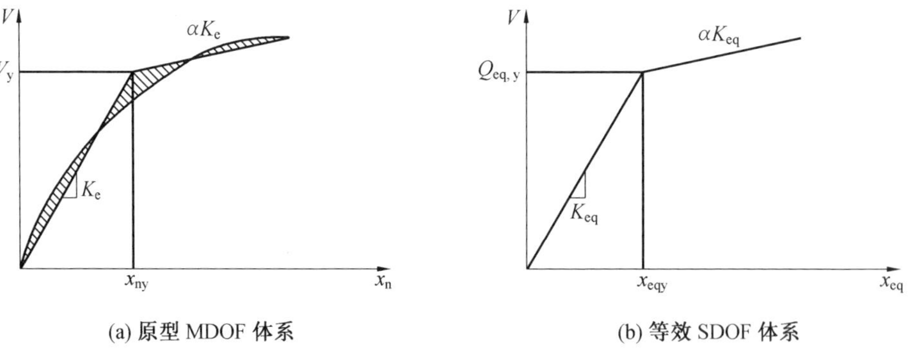

(a) 原型 MDOF 体系　　(b) 等效 SDOF 体系

图5.49　原型 MDOF 体系和等效 SDOF 体系的理想化恢复力骨架曲线

依据式(5.177)、式(5.181),等效单自由度体系的力——变形特征可以由多自由度结构的非线性静力分析得到,即

$$x_{eqy}=\frac{\{\phi\}^{T}[M]\{\phi\}}{\{\phi\}^{T}[M]\{1\}}x_{ny} \tag{5.182}$$

$$Q_{eqy}=\{\phi\}^{T}\{Q_y\} \tag{5.183}$$

式中 x_{eqy}、Q_{eqy}——等效单自由度体系的屈服位移和屈服强度;

$\{Q_y\}$——原结构屈服点处结构各楼层力分布向量,基底剪力 $V_y=\{1\}^{T}\{Q_y\}$。

基于式(5.182)、式(5.183),等效单自由度体系的自振周期 T_{eq} 为

$$T_{eq}=2\pi\sqrt{\frac{x_{eqy}M_{eq}}{Q_{eqy}}} \tag{5.184}$$

等效单自由度体系中结构屈服后刚度与有效侧向刚度的比值 α 可以直接采用原结构中的值。这样,经过一系列的变化之后与原结构相关的等效弹塑性单自由度体系就建立了。

3. 水平加载模式

在推覆分析中,逐级施加的水平侧向力沿结构高度的分布模式称为水平加载模式。地震时,结构各层惯性力沿结构高度的分布是随时间变化的,特别是结构屈服以后,惯性力分布情况更为复杂。不同侧向力的分布形式对结构影响也是不同的。因此,在推覆分析中,选择合适的水平加载模式十分重要。

目前,根据是否考虑地震过程中层间惯性力的重分布,主要有两种不同的侧向加载模式,分别为固定模式和自适应模式。固定模式在整个加载过程中,侧向力分布保持不变,相关研究表明,对于受高阶振型影响较小,在不变的侧向荷载分布模式下可产生唯一屈服机制且能被这种模式检测出来的结构,一般可采用固定模式。目前常用的固定模式可分为均匀模式和模态模式两大类。自适应模式是指在整个加载过程中,侧向力随着结构动力特性的改变而不断进行调整的加载模式。

(1)均匀模式。

水平侧向力沿结构高度的分布与楼层质量成正比的加载方式称为均布模式。此模式适宜于刚度与质量沿高度分布较均匀、薄弱层为底层的结构。相对于倾覆弯矩,此模式更重视楼层剪力在结构地震破坏中所起的作用。作用于第 i 层的水平荷载为

$$F_i = \frac{m_i}{\sum_{j=1}^{n} m_j} V_b \tag{5.185}$$

式中　m_i、m_j——结构第 i、j 层的质量;

n——结构层数;

V_b——结构基底剪力。

当各层质量相同时,各层侧向力大小相同,如图 5.50(a)所示。

(2)模态模式。

① 振型组合模式。

根据振型反应谱法求得各阶振型的反应谱值,再通过平方和开平方(SRSS)的振型分解法确定结构各层剪力,据此反算各楼层上作用的侧向力大小,各层侧向力分布如图 5.50(b)所示。该加载模式能考虑结构弹性阶段高振型的影响。FEMA356 建议,所需考虑的振型数的参与质量至少要达到结构总质量的 90%,采用的地震动反应谱要合适,且结构的基本周期要大于 1.0 s。

② 第一振型模式。

当第一振型的参与质量高于结构总质量的 75% 时,一般可采用仅考虑第一振型的简化方法,作用在第 i 层的侧向力为

$$F_i = \frac{G_i h_i^k}{\sum_{j=1}^{n} G_j h_j^k} V_b \tag{5.186}$$

式中　G_i、G_j——结构第 i、j 层的重力荷载代表值;

h_i、h_j——结构第 i、j 层楼面距地面高度;

k——控制侧向力分布形状的参数,与结构基本周期 T 有关,其计算式为

$$k=\begin{cases}1.0 & (T\leqslant 0.5\ \text{s})\\ 1+\dfrac{T-0.5}{2.5-0.5} & (0.5\ \text{s}<T<2.5\ \text{s})\\ 2.0 & (T\geqslant 2.5\ \text{s})\end{cases} \tag{5.187}$$

若结构基本周期 $T\leqslant 0.5$ s，则 $k=1.0$，即侧向力的分布模式为倒三角分布（图5.50(c)）。

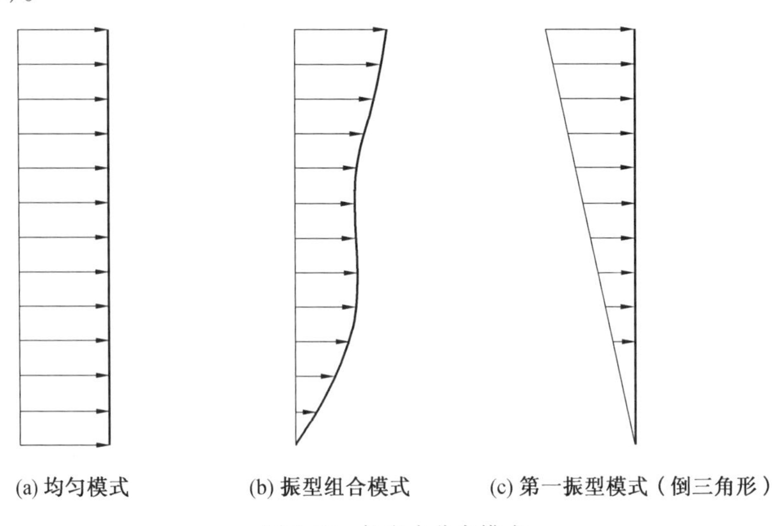

(a) 均匀模式　　(b) 振型组合模式　　(c) 第一振型模式（倒三角形）

图 5.50　侧向力分布模式

(3) 自适应模式。

自适应模式的突出特点是在结构加载过程中可随时对结构工作状态进行观测和监控，从而及时调整侧向力的分布。有地震作用时，结构的工作状态和振型变化程度有直接联系，前述固定模式中的侧向力分布均不能很好地反映因结构特性改变而引起的惯性力重分布。自适应模式加载的基本流程为：利用加载前一步中得到的结构基本周期和振型，根据振型分解反应谱法及 SRSS 法计算各楼层的层间剪力，进而反算各楼层水平荷载，作为下一步的侧向力分布加载模式。结构一旦进入弹塑性，每一步加载前均需重新计算侧向力分布模式。

从理论上讲，自适应模式比固定模式合理，但自适应模式计算量大，使得原本追求简化的 Pushover 方法又重新复杂起来。另外，由于 Pushover 方法本身理论上的缺陷会引起不可避免的误差，使得在实际应用中自适应模式的精度未必比固定模式高。

传统的 Pushover 方法加载过程中侧向力方向保持不变。然而实际地震往复作用于结构，单向加载显然不能准确地模拟地震作用下结构和构件的真实受力状况；而且对于不对称结构来说，不同方向加载得到的结果也不相同。因而 Pushover 分析方法也逐渐开始采用循环往复的加载模式，即先对结构进行正向加载到目标位移，然后卸载并反向加载到反向的目标位移，再卸载至基底剪力为零，此时认为完成一次循环。通过循环往复加载，能够较合理地模拟地震作用的往复特征。

4. 结构的目标位移

目标位移的确定是 Pushover 分析的核心内容。目标位移是指在设计地震动作用下结构可能达到的最大位移（结构的最大地震需求位移或目标性能需求）。一般取结构顶层质心处（不包括屋顶小间）的位移作为目标位移。

根据等效单自由度和多自由度原结构的关系，结构目标位移的计算可以转化为计算在设计地震作用下等效单自由度体系的位移需求，目前常用的方法有以下几类：

(1)能力谱法。

能力谱法是由美国 ATC-40 推荐使用的一种方法，该方法在同一坐标轴下建立两条基于相同标准的谱线，一条是能力谱曲线，另一条是需求谱曲线，两条曲线的交点为等效单自由度体系在设计地震作用下的谱位移，通过原型结构顶层位移与等效单自由度体系位移之间的转换关系，即可得到目标位移。若两条曲线无交点，则说明结构的抗震性能不足，需重新设计。

能力谱曲线是由原多自由度体系的 V_b-x_n(基底剪力-顶点位移)曲线转化的等效单自由度体系的 S_a-S_d(谱加速度-谱位移曲线)，如图 5.51 所示，具体转换关系为

$$S_a=\frac{V}{M_1^*},\quad S_d=\frac{x_n}{\gamma_1\phi_{n1}} \tag{5.188}$$

$$M_1^*=\frac{\sum_{j=1}^{n}(m_j\phi_{j1})^2}{\sum_{j=1}^{n}m_j\phi_{j1}^2},\quad \gamma_1=\frac{\sum_{j=1}^{n}m_j\phi_{j1}}{\sum_{j=1}^{n}m_j\phi_{j1}^2} \tag{5.189}$$

式中　S_a、S_d——等效单自由度体系的谱加速度和谱位移；

M_1^*——结构第一振型等效质量；

γ_1——结构第一振型参与系数；

m_j——结构第 j 层质量；

ϕ_{j1}——结构第一振型时第 j 层的位移向量，ϕ_{n1} 一般为 1.0。

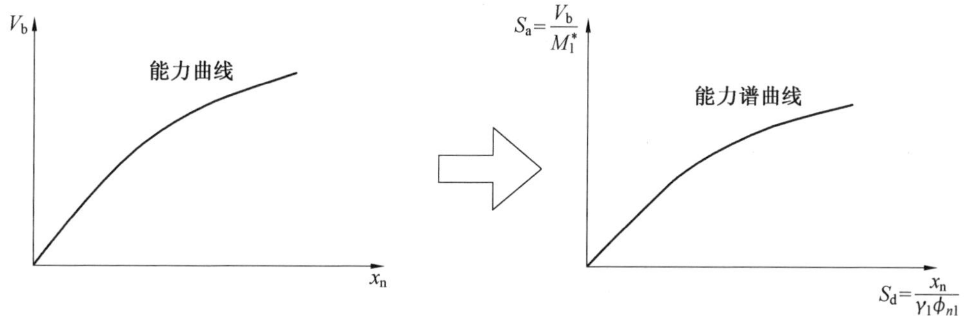

图 5.51　能力曲线转化为能力谱曲线

地震需求谱是一种地震设计反应谱。我国《高层民用建筑钢结构技术规程》(JGJ 99—2015)中给出了高层建筑钢结构的地震影响系数 α 曲线，需将其转化为 S_a-S_d 曲线。相关转化关系为

$$S_a=\alpha g \tag{5.190}$$

$$S_d=\frac{T^2}{4\pi^2}S_a \tag{5.191}$$

式中　α——地震影响系数；

T——结构周期，一般为基本自振周期。

对于弹塑性体系，一般是在上述弹性需求谱曲线的基础上，通过考虑延性比 μ 或等效阻尼比 ξ_e 两种方法得到弹塑性需求谱或折减的弹性需求谱。此两种需求谱相关研究内容较

多,这里不做介绍,相关内容可自行查阅文献。

(2)目标位移法。

目标位移法的基本思想是直接建立结构顶层质心处的目标位移。首先将 Pushover 分析得到的能力曲线表示为双折线形式,如图 5.49(a)所示。目标位移为

$$\delta_t = C_0 C_1 C_2 C_3 S_a \frac{T_e^2}{4\pi^2} \tag{5.192}$$

式中 T_e——结构等效的自振周期;

S_a——反应谱加速度;

C_0——为相关谱位移和可能的结构顶层位移修正系数;

C_1——短周期结构最大弹性变形与非弹性变形间修正因子;

C_2——反映最大位移反应上滞回效果的影响系数;

C_3——反映 P-Δ 效应对位移影响的调整系数。

相关系数的确定方法可查阅文献[65]。

(3)弹塑性动力时程分析法。

若设计地震动是以加速度时程的形式给出,通过对等效单自由度体系进行弹塑性动力时程分析,得到等效单自由度体系在设计地震作用下的最大位移。利用多自由度原型结构的顶层位移与等效单自由度位移之间的转换关系,即可得到结构的目标位移。

5.静力弹塑性分析的步骤

①建立结构的分析模型。模型要能够反映结构所有重要的弹性和弹塑性反应特征。

②计算结构在竖向荷载下的内力,根据结构的特点施加某种形式的水平静力荷载。确定水平静力荷载大小原则是:水平力产生的内力与竖向荷载产生的内力叠加后,恰好能使一个或一批构件开裂或屈服。

③对于开裂或屈服的杆件刚度进行修正,再施加下一级荷载,使得一个或一批构件开裂或屈服。重复交替下去,将每一步得到的结构内力和变形累加,得到结构构件在每一步的内力和变形。当结构达到目标位移或发生破坏(形成机构)时,停止加载。目标位移的确定可以采用能力谱方法、目标位移法、弹塑性动力时程分析法等。

④在目标位移下,评估结构的整体性能及其抗震能力。对结构进行抗震性能的评估,可从层间位移、结构的破坏机制、塑性铰的分布等方面展开。

6.静力弹塑性分析的缺点

①该法假定所有的多自由度体系均可简化为等效单自由度体系且结构的地震反应仅由单一振型(一般为第一振型)控制,假定没有十分严密的理论基础。由于实际结构的相对位移向量由所有振型控制,且各振型随着结构刚度的变化而变化。对于高层钢结构建筑来说,结构一旦进入弹塑性,伴随着支撑构件等的失稳、薄弱层的出现等,结构的性能会发生根本性的变化,因此若仍采用弹性阶段的位移形状向量,则可能会产生一定的误差。

②计算结果的精度在很大程度上取决于目标位移和水平加载方式的确定。

③仅能从整体上评估结构的性能,结果较为粗糙,不太容易考虑结构在反复加卸载(比如地震荷载)过程中损伤累积及刚度的变化。

7.《高层民用建筑钢结构技术规程》(JGJ 99—2015)相关规定

①可在结构的各主轴方向分别施加单向水平力进行静力弹塑性分析。

②水平力可作用在各楼盖的质心位置,可不考虑偶然偏心的影响。

③结构的每个主轴方向宜采用不少于两种水平力沿高度分布模式,其中一种可与振型分解反应谱法得到的水平力沿高度分布模式相同。

④采用能力谱法时,需求谱曲线可由现行国家标准《建筑抗震设计规范》(GB 50011—2010)的地震影响系数曲线得到,或由建筑的地震安全性评价提出的加速度反应谱曲线得到。

5.5　结构整体稳定性与 $P\text{-}\Delta$ 效应

5.5.1　二阶效应($P\text{-}\Delta$、$P\text{-}\delta$ 效应)的概念

在对结构进行内力分析时,不考虑结构变形对内力影响的分析称为一阶分析,即在变形前的几何位置上建立平衡方程。考虑结构变形对内力影响的分析称为二阶分析,即在变形后的位置上建立平衡方程。一般来说,二阶分析包含 $P\text{-}\Delta$ 和 $P\text{-}\delta$ 双重的分析,如图 5.52 所示。即在实际结构中 $P\text{-}\Delta$ 效应是针对结构整体而言,是一个相对宏观的概念,而 $P\text{-}\delta$ 效应是针对单根杆件而言的。本节主要对 $P\text{-}\Delta$ 效应展开讨论。

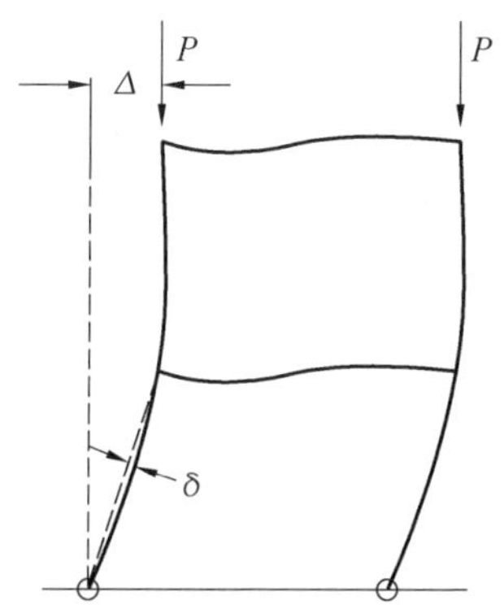

图 5.52　二阶效应示意图

相关研究表明,30 层以下的多高层钢结构,侧向刚度较大,$P\text{-}\Delta$ 效应不明显,一般可忽略;对于 50 层左右的钢结构,$P\text{-}\Delta$ 效应产生的二阶内力和位移可达 15% 以上,若不考虑 $P\text{-}\Delta$ 效应,可能造成一些构件实际负担的内力超过其设计承载力,甚至引起结构的倒塌。因此,原则上高层建筑钢结构应按二阶理论或采用简化的方法考虑二阶效应,以保证结构的整体稳定性。

5.5.2　整体稳定性的判断

为控制重力 $P\text{-}\Delta$ 效应不超过 20%,使结构的稳定具有适宜的安全储备。在水平力作用下,《高层民用建筑钢结构技术规程》(JGJ 99—2015)规定,高层民用建筑钢结构的整体稳定性应符合下列规定:

① 框架结构应满足下式要求：

$$D_i \geqslant 5\sum_{j=i}^{n} G_j/h_i(i=1,2,\cdots,n) \tag{5.193}$$

② 框架 - 支撑结构、框架 - 延性墙板结构、筒体结构和巨型框架结构应满足下式要求：

$$EJ_d \geqslant 0.7H^2\sum_{i=1}^{n} G_i \tag{5.194}$$

式中 D_i—— 第 i 楼层的抗侧刚度(kN/mm)，可取该层剪力与层间位移的比值；

h_i—— 第 i 楼层层高(mm)；

G_i、G_j—— 分别为第 i、j 楼层重力荷载设计值(kN)，取 1.2 倍的永久荷载标准值与1.4 倍的楼面可变荷载标准值的组合值；

H—— 房屋高度(mm)；

EJ_d—— 结构一个主轴方向的弹性等效侧向刚度($kN \cdot mm^2$)，可按照倒三角形分布荷载作用下结构顶点位移相等的原则，将结构的侧向刚度折算为竖向悬臂受弯构件的等效侧向刚度。

对于框架结构，《高层民用建筑钢结构技术规程》(JGJ 99—2015) 尚规定，结构内力分析可采用一阶弹性或二阶弹性分析。当二阶效应系数小于 $\theta_i \leqslant 0.1$ 时，可不进行二阶分析。但无论如何，二阶效应系数不宜大于 0.2。

$$\theta_i = \frac{\sum N \cdot \Delta u}{\sum H \cdot h_i} \tag{5.195}$$

式中 $\sum N$—— 所考虑楼层以上所有竖向荷载之和(kN)，按荷载设计值计算；

$\sum H$—— 所考虑楼层的总水平力(kN)，按荷载设计值计算；

h_i—— 第 i 楼层层高(m)；

Δu—— 所考虑楼层的层间位移(m)。

从本质角度讲，式(5.193)与式(5.195)不超过 0.2 时的情况是一致的。

5.5.3 规范中假想水平力 H_{ni} 及内力计算

《高层民用建筑钢结构技术规程》(JGJ 99—2015)规定，对于框架结构，当采用二阶弹性分析时，应在各楼层的楼盖处施加假想水平力，如式(5.196)所示，此时框架柱的计算长度系数取 1.0。

$$H_{ni} = \frac{Q_i}{250}\sqrt{0.2+\frac{1}{n}}\sqrt{\frac{f_y}{235}} \tag{5.196}$$

式中 Q_i——第 i 楼层的总重力荷载设计值(kN)；

n——框架总层数；当$\sqrt{0.2+\frac{1}{n}}>1$ 时，取此根号值为 1.0。

当内力采用放大系数法近似考虑二阶效应时，允许采用叠加原理进行内力组合。放大系数的计算应采用式(5.197)荷载组合下的重力。

$$1.2G+1.4[\psi L+0.5(1-\psi)L] \tag{5.197}$$

式中 G——永久荷载；

L——活荷载；

ψ——活荷载准永久值系数。

第6章　钢构件设计

6.1　钢构件设计概述

构件是组成整个结构的部件。随着高层钢结构体量的增大，应用的增多，以及结构高性能等方面的要求，钢构件的合理采用和设计，直接影响着结构的受力性能和造价等。因此，必须对钢构件设计给予足够的重视。

随着对钢构件试验和理论研究的日益深入，可供使用的钢构件的种类日益增多。正如同工程设计人员在着手设计一个结构时，从大处着眼，可选用的结构体系并不唯一。与之类似，在一个结构中（例如有抗震需求的钢结构中），可采用的钢构件，特别是抗侧力构件（常包括钢支撑和嵌入式的剪力墙板等）的形式并不唯一。

对常用截面和构造形式下受力性能较好的钢构件及连接，随着工程应用和研究日益深入，促使设计者对其受力性能有更加全面的把握，这也成为设计规范不断修订的驱动力。这样，这些常用形式的钢构件在仍然得以广泛应用的同时（例如纯框架结构和采用纯钢支撑抗侧力的支撑框架结构（图6.1(a)），其设计更趋合理。因此，有必要理解和掌握新的设计规定和操作方法，获得经济性更好、受力更加合理的构件，确保结构安全工作。此外，随着对高性能构件和结构体系需求的日益提高，以及建造一些特殊和复杂结构等方面的需求，经试验研究和相关理论分析论证，一些采用新型构造和材质的钢构件，例如形式多样的防屈曲支撑（图6.1(b)、(c)）、截面形式和构造特殊、采用高强钢材、板件厚度较大（图6.2）等形式的钢构件，也已在实际工程中得到应用。因此，不难预见，随着钢结构工程日趋增多，钢构件的形式也必将日益丰富，其合理设计方法和构造方面的研究仍需继续进行。

(a) 采用纯钢支撑抗侧力的中心支撑框架结构

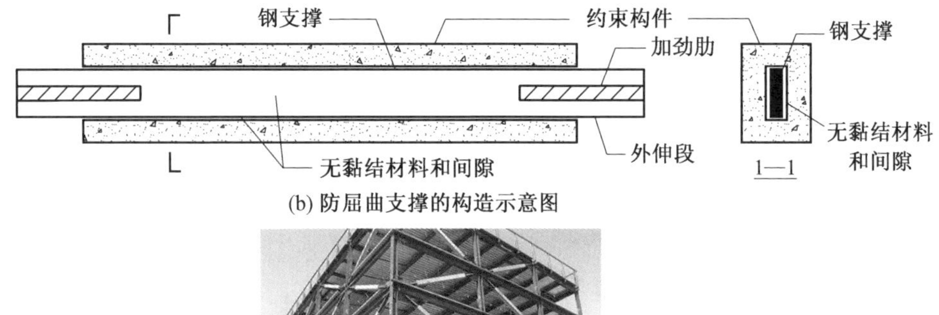

(b) 防屈曲支撑的构造示意图

(c) 采用防屈曲支撑的中心支撑钢框架结构

图 6.1 支撑钢框架结构

图 6.2 采用板件厚度 70 ~ 90 mm 的钢构件及高强螺栓连接

本章将渐次给出各种钢构件的设计方法和构造及其应用要点。重点介绍作为受弯构件的钢梁、作为轴压或压弯构件的柱子,以及支撑钢框架中的中心支撑和偏心支撑的设计和构造。此外,还将重点介绍防屈曲支撑这种新型的抗侧力构件,包括墙板内置无黏结钢板支撑和杆状的防屈曲支撑,以及一些嵌入式的剪力墙板,例如钢板剪力墙和带竖缝的钢筋混凝土墙板的构造与设计方法。

6.2 钢构件设计的内容

通常,钢构件的设计要进行弹性和弹塑性两个阶段的验算。对于抗震钢结构,根据我国规范,即进行多遇地震和罕遇地震下的验算。

6.2.1 弹性阶段的验算

钢构件的弹性阶段验算主要包括其承载力和正常使用方面的验算。主要步骤如下:

①考虑永久荷载、可变荷载(有时还要考虑风荷载和等效地震作用)等,对整个高层钢

结构(或对整个结构规则时,也可采用合理的部分结构代替整体结构或采用等效的整体结构)进行静力分析,获得各种荷载及荷载组合作用下各构件的内力。

②依据承载力极限状态下的相应荷载组合下获得的构件内力,验算构件的承载力,即构件的强度、整体稳定承载力和局部稳定性。

③依据正常使用极限状态下的相应荷载组合下获得的构件内力,验算构件的变形。对于轴向受力为主的钢支撑和压弯构件的刚柱子,还需验算构件的长细比。

多遇地震作用下的荷载效应和相应设计要求如下。

1. 荷载效应组合

(1)无地震作用时的组合。

$$S=\gamma_G S_{Gk}+\gamma_{Q1}S_{Q1k}+\gamma_{Q2}S_{Q2k}+\psi_w\gamma_w S_{wk} \tag{6.1}$$

(2)有地震作用时的组合。

$$S=\gamma_G S_{GE}+\gamma_{Eh}S_{Ehk}+\gamma_{Ev}S_{Evk}+\psi_w\gamma_w S_{wk} \tag{6.2}$$

式中　S——钢结构构件内力组合的设计值,包括组合的弯矩、轴力和剪力设计值;

γ_G——重力荷载分项系数,一般情况采用1.2,当重力荷载效应对构件承载能力有利时,不应大于1.0;

γ_{Q1}、γ_{Q2}、γ_w——楼面活荷载、雪荷载和风荷载的荷载分项系数,一般取1.4;

γ_{Eh}、γ_{Ev}——水平、竖向地震作用分项系数,当仅计及单向地震作用时,取1.3,当同时计算水平和竖向地震作用时,$\gamma_{Eh}=1.3(0.5)$,$\gamma_{Ev}=0.5(1.3)$;

S_{Gk}、S_{Q1k}、S_{Q2k}、S_{wk}——由永久荷载、楼面活荷载、屋面雪荷载和风荷载的标准值引起的构件内的荷载效应;

S_{GE}——由重力荷载代表值引起的效应,重力荷载代表值按《建筑抗震设计规范》(GB 50011—2010)的5.1.3条取用;

S_{Ehk}、S_{Evk}——水平或竖向地震作用标准值引起的效应,尚应乘以相应的增大系数或调整系数;

ψ_w——风荷载组合系数,无地震作用时的组合中取1.0;有地震作用时的组合中取0.2。

(3)当验算钢结构的变形时,所有荷载分项系数均取1.0。

2. 承载力极限状态验算

(1)无地震作用时的组合。

$$S\leqslant R/\gamma_0 \tag{6.3}$$

式中　γ_0——钢结构重要性系数,使用年限100年及以上取1.1,50年取1.0;

S——钢结构构件内力组合设计值;

R——钢结构构件承载力设计值。

(2)有地震作用时的组合。

$$S\leqslant R/\gamma_{RE} \tag{6.4}$$

式中　γ_{RE}——构件的承载力抗震调整系数,柱、梁、支撑、节点板件、螺栓、焊缝强度计算时为0.75,柱、支撑稳定计算时为0.8;当仅计算竖向地震作用时,构件承载力抗震调整系数取 1.0。

3. 正常使用极限状态验算

在正常情况下,高层民用建筑钢结构应具有足够的刚度,避免产生过大的位移而影响结构的承载力、稳定性和使用要求。在正常使用条件下,结构的水平位移应按上述相应的荷载效应组合,采用弹性方法计算。

(1)重力荷载作用下梁的挠度限值。

不同种类受弯构件的相应挠度限值见现行《钢结构设计标准》(GB 50017—2017)。例如,对于永久和可变荷载标准组合下钢梁的挠度限值为:主梁≤l/400,次梁≤l/250,其中 l 为钢梁的跨度。

(2)层间侧移限值。

按弹性方法计算的风荷载或多遇地震作用标准值作用下的楼层最大水平位移与楼层高度之比不宜大于 1/250。

6.2.2 弹塑性阶段的验算

弹塑性阶段钢构件的验算主要体现在对构件塑性发展和延性水平等可能导致的结构层间变形、层间残余变形和层间变形延性比等方面的验算。

对于抗震钢结构,罕遇地震下结构第 i 层的层间侧移应不大于 h_i/50。其中 h_i 为结构第 i 层的层高。

层间侧移延性比是指结构在罕遇地震下的最大弹塑性层间侧移与该楼层屈服层间侧移的比值。延性比的要求参见我国《建筑抗震设计规范》(GB 50011—2010)。

目前我国设计规范尚无层间残余变形的限值要求,但随着性能化设计研究的日益深入,对结构经历弹塑性变形后的层间残余变形这一指标也将提出要求。虽然建筑在大震后可避免倒塌,但残余变形过大将严重影响结构震后使用功能,且导致结构修复费用过高。

对于抗震钢结构,上述弹性阶段的验算,即需要进行多遇地震作用下的结构弹性变形验算和构件承载力及刚度的验算,以保证"小震不坏";而通过罕遇地震作用下的极限变形等验算,保证结构"大震不倒",甚至保持继续使用的功能。

6.3 钢梁设计

高层钢结构中所采用的钢梁,通常当与次梁的连接构造得当时,主梁所承受的扭矩较小,这样,主梁的受力状态为单向受弯,钢梁的截面一般采用双轴对称的轧制 H 型钢或焊接工字形截面。当钢梁跨度较大或荷载较大,而梁高又有限制时,可采用抗弯和抗扭性能较好的箱形截面。对于钢结构的次梁,一般与主梁铰接连接,可考虑次梁与楼板(钢筋混凝土楼板或压型钢板-混凝土组合楼板)的共同工作,形成组合梁。地震区钢结构中的主梁,当与钢柱刚接时,考虑地震作用下负弯矩区楼面混凝土受拉开裂及往复作用下楼板抗弯刚度出现退化等,常在钢梁承载力计算时,不考虑楼板与钢梁的组合作用。但随着研究的日益深入,当有充分的试验研究等可靠依据后,也可尝试形成组合梁。当楼板与钢梁有较为牢固的连接时,可考虑楼板为钢梁提供侧向约束,避免钢梁整体失稳。同时,在计算钢梁的刚度时,也应合理考虑楼板与钢梁的组合作用。这样可较真实地考虑其受力特点,获得较准确的设计结果。

此外,在高层钢结构中,因结构沿高度方向各区段的使用功能不同,可能会使各区段间柱子不连续。在转换层内的钢梁承受上部楼层柱子传来的集中荷载,形成托柱梁。当在多遇地震组合下进行托柱梁承载力计算时,考虑倾覆力矩对传力不连续部位内力的增值效应,托柱梁的内力应乘以增大系数(系数取值不得小于 1.5),以保证转换构件的设计安全度,并使其具有良好的抗震性能。

6.3.1　钢梁的截面形式

对于高层钢结构中的主梁,因受力较大、刚度要求较高,通常可采用由型钢或钢板通过焊缝或螺栓等连接而成的实腹式组合截面,如图 6.3 所示。

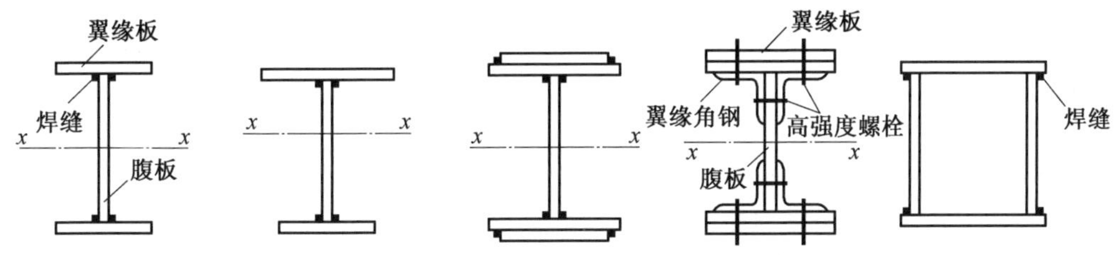

图 6.3　实腹式钢梁可采用的组合截面形式

受力和刚度要求较小的次梁和小次梁,通常可采用热轧型钢,包括槽钢、工字钢、H 型钢和 T 型钢等实腹式截面形式,如图 6.4 所示。其中截面较大的热轧 H 型钢梁也可用作主梁。

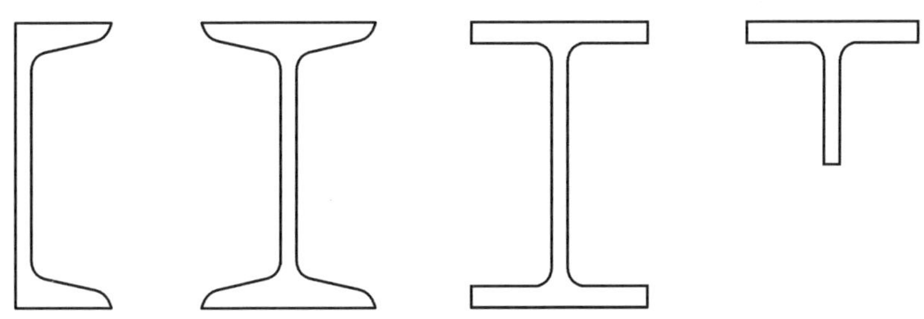

图 6.4　实腹式钢梁可采用的热轧型钢截面形式

此外,还可将实腹式的 H 型钢梁的腹板按折线切割后,沿轴向错位后焊接,形成蜂窝梁,以便于提高钢梁的抗弯能力、合理利用钢材和便于敷设管线。钢梁的截面如图 6.5 所示。

对于类似的腹板有大孔洞的钢梁,其承载力设计和构造等需基于专门的设计规定进行。

对于图 6.3 和 6.4 所示的常用的实腹式钢梁,其承载力计算可按如下要求进行。

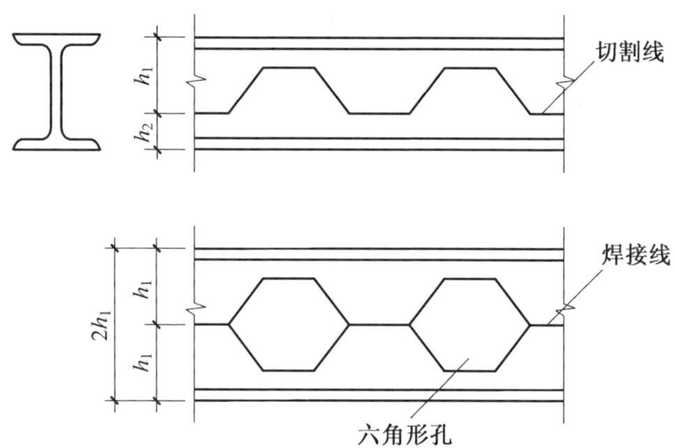

图 6.5　腹板开孔的钢梁

6.3.2　钢梁的强度

(1)单向受弯钢梁。

不考虑腹板屈曲后强度时,其抗弯强度为

$$\sigma=\frac{M_x}{\gamma_x W_{nx}}\leqslant f \tag{6.5}$$

式中　M_x——绕梁截面上 x 轴的弯矩设计值;

W_{nx}——梁对 x 轴的净截面模量,应根据截面板件宽厚比等级由《钢结构设计标准》(GB 50017—2017)第 6.1.1 条计算;

γ_x——截面塑性发展系数,非抗震设计时按现行国家标准《钢结构设计标准》(GB 50017—2017)的规定采用,抗震设计时宜取 1.0;

f——钢材强度设计值,抗震设计时应除以构件承载力抗震调整系数 0.75。

(2)单向受剪钢梁。

不考虑腹板屈曲后强度时,其抗剪强度为

$$\tau=\frac{VS}{It_w}\leqslant f_v \tag{6.6}$$

式中　V——计算截面沿腹板平面作用的剪力;

S——计算剪应力处以上毛截面对中性轴的面积矩;

I——毛截面惯性矩;

t_w——腹板厚度;

f_v——钢材抗剪强度设计值,抗震设计时应除以构件承载力抗震调整系数 0.75。

框架梁端部截面的抗剪强度为

$$\tau=\frac{V}{A_{wn}}\leqslant f_v \tag{6.7}$$

式中　A_{wn}——扣除焊接孔和螺栓孔后的腹板受剪面积。

(3)双向受弯和受剪钢梁。

当钢梁在截面两个主轴方向均受横向荷载作用时,钢梁将处于双向受弯和受剪的状态。

当不考虑腹板屈曲后强度时，应按下式验算双向受弯钢梁的抗弯强度：

$$\sigma=\frac{M_x}{\gamma_x W_{nx}}+\frac{M_y}{\gamma_y W_{ny}}\leqslant f \tag{6.8}$$

式中　M_x、M_y——绕钢梁 x 轴和 y 轴的弯矩设计值；

W_{nx}、W_{ny}——梁对 x 轴和 y 轴的净截面模量，应根据截面板件宽厚比等级由《钢结构设计标准》(GB 50017—2017)第 6.1.1 条计算；

γ_x、γ_y——截面塑性发展系数，非抗震设计时按现行国家标准《钢结构设计标准》(GB 50017—2017)的规定采用，抗震设计时宜取 1.0；

f——钢材强度设计值，抗震设计时应除以构件承载力抗震调整系数 0.75。

对于常用的工字形和箱形截面，其截面塑性发展系数见表 6.1。

表 6.1　钢梁部分截面进入塑性时的截面塑性发展系数

截面塑性发展系数	非抗震设计			抗震设计
	工字形截面	箱形截面	需要计算疲劳	
γ_x	1.05	1.05	1.0	1.0
γ_y	1.20	1.05	1.0	1.0

注：当钢梁受压翼缘外伸板件的宽厚比为 $13\sqrt{235/f_y}\sim 20$ 时，应取 $\gamma_x=1.0$。式中，f_y 为所用牌号钢材的屈服强度，工字形截面中，x 轴为强轴，y 轴为弱轴

因有试验表明，塑性设计不能用于出现交变塑性变形的构件，当构件截面的翼缘或一部分腹板在交替受拉屈服和受压屈服后很可能发生低周疲劳破坏。因此，在抗震设计中，塑性发展系数宜取 1.0。

如果沿钢梁两个主轴方向均作用剪力，当不考虑腹板屈曲后强度时，应按下式验算钢梁双向受剪时的抗剪强度：

$$\tau=\frac{V_y S_x}{I_x t}+\frac{V_x S_y}{I_y t}\leqslant f_v \tag{6.9}$$

式中　V_x、V_y——沿截面 x 轴和 y 轴方向的剪力；

S_x、S_y——计算剪应力处以上毛截面对中性轴 x 轴和 y 轴的面积矩；

I_x、I_y——对 x 轴和 y 轴的毛截面惯性矩；

t——计算剪应力处板件的厚度；

f_v——钢材抗剪强度设计值，抗震设计时应除以构件承载力抗震调整系数 0.75。

6.3.3　钢梁的整体稳定

对于工字形和 H 形等开口薄壁截面钢梁，在横向荷载作用下，受弯钢梁可能发生平面外的弯扭失稳(图 6.6)。

1. 单向受弯

在弯矩作用下，可能发生弯矩作用平面外的弯扭失稳，应按下式验算钢梁的整体稳定承载力：

$$\frac{M_x}{\varphi_b W_x}\leqslant f \tag{6.10}$$

式中 W_x——钢梁的毛截面模量(单轴对称的截面按受压翼缘边缘计算),应根据截面板件宽厚比等级由《钢结构设计标准》(GB 50017—2017)第6.2.2条计算;

φ_b——梁的整体稳定系数,应按现行国家标准《钢结构设计标准》(GB 50017—2017)的规定确定。当梁在端部仅以腹板与柱(或主梁)相连时,因为不能保证梁的截面完全没有扭转,因此 φ_b(或 $\varphi_b>0.6$ 时的 φ_b')应乘以降低系数0.85;

f——钢材强度设计值,抗震设计时应除以构件承载力抗震调整系数0.75。

(a) 悬臂钢梁

(b) 简支钢梁

图6.6 钢梁整体弯扭失稳

2. 双向受弯

对于两个主平面内受弯的H形或工字形截面实腹钢梁,其整体稳定按下列经验公式计算:

$$\frac{M_x}{\varphi_b W_x}+\frac{M_y}{\gamma_y W_y}\leqslant f \tag{6.11}$$

式中 M_x、M_y——绕 x 轴(强轴)和 y 轴(弱轴)作用的最大弯矩;

W_x、W_y——按受压纤维确定的对 x 轴和对 y 轴的钢梁毛截面模量(抵抗矩);

φ_b——绕强轴弯曲所确定的钢梁整体稳定系数。有两种情况需要修正:①当 $\varphi_b>0.6$ 时,应计算出相应的 φ_b' 来代替 φ_b;②当钢梁端部仅以腹板与柱(或主梁)相连时,φ_b 或 φ_b'(当 $\varphi_b'>0.6$ 时)应乘以降低系数0.85;

γ_y——钢梁截面塑性发展系数;

f——钢材强度设计值,抗震设计时应除以构件承载力抗震调整系数0.75。

3. 提高钢梁整体稳定的措施

(1) 钢梁上的刚性铺板。

梁的整体稳定性一般由刚性铺板(图6.7)或侧向支撑体系来保证,使其不控制设计。刚性铺板满足以下两个条件时可认为其能阻止钢梁的失稳:一是铺板在其自身平面内有相当大的刚度;二是铺板与梁翼缘应牢固连接。因此,当钢梁上有压型钢板现浇钢筋混凝土组合楼板或现浇钢筋混凝土楼板(图6.7(a)和(c)),楼板在自身平面内有足够的刚度,且楼板与钢梁受压翼缘有可靠连接时,楼板能阻止受压翼缘的侧向位移,梁不会丧失整体稳定,不必验算钢梁的整体稳定性。对于预制板,为使其与钢梁牢固连接,需要在钢梁翼缘上焊剪力键,并把预制板间的空隙用砂浆填实(图 6.7(b))。

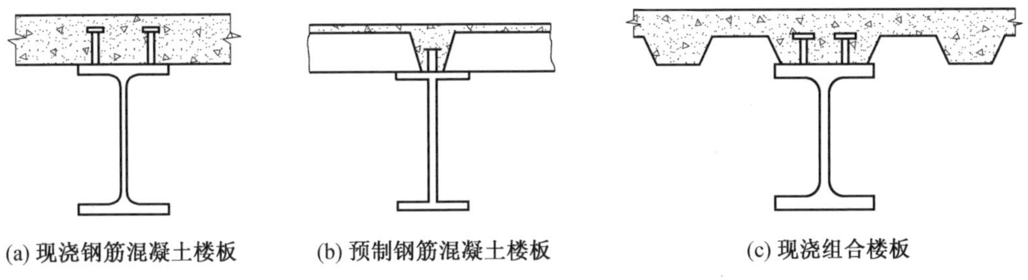

图 6.7　钢梁上的楼板形式和连接

在高层钢结构中,目前楼板常采用压型钢板上现浇钢筋混凝土的组合楼板(图 6.7(c))。压型钢板采用栓钉与钢梁翼缘焊接连接。在组合楼板的施工阶段,若在钢梁的受压翼缘上仅铺设压型钢板,当压型钢板在其自身平面内的剪切刚度 K 符合如下要求时,可认为其是刚性铺板,也可不验算梁的整体稳定性。

$$K \geqslant \left(EI_y \frac{\pi^2}{l_1^2} \cdot \frac{h^2}{4} + EI_w \frac{\pi^2}{l_1^2} + GI_t \right) \cdot \frac{70}{h^2} \tag{6.12}$$

式中　K——压型钢板每个波槽都与钢梁连接时压型钢板的抗剪强度,可由图 6.8 所示的试验确定,$K = V/\gamma$;

I_y、I_w、I_t——梁绕弱轴(y 轴)的惯性矩、梁的翘曲常数和自由扭转常数;

l_1、h——梁的自由长度和高度。

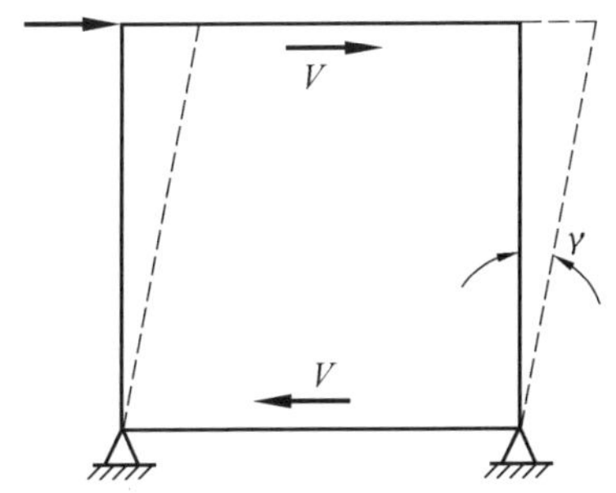

图 6.8　压型钢板平面内的抗剪刚度

(2)钢梁的侧向支撑体系。

通过加大钢梁的侧向抗弯刚度和抗扭刚度、增加受压翼缘侧向支承点来减小钢梁的侧向自由长度 l_1,这些措施均可提高梁的整体稳定性。

在非抗震设计的钢结构中,当梁设有侧向支撑体系时,对 H 型钢或工字形截面简支梁,一般情况下,如受压翼缘板侧向支撑点间的间距 l_1 与受压翼缘板宽度 b_1 的比值不超过表6.2 的规定时,整体稳定可以保证,不需要再验算。

表 6.2　H 型钢或工字形截面简支梁不需计算整体稳定的最大 l_1/b_1 值

钢号	跨中无侧向支撑点的梁		跨中受压翼缘有侧向支撑点的梁，无论荷载作用于何处
	荷载作用于上翼缘	荷载作用于下翼缘	
Q235	13.0	20.0	16.0
Q345	10.5	16.5	13.0
Q390	10.0	15.5	12.5
Q420	9.5	15.0	12.0

对于箱形截面（图 6.9）简支梁，《钢结构设计标准》（GB 50017—2017）规定，当截面尺寸满足 $h/b_0 \leqslant 6$，$l_1/b_1 \leqslant 95(235/f_y)$，可不计算整体稳定性。

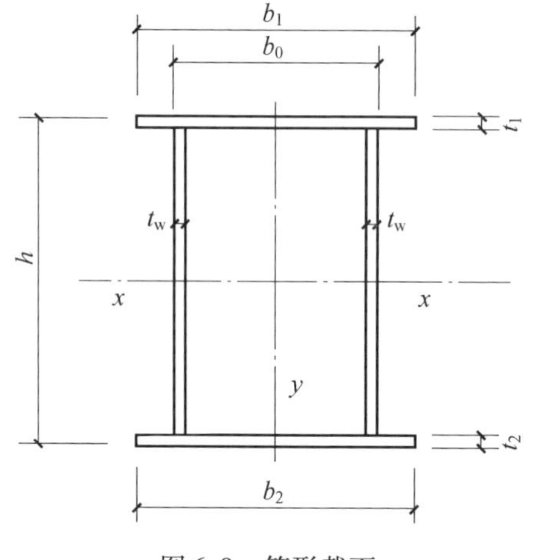

图 6.9　箱形截面

图 6.10 给出了钢梁侧向支撑系统的布置实例。可见，跨度 l 的钢梁，当支撑系统连于钢梁的受压翼缘后，钢梁的平面外自由长度减小为侧向支撑点间的间距 l_1。

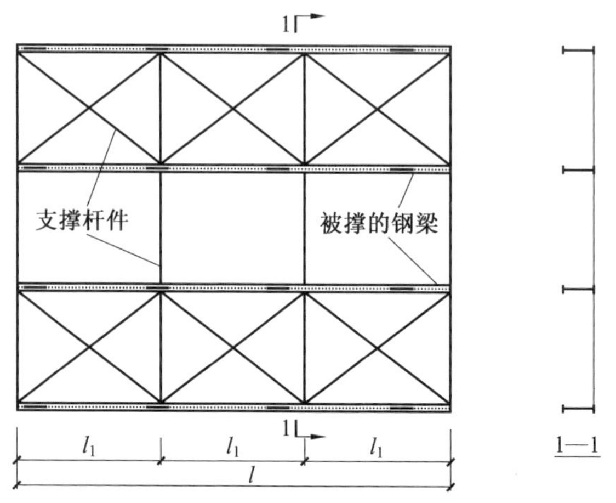

图 6.10　钢梁的侧向支撑系统

在实际应用中，当主梁间布置侧向支撑杆件的位置有次梁，如果次梁与主梁间的连接可有效约束受压翼缘的面外侧移，则次梁可视为主梁的侧向支撑（图 6.11）。采用的构造措施如下：当次梁的高度不超过主梁高度的一半时，可在次梁端部设置角撑；当次梁的高度大于主梁高度的一半时，可将主梁的加劲肋加强。这样，主梁的扭转不仅取决于它自身的抗扭刚度，次梁的抗弯刚度也有抑制主梁扭转的作用，有益于提高主梁的稳定承载力。

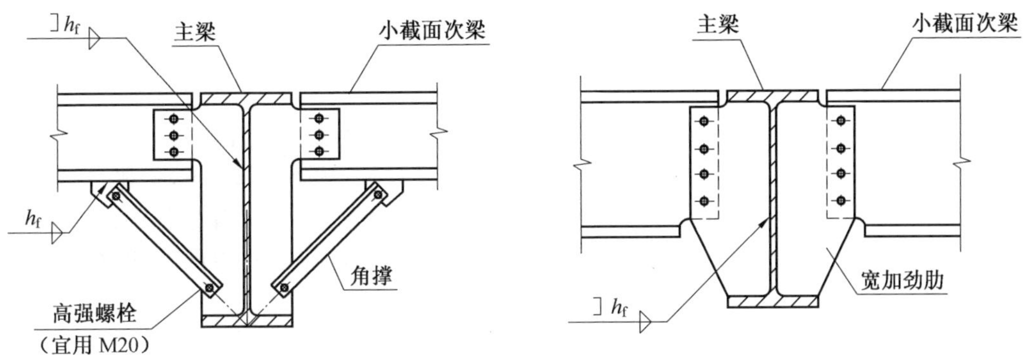

图 6.11　兼作侧向支撑的次梁与主梁的连接

按三级及以上抗震等级设计的高层民用建筑钢结构，梁受压翼缘在支撑连接点间的长度与其宽度之比，应符合现行国家标准《钢结构设计标准》（GB 50017—2017）第 10.4.2 条关于塑性设计时的长细比要求，见表 6.3 的规定。这是为了保证梁上塑性铰能充分塑性转动而不发生整体失稳。框架梁在预估的罕遇地震作用下，在可能出现塑性铰的截面处（通常为梁端和集中力作用处）均应设置侧向支撑（或隅撑）。例如，在适当布置梁格体系的高层钢结构中，次梁在传给主梁集中荷载的同时，也起到对主梁的侧向支撑作用，这对保证主梁截面出现塑性铰时不致弯扭屈曲是有利的。还应注意的是，由于地震作用力方向的变化，塑性弯矩的方向也随之变化。因此，梁的上、下翼缘均应设侧向支撑点。

表 6.3　钢梁的容许侧向长细比 λ_y

应力比值	侧向支撑点间的钢梁长细比
$-1.0 \leqslant \dfrac{M_1}{\gamma_x W_x f} \leqslant 0.5$	$\lambda_y \leqslant \left(60-40\dfrac{M_1}{\gamma_x W_x f}\right)\sqrt{\dfrac{235}{f_y}}$
$0.5 < \dfrac{M_1}{\gamma_x W_x f} \leqslant 1.0$ 时	$\lambda_y \leqslant \left(45-10\dfrac{M_1}{\gamma_x W_x f}\right)\sqrt{\dfrac{235}{f_y}}$

表中，λ_y 为钢梁在弯矩作用平面外的长细比，$\lambda_y = l_1/i_y$，其中 l_1 为钢梁相邻侧向支撑点之间的距离；i_y 为钢梁截面对 y-y 轴的回转半径；

M_1 为与塑性铰相距为 l_1 的侧向支撑点处的弯矩，当长度 l_1 范围内为同向曲率时，$M_1/(\gamma_x W_x f)$ 为正，当反向曲率时，$M_1/(\gamma_x W_x f)$ 为负；

W_x 为钢梁对 x 轴的截面模量（抵抗矩）；

f_y、f 分别为钢材的屈服强度和强度设计值

6.3.4 钢梁板件宽厚比的限值

设计钢梁时，为了保证梁能够安全承载，除了验算上述钢梁强度和整体稳定承载力外，还要验算钢梁的局部稳定问题。若组成钢梁截面的翼缘件宽厚比或腹板高厚比较大，可能会在受力过程中板件出现局部屈曲，从而降低钢梁的承载力。因此，为了有效地避免板件局部屈曲，应限制钢框架梁板件的宽厚比。

钢梁板件宽厚比限值要求应符合按现行国家标准《钢结构设计标准》(GB 50017—2017)第3.5.1条的有关规定，根据截面板件宽厚比等级(分为S1、S2、S3、S4和S5五个等级)采用相应的限值。以常用的工字形和箱形截面中的翼缘板为例，当考虑截面适当塑性发展(即采用S3级截面)时，工字形截面的翼缘及箱形截面悬伸部分的翼缘(图6.12和图6.13)的宽厚比限值为

$$\frac{b}{t}\leqslant 13\sqrt{\frac{235}{f_y}} \tag{6.13}$$

考虑截面边缘纤维屈服时(即S4级截面)为

$$\frac{b}{t}\leqslant 15\sqrt{\frac{235}{f_y}} \tag{6.14}$$

S3级的箱形截面翼缘中间部分的宽厚比限值为

$$\frac{b_0}{t}\leqslant 40\sqrt{\frac{235}{f_y}} \tag{6.15}$$

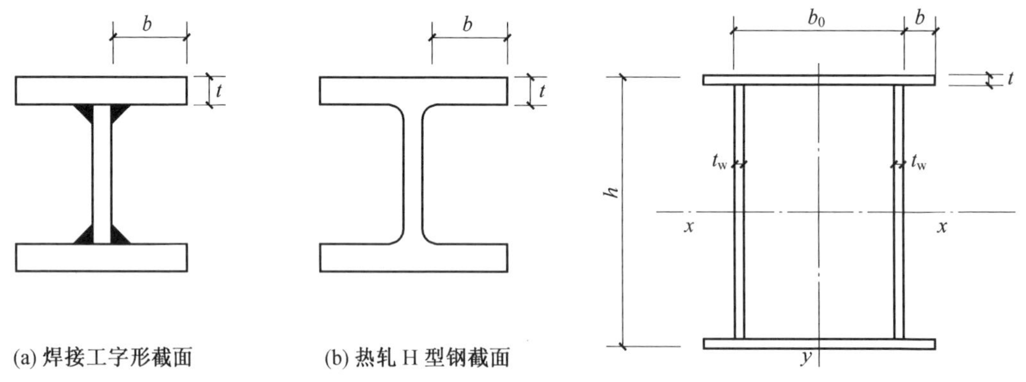

图6.12 工字形截面　　　　图6.13 箱形截面

如图6.12所示，按《钢结构设计标准》(GB 50017—2017)的规定进行宽厚比或高厚比计算时，对于焊接截面，翼缘悬伸宽度 b 取至腹板边缘；对于热轧型钢，b 取至圆弧起点。

进行抗震设计时，可允许框架梁发展塑性和出现塑性铰，因此，钢梁板件的宽厚比限值更严格，从而保证塑性变形能充分发展。同时，钢框架梁因参与抗侧力，其板件宽厚比应依据截面塑性变形发展程度而满足不同的限值要求。抗震等级较高的高层钢结构中的框架梁，形成塑性铰后需要实现较大的转动，宽厚比限值要求相应也较严格。因此，抗震结构中钢梁板件宽厚比限值依据不同的抗震等级而不同(表6.4)。钢梁腹板宽厚比限值还要考虑轴压力的影响，这对于连接支撑的框架梁或为主梁提供侧向支承的次梁等轴力影响较大的钢梁尤应注意。

表 6.4　钢框架梁板件宽厚比限值

板件名称	抗震等级				非抗震设计
	一级	二级	三级	四级	
工字形截面和箱形截面翼缘外伸部分	9	9	10	11	11
箱形截面翼缘在两腹板之间的部分	30	30	32	36	36
工字形截面和箱形截面腹板	$72-120\rho$	$72-100\rho$	$80-110\rho$	$85-120\rho$	$85-120\rho$

注：①$\rho=N/(Af)$，为梁轴压比；

②表列数值适用于 Q235 钢，采用其他牌号应乘以$\sqrt{235/f_y}$；

③工字形梁和箱形梁的腹板宽厚比，对一、二、三、四级分别不宜大于 60、65、70、75

6.4　钢柱设计

在高层钢结构中，根据柱子与钢梁的连接形式和承受的荷载形式，柱子在设计中主要包括轴心受压钢柱和框架钢柱。

轴心受压钢柱一般为两端铰接、不参与抵抗侧向力的柱子。轴心受压钢柱与钢梁通常采用铰接连接，柱子仅受轴心压力，主要承受重力荷载，设计和施工上较方便。

框架钢柱通常指与钢梁刚接的柱子，同时承受弯矩和轴力的作用，按拉弯或压弯构件进行设计。梁柱刚接的钢框架可抗侧力。

6.4.1　钢柱的截面形式

钢柱常采用双轴对称的焊接工字形、热轧 H 型钢或焊接箱形等截面形式。通常采用箱形截面或者截面高度和宽度基本相等的焊接宽翼缘 H 形截面，以实现柱子绕截面两个主轴方向的稳定承载力较接近。

在有些工程中，也采用焊接的十字形截面和圆管截面钢柱，钢柱的截面形式如图 6.14 所示。

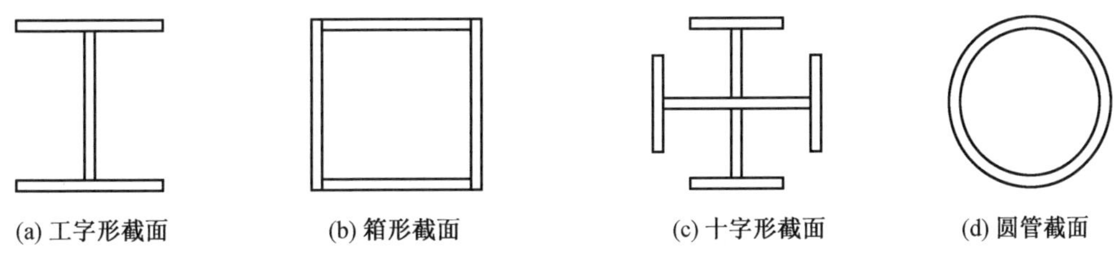

图 6.14　钢柱常采用的截面形式

通常，当框架钢柱仅在一个方向与钢梁连接时，宜采用焊接工字形或热轧 H 型截面，且钢柱的腹板位于钢框架平面内；当框架钢柱在两个方向均与钢梁刚接时，宜采用焊接箱形或十字形截面。十字形截面因与钢梁连接方便，也有较多应用。圆管截面多用于钢管混凝土柱子。

箱形截面宜由钢板焊接组成。十字形截面钢柱可采用厚板焊接形成（图 6.14(c)），也可采用一个 H 型钢与两个剖分 T 型钢焊接形成，截面的连接焊缝均采用部分焊透的 K 形对接焊缝，且每边焊缝厚度不应小于板厚的 1/3。

6.4.2 轴心受压钢柱的设计

轴心受压钢柱的承载力设计包括强度和稳定两部分内容，此外，还要限制其长细比以满足正常使用的要求。

1. 强度计算

当截面无削弱（或虽有螺栓孔但孔内有螺栓填充（不是虚孔））时，有

$$\frac{N}{A} \leqslant f \tag{6.16a}$$

当截面有削弱（或含有虚孔）时，有

$$\frac{N}{A_n} \leqslant 0.7 f_u \tag{6.16b}$$

以上两式中 N——轴心压力设计值；

A——柱子的毛截面面积；

A_n——柱子的净截面面积；

f_u——钢材的抗拉强度最小值；

f——钢材强度设计值，抗震设计时应除以构件承载力抗震调整系数 0.75。

2. 稳定计算

$$\frac{N}{\varphi A} \leqslant f \tag{6.17}$$

式中 N——轴心压力设计值；

φ——柱子的整体稳定系数；

A——柱子的毛截面面积；

f——钢材强度设计值，抗震设计时应除以构件承载力抗震调整系数 0.8。

轴心受压钢柱的整体稳定系数需根据《钢结构设计标准》（GB 50017—2017）的规定，按截面分类（a、b、c 和 d 共 4 类）和长细比进行计算或查表获得。

高层建筑钢结构中钢柱常采用板件厚度超过 40 mm 的热轧或焊接 H 形、箱形截面，这些厚板组成的截面残余应力分布较复杂，板件的外表面通常以残余压应力为主，对柱子的稳定承载力有不利影响。当组成轴心受压钢柱截面的板件厚度 $t<40$ mm 时，对于常用截面形

式的轴心受压钢柱，截面对两个主轴的分类见表 6.5；考虑板件厚度 $t \geqslant 40$ mm 时，截面上的残余应力不但沿板宽方向变化，在板厚方向也有变化，截面对两个主轴的分类见表 6.6。

表 6.5　板件厚度 $t<40$ mm 时轴心受压钢柱的截面分类

截面形式	制作工艺及边长比		截面分类	
			φ_x	φ_y
H 形截面	轧制	$b_f/h \leqslant 0.8$	a 类	b 类
		$b_f/h > 0.8$	a* 类	b* 类
	焊接	翼缘为焰切边	b 类	b 类
		翼缘为轧制或剪切边	b 类	c 类
箱形截面	轧制或焊接	板件宽厚比 $b/t>20$	b 类	b 类
		板件宽厚比 $b/t \leqslant 20$	c 类	c 类
十字形截面	焊接		b 类	b 类
圆管	轧制		a 类	a 类
	焊接		b 类	b 类

注：a* 类含义为 Q235 钢取 b 类，Q345、Q390、Q420 和 Q460 钢取 a 类；
b* 类含义为 Q235 钢取 c 类，Q345、Q390、Q420 和 Q460 钢取 b 类

3. 局部稳定计算

轴心受压钢柱一般为两端铰接、不参与抵抗侧向力的柱子，柱子的局部稳定通过限制板件宽厚比来保证。

(1)工字形截面。

如图6.12所示的工字形截面,按《钢结构设计标准》(GB 50017—2017)的规定进行宽厚比或高厚比计算时,对于焊接截面,翼缘悬伸宽度 b 或腹板高度 h_0 取至腹板边缘;对于热轧型钢,b 或 h_0 取至圆弧起点。

表6.6 板件厚度 $t \geqslant 40$ mm 时轴心受压钢柱的截面分类

<table>
<tr><th colspan="3" rowspan="2">构件截面形式</th><th rowspan="2">板件厚度/mm</th><th colspan="2">截面分类</th></tr>
<tr><th>φ_x</th><th>φ_y</th></tr>
<tr><td rowspan="4">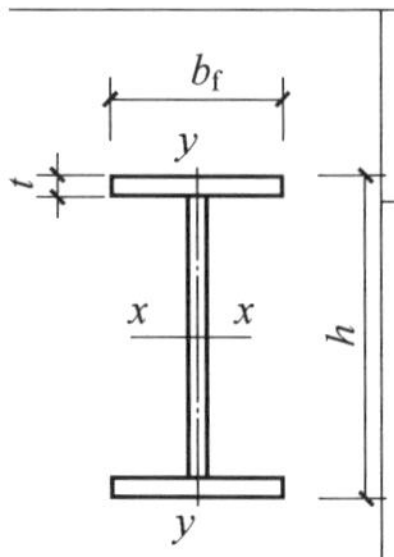
</td><td colspan="2" rowspan="2">轧制 H 形截面</td><td>$t<80$</td><td>b 类</td><td>c 类</td></tr>
<tr><td>$t \geqslant 80$</td><td>c 类</td><td>d 类</td></tr>
<tr><td rowspan="2">焊接 H 形截面</td><td>翼缘为焰切边</td><td>$t \geqslant 40$</td><td>b 类</td><td>b 类</td></tr>
<tr><td>翼缘为轧制或剪切边</td><td>$t \geqslant 40$</td><td>c 类</td><td>d 类</td></tr>
<tr><td rowspan="2">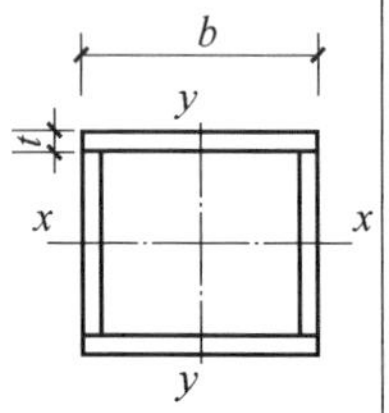
</td><td colspan="2" rowspan="2">焊接箱形截面</td><td>$b/t>20$</td><td>b 类</td><td>b 类</td></tr>
<tr><td>$b/t \leqslant 20$</td><td>c 类</td><td>c 类</td></tr>
</table>

翼缘悬伸板件宽厚比限值为

$$\frac{b}{t} \leqslant (10+0.1\lambda)\sqrt{\frac{235}{f_y}} \tag{6.18}$$

式中 λ——取构件两方向长细比较大者,当 $\lambda<30$ 时,取 $\lambda=30$;当 $\lambda>100$ 时,取 $\lambda=100$;

f_y——钢材的屈服强度。

腹板高厚比限值为

$$\frac{h_0}{t_w} \leqslant (25+0.5\lambda)\sqrt{\frac{235}{f_y}} \tag{6.19}$$

(2)箱形截面。

焊接箱形截面,翼缘中间部分和腹板的宽厚比限值分别为

$$\frac{b}{t} \leqslant 40\sqrt{\frac{235}{f_y}} \tag{6.20}$$

式中 b、t——壁板的净宽度和厚度,当箱形截面设有纵向加劲肋时,b 取壁板与加劲肋之间的净宽度。

(3)圆管截面。

圆管截面的轴心受压钢柱,其外径与壁厚之比不应超过 $100(235/f_y)$。

此外,按现行《钢结构设计标准》(GB 50017—2017)第7.3.2条规定,当轴心受压钢柱的压力小于其整体稳定承载力 φAf 时,上述板件宽厚比限值可被适当放大。

(4)加强局部稳定的措施。

①当截面不满足板件宽(高)厚比时,应调整板件厚度或宽(高)度使其满足要求。

②当实腹式轴心受压钢柱的腹板高度比$\frac{h_0}{t_w}>80\sqrt{235/f_y}$,应设置间距小于 $3h_0$ 的横向加劲肋。横向加劲肋的外伸宽度 $b_s \geqslant (h_0/30)+40$ mm;横向加劲肋的厚度 $t_s \geqslant b_s/15$,h_0 为腹板高度。

③工字形截面的腹板也可采用设置纵向加劲肋予以加强,以减小腹板的计算高度。纵向加劲肋宜在腹板两侧成对布置,纵向加劲肋通常在横向加劲肋间设置。在腹板一侧的纵向加劲肋外伸宽度 $b_z \geqslant 10t_w$;其厚度 $t_z \geqslant 0.75t_w$,t_w 为腹板厚度。

(5)采用有效截面进行设计。

对于工字形、H 形和箱形截面,当腹板高厚比不满足以上规定时,为节省材料,可采用较薄的腹板,任由腹板屈曲。考虑腹板的屈曲后强度,采用有效截面进行计算。在计算构件的强度和整体稳定性时,腹板截面取有效截面,即取腹板计算高度范围内两侧一定宽度的部分(图 6.15 和图 6.16),但构件的长细比和整体稳定系数仍可按毛截面计算。详见《钢结构设计标准》(GB 50017—2017)第 7.3.3 和 7.3.4 条的规定。

(6)横隔板的设置。

对大型实腹式构件,在承受较大横向荷载处和每个运送单元的两端,应设置横隔板,以保证构件截面几何形状不变,提高构件抗扭刚度。横隔板的间距不得大于截面较大宽度的9 倍和 8 m。

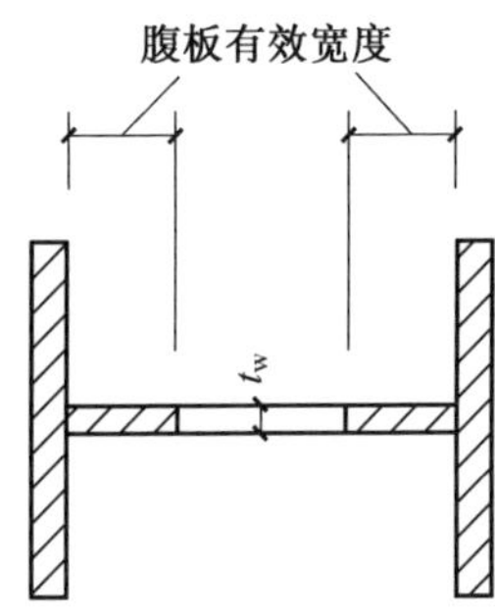

图 6.15　工字形截面腹板屈曲后的有效截面

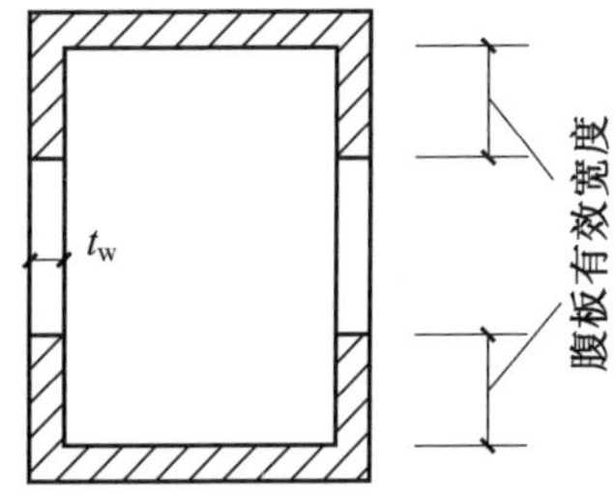

图 6.16　箱形截面腹板屈曲后的有效截面

4. 轴心受压钢柱柱身的剪力

由于柱子具有初弯曲,轴心受压钢柱的柱身将承受剪力,设计中,此剪力 V 的数值可认为沿柱子全长不变,剪力 V 的计算公式为

$$V=\frac{Af}{85}\sqrt{\frac{f_y}{235}} \tag{6.21}$$

式中　A——柱子的毛截面面积;

f——钢材的受压强度设计值。

对于由钢板焊接组成的工字形或箱形截面柱子,当翼缘和腹板间拟采用尽可能小的焊缝尺寸进行连接时,可利用此剪力 V 验算翼缘和腹板间焊缝连接的强度。

5. **长细比限值**

对于常用的双轴对称截面，当长细比较大时，柱子整体失稳形式为弯曲失稳，不会扭转失稳，构件长细比为

$$\lambda_x=\frac{l_{0x}}{i_x},\quad \lambda_y=\frac{l_{0y}}{i_y} \tag{6.22}$$

式中 l_{0x}、l_{0y}——构件对截面主轴 x 轴、y 轴的计算长度；

i_x、i_y——构件毛截面对主轴 x 轴、y 轴的回转半径。

轴心受压钢柱的长细比不宜大于 $120\sqrt{235/f_y}$。

6.4.3 框架钢柱的设计

框架钢柱的承载力设计也包括强度和稳定两部分内容。同时，框架钢柱的长细比也关系到钢结构的整体稳定，特别是高烈度区的高层钢结构，应该严格控制框架钢柱的长细比。为了保证大的地震作用下高层建筑钢结构有合理的屈服机制、延性和耗能能力，还应进行强柱弱梁，以及梁和柱连接节点域承载力等验算。此外，对于位于整个钢结构中转换结构下的框架钢柱，在进行多遇地震作用下柱子承载力计算时，应将地震作用产生的内力应乘以增大系数（系数值可采用 1.5）。

1. **强度计算**

通常，除了轴心压力，框架钢柱还要承受弯矩，应按压弯构件进行设计。对常用的双轴对称截面框架钢柱，当仅绕一个截面形心主轴有弯矩作用时，为单向压弯构件；当绕两个截面形心主轴均有弯矩作用时，为双向压弯构件。

① 单向压弯构件，其截面强度应按下式计算：

$$\frac{N}{A_n}\pm\frac{M_x}{\gamma_x W_{nx}}\leqslant f \tag{6.23}$$

② 除圆管截面外，双向压弯构件，其截面强度应按下式计算：

$$\frac{N}{A_n}\pm\frac{M_x}{\gamma_x W_{nx}}\pm\frac{M_y}{\gamma_y W_{ny}}\leqslant f \tag{6.24}$$

式中 N——轴心压力设计值；

A_n——框架钢柱的净截面面积；

M_x、M_y——绕框架钢柱 x 轴和 y 轴的弯矩设计值；

W_{nx}、W_{ny}——框架钢柱对 x 轴和 y 轴的净截面模量；

γ_x、γ_y——截面塑性发展系数，非抗震设计时按现行国家标准《钢结构设计标准》（GB 50017—2017）的规定采用，抗震设计时宜取 1.0；

f——钢材强度设计值，抗震设计时应除以构件承载力抗震调整系数 0.75。

2. **整体稳定计算**

(1) 单向压弯框架钢柱的平面内稳定性。

单向压弯的双轴对称截面实腹式框架钢柱，在弯矩作用平面内的稳定性按下式计算：

$$\frac{N}{\varphi_x A}+\frac{\beta_{mx} M_x}{\gamma_x W_{1x}(1-0.8N/N'_{Ex})}\leqslant f \tag{6.25}$$

式中　φ_x——弯矩作用平面内轴心受压构件的整体稳定系数；

A——框架钢柱的毛截面面积；

β_{mx}——等效弯矩系数；

W_{1x}——在弯矩作用平面内，框架钢柱绕 x 轴对最大受压纤维的毛截面模量；

N'_{Ex}——参数（欧拉临界力的设计值），$N'_{Ex}=\dfrac{\pi^2 EA}{1.1\lambda_x^2}$；

E——钢材的弹性模量；

λ_x——框架钢柱对 x 轴的长细比；

f——钢材强度设计值，抗震设计时应除以构件承载力抗震调整系数 0.8。

构件的等效弯矩系数 β_{mx} 不仅和弯矩图有关，也和轴心压力与临界力之比有关。β_{mx} 应按下列规定采用：

①无侧移框架柱和两端支承的构件：

a. 无横向荷载作用时，$\beta_{mx}=0.6+0.4\dfrac{M_2}{M_1}$。其中，$M_1$、$M_2$ 为端弯矩（N/mm），构件无反弯点时取同号；构件有反弯点时取异号，$|M_1|\geqslant|M_2|$。

b. 无端弯矩但有横向荷载作用时，β_{mx} 应按下列情况计算：(a) 跨中单个集中荷载：$\beta_{mx}=1-0.36N/N_{cr}$；(b) 全跨均布荷载：$\beta_{mx}=1-0.18\dfrac{N}{N_{cr}}$，其中，$N_{cr}$ 为弹性临界力（N），$N_{cr}=\dfrac{\pi^2 EI}{(\mu l)^2}$；$\mu$ 为构件的计算长度系数。

c. 端弯矩和横向荷载同时作用时，$\beta_{mx}M_x$ 应按下式计算：$\beta_{mx}M_x=\beta_{mqx}M_{qx}+\beta_{m1x}M_1$。其中，$M_{qx}$ 为横向荷载产生的弯矩最大值；M_1 为端弯矩中绝对较值较大者；β_{mqx} 和 β_{m1x} 是分别按上面第 (b) 项和第 (a) 项计算的等效弯矩系数。

②有侧移框架柱和悬臂构件，等效弯矩系数 β_{mx} 应按下列规定采用：

a. 除下面第 b 项规定之外的框架柱，$\beta_{mx}=1-0.36\dfrac{N}{N_{cr}}$。

b. 有横向荷载的柱脚铰接的单层框架柱和多层框架的底层柱，$\beta_{mx}=1.0$。

c. 自由端作用有弯矩的悬臂柱，$\beta_{mx}=1-0.36(1-m)\dfrac{N}{N_{cr}}$，其中，$m$ 为自由端弯矩与固定端弯矩之比，当弯矩图无反弯点时取正号，当有反弯点时取负号。

(2) 单向压弯框架钢柱的平面外稳定性。

单向压弯的双轴对称截面实腹式框架钢柱，在弯矩作用平面外的稳定性按下式计算：

$$\frac{N}{\varphi_y A}+\eta\frac{\beta_{tx} M_x}{\varphi_b W_{1x}}\leqslant f \tag{6.26}$$

式中　φ_y——弯矩作用平面外轴心受压构件的整体稳定系数；

β_{tx}——计算弯矩作用平面外稳定性时的等效弯矩系数；

M_x——计算构件段范围内（构件侧向支撑点间）绕框架钢柱 x 轴的最大弯矩设计值；

η——截面影响系数，箱形截面 $\eta=0.7$，其他截面 $\eta=1.0$；

φ_b——均匀弯曲的受弯构件的整体稳定系数。对闭口截面，$\varphi_b=1.0$；对双轴对称工字形(含 H 型钢)截面,当 $\lambda_y \leqslant 120\sqrt{235/f_y}$ 时,其整体稳定系数可按下列近似公式计算:$\varphi_b = 1.07 - \dfrac{\lambda_y^2}{44\,000} \cdot \dfrac{f_y}{235}$,当算得的 $\varphi_b > 1.0$ 时,取 $\varphi_b = 1.0$;

λ_y——计算构件段范围内(构件侧向支撑点间)框架钢柱对 y 轴的长细比;

f——钢材强度设计值,抗震设计时应除以构件承载力抗震调整系数 0.8。

等效弯矩系数 β_{tx} 按如下规定计算:

① 在弯矩作用平面外有支承的构件,应根据两相邻支承间构件段内的荷载和内力情况确定:

a. 构件段无横向荷载作用时,$\beta_{tx} = 0.65 + 0.35M_2/M_1$。其中,$M_1$ 和 M_2 是构件段在弯矩作用平面内的端弯矩,$|M_1| \geqslant |M_2|$;当使构件段产生同向曲率时取同号,产生反向曲率时取异号。

b. 构件段内有端弯矩和横向荷载同时作用时,使构件段产生同向曲率取 $\beta_{tx} = 1.0$;使构件段产生反向曲率取 $\beta_{tx} = 0.85$。

c. 构件段内无端弯矩但有横向荷载作用时,$\beta_{tx} = 1.0$。

② 弯矩作用平面外为悬臂构件,$\beta_{tx} = 1.0$。

(3)双向压弯框架钢柱的整体稳定性。

弯矩作用在两个主平面内的双轴对称实腹式工字形(含 H 型钢)截面和箱形截面的压弯构件,其稳定按下列公式计算:

$$\frac{N}{\varphi_x A} + \frac{\beta_{mx} M_x}{\gamma_x W_{1x}(1 - 0.8N/N'_{Ex})} + \eta \frac{\beta_{ty} M_y}{\varphi_{by} W_{1y}} \leqslant f \tag{6.27}$$

$$\frac{N}{\varphi_y A} + \frac{\beta_{my} M_y}{\gamma_y W_{1y}(1 - 0.8N/N'_{Ey})} + \eta \frac{\beta_{tx} M_x}{\varphi_{bx} W_{1x}} \leqslant f \tag{6.28}$$

式中 φ_x、φ_y——分别为对 x 轴(强轴)和 y 轴(弱轴)的轴心受压构件稳定系数;

A——框架钢柱的毛截面面积;

β_{mx}、β_{my}——等效弯矩系数,按弯矩作用平面内整体稳定计算中的相关规定采用;

β_{tx}、β_{ty}——等效弯矩系数,按弯矩作用平面外整体稳定计算中的相关规定采用;

M_x、M_y——分别为所计算构件段范围内对 x 轴和 y 轴的最大弯矩设计值;

W_{1x}、W_{1y}——分别为框架钢柱绕 x 轴和 y 轴对最大受压纤维的毛截面模量;

η——截面影响系数,箱形截面 $\eta = 0.7$,其他截面 $\eta = 1.0$;

φ_{bx}、φ_{by}——均匀弯曲的受弯构件的整体稳定系数。对箱形截面,$\varphi_{bx} = \varphi_{by} = 1.0$;对双轴对称工字形(含 H 型钢)截面,当 $\lambda_y \leqslant 120\sqrt{235/f_y}$ 时,其整体稳定系数可按下列近似公式计算:$\varphi_{bx} = 1.07 - \dfrac{\lambda_y^2}{44\,000} \cdot \dfrac{f_y}{235}$(当算得的 $\varphi_{bx} > 1.0$ 时,取 $\varphi_{bx} = 1.0$),$\varphi_{by} = 1.0$;

λ_y——计算构件段范围内(构件侧向支撑点间)框架柱对 y 轴的长细比;

N'_{Ex}、N'_{Ey}——参数(欧拉临界力的设计值),$N'_{Ex} = \dfrac{\pi^2 EA}{1.1\lambda_x^2}$;$N'_{Ey} = \dfrac{\pi^2 EA}{1.1\lambda_y^2}$

f——钢材强度设计值,抗震设计时应除以构件承载力抗震调整系数 0.8。

3. 计算长度

框架钢柱计算长度的取值可能因结构内力分析方法的不同而不同，结构内力可采用一阶弹性分析或二阶弹性分析。在钢结构的内力分析中，一般按结构静力学的方法进行一阶弹性分析。所谓一阶弹性分析是指分析中力的平衡条件按结构变形前的杆件轴线建立，即不考虑结构变形对构件内力的影响。因此，内力计算中可利用叠加原理，先分别按各种荷载单独作用计算结构的内力，然后进行内力组合得到结构中各杆件的最不利内力设计值。

而二阶弹性分析与上述一阶弹性分析的区别在于，分析中力的平衡条件是按结构发生变形后的杆件轴线建立的。举例来讲，考虑二阶效应后，对于承受轴压力的杆件，由于构件的挠曲，轴压力会加大构件内部的弯矩和挠度；而对于结构，由于结构的侧移，结构重力荷载同样会加大结构楼层的倾覆力矩和侧移。与构件截面较大的钢筋混凝土结构相比，钢结构轻质高强的特性使结构中采用的钢构件较细柔，所建造的结构（特别是无支撑的框架结构）抗侧刚度较小。对二阶效应较显著的情况宜采用二阶弹性分析获得真实的内力，从而获得安全合理的设计结果。还应注意的是，由于二阶弹性分析不能应用叠加原理，因此设计中应先进行荷载组合而后对每个荷载组合进行内力分析，并从中选出起控制作用的内力设计值。

现举一简单例子来说明一阶弹性和二阶弹性分析的不同。如图 6.17 所示，一根悬臂柱承受水平剪力 V 和轴压力 P。当求解柱底固端弯矩 M 和柱顶水平向侧移时，若按一阶弹性分析，有 $M=Vl$，水平向侧移为 $Vl^3/(3EI)$；若按二阶弹性分析，则有 $M=Vl+P\Delta$，水平位移为 $\Delta=\dfrac{Vl^3}{3EI}\cdot\dfrac{3(\tan u-u)}{u^3}$，式中 $u=l\sqrt{P/EI}$。

可见，一阶弹性分析中固端弯矩与柱中的轴心压力无关，二阶弹性分析所得弯矩考虑了其变形的影响，通常称为考虑了 P-Δ 效应。一阶弹性分析所得水平向侧移与荷载 V 呈线性关系，可以利用叠加原理，而二阶弹性分析所得水平向侧移 Δ 与 P 呈复杂的非线性关系，不能应用叠加原理。比较两种分析方法，可见二阶弹性分析的结果更接近实际，但计算工作量较大，结果中还包括超越函数，解算难度较大。

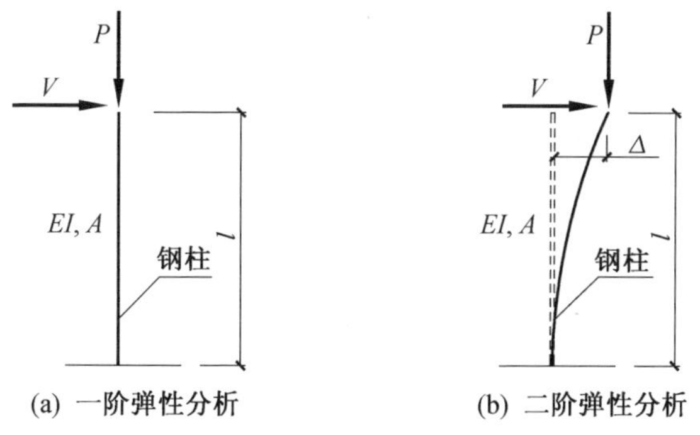

图 6.17　悬臂柱的内力和侧移计算

在框架钢柱的整体稳定计算中，需要用到框架钢柱的计算长度 l_0 来计算长细比，计算长度 $l_0=\mu l$，μ 和 l 分别为柱子的计算长度系数和几何长度。对于弹性屈曲的轴心压杆，计算长度的物理意义是把不同支承状况的轴心压杆等效为长度等于计算长度的两端简支的轴心压杆,其几何意义是指构件弯曲屈曲后弹性曲线两反弯点间的长度。对于端部有明确固定或简支边界条件的单根轴心压杆,其计算长度取值相对容易。然而,在实际应用的多、高层钢结构中,框架的类型(例如,有、无支撑,支撑的抗侧移刚度,以及框架梁和柱子连接形式等)和内力分析方法,均可能对框架钢柱的计算长度取值产生影响。在框架钢柱的设计中,当采用一阶弹性分析时,解得各框架钢柱的内力后,此时,如果借用轴心压杆的计算长度,可将框架钢柱视为一根单独的压弯构件进行计算,这就需用到柱子的计算长度来考虑与框架钢柱相连各构件给予柱子的约束,并计算稳定系数 φ 和欧拉临界力。综上,通过一阶弹性分析获得结构内力和考虑相连构件的约束来确定框架钢柱计算长度,并据此进行柱子设计,称为计算长度法,也是目前框架钢柱设计中主要采用的设计方法。

如果采用二阶弹性分析(采用精确分析方法或采用考虑柱子轴力 P 对节点水平位移 Δ 的 P–Δ 效应的近似分析方法)求得柱子内力,在计算框架钢柱整体稳定性时计算长度可直接采用构件的几何长度,即计算长度系数 μ 取 1.0。

(1) 一阶分析中框架钢柱的计算长度。

①单独的压弯构件。

目前,与轴心压杆一样,根据构件两端的支承情况,其计算长度系数 μ 取值见表 6.7。

表 6.7　不同端部约束情况下轴心受压构件(柱)的计算长度系数 μ

两端支撑情况	两端铰接	一端自由,另一端嵌固	一端铰接,另一端嵌固	两端嵌固	一端可移动但不转动,另一端嵌固	一端可移动但不转动,另一端铰接
μ 的理论值	1.0	2.0	0.7	0.5	1.0	2.0
μ 的建议取值	1.0	2.0	0.8	0.65	1.2	2.0

② 结构中的框架钢柱。

结构中的某一框架钢柱通常与横梁或其他构件相连,该柱子失稳时必然带动其他构件的变形,同理,其他未失稳的相连构件也会对此失稳柱子提供约束。因此,研究某一框架钢柱的计算长度需要以该柱子周围的部分结构为研究对象。

对于空间钢框架或支撑钢框架等结构,可看作由若干横向平面结构和纵向平面结构组成的。沿每个方向(横向或纵向),可根据框架结构是否有、无侧移(图 6.18),分别计算结构中框架钢柱的计算长度。图 6.18 中的失稳形式,无侧移失稳呈对称失稳,有侧移失稳呈反对称失稳。与有侧移框架钢柱相比,无侧移框架钢柱的稳定性较好。因此,应区别有、无侧移来计算框架钢柱的计算长度。

框架钢柱的计算长度,即柱子几何长度与计算长度系数的乘积。结合有、无侧移两种失稳形式(图 6.19)可知,无侧移时框架钢柱的 μ 值为 0.5 ~ 1.0;而有侧移框架钢柱的 μ 值恒大于1.0。对于多、高层钢结构中等截面柱子,在框架平面内,框架钢柱的计算长度等于楼层内柱子高度乘以计算长度系数 μ。因此,应根据不同情况分别确定框架钢柱的计算长度系数。

为了确定柱子的计算长度,可以通过稳定分析,根据柱子受力和边界条件建立平衡微分

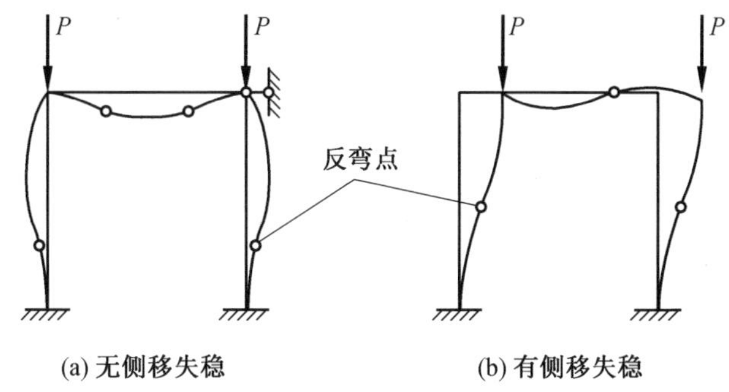

图 6.18　框架的失稳形式

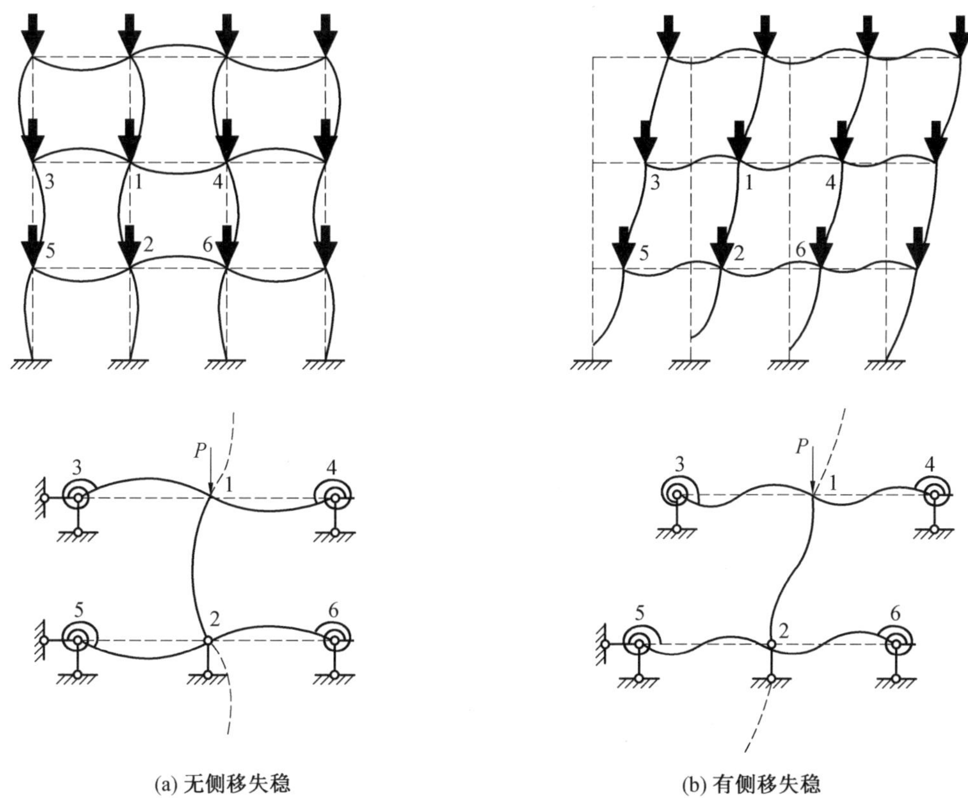

图 6.19　框架的失稳形式的计算

方程来获得柱子的临界力 P_{cr}。通常，所需解算的柱子稳定方程是复杂的超越方程。一旦获得临界力 P_{cr}后，可借用两端铰接的轴心压杆的欧拉临界力表达式 P_E，并令 $P_{cr}=P_E$。

据此，$P_{cr}=\dfrac{\pi^2 EI}{(\mu l)^2}=P_E=\dfrac{\pi^2 EI}{l_0^2}$成立。这样，根据临界力 P_{cr}即可反算出 l_0，进而反算出计算长度系数 μ。

由于解算复杂的超越方程较繁复，为便于应用，框架钢柱的计算长度系数 μ 可按结构相应的失稳形式查表确定。计算长度系数 μ 与所计算柱的上、下端相连接的横梁的线刚度之和与柱线刚度之和的比值 K_1 和 K_2 有关(1 和 2 分别表示柱的上端和下端，参见图 6.19)，即

$$K_1=\frac{\sum\ (I_i/l_i)_{b1}}{\sum\ (I_i/l_i)_{c1}},\quad K_2=\frac{\sum\ (I_i/l_i)_{b2}}{\sum\ (I_i/l_i)_{c2}} \tag{6.29}$$

式中　$\sum\ (I_i/l_i)_{b1}$——在框架平面内，交于所计算柱上端 1 点的左、右两横梁的线刚度之和；

$\sum\ (I_i/l_i)_{c1}$——在框架平面内，在计算柱上端 1 点的上、下两柱子的线刚度之和。

柱下端 2 点的$\sum\ (I_i/l_i)_{b2}$和$\sum\ (I_i/l_i)_{c2}$的计算方法与上端 1 点相同。

计算得到 K_1 和 K_2 后，便可以根据框架钢柱可能发生有、无侧移失稳形式的不同，分别查表确定框架钢柱的计算长度系数。查表时应注意如下问题：

a. 当横梁与柱铰接时，应取横梁的线刚度为零。

b. 对底层框架钢柱，当柱与基础铰接时，取 $K_2=0$（对平板支座，可取 $K_2=0.1$）；当柱与基础刚接时，取 $K_2=10$。

对于无侧移的框架钢柱，其计算长度系数 μ 取值见表 6.8。

表 6.8　无侧移框架钢柱的计算长度系数 μ

K_2 \ K_1	0	0.05	0.1	0.2	0.3	0.4	0.5	1	2	3	4	5	≥10
0	1.000	0.990	0.981	0.964	0.949	0.935	0.922	0.875	0.820	0.791	0.773	0.760	0.732
0.05	0.990	0.981	0.971	0.955	0.940	0.926	0.914	0.867	0.814	0.784	0.766	0.754	0.726
0.1	0.981	0.971	0.962	0.946	0.931	0.918	0.906	0.860	0.807	0.778	0.760	0.748	0.721
0.2	0.964	0.955	0.946	0.930	0.916	0.903	0.891	0.846	0.795	0.767	0.749	0.737	0.711
0.3	0.949	0.940	0.931	0.916	0.902	0.889	0.878	0.834	0.784	0.756	0.739	0.728	0.701
0.4	0.935	0.926	0.918	0.903	0.889	0.877	0.866	0.823	0.774	0.747	0.730	0.719	0.693
0.5	0.922	0.914	0.906	0.891	0.878	0.866	0.855	0.813	0.765	0.738	0.721	0.710	0.685
1	0.875	0.867	0.860	0.846	0.834	0.823	0.813	0.765	0.729	0.704	0.688	0.677	0.654
2	0.820	0.814	0.807	0.795	0.784	0.774	0.765	0.729	0.686	0.663	0.648	0.638	0.615
3	0.791	0.784	0.778	0.767	0.756	0.747	0.738	0.704	0.663	0.640	0.625	0.616	0.593
4	0.772	0.766	0.760	0.749	0.739	0.730	0.721	0.688	0.648	0.625	0.611	0.601	0.580
5	0.760	0.754	0.748	0.737	0.728	0.719	0.710	0.677	0.638	0.616	0.601	0.592	0.570
≥10	0.732	0.726	0.721	0.711	0.701	0.693	0.685	0.654	0.615	0.593	0.580	0.570	0.549

在表 6.8 中，计算长度系数 μ 可由下列公式计算：

$$\left[\left(\frac{\pi}{\mu}\right)^2+2(K_1+K_2)-4K_1K_2\right]\frac{\pi}{\mu}\cdot\sin\frac{\pi}{\mu}-2\left[(K_1+K_2)\left(\frac{\pi}{\mu}\right)^2+4K_1K_2\right]\cos\frac{\pi}{\mu}+8K_1K_2=0 \tag{6.30}$$

式中　K_1、K_2——相交于柱上端、柱下端的横梁线刚度之和与柱线刚度之和的比值，当梁远端为铰接时，应将横梁线刚度乘以 1.5；当横梁远端为嵌固时，则将横梁线刚度乘以 2。

当与柱刚性连接的横梁所受轴心压力 N_b 较大时，横梁线刚度应乘以折减系数 α_N：

横梁远端与柱刚接和横梁远端铰支时　　$\alpha_N=1-N_b/N_{Eb}$

横梁远端嵌固时　　$\alpha_N=1-N_b/(2N_{Eb})$

式中，$N_{Eb}=\pi^2EI_b/l^2$，I_b 为横梁截面惯性矩，l 为横梁长度。

此外，对于无侧移框架钢柱，除了利用表 6.8 查取计算长度系数 μ，还可以利用下列近似公式进行计算：

$$\mu=\sqrt{\frac{(1+0.41K_1)(1+0.41K_2)}{(1+0.82K_1)(1+0.82K_2)}} \tag{6.31}$$

对于有侧移的框架钢柱，其计算长度系数 μ 取值见表 6.9。

表 6.9　有侧移框架钢柱的计算长度系数 μ

K_2 \ K_1	0	0.05	0.1	0.2	0.3	0.4	0.5	1	2	3	4	5	≥10
0	∞	6.02	4.46	3.42	3.01	2.78	2.64	2.33	2.17	2.11	2.08	2.07	2.03
0.05	6.02	4.16	3.47	2.86	2.58	2.42	2.31	2.07	1.94	1.90	1.87	1.86	1.83
0.1	4.46	3.47	3.01	2.56	2.33	2.20	2.11	1.90	1.79	1.75	1.73	1.72	1.70
0.2	3.42	2.86	2.56	2.23	2.05	1.94	1.87	1.70	1.60	1.57	1.55	1.54	1.52
0.3	3.01	2.58	2.33	2.05	1.90	1.80	1.74	1.58	1.49	1.46	1.45	1.44	1.42
0.4	2.78	2.42	2.20	1.94	1.80	1.71	1.65	1.50	1.42	1.39	1.37	1.37	1.35
0.5	2.64	2.31	2.11	1.87	1.74	1.65	1.59	1.45	1.37	1.34	1.32	1.32	1.30
1	2.33	2.07	1.90	1.70	1.58	1.50	1.45	1.32	1.24	1.21	1.20	1.19	1.17
2	2.17	1.94	1.79	1.60	1.49	1.42	1.37	1.24	1.16	1.14	1.12	1.12	1.10
3	2.11	1.90	1.75	1.57	1.46	1.39	1.34	1.21	1.14	1.11	1.10	1.09	1.07
4	2.08	1.87	1.73	1.55	1.45	1.37	1.32	1.20	1.12	1.10	1.08	1.08	1.06
5	2.07	1.86	1.72	1.54	1.44	1.37	1.32	1.19	1.12	1.09	1.08	1.07	1.05
≥10	2.03	1.83	1.70	1.52	1.42	1.35	1.30	1.17	1.10	1.07	1.06	1.05	1.03

在表 6.9 中，计算长度系数 μ 可由下列公式计算：

$$\left[36K_1K_2-\left(\frac{\pi}{\mu}\right)^2\right]\sin\frac{\pi}{\mu}+6(K_1+K_2)\frac{\pi}{\mu}\cdot\cos\frac{\pi}{\mu}=0 \tag{6.32}$$

式中　K_1、K_2——相交于柱上端、柱下端的横梁线刚度之和与柱线刚度之和的比值，当横梁远端为铰接时，应将横梁线刚度乘以 0.5；当横梁远端为嵌固时，则应乘以 2/3。

当与柱刚性连接的横梁所受轴心压力 N_b 较大时，横梁线刚度应乘以折减系数 α_N：

横梁远端与柱刚接时：　$\alpha_N=1-N_b/(4N_{Eb})$

横梁远端铰支时　$\alpha_N=1-N_b/N_{Eb}$

横梁远端嵌固时　$\alpha_N=1-N_b/(2N_{Eb})$

式中，$N_{Eb}=\pi^2EI_b/l^2$，I_b 为横梁截面惯性矩，l 为横梁长度。

同样，对于有侧移框架钢柱，除了利用表 6.9 查取系数 μ，还可以利用下列近似公式进行计算：

$$\mu=\sqrt{\frac{1.6+4(K_1+K_2)+7.5K_1K_2}{K_1+K_2+7.5K_1K_2}} \tag{6.33}$$

需要特别注意的是，上述表 6.8 和表 6.9 中计算长度系数的确定是对框架做了一些基本假定和简化后得出的。这些基本假定和简化为：

a. 材料为线弹性。

b. 钢框架只在节点承受竖向荷载，即考虑框架只承受重力荷载（不考虑重力和水平向风（或地震）的同时作用），且不考虑横梁上横向荷载引起的弯矩对框架钢柱失稳的影响。

c. 所有柱子同时失稳，即各框架钢柱同时达到临界荷载。

d. 柱子失稳时，相交于同一节点的横梁对柱提供约束弯矩，按柱线刚度之比分配给柱，只考虑与该柱相连的横梁（图 6.19）。

e. 无侧移失稳,横梁两端转角大小相等方向相反(图 6.19(a));有侧移失稳,横梁两端转角大小相等方向相同(图 6.19(b))。

f. 每根柱子(或横梁)均为等截面构件。

g. 所有柱子的刚度参数 $l\sqrt{P/EI}$ 均相同,P、l 和 EI 分别为柱子所受轴压力、柱子长度和抗弯刚度。

可见,当框架所受荷载形式等与上述简化假定有较大不同时,对框架钢柱的计算长度系数 μ 就应进行单独分析,或对经上述表格中查得的系数 μ 进行修正。

当框架结构中设有摇摆钢柱(即仅承受重力荷载,不参与抵抗水平力的柱子)时,摇摆钢柱本身的计算长度系数可取 1.0,但由表 6.9 和相应的近似计算公式确定框架钢柱的计算长度系数应乘以按下式计算的放大系数:

$$\eta=\sqrt{1+\sum P_{\mathrm{k}}/\sum N_j} \tag{6.34}$$

式中 η—— 摇摆钢柱计算长度放大系数;

$\sum P_{\mathrm{k}}$—— 本层所有摇摆钢柱的轴力之和(kN);

$\sum N_j$—— 本层所有框架钢柱的轴力之和(kN)。

③无支撑纯框架和支撑框架。

上面介绍了依据框架有、无侧移两种失稳形式下,框架钢柱计算长度系数分别可按表 6.9 和表6.8 查取。然而一个关键问题是,如何来判断框架的失稳形式,从而合理使用上述表格查取计算长度系数。

纯框架结构和支撑框架结构均具有抗侧移刚度,只是抗侧刚度的来源不同而已。前者主要通过框架梁和柱构件的刚度以及节点的刚度来提供侧移刚度;后者则主要或部分依靠结构中的支撑体系(包括支撑桁架、剪力墙和核心筒等)来提供侧移刚度。

对于无支撑体系的纯框架结构,可按表 6.9 和相应的近似计算公式确定框架钢柱的计算长度系数。

对于有支撑(含延性墙板)的框架-支撑结构,支撑架部分和框架部分存在两种相互作用,第一种是线性的,这种相互作用在内力分析层面得到自动的考虑,例如,某一楼层内的水平力按该层内支撑架和框架的抗侧刚度进行线性分配。第二种是稳定性方面的,例如仅在竖向重力荷载作用下,框架部分发生有侧移失稳时会带动支撑架失稳,或者当支撑架足够刚强时,框架首先发生无侧移失稳。采用一阶弹性分析即线性分析进行设计时,当不考虑支撑对框架稳定的支撑作用(例如支撑很弱,或者支撑架处于弹性时虽然足够刚强,但水平力使支撑屈服,则支撑不再有刚度为框架提供稳定性方面的支持),此时框架钢柱的稳定性,按无支撑框架考虑,即按表 6.9 和相应的近似计算公式确定框架钢柱的计算长度系数;当框架钢柱的计算长度系数取 1.0,或取无侧移失稳对应的计算长度系数时,应保证支撑能对框架的侧向稳定提供支撑作用,支撑构件的应力比 ρ 应满足下式要求:

$$\rho\leqslant 1-3\theta_i \tag{6.35}$$

式中 θ_i——所考虑柱在第 i 楼层的二阶效应系数。

这是因为,如果希望支撑架对框架部分提供稳定性支持,则对支撑架的要求就应考虑上述两种相互作用,并对两个方面进行叠加,即支撑架既要承受水平力,又要为框架部分的稳定性提供支撑,使框架部分从有侧移失稳的承载力提高到无侧移失稳的承载力。

相关研究表明,上述两方面的叠加可用如下公式表达:

$$\frac{Q_i}{Q_{iy}}+\frac{S_{ith}}{S_i}\leqslant 1 \tag{6.36}$$

$$S_{ith}=\frac{3}{h_i}\left(1.2\sum_{j=1}^{m}N_{jb}-\sum_{j=1}^{m}N_{ju}\right)_i\quad (i=1,2,\cdots,n) \tag{6.37}$$

式中　Q_i——第 i 层支撑承受的总水平力(kN);

Q_{iy}——第 i 层支撑能够承受的总水平力(kN);

S_i——支撑在第 i 层的层抗侧刚度(kN/mm);

S_{ith}——为使框架钢柱从有侧移失稳转化为无侧移失稳所需要的支撑架的最小刚度(kN/mm);

N_{jb}——框架钢柱按无侧移失稳的计算长度系数决定的压杆承载力(kN);

N_{ju}——框架钢柱按有侧移失稳的计算长度系数决定的压杆承载力(kN);

h_i——所计算楼层的层高(mm);

m——本层柱子的数量,含摇摆钢柱。

为便于应用,可对式(6.37)进行如下简化:

首先,略去式(6.37) 中括号内有侧移框架钢柱的承载力,且改 1.2 为 1.0,可得到:

$$S_{ith}=\frac{3}{h_i}\sum_{j=1}^{m}N_{ib} \tag{6.38}$$

然后,取无侧移失稳的承载力之和 $\sum_{j=1}^{m}N_{ib}$ 为柱子所受轴力之和 $\sum_{j=1}^{m}N_i$,即有 $S_{ith}=\frac{3}{h_i}\sum_{j=1}^{m}N_i$,将此式代入式(6.36) 可得

$$3\frac{\sum N_i}{S_ih_i}+\frac{Q_i}{Q_{iy}}\leqslant 1 \tag{6.39}$$

式中　$\frac{\sum N_i}{S_ih_i}$—— 二阶效应系数 θ_i;

Q_i/Q_{iy}—— 支撑承载力被利用的百分比,简称应力比 ρ。

可见,式(6.39)即为式(6.35),上述过程便是式(6.35)的由来。

式(6.35)是针对水平荷载作用下变形模式呈现弯剪型的框架-支撑结构中的支撑架提出的。研究表明,对于弯曲型的支撑架,也有类似于式(6.35)的公式。因此,式(6.35)适用于任何形式的支撑架。一旦能满足式(6.35),框架钢柱的计算长度便可由无侧移失稳的模式,按表 6.8 和相应的近似计算公式确定。

实际设计中,为尽可能考虑支撑对框架稳定性的有利支撑作用,当算得的应力比 ρ 不满足式(6.35),但比值 ρ 离 1.0 还有距离时,可参阅相关框架钢柱稳定研究的资料来考虑支撑对框架的支撑作用和计算框架钢柱的计算长度系数。

此外,对于有支撑的框架结构,我国《钢结构设计标准》(GB 50017—2017)中规定当支撑结构(例如支撑桁架等)能满足式(6.40)的要求时,为强支撑框架(框架的失稳形式为无侧移失稳),此时框架柱的计算长度系数 μ 可按表 6.8 的无侧移框架柱的计算长度系数确定,也可由式(6.31)计算。

$$S_b \geq 4.4\left[\left(1+\frac{100}{f_y}\right)\sum N_{bi}-\sum N_{0i}\right] \tag{6.40}$$

式中　$\sum N_{bi}$、$\sum N_{0i}$——第 i 层层间所有框架柱用无侧移框架和有侧移框架计算长度系数算得的轴压杆稳定承载力之和(N)；

S_b——支撑结构的层侧移刚度，即施加于结构上的水平力与其产生的层间位移角的比值(N)；

(2)采用一阶弹性分析或二阶弹性分析的判断。

由上文可知，视结构内力分析方法(一阶弹性分析或二阶弹性分析)的不同，框架钢柱计算长度的取值也将不同。因此，应综合考虑结构组成和荷载情况等因素确定合理的结构内力分析方法。

相关研究表明，对于钢框架结构和支撑钢框架结构，其结构内力分析可采用一阶弹性分析或二阶弹性分析。当二阶效应系数大于 0.1 时，宜采用二阶弹性分析确定杆件的内力，以提高计算的精确度。二阶效应系数不应大于 0.2。对于高层民用建筑钢结构，根据抗侧力构件在水平力作用下变形的形态，可分为剪切型(框架结构)；弯曲型(高跨比大于 6 的支撑框架)和兼具有以上两种变形模式的弯剪型。对于剪切型的框架结构，可用下式计算第 i 层的二阶效应系数 θ_i：

$$\theta_i=\frac{\sum N\cdot\Delta u}{\sum H\cdot h_i} \tag{6.41}$$

式中　$\sum N$—— 所考虑楼层以上所有竖向荷载之和(kN)，按荷载设计值计算；

$\sum H$—— 所考虑楼层的总水平力(kN)，按荷载的设计值计算；

Δu—— 所考虑楼层的层间位移(m)；

h_i—— 第 i 楼层的层高(m)。

此外，Δu 为一阶弹性分析得出的层间侧移，为判断时计算方便，上式中的 Δu 可用层间侧移容许值[Δu]来代替。

对于侧向变形主要呈现弯曲型和弯剪型的结构，二阶效应系数 θ_i 的计算公式较复杂，可直接采用计算机进行二阶弹性分析，并与一阶弹性分析的内力结果进行对比，来判断是否有必要采用二阶弹性分析。

(3)二阶弹性分析。

当采用二阶弹性分析时，为提高计算精度，不论是精确计算还是近似计算，也不论结构中有无支撑，分析中均应考虑结构和构件的各种缺陷对内力计算的影响，例如柱子的初倾斜、初弯曲、初偏心和残余应力等缺陷。这些缺陷的影响可通过在框架每层的柱顶处施加假想的水平力(概念力)H_{ni}来综合考虑(图 6.20)。相关研究表明，框架层数越多，构件缺陷的影响越小，且每层柱子数量的影响也不大，因此，H_{ni}可通过下式进行计算：

$$H_{ni}=\frac{Q_i}{250}\sqrt{0.2+\frac{1}{n}} \tag{6.42}$$

式中　Q_i——第 i 楼层的总重力荷载设计值(kN)；

n——框架总层数，当$\sqrt{0.2+1/n}<\dfrac{2}{3}$时，取此根号值为$\dfrac{2}{3}$；当$\sqrt{0.2+1/n}>1$ 时，取此根号值为 1.0。

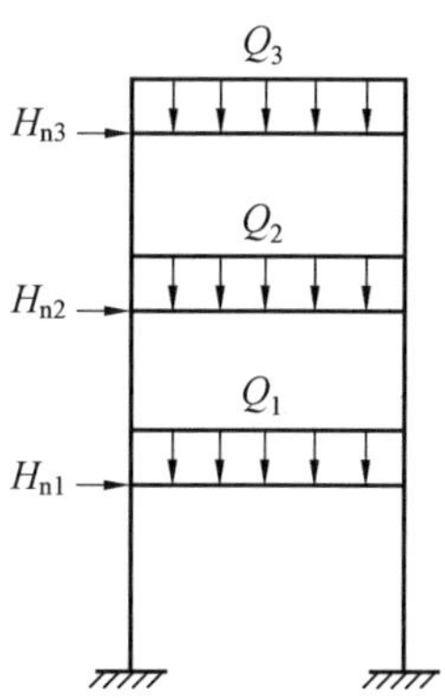

图 6.20　施加在楼层处的假想水平力

因二阶弹性分析较繁复，对于无支撑的纯框架结构的二阶弹性分析，《钢结构设计标准》(GB 50017—2017)中推荐了一个近似计算方法来考虑二阶效应。该方法仅需进行一阶弹性分析，将一阶弹性分析中结构按有侧移算的内力乘以放大系数，并与假定结构无侧移时算得的内力叠加即可。

例如，对图 6.21(a)中的三层框架结构进行一阶弹性分析，结构每层水平力为楼层实际受力 H_i 和假想的水平力 H_{ni}(用于考虑缺陷的影响)之和。因一阶弹性分析时叠加原理成立，则图 6.21(a)的内力可以等效为图 6.21(b)无侧移结构的内力和图 6.21(c)有侧移结构内力二者的叠加。

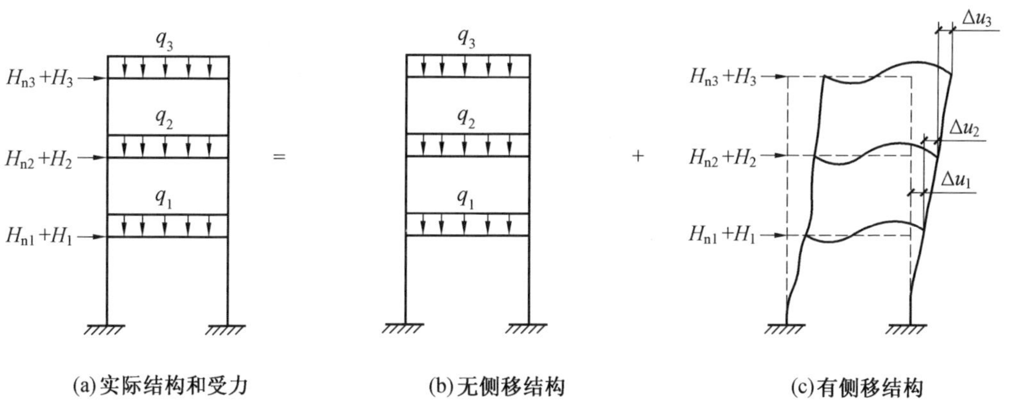

图 6.21　无支撑纯框架结构的一阶弹性分析

因此，当一阶弹性分析时，框架中杆端的弯矩 M_1 为

$$M_1=M_{1b}+M_{1s} \tag{6.43}$$

而二阶弹性分析时，框架中杆端的弯矩 M_2 为

$$M_2=M_{1b}+\alpha_{2i}M_{1s} \tag{6.44}$$

式中 M_{1b}——结构在竖向荷载作用下(图 6.21(b))按一阶弹性分析求得的各杆弯矩；

M_{1s}——结构在水平荷载作用下(图 6.21(c))按一阶弹性分析求得的杆件弯矩；

α_{2i}——考虑二阶效应第 i 层杆件的侧移弯矩增大系数，其表达式为

$$\alpha_{2i}=\frac{1}{1-\frac{\Delta u\sum N}{h\sum H}} \tag{6.45}$$

式中 $\sum H$—— 指产生层间侧移 Δu 的所计算楼层及其以上各层的水平荷载之和；

$\sum N$—— 本层所有柱的轴力之和。

算例分析表明，当$\frac{\Delta u\sum N}{h\sum H}\leqslant 0.25$(即 $\alpha_{2i}=1.33$)时，该近似方法的精度较高，弯矩误差在 7% 以内；当$\frac{\Delta u\sum N}{h\sum H}>0.25$ 时，误差较大，此时应增加框架结构的侧向刚度，使 $\alpha_{2i}\leqslant 1.33$；当$\frac{\Delta u\sum N}{h\sum H}\leqslant 0.1$时，二阶弹性分析和一阶弹性分析的结果差别很小，说明框架结构的抗侧移刚度较大，可忽略侧移对内力分析的影响，可采用一阶弹性方法来计算框架的内力。式中 Δu 是一阶的层间侧移值，为能简便判别是否要用二阶弹性分析的条件，计算时可用层间侧移的容许值[Δu]代替。

对于二阶弹性分析的框架结构，无论采用上述近似计算方法还是其他精确的计算方法，由于框架的内力分析考虑了二阶效应(即 P-Δ 效应)和作用于各楼层的假想水平力(即考虑了缺陷的影响)，此时，在验算框架柱的稳定性时，其计算长度可取几何长度，即计算长度系数可取 1.0 或其他认可的值。

4. 有抗震要求的纯框架结构的强柱弱梁的验算

在强震作用下，为了保证框架结构具有合理的屈服机制和避免倒塌，对钢梁与框架钢柱的连接节点处，左、右梁端和上、下柱端的全塑性承载力应满足如下要求。

(1)等截面钢梁与柱子连接时。

$$\sum W_{pc}(f_{yc}-N/A_c)\geqslant\sum(\eta W_{pb}f_{yb}) \tag{6.46}$$

(2) 梁端加强型连接或骨式连接的端部变截面钢梁与柱子连接时。

$$\sum W_{pc}(f_{yc}-N/A_c)\geqslant\sum(\eta W_{pb1}f_{yb}+M_v) \tag{6.47}$$

式中 W_{pc}、W_{pb}——计算平面内交汇于节点的柱和梁的塑性截面模量(mm^3)；

W_{pb1}——梁塑性铰所在截面的梁塑性截面模量(mm^3)；

f_{yc}、f_{yb}——柱和梁钢材的屈服强度(N/mm^2)；

N——按设计地震作用组合得出的柱轴力设计值(N)；

A_c——框架柱的截面面积(mm^2)；

η——强柱系数，一级取 1.15，二级取 1.10，三级取 1.05，四级取 1.0；

M_v——梁塑性铰剪力对梁端产生的附加弯矩(N·mm)，$M_v = V_{pb} \cdot x$；

V_{pb}——梁塑性铰剪力(N)；

x——塑性铰至柱面的距离(mm)，塑性铰可取梁端部变截面翼缘的最小处。骨式连接取$(0.5 \sim 0.75)b_f+(0.30 \sim 0.45)h_b$，$b_f$ 和 h_b 分别为梁翼缘宽度和梁截面高度。梁端加强型连接可取加强板的长度加 1/4 梁高。如有试验依据时，也可按试验取值。

但是，当满足下列条件之一时，可不验算强柱弱梁：

①当柱所在楼层的受剪承载力比相邻上一层的受剪承载力高出 25%。

②柱轴向力设计值与柱全截面面积和钢材抗压强度设计值乘积的比值不超过 0.4。

③作为轴心受压构件在 2 倍地震作用的组合轴力作用下稳定性得到保证时，即柱轴力符合 $N_2 \leqslant \varphi A_c f$($N_2$为 2 倍地震作用下的组合轴力设计值)。

④与支撑相连接的节点。

此外，一般框筒结构中的柱子不需要满足强柱弱梁的要求，但要求其能满足轴压比的要求：

$$\frac{N_c}{A_c f} \leqslant \beta \tag{6.48}$$

式中　N_c——框筒结构中的柱子在地震作用组合下的最大轴向压力设计值(N)；

A_c——框筒结构柱截面面积(mm^2)；

f——框筒结构柱钢材的强度设计值(N/mm^2)；

β——系数，一、二、三级时取 0.75，四级时取 0.80。

5. 柱与梁连接的节点域抗剪承载力验算

如图 6.22 所示，节点域在周边的弯矩和剪力作用下，所受剪应力 τ 为

$$\tau = \frac{M_{b1}+M_{b2}}{h_{b1}h_{c1}t_p} - \frac{V_{c1}+V_{c2}}{2h_{c1}t_p} \tag{6.49}$$

且设计中应满足 $\tau \leqslant f_v$。

在工程设计中常略去上式中右侧的第二项，这样会使剪应力 τ 增大 20% ~30%，这可以通过将抗剪强度设计值 f_v 提高 1/3 来考虑。这样，节点域剪应力验算公式变为

$$(M_{b1}+M_{b2})/V_p \leqslant (4/3)f_v \tag{6.50}$$

式中　M_{b1}、M_{b2}——节点域左、右梁端作用的弯矩设计值(kN·m)；

V_p——节点域的有效体积；

f_v——钢材抗剪强度设计值，抗震设计时应除以抗震调整系数 0.75。

根据柱子的截面类型，节点域的有效体积按如下公式计算：

工字形截面柱(绕强轴)　　　$V_p = h_{b1}h_{c1}t_p$

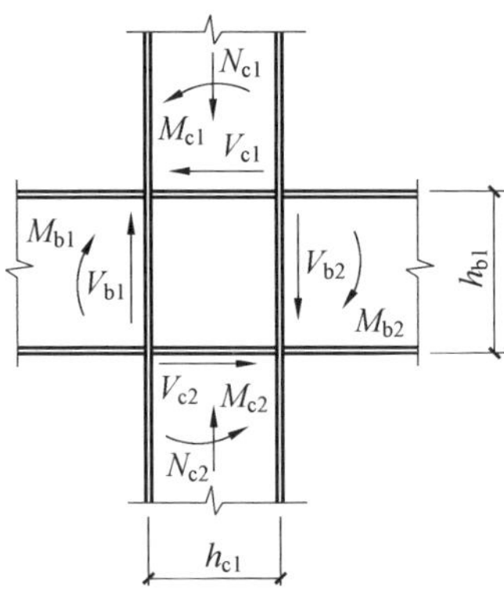

图 6.22　柱与梁连接的节点

工字形截面柱(绕弱轴)　　　$V_p=2h_{b1}bt_f$

箱形截面柱　　　$V_p=(16/9)h_{b1}h_{c1}t_p$

圆管截面柱　　　$V_p=(\pi/2)h_{b1}h_{c1}t_p$

式中　h_{b1}——梁翼缘中心间的距离(mm);

h_{c1}——工字形截面柱翼缘中心间的距离、箱形截面壁板中心间的距离和圆管截面柱壁管中线直径(mm);

t_p——柱腹板和节点域补强板厚度之和,或局部加厚时的节点域厚度(mm),箱形柱为一块腹板的厚度(mm),圆管柱为壁厚(mm);

t_f——柱的翼缘厚度(mm);

b——柱的翼缘宽度(mm)。

对于图 6.23 所示的十字形截面柱,节点域体积的算式为

$$V_p=\varphi h_{b1}(h_{c1}t_p+2bt_f)$$

式中　$\varphi=\dfrac{\alpha^2+2.6(1+2\beta)}{\alpha^2+2.6}$,　$\alpha=h_{b1}/b$,　$\beta=A_f/A_w$, $A_w=h_{c1}t_p$, $A_f=bt_f$

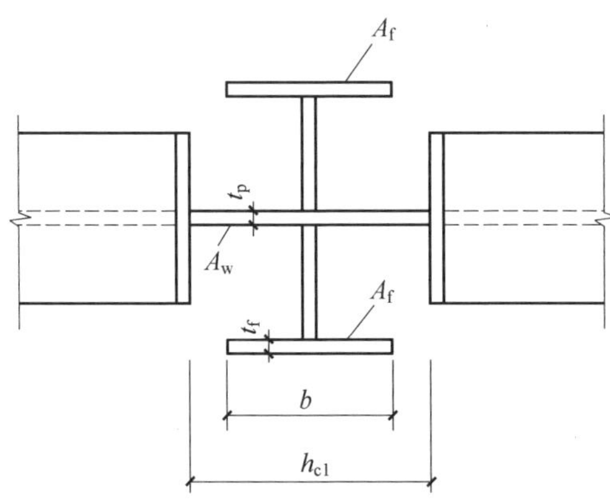

图 6.23　十字形截面柱的节点域体积

此外,如图 6.22 所示的梁和柱子连接处,在梁翼缘对应的位置要在柱子上焊接水平加劲肋或隔板(用于箱形截面柱内)。为保证加劲肋(或隔板)与柱翼缘所围成的节点域的稳

定性,应满足

$$t_p \geq (h_{0b}+h_{0c})/90 \tag{6.51}$$

式中　t_p——柱节点域的腹板厚度(mm),箱形柱时为一块腹板的厚度(mm);

h_{0b}、h_{0c}——梁腹板、柱腹板的高度(mm)。

对于抗震设计的高层民用建筑钢结构,还应验算节点域在预估的罕遇地震作用下的屈服承载力。如果节点域太厚,将使其不能吸收地震能量,且导致多用钢材;如果太薄,又使钢框架的水平位移过大。因此,节点域的屈服承载力应满足

$$\psi(M_{pb1}+M_{pb2})/V_p \leq (4/3)f_{yv} \tag{6.52}$$

式中　ψ——折减系数,三、四级时取 0.75,一、二级时取 0.85;

M_{bp1}、M_{bp2}——节点域两侧的梁段截面的全塑性受弯承载力(N·mm);

f_{yv}——钢材的屈服抗剪强度,取钢材屈服强度的 0.58 倍。

如果不满足上式要求,应对节点域进行补强,通常可在节点域附近柱腹板上贴焊钢板,或柱子在节点域附近局部改用较厚的腹板。

6. 框架钢柱长细比限值

研究表明,钢结构高度加大时,框架钢柱轴力加大,竖向地震对框架钢柱的影响很大。对于抗震设防的高层钢结构,为保证框架钢柱能具有足够的延性和稳定性,对其长细比以应严格控制。且结构抗震等级越高,框架钢柱的长细比控制应越严,具体长细比限值如下:

一级不应大于 $60\sqrt{235/f_y}$,二级不应大于 $70\sqrt{235/f_y}$,三级不应大于 $80\sqrt{235/f_y}$,四级及非抗震设计不应大于 $100\sqrt{235/f_y}$。

7. 框架钢柱截面板件宽厚比限值

对于框架钢柱,其局部稳定性也通过限制截面板件宽厚比来实现。根据结构是否进行抗震设计,以及抗震设计时抗震等级的不同,对宽厚比限值有不同要求,具体见表 6.10。

表 6.10　框架钢柱截面板件宽厚比限值

板件名称		抗震等级				非抗震设计
		一级	二级	三级	四级	
框架钢柱	工字形截面翼缘外伸部分	10	11	12	13	13
	工字形截面腹板	43	45	48	52	52
	箱形截面壁板	33	36	38	40	40
	冷成型方管壁板	32	35	37	40	40
	圆管外径与壁厚比	50	55	60	70	70

注:①表列数值适用于 Q235 钢,采用其他牌号应乘以 $\sqrt{235/f_y}$,圆管应乘以 $235/f_y$;

②冷成型方管适用于 Q235GJ 或 Q345GJ 钢

与前述框架钢梁截面板件宽厚比限值相比可见,因有强柱弱梁的要求,框架钢柱一般不会出现塑性铰。但是,考虑实际柱截面尺寸偏差、材料性能变异及一些未计及的竖向地震作

用等因素,在某些情况下,柱子也可能出现塑性铰。因此,柱的板件宽厚比也应考虑塑性发展来限制,但不需要像钢梁那样严格。

6.5　中心支撑钢框架设计

6.5.1　支撑的类型

根据设计中是否考虑支撑受压整体失稳,分为纯钢支撑和防屈曲支撑(图 6.1)。前者承载力设计中要考虑受压失稳(图 6.24),其工程应用量大面广;后者承载力设计中不计支撑受压失稳,可仅考虑强度问题,即《建筑抗震设计规范》(GB 50011—2010)和《高层民用建筑钢结构技术规程》(JGJ 99—2015)中所提及的"屈曲约束支撑",是近年来提出的新构造。通常是在传统纯钢支撑的外围敷设约束构件(钢套管,钢筋混凝土套管或墙板等,如图 6.25 所示,图中黑色区域代表内置钢支撑的截面)。因约束构件能够为内置支撑提供足够的侧向约束,避免了支撑整体受压失稳,使得支撑受压承载力和耗能能力得到充分利用,抗震性能良好,应用也日益增多。防屈曲支撑的约束构件,除了图 6.25 所示截面形式的杆状杆件,在民用建筑中设置较多隔墙的结构中,例如教学楼、公寓和办公楼等,还可采用墙板作为约束构件,此时,墙板兼作隔墙。采用墙板做约束构件的防屈曲支撑,即《高层民用建筑钢结构技术规程》(JGJ 99—2015)中所提及的"无黏结内藏钢板支撑墙板",也可称作墙板内置无黏结钢板支撑,简称墙板内置支撑。

图 6.24　采用纯钢支撑的钢结构

上述两类支撑构件在抗震性能上的区别,可以用其滞回曲线来做一比较说明,如图 6.26 所示。图中滞回曲线为水平向荷载 P 与侧移角的关系曲线,P_y 为支撑屈服承载力。与无墙板约束的纯钢板支撑相比,墙板内置无黏结钢板支撑的延性和耗能能力较好。

除了特别说明,本节主要介绍纯钢支撑的有关设计内容。

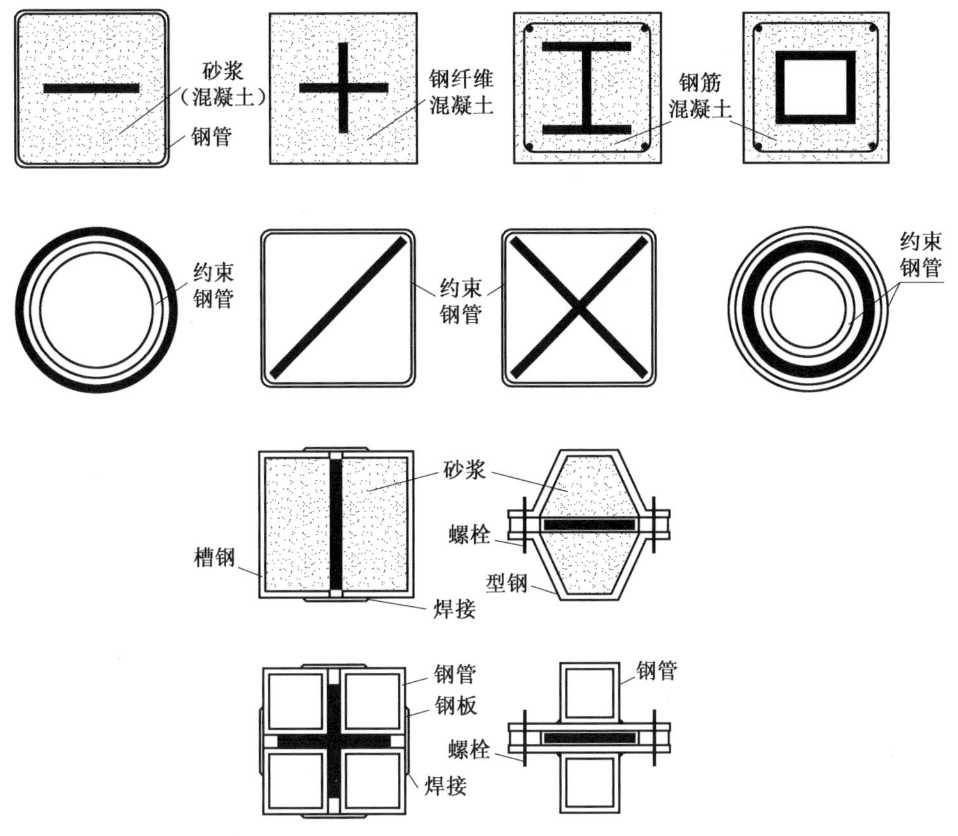

图 6.25　一些防屈曲支撑的截面形式

6.5.2　支撑的布置形式

高层钢结构中的中心支撑形式较多,如图 6.27 所示。这些支撑斜杆布置形式包括:单斜形、十字交叉形、人字(或 V 字)形、跨层 X 形(人字形和 V 字形交替布置)、拉链柱式和 K 形等。采用 K 形支撑时,在地震作用下,同一楼层内受压支撑斜杆的屈曲和受拉斜杆的屈服可能导致楼层侧移过大,且二者产生的水平向不平衡力可能导致柱子中部受力较大而屈曲甚至倒塌。因此,抗震设计的结构不得采用 K 形斜杆支撑(图 6.27(g))。采用杆状约束构件的防屈曲支撑不应采用 K 形和交叉形布置(图 6.27(b)和(g))。

为了保证结构在正、反向的荷载作用下具有大致相同的抗侧能力,当采用只能受拉的单斜支撑时,应在两个对应的跨内设置两组倾斜方向不同的单斜杆支撑(图 6.28),且每层不同方向单斜杆的截面面积在水平方向的投影面积之差不得大于 10%。

抗震等级为一、二、三级的钢结构,可采用带有耗能装置的中心支撑(图 6.29),例如,在支撑上安装黏弹性阻尼器、摩擦阻尼器等。此时,支撑斜杆的承载力应不低于耗能装置屈服或滑动后进一步强化时对应的预期最大承载力。

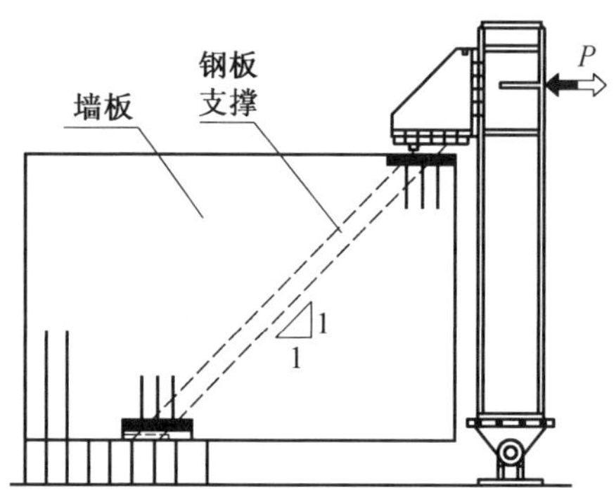

(a) 墙板内置支撑加载方案

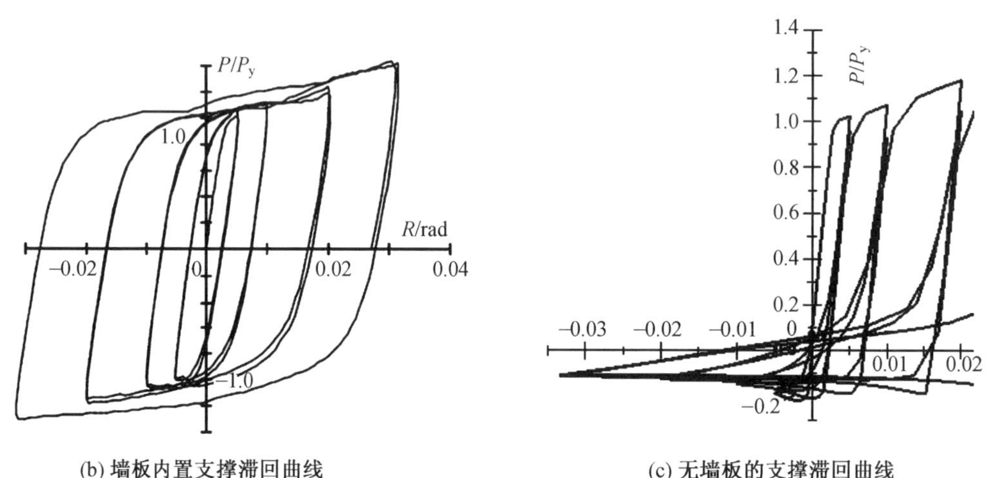

(b) 墙板内置支撑滞回曲线　　(c) 无墙板的支撑滞回曲线

图 6.26　墙板内置支撑与无墙板的钢板支撑滞回曲线

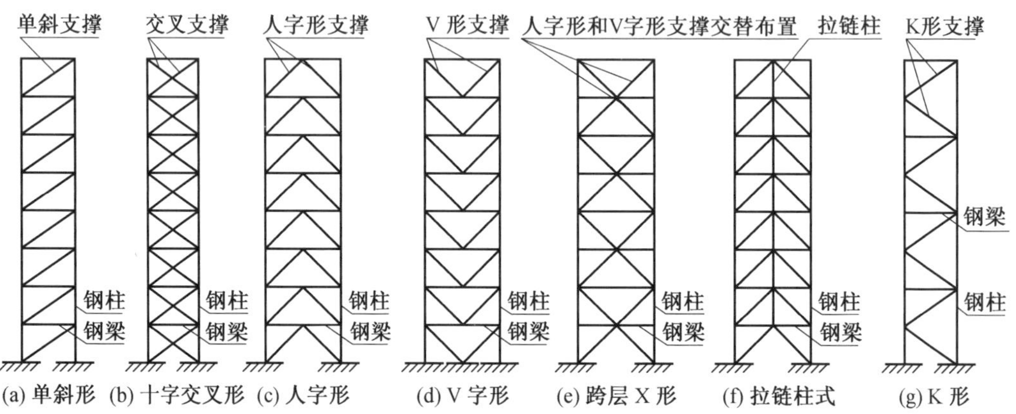

(a) 单斜形　(b) 十字交叉形　(c) 人字形　(d) V 字形　(e) 跨层 X 形　(f) 拉链柱式　(g) K 形

图 6.27　中心支撑的类型

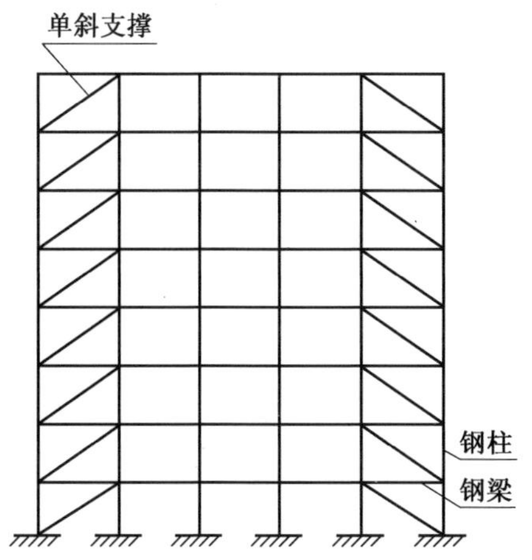

图 6.28　对称布置的单斜杆支撑

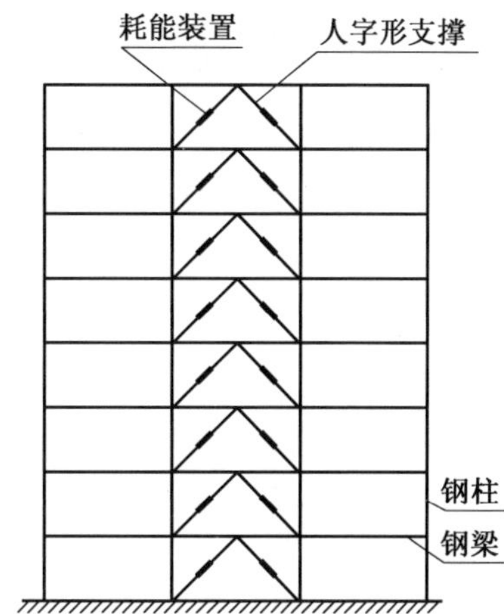

图 6.29　带有耗能装置的中心支撑

原则上,中心支撑斜杆的轴线应交汇于框架梁和柱子轴线的交点上。有困难时,斜杆轴线偏离梁和柱子轴线的交点的距离不应超过支撑斜杆的截面宽度,此时仍可按中心支撑进行分析,但应计入偏心产生的附加弯矩。连接人字(或 V 字)形支撑的钢梁的跨中节点,应使两支撑斜杆的轴线与钢梁轴线交于一点。因支撑以承受轴力为主,不论支撑与钢框架铰接或刚接,在支撑钢框架的内力分析中,支撑斜杆可按两端铰接进行分析。

非抗震设计的中心支撑,当采用十字交叉形支撑或成对布置的单斜杆支撑时,支撑斜杆可按仅承受拉力设计(即按拉杆设计,认为受压时退出工作),也可按既能受拉又能受压进行设计,即按压杆设计。

中心支撑应沿结构高度方向连续布置,设置地下室时,支撑应连续布置至基础。

6.5.3　支撑的截面形式

对于纯钢支撑,支撑斜杆宜采用双轴对称截面,例如热轧或焊接的 H 型钢、箱形截面或圆管截面等。在实际应用中,应尽量使支撑绕截面两主轴方向的整体稳定承载力相等,以合理充分利用支撑斜杆的受压承载力。当有充分依据时,应结合支撑与钢框架的连接做法等因素,确定支撑绕两主轴方向的计算长度,进而结合双轴对称截面两个主轴方向的回转半径,来确定支撑截面的摆放方向。

当采用单轴对称截面时,应采取防止绕对称轴屈曲的构造措施,即避免支撑弯扭屈曲。此外,有试验表明,对于双角钢组合 T 形截面支撑斜杆绕截面对称轴失稳时,会因弯扭屈曲和单肢屈曲而使支撑滞回性能下降,故不宜用于抗震等级为一、二、三级的钢结构中的斜杆。

当中心支撑构件为填板连接的组合截面时,填板的间距应均匀,每一根构件中填板数量不得少于 2 块。且应符合下列要求:

① 当支撑屈曲后会在填板的连接处产生剪力时,两填板之间单肢杆件的长细比不应大于组合支撑杆件控制长细比的 0.4 倍。此时,填板连接处的总受剪承载力设计值至少应等于单肢杆件的受拉承载力设计值。

② 当支撑屈曲后不在填板连接处产生剪力时,两填板之间单肢杆件的长细比不应大于组合支撑杆件控制长细比的 0.75 倍。

6.5.4 支撑长细比和截面板件宽厚比限值

目前已有研究均表明,支撑杆件的低周疲劳寿命与其长细比成正相关,而与其板件宽厚比成负相关,即支撑的长细比越大而板件宽厚比越小时,支撑的低周疲劳寿命越长。因此,为防止支撑过早断裂,可适当放松对按压杆设计的支撑杆件长细比的控制。对于纯钢中心支撑斜杆,按压杆设计时,长细比不应大于 $120\sqrt{235/f_y}$,抗震等级为一、二、三级时,中心支撑杆件不得采用拉杆设计。当非抗震设计和四级采用拉杆设计时,其长细比不应大于 180。

在罕遇地震作用下,支撑杆件要经受较大的弹塑性拉压变形,板件的局部失稳将显著降低支撑杆件的承载力和耗能能力。为防止支撑过早地在塑性状态下发生板件的局部屈曲,引起低周疲劳破坏,国内外的研究表明,支撑板件的宽厚比应取得比塑性设计要求更小一些,对支撑抗震有利。有鉴于此,中心支撑板件的宽厚比限值见表 6. 11。

表 6. 11　中心支撑板件的宽厚比限值

板件名称	一级	二级	三级	四级
翼缘外伸部分	8	9	10	13
工字形截面腹板	25	26	27	33
箱形截面壁板	18	20	25	30
圆管外径与壁厚比	38	40	40	42

注:表列数值适用于 Q235 钢,当采用其他牌号钢材应乘以 $\sqrt{235/f_y}$,圆管应乘以 $235/f_y$

6.5.5 中心支撑的承载力计算

当支撑斜杆需要考虑开孔等对截面的削弱时,应分别验算杆件的受拉强度和受压整体稳定承载力。当支撑受压时,若截面无削弱,通常仅验算支撑受压整体稳定性即可。

1. 强度计算

根据截面有无削弱,应做如下验算:

$$\frac{N}{A_n}\leqslant 0.7f_{\mu}/\gamma_{RE} \tag{6.53a}$$

或者

$$\frac{N}{A_{br}}\leqslant f/\gamma_{RE} \tag{6.53b}$$

式中 N ——支撑杆件的轴心压力设计值;

A_n——支撑的净截面面积;

A_{br}——支撑杆件的毛截面面积;

f_{μ}——钢材的抗拉强度最小值;

f——钢材强度设计值;

γ_{RE}——支撑构件强度验算的承载力抗震调整系数,取值为 0. 75。

2. 整体稳定性计算

通常,当截面削弱不大时,中心支撑的轴向承载力由受压失稳控制,在多遇地震效应组合作用下，支撑杆件的受压承载力应按下式验算：

$$N/(\varphi A_{br}) \leqslant \psi f/\gamma_{RE} \tag{6.54}$$

$$\psi = 1/(1+0.35\lambda_n) \tag{6.55}$$

$$\lambda_n = (\lambda/\pi)\sqrt{f_y/E} \tag{6.56}$$

式中　N——支撑斜杆的轴压力设计值(N)；

A_{br}——支撑斜杆的毛截面面积(mm^2)；

φ——按支撑长细比 λ 确定的轴心受压构件稳定系数，按现行国家标准《钢结构设计标准》(GB 50017—2017)确定；

ψ——受循环荷载时的强度降低系数；

λ、λ_n——支撑斜杆的长细比和正则化长细比；

f、f_y——支撑斜杆钢材的抗压强度设计值(N/mm^2)和钢材的屈服强度(N/mm^2)；

E——支撑杆件钢材的弹性模量(N/mm^2)；

γ_{RE}——支撑构件稳定验算的承载力抗震调整系数，取值为 0.8。

可见，与非抗震设计的支撑验算相比，钢材强度设计值除了除以系数 γ_{RE} 外，还要乘以强度降低系数。这是因为，虽然计算时仍以多遇地震作用为准，但在预估的罕遇地震作用下，支撑通常会受压屈曲，支撑斜杆反复受拉压，屈曲后支撑变形增长很大，当转为受拉时变形不能完全拉直，从而造成再次受压时承载力降低，即出现承载力退化现象，这需要在上述验算中予以考虑。支撑长细比越大，退化现象越严重。

6.5.6　中心支撑钢框架结构中的框架

与支撑斜杆一起组成支撑系统的横梁、柱子和连接，应具有能承受支撑杆件所传来的内力的能力。

框架-中心支撑结构的框架部分，其抗震构造措施应采用与相同抗震等级下纯框架结构的相同。当房屋高度不超过 100 m 且框架部分按计算分配的地震剪力不大于结构底部总地震剪力的 25% 时，一、二、三级的抗震构造措施可按纯框架结构降低一级的相应要求采用。

对于采用人字形或 V 字形支撑的钢框架结构，国内外的相关研究均表明，在罕遇地震作用下，人字形和 V 字形支撑框架中成对布置的支撑会交替经历受拉屈服和受压屈曲的循环作用。而反复的整体失稳会使支撑的受压承载力降低到初始稳定承载力的 30% 左右，而相邻的支撑受拉仍能接近屈服承载力，在横梁中产生不平衡的竖向分力和水平力作用，因此，连接支撑的横梁应按压弯构件进行设计。当支撑截面越大，该不平衡力也越大，将导致横梁截面增大很多。

基于上述考虑，除了顶层和出屋面房间的横梁，正常楼层内与人字形或 V 字形支撑相连的横梁的抗震设计应符合下列规定：

① 与支撑相交的横梁，在柱间应保持连续。

② 确定支撑跨的横梁截面时，不应考虑支撑在跨中的支承作用。

③ 横梁除了承受大小等于重力荷载代表值的竖向荷载外，还应承受跨中节点处两根支撑斜杆分别受拉屈服、受压屈曲所引起的不平衡竖向分力和水平分力的作用。支撑受压屈

曲承载力和受拉屈服承载力应分别按 $0.3\varphi Af_y$ 和 Af_y 计算(A 为支撑斜杆的横截面积)。

④ 在支撑与横梁相交处,梁的上、下翼缘应设置侧向支承,该支承应设计成能承受侧向力大小为 0.02 倍的相应翼缘的承载力 $f_y b_f t_f$。f_y、b_f、t_f 分别为钢材的屈服强度、翼缘的宽度和厚度。当钢梁上为组合楼盖时,梁的上翼缘可不必验算。

为了减小横梁承受的不平衡竖向分力,进一步减小支撑跨钢梁的用钢量,可采用跨层 X 支撑或设置拉链柱的支撑布置形式,如图 6.30 所示。

此外,如果采用防屈曲支撑代替纯钢支撑,因设计合理的防屈曲支撑不会整体失稳,也将有效减小横梁承受的不平衡竖向分力。当支撑屈服时,两支撑中一根支撑受拉屈服,另一根支撑受压屈服,两支撑在钢梁中仍然产生较大的水平力作用,因此,连接支撑的横梁仍应按压弯构件进行设计。

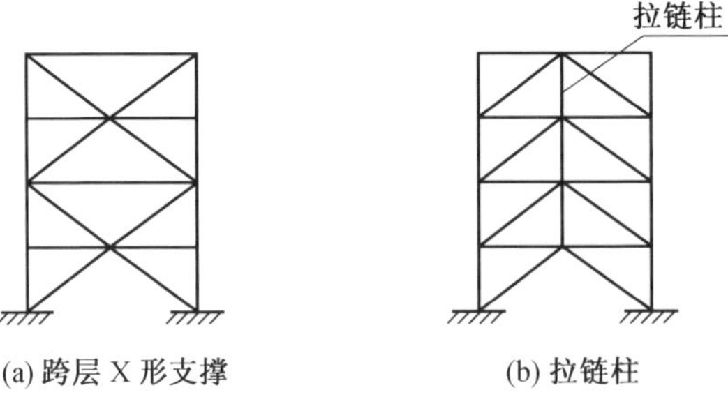

(a) 跨层 X 形支撑　　(b) 拉链柱

图 6.30　人字形支撑的加强布置形式

6.6　偏心支撑框架设计

抗震等级为一、二级的高层建筑钢结构,当采用框架-支撑体系时,宜设置偏心支撑或消能支撑等。偏心支撑钢框架是一种抗震性能良好的结构体系。结构的抗侧刚度与消能梁段的长度与所在跨框架梁长度的比值有关,当比值较小,即消能梁段较短时,其抗侧刚度与中心支撑接近;而当比值较大时,其抗侧刚度则接近纯框架。

6.6.1　偏心支撑的类型

偏心支撑通常采用纯钢支撑制作,随着防屈曲支撑应用日益广泛,也可尝试使用防屈曲支撑来作偏心支撑。通常,在预期的罕遇地震中,应将中心支撑的防屈曲支撑设计成能够轴向拉压屈服和耗能的支撑。但在偏心支撑钢框架结构中,因消能梁段是耗能部件,故即使考虑在预期的罕遇地震下,防屈曲支撑也可按弹性设计,既不失稳也不屈服。

除了特别说明,本节主要介绍采用纯钢支撑作偏心支撑的有关设计内容。

6.6.2　偏心支撑的布置形式

偏心支撑框架的每根支撑,应至少有一端交在钢梁上,而不是交在梁与柱的交点或相对方向的另一支撑节点上。这样,在支撑与柱之间或支撑与支撑之间有一段梁,称为消能梁段(或耗能梁段)。消能梁段是偏心支撑框架的"保险丝"。在大震作用下,结构通过消能梁段的非弹性变形耗能,而支撑不屈曲。因此,每根支撑有一端必须与消能梁段连接。常用偏心支撑的有单斜杆、人字形和V字形等形式,如图6.31所示。

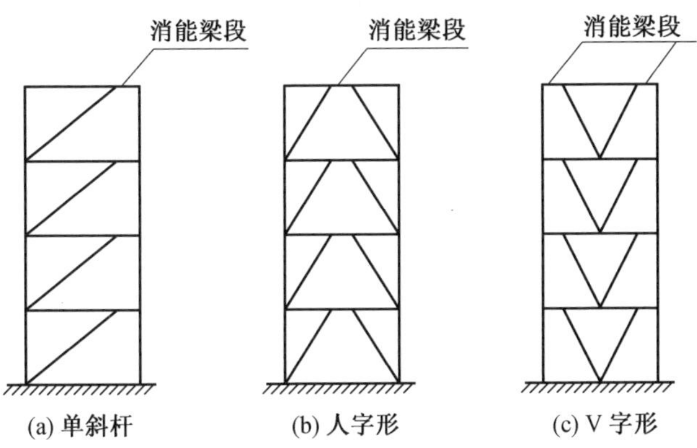

图6.31　偏心支撑的布置形式

高度超过50 m的偏心支撑钢框架结构,顶层可采用中心支撑。

由于消能梁段是偏心支撑框架的"保险丝",偏心支撑钢框架结构的设计原则是,要求消能梁段是结构中最弱的部件,而与其相连的非消能梁段的横梁、柱子及偏心支撑(简称为消能梁段的周围连接构件)则应得到加强,以保证在预期的罕遇地震作用下,消能梁段屈服耗能并进入应变硬化阶段,而周围连接构件基本处于弹性,也不受压失稳。总体上,这些周围连接构件加强的程度取决于结构抗震等级和消能梁段的承载力。若消能梁段的承载力设计得过高,则会相应地提高对周围连接构件承载力的要求,造成不经济。

在支撑跨内,消能梁段与钢梁长度的比值决定了偏心支撑钢框架结构的抗侧刚度。该比值越小,即消能梁段相对较短,则抗侧刚度较大;反之,消能梁段相对较长,则结构抗侧刚度较小。

消能梁段的长度也直接决定了其消能方式。取图6.32中的消能梁段隔离体,梁段两端作用有剪力V和弯矩M,梁段净长度为a,则有$2M=Va$。如果弯矩M达到全塑性弯矩$M_{lp}=W_{np}f_y$,同时,剪力V达到屈服剪力$V_l=0.58A_wf_y$,则相应的消能梁段的长度等于$a=2M_{lp}/V_l$。可见,如果梁段长度$a<2M_{lp}/V_l$,梁段剪力达到屈服剪力V_l时,梁段的端弯矩将小于全塑性弯矩M_{lp}。

根据相关试验研究结果,对消能梁段的屈服类型定义如下:

①当$a\leqslant 1.6M_{lp}/V_l$时,消能梁段为剪切屈服型。梁段为短梁段,梁段内剪力很大,两端弯矩值相对较小,梁段在其端部尚未弯曲屈服之前即发生剪切屈服,梁段的非弹性变形主要是剪切变形。

②当$a>2.6M_{lp}/V_l$时,消能梁段为弯曲屈服型。梁段为长梁段,梁段两端弯矩值相对较大,梁段在其尚未剪切屈服之前即发生端部弯曲屈服,梁段的非弹性变形主要是弯曲变形。

③当消能梁段的净长度介于上述两种情况之间时,消能梁段为剪弯屈服型。梁段为中长梁段,梁段的非弹性变形包括剪切变形和弯曲变形。

当消能梁段为剪切屈服型时,梁段较短,因而结构在弹性阶段的抗侧刚度较大,接近于中心支撑框架结构。在大震作用下,剪切屈服型的耗能梁段的耗能能力和滞回性能又优于弯曲屈服型的消能梁段。因此,偏心支撑钢框架结构中的消能梁段宜设计成剪切屈服型。与钢柱连接的消能梁段则必须设计成剪切屈服型,而不能设计成弯曲屈服型。剪切屈服型

消能梁段的净长度 $a \leqslant 1.3M_{lp}/V_l$ 时，工作性能会更好，但也不能过短，否则，可能会因梁段塑性变形角过大导致过早破坏。通常，梁段长度可取框架梁净长度的 0.1 ~ 0.15 倍。此外，消能梁段的轴向力主要由偏心支撑斜杆轴力的水平分力产生，当梁段轴力较大时（即轴力大于梁段轴力设计值 $N=0.15Af$ 时），应适当降低梁段的受剪承载力和适当减小梁段的长度，从而保证在往复荷载作用下梁段具有良好的延性和耗能能力。

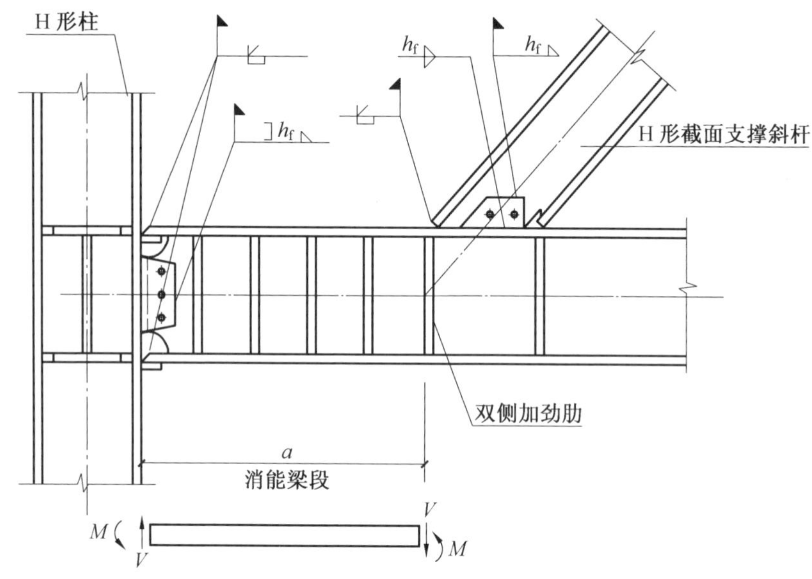

图 6.32　消能梁段

综上，对消能梁段的净长度有如下规定：

①当 $N \leqslant 0.16Af$ 时，其净长度不宜大于 $1.6M_{lp}/V_l$。

②当 $N>0.16Af$ 时：

$\rho(A_w/A)<0.3$ 时

$$a<1.6M_{1p}/V_l \tag{6.57}$$

$\rho(A_w/A) \geqslant 0.3$ 时

$$a \leqslant [1.15-0.5\rho(A_w/A)]1.6M_{lp}/V_l \tag{6.58}$$

$$\rho=N/V \tag{6.59}$$

式中　a——消能梁段长度；

ρ——消能梁段轴向力设计值与剪力设计值之比；

A、A_w——消能梁段截面面积和腹板截面面积。

6.6.3　消能梁段的受剪承载力计算

消能梁段的受剪承载力应按下列公式进行验算。

①$N \leqslant 0.15Af$ 时：

$$V \leqslant \varphi V_l \tag{6.60}$$

②$N>0.15Af$ 时：

$$V \leqslant \varphi V_{lc} \tag{6.61}$$

式中　N——消能梁段的轴力设计值(N)；

V——消能梁段的剪力设计值(N);

φ——系数,可取 0.9;

V_l、V_{lc}——不计入轴力影响和计入轴力影响的梁段受剪承载力(N),有地震作用组合时,应除以承载力抗震调整系数 γ_{RE}(取值为 0.75)。

受剪承载力 V_l 和 V_{lc} 可按下列公式进行计算。

①$N \leqslant 0.15Af$ 时:

$$V_l = 0.58A_w f_y \text{ 或 } V_l = 2M_{lp}/a\text{,取较小值} \tag{6.62}$$

②$N > 0.15Af$ 时:

$$V_{lc} = 0.58A_w f_y \sqrt{1-[N/(fA)]^2} \text{ 或 } V_{lc} = 2.4M_{lp}[1-N/(fA)]/a\text{,取较小值} \tag{6.63}$$

式中　V_l——消能梁段不计入轴力影响的受剪承载力(N);

V_{lc}——消能梁段计入轴力影响的受剪承载力(N);

M_{lp}——消能梁段全塑性受弯承载力(N·mm),$M_{lp} = fW_{np}$;

a、h、t_w、t_f——消能梁段的净长(mm)、截面高度(mm)、腹板厚度和翼缘厚度(mm);

A_w——消能梁段腹板截面面积(mm^2),$A_w = (h-2t_f)t_w$;

A——消能梁段的截面面积(mm^2);

W_{np}——消能梁段对其截面水平轴的塑性净截面模量(mm^3);

f、f_y——消能梁段钢材的抗压强度设计值和屈服强度值(N/mm^2)。

6.6.4　消能梁段的受弯承载力计算

消能梁段的受弯承载力应按下列公式进行验算:

①$N \leqslant 0.15Af$ 时:

$$\frac{M}{W} + \frac{N}{A} \leqslant f \tag{6.64}$$

②$N > 0.15Af$ 时:

$$\left(\frac{M}{h} + \frac{N}{2}\right)\frac{1}{b_f t_f} \leqslant f \tag{6.65}$$

式中　M——消能梁段的弯矩设计值(N·mm);

N——消能梁段的轴力设计值(N);

W——消能梁段的截面模量(mm^3);

A——消能梁段的截面面积(mm^2);

h、b_f、t_f——消能梁段的截面高度(mm)、翼缘宽度(mm)和翼缘厚度(mm)。

f——消能梁段钢材的抗压强度设计值,有地震作用组合时,应除以承载力抗震调整系数 0.75。

6.6.5　与消能梁段同一跨内其他构件的内力调整

因偏心支撑框架的设计意图是提供消能梁段,当地震作用足够大时,消能梁段发生屈服,而支撑保持弹性且不受压失稳。能否实现这一意图,取决于支撑的承载力。根据抗震等级对支撑的轴向压力设计值进行调整,以保证消能梁段能进入非弹性变形而支撑不屈曲。

强柱弱梁的设计原则同样适用于偏心支撑框架。考虑到框架梁钢材的屈服强度可能会提高，为了使塑性铰出现在梁中而不是柱中，可将柱的设计内力适当提高。同时，为了使塑性铰出现在消能梁段上而不是同一跨的框架梁上，也应将同一跨的框架梁的设计弯矩适当提高。

基于上述考虑，有地震作用组合时，与消能梁段同一跨内的偏心支撑、框架柱和横梁的内力设计值应做如下调整。

1. 支撑的轴力设计值

$$N_{br} = \eta_{br} \frac{V_1}{V} N_{br,com} \tag{6.66}$$

2. 与消能梁段同一跨内的框架梁的弯矩设计值

$$M_b = \eta_b \frac{V_1}{V} M_{b,com} \tag{6.67}$$

3. 柱子的弯矩和轴力设计值

$$M_c = \eta_c \frac{V_1}{V} M_{c,com} \tag{6.68}$$

$$N_c = \eta_c \frac{V_1}{V} N_{c,com} \tag{6.69}$$

式中 N_{br}——支撑轴力设计值（kN）；

M_b——位于消能梁段同一跨的框架梁的弯矩设计值（kN·m）；

M_c、N_c——柱的弯矩（kN·m）和轴力设计值（kN）；

V_1——消能梁段不计入轴力影响的受剪承载力（kN），取式（6.62）中的较大值；

V——消能梁段的剪力设计值（kN）；

$N_{br,com}$——对应于消能梁段剪力设计值 V 的支撑组合的轴力计算值（kN）；

$M_{b,com}$——对应于消能梁段剪力设计值 V 的位于消能梁段同一跨框架梁组合的弯矩设计值（kN）；

$M_{c,com}$、$N_{c,com}$——对应于消能梁段剪力设计值 V 的柱组合的弯矩计算值（kN·m）和轴力计算值（kN）；

η_{br}——偏心支撑框架支撑内力设计值增大系数，其值在一级时不应小于1.4，二级时不应小于1.3，三级时不应小于1.2，四级时不应小于1.0；

η_b、η_c——位于消能梁段同一跨的框架梁的弯矩设计值增大系数和柱的内力设计值增大系数，其值在一级时不应小于1.3，二、三、四级时不应小于1.2。

6.6.6 支撑的承载力计算

由式（6.66）得到调整的支撑轴力设计值 N_{br} 后，偏心支撑的轴向承载力应符合下式要求：

$$\frac{N_{br}}{\varphi A_{br}} \leqslant f \tag{6.70}$$

式中　N_{br}——支撑的轴力设计值(N)；

A_{br}——支撑截面面积(mm^2)；

φ——由支撑长细比确定的轴心受压构件稳定系数；

f——钢材的抗拉、抗压强度设计值，有地震作用组合时，应除以承载力抗震调整系数 0.8。

6.6.7　偏心支撑长细比、支撑和框架梁截面板件宽厚比限值

支撑杆件的长细比不应大于 $120\sqrt{235/f_y}$。支撑截面板件宽厚比不应超过我国《钢结构设计标准》(GB 50017—2017)的规定轴心轴压构件在弹性设计时的宽厚比限值。对于常用的工字形截面、箱形截面和圆管截面，板件宽厚比限值可参见 6.4.2 节轴心受压柱局部稳定计算的要求。

消能梁段可采用 Q235 或 Q345 钢，钢材屈服强度不能过高，以保证具有较好的延性和耗能能力。同一跨内的消能梁段与非消能梁段，其板件的宽厚比不应大于表 6.12 的限值。

表 6.12　偏心支撑框架梁的板件宽厚比限值

板件名称		宽厚比限值
翼缘外伸部分		8
腹板	当 $N/(Af)\leqslant 0.14$ 时	$90[1-1.65N/(Af)]$
	当 $N/(Af)>0.14$ 时	$33[2.3-N/(Af)]$

注：表列数值适用于 Q235 钢，当材料为其他钢号时应乘以 $\sqrt{235/f_y}$，$N/(Af)$ 为梁轴压比

同一跨内，消能梁段与非消能梁段的截面尺寸宜相同，消能梁段的截面尺寸应适当，腹板高度不能过大，避免过多地加大同一跨内的非消能梁段、柱子和支撑斜杆的截面，导致不经济。因此，在截面板件宽厚比满足表 6.12 限值的前提下，消能梁段的截面尺寸应根据支撑抗侧力所需的最小腹板受剪面积以及相应的可能最大截面高度(有利于实现梁段剪切屈服)来确定。

相关试验表明，因腹板上加焊的贴板不能同步进入弹塑性变形阶段，不应采用在腹板上加焊贴板的方式来提高其受剪承载力。消能梁段的腹板上不得开洞，以避免降低消能梁段腹板的弹塑性变形能力。

6.6.8　支撑跨钢梁的侧向支撑

为确保消能梁段和偏心支撑斜杆的面外(即支撑框架平面外方向)稳定，通常，在消能梁段的两端，上、下翼缘均应设置水平侧向支撑，即隅撑(图 6.33)。当楼板能视作上翼缘的侧向支承时，下翼缘仍应设置隅撑。

消能梁段上、下翼缘设置侧向支撑时，支撑轴力设计值不得小于消能梁段翼缘轴向屈服承载力的 6%，即 $0.06b_f t_f f_y$。f_y 为消能梁段钢材的屈服强度。

为了不限制地震时消能梁段端部较大的竖向位移，隅撑宜仅在梁段一侧设置。

对于与消能梁段位于同一跨的非消能梁段，当整体稳定不满足要求时，也应设置侧向支撑，支撑轴力设计值不得小于梁翼缘轴向承载力设计值的 2%，即 $0.02b_f t_f f$。虽然设计上属于不出现塑性铰的区段，但此区段钢梁承受的轴力和弯矩也较大，钢梁侧向支承点间的间距应按能保证钢梁在压弯作用下弯矩作用平面外的整体稳定性确定，且不应大于$13b_f\sqrt{235/f_y}$(b_f 为非消能梁段钢梁上翼缘或下翼缘的宽度；f_y 为钢材的屈服强度)。当非消能梁段钢梁

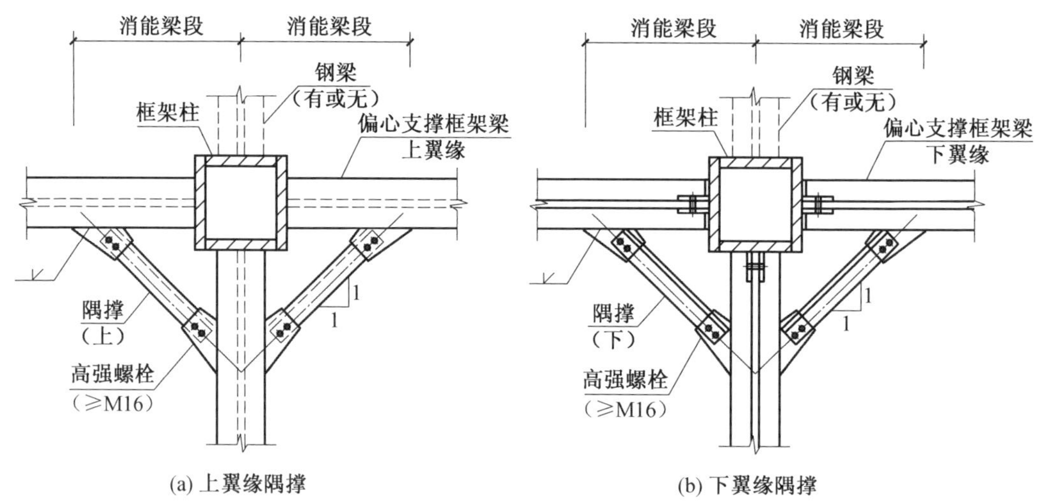

图 6.33　消能梁段端部的侧向支撑

侧向支承点间的间距大于 $13b_f\sqrt{235/f_y}$ 时，可利用次梁作为主梁的侧向支撑（图 6.11）。

6.6.9　加劲肋的设置

1. 消能梁段端部的加劲肋设置

如图 6.34 所示，在梁段与偏心支撑斜杆连接处，为传递梁段的剪力和防止腹板屈曲，应在钢梁腹板两侧成对布置加劲肋。加劲肋的高度即为梁段腹板高度，肋板外伸宽度不应小于 $b_f/2-t_w$。加劲肋的厚度不应小于 0.75 t_w，且不应小于 10 mm。

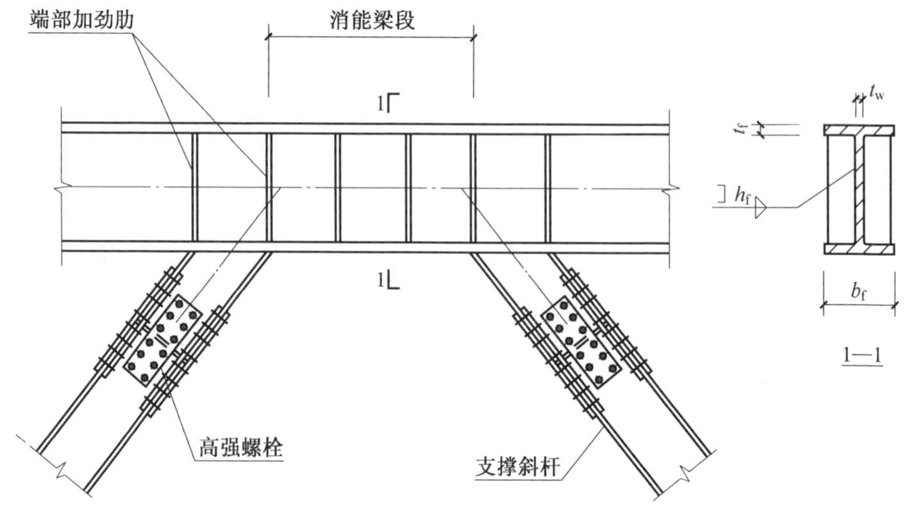

图 6.34　消能梁段端部和中间的加劲肋设置

2. 消能梁段中间的加劲肋设置

中间加劲肋的设置应根据消能梁段的长度进行。当采用较短的剪切屈服型消能梁段，中间的加劲肋的间距应较小一些；当采用较长的弯曲屈服型消能梁段，则需要在梁段两端各 1.5 倍翼缘宽度范围内配置加劲肋；当采用长度适中的剪弯屈服型消能梁段，中间的加劲肋配置应同时满足剪切和弯曲屈服型梁段的要求。

因梁段腹板屈曲会显著降低其在往复作用下的非弹性抗剪能力，为避免腹板过早受剪屈曲和反复屈曲变形导致梁段的刚度和强度的劣化，确保地震作用下梁段始终能够充分发挥其抗剪能力，消能梁段应按表 6.13 的要求配置中间加劲肋。

表 6.13　消能梁段中间加劲肋的配置要求

情况	消能梁段的净长度	加劲肋最大间距	附加要求
（一）	$a \leqslant 1.6\dfrac{M_{lp}}{V_l}$	$30t_w-0.2h$	—
（二）	$1.6\dfrac{M_{lp}}{V_l}<a\leqslant 2.6\dfrac{M_{lp}}{V_l}$	取情况（一）和（三）的线性插值	距消能梁段两端各 $1.5b_f$ 处配置加劲肋
（三）	$2.6\dfrac{M_{lp}}{V_l}<a\leqslant 5\dfrac{M_{lp}}{V_l}$	$52t_w-0.2h$	（同上）
（四）	$a>5\dfrac{M_{lp}}{V_l}$	（可不配置中间加劲肋）	—

注：①V_l、M_{lp}分别为消能梁段的受剪承载力和全塑性受弯承载力

②b_f、h、t_w 分别为消能梁段的翼缘宽度、截面高度和腹板厚度

当消能梁段的截面高度 $h\leqslant 640$ mm 时，可仅在腹板一侧设置单侧加劲肋；当腹板高度 $h>640$ mm 时，应在腹板两侧配置加劲肋，每侧加劲肋的宽度不应小于 $b_f/2-t_w$。中间加劲肋的高度即为梁段腹板高度，加劲肋的厚度不应小于 t_w，且不应小于 10 mm。

3. 端部和中间加劲肋的连接

端部和中间加劲肋应通过双面角焊缝与钢梁的上、下翼缘和腹板三面围焊连接。

6.6.10　偏心支撑钢框架结构中的框架

偏心支撑框架结构中的横梁和柱子的承载力，应按现行《钢结构设计标准》（GB 50017—2017）的规定进行验算。当有地震作用组合时，钢材强度设计值应除以相应的承载力抗震调整系数 γ_{RE}。

偏心支撑框架结构的框架部分，其抗震构造措施应采用与相同抗震等级下纯框架结构的相同。当房屋高度不超过 100 m 且框架部分按计算分配的地震剪力不大于结构底部总地震剪力的 25% 时，一、二、三级的抗震构造措施可按纯框架结构降低一级的相应要求采用。

6.7　其他抗侧力构件

除了采用纯钢支撑（中心或偏心支撑）做抗侧力构件，还可以采用新型的防屈曲支撑和可嵌入钢框架中的剪力墙板等做抗侧力构件。

前文已提及，按外围约束构件三维尺寸的不同，防屈曲支撑包括两类典型的构造，其一是杆状的防屈曲支撑，其二是墙板内置无黏结钢板支撑。而嵌入式的剪力墙板有带竖缝的

钢筋混凝土剪力墙、钢板剪力墙等形式。

本节将主要介绍这些抗侧力构件的受力性能、构造和设计要点。

6.7.1 钢板剪力墙

在设计意图上，主要用于抗震结构的抗侧力构件而不承担竖向荷载，因此，钢板剪力墙宜按不承受竖向荷载进行设计。但实际应用中很难做到不承受竖向荷载，因此，在设置了钢板剪力墙开间的框架梁和柱子，不能在设计中因墙板承受竖向力而减小钢梁和柱子截面。这样，即使钢板剪力墙发生了屈曲，框架梁和柱也能承担竖向荷载，以避免剪力墙屈曲变形的进一步发展。虽然不可避免承受竖向荷载，但对于承受竖向荷载的钢板剪力墙，其竖向荷载导致剪力墙抗剪承载力的下降不能超过20%。

根据钢板剪力墙是否承受竖向荷载，其内力分析模型按下述规定选用。

① 当不承受竖向荷载，钢板剪力墙可采用剪切膜单元参与结构整体的内力分析。

② 参与承担竖向荷载时，钢板剪力墙应采用正交异性板的平面应力单元参与结构整体的内力分析。

根据不同应用的需求，钢板剪力墙可采用非加劲钢板和加劲钢板两种形式。

① 非加劲钢板剪力墙。

对于非抗震设计和四级的高层民用建筑钢结构，如采用钢板剪力墙时，可以不设加劲肋（图6.35）。

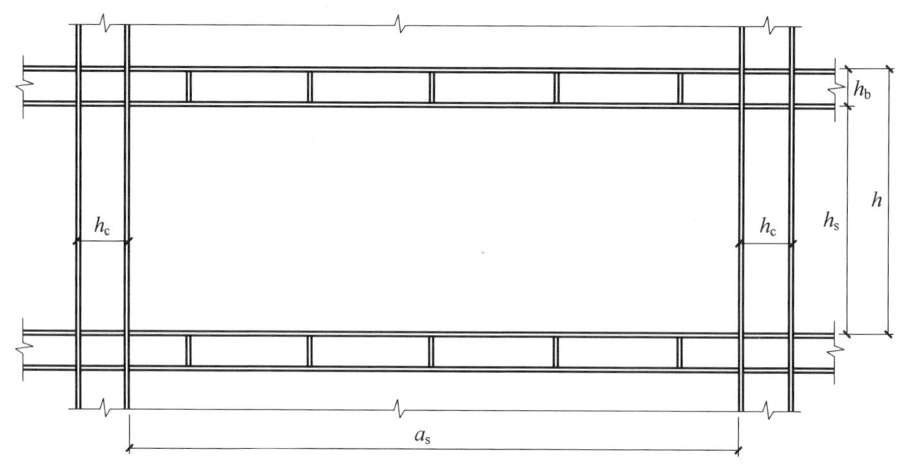

图6.35 非加劲钢板剪力墙

② 加劲钢板剪力墙。

抗震等级为三级及以上时，宜采用带竖向和（或）水平向加劲肋的钢板剪力墙（图6.36）。竖向加劲肋的设置可以采用竖向不连续的构造和布置，以减小墙板承受的竖向荷载。竖向加劲肋宜两面布置或两面交替布置；横向加劲肋宜单面或两面交替布置。

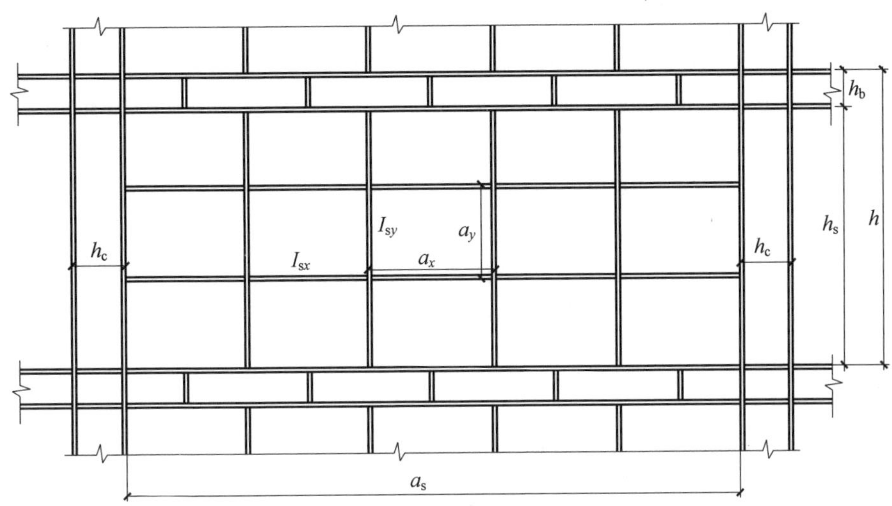

图 6.36　加劲钢板剪力墙

在构造上，为避免剪力墙内竖向加劲肋承担竖向荷载，钢梁的加劲肋和剪力墙的加劲肋应错开。加劲肋采用此不承担竖向荷载的构造，将使得加劲肋对剪力墙钢板的侧向约束作用如同防屈曲支撑的外套管对内芯支撑的约束作用，可有效防止剪力墙钢板屈曲，从而提高剪力墙的延性和耗能能力。

1. 非加劲钢板剪力墙的计算

对于非加劲的钢板剪力墙的计算，根据剪力墙是否承受重力荷载分别进行。当剪力墙不承受重力荷载时，又按是否允许利用剪力墙屈曲后抗剪强度分别进行计算。

①不承受竖向荷载的非加劲钢板剪力墙，不利用其屈曲后抗剪强度时，应按下列公式计算其抗剪稳定性：

$$\tau \leqslant \varphi_s f_v \tag{6.71}$$

$$\varphi_s = \frac{1}{\sqrt[3]{0.738+\lambda_s^6}} \leqslant 1.0 \tag{6.72}$$

$$\lambda_s = \sqrt{\frac{f_y}{\sqrt{3}\,\tau_{cr0}}} \tag{6.73}$$

$$\tau_{cr0} = \frac{k_{ss0}\pi^2 E}{12(1-\upsilon^2)} \cdot \frac{t^2}{a_s^2} \tag{6.74}$$

$$\frac{h_s}{a_s} \geqslant 1: k_{ss0} = 6.5 + \frac{5}{(h_s/a_s)^2} \tag{6.75}$$

$$\frac{h_s}{a_s} \leqslant 1: k_{ss0} = 5 + \frac{6.5}{(h_s/a_s)^2} \tag{6.76}$$

式中　f_v——钢材抗剪强度设计值（N/mm^2）；

υ——泊松比，可取 0.3；

E——钢材弹性模量（N/mm^2）；

a_s、h_s——剪力墙的宽度和高度（mm）；

t ——钢板剪力墙的厚度(mm)。

按照不承担竖向荷载设计的钢板剪力墙,无须考虑竖向荷载在钢板剪力墙内实际产生的应力,因为剪力墙嵌入到钢框架中后,钢板剪力墙一旦因承受重力荷载而变形,共同的作用使得钢梁能够立刻分担竖向荷载,并传递到两边柱子,剪力墙的变形不会发展。

②不承受竖向荷载的非加劲钢板剪力墙,允许利用其屈曲后强度,但在荷载标准值组合作用下,其剪应力应满足式(6.71)的要求,且符合下列规定:

a. 考虑屈曲后强度的钢板剪力墙的平均剪应力应满足下列公式要求:

$$\tau \leqslant \varphi_{sp} f_v \tag{6.77}$$

$$\varphi_{sp}=\frac{1}{\sqrt[3]{0.552+\lambda_s^{3.6}}} \leqslant 1.0 \tag{6.78}$$

b. 按考虑屈曲后强度的设计,其横梁的强度计算中应考虑压力,压力的大小按下式计算:

$$N=(\varphi_{sp}-\varphi_s) a_s t f_v \tag{6.79}$$

式中 a_s——钢板剪力墙的宽度(mm);

t——钢板剪力墙的厚度(mm)。

c. 横梁尚应考虑拉力场的均布竖向分力产生的弯矩,与竖向荷载产生的弯矩叠加。拉力场的均布竖向分力按下式计算:

$$q_s=(\varphi_{sp}-\varphi_s) t f_v \tag{6.80}$$

d. 剪力墙的边框柱,尚应考虑拉力场的水平均布分力产生的弯矩,与其余内力叠加。

e. 利用钢板剪力墙屈曲后强度的设计,可设置少量竖向加劲肋组成接近方形的区格,其竖向强度、刚度应分别满足下列要求:

$$N \leqslant (\varphi_{sp}-\varphi_s) a_x t f_v \tag{6.81}$$

$$\gamma=\frac{EI_{sy}}{Da_x} \geqslant 60 \tag{6.82}$$

$$D=\frac{Et^3}{12(1-\upsilon^2)} \tag{6.83}$$

式中 a_x——竖向加劲肋之间的水平距离(mm),在闭口截面加劲肋的情况下是区格净宽;

D——剪力墙板的抗弯刚度(N·mm)。

③当承受重力荷载时,要求竖向荷载产生的压应力应满足下列要求:

$$\sigma_G \leqslant 0.3 \varphi_\sigma f \tag{6.84}$$

$$\varphi_\sigma=\frac{1}{(1+\lambda_\sigma^{2.4})^{0.833}} \tag{6.85}$$

$$\lambda_\sigma=\sqrt{\frac{f_y}{\sigma_{cr0}}} \tag{6.86}$$

$$\sigma_{cr0}=\frac{k_{\sigma0}\pi^2 E}{12(1-\upsilon^2)}\left(\frac{t}{a_s}\right)^2 \tag{6.87}$$

$$k_{\sigma0}=\chi\left(\frac{a_s}{h_s}+\frac{h_s}{a_s}\right)^2 \tag{6.88}$$

式中 χ ——嵌固系数,取1.23。

④钢板剪力墙承受弯矩的作用,弯曲应力应满足下列要求:

$$\sigma_b \leqslant \varphi_{bs} f \tag{6.89}$$

$$\varphi_{bs} = \frac{1}{\sqrt[3]{0.738+\lambda_b^6}} \leqslant 1 \tag{6.90}$$

$$\lambda_b = \sqrt{\frac{f_y}{\sigma_{bcr0}}} \tag{6.91}$$

$$\sigma_{bcr0} = \frac{k_{b0}\pi^2 E}{12(1-\upsilon^2)} \cdot \frac{t^2}{a_s^2} \tag{6.92}$$

$$k_{b0} = 11\frac{h_s^2}{a_s^2} + 14 + 2.2\frac{a_s^2}{h_s^2} \tag{6.93}$$

⑤承受竖向荷载的钢板剪力墙或区格,因多种应力联合作用,应力组合应满足下列要求:

$$\left(\frac{\tau}{\varphi_s f_v}\right)^2 + \left(\frac{\sigma_b}{\varphi_{bs} f}\right)^2 + \frac{\sigma_G}{\varphi_\sigma f} \leqslant 1 \tag{6.94}$$

⑥未加劲的钢板剪力墙,当有洞口时应符合下列规定:

a. 洞口边缘应设置边缘构件,其平面外的刚度应满足下列要求:

$$\gamma_y = \frac{EI_{sy}}{Da_x} \geqslant 150 \tag{6.95}$$

b. 因有洞口削弱,钢板剪力墙的抗剪承载力,应按洞口高度处的水平剩余截面计算。

c. 当钢板剪力墙考虑屈曲后强度时,竖向边缘构件宜采用工字形截面或双加劲肋,尚应按压弯构件验算边缘构件的平面内、平面外稳定。其压力等于剪力扣除屈曲承载力;弯矩等于拉力场水平分力按均布荷载作用在两端固定的洞口边缘加劲肋上。

⑦按不承受竖向重力荷载进行内力分析的钢板剪力墙,不考虑实际存在的竖向应力对剪力墙抗剪承载力的影响,但应限制实际可能存在的竖向应力。竖向应力 σ_G 应满足式(6.84)的要求,且 σ_G 应按下式计算:

$$\sigma_G = \frac{\sum N_i}{\sum A_i + A_s} \tag{6.96}$$

式中　$\sum N_i$、$\sum A_i$—— 重力荷载在剪力墙边框柱中产生的轴力(N) 和边框柱截面面积(mm^2) 的和,当边框是钢管混凝土柱时,混凝土应换算成钢截面面积;

A_s—— 剪力墙截面面积(mm^2)。

2. 仅设置竖向加劲肋或仅设置水平向加劲肋的钢板剪力墙计算

①对于仅设竖向加劲肋或仅设水平向加劲肋的加劲钢板剪力墙,一般不利用其屈曲后强度。竖向加劲肋宜在构造上采取不承受竖向荷载的措施。例如,可采取竖向加劲肋中断的措施,削弱加劲肋的竖向承载力而不削弱其对剪力墙钢板的加劲作用。

②仅设置竖向加劲肋的钢板剪力墙,其弹性剪切屈曲临界应力应按下列公式计算。

a. 当 $\gamma = \frac{EI_s}{Da_x} \geqslant \gamma_{\tau th}$ 时:

$$\tau_{cr}=\tau_{crp}=k_{\tau p}\frac{\pi^2 E}{12(1-\upsilon^2)}\frac{t^2}{a_x^2} \tag{6.97}$$

当$\frac{h_s}{a_x}>1$时：

$$k_{\tau p}=\chi\left[5.34+\frac{4}{(h_s/a_x)^2}\right] \tag{6.98}$$

当$\frac{h_s}{a_x}\leqslant 1$时：

$$k_{\tau p}=\chi\left[4+\frac{5.34}{(h_s/a_x)^2}\right] \tag{6.99}$$

b. 当$\gamma<\gamma_{\tau th}$时：

$$\tau_{cr}=k_{ss}\frac{\pi^2 E}{12(1-\upsilon^2)}\frac{t^2}{a_x^2} \tag{6.100}$$

$$k_{ss}=k_{ss0}\frac{a_x^2}{a_s^2}+\left(k_{\tau p}-k_{ss0}\frac{a_x^2}{a_s^2}\right)\left(\frac{\gamma}{\gamma_{\tau th}}\right)^{0.6} \tag{6.101}$$

c. 当$0.8\leqslant\beta=\frac{h_s}{a_x}\leqslant 5$时，$\gamma_{\tau th}$应按下列公式计算：

$$\gamma_{\tau th}=6\eta_v(7\beta^2-5)\geqslant 6 \tag{6.102}$$

$$\eta_v=0.42+\frac{0.58}{[1+5.42\,(J_{sy}/I_{sy})^{2.6}]^{0.77}} \tag{6.103}$$

$$a_x=\frac{a_s}{n_v+1} \tag{6.104}$$

式中 χ——闭口加劲肋时取1.23，开口加劲肋时取1.0；

J_{sy}、I_{sy}——竖向加劲肋自由扭转常数和惯性矩（mm^4）；

a_x——在闭口加劲肋的情况下取区格净宽（mm）；

n_v——竖向加劲肋的道数。

③仅设置竖向加劲肋的钢板剪力墙，竖向受压弹性屈曲应力应按下列公式计算。

a. 当$\gamma\geqslant\gamma_{\sigma th}$时：

$$\sigma_{cr}=\sigma_{crp}=\frac{k_{pan}\pi^2 E}{12(1-\upsilon^2)}\left(\frac{t}{a_x}\right)^2 \tag{6.105}$$

式中 k_{pan}——小区格竖向受压屈曲系数，取$k_{pan}=4\chi$；

χ——嵌固系数，开口加劲肋取1.0，闭口加劲肋取1.23。

b. 当$\gamma<\gamma_{\sigma th}$时：

$$\sigma_{cr}=\sigma_{cr0}+(\sigma_{crp}-\sigma_{cr0})\frac{\gamma}{\gamma_{\sigma th}} \tag{6.106}$$

式中 σ_{cr0}——未加劲钢板剪力墙的竖向屈曲应力。

c. $\gamma_{\sigma th}$应按下式计算：

$$\gamma_{\sigma th}=1.5\left(1+\frac{1}{n_v}\right)[k_{pan}(n_v+1)^2-k_{\sigma 0}]\frac{h_s^2}{a_s^2} \tag{6.107}$$

④仅设置竖向加劲肋的钢板剪力墙，其竖向抗弯弹性屈曲应力应按下列公式计算。

a. 当$\gamma\geqslant\gamma_{\sigma th}$时：

$$\sigma_{bcrp}=\frac{k_{bpan}\pi^2 E}{12(1-\upsilon^2)}\left(\frac{t}{a_x}\right)^2 \tag{6.108}$$

$$k_{bpan}=4+2\beta_{\sigma}+3\beta_{\sigma}^{3} \tag{6.109}$$

式中　k_{bpan}——小区格竖向不均匀受压屈曲系数；

β_{σ}——区格两边的应力差除以较大压应力。

b. 当 $\gamma<\gamma_{\sigma th}$ 时：

$$\sigma_{bcr}=\sigma_{bcr0}+(\sigma_{bcrp}-\sigma_{bcr0})\frac{\gamma}{\gamma_{\sigma th}} \tag{6.110}$$

式中　σ_{bcr0}——未加劲钢板剪力墙的竖向弯曲屈曲应力（N/mm^2）。

⑤加劲钢板剪力墙，在剪应力、压应力和弯曲应力作用下的弹塑性承载力的计算应符合下列规定：

a. 应由受剪、受压和受弯各自的弹性临界应力，分别按式（6.71）、式（6.84）和式（6.89）计算稳定性。

b. 在受剪、受压和受弯组合内力作用下的稳定承载力应按式（6.94）计算。

c. 当竖向重力荷载产生的应力设计值，不符合式（6.84）和式（6.96）的规定时，应采取措施减少竖向荷载传递给剪力墙。

对于仅设置水平加劲肋的钢板剪力墙，也应进行与上述仅设置竖向加劲肋类似的受剪、受压和受弯计算，以及在受剪、受压和受弯组合内力作用下的稳定承载力等计算，具体计算公式和相应规定参考我国《高层民用建筑钢结构技术规程》（JGJ 99—2015）附录 B。

3. 设置水平和竖向加劲肋的钢板剪力墙计算

①同时设置竖向和水平加劲肋的钢板剪力墙（图 6.36），不宜采用考虑屈曲后强度的计算。加劲肋一侧的计算宽度取为剪力墙钢板厚度的 15 倍（图 6.37）。加劲肋划分剪力墙板区格的宽高比值宜接近 1。剪力墙板区格的宽厚比值应满足下列公式的要求：

当采用开口加劲肋时：

$$\frac{a_x+a_y}{t}\leqslant 220 \tag{6.111}$$

当采用闭口加劲肋时：

$$\frac{a_x+a_y}{t}\leqslant 250 \tag{6.112}$$

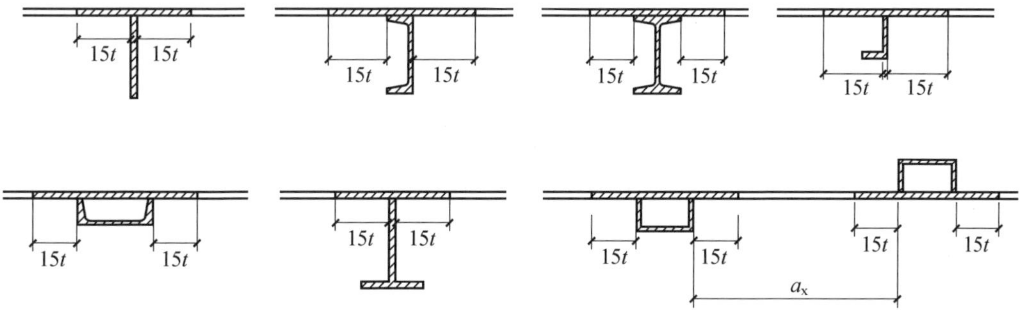

图 6.37　单面加劲时计算加劲肋惯性矩的截面

②当加劲肋的刚度参数满足下列公式时，可只验算区格的稳定性：

$$\gamma_x = \frac{EI_{sx}}{Da_y} \geqslant 33\eta_h \tag{6.113}$$

$$\gamma_y = \frac{EI_{sy}}{Da_x} \geqslant 40\eta_v \tag{6.114}$$

对于水平加劲肋：

$$\eta_h = 0.42 + \frac{0.58}{[1+5.42(J_{sx}/I_{sx})^{2.6}]^{0.77}} \tag{6.115}$$

$$a_y = \frac{h_s}{n_h + 1} \tag{6.116}$$

式中 J_{sx}、I_{sx}——水平加劲肋自由扭转常数和惯性矩(mm^4)；

a_y——在闭口加劲肋的情况下取区格净高(mm)；

n_h——水平加劲肋的道数。

③当加劲肋的刚度不符合式(6.113)和式(6.114)规定时，加劲钢板剪力墙的剪切临界应力应满足下列要求：

$$\tau_{cr} = \tau_{cr0} + (\tau_{crp} - \tau_{cr0})\left(\frac{\gamma_{av}}{36.33\sqrt{\eta_v \eta_h}}\right)^{0.7} \leqslant \tau_{crp} \tag{6.117}$$

$$\gamma_{av} = \sqrt{\frac{EI_{sx}}{Da_x} \cdot \frac{EI_{sy}}{Da_y}} \tag{6.118}$$

式中 τ_{crp}——小区格的剪切屈曲临界应力(N/mm^2)；

τ_{cr0}——未加劲板的剪切屈曲临界应力(N/mm^2)。

④当加劲肋的刚度不符合式(6.113)和式(6.114)的规定时，加劲钢板剪力墙的竖向临界应力应按下列公式计算：

当$\dfrac{h_s}{a_s} < \left(\dfrac{D_y}{D_x}\right)^{0.25}$时：

$$\sigma_{ycr} = \frac{\pi^2}{a_s^2 t_s}\left(\frac{h_s^2}{a_s^2} D_x + 2D_{xy} + D_y \frac{a_s^2}{h_s^2}\right) \tag{6.119}$$

当$\dfrac{h_s}{a_s} \geqslant \left(\dfrac{D_y}{D_x}\right)^{0.25}$时：

$$\sigma_{ycr} = \frac{2\pi^2}{a_s^2 t_s}(\sqrt{D_x D_y} + D_{xy}) \tag{6.120}$$

$$D_x = D + \frac{EI_{sx}}{a_y} \tag{6.121}$$

$$D_y = D + \frac{EI_{sy}}{a_x} \tag{6.122}$$

$$D_{xy} = D + \frac{1}{2}\left(\frac{GJ_{sx}}{a_x} + \frac{GJ_{sy}}{a_y}\right) \tag{6.123}$$

⑤设置水平和竖向加劲肋的钢板剪力墙，其竖向抗弯弹性屈曲应力应按下列公式计算：

当$\dfrac{h_s}{a_s} < \dfrac{2}{3}\left(\dfrac{D_y}{D_x}\right)^{0.25}$时：

$$\sigma_{bcr} = \frac{6\pi^2}{a_s^2 t_s}\left(\frac{a_s^2}{h_s^2} D_y + 2D_{xy} + D_x \frac{h_s^2}{a_s^2}\right) \tag{6.124}$$

当$\dfrac{h_s}{a_s} \geqslant \dfrac{2}{3}\left(\dfrac{D_y}{D_x}\right)^{0.25}$时：

$$\sigma_{bcr} = \frac{12\pi^2}{a_s^2 t_s}(\sqrt{D_x D_y} + D_{xy}) \tag{6.125}$$

⑥双向加劲钢板剪力墙,在剪应力、压应力和弯曲应力作用下的弹塑性稳定承载力的验算,应符合下列规定:

a. 应由受剪、受压和受弯各自的弹性临界应力,分别按式(6.71)、式(6.84)和式(6.89)计算稳定性。

b. 在受剪、受压和受弯组合内力作用下的稳定承载力应按式(6.94)计算。

c. 竖向重力荷载作用产生的应力设计值,不宜大于竖向弹塑性稳定承载力设计值的0.3 倍。

⑦加劲的钢板剪力墙,当有门窗洞口时,应符合下列规定:

a. 应根据具体开洞情况,参考相关研究成果来计算钢板剪力墙的抗剪承载力。

b. 钢板剪力墙上开设门洞时,门洞口边加劲肋的刚度,应满足前面对未加劲的钢板剪力墙当有洞口时相应规定的要求,加强的竖向边缘加劲肋应延伸至整个楼层高度,门洞上边的边缘加劲肋宜延伸 600 mm 以上。

4. 钢板剪力墙的弹塑性分析模型

①对于允许利用屈曲后强度的钢板剪力墙,当参与整体结构的静力弹塑性分析时,宜采用如图 6.38 所示的平均剪应力和平均剪应变关系曲线。

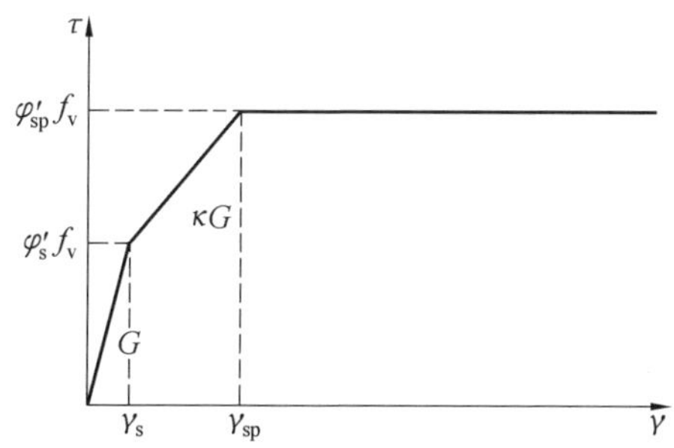

图 6.38　考虑屈曲后强度的平均剪应力与平均剪应变关系曲线

τ—平均剪应力;γ—平均剪应变

②允许利用屈曲后强度的钢板剪力墙,平均剪应变应按下列公式计算:

$$\gamma_s=\frac{\varphi'_s f_v}{G} \tag{6.126}$$

$$\gamma_{sp}=\gamma_s+\frac{(\varphi'_{sp}-\varphi'_s)f_v}{\kappa G} \tag{6.127}$$

$$\kappa=1-0.2\frac{\varphi'_{sp}}{\varphi'_s}\quad(0.5\leqslant\kappa\leqslant0.7) \tag{6.128}$$

式中　φ'_s、φ'_{sp}——扣除竖向重力荷载影响的剩余剪切屈曲强度和屈曲后强度的稳定系数。

③对于设置加劲肋的钢板剪力墙,当不利用其屈曲后强度,参与整体结构的静力弹塑性分析时,宜采用如图 6.39 所示的平均剪应力和平均剪应变关系曲线。

④弹塑性动力分析时,应采用合适的滞回曲线模型。设置加劲肋的钢板剪力墙,可采用

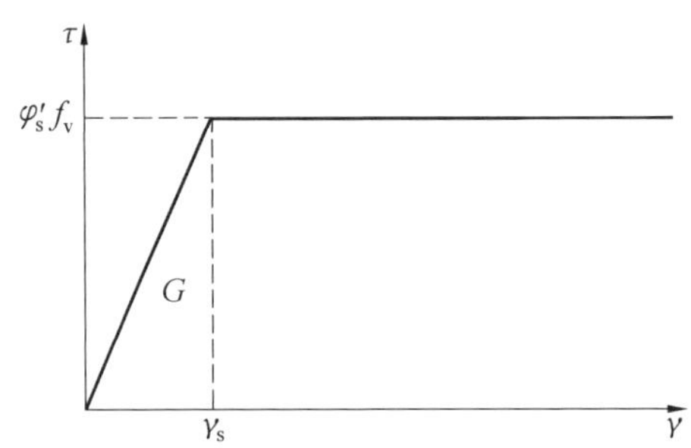

图 6.39　未考虑屈曲后强度的平均剪应力与平均剪应变关系曲线

τ—平均剪应力；γ—平均剪应变

双线性弹塑性模型，第二阶段的剪切刚度取为初始刚度的 0.01 ~ 0.03，但最大强度应取为 $\varphi_s' f_v$（f_v 为钢材抗剪强度设计值）。

5. 钢板剪力墙的焊接要求

①为安装时临时固定钢板剪力墙，应在钢柱上焊接鱼尾板。鱼尾板应与钢柱采用熔透焊缝焊接，鱼尾板与剪力墙的安装宜采用水平槽孔以方便调节。钢板剪力墙与柱子的焊缝应采用与剪力墙钢板等强的对接焊缝，对接焊缝质量等级为三级。鱼尾板尾部与剪力墙宜采用角焊缝现场焊接（图 6.40）。

②对于设置水平加劲肋的钢板剪力墙，可采用横向加劲肋贯通而剪力墙钢板水平切断的形式。此时，钢板剪力墙与水平加劲肋的焊接，应采用熔透焊缝，焊缝质量等级为二级。现场应采用自动或半自动气体保护焊。采用单面熔透焊缝时，熔透焊的垫板应采用熔透焊缝焊接在贯通的水平加劲肋上，垫板上部与钢板剪力墙采用角焊缝连接。剪力墙钢板厚度不小于 22 mm 时，宜采用 K 形熔透焊缝。

③设置钢板剪力墙跨的钢梁腹板，其厚度不应小于剪力墙钢板的厚度。钢梁的翼缘可采用剪力墙的水平加劲肋代替，但此处加劲肋的截面不应小于所需要钢梁的翼缘截面。加劲肋与钢柱的焊缝质量等级应按梁柱节点的焊缝要求执行。

④加劲肋与钢板剪力墙的焊缝，水平加劲肋与钢柱的焊缝，水平加劲肋与竖向加劲肋的焊缝，根据加劲肋的厚度，可采用双面角焊缝或坡口全熔透焊缝，达到与加劲肋等强，熔透焊缝质量等级为三级。

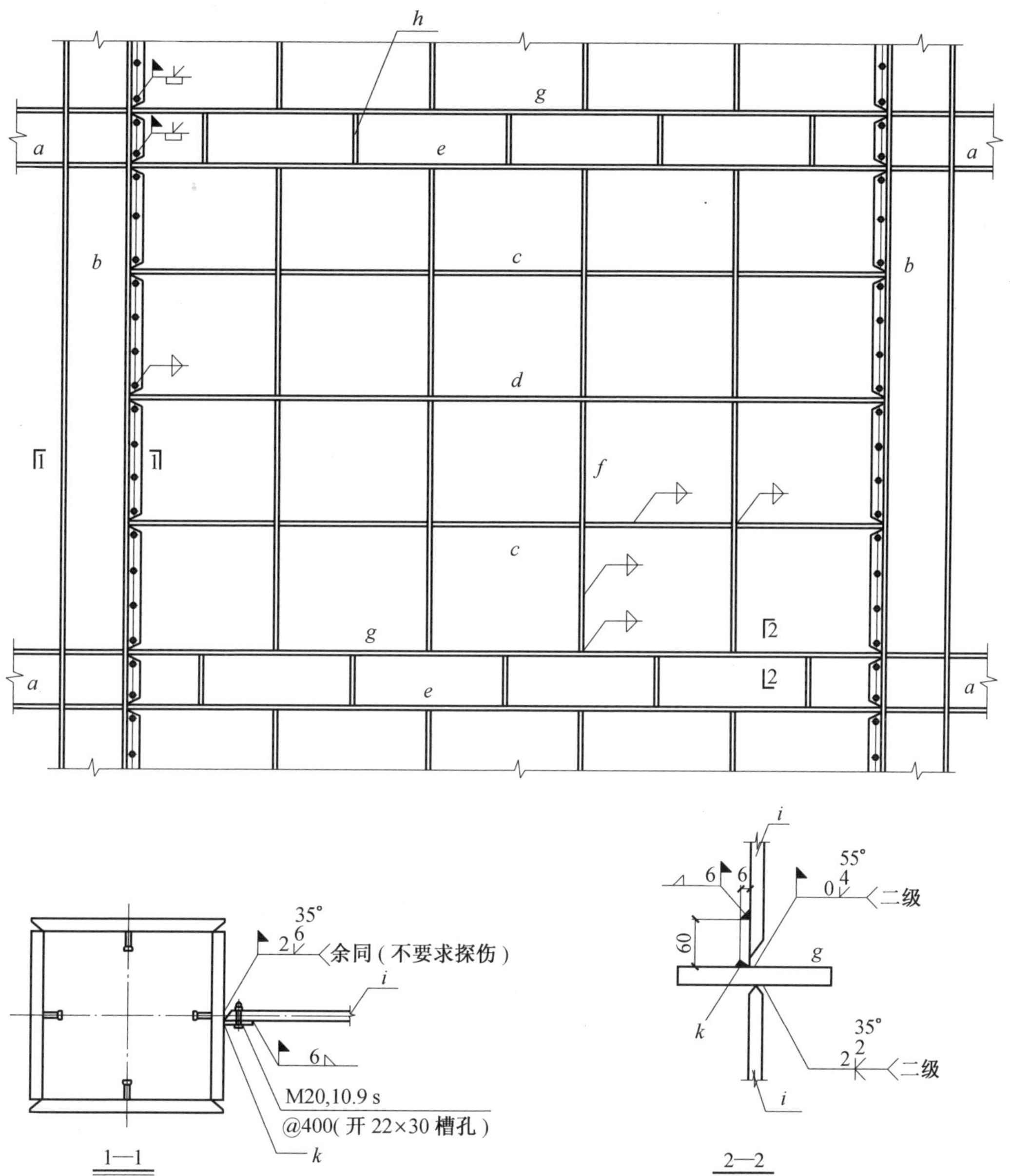

图 6.40　钢板剪力墙的焊接要求

a—钢梁；*b*—钢柱；*c*—水平加劲肋；*d*—贯通式水平加劲肋；

e—水平加劲肋兼梁下翼缘；*f*—竖向加劲肋；*g*—贯通式水平加劲肋兼梁上翼缘；

h—梁内加劲肋，与剪力墙上的加劲肋错开，可尽量减少加劲肋承担的竖向应力；

i—钢板剪力墙；*k*—工厂熔透焊缝

6.7.2　墙板内置无黏结钢板支撑

墙板内置无黏结钢板支撑（简称墙板内置支撑）是一种采用墙板做约束构件的防屈曲支撑，即《高层民用建筑钢结构技术规程》（JGJ 99—2015）中所提及的“无黏结内藏钢板支撑墙板”(墙板采用钢筋混凝土制成)。内置钢支撑用于抗侧力,可屈服耗能。外部墙板用于限制内置支撑受压失稳,还可兼作隔墙。内置钢支撑与墙板间敷设无黏结材料留置间隙,使二者分工明确。

1. **设计规定**

①内置钢板支撑的形式可以是人字支撑、V 形支撑或单斜杆支撑,且应设置成中心支撑。若采用单斜支撑,宜在相应柱间成对称布置。

②内置钢板支撑的净截面面积,应根据墙板内置无黏结钢板支撑所承受的楼层剪力按强度条件选择,不考虑屈曲。

③在墙板内置无黏结钢板支撑制作中,应对内置钢板表面的无黏结材料的性能和敷设工艺进行专门的验证。无黏结材料应沿支撑轴向均匀地设置在支撑钢板与墙板孔壁之间。

④钢板支撑材性应满足下列要求:钢材拉伸应有明显屈服台阶,且同一批钢材屈服强度的波动范围不宜过大;屈强比不大于 0.8;伸长率不小于 20%;应具有良好的可焊性。

2. **构造要求**

①混凝土墙板厚度 T_c 应满足下列公式要求,支撑承载力调整系数见表 6.14。

$$T_c \geqslant 2\sqrt{A} \cdot \left(\frac{f_y}{235}\right)^{\frac{1}{3}} \cdot \chi \tag{6.129}$$

$$T_c \geqslant \left[\frac{6N_{max}a_0}{5bf_{tk}(1-N_{max}/N_E)}\right]^{\frac{1}{2}} \tag{6.130}$$

$$T_c \geqslant 140\ \text{mm} \tag{6.131}$$

$$T_c \geqslant 7t \tag{6.132}$$

式中 $N_E=\dfrac{\pi^2 E_c I}{L^2}, I=\dfrac{5bT_c^3}{12}, N_{max}=\beta\omega\eta A f_y$;

A ——支撑钢板屈服段横截面积(mm^2);

f_y——支撑钢材屈服强度实测值(N/mm^2);

χ ——循环荷载下的墙板加厚系数,可结合滞回试验确定,当无试验时,可取 1.2;

a_0——钢板支撑中部面外初始弯曲矢高与间隙之和(mm);

b ——钢板支撑屈服段的宽度(mm);

f_t——墙板混凝土的轴心抗拉强度设计值(N/mm^2);

N_E——宽度为 $5b$ 的混凝土墙板的欧拉临界力(N),按两端铰支计算;

E_c——墙板混凝土弹性模量(N/mm^2);

L——钢板支撑长度(mm);

t——钢板支撑屈服段的厚度(mm);

N_{max}——钢板支撑最大轴向承载力(N);

β ——支撑与墙板摩擦作用的受压承载力调整系数;

ω ——应变硬化调整系数;

η ——钢板支撑钢材的超强系数,定义为屈服强度实测值与名义值之比,当 f_y 采用实测值时,取 $\eta=1.0$。

表 6.14　支撑承载力调整系数

	η	ω	β
Q235	1.25	1.5	1.2
其他牌号的钢材，这 3 个系数可通过试验或参考相关研究取值			

注：一般采用的钢材要求 100 N/mm^2 ≤ f_y ≤ 345 N/mm^2

需要注意的是，式(6.129)是在 $\alpha=45°$、$L=4.3$ m 的墙板内置单斜无黏结钢板支撑轴心受压的基础上得出的，故暂且建议实际工程应用中，α 应取 45°左右，且 $L\leqslant4.3$ m，方可用此公式确定墙板厚度。当 $L\geqslant4.3$ m，且 $\alpha<40°$ 或 $\alpha>50°$ 时，应通过试验和分析确定墙板的厚度。

应用式(6.130)～(6.132)时，不受支撑倾角和长度限制。但结合试验研究，支撑屈服后承载力进一步增大是客观事实，且为了考虑间隙对整体压弯作用的增大，对文献的公式进行了修正。

表 6.14 中的 3 个系数的取值建议通过试验确定。对于 Q235 钢材，表中系数是结合试验与相关文献确定的，为便于安全，3 个系数取值偏大。

实际上，据试验和相关研究，这 3 个系数有一定的取值范围，见表 6.15。建议在工程设计中，根据具体情况通过试验来确定这 3 个系数。当由试验确定时，$\omega=\dfrac{+N_u}{N_{yc}}$，$+N_u$ 为实测的墙板内置支撑在最大设计层间侧移角时的轴向受拉承载力，N_{yc} 为墙板内置支撑的实测屈服轴力，$N_{yc}=\eta Af_y$，当 f_y 采用实测值时 $\eta=1.0$；$\beta=\dfrac{|-N_u|}{+N_u}$，$-N_u$ 为实测的墙板内置支撑在最大设计层间侧移角时的轴向受压承载力。

表 6.15　支撑承载力调整系数取值范围

	η	ω	β
Q235	1.15～1.25	1.2～1.5	1.1～1.2
其他牌号的钢材，这 3 个系数可通过试验或参考相关研究取值			

利用式(6.130)确定墙板厚度时，需要试算。即事先假定墙板厚度(因为公式右侧 N_E 的计算中需要先给 T_c 一个预设值)，然后计算公式右侧，如果假定厚度满足该公式，则假定成立(如假定的墙板厚度超出公式右侧计算值较多，可以减小假定厚度，重新验算)；如果假定厚度不满足该公式(表明假定厚度偏小)，重新增大假定厚度，并验算，直至所假定的厚度满足该公式。式(6.131)和式(6.132)为构造要求。

举例：钢板支撑截面 $t\times b=16$ mm×200 mm，长度 $L=4\ 000$ mm；倾角 $\alpha=45°$；钢材为 Q235。C20 混凝土墙板，试确定墙板的厚度 T_c。

a. 先按式(6.130)确定：

(a)如按表 6.14 取 3 个系数，即取表 6.15 中 3 个系数的最大值，则

$$N_{max}=\beta\omega\eta Af_y=1.2\times1.5\times1.25\times16\times200\times235=1\ 692(\text{kN})$$

$$\text{C20}:f_{tk}=1.54\ \text{N/mm}^2,E_c=25\ 500\ \text{N/mm}^2$$

假定　　$T_c=200\ \text{mm}, I=\dfrac{5bT_c^3}{12}=6.67\times10^8\ \text{mm}^4, N_E=\dfrac{\pi^2 E_c I}{L^2}=10\ 486.5\ \text{kN}$

支撑初始弯曲矢高取 $L/1\ 000=4\ \text{mm}$，间隙为 0.2 mm，所以 $a_0=4.2\ \text{mm}$。

代入公式（6.130）右侧计算 $\left[\dfrac{6N_{max}a_0}{5bf_{tk}(1-N_{max}/N_E)}\right]^{\frac{1}{2}}=181.7\ \text{mm}$，事先假定满足 $T_c=200\ \text{mm}$，但此假设值富余较多。

重新假定：$T_c=190\ \text{mm}$，代入式（6.130）右侧计算 $\left[\dfrac{6N_{max}a_0}{5bf_{tk}(1-N_{max}/N_E)}\right]^{\frac{1}{2}}=184.7\ \text{mm}$，可以。

（b）如按表 6.15 取 3 个系数的最低值，则 $N_{max}=\beta\omega\eta Af_y=1.1\times1.2\times1.15\times16\times200\times235=1\ 141.5\ (\text{kN})$，其他条件同上。

先假定 $T_c=160\ \text{mm}, I=\dfrac{5bT_c^3}{12}=3.42\times10^8\ \text{mm}^4, N_E=\dfrac{\pi^2E_cI}{L^2}=5\ 369.1\ \text{kN}$，代入公式（6.130）右侧计算 $\left[\dfrac{6N_{max}a_0}{5bf_{tk}(1-N_{max}/N_E)}\right]^{\frac{1}{2}}=154.0\ \text{mm}$，满足公式（6.130），可以。

由以上计算可见，β、ω、η 这 3 个系数取值对墙板厚度的确定影响较大，故建议结合试验确定这 3 个系数。

b. 若取 $\eta=1.25$，由式（6.129）计算得

$$T_c\geqslant2\sqrt{A}\cdot\left(\frac{f_y}{235}\right)^{\frac{1}{3}}\cdot\chi=2\sqrt{16\times200}\cdot\left(\frac{1.25\times235}{235}\right)^{\frac{1}{3}}\cdot1.2=146.2\ (\text{mm})$$

c. 对于本例，计算可知，T_c 不受式（6.131）和式（6.132）的控制。

②为隔离支撑与墙板间的黏着力，避免钢板受压时横向变形胀裂墙板，需要在钢板与墙板孔壁间敷设无黏结材料来留置间隙。支撑钢板与墙板间应留置适宜间隙（图 6.41），为实现适宜间隙量值，建议板厚和板宽方向每侧无黏结材料的厚度为

$$C_t=0.5\varepsilon_p t,\quad C_b=0.5\varepsilon_p b \tag{6.133}$$

$$\varepsilon_p=\delta/L_p \tag{6.134}$$

$$\delta=\Delta\cos\alpha\approx h\gamma\cos\alpha \tag{6.135}$$

③宜采用较厚实的钢板支撑，支撑的宽厚比宜控制在 $5\leqslant b/t\leqslant19$ 范围内。钢板支撑两端应设置加劲肋。钢板支撑的厚度不应小于 12 mm。

④混凝土墙板内应设双层钢筋网，每层单向最小配筋率为 0.2%，且不应少于 ϕ6.5@150。沿支撑周围应加密为 ϕ6.5@75，加密筋每层单向最小配筋率也为 0.2%。双层钢筋网之间应适当设置拉结钢筋，在支撑钢板周围应加强双层钢筋网之间的拉结筋（图 6.42），钢筋网的保护层厚度不应小于 15 mm。为使支撑在墙板孔壁中沿轴向自由伸缩变形，防止支撑受压缩短时加劲肋直接挤压墙板，避免墙板沿支撑下滑，应在支撑上部加劲肋端部粘贴松软的泡沫橡胶作为缓冲材料（图 6.42 中的泡沫橡胶）。

上述支撑周围的拉结筋主要用于抵抗钢板支撑在墙板孔壁中多波失稳后对墙板的冲切作用，试验表明，支撑周围的拉结筋也可用开孔薄壁槽钢代替（图 6.43）。槽钢开孔后便于双层钢筋网穿孔布置，且与混凝土有良好的组合作用。

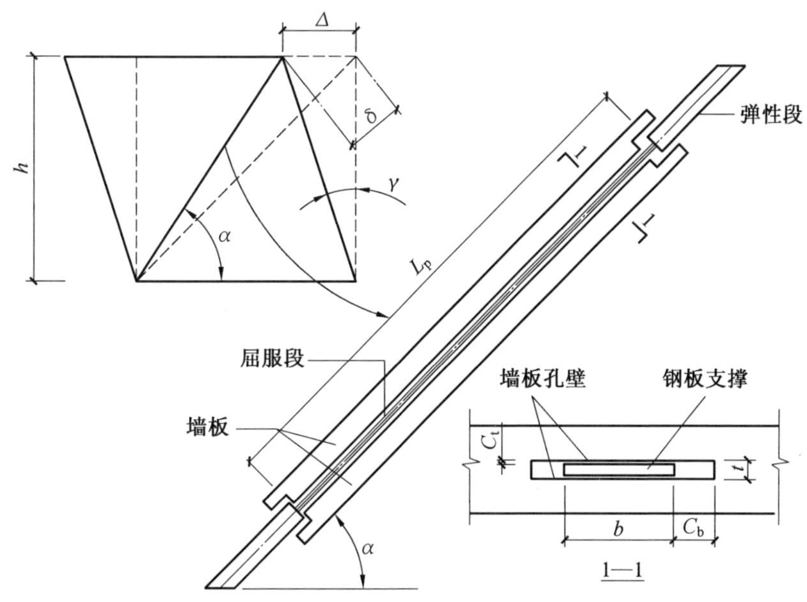

图 6.41　钢板支撑与墙板孔道间的适宜间隙

⑤在支撑两端的混凝土墙板边缘应设置锚板或角钢等加强件，且应在该处墙板内设置箍筋笼或加密筋或开孔槽钢等加强构造（图 6.42～6.44）。

⑥当平卧浇捣混凝土墙板时，应避免钢板自重引起支撑的初始弯曲。应使支撑的初始弯曲矢高小于 $L/1\ 000$。

⑦支撑钢板应进行刨边加工，应力求沿轴向截面均匀，其两端的加劲肋宜用角焊缝沿侧边均匀施焊，避免偏心和应力集中。

⑧墙板内置无黏结钢板支撑，仅在节点处与框架结构相连。墙板的四周均应与框架间留有间隙，以避免结构侧移时，墙板与框架发生面内挤压影响墙板内置无黏结钢板支撑受力。在墙板内置无黏结钢板支撑安装完毕后，墙板四周与框架之间的间隙，宜用隔声的弹性绝缘材料填充，并用轻型金属架及耐火板材覆盖。

墙板与框架间的间隙量需综合无黏结内藏钢板支撑剪力墙的连接构造和施工等因素确定。最小的间隙应避免 1/50 层间侧移时，墙板与框架在平面内发生碰撞。

3. 强度和刚度计算

①多遇地震下，内置无黏结钢板支撑承担的楼层剪力 V 应满足下列要求：

$$0.81 \leqslant \frac{V}{nA_p f_y \cos\alpha} \leqslant 0.90 \tag{6.136}$$

式中　n——支撑斜杆数，单斜杆支撑 $n=1$，人字形支撑和 V 字形支撑 $n=2$；

α——支撑杆相对水平面的倾角；

A_p——支撑杆屈服段的横截面面积；

f_y——支撑钢材的屈服强度。

式(6.136)给出了支撑承担的楼层剪力 V 与抗侧屈服承载力的比值范围，是为了使支撑在多遇地震作用下处于弹性，而在罕遇地震作用下能先于框架梁和柱子屈服而耗能。

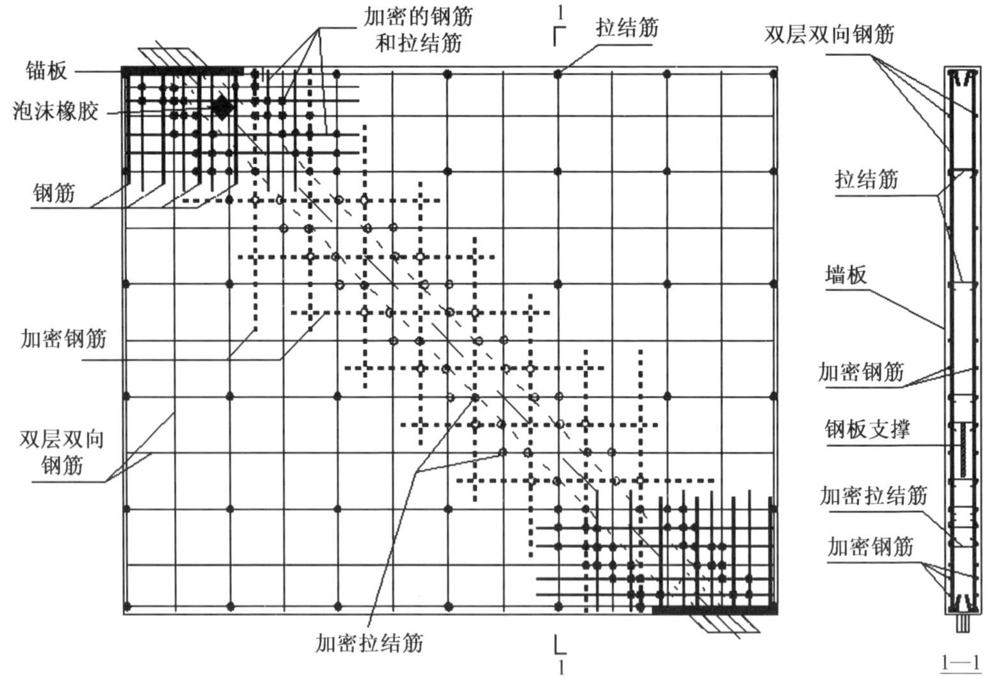

(a) 钢筋混凝土墙板内置单斜无黏结钢板支撑

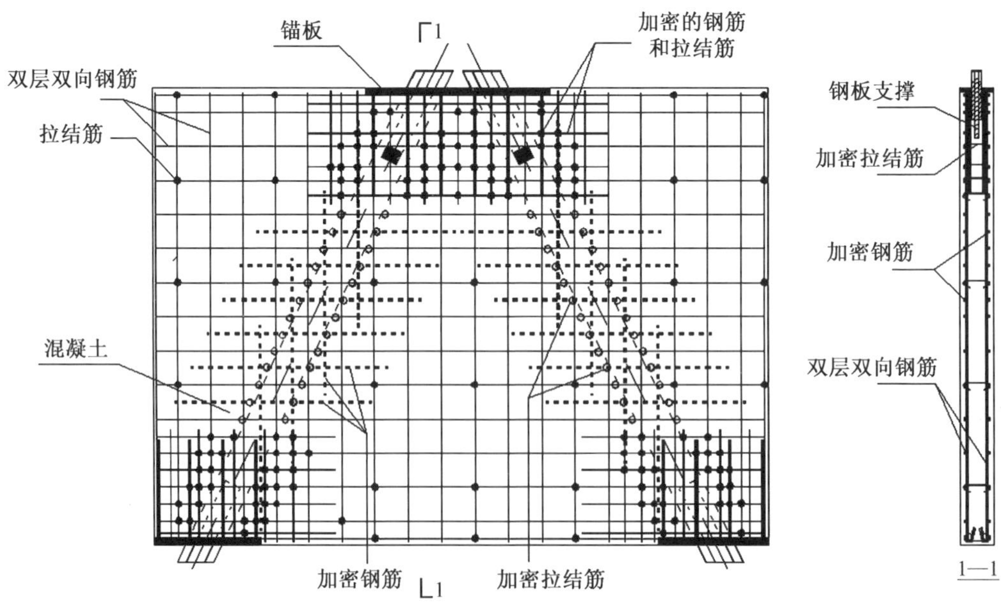

(b) 钢筋混凝土墙板内置人字形无黏结钢板支撑

图 6.42　墙板内钢筋布置

②钢板支撑两端弹性段截面 A_e 较大而中间屈服段截面 A_p 较小(图 6.45)，设支撑弹性段总长为 $l_e=l_{e1}+l_{e2}$，屈服段长度为 l_p，钢材弹性模量为 E，屈服段的切线模量为 E_t，屈服点为 f_y，则在屈服前后，不考虑失稳的整个钢板支撑的抗侧刚度为：

当 $\Delta \leqslant \Delta_y$ 时：
$$k_e=\frac{E(\cos\alpha)^2}{l_p/A_p+l_e/A_e} \tag{6.137}$$

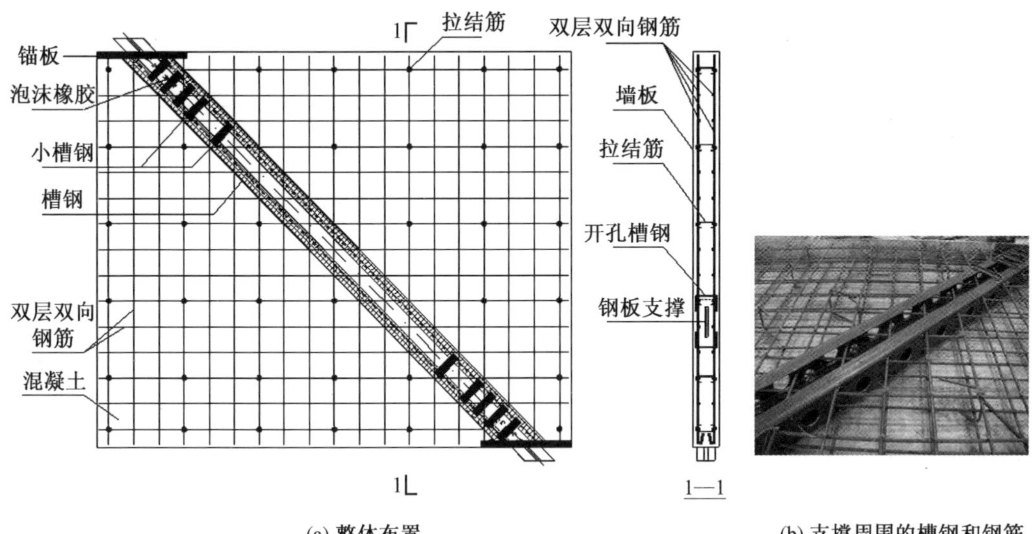

(a) 整体布置　　(b) 支撑周围的槽钢和钢筋

图6.43　采用开孔槽钢抗冲切的钢筋混凝土墙板内置单斜无黏结钢板支撑

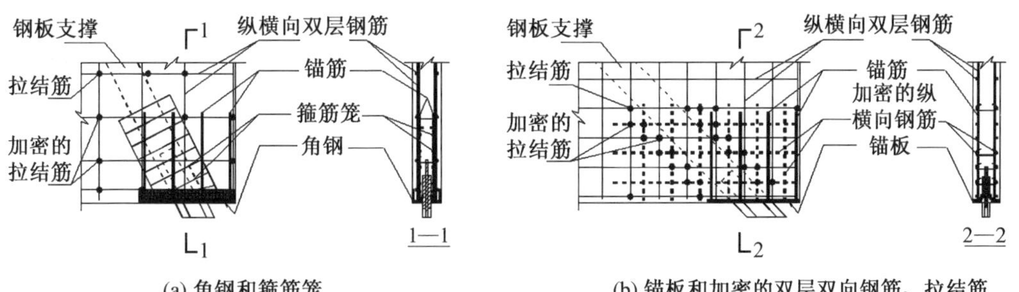

(a) 角钢和箍筋笼　　(b) 锚板和加密的双层双向钢筋、拉结筋

图6.44　墙板端部的加强构造

当 $\Delta>\Delta_y$ 时：

$$k_t=\frac{(\cos\alpha)^2}{l_p/E_tA_P+l_e/EA_e} \tag{6.138}$$

式中　Δ_y——支撑的侧向屈服位移(mm)；

A_e——支撑两端弹性段截面面积(mm^2)；

A_p——中间屈服段截面面积(mm^2)；

l_p——支撑屈服段长度(mm)；

l_e——支撑弹性段的总长度(mm)；

E——钢材的弹性模量(N/mm^2)；

E_t——屈服段的切线模量(N/mm^2)。

③因破坏前墙板内置无黏结钢板支撑的骨架曲线近似为双折线，故可在框架-无黏结内藏钢板支撑剪力墙结构分析中利用杆单元来简化模拟墙板内置无黏结钢板支撑(图6.45)。墙板内置无黏结钢板支撑简化为与之抗侧能力等效的定截面杆件的方法如下。

根据弹性阶段抗侧刚度相等的原则(弹性模量均取 E)，可以求得等效杆件的截面面积 A_{eq}；根据屈服承载力相等确定出等效杆件屈服点 f_{yeq}；再根据切线刚度相等确定出等效杆件的切线模量 E_{teq}，具体表达式如下：

$$A_{eq}=L/a \tag{6.139}$$

$$f_{\mathrm{yeq}}=A_{\mathrm{p}}f_{\mathrm{y}}a/L \tag{6.140}$$

$$E_{\mathrm{teq}}=k_{\mathrm{t}}L/[A_{\mathrm{eq}}(\cos\alpha)^{2}]=a/t \tag{6.141}$$

式中　　$L=l_{\mathrm{p}}+l_{\mathrm{e}}$；$l_{\mathrm{e}}=l_{\mathrm{e1}}+l_{\mathrm{e2}}$；$a=l_{\mathrm{p}}/A_{\mathrm{p}}+l_{\mathrm{e}}/A_{\mathrm{e}}$；$t=l_{\mathrm{p}}/E_{\mathrm{t}}A_{\mathrm{p}}+l_{\mathrm{e}}/EA_{\mathrm{e}}$

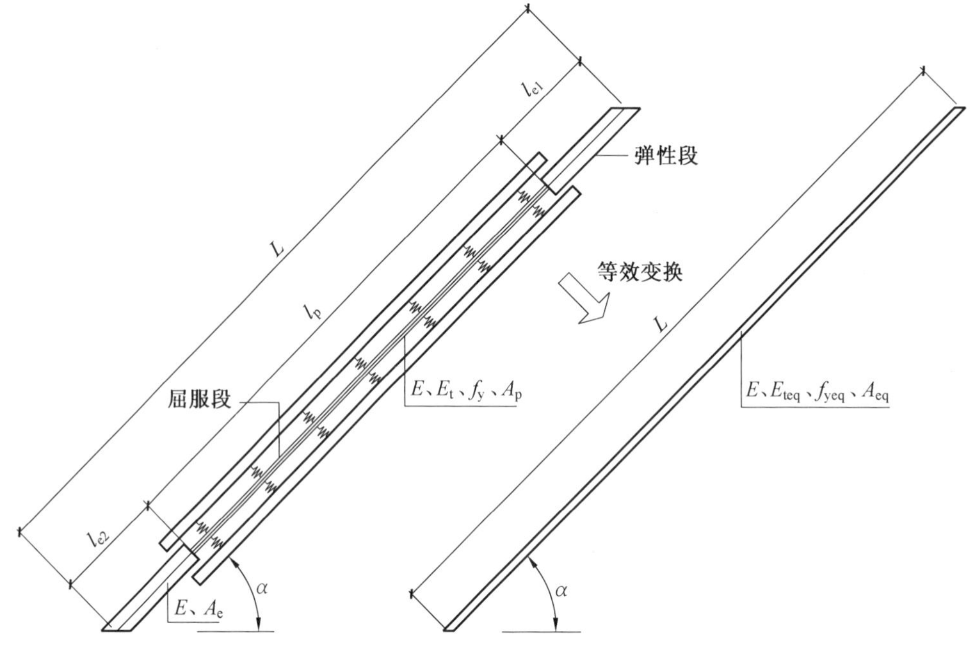

图 6.45　墙板内置无黏结钢板支撑的简化模型

④墙板内置单斜或人字形无黏结钢板支撑可采用图 6.46 所示的两种滞回模型。对于单斜钢板支撑，当拉、压两侧的承载力和刚度相差较小时，为便于工程应用，也可以采用拉、压两侧一致的滞回模型（图 6.46b）。

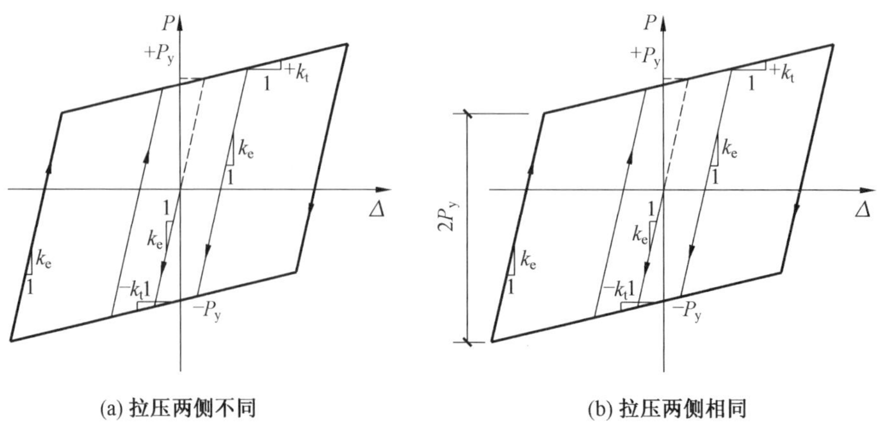

图 6.46　墙板内置无黏结钢板支撑的滞回模型

对于单斜钢板支撑，因波松效应和支撑受压后与墙板孔壁产生摩擦等因素，使侧移幅值相同时，支撑的受压承载力高于受拉承载力。在多遇地震下，结构设计中需要考虑支撑拉压作用下受力差异对结构受力的不利作用时，可偏于安全取 $|-P_{\mathrm{y}}|=1.1\times|+P_{\mathrm{y}}|$。

⑤为实现在罕遇地震下，支撑钢框架结构主要利用墙板内置无黏结钢板支撑耗能以及尽量保持框架梁和柱子处于弹性的抗震设计目的。可应用能力设计等方法，结合支撑屈服后超强等因素，对与支撑相连的框架梁和柱子的承载力进行设计。在此基础上，当内置钢板支撑为人字形和 V 字形时，被撑梁的设计中尚应忽略支撑的竖向支点作用。这是因为抗震分析表明，在罕遇地震下，因支撑大幅累积塑性变形，导致其对被撑梁竖向支点作用几乎消失。

4. 墙板内置无黏结钢板支撑与钢框架的连接

①内置钢板支撑的连接节点的设计承载力，应结合支撑的屈服后超强等因素进行验算，以避免在地震作用下连接节点先于支撑杆件破坏。连接的极限轴力 N_c 应满足如下要求：

受拉时：
$$N_c \geqslant \omega \cdot N_{yc} \tag{6.142}$$

受压时：
$$N_c \geqslant \omega \cdot \beta \cdot N_{yc} \tag{6.143}$$

②钢板支撑的上、下节点与钢梁翼缘可用现场角焊缝连接（图 6.47），也可采用带端板的高强螺栓连接（图 6.48）。最终的固定，应在楼面自重到位后进行，以防支撑承受过大的竖向荷载。

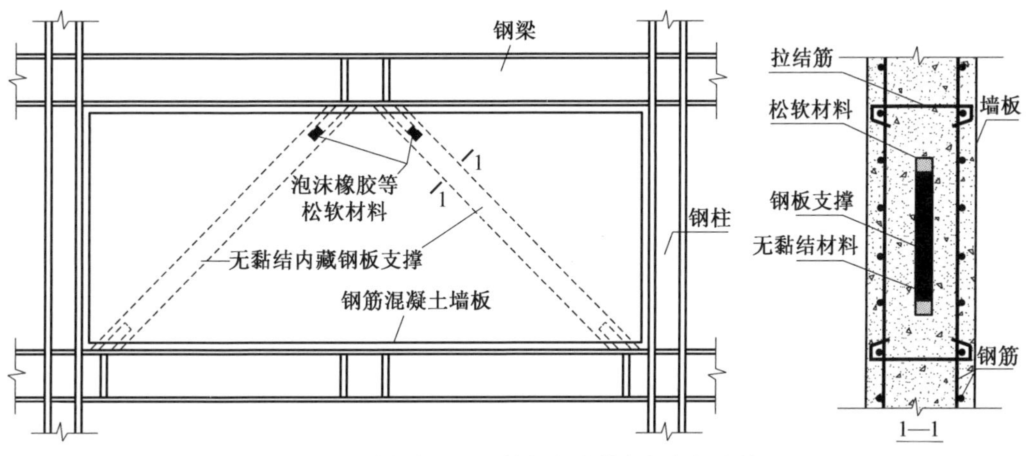

图 6.47　墙板内置无黏结钢板支撑与框架的连接

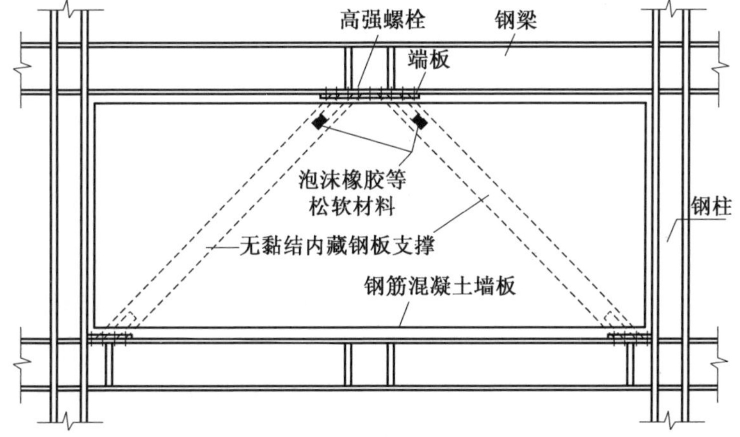

图 6.48　端板-高强螺栓连接方式示意图

5. 其他构造形式的新型墙板内置无黏结钢板支撑

相关试验研究表明，上述钢筋混凝土墙板内置无黏结钢板支撑表现出良好的延性和耗能能力。此外，还可采用以下两种新型墙板内置支撑。

①组合墙板内置无黏结钢板支撑（图 6.49）。

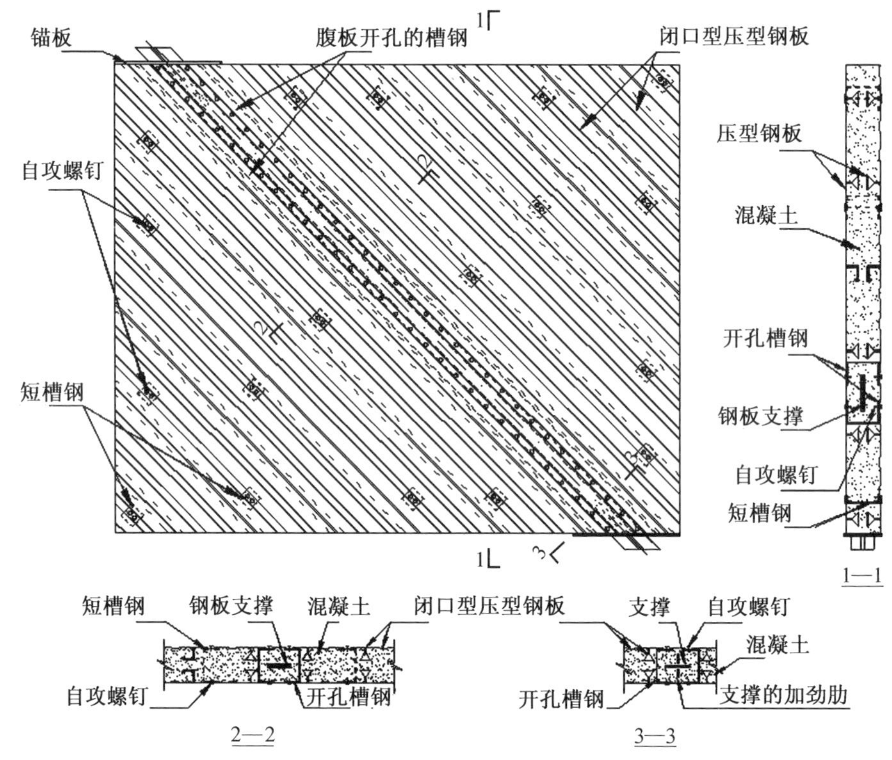

图 6.49　双层闭口型压型钢板-混凝土组合墙板内置无黏结钢板支撑

采用双层闭口型压型钢板内填混凝土做成组合墙板，支撑与墙板间无黏结材料的敷设和间隙的留置等与上述钢筋混凝土墙板内置无黏结钢板支撑的做法相同，在支撑周围采用开孔薄壁槽钢抗冲切，双层压型钢板间采用短槽钢段连接（图 6.49）。双层压型钢板可兼作混凝土浇筑过程中的模板。

②组装墙板内置无黏结钢板支撑（图 6.50）。

采用自攻螺钉和高强螺栓等连接正、背面的两个墙板部件来制成组装墙板，每个墙板部件由墙板骨架和外部的压型彩钢板或其他板材构成，墙板骨架由矩形薄壁钢管直接焊接形成，且在沿支撑轴线位置的墙板骨架中设置开孔钢板。沿支撑轴向，在支撑板宽两侧用高强螺栓连接两侧墙板骨架中的开孔钢板，离支撑轴线较远的位置，隔一定间距，通过连接钢板和自攻螺钉连接两侧墙板骨架中的薄壁钢管。考虑支撑轴向受压后因泊松效应导致支撑横截面的变形，在开孔钢板与支撑间留置间隙。两个墙板骨架连接后，通过自攻螺钉将外部板材安装在墙板骨架上。通过采用两个轻质墙板部件，可重复利用墙板，便于拆装墙板以及检查和更换内部钢支撑；墙板在使用中，两侧墙板部件之间可填充隔声保温材料；外部板材与墙板的钢管骨架连接后，有益于提高墙板的抗弯能力；在支撑附近设置高强螺栓连接双层墙板骨架，可提高支撑附近墙板的抗冲切承载力，加强支撑周围双层轻质墙板协同受力。

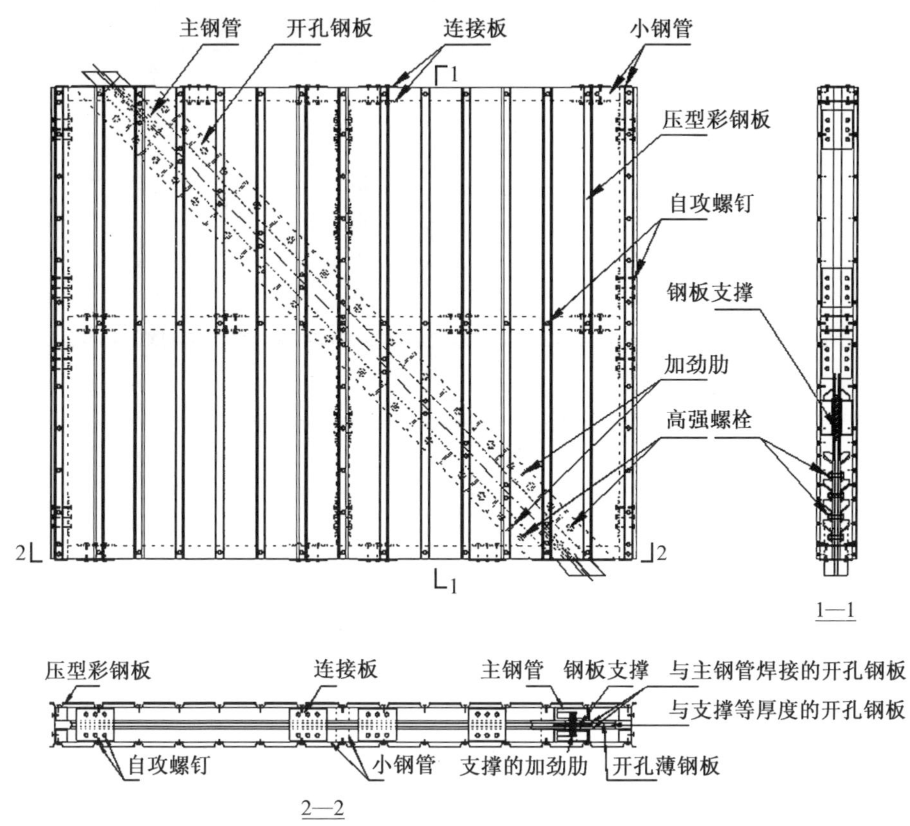

图 6.50　组装墙板内置无黏结钢板支撑

因相关试验研究表明，这两种新型墙板内置无黏结钢板支撑的滞回特性与前述钢筋混凝土墙板内置无黏结钢板支撑的滞回特性非常类似。因此，在墙板内置支撑构件参与结构整体分析以及支撑与钢框架的连接和设计等方面均可按前述方法进行。

6.7.3　钢框架-内嵌竖缝混凝土剪力墙板

带竖缝的钢筋混凝土剪力墙板是一种预制墙板（图 6.51），墙板上边缘通过连接件与钢框架梁连接，墙板下边缘通常留有齿槽，可嵌入钢梁上已焊接的栓钉之间，并将墙板沿下边缘全长埋入现浇的钢筋混凝土楼板内。该种墙板在多遇地震下可处于弹性，抗侧刚度大，墙板高度中部被竖缝分割的若干缝间墙承担水平剪力；在大的地震作用下，墙板进入弹塑性阶段而产生裂缝，缝间墙弯曲屈服后刚度降低，变形增大，发挥耗能作用。可见，竖缝分割形成的墙板与整体无竖缝墙板相比，虽然抗剪承载力降低，但改善了变形能力，可以更好地与钢框架协同受力。

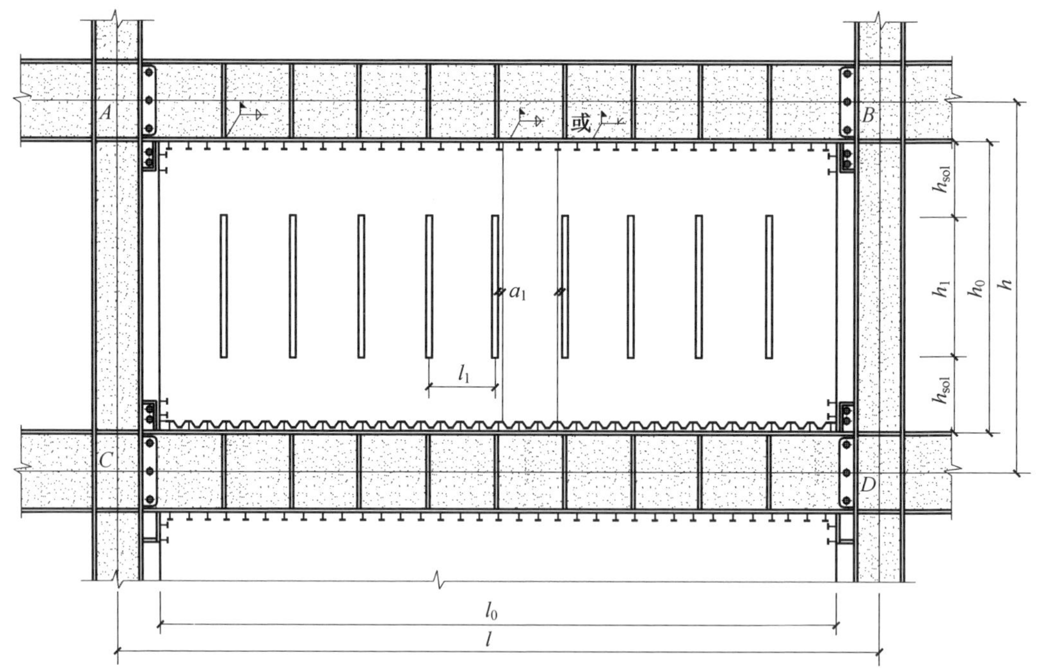

图 6.51　嵌入钢框架中的带竖缝剪力墙板

1. 设计原则和几何尺寸

①带竖缝混凝土剪力墙板只承受水平荷载产生的剪力，不考虑承受竖向荷载产生的压力。

实际上，使用阶段竖缝剪力墙板会承受一定的竖向荷载，规定墙板不应承受竖向荷载是指：

a. 横梁应该按照承受全部的竖向荷载设计，不能因为竖缝剪力墙承受竖向荷载而减小梁的截面。

b. 两侧的立柱要按照承受其从属面积内全部的竖向荷载设计，为在预估的罕遇地震作用下竖缝剪力墙板开裂、竖向承载能力下降而发生的"竖向荷载重新卸载给两侧的柱子"做好准备，以保证整体结构的"大震不倒"。

c. 为达成以上目的，竖缝剪力墙的内力分析模型应按不承担竖向荷载的剪切膜单元进行分析。

②图 6.51 所示为带竖缝混凝土剪力墙板的几何尺寸，可按下列要求确定。

a. 墙板总尺寸 l、h 应按建筑和结构设计要求确定。

b. 竖缝的数目及其尺寸，应按下列要求确定：

$$h_1 \leqslant 0.45h_0 \tag{6.144}$$

$$0.6 \geqslant l_1/h_1 \geqslant 0.4 \tag{6.145}$$

$$h_{sol} \geqslant l_1 \tag{6.146}$$

式中　h_0——每层混凝土剪力墙部分的高度(m)；

h_1——竖缝的高度(m)；

h_{sol}——实体墙部分的高度(m)；

l_1——竖缝墙墙肢的宽度(m)，包括缝宽。

c. 墙板厚度 t 应满足下列要求：

$$t \geqslant \frac{\eta_v V_1}{0.18(l_{10}-a_1)f_c} \tag{6.147}$$

$$t \geqslant \frac{\eta_v V_1}{k_s l_{10} f_c} \tag{6.148}$$

$$k_s = \frac{0.9\lambda_s(l_{10}/h_1)}{0.81+(l_{10}/h_1)^2[h_0/(h_0-h_1)]^2} \tag{6.149}$$

$$\lambda_s = 0.8(n_L-1)/n_L \tag{6.150}$$

式中　k_s——竖向约束力对实体墙斜截面抗剪承载力影响系数；

η_v——剪力设计值调整系数，可取 1.2；

f_c——混凝土抗压强度设计值(N/mm^2)；

λ_s——剪应力不均匀修正系数；

n_L——墙肢的数量；

V_1——单肢竖缝墙的剪力设计值(N)；

l_{10}——单肢缝间墙净宽，$l_{10}=l_1-$缝宽，缝宽一般取 10 mm；

a_1——墙肢内受拉钢筋合力点到竖缝墙混凝土边缘的距离(mm)。

d. 内嵌竖缝墙板的框架，梁柱节点应上下扩大加强。

③墙板的混凝土强度等级不应低于 C20，也不应高于 C35。

2. 墙板的计算模型

①带竖缝剪力墙采用等效剪切膜单元参与整体结构的内力分析时，等效剪切膜的厚度应按下式确定：

$$t' = \frac{3.12h}{E_s l\left[\dfrac{4.11(h_0-h_1)}{E_c l_0 t} + \dfrac{2.79h_1^3}{\sum\limits_{i=1}^{n_L} E_c t l_{1i0}^3} + \dfrac{4.11h_1}{\sum\limits_{i=1}^{n_L} E_c l_{1i0} t} + \dfrac{h^2}{2E_s l_n^2 t_w}\right]} \tag{6.151}$$

式中　h_0——竖缝墙的总宽度(mm)，$l_0=\sum\limits_{i=1}^{n_L} l_{1i}$；

E_c——混凝土的弹性模量(N/mm^2)；

E_s——钢材的弹性模量(N/mm^2)；

l_{1i}——第 i 个墙肢的宽度(mm)，包括缝宽；

l_{1i0}——第 i 个墙肢的净宽(mm)，$l_{1i0}=l_{1i}-$缝宽；

h——层高(mm)；

l_n——钢梁净跨度(mm)；

t_w——钢梁腹板厚度(mm)；

t——墙板的厚度(mm)。

②钢梁梁端截面腹板和上、下加强板共同抵抗梁端剪力。梁端剪力应按下式计算：

$$V_{\text{beam}}=\frac{h}{l_{\text{n}}}V+V_{\text{b,FEM}} \tag{6.152}$$

式中 V ——竖缝墙板承担的总剪力(kN);

$V_{\text{b,FEM}}$——框架梁内力计算输出的剪力(kN)。

3. 墙板的承载力计算

①墙板的承载力,宜以一个缝间墙及在相应范围内的实体墙作为计算对象。

②缝间墙两侧的纵向钢筋,应按对称配筋大偏心受压构件计算确定,且应符合下列规定:

a. 缝根截面内力应按下列公式计算:

$$M=V_1h_1/2 \tag{6.153}$$

$$N_1=0.9V_1h_1/l_1 \tag{6.154}$$

b. 截面配筋系数按下式计算:

$$\rho_1=\frac{A_{\text{s}}}{t(l_{l0}-a_1)}\frac{f_{\text{yv}}}{f_{\text{c}}} \tag{6.155}$$

式(6.155)中,ρ_1宜为0.075~0.185,且实配钢筋面积不应超过计算所需面积的5%。若超出此范围过多,则应重新调整缝间墙肢数、缝间墙尺寸等,使ρ_1尽可能控制在上述范围内。

③缝间墙斜截面受剪承载力应满足下列要求:

$$V_1\leqslant V_{\text{s}} \tag{6.156}$$

$$V_{\text{s}}=\frac{\frac{1.75}{\lambda+1}f_{\text{t}}t(l_{l0}-a_1)+f_{\text{yv}}\frac{A_{\text{sv}}}{s}(l_{l0}-a_1)}{1-0.063h_1/l_{l0}} \tag{6.157}$$

式中 λ——偏心受压构件计算截面的剪跨比,$\lambda=h_1/l_{l0}$;

s——沿竖缝墙高度方向的箍筋间距(mm);

A_{sv}——配置在同一截面箍筋的全部截面面积(mm^2);

f_{yv}——箍筋的抗拉强度设计值(N/mm^2);

f_{t}——混凝土抗拉强度设计值(N/mm^2)。

④缝间墙弯曲破坏时的最大抗剪承载力V_{b}应满足下列要求:

$$V_1\leqslant V_{\text{b}} \tag{6.158}$$

$$V_{\text{b}}=1.1txf_{\text{c}}\cdot l_1/h_1 \tag{6.159}$$

$$x=-B+\sqrt{B^2+\frac{2A_{\text{s}}f(l_1-2a_1)}{tf_{\text{c}}}} \tag{6.160}$$

$$B=\frac{l_1}{18}+0.003h_0 \tag{6.161}$$

式中 x ——缝根截面的缝间墙混凝土受压区高度(mm);

A_{s}——缝间墙所配纵向受拉钢筋截面面积(mm^2);

f ——纵向受拉钢筋抗拉强度设计值(N/mm^2)。

⑤竖缝墙的配筋及其构造应满足下列要求:

$$V_{\text{b}}\leqslant 0.9V_{\text{s}} \tag{6.162}$$

4. 墙板的骨架曲线

总体上，带竖缝剪力墙板的骨架曲线取为三折线（图 6.52），当进行墙板的弹塑性分析时，可采用该骨架曲线。骨架曲线具有明显转折点处的荷载和位移按相应公式进行计算。

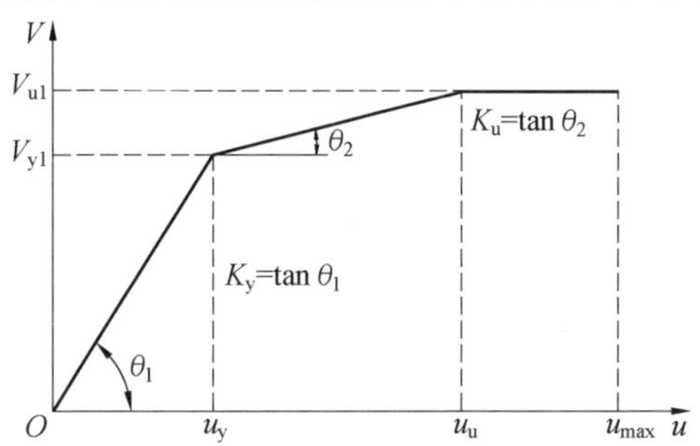

图 6.52　带竖缝剪力墙板的骨架曲线

①缝间墙板纵筋屈服时的总受剪承载力 V_{y1} 和墙板的总体侧移 u_y，应按下列公式计算：

$$V_{y1}=\mu \cdot \frac{l_1}{h_1} \cdot A_s f_{sk} \tag{6.163}$$

$$u_y=V_{y1}/K_y \tag{6.164}$$

$$K_y=B_1 \cdot 12/(\xi h_1^3) \tag{6.165}$$

$$\xi=\left[35\rho_1+20\left(\frac{l_1-a_1}{h_1}\right)^2\right]\left(\frac{h-h_1}{h}\right)^2 \tag{6.166}$$

$$B_1=\frac{E_s A_s\,(l_1-a_1)^2}{1.35+6(E_s/E_c)\rho} \tag{6.167}$$

$$\rho=\frac{A_s}{t(l_{10}-a_1)} \tag{6.168}$$

式中　μ——系数按表 6.16 取值；

A_s——缝间墙所配纵筋截面面积（mm^2）；

K_y——缝间墙纵筋屈服时墙板的总体抗侧力刚度（N/mm）；

ξ——考虑剪切变形影响的刚度修正系数；

f_{sk}——水平横向钢筋的强度标准值（N/mm^2）；

B_1——缝间墙抗弯刚度（$N \cdot mm^2$）；

ρ——缝间墙的受拉钢筋的配筋率。

表 6.16　μ 系数的取值

a_1	μ
$0.05l_1$	3.67
$0.10l_1$	3.41
$0.15l_1$	3.20

②缝间墙弯曲破坏时的最大抗剪承载力 V_{u1} 和墙板的总体最大侧移 u_u，可按下列公式计算：

$$V_{u1}=1.1txf_{ck} \cdot l_1/h_1 \tag{6.169}$$

$$u_u=u_y+(V_{ul}-V_{yl})/K_u \tag{6.170}$$

$$K_u=0.2K_y \tag{6.171}$$

$$x=-B+\sqrt{B^2+\frac{2A_s f_{sk}(l_1-2a_1)}{tf_{ck}}} \tag{6.172}$$

$$B=l_1/18+0.003h_0 \tag{6.173}$$

式中 K_u——缝间墙达到压弯最大力时的总体抗侧移刚度(N/mm);

x——缝根截面的缝间墙混凝土受压区高度(mm);

f_{ck}——混凝土抗压强度标准值(N/mm^2)。

③墙板的极限侧移可按下式确定:

$$u_{max}=\frac{h_0}{\sqrt{\rho_1}}\cdot\frac{h_1}{l_1-a_1}\cdot 10^{-3} \tag{6.174}$$

5. 强度和稳定性验算

因墙板与钢梁相连,为保证墙板能发挥其良好的受力性能,必须对与之相连的框架构件以及连接节点进行相应的强度和稳定性方面的验算。

①梁柱连接和梁腹板的抗剪强度应满足下列公式要求:

$$Q_u \geqslant \beta\frac{\sum_{i=1}^{n_L}V_{ul}h}{l_n} \tag{6.175}$$

$$Q_u = h_w t_w f_v + Q_v \tag{6.176}$$

$$Q_v = \min[(h_{v1}+h_{v2})t_v f_v, \sum N_v^s] \tag{6.177}$$

式中 h_w、t_w—— 钢梁腹板的高度和厚度(mm);

f_v—— 梁腹板或加强板钢材的抗剪强度设计值(N/mm^2);

β—— 增强系数,梁柱连接的抗剪强度计算时取1.2,梁腹板抗剪强度计算时取1.0;

V_{ul}—— 单肢剪力墙弯曲破坏时最大抗剪承载力(N);

h_{v1}、h_{v2}—— 用于加强梁端截面抗剪强度的角部抗剪加强板的高度(mm),如图6.53所示;

t_v—— 角部加强板的厚度(mm);

$\sum N_v^s$—— 角部加强板预埋在混凝土墙里的栓钉提供的抗剪能力(N)。

在图6.53中,梁柱节点角部加强板的3个非常重要的作用如下:

a. 为竖缝墙的安装提供快速固定,使墙板准确就位。

b. 帮助框架梁抵抗式(6.152)的梁端剪力。

c. 加强梁下翼缘与竖缝墙连接面的水平抗剪强度,避免出现抗剪薄弱环节。

②框架梁腹板稳定性计算应符合下列规定:

a. 梁腹板受竖缝墙膨胀力作用下的稳定计算应满足下列要求:

$$N_1 \leqslant \varphi\omega_b t_w f \tag{6.178}$$

式中 N_1——缝间墙宽度 l_1 传给刚梁腹板的竖向力(N);

φ——稳定系数,按现行国家标准《钢结构设计标准》(GB 50017—2017)的柱子稳定系数 b 曲线计算;

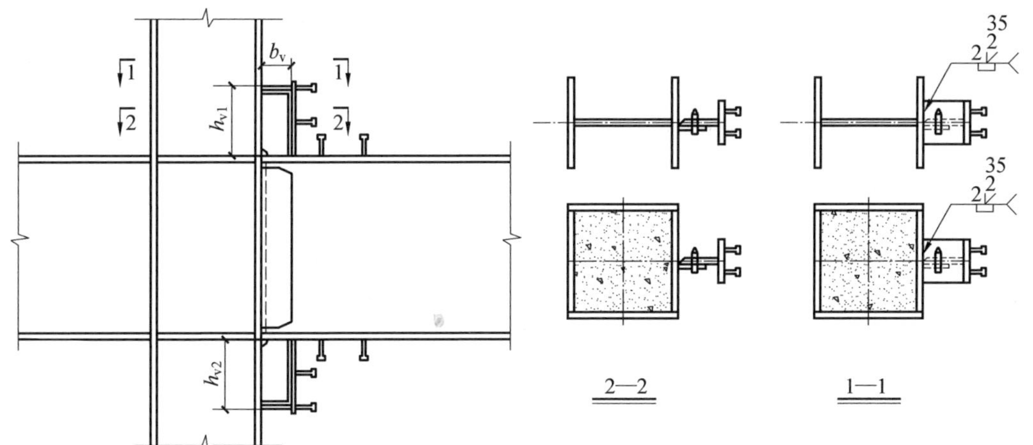

图 6.53　梁柱节点角部抗剪加强板

ω_b——承受竖向力 N_1 的腹板宽度(mm),对蜂窝梁取墩腰处的最小截面,对实腹梁取 l_1;

t_w——钢梁腹板的厚度(mm);

f——钢梁腹板钢材的抗压强度设计值(N/mm^2)。

b. 采用蜂窝梁时,长细比应按下式计算:

$$\lambda = 0.7\sqrt{3}\,h_w/t_w \tag{6.179}$$

c. 采用实腹梁时,长细比应按下式计算:

$$\lambda = \sqrt{3}\,h_w/t_w \tag{6.180}$$

d. 当不满足稳定要求时,应设置横向加劲肋,每片缝间墙对应的位置至少设置 1 道加劲肋。

③钢梁与墙板采用栓钉的数量 n_s、梁柱节点下部抗剪加强板截面应满足下列要求:

$$V \leqslant n_s N_v^s + 2b_v t_v f_v \tag{6.181}$$

式中　n_s——钢梁与墙板间采用的栓钉数量;

N_v^s——一个栓钉的抗剪承载力设计值(N);

b_v——梁柱节点下部加强板的宽度(mm);

t_v——梁柱节点下部加强板的厚度(mm);

f_v——加强板钢材的抗剪强度设计值(N/mm^2)。

6. 构造要求

①钢框架内嵌竖缝混凝土剪力墙板的构造应符合下列规定。

a. 墙肢中水平横向钢筋应满足下列要求。

当 $\eta_v V_1/V_{y1}<1$ 时:

$$\rho_{sh} \leqslant 0.65\,\frac{V_{y1}}{tl_1 f_{sk}} \tag{6.182}$$

当 $1 \leqslant \eta_v V_1/V_{y1} \leqslant 1.2$ 时:

$$\rho_{sh} \leqslant 0.60\,\frac{V_{u1}}{tl_1 f_{sk}} \tag{6.183}$$

$$\rho_{sh} = \frac{A_{sh}}{ts} \tag{6.184}$$

式中　s——横向钢筋间距(mm)；

A_{sh}——同一高度处横向钢筋总截面面积(mm^2)；

f_{sk}——水平横向钢筋的强度标准值(N/mm^2)；

V_{y1}、V_{u1}——缝间墙纵筋屈服时的抗剪承载力(N)和缝间墙压弯破坏时的抗剪承载力(N)；

ρ_{sh}——墙板水平横向钢筋配筋率,其值不宜小于 0.3%。

b. 缝两端的实体墙中应配置横向主筋,其数量不低于缝间墙一侧的纵向钢筋用量。

c. 形成竖缝的填充材料宜用延性好、易滑移的耐火材料(如石棉板)。

d. 高强度螺栓和栓钉的布置应符合现行国家标准《钢结构设计标准》(GB 50017—2017)的有关规定。

e. 框架梁的下翼缘宜与竖缝墙整浇成一体。吊装就位后,在建筑物的结构部分完成总高度的 70%(含楼板),再与腹板和上翼缘组成的 T 形截面梁现场焊接,组成工字形截面梁。

f. 当竖缝墙很宽,影响运输或吊装时,可设置竖向拼接缝。拼接缝两侧采用预埋钢板,钢板厚度不小于 16 mm,通过现场焊接连成整体(图 6.54)。

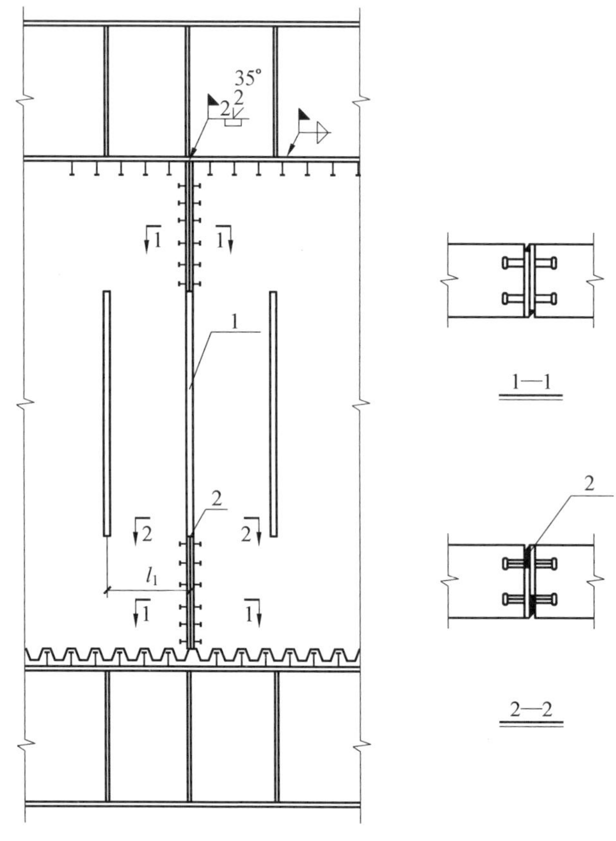

图 6.54　设置竖向拼缝的构造要求

1—缝宽等于两个预埋板厚;2—绕角焊缝长 50 mm

6.7.4　屈曲约束支撑的设计

《建筑抗震设计规范》(GB 50011—2010)和《高层民用建筑钢结构技术规程》(JGJ 99—2015)中所提及的“屈曲约束支撑”是一种杆状防屈曲支撑(图 6.1(b))。在构造上,屈曲约束支撑由核心承受全部轴力的钢支撑和为钢支撑提供侧向约束的套管组成。套管和钢支撑间敷设无黏结材料或留置空气层,套管用于限制钢支撑整体和局部大幅失稳,支撑的轴向力主要由钢支撑承受。由此,套管和钢支撑分工明确,便于设计。近年来,国内外的大量低周往复试验研究表明,在合理设计的屈曲约束支撑中,钢支撑在拉压作用下均可进入屈服,避免受压整体失稳,支撑钢材的受压强度得到了充分利用,提高了支撑的延性和耗能能力。该种支撑已在工程中得到了较好的应用。本节主要介绍支撑构件的构造及其相应设计中的计算方法,支撑用于结构中相应的分析和设计方法,支撑构件试验检验方法等内容。

1. 一般规定

①屈曲约束支撑的设计应符合下列规定:

a. 屈曲约束支撑宜设计为轴心受力构件。这是由于屈曲约束支撑在偏心受力状态下,可能在过渡段预留的空隙处发生弯曲,导致整个支撑破坏,因此屈曲约束支撑应用于结构中宜设计成轴心受力构件,并且要保证在施工过程中不产生过大的误差导致屈曲约束支撑成为偏心受力构件。

b. 耗能型屈曲约束支撑在多遇地震作用下应保持弹性,在设防地震和罕遇地震作用下应进入屈服;承载型屈曲约束支撑在设防地震作用下应保持弹性,在罕遇地震作用下可进入屈服,但不能用作结构体系的主要耗能构件。

c. 在罕遇地震作用下,耗能型屈曲约束支撑的连接部分应保持弹性。这是根据“强节点弱杆件”的抗震设计原则,在罕遇地震作用下核心单元发生应变强化后,屈曲约束支撑的连接部分仍不应发生损坏。

②屈曲约束支撑框架结构的设计应符合下列规定:

a. 为便于梁柱节点部位的支撑节点的构造设计,屈曲约束支撑框架结构中的梁柱连接宜采用刚接连接。

b. 屈曲约束支撑的布置应形成竖向桁架以抵抗水平荷载,宜选用单斜杆形、人字形和 V 字形等布置形式,不应采用 K 形与 X 形布置形式(采用 K 形支撑布置方式,在罕遇地震作用下,屈曲约束支撑会使柱承受较大的水平力,故不宜采用。而由于屈曲约束支撑的构造特点,X 形布置也难以实现);支撑与柱的夹角宜为 30° ~60°;

c. 屈曲约束支撑的总体布置原则与中心支撑的布置原则类似。在平面上,屈曲约束支撑可根据需要沿结构的两个主轴方向分别设置或仅在一个主轴方向布置,但应使结构在两个主轴方向的动力特性相近,尽量使结构的质量中心与刚度中心重合,减小扭转地震效应;在立面上,屈曲约束支撑的布置应避免因局部的刚度削弱或突变而形成薄弱部位,造成过大的应力集中或塑性变形集中。屈曲约束支撑的数量、规格和分布应通过技术性和经济性的综合分析合理确定,且布置方案应有利于提高整体结构的消能能力,形成均匀合理的受力体系,减少不规则性。

d. 屈曲约束支撑框架结构的地震作用计算可采用等效阻尼比修正的反应谱法。对重要的建筑物尚应采用时程分析法补充验算。

2. 屈曲约束支撑构件

①屈曲约束支撑可根据使用需求采用外包钢管混凝土型屈曲约束支撑、外包钢筋混凝土型屈曲约束支撑与全钢型屈曲约束支撑。屈曲约束支撑应由核心单元、约束单元和两者之间的无黏结构造层 3 部分组成(图 6.55)。核心单元由工作段、过渡段和连接段组成(图 6.56)。

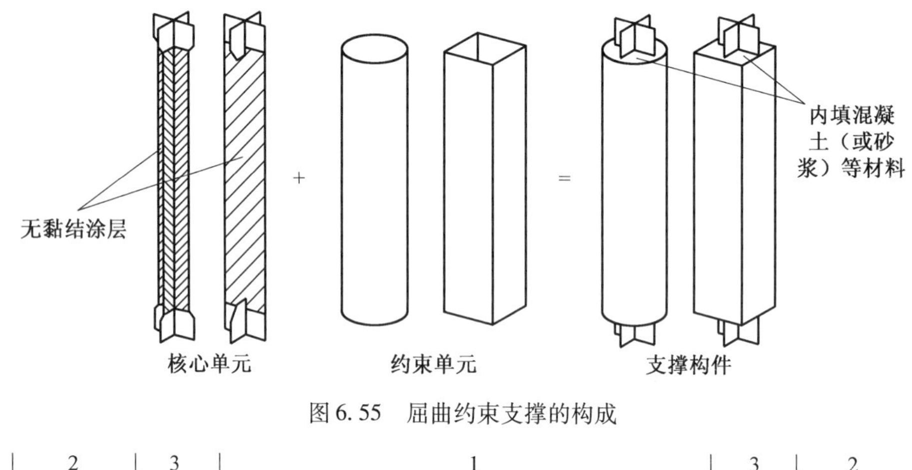

图 6.55　屈曲约束支撑的构成

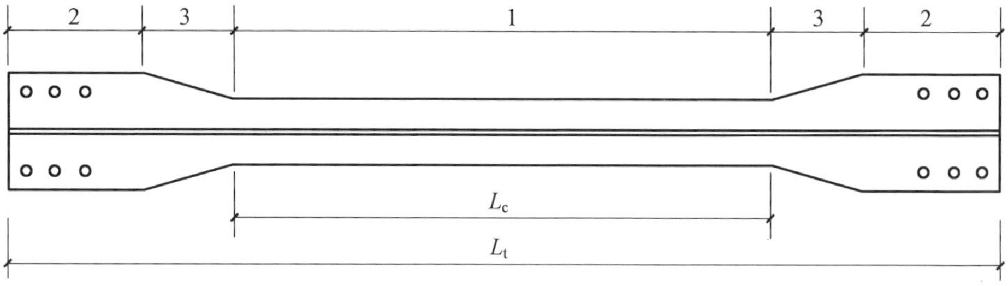

图 6.56　核心单元的构成

1—工作段;2—连接段;3—过渡段

约束屈曲支撑的一些截面形式如图 3.29 和图 6.25 所示。核心单元是屈曲约束支撑中主要的受力元件,由特定强度的钢材制成,一般采用延性较好的低屈服点钢材或 Q235 钢,且应具有稳定的屈服强度值。为适用于不同的承载力要求和耗能需求,核心单元常用的截面形式可以是单块钢板、十字、T 形、H 形、矩形或圆形钢管等焊接或热轧截面,核心单元可以是单个构件,也可以并列的两个(双核心)构件等形式。外部的约束单元可以是钢管混凝土或钢管内填砂浆,也可以是钢筋混凝土或纯钢构件。通常,当采用纯钢约束构件时,还可以通过高强度螺栓连接形成可拆装的约束构件,便于检修和更换核心单元以及重复利用约束构件。约束单元主要用于为核心单元提供侧向约束,限制核心单元受压整体失稳和大幅局部失稳,而不应限制核心单元轴向自由变形。在设计中,应尽量使约束单元不分担轴力。

无黏结构造层是屈曲约束机制形成的关键。无黏结材料可选用橡胶、聚乙烯、硅胶、乳胶等,将其附着于核心单元表面,目的在于减少或消除核心单元与约束单元之间的摩擦,保证外围约束单元不承担或极少承担轴向力。核心单元与约束单元之间还应留足间隙，以防止核心单元受压膨胀后与约束单元发生接触，进而在二者之间产生摩擦力。该间隙值也不能过大，否则核心屈服段的局部屈曲变形会较大，从而对支撑承载力与耗能能力产生不利影响。

核心单元的工作段也称约束屈服段，该部分是支撑在反复荷载下发生屈服的部分，是耗能机制形成的关键。过渡段是约束屈服段的延伸部分，是屈服段与非屈服段之间的过渡部分。为确保连接段处于弹性阶段，需要增加核心单元的截面积。可通过增加构件的截面宽度或者焊接加劲肋的方式来实现，但截面的转换应尽量平缓以避免应力集中。连接段是屈曲约束支撑与主体结构连接的部分。为便于现场安装，连接段与结构之间通常采用螺栓连接，也可采用焊接。连接段的设计应考虑安装公差，此外还应采取措施防止局部屈曲。

②屈曲约束支撑的承载力应满足下列要求：

$$N \leqslant A_1 f \tag{6.185}$$

式中　N ——屈曲约束支撑轴力设计值(N)；

f ——核心单元钢材强度设计值(N/mm^2)；

A_1——核心单元工作段截面积(mm^2)。

设计承载力是屈曲约束支撑的弹性承载力，用于静力荷载、风荷载与多遇地震作用工况下的弹性设计验算，一般情况下先估计出支撑的轴力设计值，并选择核心单元的材料，然后确定支撑构件核心单元的截面面积。

③屈曲约束支撑的轴向受拉和受压屈服承载力可按下式计算：

$$N_{ysc} = \eta_y f_y A_1 \tag{6.186}$$

式中　N_{ysc}——屈曲约束支撑的受拉或受压屈服承载力(N)；

f_y——核心单元钢材的屈服强度(N/mm^2)；

η_y——核心单元钢材的超强系数，可按表 6.17 采用，材性试验实测值不应超出表中数值 15%。

表 6.17 核心单元钢材的超强系数 η_y

钢材牌号	η_y
Q235	1.25
Q195	1.15
低屈服点($f_y \leqslant 160\ N/mm^2$)	1.10

屈曲约束支撑的轴向承载力由工作段控制，因此应根据该段的截面面积来计算轴向受拉和受压屈服承载力 N_{ysc}。由于钢材依据屈服强度的最低值(即强度标准值)供货，因此钢材的实际屈服强度可能明显高于理论屈服强度标准值。为了确保结构中屈曲约束支撑首先屈服，设计中宜采用实际屈服强度来验算，这样的设计更为合理和可靠。由于实际屈服强度有一定的离散性，为方便设计，表 6.17 给出了 3 种钢材的超强系数中间值。屈曲约束支撑的性能可靠性完全依赖于支撑构造的合理性，而且其对设计和制作缺陷十分敏感，难以通过一般性的设计要求来保证。因此，屈曲约束支撑必须由专业厂家作为产品来供货，其性能须经过严格的试验验证，其制作应有完善的质量保证体系，并且在实际工程应用时按照后续所述的规定进行抽样检验。

由于屈曲约束支撑按照其屈服承载力 N_{ysc} 来供货，式(6.186)中的工作段截面面积 A_1 为名义值，为避免核心单元材料的实际屈服强度过大而造成工作段的实际截面面积过小，因此，规定超强系数材性试验实测值不应大于表6.17中数值的15%。

④屈曲约束支撑的极限承载力可按下式计算：

$$N_{ymax}=\omega N_{ysc} \tag{6.187}$$

式中 N_{ymax}——屈曲约束支撑的极限承载力(N)；

ω——应变强化调整系数，可按表6.18取值。

表6.18 核心单元钢材的应变强化调整系数 ω

钢材牌号	ω
Q195、Q235	1.5
低屈服点钢($f_y\leqslant160\ N/mm^2$)	2.0

极限承载力用于屈曲约束支撑的节点及连接设计。钢材经过多次拉压屈服以后会发生应变强化，应力会超过屈服强度，应变强化调整系数 ω 是钢材应力因应变强化可能达到的最大值与实际屈服强度的比值。

⑤屈曲约束支撑连接段的承载力设计值应满足下列要求：

$$N_c\geqslant1.2N_{ymax} \tag{6.188}$$

式中 N_c——屈曲约束支撑连接段的轴向承载力设计值(N)。

⑥屈曲约束支撑的约束比宜满足下列要求：

$$\zeta=\frac{N_{cm}}{N_{ysc}}\geqslant1.95 \tag{6.189}$$

$$N_{cm}=\frac{\pi^2(\alpha E_1I_1+KE_rI_r)}{L_t^2} \tag{6.190}$$

$$E_rI_r=\begin{cases}E_cI_c+E_2I_2 & (钢管混凝土型)\\ E_cI_c+E_sI_s & (钢筋混凝土型)\\ E_2I_2 & (全钢型)\end{cases} \tag{6.191}$$

$$K=\frac{B_s}{E_rI_r} \tag{6.192}$$

$$B_s=(0.22+3.75\alpha_E\rho_s)E_cI_c \tag{6.193}$$

式中 ξ——屈曲约束支撑的约束比；

N_{cm}——屈曲约束支撑的屈曲荷载(N)；

N_{ysc}——核心单元的受压屈服承载力(N)；

L_t——屈曲约束支撑的总长度(mm)；

α——核心单元钢材屈服后刚度比，通常取0.02~0.05；

E_1、I_1——核心单元的弹性模量(N/mm^2)与核心单元对截面形心的惯性矩(mm^4)；

E_r、I_r——约束单元的弹性模量(N/mm^2)与约束单元对截面形心的惯性矩(mm^4)；

E_c、E_s、E_2——约束单元所使用的混凝土、钢筋、钢管或全钢构件的弹性模量(N/mm^2)；

I_c、I_s、I_2——约束单元所使用的混凝土、钢筋、钢管或全钢构件的截面惯性矩(mm^4)；

K——约束单元刚度折减系数，当约束单元采用钢管混凝土时，取$K=1$；当约束单元采用钢筋混凝土时，按式(6.192)计算；当约束单元采用全钢构件时，取$K=1$；

B_s——钢筋混凝土短期刚度($N \cdot mm^2$)；

α_E——钢筋与混凝土模量比，$\alpha_E=E_s/E_c$；

ρ_s——钢筋混凝土单侧纵向钢筋配筋率，$\rho_s=A_s/(bh_0)$，其中A_s为单侧受拉纵向钢筋面积(mm^2)，b为钢筋混凝土约束单元的截面宽度(mm)，h_0为钢筋混凝土约束单元的截面有效高度(mm)。

⑦屈曲约束支撑约束单元的抗弯承载力应满足下列要求：

$$M \leqslant M_u \tag{6.194}$$

$$M=\frac{N_{cmax}N_{cm}a}{N_{cm}-N_{cmax}} \tag{6.195}$$

式中　M——约束单元的弯矩设计值(kN·m)；

M_u——约束单元的受弯承载力(kN·m)，当采用钢管混凝土时，按现行行业标准《组合结构设计规范》(JGJ 138—2016)计算；当采用钢筋混凝土时，按现行国家标准《混凝土结构设计规范》(GB 50010—2011)计算；当采用全钢构件时，依据边缘屈服准则按现行国家标准《钢结构设计标准》(GB 50017—2017)计算；

N_{cmax}——核心单元的极限受压承载力(kN)，取$N_{cmax}=2N_{ysc}$；

a——屈曲约束支撑的初始变形(m)，取$L_t/500$和$b/30$两者中的较大值，其中b为截面边长尺寸中的较大值，当为圆形截面时，取截面直径。

⑧通常，在核心单元与约束构件间敷设无黏结材料或空气层，以保证二者间有足够的间隙，避免核心单元在轴向压力作用下由于泊松效应挤胀约束构件。同时，二者间的间隙应该适宜，不宜过大，以避免核心单元多波弯曲失稳(图6.57)后对约束构件产生过大的挤压力。

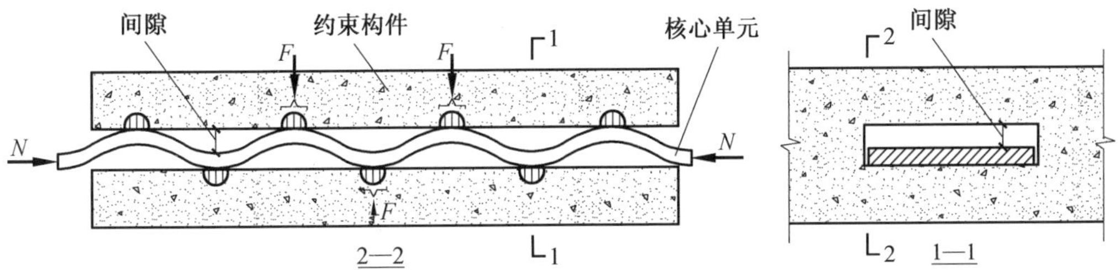

图6.57　核心单元受压多波弯曲失稳变形以及其对约束构件的挤压作用

当核心单元在轴向压力作用下屈曲约束支撑不整体失稳破坏时，随着压力的增大核心单元会在约束构件内发生多波弯曲变形。此时当采用钢管混凝土作为约束单元时，可直接按抗弯要求确定钢管壁厚；采用钢筋混凝土作为约束单元时，箍筋可按现行国家标准《混凝土结构设计规范》(GB 50010—2011)中的构造要求配置即可。

⑨屈曲约束支撑的设计尚应满足以下要求：

a. 屈曲约束支撑的钢材选用应满足现行国家标准《金属材料拉伸试验第1部分：室温试验方法》(GB/T 228.1—2010)和《金属材料室温压缩试验方法》(GB/T 7314—2010)的规定，混凝土材料强度等级不宜小于C25。核心单元宜优先采用低屈服点钢材，其屈强比不应大于0.8,断后伸长率A不应小于25%,且在3%的轴向应变下无弱化,应具有夏比冲击韧性0 ℃下27J的合格保证,核心单元内部不允许有对接接头,且应具有良好的可焊性。

b. 核心单元的截面可设计成一字形、工字形、十字形和环形等,其宽厚比或径厚比(外径与壁厚的比值)应满足下列要求:对一字形板截面(即钢板)宽厚比取10~20;对十字形截面宽厚比取5~10;对环形截面径厚比不宜超过22;对其他截面形式,应满足表6.11中所规定的抗震等级为一级的中心支撑板件宽厚比限值要求,核心单元钢板厚度宜为10~80 mm。

c. 核心单元钢板与外围约束单元之间的间隙值每一侧不应小于核心单元工作段截面边长的1/250,一般情况下取1~2 mm,并宜采用无黏结材料隔离。核心单元与约束单元间适宜间隙量值也可同时结合前述墙板内置无黏结钢板支撑中的设计(式(6.133))来确定。

d. 当采用钢管混凝土或钢筋混凝土作为约束单元时,加强段伸入混凝土,伸入混凝土部分的过渡段与约束单元之间应预留间隙,并用聚苯乙烯泡沫或海绵橡胶材料填充(图6.58(a))。过渡段与加强段不伸入混凝土内部,在外包约束段端部与支撑加强段端部斜面之间应预留间隙(图6.58(b))。间隙值应满足罕遇地震作用下核心单元的最大压缩变形的需求。

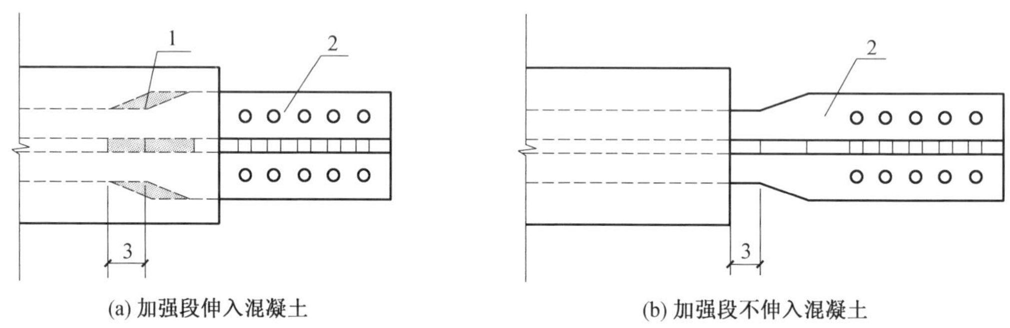

(a) 加强段伸入混凝土　　(b) 加强段不伸入混凝土

图6.58　端部加强段构造

1—聚苯乙烯泡沫;2—连接加强段;3—间隙

3. 屈曲约束支撑框架结构

①耗能型屈曲约束支撑结构在设防地震和罕遇地震作用下的验算应采用弹塑性分析方法。可采用静力弹塑性分析法或动力弹塑性分析法,其中屈曲约束支撑可选用双线性恢复力模型(图6.59)。

②屈曲约束支撑框架的梁柱设计应考虑屈曲约束支撑所传递的最大拉力与最大压力的作用。屈曲约束支撑采用人字形或V字形布置时,横梁应能承担支撑拉力与压力所产生的竖向力差值,此差值可根据屈曲约束支撑的单轴拉压试验确定。框架梁和柱子的板件宽厚比应符合表6.4和表6.10的规定。

③屈曲约束支撑与结构的连接节点设计应符合下列规定:

a. 屈曲约束支撑与结构的连接宜采用高强度螺栓或销栓连接,也可采用焊接连接(图6.60)。

采用螺栓连接可方便替换,建议采用高强度螺栓摩擦型连接,主要是为了保证地震作用下螺栓与连接板件间不发生相对滑移,减少螺栓滑移对支撑非弹性变形的影响。对于极限承载力较大的屈曲约束支撑,如节点采用螺栓连接,所需的螺栓数量比较多,使得节点所需

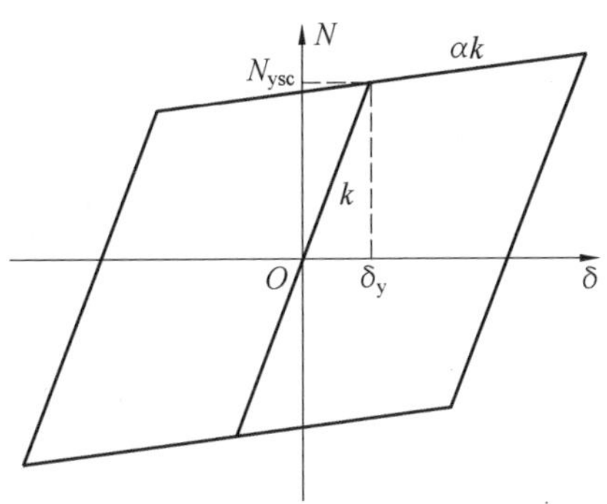

图 6.59　屈曲约束支撑双线性恢复力模型

N_{ysc}—屈曲约束支撑的屈服承载力(N)；δ_y—屈曲约束支撑的初始屈服变形；k—屈曲约束支撑的刚度(N/mm)，$k=EA_e/L_t$；A_e—屈曲约束支撑的等效截面积(mm^2)；L_t—支撑长度(mm)

连接段较长，此时也可采用焊接连接。

(a) 采用高强度螺栓连接

(b) 采用销栓连接

(c) 采用焊接连接

图 6.60　屈曲约束支撑的端部连接形式

b. 当采用高强度螺栓连接时，螺栓数目 n 可由下式确定：

$$n \geqslant \frac{1.2N_{ymax}}{0.9n_f\mu P} \tag{6.196}$$

式中　n_f——螺栓连接的剪切面数量；

μ——摩擦面的抗滑移系数，按现行国家标准《钢结构设计标准》(GB 50017—2017)的相关规定采用；

P——每个高强螺栓的预拉力(kN)，按现行国家标准《钢结构设计标准》(GB 50017—2017)的相关规定采用。

c. 当采用焊接连接时,焊缝的承载力设计值 N_f 应满足下列要求:

$$N_f \geqslant 1.2N_{ymax} \tag{6.197}$$

式(6.196)和式(6.197)中,在设计支撑连接节点时,最大作用力按照支撑极限承载力的1.2倍考虑。这是为了使屈曲约束支撑与梁柱的连接节点有足够的强度储备,以保证屈曲约束支撑具有足够的耗能能力,支撑的连接节点不应先于核心单元破坏。

d. 梁柱等构件在与屈曲约束支撑相连接的位置处应设置加劲肋。

e. 在罕遇地震作用下,屈曲约束支撑与结构的连接节点板应保证在最大作用力下不发生强度破坏和稳定破坏。节点板在支撑压力作用下的承载力验算可按现行国家标准《钢结构设计标准》(GB 50017—2017)中节点板强度与稳定性计算的相关规定计算。

4. 屈曲约束支撑的试验及验收

参照美国 FEMA450、ANSI/AISC341-05 的相关规定以及国内的相关试验研究结果制定了如下试验及验收规定,其中加载幅值是结合现行国家标准《建筑抗震设计规范》(GB 50011—2010)制定的。

①屈曲约束支撑的设计应基于试验结果,试验至少应有两组:一组为组件试验,考察支撑连接的转动要求;另一组为支撑的单轴试验,以检验支撑的工作性状,特别是在拉压反复荷载作用下的滞回性能,为支撑是否满足强度和非弹性变形的要求提供证明。

②屈曲约束支撑的试验加载应采取位移控制,对构件试验时控制轴向位移,对组件试验时控制转动位移。

③耗能型屈曲约束支撑的单轴试验应按下列加载幅值及顺序进行:依次在1/300、1/200、1/150、1/100支撑长度的位移水平下进行拉压往复加载,每级位移水平下循环加载3次,轴向累计非弹性变形至少为屈服变形的200倍。对于组件试验,可不按上述单轴试验的加载幅值与顺序进行。

④屈曲约束支撑的试验检验应符合下列规定:

a. 在同一工程中,屈曲约束支撑应按支撑的构造形式、核心单元材料和屈服承载力分类别进行试验检验。抽样比例为2%,每种类别至少有一根试件。构造形式和核心单元材料相同且屈服承载力在试件承载力的50%～150%范围内的屈曲约束支撑划分为同一类别。

b. 宜采用足尺试件进行试验。当试验装置无法满足足尺试验要求时,可减小试件的长度。

c. 屈曲约束支撑试件及组件的制作应反映设计实际情况,包括材料、尺寸、截面构成及支撑端部连接等情况。

d. 对屈曲约束支撑核心单元的每一批钢材应进行材性试验。

e. 当屈曲约束支撑试件的试验结果满足下列要求时,试件检验合格:材性试验结果满足上述相应要求;支撑试件的滞回曲线稳定饱满,没有刚度退化现象;支撑不出现断裂和连接部位破坏的现象;支撑试件在每一加载循环中核心单元屈服后的最大拉、压承载力均不低于屈服荷载,且相同加载幅值下最大压力和最大拉力之比不大于1.3。

⑤试验结果的内插或外推应有合理的依据,并应考虑尺寸效应和材料偏差等不利影响。

第 7 章　钢结构的节点设计

7.1　节点设计概述

节点将构件相互连接形成结构，也是组成整个结构的部件，节点连接是保证钢结构安全的重要部位，对结构和构件的受力性能均有着重要的影响。钢结构震害调查表明，许多结构的整体破坏是由节点的首先破坏引发的。节点连接形式和设计方法，不仅是保证结构安全可靠工作的基础，也直接影响着结构安装和造价等方面。因此，节点设计是整个钢结构工程设计的重要部分，必须给予足够的重视。与低层和多层建筑相比，高层钢结构节点连接的受力状况比较复杂，构造要求更严格。随着高层建筑钢结构日趋广泛的应用，一些特殊的节点形式和新型的节点连接形式将出现，还有待于结合试验和相关理论分析研究来获得其真实的受力性能和设计方法，进一步推广其应用。对于已较多应用于高层钢结构中常用节点形式，本章将给出其相应的构造细节和设计方法。

一般来讲，节点连接的设计应遵循下列原则：

①连接的受力应传力简捷、明确，设计中连接的分析模型应与实际受力情况相一致，以给出可靠的设计结果。

②节点连接应有足够的承载能力，避免因连接失效导致整个结构破坏。

③构件拼接节点的强度应能传递构件截面的最大承载力。节点应具有足够的强度、刚度，抗震设计时节点的承载力应等于或高于构件的承载力。

④节点构造应力求简化，以便于加工制作和施工安装，经济合理。

⑤节点连接应采取合理的细部构造，使其具有良好的延性和韧性。

7.2　节点连接方法

常用于高层钢结构中的节点连接方法有焊接、高强度螺栓连接和栓焊混用连接。

1. 焊接

焊接是最主要的连接方法。常用的焊接方法有手工电弧焊、自动或半自动埋弧焊、气体保护自动或半自动焊，以及熔化嘴电渣焊和栓钉焊等。

焊接连接传力直接。良好的焊接结构有足够的延性，适用于承受往复荷载。为保证焊接质量，通常要求对焊缝进行检查。特别是焊接残余应力和残余变形，均会显著影响受压构件的整体和局部稳定。因此，应针对实际连接情况，指定合理的焊接工艺，采用合理的焊接接头形式，例如坡口焊的坡口角度、根部间隙和钝边等。对于特殊材质的钢构件的连接，必要时还应进行焊接试验来研究其可焊性，以保证焊接质量。

焊接连接的一些要求如下：

(1)焊接材料的选择应与母材的机械性能相匹配，一般按焊缝金属与母材等强的原则选择焊接材料。焊缝金属应具有良好的塑性、韧性和抗裂性。当焊接不同强度等级的钢材时，宜采用低组配方案，即宜采用与低强度钢相适应的焊条。在连接焊缝满足承载力要求的前提下，应采用屈服点较低的焊条，使焊缝具有较好的延性。

(2)焊缝的布置应尽量与构件的轴线对称，并使焊缝受力均匀。在满足承载力要求的前提下，焊缝长度和厚度应尽量小一些。不得任意加大焊缝，以避免加大焊接变形和焊接应力。焊缝与焊接接头及其坡口形式和尺寸应符合国家标准《气焊、手工电弧焊及气体保护焊焊缝坡口的基本形式和尺寸》(GB 985—88)和《埋弧焊焊缝坡口的基本形式和尺寸》(GB 986—88)的相关规定。当有充分依据时，也可采用其他适用的坡口形式。

(3)为确保焊接质量，应对焊件进行焊前预热，以增加焊件热量，避免焊件焊后冷却过快而导致焊缝出现冷裂纹。按国家标准《钢结构焊接规范》(GB 50661—2011)的要求，应根据焊接接头中最厚部件的板厚和钢材类别来确定相应的预热温度。若有条件，焊后应进行后热，延缓冷却过程，使焊缝中的氧、氮能够较多地逸出，改善焊接质量。按国家标准《钢结构设计标准》(GB 50017—2017)的规定，应根据结构的重要性、荷载特征、焊缝形式、工作环境及应力状态等情况，确定焊缝的质量等级。

(4)对于熔透焊缝，根据焊缝与被连接件的熔合情况分为全熔透焊缝和部分熔透焊缝。全熔透焊缝由于焊缝金属将坡口内完全填充，焊缝可看作是焊件截面的延续，其有效截面与焊件截面相同，当质量等级达到一级或二级质量标准时，认为连接已满足等强度要求，焊缝的强度不需计算。部分熔透焊缝主要用于板件较厚但连接内力较小等情况。

(5)在高层钢结构中，厚钢板的应用很多，在受到高约束的焊接节点中，由于焊缝收缩引起在板厚方向的应力而产生的母材分层称为层状撕裂。因轧制的原因，钢板和型钢在厚度方向延性较低，还由于钢材中存在微小的非金属杂质，当受约束的焊缝冷却收缩时，就会发生平行钢板表面的纵向开裂——层状撕裂。图 7.1 所示为连接中厚板的层状撕裂及避免措施。因层状撕裂难以修复，应尽量采取预防措施。

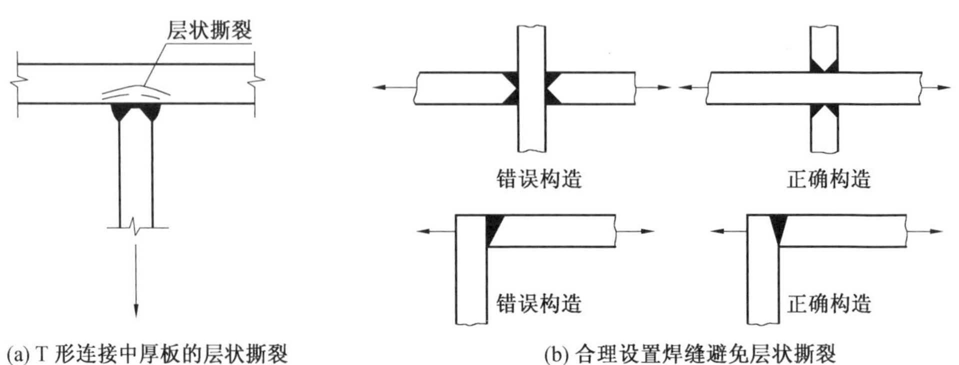

图 7.1　层状撕裂及避免措施

通常，厚度较大的钢板应考虑层状撕裂的可能性，按国家标准《钢结构焊接规范》(GB 50661—2011)的要求，对于 T 形、十字形、角接接头，当其翼缘厚度不小于 40 mm 时，设计宜采用对厚度方向性能有要求的钢板。钢材的厚度方向性能级别应根据工程的结构类型、节点形式及板厚和受力状态等情况按国家标准《厚度方向性能钢板》(GB/T 5313—2010)的相关规定进行选择。

对于焊接约束较大的抗弯梁柱节点上、下各 500 mm 范围内的柱翼缘,应进行严格的探伤检查,避免非金属杂质引起板厚方向的延性降低,降低层状撕裂出现的可能。还应合理设计接头和坡口形式(图 7.1(b)),来改善抗层状撕裂的效果。

2. 高强度螺栓连接

通常,高层钢结构中主要承重构件的螺栓连接,多采用摩擦型高强度螺栓连接,被连接钢构件间通过摩擦作用传力,节点连接的变形小。摩擦型高强度螺栓连接可避免在使用荷载作用下发生滑移,在大震作用下,螺栓可能由于超载而发生滑移,螺栓栓杆可能与孔壁接触而承压,承载机制发生变化,设计中应予以注意。高强度螺栓的摩擦型连接和承压型连接可看作是同一个高强度螺栓连接的两个阶段,分别为接头滑移前、后的摩擦和承压阶段。对于承压型连接来说,当接头处于最不利荷载组合时才发生接头滑移直至破坏,在荷载没有达到设计值的情况下,接头可能处于摩擦阶段。因承压型连接允许接头滑移,并有较大变形,因此,承压型高强度螺栓连接不得用于直接承受动力荷载重复作用的连接。

钢结构中采用的高强螺栓有大六角头高强度螺栓和扭剪型高强度螺栓,如图 7.2 所示。通常,扭剪型高强度螺栓具有紧固简单和便于检查螺栓是否存在漏拧(螺栓尾部的梅花头被拧掉后表明完成紧固)等优点。我国目前采用 8.8 级和 10.9 级两种强度性能等级的高强度螺栓(扭剪型高强度螺栓只有 10.9 级)。整数部分 8 或 10 表示螺栓经热处理后的最低抗拉强度 f_u 为 800 N/mm^2(实际为 830 N/mm^2)或 1 000 N/mm^2(实际为 1 040 N/mm^2)。小数点和后面数字一起即“.8”或“.9”表示螺栓经热处理后的屈强比(即 f_y/f_u,f_y 为屈服应力)。这样,8.8 级和 10.9 级螺栓经热处理后的最低屈服强度分别为 $0.8\times830=660$ N/mm^2 和 $0.9\times1\ 040=940$ N/mm^2。可见螺栓的屈服强度较高,约为 Q235 钢制成的普通螺栓的 3 ~ 4 倍。因高强螺栓材料强度高,板件经高强螺栓紧固后,板叠间产生高度压紧而产生足够的摩擦力。大六角头高强度螺栓和扭剪型高强度螺栓作为两种产品,从设计角度上没有区别,仅在拧紧螺栓的施工方法和构造上稍有区别。因此在设计时可以不选定产品类型,由施工单位根据工程实际及施工经验来选定产品类型。

(a) 大六角头高强度螺栓　　(b) 扭剪型高强度螺栓

图 7.2　钢结构用高强度螺栓

高强度螺栓连接的设计,宜符合连接强度不低于构件的原则。高强度螺栓连接和普通螺栓连接的工作机理完全不同，两者刚度相差悬殊，因此，同一连接接头中，高强度螺栓连接不应与普通螺栓连接并用。承压型连接允许接头滑移并有较大变形，而焊缝连接的变形有限，因此，承压型高强度螺栓连接不应与焊缝连接并用。

3. 栓焊混用连接

目前，栓焊混用连接（图7.3和图7.4）是指一个连接接头中同时采用摩擦型高强度螺栓和焊缝两种连接形式，两者的传力方式虽然不同，且焊接的变形能力不如螺栓连接的变形能力，但变形特征相似，这就有可能在同一连接中将两者混合使用。栓焊混用连接便于施工，连接可靠，是工地安装常用的连接方法，是多、高层钢结构梁柱节点中最常用的接头形式。当结构处于非抗震设防区时，接头可按最大内力设计值进行弹性设计；当结构处于抗震设防区时，还应按现行国家标准《建筑抗震设计规范》（GB 50011—2010）进行接头连接的极限承载力验算。

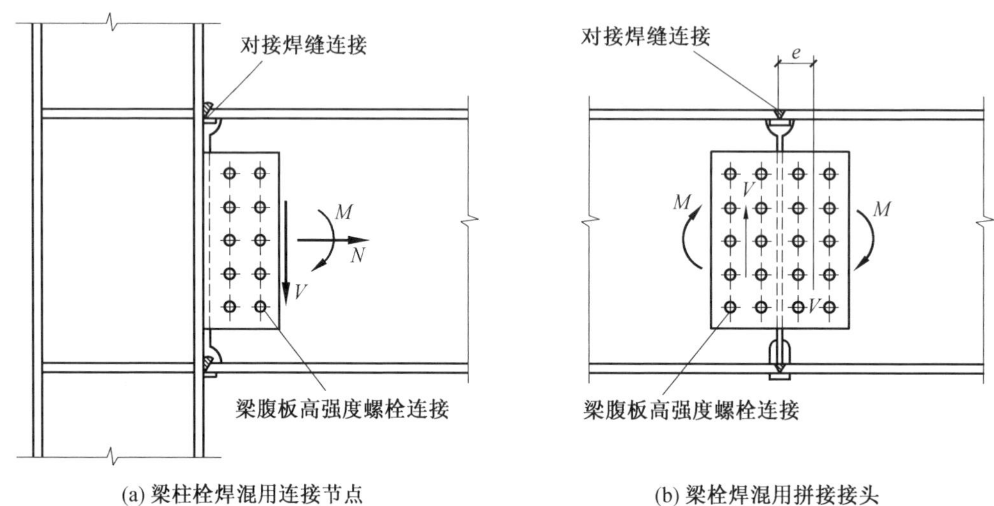

图7.3　栓焊混用连接节点

梁、柱、支撑等构件的栓焊混用连接中，腹板连（拼）接的高强度螺栓的计算和构造详见我国现行行业标准《钢结构高强度螺栓连接技术规程》（JGJ 82—2011）。特别是，施工顺序宜在腹板高强度螺栓初拧后进行翼缘的焊接，然后再进行高强度螺栓的终拧。当采用先终拧螺栓再进行翼缘焊接的施工顺序时，考虑焊接对高强度螺栓预拉力的影响，腹板拼接高强度螺栓宜采取补拧措施或增加螺栓数量10%。

7.3　连接设计的一般规定

高层钢结构中节点连接的设计应符合下列规定：

（1）当非抗震设防时，应按结构处于弹性受力阶段进行设计，节点连接的承载力应高于构件内力设计值。高强度螺栓连接不得滑移。对于高层民用建筑钢结构的连接，非抗震设计的结构应按现行国家标准《钢结构设计标准》（GB 50017—2017）的相关规定执行。

（2）抗震设计时，构件按多遇地震作用下内力组合设计值选择截面；连接设计应符合构造措施要求，按弹塑性设计，连接的极限承载力应大于构件的全塑性承载力。通常，钢框架结构和钢框-支撑结构中的连接主要包括:梁与柱的连接、支撑与框架的连接、柱脚的连接、柱子或钢梁等构件拼接以及次梁与主梁的连接。连接的高强度螺栓数和焊缝长度(截面)宜在构件选择截面时预估。

图 7.4　焊接和高强度螺栓混合连接

(3)连接的作用在于将构件连接起来,为了确保连接的承载力设计合理和安全,依据被连接构件(母材)的钢材强度等级、连接的形式和破坏模式等,钢框架以及支撑钢框架抗侧力结构构件的连接系数 α 应按表 7.1 的规定采用。

表 7.1　钢构件连接的连接系数 α

母材牌号	梁柱连接		支撑连接、构件拼接		柱脚	
	母材破坏	高强度螺栓破坏	母材或连接板破坏	高强度螺栓破坏		
Q235	1.40	1.45	1.25	1.30	埋入式	1.2(1.0)
Q345	1.35	1.40	1.20	1.25	外包式	1.2(1.0)
Q345GJ	1.25	1.30	1.10	1.15	外露式	1.0

注:①屈服强度高于 Q345 的钢材,按 Q345 的规定采用

②屈服强度高于 Q345GJ 的 GJ 钢材,按 Q345GJ 的规定采用

③柱脚连接系数用于 H 形柱,括号内的数字用于箱形柱和圆管柱

④外露式柱脚是指刚接柱脚,只适用于房层高度 50 m 以下

⑤高强度螺栓的极限承载力计算时按承压型连接考虑

表 7.1 中的连接系数包括了钢材的超强系数和应变硬化系数。根据钢材超强系数的统计数据,认为连接系数随钢种的提高而递减,也随钢材的强度等级递增而递减。而应变硬化系数普遍采用 1.1。在常见的各种连接中,梁柱连接的塑性要求最高,连接系数也最高,而支撑连接和构件拼接的塑性变形相对较小,故连接系数可取较低值。因高强度螺栓连接受滑移的影响,且螺栓的强屈比低于相应母材的强屈比,影响了螺栓连接的承载力,因此,采用了较大的连接系数。

相关研究表明,钢柱脚的极限受弯承载力与柱的全塑性受弯承载力之比有下列关系:H 形柱埋深达 2 倍柱宽时,该比值可达 1.2;箱形柱埋深达 2 倍柱宽时,该比值可达 0.8 ~ 1.2;圆管柱埋深达 3 倍外径时,该比值可能达到 1.0。因此,对箱形柱和圆管柱柱脚的连接系数取 1.0,且圆管柱的埋深不应小于柱外径的 3 倍。

(4)钢梁与柱子刚性连接时,梁翼缘与柱的连接、框架柱的拼接、外露式柱脚的柱身与底板的连接以及伸臂桁架等重要受拉构件的拼接,均应采用一级全熔透焊缝,其他全熔透焊

缝为二级。非熔透的角焊缝和部分熔透的对接与角接组合焊缝的外观质量标准应为二级。现场一级焊缝宜采用气体保护焊。焊缝的坡口形式和尺寸，宜根据板厚和施工条件，按现行国家标准《钢结构焊接规范》(GB 50661—2011)的要求选用。特别是，梁与柱刚性连接的梁端全熔透对接焊缝，属于关键性焊缝，对于通常处于封闭式房屋中温度保持在 10 ℃或稍高的结构，其焊缝金属应具有-20 ℃时 27 J 的夏比冲击韧性。

(5)构件拼接和柱脚计算时，构件的受弯承载力应考虑轴力的影响。构件的全塑性受弯承载力 M_p应按下列规定以 M_{pc}代替：

①对 H 形截面和箱形截面构件，M_{pc}可按下列公式计算。

a. H 形截面(绕强轴)和箱形截面：

当 $N/N_y \leqslant 0.13$ 时：
$$M_{pc}=M_p \tag{7.1}$$

当 $N/N_y>0.13$ 时：
$$M_{pc}=1.15(1-N/N_y)M_p \tag{7.2}$$

b. H 形截面(绕弱轴)：

当 $N/N_y \leqslant A_w/A$ 时：
$$M_{pc}= M_p \tag{7.3}$$

当 $N/N_y>A_w/A$ 时：
$$M_{pc}=\left[1-\left(\frac{N-A_wf_y}{N_y-A_wf_y}\right)^2\right]M_p \tag{7.4}$$

②圆形空心截面，M_{pc}可按下列公式计算：

当 $N/N_y \leqslant 0.2$ 时：
$$M_{pc}=M_p \tag{7.5}$$

当 $N/N_y>0.2$ 时：
$$M_{pc}=1.25(1-N/N_y)M_p \tag{7.6}$$

式中 N——构件轴力设计值(N)；

N_y——构件的轴向屈服承载力(N)；

A——H 形截面或箱形截面构件的截面面积(mm^2)；

A_w——构件腹板截面积(mm^2)；

f_y——构件腹板钢材的屈服强度(N/mm^2)。

(6)高层民用建筑钢结构承重构件的螺栓连接，应采用高强度螺栓摩擦型连接。考虑罕遇地震时连接滑移，螺栓杆与孔壁接触，极限承载力按承压型连接计算。

(7)高强度螺栓连接受拉或受剪时的极限承载力，应按如下规定计算。

①螺栓连接的受剪承载力应满足下式要求：

$$N_u^b \geqslant \alpha N \tag{7.7}$$

式中 N——螺栓连接所受拉力或剪力(kN)，按构件的屈服承载力计算；

N_u^b——螺栓连接的极限受剪承载力(kN)；

α——连接系数，按表 7.1 的规定采用。

②高强度螺栓连接的极限受剪承载力应取下列公式计算得出的较小值：

$$N_{vu}^b = 0.58 n_f A_e^b f_u^b \tag{7.8}$$

$$N_{cu}^b = d \sum t f_{cu}^b \tag{7.9}$$

式中 N_{vu}^b——一个高强度螺栓的极限受剪承载力(N)；

N_{cu}^b——一个高强度螺栓对应的板件极限承载力(N)；

n_f——螺栓连接的剪切面数量；

A_e^b——螺栓螺纹处的有效截面面积(mm^2)；

f_u^b——螺栓钢材的抗拉强度最小值（N/mm^2）；

f_{cu}^b——螺栓连接板件的极限承压强度（N/mm^2），取 $1.5f_u$；

d——螺栓杆直径（mm）；

$\sum t$—— 同一受力方向的钢板厚度之和（mm）。

以上两式中，前者是螺栓栓杆的极限抗剪承载力；后者是考虑栓杆与被连接板件挤压，螺栓的极限承压承载力。

③高强度螺栓连接的极限受剪承载力，除应计算螺栓受剪和板件承压外，尚应计算连接板件以不同形式的撕裂和挤穿，取各种情况下的最小值。

④高强度螺栓连接的极限受剪承载力 N_u^b 应按下列公式计算：

a. 仅考虑螺栓受剪和板件承压时：

$$N_u^b = \min\{nN_{vu}^b, nN_{cu1}^b\} \tag{7.10}$$

b. 单列高强度螺栓连接时：

$$N_u^b = \min\{nN_{vu}^b, nN_{cu1}^b, N_{cu2}^b, N_{cu3}^b\} \tag{7.11}$$

c. 多列高强度螺栓连接时：

$$N_u^b = \min\{nN_{vu}^b, nN_{cu1}^b, N_{cu2}^b, N_{cu3}^b, N_{cu4}^b\} \tag{7.12}$$

d. 连接板挤穿或拉脱时，承载力 $N_{cu2}^b \sim N_{cu4}^b$ 可按下式计算：

$$N_{cu}^b = (0.5A_{ns} + A_{nt})f_u \tag{7.13}$$

式中　N_u^b——螺栓连接的极限承载力（N）；

N_{vu}^b——螺栓连接的极限受剪承载力（N）；

N_{cu1}^b——螺栓连接同一受力方向的板件承压承载力之和（N）；

N_{cu2}^b——连接板边拉脱时的受剪承载力（N），如图 7.5（b）所示；

N_{cu3}^b——连接板件沿螺栓中心线挤穿时的受剪承载力（N），如图 7.5（c）所示；

N_{cu4}^b——连接板件中部拉脱时的受剪承载力（N），如图 7.5（a）所示；

f_u——构件母材的抗拉强度最小值（N/mm^2）；

A_{ns}——板区拉脱时的受剪截面面积（mm^2）；

A_{nt}——板区拉脱时的受拉截面面积（mm^2）；

n——连接的螺栓数。

图 7.5 中，考虑中部拉脱时，$A_{ns}=2[(n_1-1)p+e_1]t$；板边拉脱时，$A_{ns}=2[(n_1-1)p+e_1]t$；考虑整列挤穿时，$A_{ns}=2n_2[(n_1-1)p+e_1]t$。

实际上，板件受拉和受剪破坏时的强度不同，但为了简化计算，公式（7.13）将受剪破坏的计算截面近似取为与孔边相切的截面长度的一半，对受拉和受剪时的破断强度取相同值 f_u。

⑤当高强度螺栓连接在两个不同方向受力时，应符合下列规定：

a. 弹性设计阶段，高强度螺栓摩擦型连接在摩擦面间承受两个不同方向的力时（即两个力均使螺栓受剪），可根据力作用方向求出合力，验算螺栓的承载力是否符合要求，螺栓受剪和连接板承压的强度设计值应按弹性设计时的规定取值。

b. 弹性设计阶段，高强度螺栓摩擦型连接同时承受摩擦面间剪力和螺栓杆轴方向的外拉力时（如端板连接或法兰连接），其承载力应按下式验算：

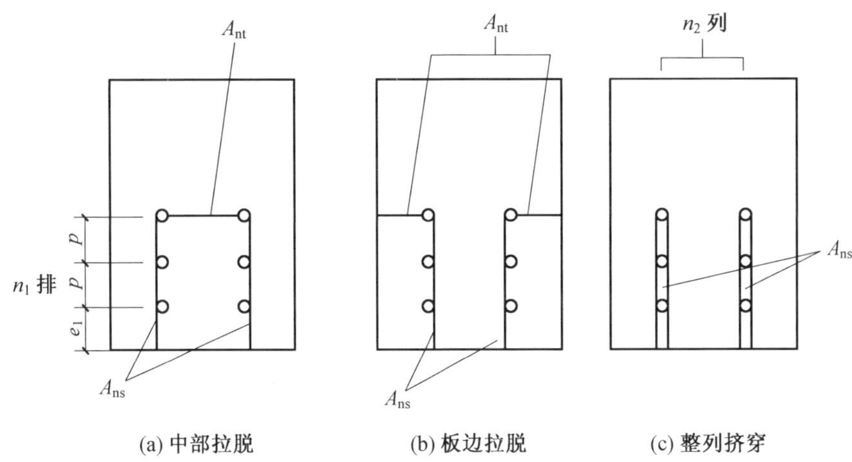

图 7.5　拉脱举例(计算示意图)

$$\frac{N_v}{N_v^b}+\frac{N_t}{N_t^b}\leqslant 1 \tag{7.14}$$

式中　N_v、N_t——所考虑高强度螺栓承受的剪力和拉力设计值(kN);

N_v^b——高强度螺栓仅承受剪力时的抗剪承载力设计值(kN);

N_t^b——高强度螺栓仅承受拉力时的抗拉承载力设计值(kN)。

c. 极限承载力验算时,考虑罕遇地震作用下摩擦面已滑移,摩擦型连接成为承压型连接,只能考虑一个方向受力。在梁腹板的连接和拼接中,当工形梁与 H 形柱(绕强轴)连接时,梁腹板全高可同时受弯和受剪,应验算螺栓由弯矩和剪力引起的螺栓连接极限受剪承载力的合力。螺栓群角部的螺栓受力最大,其由弯矩和剪力引起的按公式(7.11)和公式(7.12)分别计算求得的较小者得出的两个剪力,应根据力的作用方向求出合力,进行验算。

⑥采用高强度螺栓的梁拼接的极限承载力计算。

a. 梁拼接采用的极限承载力应按下列公式计算:

$$M_u^j\geqslant \alpha M_{pb} \tag{7.15a}$$

$$M_u^j=M_{uf}^j+M_{uw}^j \tag{7.15b}$$

$$V_u^j\leqslant n_w N_{vu}^b \tag{7.15c}$$

式中　M_{pb}——梁的全塑性截面受弯承载力(kN·m);

α——连接系数,按表 7.1 的规定采用;

M_{uf}^j——梁翼缘连接的极限受弯承载力(kN·m);

M_{uw}^j——梁腹板连接的极限受弯承载力(kN·m);

V_u^j——梁拼接的极限受剪承载力;

n_w——腹板拼接一侧的螺栓数;

N_{vu}^b——一个高强度螺栓的极限受剪承载力(kN)。

b. 梁翼缘拼接的极限受弯承载力应按下列公式计算:

$$M_{uf}^j=\min\{M_{uf1}^j,M_{uf2}^j,M_{uf3}^j,M_{uf4}^j,M_{uf5}^j\} \tag{7.16}$$

$$M_{uf1}^j=A_{nf}f_u(h_b-t_f) \tag{7.17}$$

$$M_{uf2}^j=A_{ns}f_{us}(h_{bs}-t_{fs}) \tag{7.18}$$

$$M_{\mathrm{uf3}}^{\mathrm{j}}=n_2[(n_1-1)p+e_{\mathrm{f1}}]t_{\mathrm{f}}f_{\mathrm{u}}(h_{\mathrm{b}}-t_{\mathrm{f}}) \tag{7.19}$$

$$M_{\mathrm{uf4}}^{\mathrm{j}}=n_2[(n_1-1)p+e_{\mathrm{s1}}]t_{\mathrm{fs}}f_{\mathrm{us}}(h_{\mathrm{bs}}-t_{\mathrm{fs}}) \tag{7.20}$$

$$M_{\mathrm{uf5}}^{\mathrm{j}}=n_3N_{\mathrm{vu}}^{\mathrm{b}}h_{\mathrm{b}} \tag{7.21}$$

式中　$M_{\mathrm{uf1}}^{\mathrm{j}}$——翼缘正截面净面积决定的最大受弯承载力（N · mm）；

$M_{\mathrm{uf2}}^{\mathrm{j}}$——翼缘拼接板正截面净面积决定的拼接最大受弯承载力（N · mm）；

$M_{\mathrm{uf3}}^{\mathrm{j}}$——翼缘沿螺栓中心线挤穿时的最大受弯承载力（N · mm）；

$M_{\mathrm{uf4}}^{\mathrm{j}}$——翼缘拼接板沿螺栓中心线挤穿时的最大受弯承载力（N · mm）；

$M_{\mathrm{uf5}}^{\mathrm{j}}$——高强螺栓受剪决定的最大受弯承载力（N · mm）；

A_{nf}——翼缘正截面净面积（mm^2）；

A_{ns}——翼缘拼接板正截面净面积（mm^2）；

f_{u}——翼缘钢材抗拉强度最小值（$\mathrm{N/mm}^2$）；

f_{us}——拼接板钢材抗拉强度最小值（$\mathrm{N/mm}^2$）；

h_{b}——上、下翼缘外侧之间的距离（mm）；

h_{bs}——上、下翼缘拼接板外侧之间的距离（mm）；

n_1——翼缘拼接螺栓每列中的螺栓数；

n_2——翼缘拼接螺栓（沿梁轴线方向）的列数；

n_3——翼缘拼接（一侧）的螺栓数；

e_{f1}——梁翼缘的端距（沿梁轴线方向）（mm）；

e_{s1}——翼缘拼接板的端距（沿梁轴线方向）（mm）；

t_{f}——梁翼缘厚度（mm）；

t_{fs}——翼缘拼接板板厚（mm）（两块时为其和）。

c. 梁腹板拼接的极限承载力应按下列公式计算：

$$M_{\mathrm{uw}}^{\mathrm{j}}=\min\{M_{\mathrm{uw1}}^{\mathrm{j}},M_{\mathrm{uw2}}^{\mathrm{j}},M_{\mathrm{uw3}}^{\mathrm{j}},M_{\mathrm{uw4}}^{\mathrm{j}},M_{\mathrm{uw5}}^{\mathrm{j}}\} \tag{7.22}$$

$$M_{\mathrm{uw1}}^{\mathrm{j}}=W_{\mathrm{pw}}f_{\mathrm{u}} \tag{7.23}$$

$$M_{\mathrm{uw2}}^{\mathrm{j}}=W_{\mathrm{sn}}f_{\mathrm{us}} \tag{7.24}$$

$$M_{\mathrm{uw3}}^{\mathrm{j}}=\left(\sum r_i^2/r_{\mathrm{m}}\right)e_{\mathrm{w1}}t_{\mathrm{w}}f_{\mathrm{u}} \tag{7.25}$$

$$M_{\mathrm{uw4}}^{\mathrm{j}}=\left(\sum r_i^2/r_{\mathrm{m}}\right)e_{\mathrm{s1}}t_{\mathrm{ws}}f_{\mathrm{us}} \tag{7.26}$$

$$M_{\mathrm{uw5}}^{\mathrm{j}}=\frac{\sum r_i^2}{r_{\mathrm{m}}}\left\{\sqrt{(N_{\mathrm{vu}}^{\mathrm{b}})^2-\left(\frac{V_{\mathrm{j}}y_{\mathrm{m}}}{n_{\mathrm{w}}r_{\mathrm{m}}}\right)^2}-\frac{V_{\mathrm{j}}x_{\mathrm{m}}}{n_{\mathrm{w}}r_{\mathrm{m}}}\right\} \tag{7.27}$$

$$r_{\mathrm{m}}=\sqrt{x_{\mathrm{m}}^2+y_{\mathrm{m}}^2} \tag{7.28}$$

式中　$M_{\mathrm{uw1}}^{\mathrm{j}}$——梁腹板的极限受弯承载力（N · mm）；

$M_{\mathrm{uw2}}^{\mathrm{j}}$——腹板拼接板正截面决定的极限受弯承载力（N · mm）；

$M_{\mathrm{uw3}}^{\mathrm{j}}$——腹板横向单排螺栓挤穿时的极限受弯承载力（N · mm）；

$M_{\mathrm{uw4}}^{\mathrm{j}}$——腹板拼接板横向单排螺栓挤穿时的极限受弯承载力（N · mm）；

$M_{\mathrm{uw5}}^{\mathrm{j}}$——腹板螺栓决定的极限受弯承载力（N · mm）；

W_{pw}——梁腹板全截面塑性截面模量(mm^3);

W_{sn}——腹板拼接板正截面净面积截面模量(mm^3);

e_{w1}——梁腹板受力方向的端距(mm);

e_{s1}——腹板拼接板受力方向的端距(mm);

t_w——梁腹板的板厚(mm);

t_{ws}——腹板拼接板板厚(mm)(两块时为厚度之和);

r_i、r_m——腹板螺栓群中心至所计算螺栓的距离(mm),r_m为r_i的最大值;

N_{vu}^b——一个螺栓的极限受剪承载力(N);

V_j——腹板拼接处的设计剪力(N);

x_m,y_m——最外侧螺栓至螺栓群中心的横标距和纵标距(mm)。

d. 由于极限承载力验算时,摩擦型连接成为承压型连接,梁截面承载力的验算应当考虑螺栓孔的削弱。当梁拼接进行截面极限承载力验算时,最不利截面应取通过翼缘拼接最外侧螺栓孔的截面。如图7.6(a)所示,当沿梁轴线方向翼缘拼接的螺栓数 n_f 大于该方向腹板拼接的螺栓数 n_w 加2时,有效截面为直虚线;如图7.6(b)所示,当沿梁轴线方向的梁翼缘拼接的螺栓数 n_f 小于或等于该方向腹板拼接的螺栓数 n_w 加2时,有效截面位置为折虚线。

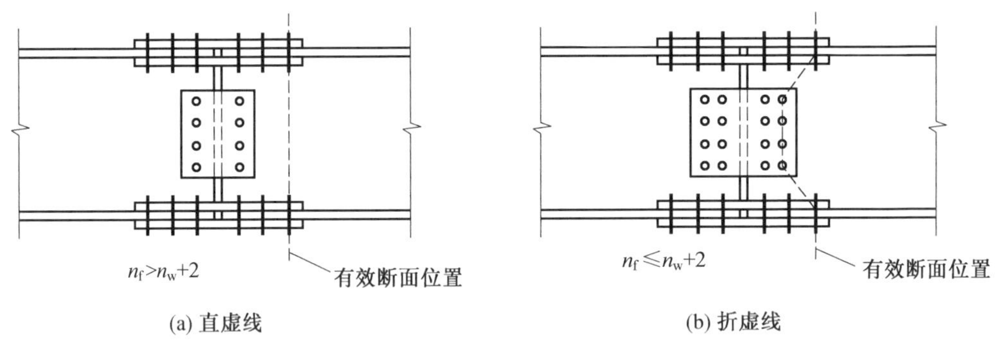

图7.6 钢梁的有效截面

(8)钢框架抗侧力构件的梁与柱连接应符合下列规定:

①梁与H形柱(绕强轴)刚性连接以及梁与箱形柱或圆管柱刚性连接时,弯矩由梁翼缘和腹板受弯区的连接承受,剪力由腹板受剪区的连接承受。

②梁与柱的连接宜采用翼缘焊接和腹板高强度螺栓连接的形式,也可采用全焊接连接。为了将塑性铰由柱面外移以减小梁柱连接的破坏,推荐梁端采用截面减弱或加强措施,一、二级时梁与柱宜采用加强型连接或骨式连接,如图7.7所示。

③梁腹板采用高强度螺栓连接时,应先确定腹板受弯区的高度,并应对设置于连接板上的螺栓进行合理布置,再分别计算腹板连接的受弯承载力和受剪承载力。

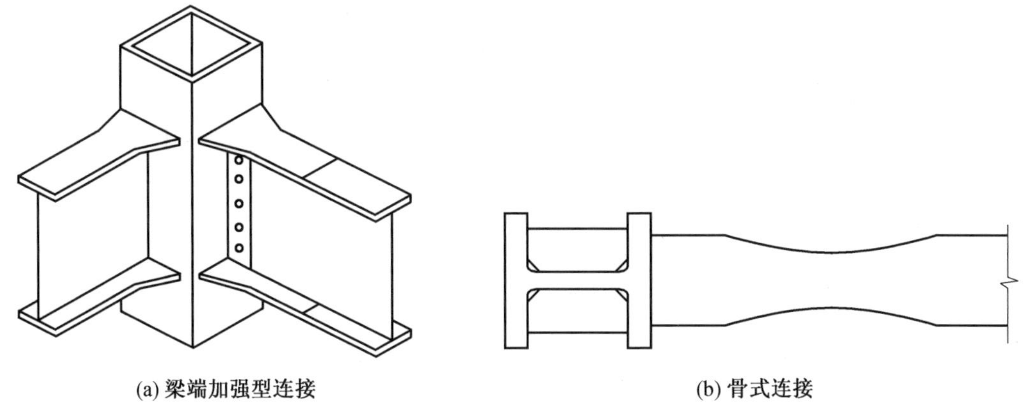

(a) 梁端加强型连接　　(b) 骨式连接

图 7.7　梁端塑性铰外移的连接方式

(9)钢框架中梁与柱连接节点形式。

大体上,梁与柱的连接可分为 3 类(图 7.8):①理想的刚性连接,认为连接处柱身在承受梁端竖向剪力的同时,还将承受梁端传递的弯矩,在连接处梁与柱轴线间的夹角在连接节点转动时保持不变。也可近似认为连接在钢梁(被连接构件)端部达到其全塑性受弯承载力 M_p之前,钢梁和柱子轴线间的夹角在连接处保持不变。②理想的铰接连接,认为连接处柱身只承受梁端的竖向剪力,梁与柱轴线间的夹角可以自由改变,连接节点的转动不受约束且不能承受弯矩。③半刚性连接,其介于铰接连接和刚性连接之间,这种连接除承受梁端传来的竖向剪力外,还可以承受一定数量的弯矩,梁与柱轴线间的夹角在节点转动时将有所改变,但又受到一定程度的约束。

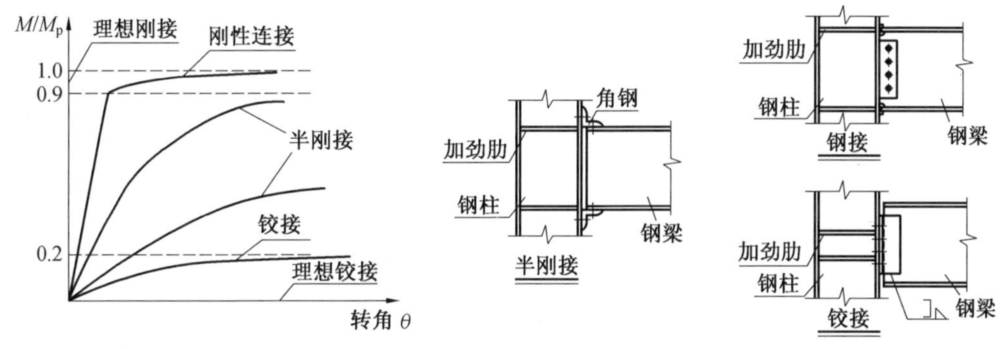

图 7.8　钢梁与柱子的连接节点分类

实际工程中,理想的刚性连接是很少存在的。通常,按梁端弯矩与梁柱轴线相对转角之间的关系,即连接的转动刚度,来大致确定梁与柱连接节点的类型(图 7.8)。当梁与柱的连接节点能够承受理想刚性连接弯矩的 90% 以上时,即可认为是刚性连接。当梁与柱的连接节点只能传递理想刚性连接弯矩的 20% 以下时,即可认为是铰接连接。半刚性连接的弯矩-转角关系较为复杂,随连接形式、构造细节的不同而变化。进行结构设计时,必须通过试验或其他方法提供较为准确的节点弯矩-转角关系,目前较少采用半刚性连接节点。

7.4 梁与柱刚性连接的计算

通常,柱子截面采用 H 形、箱形、圆钢管或十字形等形式,而钢梁多采用工字形截面或 H 型钢。依据不同的钢梁和柱子截面形式和钢框架抗侧力等方面的要求,钢梁与柱连接的形式和受力机理等不同,这就需要根据不同的梁柱连接形式进行相应的设计。对于位于抗震设防烈度较低地区且高度不大的钢结构,有时可采用梁和柱子铰接等连接做法,以简化梁柱连接的制作和施工,降低造价。对于高烈度地区的高层钢结构,为了提高结构的冗余度和发挥钢框架的抗侧力能力,特别是对于作为双重体系中第二道抗震防线的抗弯钢框架,钢梁和柱子均采用刚性连接(图 7.9)。

钢梁与柱做成刚性连接,可以增强框架的抗侧移刚度,减小框架横梁的跨中弯矩,并可将梁端的弯矩和剪力有效地传给柱子。图 7.9(a)所示为多层框架工字形梁和工字形柱全焊接刚性连接。这种全焊接节点的优点是省工省料,缺点是工地现场钢梁定位和施焊困难,不便于施工。梁翼缘与柱翼缘采用坡口对接焊缝连接。为了便于梁翼缘处坡口焊缝的施焊和设置衬板,在梁腹板两端上、下角处各开过焊孔。梁翼缘焊缝承受由梁端弯矩产生的拉力和压力;梁腹板与柱翼缘采用角焊缝连接以传递梁端剪力。为了避免工地施焊和便于钢梁定位,可以将框架横梁做成两段,并把短梁段在工厂制造时先焊在柱子上(图 7.9(b)),在施工现场再采用高强度螺栓摩擦型连接将横梁的中间段拼接起来。框架横梁拼接处的内力比梁端处小,因而有利于高强度螺栓连接的设计。此外,梁腹板与柱翼缘采用连接角钢和高强度螺栓连接(图 7.9(c))。横梁安装就位后再将梁的上、下翼缘与柱的翼缘用坡口对接焊缝连接。这种节点连接属于栓焊混合连接,包括高强度螺栓和焊缝两种连接件,用以联合或分别承受梁端的弯矩和剪力。

因多、高层框架中梁与柱的连接节点一般都是采用刚性连接,本节主要介绍钢梁和柱子刚性连接的设计要求和计算方法。

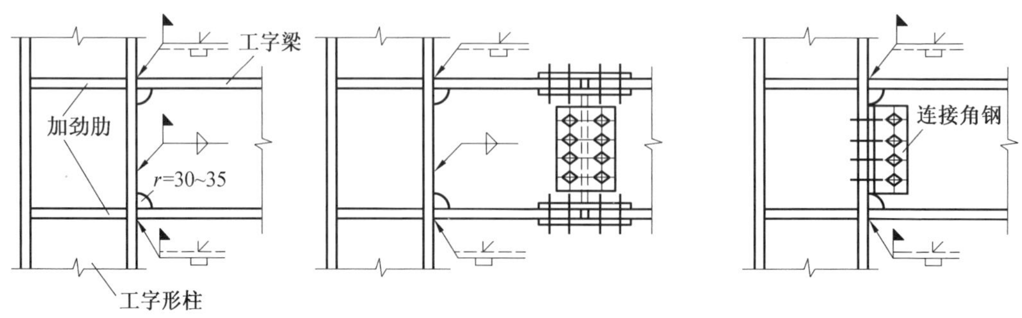

图 7.9 钢梁与柱子的刚性连接

(1)梁与柱的刚性连接应按下列公式验算:

$$M_u^j \geqslant \alpha M_p \tag{7.29}$$

$$V_u^j \geqslant \alpha\left(\sum M_p/l_n\right) + V_{Gb} \tag{7.30}$$

式中 M_u^j——梁与柱连接的极限受弯承载力(kN·m);

M_p——梁的全塑性受弯承载力(kN · m)(加强型连接按未扩大的原截面计算),考虑轴力影响时,按前述的 M_{pc} 计算;

$\sum M_p$—— 梁两端截面的塑性受弯承载力之和(kN · m);

V_u^j——梁与柱连接的极限受剪承载力(kN);

V_{Gb}——梁在重力荷载代表值(9 度尚应包括竖向地震作用标准值)作用下,按简支梁分析的梁端截面剪力设计值(kN);

l_n——梁的净跨(m);

α——连接系数,按本章表 7.1 的规定采用。

上述验算中,考虑梁截面通常由弯矩控制,故梁的极限受剪承载力的验算,取与极限受弯承载力对应的剪力加竖向荷载产生的剪力来进行。

(2)弹性设计时,梁与柱连接的受弯承载力应按下列公式计算:

$$M_j = W_e^j \cdot f \tag{7.31}$$

当梁与 H 形柱(绕强轴)连接时:　$W_e^j = 2I_e/h_b$

当梁与箱形柱或圆管柱连接时:　$W_e^j = \frac{2}{h_b}\left[I_e - \frac{1}{12}t_{wb}(h_{0b} - 2h_m)^3\right]$

式中　M_j——梁与柱连接的受弯承载力(N · mm);

W_e^j——连接的有效截面模量(mm^3);

I_e——扣除过焊孔的梁端有效截面惯性矩(mm^4),当梁腹板用高强度螺栓连接时,为扣除螺栓孔和梁翼缘与连接板之间间隙后的截面惯性矩;

h_b、h_{0b}——梁截面和梁腹板的高度(mm);

t_{wb}——梁腹板的厚度(mm);

f——梁的抗拉、抗压和抗弯强度设计值(N/mm^2);

h_m——梁腹板的有效受弯高度(mm),应按本节的相应规定计算。

(3)梁腹板的有效受弯高度 h_m 应按下列公式计算。

当采用 H 形柱(绕强轴)时:

$$h_m = h_{0b}/2 \tag{7.32}$$

当采用箱形柱时:

$$h_m = \frac{b_j}{\sqrt{\frac{b_j t_{wb} f_{yb}}{t_{fc}^2 f_{yc}} - 4}} \tag{7.33}$$

当采用圆管柱时:

$$h_m = \frac{b_j}{\sqrt{\frac{k_1}{2}\sqrt{k_2\sqrt{\frac{3k_1}{2}} - 4}}} \tag{7.34}$$

当箱形柱、圆管柱(参见图 7.10)$h_m < S_r$ 时,取 $h_m = S_r$;当箱形柱 $h_m \geq \frac{d_j}{2}$ 或 $\frac{b_j t_{wb} f_{yb}}{t_{fc}^2 f_{yc}} \leq 4$ 时,取 $h_m = d_j/2$;当圆管柱 $h_m \geq \frac{d_j}{2}$ 或 $k_2\sqrt{\frac{3k_1}{2}} \leq 4$ 时,取 $h_m = d_j/2$。

式中 d_j——箱形柱壁板上、下加劲肋内侧之间的距离(mm);

b_j——箱形柱壁板屈服区宽度(mm), $b_j = b_c - 2t_{fc}$;

b_c——箱形柱壁板宽度或圆管柱的外径(mm);

h_m——与箱形柱或圆管柱连接时,梁腹板(一侧)的有效受弯高度(mm);

S_r——梁腹板过焊孔高度,高强螺栓连接时为剪力板与梁翼缘间间隙的距离(mm);

h_{0b}——梁腹板高度(mm);

f_{yb}——梁钢材的屈服强度(N/mm^2),当梁腹板用高强度螺栓连接时,为柱连接板钢材的屈服强度(N/mm^2);

f_{yc}——柱钢材屈服强度(N/mm^2);

t_{fc}——箱形柱壁板厚度(mm);

t_{fb}——梁翼缘厚度(mm);

t_{wb}——梁腹板厚度(mm);

k_1、k_2——圆管柱有关截面和承载力指标,$k_1 = b_j / t_{fc}$,$k_2 = t_{wb} f_{yb} / (t_{fc} f_{yc})$。

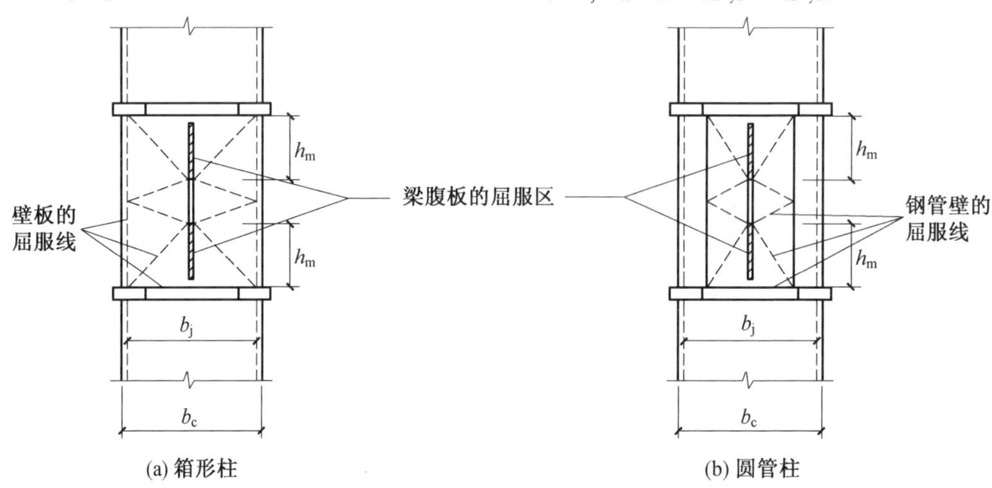

图 7.10 工字形梁与箱形柱和圆管柱连接的符号说明

上述公式虽然用于弹性设计,但其中箱形柱壁板和圆管柱管壁平面外的有效高度也适用于连接的极限受弯承载力计算。

(4)对于需要抗震设计的结构(包括可不做结构抗震计算但仍需满足构造要求的低烈度区抗震结构),抗震设计时,梁与柱连接的极限受弯承载力应按下列规定计算(图7.11):

①梁端连接的极限受弯承载力为

$$M_u^j = M_{uf}^j + M_{uw}^j \tag{7.35}$$

②梁翼缘连接的极限受弯承载力为

$$M_{uf}^j = A_f (h_b - t_{fb}) f_{ub} \tag{7.36}$$

③梁腹板连接的极限受弯承载力为

$$M_{uw}^j = m W_{wpe} f_{yw} \tag{7.37}$$

$$W_{wpe} = \frac{1}{4}(h_b - 2t_{fb} - 2S_r)^2 t_{wb} \tag{7.38}$$

④梁腹板连接的受弯承载力系数 m 应按下列公式计算:

对于 H 形柱(绕强轴),$m=1$;

对于箱型柱,$m=\min\left\{1,4\dfrac{t_{\mathrm{fc}}}{d_{\mathrm{j}}}\sqrt{\dfrac{b_{\mathrm{j}}f_{\mathrm{yc}}}{t_{\mathrm{wb}}f_{\mathrm{yw}}}}\right\}$;

对于圆管柱,$m=\min\left\{1,\dfrac{8}{\sqrt{3}k_1k_2r}\left(\sqrt{k_2\sqrt{\dfrac{3k_1}{2}}-4}+r\sqrt{\dfrac{k_1}{2}}\right)\right\}$。

式中　W_{wpe}——梁腹板有效截面的塑性截面模量(mm^3);

f_{yw}——梁腹板钢材的屈服强度($\mathrm{N/mm}^2$);

h_{b}——梁截面高度(mm);

A_{f}——梁翼缘横截面面积(mm^2);

d_{j}——柱上、下水平加劲肋(横隔板)内侧之间的距离(mm);

b_{j}——箱形柱壁板内侧的宽度或圆管柱内直径(mm),$b_{\mathrm{j}}=b_{\mathrm{c}}-2t_{\mathrm{fc}}$;

r——圆钢管上、下横隔板之间的距离与钢管内径的比值,$r=d_{\mathrm{j}}/b_{\mathrm{j}}$;

t_{fc}——箱形柱或圆管柱壁板的厚度(mm);

f_{yc}——柱钢材屈服强度($\mathrm{N/mm}^2$);

f_{yf}、f_{yw}——梁翼缘和梁腹板钢材的屈服强度($\mathrm{N/mm}^2$);

t_{fb}、t_{wb}——梁翼缘和梁腹板的厚度(mm);

f_{ub}——梁翼缘钢材抗拉强度最小值($\mathrm{N/mm}^2$)。

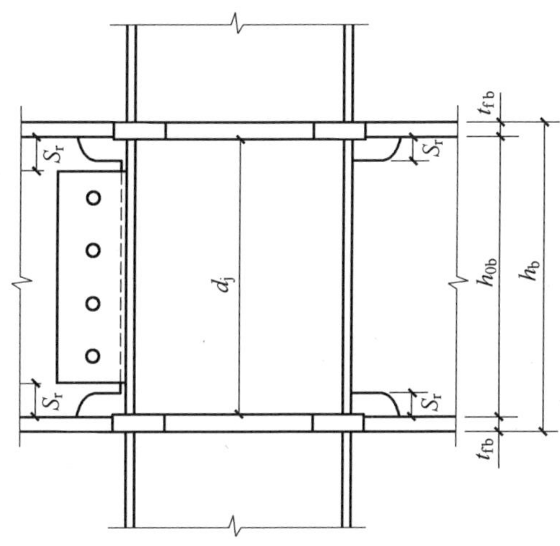

图 7.11　梁柱连接

由上述设计公式可见,钢框架的梁柱连接,弯矩除由梁的翼缘承受外,还由梁的腹板承受。对于箱形柱和圆管柱,为避免箱形柱壁板和圆管柱管壁出现平面外变形和对钢梁腹板抗弯能力的影响,利用横隔板(加劲肋)对腹板的嵌固作用,发挥了壁板边缘区的抗弯潜能,使箱形柱和圆管柱壁板能够承受一定的面外弯矩(对应为钢梁腹板的弯矩)。

(5)梁腹板与 H 形柱(绕强轴)、箱形柱或圆管柱的连接,应符合下列规定:

①为便于钢梁端部直接与柱子现场连接,梁腹板与焊于柱翼缘(或腹板)的竖向连接板相连接,竖向连接板应采用与梁腹板相同强度等级的钢材制作,其厚度应比梁腹板大 2 mm。

连接板与柱的焊接,应采用双面角焊缝,在强震区焊缝端部应围焊,对焊缝的厚度要求与梁腹板与柱的焊缝要求相同。

②采用高强度螺栓连接时(图 7.12),腹板承受弯矩区和承受剪力区的螺栓数应按弯矩在受弯区引起的水平力和剪力作用在受剪区的竖向力(图 7.13)分别进行计算,计算时应考虑连接的不同破坏模式取较小值。

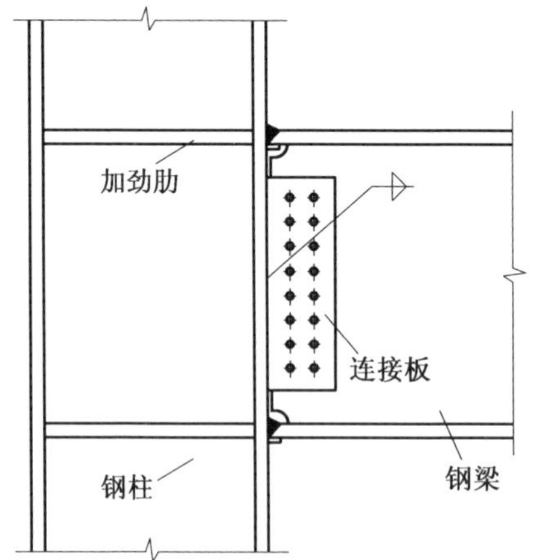

图 7.12 柱连接板与梁腹板的螺栓连接

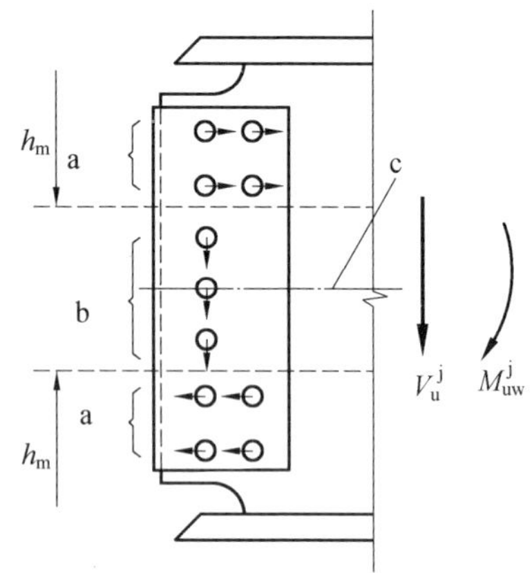

图 7.13 梁腹板与柱连接时高强度螺栓连接的内力分担

a—承受弯矩区;b—承受剪力区;c—梁轴线

对承受弯矩区:

$$\alpha V_{um}^{j} \leqslant N_u^b = \min\{n_1 N_{vu}^b, n_1 N_{cu1}^b, N_{cu2}^b, N_{cu3}^b, N_{cu4}^b\} \tag{7.39}$$

对承受剪力区:

$$V_u^j \leqslant n_2 \min\{N_{vu}^b, N_{cu1}^b\} \tag{7.40}$$

式中 n_1、n_2——承受弯矩区(一侧)和承受剪力区需要的螺栓数;

V_{um}^j——弯矩 M_{uw}^j 引起的承受弯矩区的水平剪力(kN);

α——连接系数,按表 7.1 的规定采用。

N_{vu}^b、N_{cu1}^b、N_{cu2}^b、N_{cu3}^b、N_{cu4}^b——按前述高强度螺栓连接受剪时的极限承载力的相应规定和公式进行计算。因 $N_{cu2}^b \sim N_{cu4}^b$ 在破断面积计算时已计入螺栓数,而 N_{vu}^b 和 N_{cu1}^b 为单螺栓的承载力,故仅对单螺栓承载力乘以相关的螺栓数即可。

(3)腹板与柱焊接时(图 7.14),应设置定位螺栓。腹板承受弯矩区内的焊缝连接应验算弯应力与剪应力组合的复合应力,承受剪力区内的焊缝可仅按所承受的剪力进行受剪承载力验算。

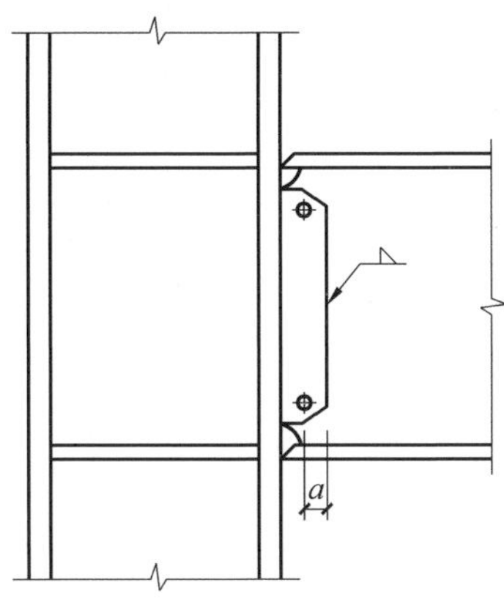

图 7.14　柱连接板与梁腹板的焊接连接（$a \geqslant 50$ mm）

7.5　梁与柱连接的形式和构造要求

对于梁与柱的连接，要针对具体的连接形式给出相应的构造要求，以确保连接的受力性能以及能按上述计算原则和公式进行连接承载力验算。

(1)通常，为简化构造和便于施工，框架梁与柱的连接宜采用柱贯通型，即在楼层钢梁和柱子节点处，下层柱整根贯通节点，然后与上层柱连接（或上、下层柱就是一整根柱），节点四周的梁均与柱子连接。在互相垂直的两个方向都与梁刚性连接时，宜采用箱形柱。当箱形柱壁板厚度小于 16 mm 时，为了保证焊接质量，不宜采用电渣焊焊接隔板。而且，当箱形柱壁板小于该值时，可改用 H 形柱、冷成型柱或其他形式柱截面。

(2)当采用冷成型箱形柱时，柱子应在梁对应位置设置隔板，并应采用隔板贯通式连接。柱段与隔板的连接应采用全熔透对接焊缝（图 7.15）。隔板宜采用 Z 向钢制作。其外伸部分长度 e 宜为 25～30 mm，以便将相邻焊缝热影响区隔开。

(3)过焊孔是为梁翼缘的全熔透焊缝及衬板的通过设置的。当钢梁与柱子在现场焊接时，梁与柱连接的过焊孔，可采用常规型（图 7.16）和改进型（图 7.17）两种形式。采用常规型时，其上端孔高 35 mm，与翼缘相接处圆弧半径改为 10 mm，以便减小该处应力集中；下端孔高 50 mm，便于施焊时将火口位置错开，以避免腹板处成为震害源点。

综合图 7.16 和图 7.17 可知，因改进型中梁翼缘焊缝改用气体保护焊，上端孔型与常规型相同，下端孔高改为与上端孔相同，仅当翼缘厚大于 22 mm 时，下端孔的圆弧部分需适当放宽以利操作，并规定腹板焊缝端部应围焊，以减少该处震害。下孔高度减小使腹板焊缝有效长度增大 15 mm，对受力有利。国内长期采用常规型，目前拟推荐优先采用改进型。此时，下端过焊孔衬板与柱翼缘接触的一侧下边缘，应采用5 mm 角焊缝封闭，防止地震时引发裂缝。

采用改进型时，梁翼缘与柱的连接焊缝应采用气体保护焊。梁翼缘与柱翼缘间应采用全熔透坡口焊缝，抗震等级为一、二级时，应检验焊缝的 V 形切口冲击韧性，其夏比冲击韧性在 −20 ℃时不低于 27 J。梁腹板或连接板与柱的连接焊缝，当板厚小于 16 mm 时可采用双面角焊缝，焊缝的有效截面高度应符合受力要求，且不得小于 5 mm。当腹板厚度等于或大于 16 mm 时应采用 K 形坡口焊缝。设防烈度 7 度（0.15g）及以上时，梁腹板与柱的连接焊缝应采用围焊,围焊在竖向部分的长度 l 应大于 400 mm 且连续施焊(图 7.18)。

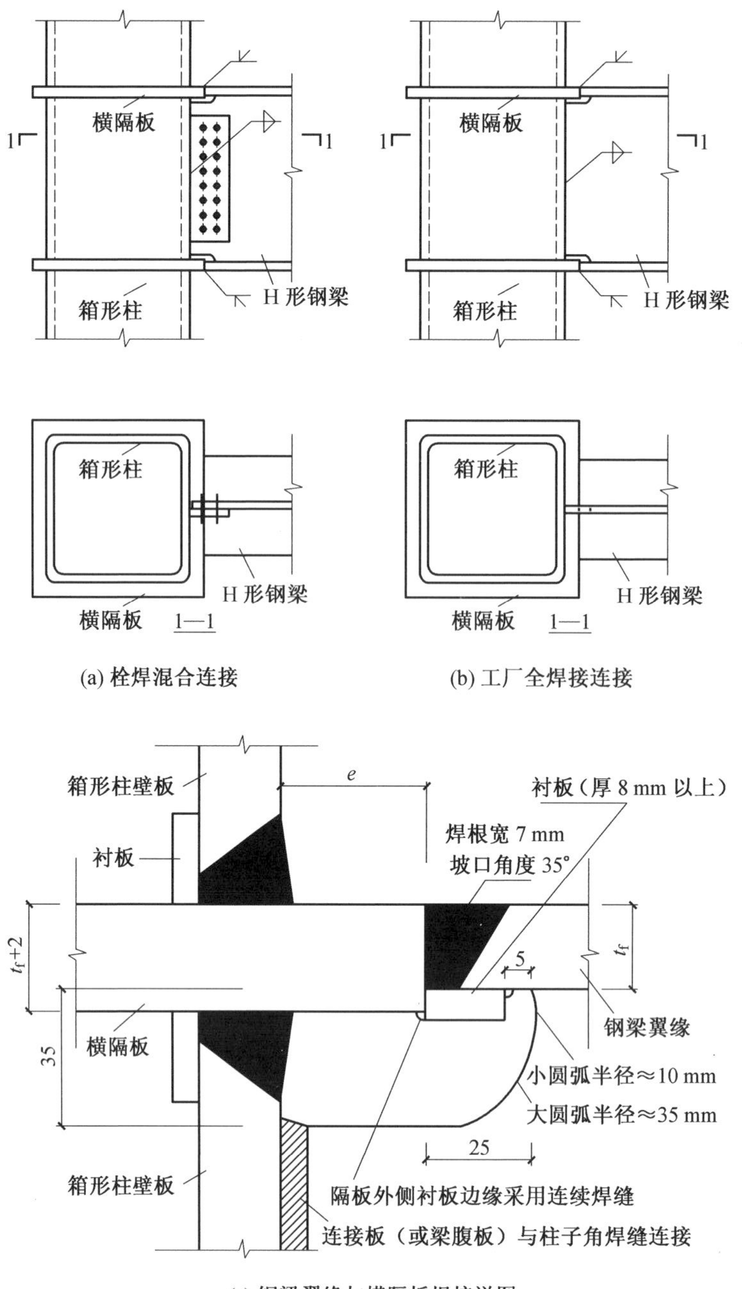

图 7.15　框架梁与冷成型箱形柱的连接

(4)抗震等级为一、二级的高层钢结构,还推荐采用下面形式的梁柱刚性连接节点:梁翼缘扩翼式、梁翼缘局部加宽式、梁翼缘盖板式、梁翼缘式及梁骨式连接。

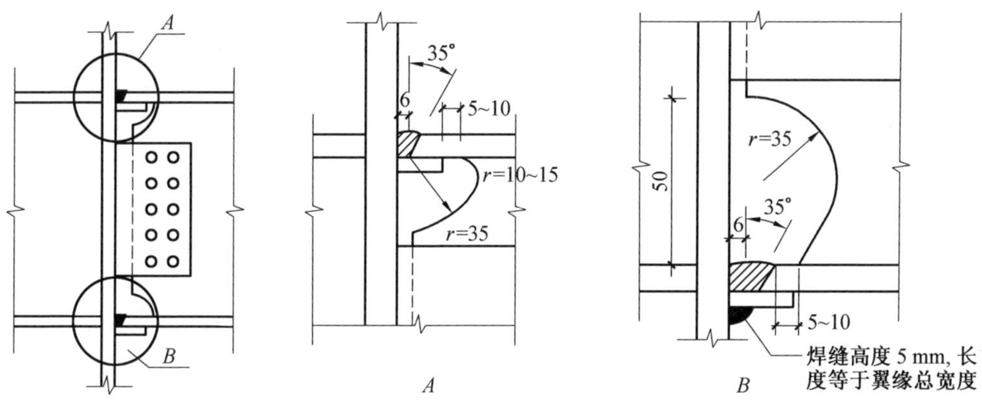

图 7.16　常规型过焊孔

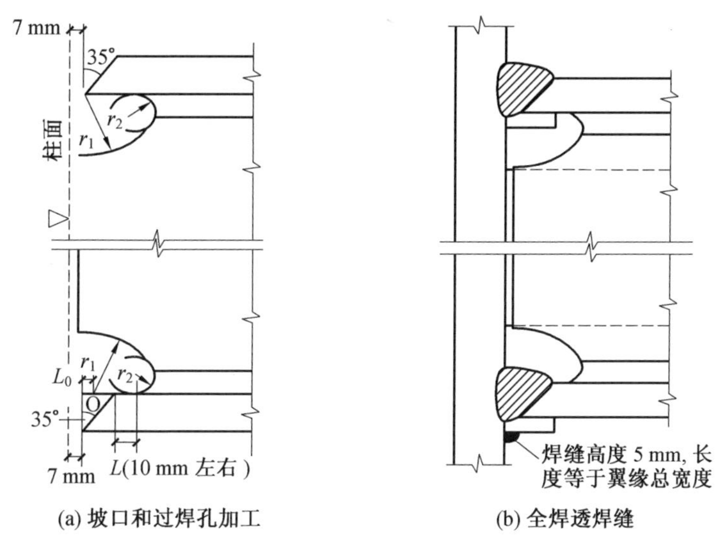

图 7.17　改进型过焊孔

注：$r_1=35$ mm 左右；$r_2=10$ mm 以上；O 点位置：当下翼缘厚 $t_f<22$ mm：L_0(mm) = 0；当 $t_f\geqslant 22$ mm：L_0(mm) = $0.75t_f-15$

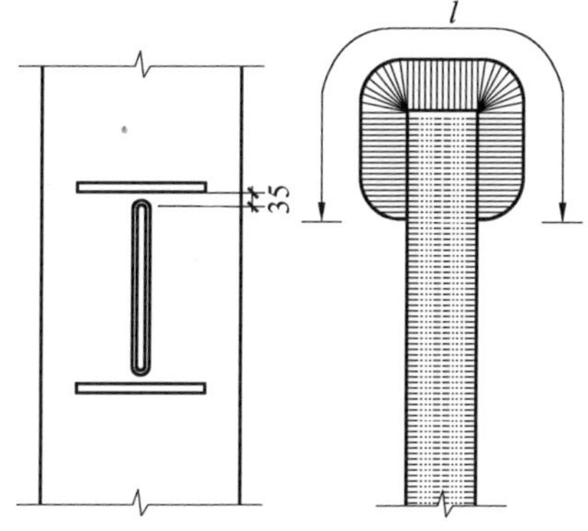

图 7.18　梁腹板围焊的施焊要求

梁翼缘加强型节点塑性铰外移的设计原理如图 7.19 所示。通过在梁上、下翼缘局部焊接钢板或加大截面,达到提高节点延性,在罕遇地震作用下获得在远离梁柱节点处梁截面塑性发展的设计目标。

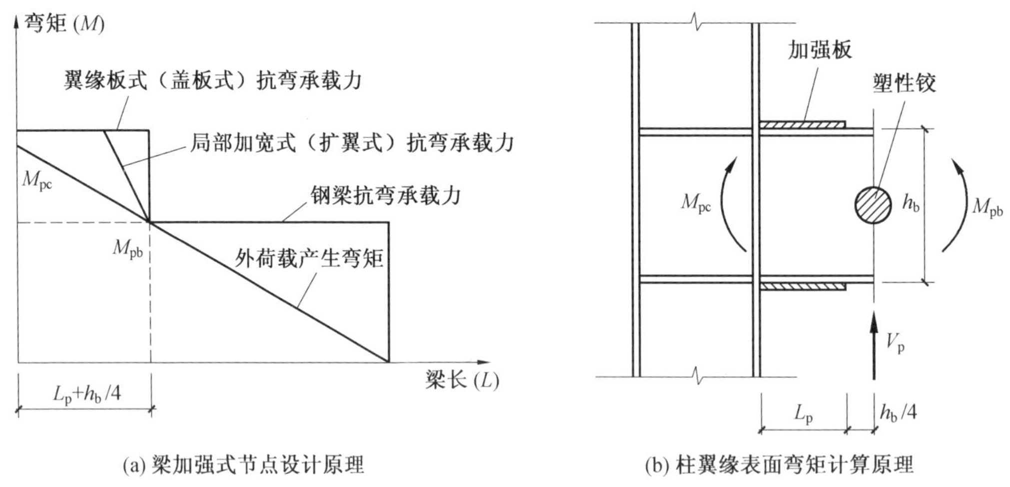

图 7.19　梁端塑性铰外移设计原理

上述梁与柱的加强型连接或梁骨式连接的构造和尺寸如下:

①梁翼缘扩翼式连接,如图 7.20 所示。该种构造一般仅加宽翼缘而不贴焊钢板。梁端局部区域翼缘宽度连续变化,使梁的抗弯刚度和抗弯承载力连续变化。图中尺寸应按下列公式确定:

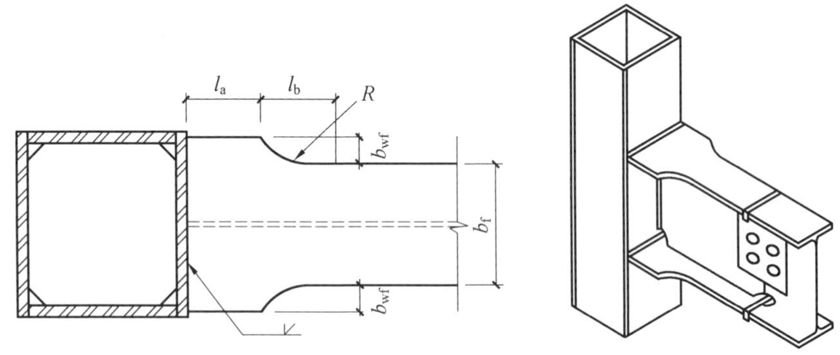

图 7.20　梁翼缘扩翼式连接

$$l_a=(0.50\sim0.75)b_f \tag{7.41}$$

$$l_b=(0.30\sim0.45)h_b \tag{7.42}$$

$$b_{wf}=(0.15\sim0.25)b_f \tag{7.43}$$

$$R=\frac{l_b^2+b_{wf}^2}{2b_{wf}} \tag{7.44}$$

式中　h_b——梁的高度(mm);

b_f——梁翼缘的宽度(mm);

R——梁翼缘扩翼半径(mm)。

②梁翼缘局部加宽式连接，如图 7.21 所示。该种构造在翼缘所在平面内在翼缘两侧直接焊接侧板以加宽梁翼缘，侧板与翼缘采用坡口对接焊缝连接。图中尺寸应按下列公式确定：

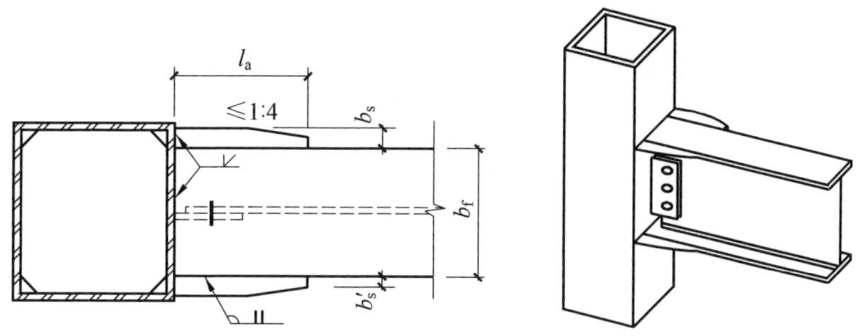

图 7.21　梁翼缘局部加宽式连接

$$l_a = (0.50 \sim 0.75) h_b \tag{7.45}$$

$$b_s = (1/4 \sim 1/3) b_f \tag{7.46}$$

$$b'_s = 2t_f + 6 \tag{7.47}$$

$$t_s = t_f \tag{7.48}$$

式中　t_f——梁翼缘厚度(mm)；

　　　t_s——局部加宽板厚度(mm)。

③梁翼缘盖板式连接，如图 7.22 所示。该种构造在翼缘外侧贴焊楔形盖板，盖板与翼缘采用角焊缝连接，盖板和翼缘与柱翼缘一起通过对接焊缝连接。图中尺寸应按下列公式确定：

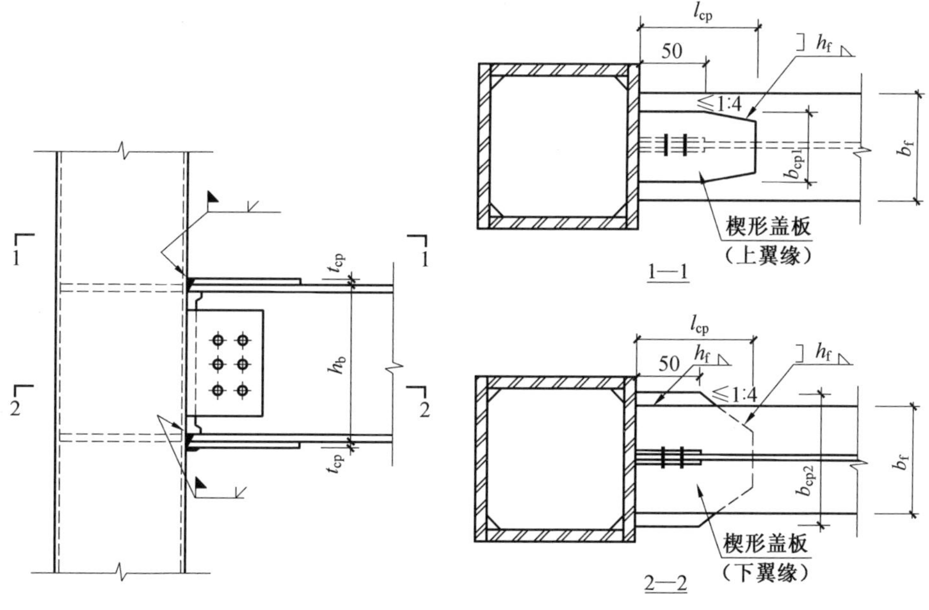

图 7.22　梁翼缘盖板式连接

$$L_{cp} = (0.50 \sim 0.75) h_b \tag{7.49}$$

$$b_{cp1} = b_f - 3t_{cp} \tag{7.50}$$

$$b_{cp2}=b_f+3t_{cp} \tag{7.51}$$

$$t_{cp}\geqslant t_f \tag{7.52}$$

式中 t_{cp}——楔形盖板厚度(mm)。

④梁翼缘式连接,如图 7.23 所示。该种构造在梁端翼缘外侧直接通过角焊缝贴焊加宽的钢板作为新的翼缘,新翼缘与柱翼缘采用坡口对接焊缝连接,而原翼缘与柱子间留有较大的间隙且不与柱翼缘连接。图中尺寸应按下列公式确定:

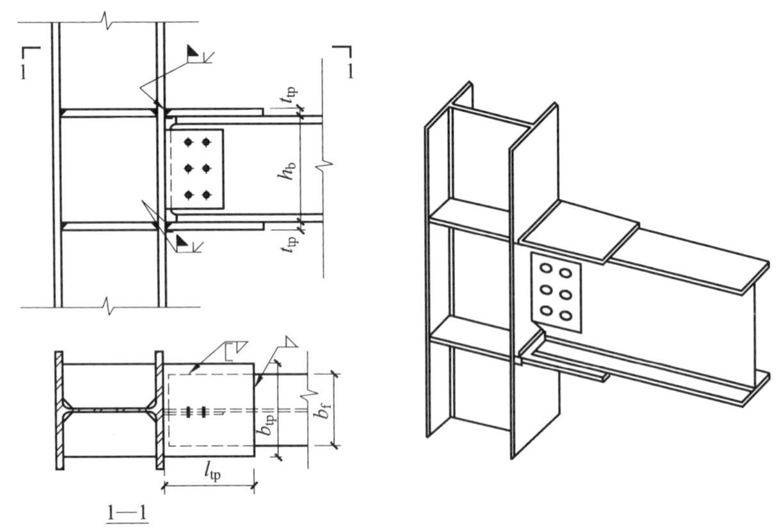

图 7.23 梁翼缘式连接

$$l_{tp}=(0.50\sim0.80)h_b \tag{7.53}$$

$$b_{tp}=b_f+4t_f \tag{7.54}$$

$$t_{tp}=(1.2\sim1.4)t_f \tag{7.55}$$

式中 t_{tp}——梁翼缘厚度(mm)。

⑤梁骨式连接,翼缘切割面应采用铣刀加工,如图 7.24 所示。与前述加强梁端翼缘的做法不同,该种构造将梁端翼缘局部削去以控制梁受弯屈服最早出现在此局部削弱区域,同样可实现梁端塑性铰外移的意图。图 7.24 中的尺寸应按下列公式确定:

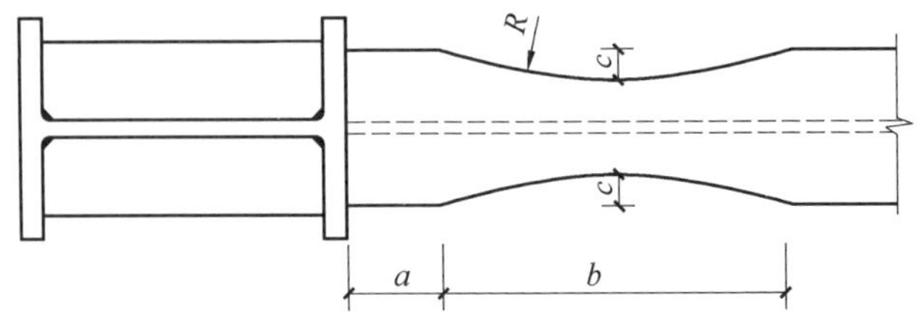

图 7.24 梁骨式连接

$$a=(0.5\sim0.75)b_f \tag{7.56}$$

$$b=(0.65\sim0.85)h_b \tag{7.57}$$

$$c=0.25b_f \tag{7.58}$$

$$R=(4c^2+b^2)/8c \tag{7.59}$$

值得注意的是，局部削弱的翼缘不仅可以降低梁端的抗弯承载力，且在梁局部削弱段随着翼缘宽度的减小，翼缘对腹板的约束作用也降低。因此，若不期望腹板局部屈曲，设计中应注意翼缘的削弱程度不能过大。然而，若翼缘削弱较小，在大震作用下，削弱梁段内的板件仅屈服而不屈曲，由于钢材在往复作用下应变硬化，削弱梁段的抗弯承载力增幅较大，还会危及梁翼缘与柱子的对接焊缝连接，降低梁柱连接的延性。也有将梁段翼缘削弱较多来降低其对腹板约束作用的做法，在梁端剪力作用下，翼缘的削减将降低梁端腹板的屈曲临界力。在大震作用下，削弱的梁段板件先屈服，但大幅屈服后腹板继而出现局部屈曲，以控制梁端的抗弯承载力增幅和保护梁翼缘与柱的对接焊缝连接，改善梁柱连接的延性。

此外，除了上述加强型连接或梁骨式连接，当有依据时也可采用其他形式。

(5)梁与 H 形柱(绕弱轴)刚性连接时，水平加劲肋(横隔板)应伸至柱翼缘以外75 mm，并以变宽度形式伸至梁翼缘，与钢梁翼缘采用全熔透对接焊缝连接。加劲肋应两面设置(无梁外侧加劲肋厚度不应小于梁翼缘厚度之半)。翼缘加劲肋应大于梁翼缘厚度，以协调翼缘的允许偏差。梁腹板与焊于柱上的竖向连接板采用高强度螺栓连接。按国家标准《钢结构焊接规范》(GB 50661—2011)的要求，连接板和加劲肋均可采用双面角焊缝与柱子连接，如图 7.25 所示。

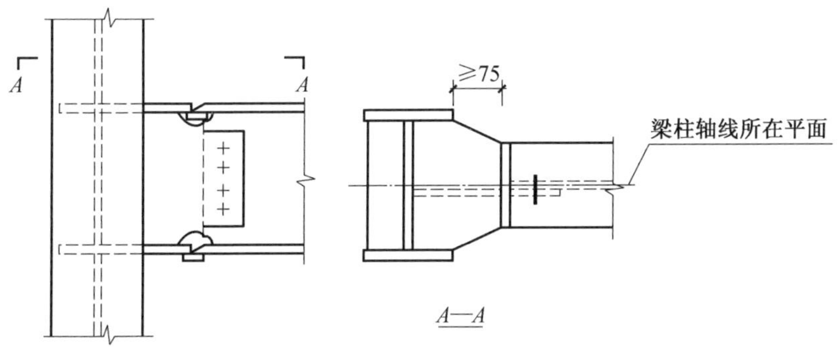

图 7.25　梁与 H 形柱弱轴刚性连接

(6)框架梁与柱刚性连接时，应在梁翼缘的对应位置设置水平加劲肋(隔板)，用以承受梁翼缘传来的集中力。考虑加劲肋与梁翼缘轴线对齐施工时难以保证，实际制作中将加劲肋与翼缘外边缘对齐。对抗震设计的结构，考虑板厚存在的公差，且连接存在偏心，因此水平加劲肋(隔板)厚度不得小于梁翼缘厚度加 2 mm。同时，为保证加劲肋具有必要的承载力，其钢材强度不得低于梁翼缘的钢材强度，如图 7.26(a)所示。对非抗震设计的结构，水平加劲肋(隔板)应能传递梁翼缘的集中力，厚度应由计算确定；当内力较小时，其厚度不得小于梁翼缘厚度的 1/2，并应符合板件宽厚比限值。水平加劲肋宽度应从柱边缘后退 10 mm。加劲肋与柱翼缘应采用全熔透坡口对接焊缝连接，与柱腹板可采用双面角焊缝连接，如图 7.26(b)所示。

(7)当柱两侧的梁高不等时，每个梁翼缘对应位置均应按要求设置柱的水平加劲肋。加劲肋的间距不应小于 150 mm，且不应小于水平加劲肋的宽度，如图 7.27(a)所示。当不能满足此要求时，应调整梁的端部高度，可将截面高度较小的梁腹板高度局部加大，腋部翼缘的坡度不得大于 1∶3,如图 7.27(b)所示。当与柱相连的梁在柱的两个相互垂直的方向高度不等时,也应分别设置柱的水平加劲肋,如图 7.27(c)所示。

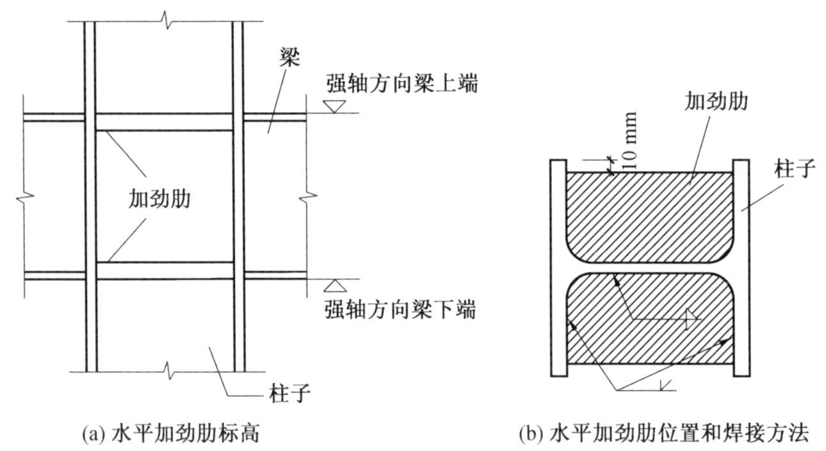

(a) 水平加劲肋标高

(b) 水平加劲肋位置和焊接方法

图 7.26 柱水平加劲肋与梁翼缘外侧对齐

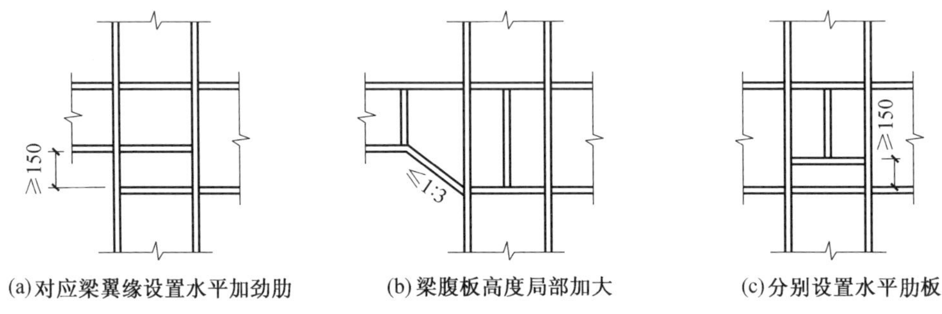

(a)对应梁翼缘设置水平加劲肋

(b)梁腹板高度局部加大

(c)分别设置水平肋板

图 7.27 柱两侧梁高不等时的水平加劲肋

(8)当节点域厚度不满足 6.4.3 节(柱与梁连接的节点域抗剪承载力验算)的要求时,对于焊接组合柱宜将腹板在节点域局部加厚(图 7.28)。腹板加厚的范围应伸出梁上、下翼缘外不小于 150 mm,并采用对接焊缝与柱腹板相连;对轧制 H 形钢柱可贴焊补强板加强(图 7.29)。轧制 H 形柱贴焊补强板时,其上、下边缘可不伸过柱横向加劲肋或伸过柱横向加劲肋之外各 150 mm。当不伸过横向加劲肋时,横向加劲肋应与柱腹板焊接,补强板与横向加劲肋之间的角焊缝应能传递补强板所分担的剪力,且厚度不小于 5 mm。当补强板伸过柱横向加劲肋时,横向加劲肋仅与补强板焊接,此焊缝应能将加劲肋传来的力传递给补强板,补强板的厚度及其焊缝应按传递该力的要求设计。补强板侧边可采用角焊缝与柱翼缘相连,其板面尚应开孔并采用塞焊与柱腹板连成整体。塞焊点之间的距离,不应大于相连板件中较薄板件厚度的 $21\sqrt{235/f_y}$ 倍。

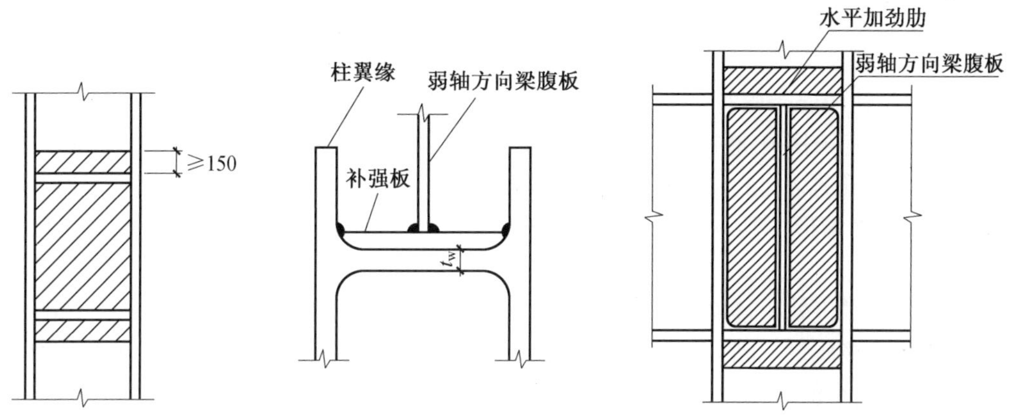

图 7.28　节点域的加厚　　　　图 7.29　节点域的补强板的设置

(9)梁与柱铰接时(图 7.30),与梁腹板相连的高强度螺栓,除应承受梁端剪力 V 外,尚应承受偏心弯矩的作用,偏心弯矩 M 应按下式计算:

$$M = V \times e \tag{7.60}$$

对于梁与绕柱弱轴的连接(图 7.30(b)),需要在柱上设置外伸的竖向连接板,连接板的上端和下端需要设置水平加劲肋,加劲肋板与柱腹板和翼缘的连接均可采用双面角焊缝。竖向连接板与柱腹板和加劲肋板也通过双面角焊缝进行连接。

除了钢梁与柱子铰接连接外,楼盖次梁通常均通过其腹板与主梁铰接连接。楼盖次梁与主梁用高强度螺栓连接也应考虑偏心影响进行设计,次梁端部的连接除传递剪力外,还应传递偏心弯矩。但是,当采用现浇钢筋混凝土楼板将主梁与次梁连成一体时,偏心弯矩将由混凝土楼板承担,因此,当采用现浇钢筋混凝土楼板将主梁和次梁连成整体时,楼盖次梁与钢梁的连接在计算时可以忽略螺栓连接引起的偏心弯矩的影响。此时楼板厚度应符合设计标准的要求(采用组合板时,压型钢板顶面以上的混凝土厚度不应小于 80 mm)。

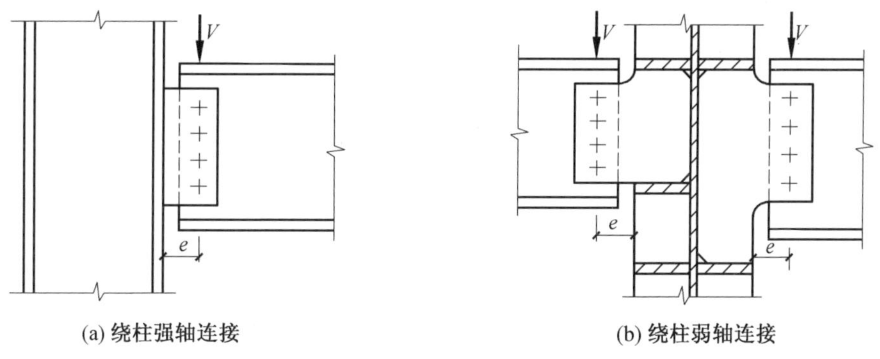

(a) 绕柱强轴连接　　　　(b) 绕柱弱轴连接

图 7.30　梁与柱的铰接

7.6　柱与柱连接

在高层钢结构中,由于荷载沿结构竖向的变化,柱子截面沿竖向应适当变化。此外,为便于钢柱子制作、运输及安装,柱子应分段制作,钢柱分段一般宜按 2 ~ 3 个楼层高度为一节。因此,应重视柱段间的连接(即柱子的拼接),特别是抗震设计时,以保证柱子能安全承载。

(1)柱与柱的连接应符合下列规定:

①钢框架宜采用H形柱、箱形柱或圆管柱,钢骨混凝土柱中钢骨宜采用H形或十字形。当高层民用建筑钢结构底部有钢骨混凝土结构层时,H形截面钢柱延伸至钢骨混凝土中仍为H形截面,而箱形柱延伸至钢骨混凝土中,应改用十字形截面,以便于与混凝土结合成整体。

②框架柱拼接处距楼面的高度,应考虑安装时操作方便,也考虑位于弯矩较小处,操作不便将影响焊接质量。因此,框架柱的拼接处至梁面的距离应为1.2~1.3 m或柱净高的一半,取二者的较小值。柱拼接属于重要焊缝,抗震设计时,框架柱的拼接应采用一级坡口全熔透焊缝;非抗震设计时,柱拼接也可采用部分熔透焊缝。

③采用部分熔透焊缝进行柱拼接时,应进行承载力验算。当内力较小时,设计弯矩不得小于柱全塑性弯矩的一半。

(2)箱形柱宜为焊接柱,其柱身区段角部的组装焊缝一般应采用V形坡口部分熔透焊缝。当箱形柱壁板的Z向性能有保证,通过工艺试验确认不会引起层状撕裂时,可采用单边V形坡口焊缝。箱形柱含有组装焊缝一侧与框架梁连接后,其抗震性能低于未设焊缝的一侧,应将不含组装焊缝的一侧置于主要受力方向。组装焊缝厚度不应小于板厚的1/3,且不应小于16 mm,抗震设计时不应小于板厚的1/2(图7.31(a))。对于节点附近的区段,当梁与柱刚性连接时,在框架梁翼缘的上、下500 mm范围内,考虑该范围柱段在预估的罕遇地震作用时将有塑性发展,应采用全熔透焊缝;柱宽度大于600 mm时,应在框架梁翼缘的上、下600 mm范围内采用全熔透焊缝(图7.31(b))。十字形柱应由钢板或两个H形钢(将其中一个H形钢剖分成两个T形钢)焊接组合而成(图7.32);组装焊缝均应采用部分熔透的K形坡口焊缝,每边焊接深度不应小于1/3板厚。

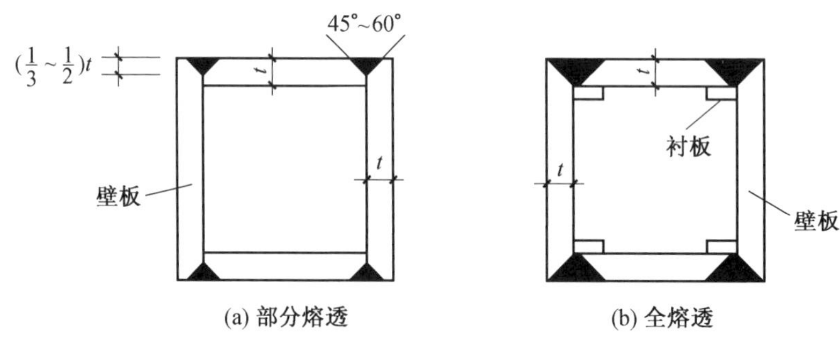

图7.31　箱形组合柱的角部组装焊缝

(3)在柱的工地接头处应设置安装耳板,耳板预先焊在柱子上作为安装临时固定和定位校正。耳板厚度应根据阵风和其他施工荷载确定,并不得小于10 mm。对于H形截面钢柱,耳板应设于柱翼缘的两侧(图7.33(a))。对于箱形截面柱,为便于工地施焊,耳板宜设于柱的一个方向的两侧,如图7.33(b)中的实线所示。对于大截面的柱子,有时也在相邻的相互垂直的柱面上设置耳板,如图7.33(b)中的虚线所示。待柱子焊接完毕后,再将耳板切除。

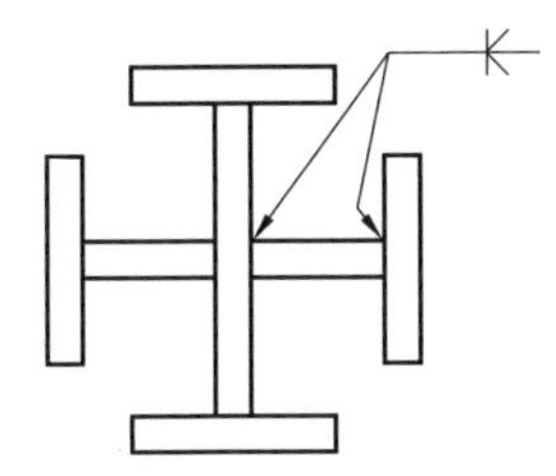

图 7.32　十字形柱的组装焊缝

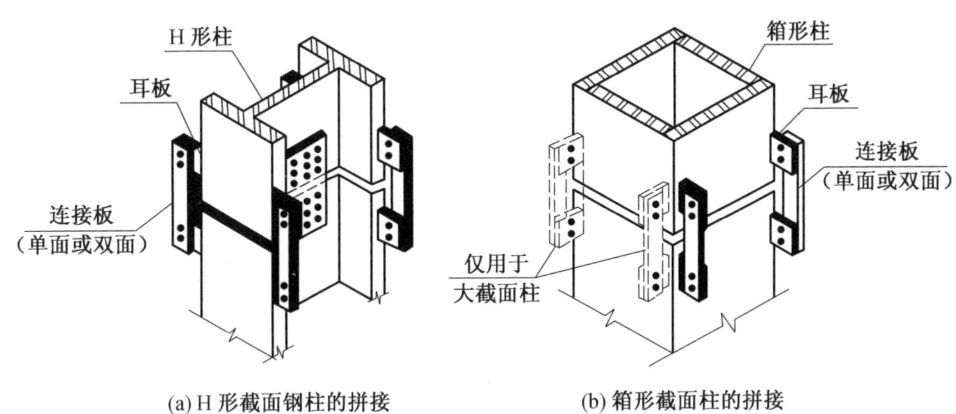

图 7.33　柱子工地安装时柱面设置的耳板

(4)当按内力设计柱的拼接时，H 形柱在工地的接头，弯矩应由翼缘和腹板承受，剪力应由腹板承受，轴力应由翼缘和腹板分担。翼缘接头宜采用坡口全熔透焊缝，腹板可采用高强度螺栓连接(图 7.34(a))。当采用全焊接接头时，上柱翼缘应开 V 形坡口，腹板应开 K 形坡口(图 7.34(b))。有时，为了减少工地现场焊接工作量，柱子拼接可完全采用高强度螺栓连接(图 7.34(c))。对于截面由钢板焊接组成的 H 形钢柱，钢柱在工地接头的上下侧各 100 mm 范围内，柱子腹板与翼缘的焊接应采用坡口全熔透焊缝。

在抗震设计的结构中，柱的拼接应采用坡口全熔透焊缝，焊缝连接和柱身等强，不必做相应计算。此时，上柱翼缘应开 V 形坡口，且要求腹板全焊透，按《钢结构焊接规范》(GB 50661—2011)的要求，如果上柱腹板厚度不大于 20 mm，宜采用单面 V 形坡口加衬板焊接；如果上柱腹板厚度大于 20 mm，宜采用 K 形坡口，并应反面清根后焊接(图 7.34(b))。

(5)非抗震设计的高层民用建筑钢结构，当柱子的弯矩较小且不产生拉力时，可通过上下柱接触面直接传递 25% 的压力和 25% 的弯矩，此时柱子的上下端应磨平顶紧，并应与柱轴线垂直。坡口焊缝的有效深度 t_e 不宜小于板厚的 1/2，如图 7.35 所示。

(6)抗震设计时，箱形柱的工地接头应全部采用焊接，如图 7.36 所示。下节箱形柱的上端应设置隔板，并应与柱口齐平，厚度不宜小于 16 mm。其边缘应与柱口截面一起刨平。下柱横隔板应与柱壁板焊接一定深度，使周边铣平后不致将焊根露出。在上节箱形柱安装单元的下部附近，尚应设置上柱隔板，其厚度不宜小于 10 mm。柱子在工地接头的上下侧各 100 mm范围内，截面组装焊缝应采用坡口全熔透焊缝。

非抗震设计时，可按图 7.35 和上述规定执行。

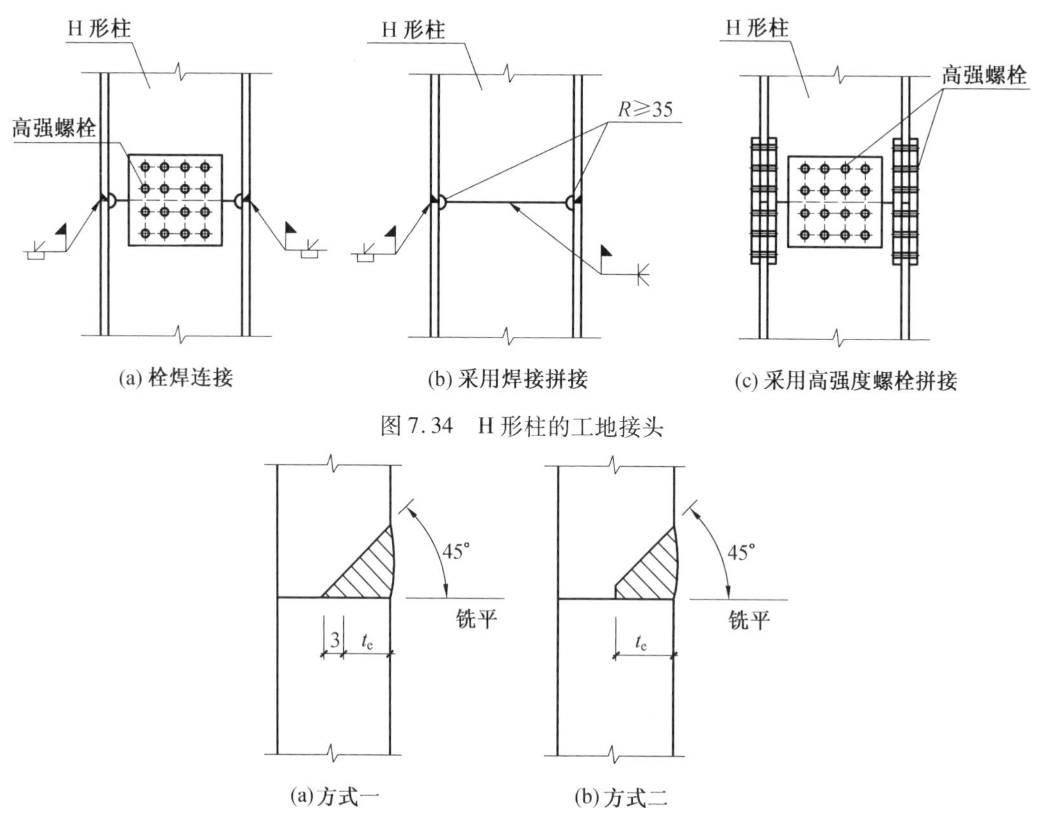

图 7.34　H 形柱的工地接头

图 7.35　采用部分熔透焊缝的柱子拼接

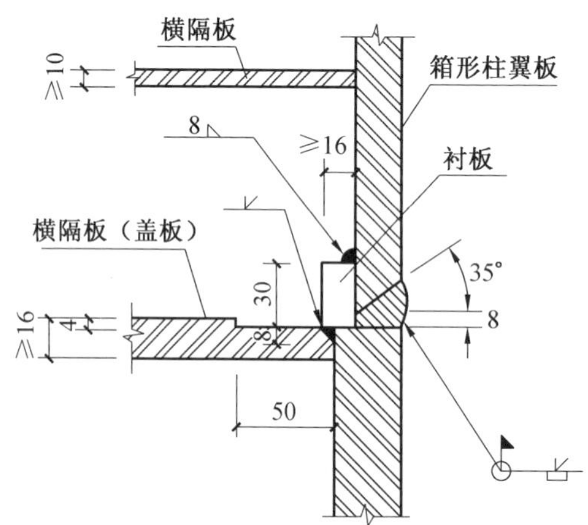

图 7.36　箱形柱的工地焊接

(7)当需要改变柱截面积时,柱截面高度宜保持不变而改变翼缘厚度。且宜将变截面段设于梁接头部位,使柱在层间保持等截面。当需要改变柱截面高度时,变截面区段的坡度不宜过大,一般不应大于 1∶4,实际工程中也有不超过 1∶6 的。为了外挂墙板平整,边柱在变截面区段宜保持外侧柱面齐平。对边柱宜采用图 7.37(a)和图 7.38(a)的做法,但计算时需考虑上、下柱偏心产生的附加弯矩。对中柱宜采用图 7.37(b)和图 7.38(b)的做法,变截面的上、下端均应设置隔板。上部箱形柱和下部箱形柱与柱变截面区段的拼接处均要设置横隔板(盖板),板厚不小于 16 mm。拼接处柱的端面应铣平,并采用全熔透焊缝。当变截面区段的长度比梁截面高度小 200 mm 时,可采用图 7.38(a)所示的拼接构造。当柱变截面区段的长度等于梁截面高度时,则应采用图 7.38(b)所示的拼接构造。当变截面段位于梁柱接头时,为避免焊缝重叠,变截面两端拼接断面距梁翼缘外侧不宜小于 150 mm。当梁与柱刚性连接时,在框架梁翼缘的上、下 500 mm 范围内(如果柱宽度大于 600 mm 时,应在框架梁翼缘的上、下 600 mm 范围内),组成箱形截面的壁板间应采用全熔透焊缝。

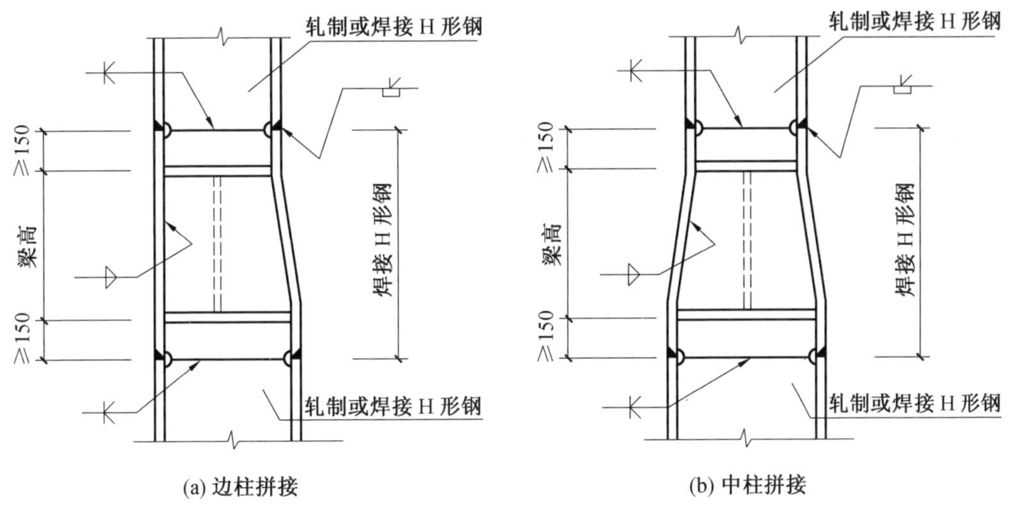

图 7.37　H 形柱的变截面连接

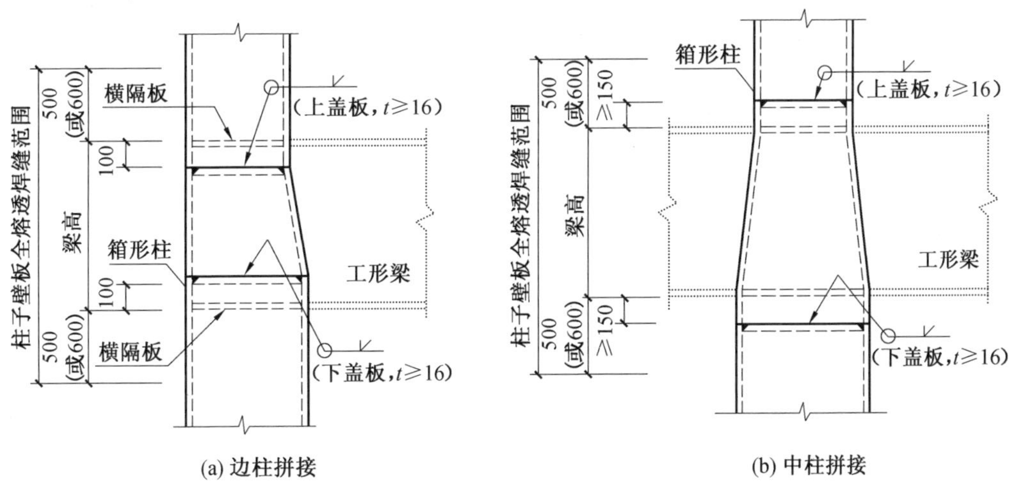

图 7.38　箱形柱的变截面连接

(8)非抗震设计的钢结构,上、下柱截面不同时的拼接,可采用图 7.39(a)所示的端板-高强度螺栓拼接。对于 H 形钢柱,也可采用高强度螺栓和拼接板进行拼接,如图 7.39(b)所示,因上、下柱截面尺寸不同,可以采用填板配合拼接板进行连接。

(9)在工地进行十字形截面钢柱的拼接,腹板可采用高强度螺栓摩擦型连接,翼缘采用全熔透或部分熔透的坡口对接焊缝连接,如图 7.40 所示。在抗震设计的结构中,十字形截面柱的接头应采用焊接,且全部采用全熔透的坡口对接焊缝连接。

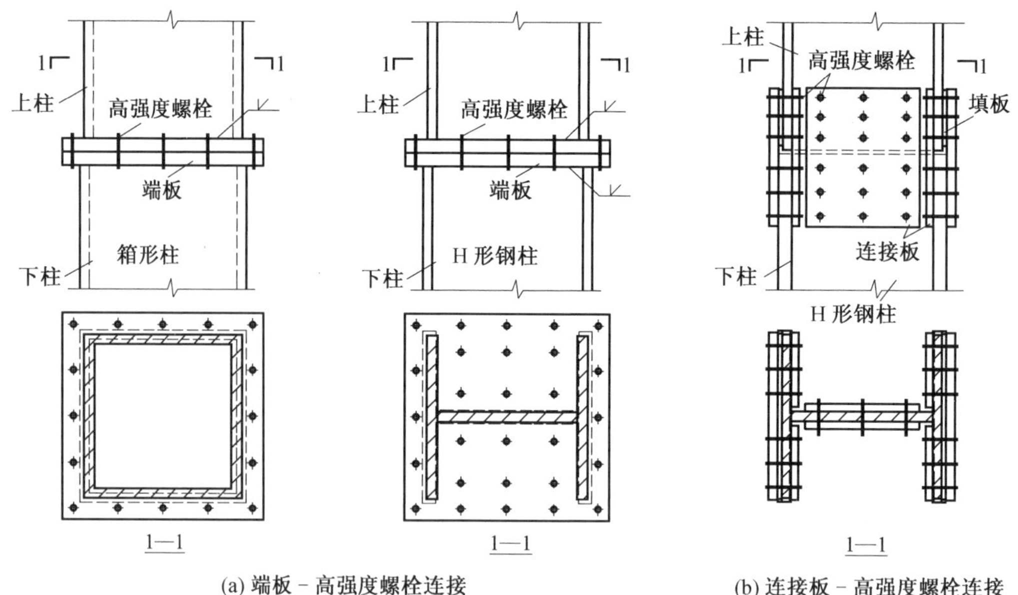

(a) 端板 - 高强度螺栓连接　　(b) 连接板 - 高强度螺栓连接

图 7.39　H 形钢柱和箱形柱的变截面连接

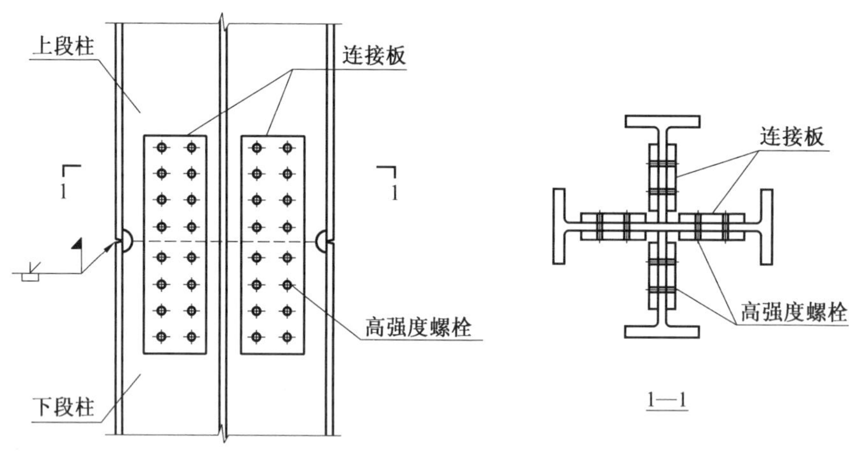

图 7.40　采用栓焊连接的十字形截面柱工地拼接

(10)上部钢结构采用的箱形截面钢柱，当延伸至底部的混凝土结构中，箱形截面柱应转变为十字形截面柱，以便于与混凝土更好地结合成整体。在钢结构向钢骨混凝土结构过渡的楼层，为了保证传力平稳和提高结构的整体性，应在钢柱上设置栓钉。钢柱表面通常焊接直径为 19 mm 的栓钉并外包混凝土，形成钢骨混凝土柱。十字形柱与箱形柱相连处，在两种截面的过渡段中，十字形柱的腹板应伸入箱形柱内，其伸入长度 e 不应小于钢柱截面高度加 200 mm，如图 7.41 所示。与上部钢结构相连的钢骨混凝土柱，沿其全高应设栓钉，以增强内芯钢柱与外包混凝土的连接，并传递箱形柱转变为截面较小的十字形截面柱所引起的内力差。栓钉间距和列距在过渡段内宜采用 150 mm，最大不得超过 200 mm；在过渡段外不应大于 300 mm。

十字形柱与箱形柱连接处的过渡段，位于主梁之下，紧靠主梁。伸入箱形柱内的十字形柱腹板，通过专用的长臂工艺等设备与箱形柱壁板进行焊接。

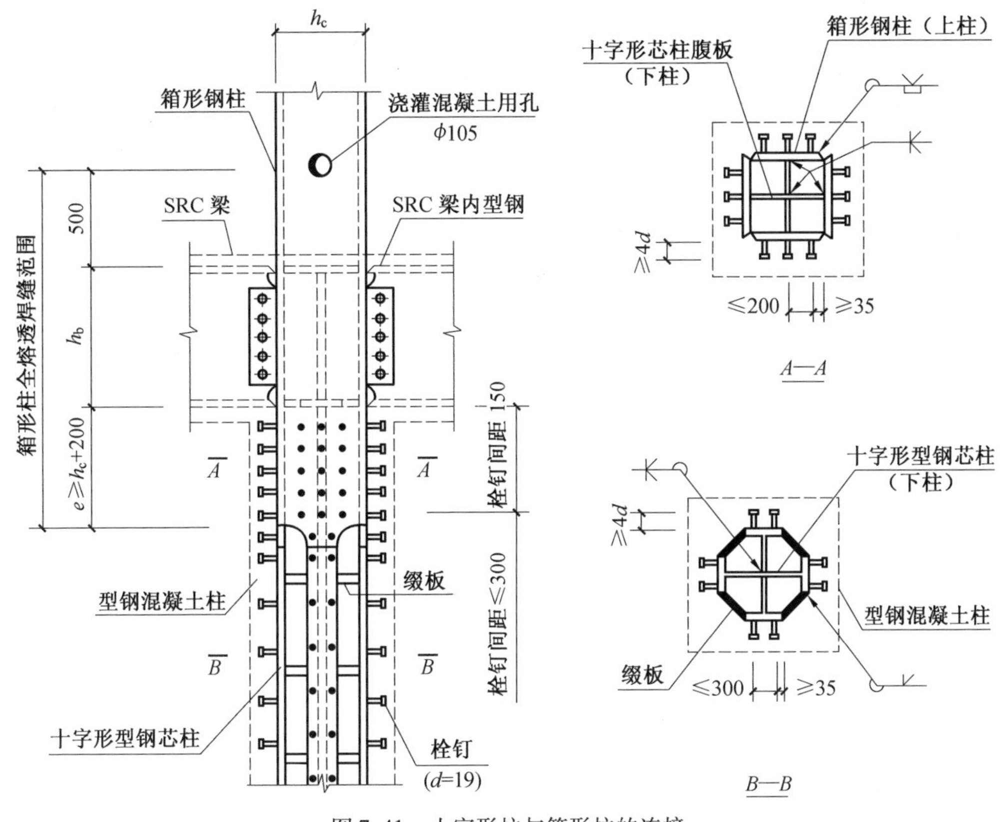

图 7.41　十字形柱与箱形柱的连接

7.7　梁与梁连接和梁腹板开孔补强

(1)梁的拼接应符合下列规定：

①翼缘采用全熔透对接焊缝，腹板采用高强度螺栓摩擦型连接，即栓焊混接。

②翼缘和腹板均采用高强度螺栓摩擦型连接。

③三级、四级和非抗震设计时可采用全截面焊接。

④抗震设计时，应先做螺栓连接的抗滑移承载力计算，然后再进行极限承载力计算；非抗震设计时，可只做抗滑移承载力计算。

(2)主梁和其他钢梁的工地拼接。

在高层建筑钢结构中，主梁的拼接可采用翼缘和腹板全部螺栓连接(图 7.42(a))或全部焊接(图 7.42(b))，或者翼缘采用焊接腹板采用高强度螺栓的栓焊混接(图 7.42(c))，应用最多的是栓焊混接。

当钢梁翼缘和腹板均采用高强度螺栓摩擦型连接时，拼接板原则上应双侧设置(图 7.42(a))。钢梁翼缘采用双面拼接板时，钢梁上、下翼缘外侧的拼接板厚度 $t_1 \geqslant t_f/2$；翼缘内侧拼接板的厚度 $t_2 \geqslant t_f B/4b$。式中，B 和 t_f 分别为翼缘宽度和厚度；b 为翼缘内侧拼接板宽度。当翼缘宽度较小，内侧拼接板设置困难时，也可仅在钢梁翼缘外侧设置拼接板，拼接连接的承载力应不低于所拼接板件(翼缘)的承载力。梁腹板双面设置拼接板时，拼接板的厚度 $t \geqslant t_w H/2h$，且不应小于 6 mm。式中，H 和 h 分别为梁高和拼接板的高度；t_w 为腹板厚度。

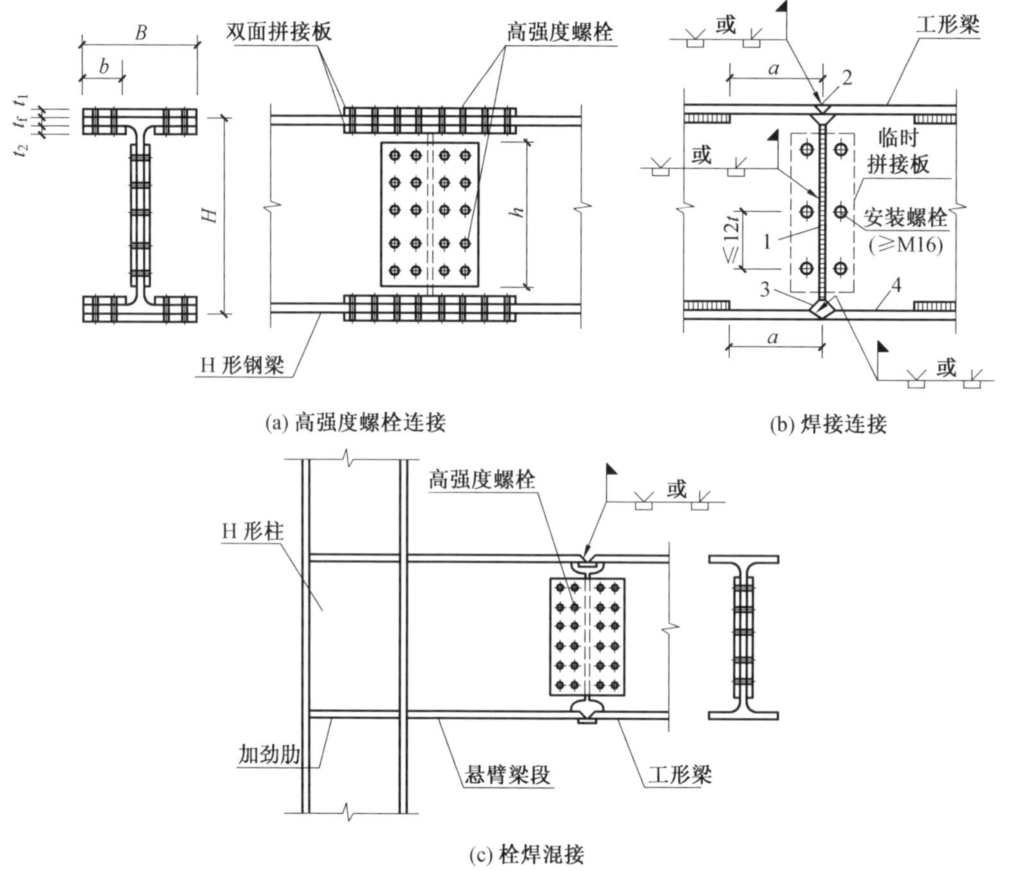

图 7.42　工字形主梁的拼接

采用全焊接进行拼接时,提前在拼接断面两侧的梁翼缘和腹板间预留一段区域(图7.42(b)中的长度 a 不焊接,以减小焊缝的约束和残余应力。图中数字1、2、3、4表示焊接的顺序。

除主梁外,其他钢梁的工地拼接,拼接板的厚度也不应小于6 mm。通常按等强度设计拼接接头,即拼接的强度不低于被拼接钢梁的强度。

(3)钢梁的拼接应进行强度验算,梁拼接的受弯、受剪承载力应符合下列规定:

①梁拼接的受弯、受剪极限承载力应满足下列公式要求:

$$M_{\mathrm{ub,sp}}^{\mathrm{j}} \geqslant \alpha M_{\mathrm{p}} \tag{7.61}$$

$$V_{\mathrm{ub,sp}}^{\mathrm{j}} \geqslant \alpha(2M_{\mathrm{p}}/l_n)+V_{\mathrm{Gb}} \tag{7.62}$$

式中　$M_{\mathrm{ub,sp}}^{\mathrm{j}}$——梁拼接的极限受弯承载力(kN·m);

$V_{\mathrm{ub,sp}}^{\mathrm{j}}$——梁拼接的极限受剪承载力(kN)。

②框架梁的拼接。当全截面采用高强度螺栓连接时,其在弹性设计时计算截面的翼缘和腹板弯矩宜满足下列公式要求:

$$M=M_{\mathrm{f}}+M_{\mathrm{w}} \geqslant M_{\mathrm{j}} \tag{7.63}$$

$$M_{\mathrm{f}} \geqslant (1-\psi I_{\mathrm{w}}/I_0)M_{\mathrm{j}} \tag{7.64}$$

$$M_{\mathrm{w}} \geqslant (\psi I_{\mathrm{w}}/I_0)M_{\mathrm{j}} \tag{7.65}$$

式中　M_f、M_w——拼接处梁翼缘和梁腹板的弯矩设计值(kN·m);

M_j——拼接处梁的弯矩设计值,原则上应等于 $W_b f_y$,当拼接处弯矩较小时,不应小于 $0.5W_b f_y$, W_b 为梁的截面塑性模量,f_y 为梁钢材的屈服强度(MPa);

I_w——梁腹板的截面惯性矩(m^4);

I_0——梁的截面惯性矩(m^4);

ψ——弯矩传递系数,取 0.4;

α——连接系数,按表 7.1 的规定采用。

上述计算中采用弯矩传递系数 0.4 的缘由为:梁弯矩是在翼缘和腹板的拼接板间按其截面惯性矩所占比例进行分配的,又因梁翼缘的拼接板长度大于腹板拼接板长度时,在其附近的梁腹板弯矩,有向刚度较大的翼缘侧传递的倾向,这样就使腹板拼接部分承受的弯矩减小。鉴于此,高强度螺栓拼接在弹性阶段的抗弯计算,腹板的弯矩传递系数需乘以降低系数(即折减系数 0.4)。

(4)在地震作用下,楼层平面内水平力的传递使钢梁可能承受较大的轴力。因此,抗震设计时,梁的拼接应按前述的要求考虑轴力的影响(梁全塑性受弯承载力 M_p 应按规定以 M_{pc} 代替);非抗震设计时,梁的拼接可按内力设计,腹板连接应按受全部剪力和部分弯矩计算,翼缘连接应按所分配的弯矩计算。

(5)次梁与主梁的连接宜采用简支连接,次梁腹板通过高强度螺栓与主梁连接(图 7.43)。次梁腹板通过螺栓连于主梁的加劲肋上(图 7.43(a)或通过角钢与主梁腹板直接连接(图 7.43(b))。

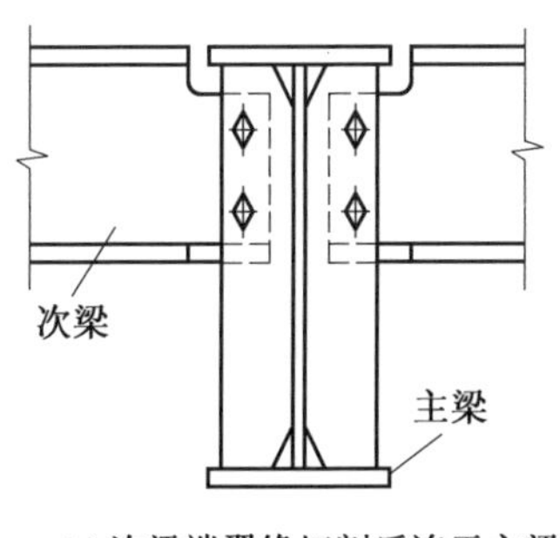

(a) 次梁端翼缘切割后连于主梁

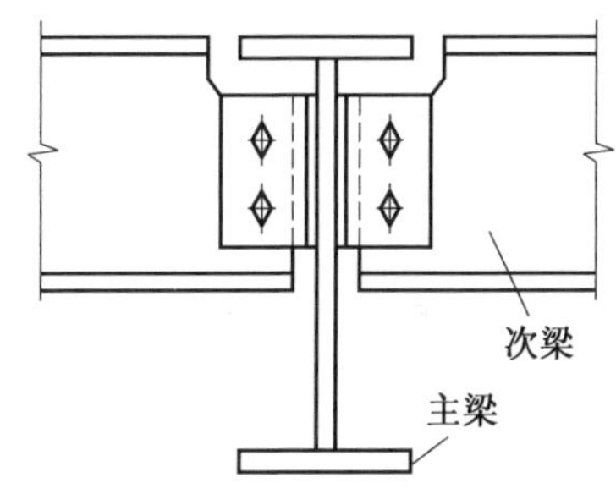

(b) 次梁通过角钢连于主梁

图 7.43　次梁与主梁简支连接

次梁与主梁的简支连接,应按次梁端部的剪力进行设计,并考虑因连接偏心引起的附加弯矩。

当次梁的跨度较大或者荷载较大,要求减小梁的挠度时,或有其他需要时,也可采用刚性连接,例如图 7.44 和 7.45 所示的次梁与主梁通过栓焊混接或全部采用高强度螺栓的两种刚性连接的构造。全部采用高强螺栓连接,当次梁与主梁等高时,次梁上、下翼缘均可借助拼接板跨过主梁相互连接(图 7.44);不等高时,次梁下翼缘通过连接板与主梁腹板连接。这使支座弯矩在很大程度上在两相邻跨次梁之间直接传递。

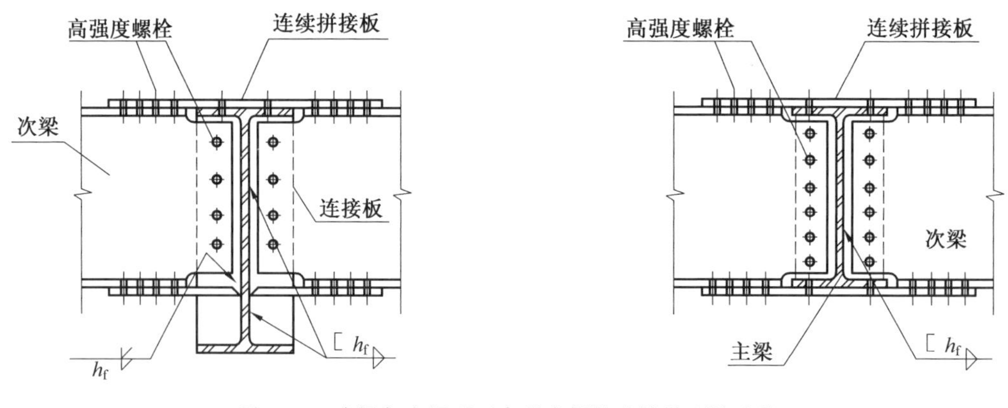

图 7.44　次梁与主梁通过高强度螺栓连接的刚性连接

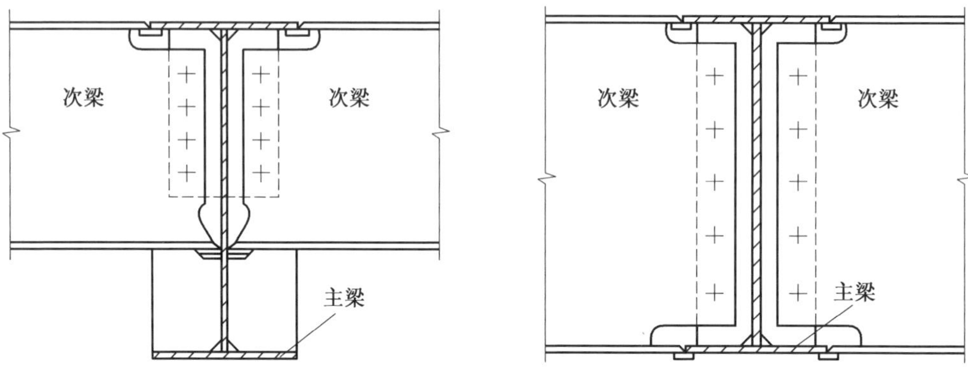

(a) 翼缘采用全熔透焊接的栓焊混接

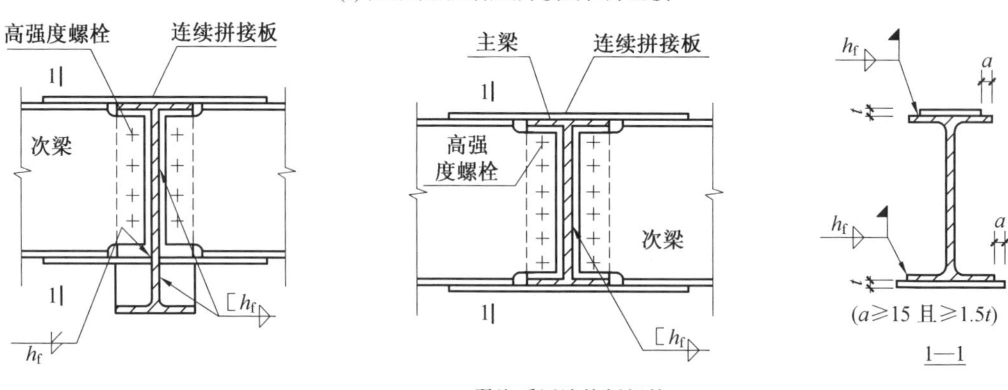

(b) 翼缘采用连接板焊接

图 7.45　次梁与主梁翼缘采用焊接的刚性连接

当采用栓焊连接(图 7.45)时,对于主、次梁等高的情况,次梁的上、下翼缘分别与主梁的上、下翼缘垂直相交并采用坡口对接焊缝连接(图 7.45(a))。这种坡口全熔透焊缝,要求次梁长度精确,从而保证焊缝坡口根部间隙尺寸合适,且使主梁翼缘存在双向受力。与图 7.44 高强度螺栓连接相似,当次梁与主梁等高时,也可以在主梁顶面和底面分别采用一块连续拼接板进行次梁与主梁翼缘间的连接,此时连接板与梁翼缘通过角焊缝连接(图 7.45(b))。当次梁高度较小时,次梁下翼缘连接板与主梁腹板进行焊接连接。次梁的腹板通过高强度螺栓与主梁上的横向加劲肋进行连接。

需注意的是，刚性连接构造复杂，翼缘焊接连接时（图 7.45（a）），主梁翼缘存在双向应力状态，且两侧次梁端部支座压力差别较大时容易导致主梁受扭。因此，不是十分必要时，一般不宜采用。

（6）抗震设计时，对于一般的框架梁，其受压翼缘根据需要在钢梁的一侧设置水平面内的侧向支撑（图 7.46），在出现塑性铰的截面（例如偏心支撑框架结构中含有耗能梁段的主梁）上、下翼缘均应设置侧向支撑，以防止钢梁塑性铰转动过程中整体失稳。仅在钢梁一侧设置隅撑还可以防止隅撑约束耗能梁段的竖向塑性变形。当梁上翼缘与楼板有可靠连接时，对于一般的框架梁，固端梁下翼缘在梁端约0.15 倍梁跨附近均宜设置隅撑（图 7.46（a））；对于偏心偏心支撑框架，应在耗能梁段的端部设置隅撑；梁端采用加强型连接或骨式连接时，应在塑性区外设置竖向加劲肋。隅撑与偏置 45°的竖向加劲肋在梁下翼缘附近相连（图 7.46（b）），该竖向加劲肋不应与翼缘焊接。梁端下翼缘宽度局部加大，对梁下翼缘侧向约束较大时，视情况也可不设隅撑。相邻两支承点间的构件长细比 λ_y，应符合现行国家标准《钢结构设计标准》（GB 50017—2017）对塑性设计的有关规定，见表 6.3 的规定。

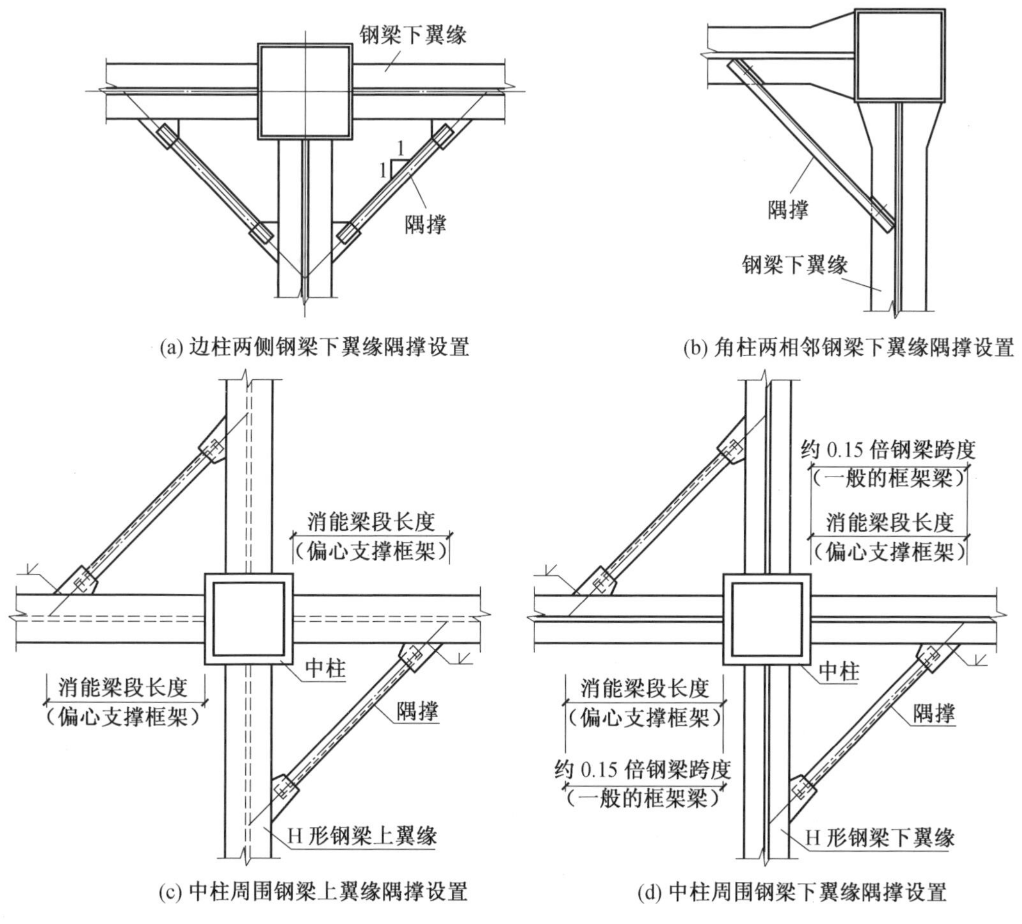

图 7.46　梁的隅撑设置

能够成为侧向支承的杆件必须具有足够的强度和刚度，当钢梁产生全塑性弯矩（即全截面屈服）时，如果钢梁腹板中央以上部分为受压区，以下部分为受拉区。这样，可近似地将梁中和轴以上的部分看作受压屈服的T形截面轴心受压杆件（图7.47），且假定此受压部分不受下半部分的约束。参照设置侧向支承的轴心压杆所需支承力的研究，钢梁受压翼缘所需侧向力F（此力方向垂直于钢梁轴线）为轴心压杆屈服轴力的1% ~3%。近似取中间值，则有

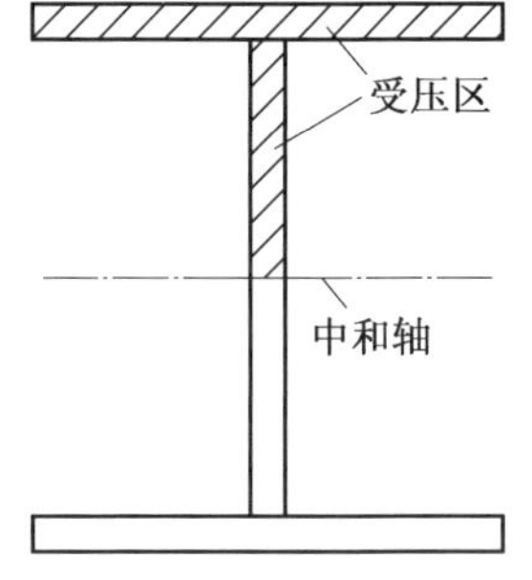

图7.47　梁全截面服时的受压区

$$F=0.02(Af_y/2) \tag{7.66}$$

式中　A——钢梁的横截面面积；

f_y——钢梁钢材的屈服强度。

隅撑可采用角钢等热轧型钢制成，且应按压杆设计。假设钢梁轴线与隅撑轴线二者间的夹角为α，则隅撑的设计轴力为$F/\sin\alpha$。隅撑斜杆的长细比λ应满足$\lambda \leqslant 130\sqrt{235/f_y}$，$f_y$为隅撑钢材的屈服强度。

（7）当管道穿过钢梁时，腹板中的孔口应予补强。补强时，弯矩可仅由翼缘承担，剪力由孔口截面的腹板和补强板共同承担，并符合下列规定：

① 开孔宜在梁中段1/2跨度区域设置。不应在距梁端相当于梁高的范围内设孔，抗震设计的结构不应在隅撑范围内设孔。孔口直径不得大于梁高的1/2。相邻圆形孔口边缘间的距离不得小于梁高，孔口边缘至梁翼缘外皮的距离不得小于梁高的1/4。圆形孔直径小于或等于1/3梁高时，可不予补强（图7.48（a））。当大于1/3梁高时，可用环形加劲肋加强（图7.48（b）），也可用套管（图7.48（c））或环形补强板（图7.48（d））加强。

圆形孔口加劲肋截面不宜小于100 mm×10 mm，加劲肋边缘至孔口边缘的距离不宜大于12 mm。圆形孔口用套管补强时，其厚度不宜小于梁腹板厚度。用环形板补强时，若在梁腹板两侧设置，环形板的厚度可稍小于腹板厚度，其宽度可取75 ~125 mm。

用套管补强有孔梁的承载力时，可考虑以下3点：

a. 可分别验算受弯和受剪时的承载力。

b. 弯矩仅由翼缘承受。

c. 剪力由套管和梁腹板共同承担，即

$$V=V_s+V_w \tag{7.67}$$

式中　V_s——套管的抗剪承载力（kN）；

V_w——梁腹板的抗剪承载力（kN）。

补强管的长度一般等于梁翼缘宽度或稍短，管壁厚度宜比梁腹板厚度大一些。角焊缝的焊脚高度可以取$0.7t_w$，t_w为梁腹板厚度。

②矩形孔口与相邻孔口间的距离不得小于梁高或矩形孔口长度之较大值。孔口上、下边缘至梁翼缘外皮的距离不得小于梁高的1/4 。矩形孔口长度不得大于750 mm，孔口高度不得大于梁高的1/2，其边缘应采用纵向和横向加劲肋加强。

矩形孔口上、下边缘的水平加劲肋端部宜伸至孔口边缘以外各300 mm。当矩形孔口长度大于梁高时，其横向加劲肋应沿梁全高设置（图7.49）。

矩形孔口加劲肋截面不宜小于125 mm×18 mm。当孔口长度大于500 mm时，应在梁腹

板两侧设置加劲肋。

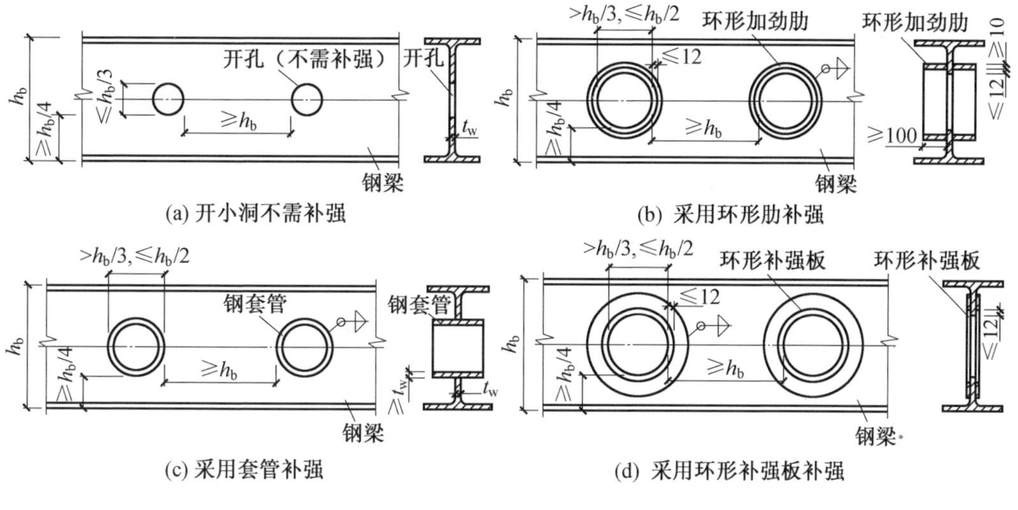

图 7.48　梁腹板圆形孔口的补强

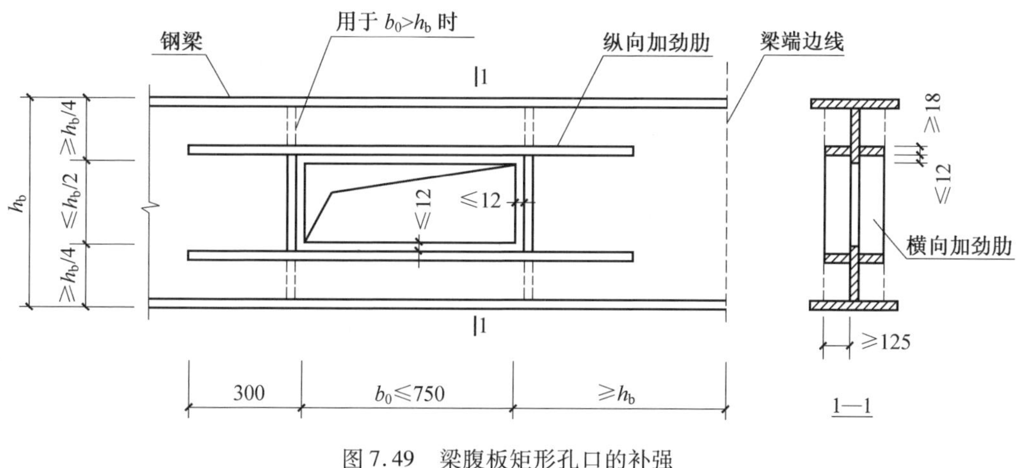

图 7.49　梁腹板矩形孔口的补强

7.8　钢柱的柱脚设计

高层钢结构柱脚起到将上部结构受到的荷载传到基础的重要枢纽作用，应根据上部结构和基础的形式和特点等方面的因素综合确定合理的柱脚形式，并进行相应的设计。

(1) 钢柱柱脚包括外露式柱脚（图 7.50）、外包式柱脚（图 7.51）和埋入式柱脚（图 7.52）3 类。抗震设计时，宜优先采用埋入式；外包式柱脚可在有地下室的高层民用建筑中采用。各类柱脚均应进行受压、受弯、受剪承载力计算，其轴力、弯矩、剪力的设计值取钢柱底部的相应设计值。各类柱脚构造应分别符合下列规定：

①钢柱外露式柱脚应通过底板锚栓固定于混凝土基础上（图 7.50），高层民用建筑的钢柱应采用刚接柱脚。三级及以上抗震等级时，锚栓截面面积不宜小于钢柱下端截面面积的 20%。

柱脚通过锚栓固定的外露式柱脚，强度验算应符合如下规定：

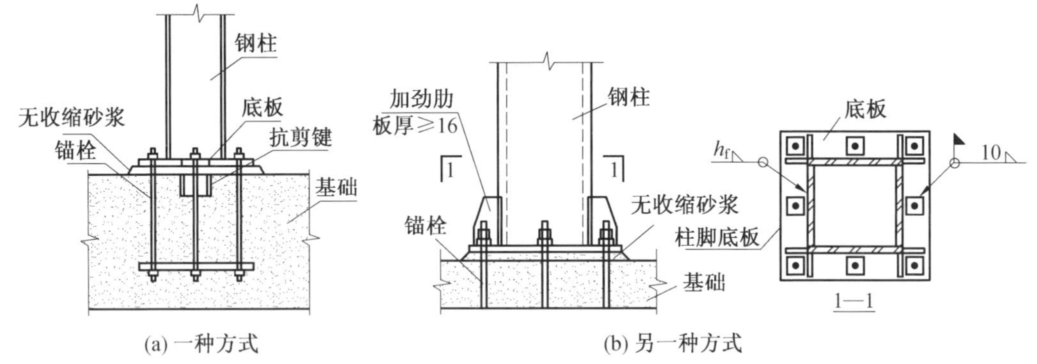

图 7.50　外露式柱脚

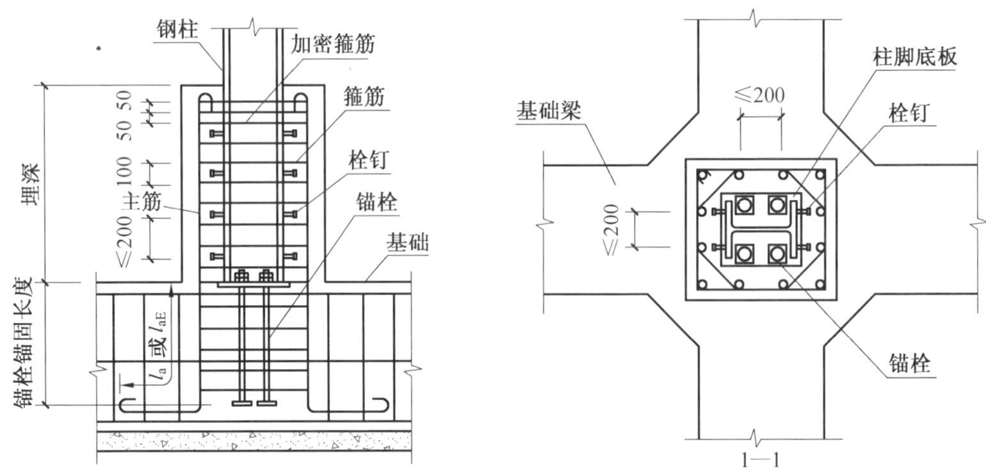

图 7.51　外包式柱脚

a. 柱脚处的轴力和弯矩由钢柱底板直接传递给基础，此时，应验算基础混凝土的承压强度及锚栓的抗拉强度。

b. 钢柱底板的尺寸，应根据基础混凝土的抗压强度设计值来确定。当底板压应力出现负值时，应由锚栓来承受拉力。锚栓埋入混凝土基础内应有足够深度，使锚栓的拉力通过其与混凝土之间的黏结力得到充分传递。当锚栓的埋置深度受到限制时，应将锚栓固定在锚板或其他锚固措施上，以传递锚栓的全部拉力，此时，锚栓与混凝土之间的黏结力可不考虑。

c. 通常，柱脚锚栓不宜用来承受柱脚底部的水平剪力。柱脚底板的水平剪力，应由底板与混凝土基础间摩擦力传递，摩擦系数可取 0.4。当水平剪力超过摩擦力时，应在底板下加焊抗剪键或改用其他形式的柱脚；当采用锚栓抗剪时，锚栓孔径不应大于锚栓直径加 5 mm 左右的要求，若不能做到，也应采用设置抗剪键等其他措施。

刚接柱脚的构造要求如下：

a. 底板的厚度不应小于柱翼缘厚，且不应小于 30 mm。柱底端刨平后与底板顶紧，然后围焊。柱脚底板底面与基础顶面间填充厚 50 mm 左右、强度等级不低于 C40 的无收缩细石混凝土或高强无收缩的砂浆。

b. 锚栓的直径不应小于 30 mm。锚栓上端应设双螺帽以防止松动，锚栓下端应设弯钩。锚栓锚固长度受限时，锚栓下端应固定在锚板上。安装锚栓时，应采用坚固的支架辅助锚栓定位。

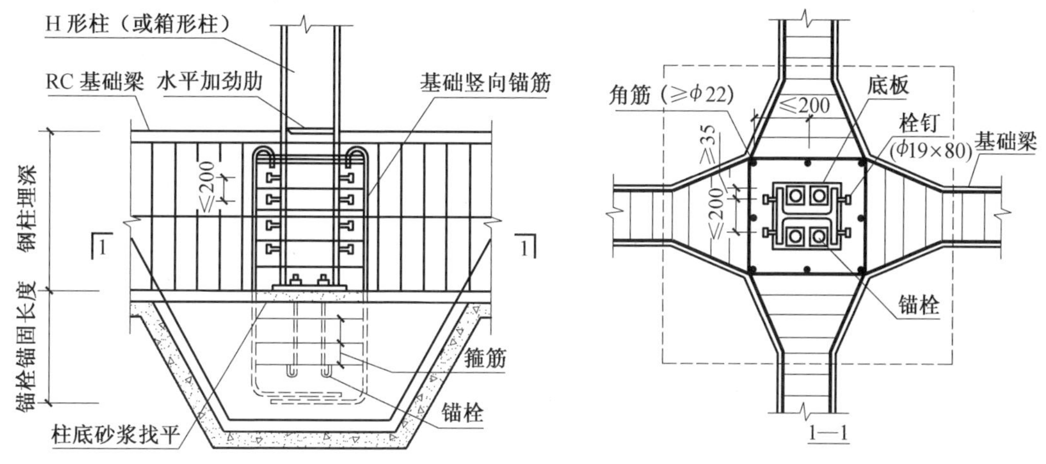

图 7.52　埋入式柱脚

②钢柱外包式柱脚由钢柱脚和外包混凝土组成，钢柱柱脚底板位于混凝土基础顶面以上（图 7.51），再由基础伸出钢筋混凝土短柱将钢柱柱脚包围起来，钢柱脚与基础的连接应采用抗弯连接。外包混凝土的高度不应小于钢柱截面高度的 2.5 倍，且从柱脚底板到外包层顶部箍筋的距离与外包混凝土宽度之比不应小于 1.0。外包层内纵向受力钢筋在基础内的锚固长度（l_a，l_{aE}）应根据现行国家标准《混凝土结构设计规范》（GB 50010—2011）的有关规定确定，纵向钢筋的间距不大于 200 mm，且四角主筋的上、下都应加弯钩，弯钩投影长度不应小于 15d（d 为钢筋直径）；外包层中应配置箍筋，箍筋的直径、间距和配箍率应符合现行国家标准《混凝土结构设计规范》（GB 50010—2011）中钢筋混凝土柱的要求；外包层顶部箍筋应加密且不应少于 3 道，其间距不应大于 50 mm。

为了增强柱脚的整体性，外包部分的钢柱翼缘表面宜设置栓钉，一般来讲，栓钉直径为 19 mm（直径不应小于 16 mm），栓钉长度约为 4d（d 为栓钉直径），沿柱轴向每列栓钉内的间距不应大于 200 mm，各列栓钉间距也不应大于 200 mm，栓钉至钢柱边缘的边距不小于 35 mm。

钢柱柱脚底板的厚度不应小于 16 mm，并通过锚栓进行固定，锚栓深入基础内的锚固长度不应小于锚栓直径的 25 倍。

③钢柱埋入式柱脚是将柱脚埋入混凝土基础内（图 7.52），H 形截面柱的埋置深度不应小于钢柱截面高度的 2 倍，箱形柱的埋置深度不应小于柱截面长边的 2.5 倍，圆管柱的埋置深度不应小于柱外径的 3 倍；钢柱脚底板应设置锚栓与下部混凝土连接。

钢柱埋入部分的侧边混凝土保护层厚度要求（图 7.53）如下：C_1 不得小于钢柱受弯方向截面高度的一半，且不小于 250 mm，C_2 不得小于钢柱受弯方向截面高度的 2/3，且不小于 400 mm。箍筋间距为 100 mm，顶部箍筋应加密且不应少于 3 道，其间距不应大于 50 mm。

钢柱埋入部分的四角应设置竖向钢筋，四周应配置箍筋，箍筋直径不应小于 10 mm，其间距不大于 250 mm；在边柱和角柱柱脚中，埋入部分的顶部和底部尚应设置 U 形钢筋（图 7.54），U 形钢筋的开口应向内；U 形钢筋的锚固长度应从钢柱内侧算起，锚固长度（l_a、l_{aE}）应根据现行国家标准《混凝土结构设计规范》（GB 50010—2011）的有关规定确定。相关研

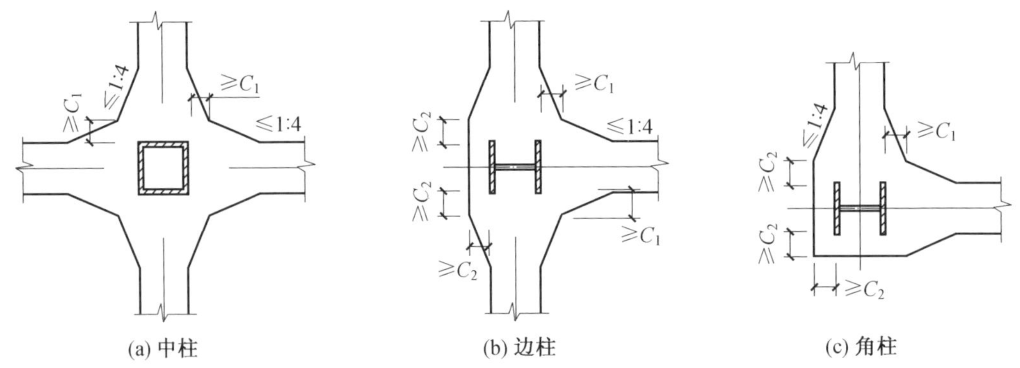

图 7.53　埋入式钢柱脚的保护层厚度

究表明,这种柱脚中,钢柱外表设置的栓钉作用不大。柱脚所受的侧向剪力和弯矩主要是依据基础内混凝土对钢柱翼缘的侧向承压力所产生的侧向抵抗矩承担的。但为了增强柱脚的整体性,埋入部分的柱表面宜设置栓钉。

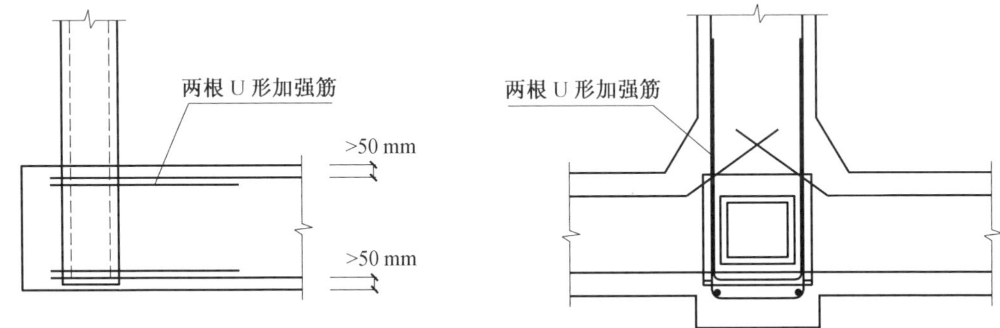

图 7.54　边柱 U 形加强筋的设置示意

当采用对埋入部分钢柱设置栓钉来抗拔时,应在钢柱埋入部分表面设置栓钉,其数量和布置按计算确定。一般来讲,栓钉直径不应小于 16 mm(通常为 19 mm),栓钉长度约为 $4d$(d 为栓钉直径),沿柱轴向和水平向栓钉的间距不应大于 200 mm,栓钉至钢柱边缘的边距不小于 35 mm。

在混凝土基础顶部,钢柱应设置水平加劲肋或横隔板。当箱形柱壁板宽厚比大于 30 时,应在埋入部分的顶部设置隔板;对于 H 形钢柱,其水平加劲肋外伸宽度和板厚之比不应大于 $9\sqrt{235/f_y}$,对于箱形截面柱,其内部横隔板的宽厚比不应大于 $30\sqrt{235/f_y}$;也可在箱形柱的埋入部分填充混凝土,当混凝土填充至基础顶部以上 1 倍箱形截面高度时,埋入部分的顶部可不设隔板。

钢柱柱脚埋入部分的外围混凝土内应配置竖向钢筋。通常,竖向钢筋的配筋率不应小于 0.2%,其沿周边的间距不应大于 200 mm。4 根角部钢筋的直径不应小于 22 mm,每边中间的附加钢筋的直径不应小于 16 mm。钢柱柱脚底板需用锚栓固定,锚栓的锚固深度不应小于锚栓直径的 25 倍。

④钢柱柱脚的底板均应布置锚栓按抗弯连接设计(图 7.55),锚栓埋入长度不应小于其直径的 25 倍,锚栓底部应设锚板或弯钩,锚板厚度宜大于 1.3 倍锚栓直径。应保证锚栓四周及底部的混凝土有足够厚度,避免基础冲切破坏;锚栓应按混凝土基础要求设置保护层。

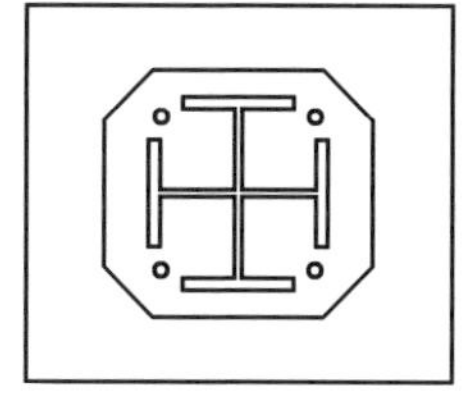
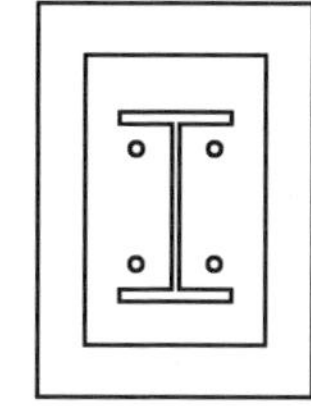
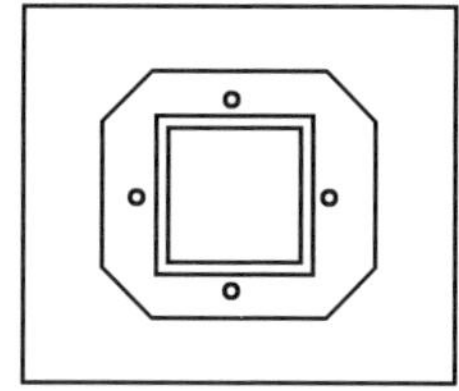
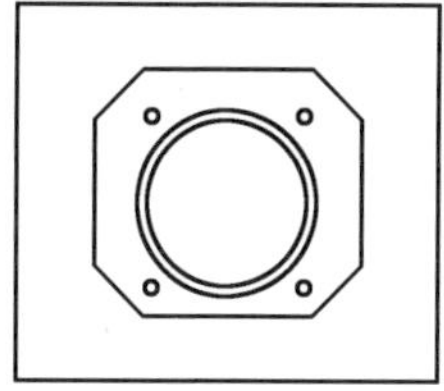

图 7.55　抗弯连接钢柱底板形状和锚栓的配置

⑤据相关研究，埋入式柱脚管壁局部变形引起的应力集中，使角部应力最大，而冷成型钢管柱角部因冷加工使钢材变脆。因此，埋入式柱脚不宜采用冷成型箱形柱。

在埋入部分的上端，应采用内隔板、外隔板、内填混凝土或外侧设置栓钉等措施，对箱形柱壁板进行加强。当采用外隔板时，外伸部分的长度应不小于管径的 1/10，板厚不小于钢管柱壁板厚度。

⑥外包式柱脚和埋入式柱脚中钢柱部分与基础的连接，都应按抗弯要求设计。

(2)外露式柱脚的设计应符合下列规定：

①钢柱轴力由底板直接传至混凝土基础，按现行国家标准《混凝土结构设计规范》(GB 50010—2011)来验算柱脚底板下混凝土的局部承压，承压面积为底板面积。

②在轴力和弯矩作用下计算所需锚栓面积，应按下式验算：

$$M \leqslant M_1 \tag{7.68}$$

式中　M ——柱脚弯矩设计值(kN · m)；

M_1——在轴力与弯矩作用下按钢筋混凝土压弯构件截面设计方法计算的柱脚受弯承载力(kN · m)。设截面为底板面积，由受拉边的锚栓单独承受拉力，混凝土基础单独承受压力，受压边的锚栓不参与工作，锚栓和混凝土的强度均取设计值。

③抗震设计时，在柱与柱脚连接处，柱可能出现塑性铰的柱脚极限受弯承载力应大于钢柱的全塑性抗弯承载力，应按下式验算：

$$M_u \geqslant M_{pc} \tag{7.69}$$

式中　M_{pc}——考虑轴力时柱的全塑性受弯承载力(kN · m)，按本章前述规定计算；

M_u——考虑轴力时柱脚的极限受弯承载力(kN · m)，按公式(7.68)中计算 M_1 的方法计算，但锚栓和混凝土的强度均取标准值。

④钢柱底部的剪力可由底板与混凝土之间的摩擦力传递，摩擦系数取 0.4；当剪力大于底板下的摩擦力时，应设置抗剪键，由抗剪键承受全部剪力；也可由锚栓抵抗全部剪力，此时底板上的锚栓孔直径不应大于锚栓直径加 5 mm，且锚栓垫片下应设置盖板，盖板与柱底板焊接，并计算焊缝的抗剪强度。当锚栓同时受拉、受剪时，参考高强度螺栓连接(承压型)同时受拉受剪的承载力计算规定，单根锚栓的承载力应按下式计算：

$$\left(\frac{N_t}{N_t^a}\right)^2 + \left(\frac{V_v}{V_v^a}\right)^2 \leqslant 1 \tag{7.70}$$

式中　N_t——单根锚栓承受的拉力设计值(N)；

V_v——单根锚栓承受的剪力设计值(N)；

N_t^a——单根锚栓的受拉承载力(N)，取 $N_t^a = A_e f_t^a$；

V_v^a——单根锚栓承受的拉力设计值(N),取 $V_v^a=A_e f_v^a$;

A_e——单根锚栓截面面积(mm^2);

f_t^a——锚栓钢材的抗拉强度设计值(N/mm^2);

f_v^a——锚栓钢材的抗剪强度设计值(N/mm^2)。

(3)外包式柱脚的设计应符合下列规定:

①柱脚轴向压力由钢柱底板直接传给基础,按现行国家标准《混凝土结构设计规范》(GB 50010—2011)验算柱脚底板下混凝土的局部承压,承压面积为底板面积。

②弯矩和剪力由外包层混凝土和钢柱脚共同承担,按外包层的有效面积计算(图7.56)。柱脚的受弯承载力应按下式验算:

$$M \leqslant 0.9A_s f h_0 + M_1 \tag{7.71}$$

式中 M——柱脚的弯矩设计值(N·mm);

A_s——外包层混凝土中受拉侧的钢筋截面面积(mm^2);

f——受拉钢筋抗拉强度设计值(N/mm^2);

h_0——受拉钢筋合力点至混凝土受压区边缘的距离(mm);

M_1——钢柱脚的受弯承载力(N·mm),按公式(7.68)中计算 M_1 的方法计算。

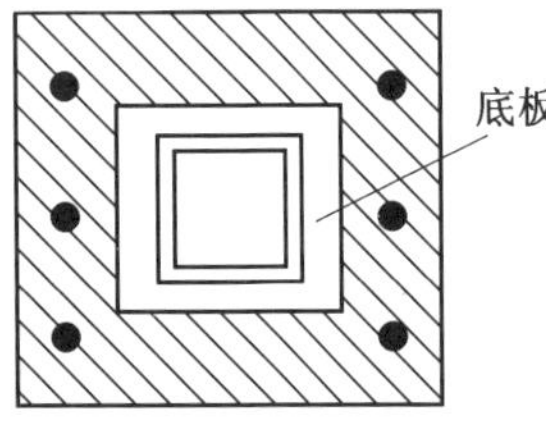

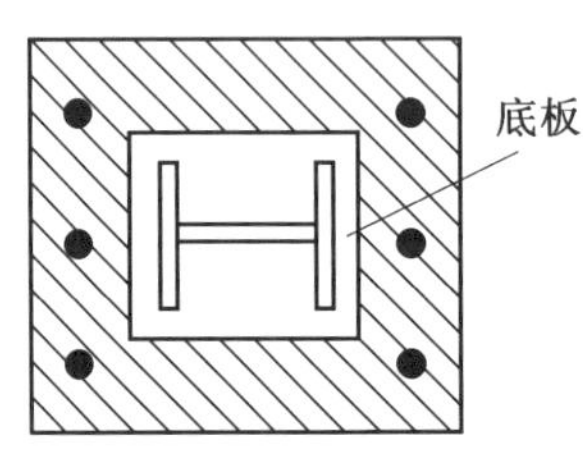

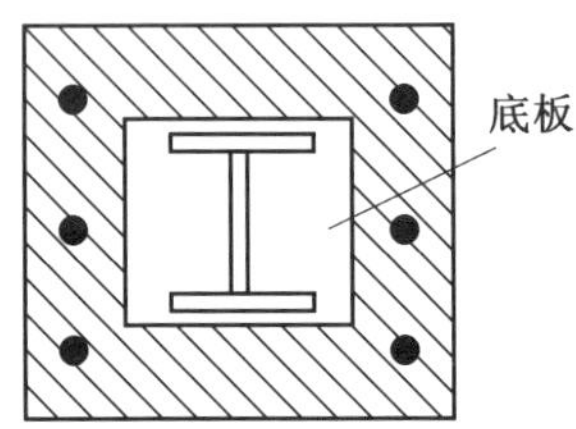

(a) 受弯时的有效面积(斜线部分)

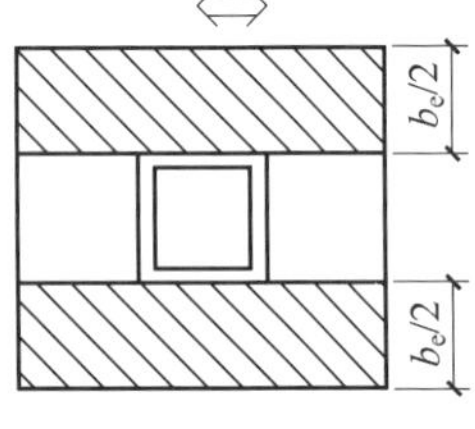

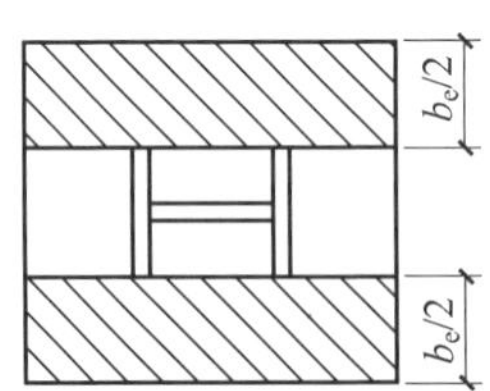

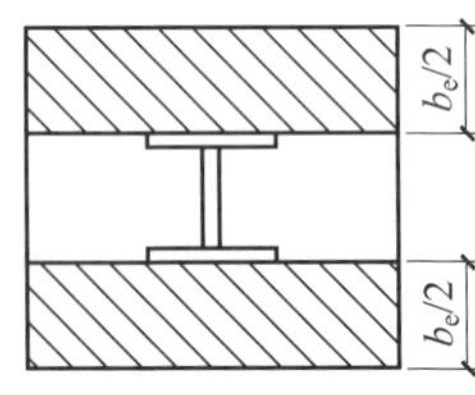

(b) 受剪时的有效面积(斜线部分)

图7.56 外包式钢筋混凝土的有效面积

③抗震设计时,在外包混凝土顶部箍筋处,柱可能出现塑性铰的柱脚极限受弯承载力应大于钢柱的全塑性受弯承载力(图7.57)。柱脚的极限受弯承载力应按下列公式验算:

$$M_u \geqslant \alpha M_{pc} \tag{7.72}$$

$$M_u = \min\{M_{u1}, M_{u2}\} \tag{7.73}$$

$$M_{u1} = M_{pc}/(1-l_r/l) \tag{7.74}$$

$$M_{u2} = 0.9A_s f_{yk} h_0 + M_{u3} \tag{7.75}$$

式中 M_u——柱脚连接的极限受弯承载力(N·mm);

M_{pc}——考虑轴力时,钢柱截面的全塑性受弯承载力(N·mm),按本章前述的规定计算；

M_{u1}——考虑轴力影响，外包混凝土顶部箍筋处钢柱弯矩达到全塑性受弯承载力 M_{pc} 时，按比例放大的外包混凝土底部弯矩（N · mm）；

M_{u2}——外包钢筋混凝土的抗弯承载力与 M_{u3} 之和（N · mm）；

M_{u3}——钢柱脚的极限受弯承载力（N · mm），按公式（7.69）中计算外露式钢柱脚 M_u 的计算方法计算；

l——钢柱底板到柱反弯点的距离（mm），可取柱脚所在层层高的 2/3；

l_r——外包混凝土顶部箍筋到柱底板的距离（mm）；

α——连接系数，按表 7.1 的规定采用；

f_{yk}——钢筋的抗拉强度最小值（N/mm^2）。

④外包层混凝土截面的受剪承载力应满足下式要求：

$$V \leqslant b_e h_0 (0.7 f_t + 0.5 f_{yv} \rho_{sh}) \tag{7.76}$$

式中　V——柱底截面的剪力设计值（N）；

b_e——外包层混凝土的截面有效宽度（mm），如图 7.56（b）所示；

f_t——混凝土轴心抗拉强度设计值（N/mm^2）；

f_{yv}——箍筋的抗拉强度设计值（N/mm^2）；

ρ_{sh}——水平箍筋的配箍率；$\rho_{sh}=A_{sh}/b_e s$，当 $\rho_{sh}>1.2\%$ 时，取 1.2%；A_{sh} 为配置在同一截面内箍筋的截面面积（mm^2）；s 为箍筋的间距（mm）。

抗震设计时尚应满足下列公式要求：

$$V_u \geqslant M_u / l_r \tag{7.77}$$

$$V_u = b_e h_0 (0.7 f_{tk} + 0.5 f_{yvk} \rho_{sh}) + M_{u3} / l_r \tag{7.78}$$

式中　V_u——外包式柱脚的极限受剪承载力（N）；

f_{tk}——混凝土轴心抗拉强度标准值（N/mm^2）；

f_{yvk}——箍筋的抗拉强度标准值（N/mm^2）。

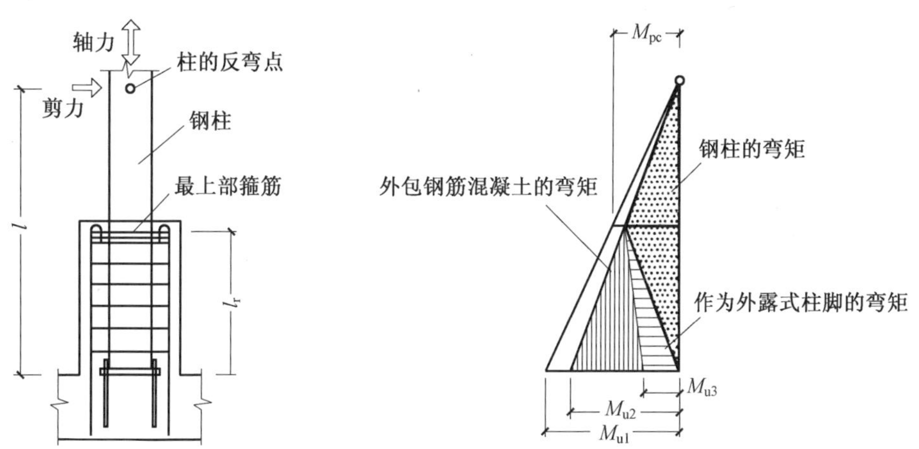

图 7.57　极限受弯承载力时外包式柱脚的受力状态

从上述外包式柱脚的验算公式可知，目前《高层民用建筑钢结构技术规程》（JGJ 99—2015）中外包式柱脚的设计与以前的规定相比，在受力机制上有较大修改。它不再通过栓钉抗剪形成力偶传递弯矩,甚至对栓钉设置未做明确规定,但为了加强柱脚整体性,仍需要设置栓钉。由钢筋混凝土外包层中的受拉纵筋和外包层受压区混凝土受压来抵抗弯矩。相关试验表明,它的破坏过程(图 7.58)首先是钢柱本身屈服,随后外包层受拉区混凝土出现裂缝,然后外包层在平行于受弯方向出现斜拉裂缝,进而使外包层受拉区黏结破坏。为了确保外包层的塑性变形能力,要求在外包层顶部钢柱达到 M_{pc} 时能形成塑性铰。但是当柱尺寸较大时,外包层高度增大,此要求不易满足。

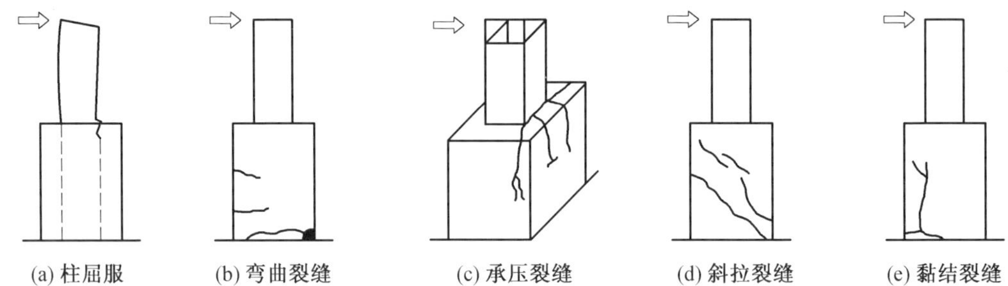

图 7.58 外包式柱脚的受力机制

外包式柱脚设计应注意的主要问题是:①当外包层高度较低时,外包层和柱面间很容易出现黏结破坏,为了确保刚度和承载力,外包层应达到柱截面的 2.5 倍以上,其厚度应符合有效截面要求。②若纵向钢筋的黏结力和锚固长度不够,纵向钢筋在屈服前会拔出,使承载力降低。为此,纵向钢筋顶部一定要设弯钩(图 7.51),下端也应设弯钩并确保锚固长度不小于 $25d$。③如果箍筋太少,外包层就会出现斜裂缝,箍筋至少要满足通常钢筋混凝土柱的设计要求,其直径和间距应符合现行国家标准《混凝土结构设计规范》(GB 50010—2011)的规定。为了防止出现承压裂缝(图 7.58),使剪力能从纵筋顺畅地传给钢筋混凝土,除了通常的箍筋外,柱顶密集配置三道箍筋十分重要。④抗震设计时,在柱脚达到最大受弯承载力之前,不应出现剪切裂缝。⑤采用箱形柱或圆管柱时,若壁板或管壁局部变形,承压力会集中出现在局部。为了防止局部变形,柱壁板宽厚比和径厚比应符合现行国家标准《钢结构设计标准》(GB 50017—2017)关于塑性设计的规定,也可在柱脚部分的钢管内灌注混凝土。

(4)埋入式柱脚的设计应符合下列规定:

①柱脚轴向压力由柱脚底板直接传给基础,应按现行国家标准《混凝土结构设计规范》(GB 50010—2011)验算柱脚底板下混凝土的局部承压,承压面积为底板面积。

若柱子承受轴向拉力,此拉力可通过底板悬出部分对基础混凝土向上的压力传给基础,或者经锚栓传给基础,或者通过柱子侧面焊接栓钉来传给基础。

②抗震设计时,在基础顶面处柱可能出现塑性铰的柱脚应按埋入部分钢柱侧向应力分布(图 7.59),验算在轴力和弯矩作用下基础混凝土的侧向抗弯极限承载力。

埋入式柱脚的极限受弯承载力不应小于钢柱全塑性抗弯承载力;与极限受弯承载力对应的剪力不应大于钢柱的全塑性抗剪承载力,应按下列公式验算:

$$M_u \geqslant \alpha M_{pc} \tag{7.79}$$

$$V_u = M_u / l \leqslant 0.58 h_w t_w f_y \tag{7.80}$$

$$M_u = f_{ck} b_c l \left[\sqrt{(2l+h_B)^2 + h_B^2} - (2l+h_B) \right] \tag{7.81}$$

式中 M_u——柱脚埋入部分承受的极限受弯承载力(N·mm);

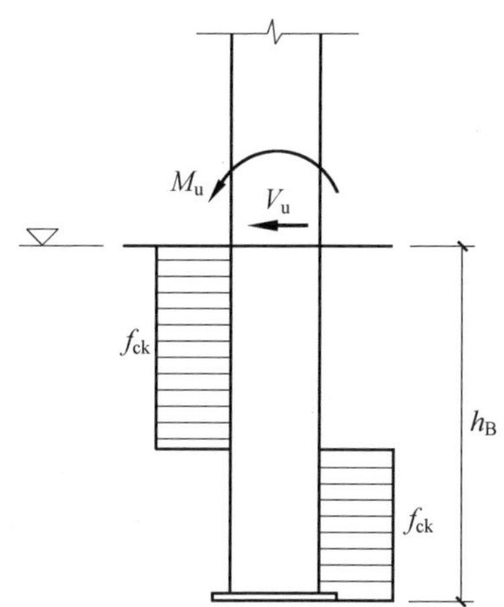

图 7.59　埋入式柱脚混凝土的侧向应力分布

M_{pc}——考虑轴力影响时钢柱截面的全塑性受弯承载力(N·mm),按本章前述的规定计算;

l——基础顶面到钢柱反弯点的距离(mm),可取柱脚所在层层高的 2/3;

b_c——与弯矩作用方向垂直的柱身宽度,对 H 形截面柱应取等效宽度(mm);

h_B——钢柱脚埋置深度(mm);

f_{ck}——基础混凝土抗压强度标准值(N/mm^2);

α——连接系数,按表 7.1 的规定采用。

③采用箱形柱和圆管柱时埋入式柱脚的构造应符合下列规定:

a. 截面宽厚比或径厚比较大的箱形柱和圆管柱,其埋入部分应采取措施防止在混凝土侧压力下被压坏。常用方法是填充混凝土(图 7.60(b)),或在基础顶面附近设置内隔板或外隔板(图 7.60(c)和(d))。

b. 隔板的厚度应按计算确定,外隔板的外伸长度不应小于柱边长(或管径)的 1/10。对于有抗拔要求的埋入式柱脚,可在埋入部分设置栓钉(图 7.60(a))。

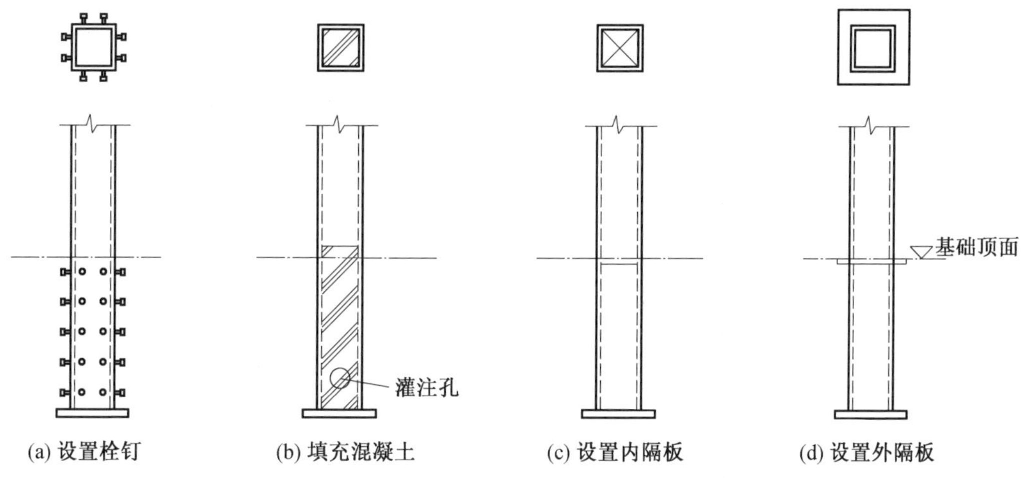

图 7.60　埋入式柱脚的抗压和抗拔构造

④抗震设计时，在基础顶面处钢柱可能出现塑性铰的边（角）柱的柱脚埋入混凝土基础部分的上、下部位均须布置U形钢筋加强，可按下列公式验算U形钢筋数量：

a. 当柱脚受到由内向外作用的剪力时（图7.61（a））：

$$M_u \leqslant f_{ck} b_c l \left\{ \frac{T_y}{f_{ck} b_c} - l - h_B + \sqrt{(l+h_B)^2 - \frac{2T_y(l+a)}{f_{ck} b_c}} \right\} \tag{7.82}$$

式中 M_u——柱脚埋入部分由U形加强筋提供的侧向极限受弯承载力（N·mm），可取 M_{pc}；

T_y——U形加强筋的受拉承载力（N/mm^2），$T_y = A_t f_{yk}$，A_t 为U形加强筋的截面面积之和（mm^2），f_{yk} 为U形加强筋的强度标准值（N/mm^2）；

f_{ck}——基础混凝土的受压强度标准值（N/mm^2）；

a——U形加强筋合力点到基础上表面或到柱底板下表面的距离（mm），如图7.61所示；

l——基础顶面到钢柱反弯点的高度（mm），可取柱脚所在层层高的2/3；

h_B——钢柱脚埋置深度（mm）；

b_c——与弯矩作用方向垂直的柱身尺寸（mm）。

b. 当柱脚受到由外向内作用的剪力时（图7.61（b））：

$$M_u \leqslant -(f_{ck} b_c l^2 + T_y l) + f_{ck} b_c l \sqrt{l^2 + \frac{2T_y(l+h_B-a)}{f_{ck} b_c}} \tag{7.83}$$

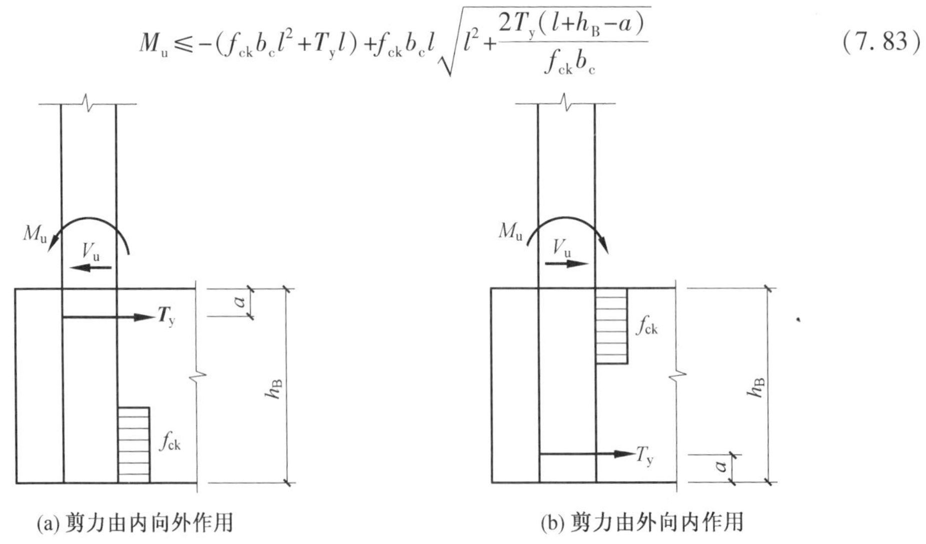

图7.61 埋入式钢柱脚U形加强筋计算简图

还应注意的是，当边（角）柱混凝土保护层厚度较小时，可能出现冲切破坏，可用下列方法之一补强：

a. 设置栓钉。

根据已有研究，栓钉对于传递弯矩没有什么支配作用，但对于抗拉，由于栓钉受剪，能传递内力。

b. 设置锚栓。

因柱子的弯矩和剪力是靠混凝土的承压力传递的,当埋深较深时,在锚栓中几乎不引起内力,但柱受拉时,锚栓对传递内力起支配作用。已有的试验研究还表明,在埋深较浅的柱脚中,适当加大埋深,提高底板和锚栓的刚度,可对锚栓传力起积极作用。

7.9　中心支撑与钢框架连接

中心支撑可与钢框架直接焊接连接。但在工地焊接较困难且质量易受影响,也会影响施工速度。因此,为了安装方便,常将支撑两端在工厂与框架构件焊接在一起,支撑中部在工地拼接(图 7.62)。

(a) 支撑两端通过螺栓与节点板连接

(b) 支撑两端在工厂与框架焊接在一起

图 7.62　支撑两端与钢框架的连接构造

(1)中心支撑与框架连接和支撑拼接的设计承载力应符合下列规定:

①抗震设计时,支撑在框架连接处和拼接处的受拉承载力应满足下式要求:

$$N_{\mathrm{ubr}}^{\mathrm{j}} \geqslant \alpha A_{\mathrm{br}} f_{\mathrm{y}} \tag{7.84}$$

式中　$N_{\mathrm{ubr}}^{\mathrm{j}}$——支撑连接的极限受拉承载力(N);

A_{br}——支撑斜杆的截面面积(mm^2);

f_{y}——支撑斜杆钢材的屈服强度($\mathrm{N/mm}^2$);

α——连接系数,按表 7.1 的规定采用。

②中心支撑的重心线应通过梁与柱轴线的交点,当受条件限制有不大于支撑杆件宽度的偏心时,节点设计应计入偏心造成的附加弯矩的影响。

(2)当支撑翼缘朝向框架平面外,且采用支托式连接时(图 7.62(b)和图 7.63(a)、(b)),其平面外计算长度可取轴线长度的 0.7 倍;当支撑腹板位于框架平面内时(图 7.63(c)和(d)),其平面外计算长度可取轴线长度的 0.9 倍。中心支撑的截面宜采用轧制宽翼缘 H 型钢。需注意的是,H 形截面支撑腹板位于框架平面内时,支撑平面外的计算长度,是根据主梁上翼缘有混凝土楼板、下翼缘有隅撑及楼层高度等情况提出来的。因此,设计时应根据支撑周围的实际构造情况来判断是否满足此计算长度的取值条件。

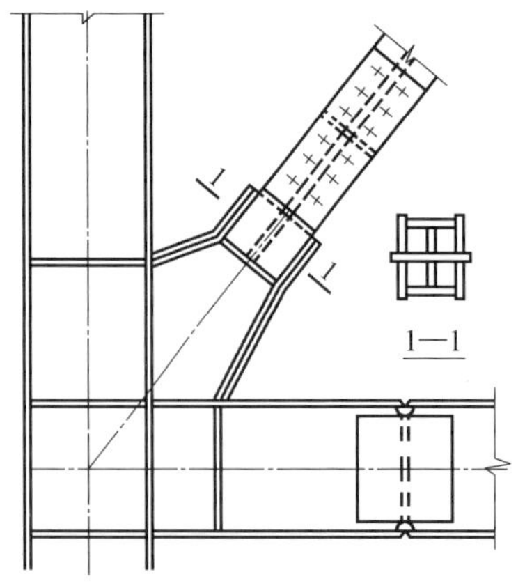

(a) 支撑翼缘朝向框架平面外连于梁柱节点

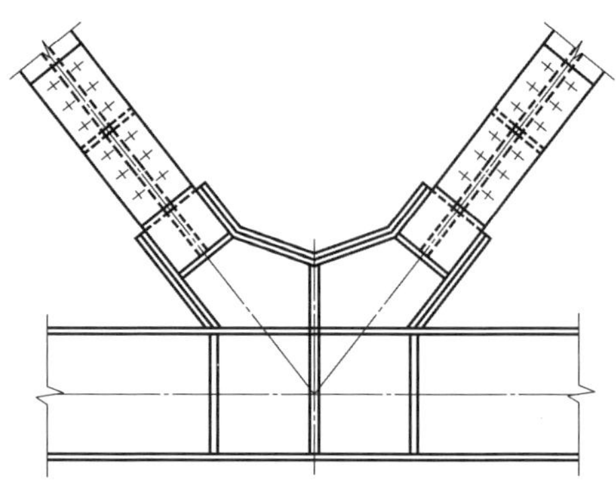
(b) 支撑翼缘朝向框架平面外连于钢梁

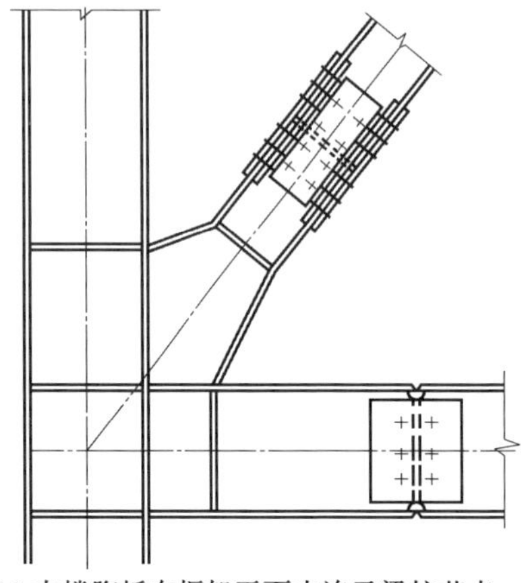
(c) 支撑腹板在框架平面内连于梁柱节点

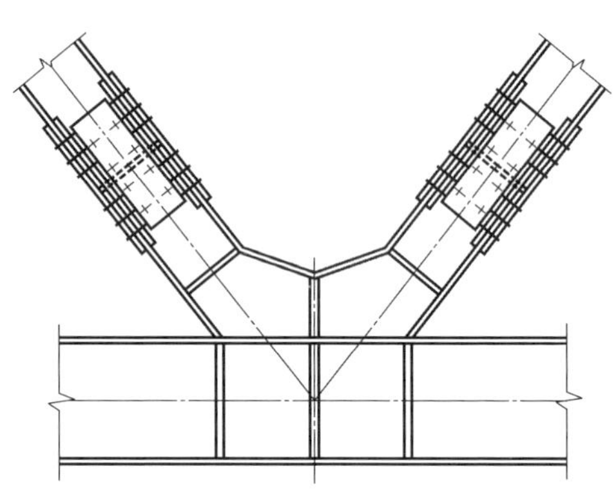
(d) 支撑腹板在框架平面内连于钢梁

图 7.63　支撑与框架的支托式连接

(3)中心支撑与梁柱连接处的构造应符合下列规定:

①柱和梁在与 H 形截面支撑翼缘的连接处,应设置加劲肋(图 7.63)。加劲肋应按承受支撑翼缘分担的轴心力对柱或梁的水平或竖向分力计算。H 形截面支撑翼缘与箱形柱连接时,在柱壁板的相应位置应设置隔板。H 形截面支撑翼缘端部与框架构件连接处,宜做成圆弧。支撑通过节点板连接时,节点板边缘与支撑轴线的夹角不应小于 30°。

②抗震设计时,支撑宜采用 H 形钢制作,在构造上两端应刚接。当采用焊接组合截面时,其翼缘和腹板应采用坡口全熔透焊缝连接。

③当支撑杆件为填板连接的组合截面时,可采用节点板进行连接(图 7.64)。相关试验表明,当支撑杆件发生出平面失稳时,将带动两端节点板的出平面弯曲。为了不在单壁节点板内发生节点板的出平面失稳,又能使节点板产生非约束的出平面塑性转动,在支撑端部与节点板约束点连线之间应留有 $2t$(t 为节点板的厚度)的间隙。节点板约束点连线应与支撑杆轴线垂直,以免支撑受扭。

按美国 UBC 规范规定,当支撑在节点板平面内屈曲时,支撑连接的设计承载力不应小于支撑截面承载力,以确保塑性铰出现在支撑上而不是节点板上。当支撑可能在节点板平面外屈曲时,节点板应按支撑不致屈曲的受压承载力设计。

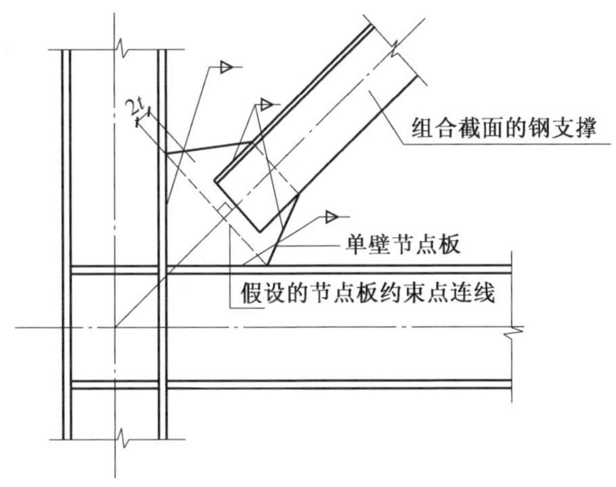

图7.64　组合支撑杆件端部与单壁节点板的连接

7.10　偏心支撑框架的构造要求

(1)消能梁段及与消能梁段同一跨内的非消能梁段,其板件的宽厚比不应大于表6.12规定的限值。为了保证钢梁塑性转动时不致整体失稳,当梁上翼缘与楼板固定但不能表明其下翼缘侧向固定时,仍需设置侧向支撑。

(2)偏心支撑框架的支撑杆件的长细比不应大于$120\sqrt{235/f_y}$,支撑杆件的板件宽厚比不应大于现行国家标准《钢结构设计标准》(GB 50017—2017)规定的轴心受压构件在弹性设计时的宽厚比限值。

(3)支撑斜杆轴力的水平分量成为消能梁段的轴向力,当此轴向力较大时,除降低此梁段的受剪承载力外,还需减少该梁段的长度,以保证消能梁段具有良好的滞回性能。消能梁段的净长应符合公式(6.57)和(6.58)的要求。

(4)由于消能梁段的腹板上贴焊的补强板不能进入弹塑性变形,腹板上开洞也会影响其弹塑性变形能力。因此,消能梁段的腹板不得贴焊补强板,也不得开洞。

(5)为使消能梁段在反复荷载作用下具有良好的滞回性能,需采取合适的构造并加强对腹板的约束。特别是,消能梁段腹板的中间加劲肋,需按梁段的长度区别对待,较短时为剪切屈服型,加劲肋间距小些;较长时为弯曲屈服型,需在距端部1.5倍的翼缘宽度处设置加劲肋;中等长度时需同时满足剪切屈服型和弯曲屈服型要求。消能梁段一般应设计成剪切屈服型。

消能梁段的腹板应按表6.13和下列规定设置加劲肋(图7.65):

①消能梁段与支撑斜杆连接处,为传递梁段的剪力并防止梁腹板屈曲,应在其腹板两侧设置加劲肋,加劲肋的高度应为梁腹板高度,一侧的加劲肋宽度不应小于$b_f/2-t_w$(b_f为翼缘宽度,t_w为腹板厚度),厚度不应小于0.75 t_w和10 mm的较大值。

②当$a\leqslant 1.6M_{lp}/V_l$时,中间加劲肋间距不应大于$(30t_w-h/5)$。

③当$2.6M_{lp}/V_l<a\leqslant 5M_{lp}/V_l$时,应在距消能梁段端部$1.5b_f$处设置中间加劲肋,且中间加劲肋间距不应大于$(52t_w-h/5)$。

④当 $1.6M_{lp}/V_l<a\leqslant 2.6M_{lp}/V_l$ 时，中间加劲肋的间距可取②、③两条间的线性插入值。

⑤当 $a>5M_{lp}/V_l$ 时，可不设置中间加劲肋。

⑥中间加劲肋应与消能梁段的腹板等高，当消能梁段截面的腹板高度不大于 640 mm 时，可设置单侧加劲肋；当消能梁段截面腹板高度大于 640 mm 时，应在两侧设置加劲肋，一侧加劲肋的宽度不应小于 $b_f/2-t_w$，厚度不应小于 t_w 和 10 mm 的较大值。

⑦加劲肋与消能梁段的腹板和翼缘之间可采用角焊缝连接，连接腹板的角焊缝的受拉承载力不应小于 fA_{st}，连接翼缘的角焊缝的受拉承载力不应小于 $fA_{st}/4$，其中 A_{st} 为加劲肋的横截面面积。

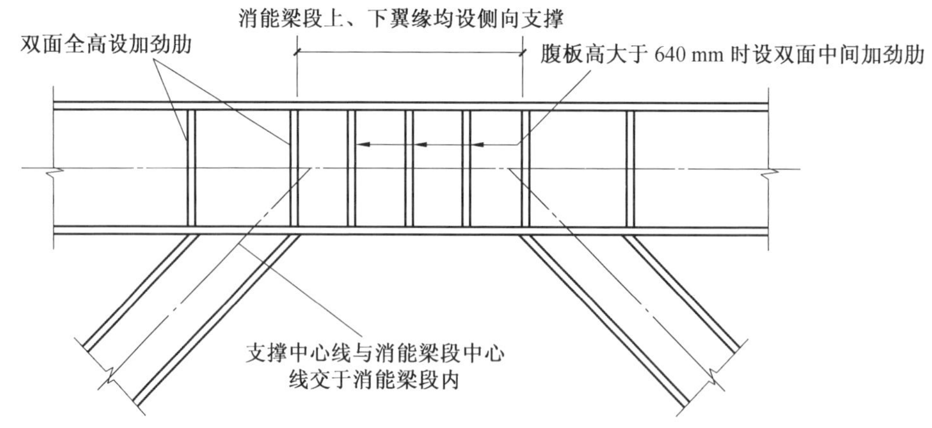

图 7.65　消能梁段的腹板加劲肋设置

(6)消能梁段与柱的连接应符合下列规定：

①消能梁段与柱翼缘应采用刚性连接，且应符合 7.4 节、7.5 节框架梁与柱刚性连接的规定。

②消能梁段与柱翼缘连接的一端采用加强型连接时，消能梁段的长度可从加强的端部算起，加强的端部梁腹板应设置加劲肋，加劲肋应符合本节第(5)条①的要求。

(7)支撑与消能梁段的连接应符合下列规定：

①支撑轴线与梁轴线的交点，不得在消能梁段外。这是因为偏心支撑的斜杆轴线与梁轴线的交点，一般在消能梁段的端部，也允许在消能梁段内，此时将产生与消能梁段端部弯矩方向相反的附加弯矩，从而减少消能梁段和支撑杆的弯矩，对抗震有利；但交点不应在消能梁段以外，因此时将增大支撑和消能梁段的弯矩，不利于抗震。

②抗震设计时，支撑与消能梁段连接的承载力不得小于支撑的承载力，当支撑端有弯矩时，支撑与梁连接的承载力应按抗压弯设计。

(8)消能梁段与支撑连接处，其上、下翼缘应设置侧向支撑，以承受平面外扭转作用。侧向支撑的轴力设计值不应小于消能梁段翼缘轴向极限承载力的 6%，即 $0.06f_y b_f t_f$。其中 f_y 为消能梁段钢材的屈服强度；b_f 和 t_f 分别为消能梁段翼缘的宽度和厚度。

(9)与消能梁段同一跨框架梁的稳定不满足要求时，梁的上、下翼缘应设置侧向支撑，侧向支撑的轴力设计值不应小于梁翼缘轴向承载力设计值的 2%，即 $0.02f\ b_f\ t_f$。其中 f 为框架梁钢材的抗拉强度设计值；b_f 和 t_f 分别为框架梁翼缘的宽度和厚度。

7.11　钢梁与混凝土结构连接

目前,在高层钢结构中,采用外部钢框架与内部混凝土核心筒的框架-筒体结构以及钢框架与剪力墙的框剪结构,具有抗侧刚度大、变形小,施工速度快和节省钢材等优点,在我国正建和已建的高层钢结构中应用不少。这些混凝土核心筒(或混凝土墙)与钢框架的连接节点通常按铰接设计,在钢梁安装时将抗剪连接件(角钢等型钢或钢板)按正确位置焊于混凝土墙的预埋件上,再通过高强度螺栓将钢梁与抗剪连接件连接在一起。

预埋件由锚板和焊接在锚板一侧的锚筋组成,也可采用焊接栓钉(图7.66(a))代替锚筋,栓钉除承受钢梁端的剪力外,还将承受因偏心受力引起的拉力,受拉栓钉可能使混凝土拉脱而破坏。栓钉使混凝土的拉脱力,可按与栓钉成45°倾角的混凝土锥体的投影面积计算。通常,栓钉的锚固长度应为栓钉直径的10倍。

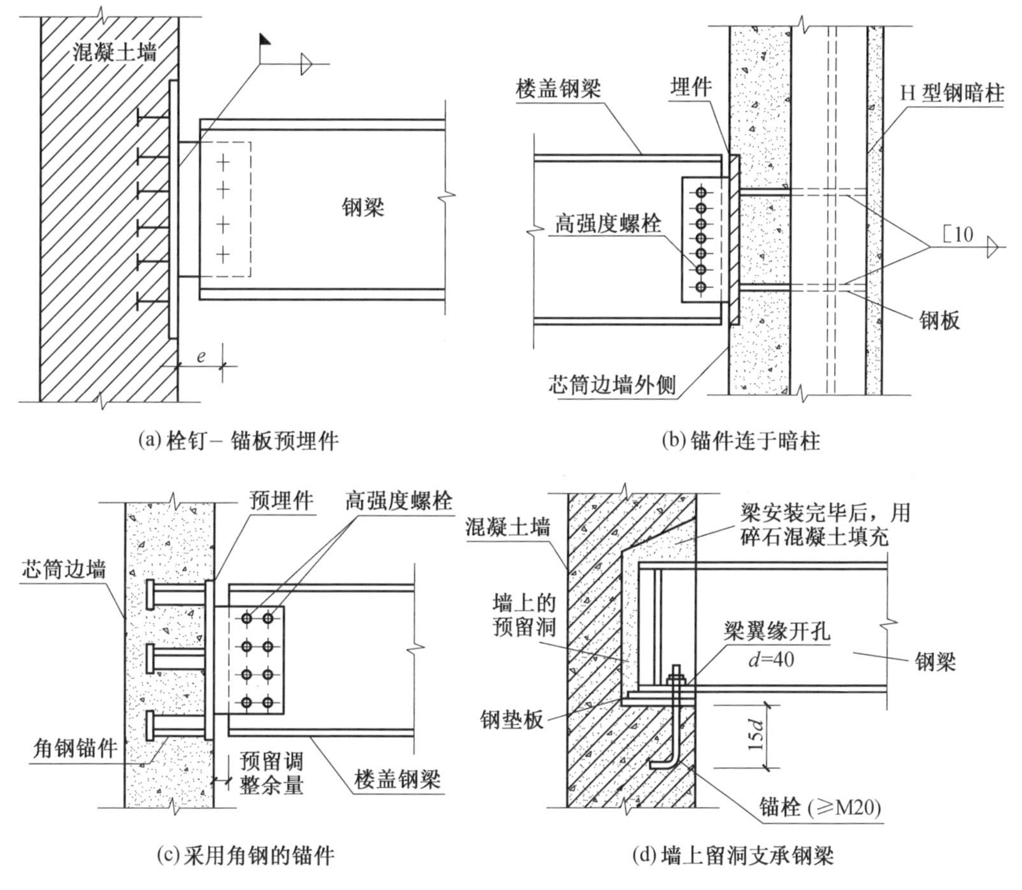

图7.66　钢梁与混凝土墙的铰接连接

对于楼盖钢梁端部反力较大的情况,可在混凝土墙内埋入两面带锚板的预埋件;还可在对应钢梁端部的混凝土墙中设置钢柱(暗柱),预埋件与钢柱连接。同样,考虑到施工偏差,需在钢梁安装时,将钢板等抗剪连接件与预埋件焊接在一起,然后再通过高强度螺栓将钢梁腹板与后焊在预埋件的竖向抗剪连接件相连接(图7.66(b))。也可采用角钢等锚件代替栓钉(或锚筋)来抗剪(图7.66(c))。同时,考虑混凝土墙的施工精度,要在梁端和锚板间留有调整余量以方便安装。此外,钢梁端部反力较大时,还可采用在混凝土墙中预留洞的做法。墙在梁的支承位置预留洞并埋设螺栓,做混凝土垫层,并用钢垫板和钢梁上的长圆孔调整钢梁在竖向和水平方向的可能偏差,待钢梁安装完毕后,用碎石混凝土填灌预留洞(图7.66(d))。应验算梁支座处混凝土墙的支承强度。

第 8 章　钢结构的制作和安装

高层建筑钢结构层数多、构件和节点数量多，加之厚板应用较多，构件制作和安装质量要求高。因此，制作和安装应在严格的质量管理下完成。施工和质量验收等应遵守《高层民用建筑钢结构技术规程》(JGJ 99—2015)、《钢结构工程施工规范》(GB 50755—2012)和《钢结构工程施工质量验收规范》(GB 50205—2001)等相关现行规范和规程的规定。施工前，钢结构的制作和安装单位应根据施工图编制制作工艺书和安装施工组织设计。施工中，应严格按制作工艺书和安装施工组织设计执行。

8.1　制　　作

钢结构的制作，从钢材进厂到构件出厂，一般包括如下工序：钢材进厂→检验和矫正→放样→号料→切割→边缘加工→制孔→组装→焊接和检验→矫正→摩擦面加工→构件的端部加工→涂装→编号→钢构件验收。

8.1.1　制作的一般规定

(1)钢结构制作单位应具有相应的钢结构工程施工资质，应根据已批准的技术设计文件编制施工详图。编制施工详图时，设计人员应详细了解并熟悉最新的工程规范以及工厂制作和工地安装的专业技术。

施工详图应由原设计工程师确认。施工详图经审批认可后，由于材料代用、工艺或其他原因，可能需要进行修改。当修改时，应向原设计单位申报，经同意签署文件后修改才能生效，作为施工的依据。

(2)钢结构的制作是一项很严密的流水作业过程。制作前，应结合工程特点，根据设计文件、施工详图的要求以及制作厂的条件，编制制作工艺书。制作工艺书应包括：施工中所依据的标准，制作厂的质量保证体系，成品的质量保证体系和措施，生产场地的布置，采用的加工、焊接设备和工艺装备，焊工和检查人员的资质证明，各类检查项目表格和生产进度计算表。

制作工艺是保证质量的先决条件，是制作前期工作的重要环节。制作工艺书应作为技术文件经发包单位代表或监理工程师批准。

(3)钢结构制作单位宜对构造复杂的构件进行工艺性试验，应根据构造复杂构件的组成情况和受力情况确定其加工、组装、焊接等的方法，保证制作质量，必要时应进行工艺性试验。

(4)钢结构制作、安装、验收及土建施工用的量具，应按同一计量标准进行鉴定，并应具有相同的精度等级。特别是，由于高层民用建筑钢结构工程施工周期较长，随着气温的变化，会使量具产生误差，要按气温情况来计算温度修正值，以保证尺寸精度。

8.1.2 材料

(1)钢结构所用钢材应符合设计文件及国家现行有关标准的规定,应具有质量合格证明文件,并经进场检验合格后使用。常用钢材标准宜按表8.1采用。对国内材料,据实际情况和需求,如果材质证明中有个别指标缺项时,可补做试验。

表8.1 常用钢材标准

标准编号	标准名称及牌号
GB/T 700	《碳素结构钢》Q235
GB/T 1591	《低合金高强度结构钢》 Q345、Q390、Q420
GB/T 19879	《建筑结构用钢板》 Q235GJ、Q345GJ、Q390GJ、Q420GJ
GB/T 4171	《耐候结构钢》 Q235NH、Q355NH、Q415NH
GB/T 7659	《焊接结构用铸钢件》 ZG270-480H、ZG300-500H、ZG340-550H

(2)钢结构所用焊接材料、连接用普通螺栓、高强度螺栓等紧固件和涂料应符合设计文件及国家现行相关标准的规定,应具有质量合格证明文件,并经进场检验合格后使用。选用的焊接材料,应与构件所用钢材的强度相匹配,必要时应通过试验确定。厚板的焊接,特别是当低合金结构钢的板厚大于25 mm时,应采用碱性低氢焊条。常用焊接材料和钢结构连接用紧固件还应符合下列规定:

①严禁使用药皮脱落或焊芯生锈的焊条,受潮结块或已熔烧过的焊剂以及生锈的焊丝。用于栓钉焊的栓钉,其表面不得有影响使用的裂纹、条痕、凹痕和毛刺等缺陷。

②焊接材料应集中管理,建立专用仓库,库内要干燥,通风良好,同时应满足产品说明书的要求。

③螺栓应在干燥通风的室内存放。高强度螺栓的入库验收,应按现行行业标准《钢结构高强度螺栓连接技术规程》(JGJ 82—2011)的要求进行,严禁使用锈蚀、玷污、受潮、碰伤和混批的高强度螺栓。

④涂料应符合设计要求,并存放在专门的仓库内,不得使用过期、变质、结块失效的涂料。

8.1.3 放样、号料和切割

放样是根据钢结构施工详图或构件加工图,以及钢构件构造特点和制作要求等条件,通常按1∶1比例准确绘出构件的全部或部分投影图,结合结构的工艺处理和必要的计算,最后获得施工所需的数据、样板、样杆和草图。号料是利用样板、样杆和放样得出的数据,在钢板或型钢上画出真实的零件轮廓和孔口形状,以及与之连接构件的位置线、加工线等,并标出加工符号。钢材切割下料常用的方法有气割、剪切和锯切等,应根据切割对象、切割精度、切割表面质量要求、切割设备能力以及经济性等因素综合考虑。

(1)放样和号料应符合下列规定:

①需要放样的工件应根据批准的施工详图放出足尺节点大样。

②放样和号料应预留收缩量(包括现场焊接收缩量)及切割、铣端等需要的加工余量,

钢框架柱尚应按设计要求预留弹性压缩量。焊接收缩量可根据分析计算或参考经验数据确定,必要时应做工艺试验。

(2)钢框架柱的弹性压缩量,应按结构自重(包括钢结构、楼板、幕墙等的重量)和经常作用的活荷载产生的柱轴力计算。相邻柱的弹性压缩量相差不超过 5 mm 时,可采用相同的压缩量。这样,可按此原则将柱子分为若干组,减少增量值的种类。在钢结构和混凝土混合结构高层建筑中,混凝土剪力墙的压应力较低,而柱子的压应力很高,二者的压缩量相差颇大,应予以特别重视。柱子压缩量应由设计单位提出,由制作单位、安装单位和设计单位协商确定。

(3)号料和切割应符合下列规定:

①主要受力构件和需要弯曲的构件,在号料时应按工艺规定的方向取料,弯曲件的外侧不应有冲样点和伤痕缺陷。弯曲件的取料方向,一般应使弯折线与钢材轧制方向垂直,以防止出现裂纹。

②号料应有利于切割和保证零件质量。

③型钢的下料,宜采用锯切。切割面一般不需再加工,从而可大大提高生产效率,宜普遍推广使用,但有端部铣平要求的构件,应按要求另行铣端。

(4)框架梁端部过焊孔、圆弧半径和尺寸应符合相关要求,孔壁表面应平整,不得采用手工切割。

8.1.4　矫正、边缘加工

矫正钢材变形的方法包括在常温下的冷作矫正(包括机械矫正和手工矫正)和将钢材加热到一定温度的加热矫正(根据加热状况,又分为全加热矫正和局部加热矫正两种)。边缘加工是指通过刨、铣加工去除剪切或气割过的钢板边缘(其内部结构会发生硬化和改变)。此外,为了保证焊缝质量和装配的准确性,也常将钢板边缘刨、铣平整或刨成坡口。

(1)矫正应符合下列规定:

①矫正可采用机械或有限度的加热(线状加热或点加热),不得采用损伤材料组织结构的方法。

②进行加热矫正时,应确保最高加热温度及冷却方法不损坏钢材材质。

(2)边缘加工应符合下列规定:

①需边缘加工的零件,宜采用精密切割来代替机械加工。

②焊接坡口加工宜采用自动切割、半自动切割、坡口机、刨边等方法进行。

③坡口加工时,应用样板控制坡口角度和各部分尺寸。

④边缘加工的精度,应符合《高层民用建筑钢结构技术规程》(JGJ 99—2015)的相关规定。

8.1.5　制孔

制孔是指为了实现高强度螺栓连接或销轴连接等连接形式,用孔加工机械或机具在钢板和型钢等上加工出孔的作业。

(1)制孔分为零件制孔和成品制孔,即组装前制孔和组装后制孔。制孔应按相关规定严格进行。高强度螺栓孔的精度应为 H15 级,孔径的允许偏差应符合现行《高层民用建筑钢结构技术规程》(JGJ 99—2015)的规定。孔在零件、部件上的位置,应符合设计文件的要求。当设计无要求时,成孔后任意两孔间距离的允许偏差,也应符合《高层民用建筑钢结构技术规程》(JGJ 99—2015)的规定。

(2)过焊孔的加工应符合下列规定:

①过焊孔加工,应根据加工图的要求。

②当对工字形截面端部坡口的加工没有注明要设置过焊孔时,可采用下列方法之一:

a. 不设过焊孔时,按图 8.1 规定制作。

需提及的是,翼缘无过焊孔的连接目前在日本钢结构制作中应用已较多且颇受欢迎,因为它既有较好的抗震性能,又省工。因电渣焊限定柱壁板厚度不小于 16 mm,当柱子壁板较薄时,梁与柱子的连接可采用隔板贯通型连接(图 7.15)。隔板贯通型连接且无过焊孔的构造形式如图 8.1(b)所示,供设计和施工时参考。

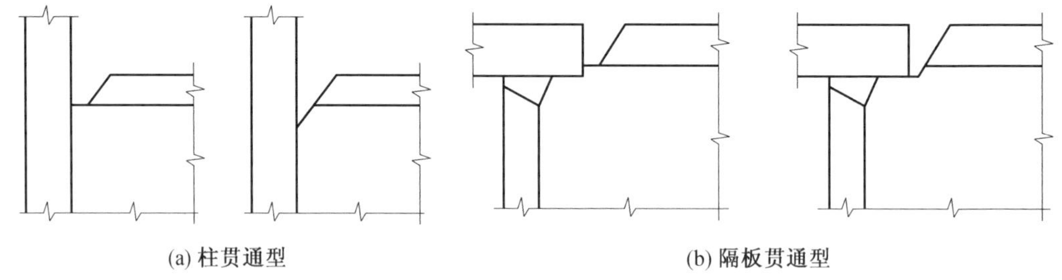

(a) 柱贯通型　　(b) 隔板贯通型

图 8.1　不设过焊孔时的加工形状

b. 设置过焊孔(图 8.2),过焊孔的曲线圆弧应与翼缘相切,其中,$r_1 = 35$ mm,$r_2 = 10$ mm,半径改变和与翼缘相切处应光滑过渡。

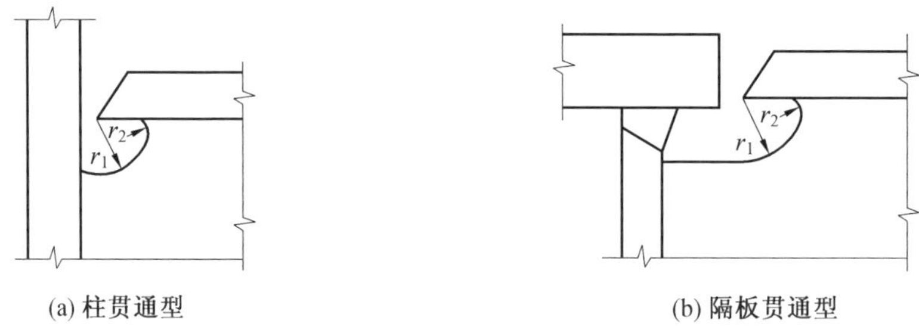

(a) 柱贯通型　　(b) 隔板贯通型

图 8.2　设置过焊孔时的加工形状

8.1.6　组装

构件的组装是指根据施工图的要求,按组装工艺(包括组装次序、收缩量分配、定位点、偏差要求、工装设计等),把已加工完成的各零部件装配成独立的钢构件。

(1)钢结构构件组装应符合下列规定:

①组装应按制作工艺规定的顺序进行。

②组装前应对零部件进行严格检查,填写实测记录,制作必要的工装。

(2)组装允许偏差,应符合《钢结构工程施工质量验收规范》(GB 50205—2001)的相关规定。

8.1.7　焊接

高层民用建筑钢结构的焊接质量要求较高,应按如下规定进行:

(1)从事钢结构各种焊接工作的焊工,应按规定经考试并取得合格证后,方可进行操作。

(2)首次采用的钢种、焊接材料、接头形式、坡口形式及其工艺方法,应进行焊接工艺评定,其评定结果应符合设计及现行国家标准《钢结构焊接规范》(GB 50661—2011)的规定。

(3)钢结构的焊接工作,必须在焊接工程师的指导下进行,并应根据工艺评定合格的试验结果和数据,编制焊接工艺文件。焊接工作应严格按照所编工艺文件中规定的焊接方法、工艺参数、施焊顺序等进行,并应符合《钢结构焊接规范》(GB 50661—2011)的规定。

(4)低氢型焊条在使用前必须按照产品说明书的规定进行烘焙。烘焙后的焊条应放入恒温箱备用,恒温温度不应小于 120 ℃。使用中应置于保温桶中。烘焙合格的焊条外露在空气中超过 4 h 的应重新烘焙。焊条的反复烘焙次数不应超过 2 次。

(5)焊剂在使用前必须按产品说明书的规定进行烘焙。焊丝必须除净锈蚀、油污及其他污物。

(6)二氧化碳气体纯度不应低于 99.9%(体积法),其含水量不应大于 0.005%(重量法)。若使用瓶装气体,瓶内气体压力低于 1 MPa 时应停止使用。

(7)当采用气体保护焊接时,焊接区域的风速应加以限制。风速在 2 m/s 以上时,应设置挡风装置,对焊接现场进行防护。

(8)焊接开始前,应复查组装质量、定位焊质量和焊接部位的清理情况。如不符合要求,应修正合格后方准施焊。

(9)对接接头、T 形接头和要求全熔透的角部焊缝,应在焊缝两端配置引弧板和引出板。手工焊引板长度不应小于 25 mm,埋弧自动焊引板长度不应小于 80 mm,引焊到引板的焊缝长度不得小于引板长度的 2/3。引弧应在焊道处进行,严禁在焊道区以外的母材上打火引弧。

(10)焊接时应根据工作地点的环境温度、钢材材质和厚度,选择相应的预热温度对焊件进行预热。凡需预热的构件,焊前应在焊道两侧各 100 mm 范围内均匀进行预热,预热温度的测量应在距焊道 50 mm 处进行。当工作地点的环境温度为 0 ℃以下时,焊接件的预热温度应通过试验确定。钢板厚度越大,散热速度越快,焊接热影响区易形成组织硬化,生成焊接残余应力,使焊缝金属和熔合线附近产生裂纹。当板厚超过一定数值时,用预热的办法减慢冷却速度,有利于氢的逸出和降低残余应力,是防止裂纹的一项工艺措施。板厚超过 30 mm,且有淬硬倾向和拘束度较大低合金高强度结构钢的焊接,必要时可进行后热处理。后热处理也是防止裂纹的一项措施,一般与预热措施配合使用。后热处理使焊件从焊后温度过渡到环境温度的过程延长,即降低冷却速度,有利于焊缝中氢的逸出,能较好地防止冷裂纹的产生,同时能调整焊接收缩应力,防止收缩应力裂纹。

(11)要求全熔透的两面焊焊缝,正面焊完成后在焊背面之前,应认真清除焊缝根部的熔渣、焊瘤和未焊透部分,直至露出正面焊缝金属时方可进行背面的焊接。

(12)30 mm 以上厚板的焊接,宜采取措施防止厚度方向出现层状撕裂。

①将易发生层状撕裂部位的接头设计成拘束度小、能减小层状撕裂的构造形式(图7.1(b))。

②焊接前,对母材焊道中心线两侧各 2 倍板厚加 30 mm 的区域内进行超声波探伤检查。母材中不得有裂纹、夹层及分层等缺陷存在。

③严格控制焊接顺序,尽可能减小垂直于板面方向的拘束;采用低氢型焊条施焊,必要时可采用超低氢型焊条。在满足设计强度要求的前提下,采用屈服强度较低的焊条。

④根据母材的 C_{eq}(碳当量)和 P_{cm}(焊接裂纹敏感性指数)值选择正确的预热温度和必要的后热处理。

(13)高层民用建筑钢结构箱形柱内横隔板的焊接,可采用熔嘴电渣焊设备进行焊接。箱形构件封闭后,通过预留孔用两台焊机同时进行电渣焊。施焊应符合《高层民用建筑钢结构技术规程》(JGJ 99—2015)的相关规定。

(14)栓钉焊接应符合下列规定:

①焊接前应将构件焊接面上的水、锈、油等有害杂质清除干净,并应按规定烘焙瓷环。

②栓钉焊电源应与其他电源分开,工作区应远离磁场或采取措施避免磁场对焊接的影响。施焊构件应水平放置。

(15)栓钉焊应按下列规定进行质量检验:

①目测检查栓钉焊接部位的外观,四周的熔化金属应以形成一均匀小圈而无缺陷为合格。

②焊接后,自钉头表面算起的栓钉高度 L 的允许偏差应为±2 mm,栓钉偏离竖直方向的倾斜角度应小于等于5°。

③目测检查合格后,对栓钉进行弯曲试验,弯曲角度为30°。当达到规定弯曲角度时,焊接面上无任何缺陷为合格。经弯曲试验合格的栓钉可在弯曲状态下使用,不合格的栓钉应更换,并应经弯曲试验检验。

(16)焊缝质量的外观检查,应按设计文件规定的标准在焊缝冷却后进行。由低合金高强度结构钢焊接而成的大型梁柱构件以及厚板焊接件,应在完成焊接工作 24 h 后,对焊缝及热影响区是否存在裂缝进行复查。

①焊缝表面应均匀、平滑,无折皱、间断和未满焊,并与基本金属平缓连接,严禁有裂纹、夹渣、焊瘤、烧穿、弧坑、针状气孔和熔合性飞溅等缺陷。

②所有焊缝均应进行外观检查,当发现有裂纹疑点时,可用磁粉探伤或着色渗透探伤进行复查。设计文件无规定时,焊缝质量的外观检查可按现行《高层民用建筑钢结构技术规程》(JGJ 99—2015)的规定执行。

(17)焊缝的超声波探伤检查应按下列规定进行:

①图纸和技术文件要求全熔透的焊缝,应进行超声波探伤检查。超声波探伤检查应在焊缝外观检查合格后进行。

②全熔透焊缝的超声波探伤检查数量,应由设计文件确定。设计文件无明确要求时,应根据构件的受力情况确定;受拉焊缝应 100% 检查;受压焊缝可抽查 50%,当发现有超过标准的缺陷时,应全部进行超声波检查。

(18)经检查发现的焊缝不合格部位,必须进行返修。返修应按《高层民用建筑钢结构技术规程》(JGJ 99—2015)的规定执行。

8.1.8 摩擦面的加工和构件的端部加工

摩擦面加工是使高强度螺栓连接的钢构件的连接面达到一定的抗滑移系数,进而使高强度螺栓紧固后连接表面产生设计要求的摩擦力,以达到传递外力的目的。端部加工是将构件端部铣平,应在构件组装、焊接、矫正完成并经检验合格后进行。

(1)采用高强度螺栓连接时,应对构件摩擦面进行加工处理。处理后的抗滑移系数应符合设计要求。

(2)高强度螺栓连接摩擦面的加工,可采用喷砂、抛丸和砂轮打磨等方法。砂轮打磨方向应与构件受力方向垂直,且打磨范围不得小于螺栓直径的 4 倍。经处理的摩擦面应采取防油污和损伤的保护措施。

(3)制作厂应在钢结构制作的同时进行抗滑移系数试验,并出具试验报告。试验报告应写明试验方法和结果。

(4)应根据现行《钢结构高强度螺栓连接技术规程》(JGJ 82—2011)的规定或设计文件(考虑到我国目前高层民用建筑钢结构施工有采用国外标准的工程)的要求,制作材质和处理方法相同的复验抗滑移系数用的试件,并与构件同时移交。

(5)构件的端部加工应在矫正合格后进行。应根据构件的形式采取必要的措施,保证铣平端面与轴线垂直。有些构件端部要求磨平顶紧以传递荷载,这时端部要精加工。

(6)构件端部铣平面的允许偏差,应符合现行《高层民用建筑钢结构技术规程》(JGJ 99—2015)的规定。

8.1.9　防锈、涂层、编号及发运

(1)钢结构的除锈和涂装工作,应在质量检查部门对制作质量检验合格后进行。

(2)钢结构的防锈涂料和涂层厚度应符合设计要求,涂料应配套使用。

(3)对规定的工厂内涂漆的表面,要用机械或手工方法彻底清除浮锈和浮物。

(4)涂层完毕后,应在构件明显部位印制构件编号。编号应与施工图的构件编号一致,重大构件尚应标明重量、重心位置和定位标记。

(5)根据设计文件要求和构件的外形尺寸、发运数量及运输情况,编制包装工艺。应采取措施防止构件变形。

(6)钢结构的包装和发运,应按吊装顺序配套进行。

8.1.10　构件的预拼装和验收

(1)制作单位应对合同要求或设计文件规定的构件进行预拼装。钢构件预拼装有实体预拼装和计算机辅助模拟预拼装方法。当采用计算机辅助模拟预拼装的偏差超过现行《钢结构工程施工质量验收规范》(GB 50205—2001)的有关规定时,应进行实体预拼装。

(2)除有特殊规定外,有关预拼装方法和验收标准应符合现行国家标准《钢结构工程施工质量验收规范》(GB 50205—2001)和《钢结构工程施工规范》(GB 50755—2012)的规定。

(3)构件制作完毕后,对具备出厂条件的构件应按照工程标准要求检查验收。检查部门应按施工详图的要求和相关规定,对成品进行检查验收。成品的外形和几何尺寸的偏差应符合《高层民用建筑钢结构技术规程》(JGJ 99—2015)的规定。其中,钢桁架外形尺寸的允许偏差应符合《钢结构工程施工质量验收规范》(GB 50205—2001)的相关要求。

(4)构件出厂时,制作单位应分别提交产品质量证明及相关技术文件(包括:钢结构加工图纸;制作中对问题处理的协议文件;所用钢材、焊接材料的质量证明书及必要的试验报告;高强度螺栓抗滑移系数的实测报告;焊接的无损检验记录;发运构件的清单)。提交的技术文件同时应作为制作单位技术文件的一部分存档备查。

8.2　安　　装

8.2.1　安装的一般规定

(1)钢结构安装前,应根据设计图纸编制安装工程施工组织设计。对于复杂、异型结构,应进行施工过程模拟分析并采取相应的安全技术措施。

(2)施工详图设计时应综合考虑安装要求。如吊装构件的单元划分、吊点和临时连接

件设置、对位和测量控制基准线或基准点、安装焊接的坡口方向和形式等。

(3)施工过程验算时应考虑塔吊设置及其他施工活荷载、风荷载等。施工活荷载可按 0.6~1.2 kN/m^2 选取,风荷载宜按现行《建筑结构荷载规范》(GB 50009—2012)规定的 10 年一遇的风荷载标准值采用。安装时应有可靠的作业通道和安全防护措施,应制定极端气候条件下的应对措施。

(4)电焊工应具备安全作业证和技能上岗证。持证焊工须在考试合格项目认可范围有效期内施焊。安装用的焊接材料、高强度螺栓、普通螺栓、栓钉和涂料等,应具有产品质量证明书,其质量应分别符合现行相应国家标准的要求。

(5)因高层民用建筑钢结构工程安装工期较长,安装用的专用机具和工具应满足施工要求,并定期进行检验,保证合格。安装的主要工艺,如测量校正、厚钢板焊接、栓钉焊接、高强度螺栓连接的抗滑移面加工、防腐及防火涂装等,应在施工前进行工艺试验,并应在试验结论的基础上制定各项操作工艺指导书,指导施工。

(6)安装前,应对构件的制作质量进行检查。在符合设计文件或 8.1 节所述的制作要求后,方能进行安装工作。安装工作应符合环境保护、劳动保护和安全技术方面现行国家相关法规和标准的规定。

8.2.2 定位轴线、标高和地脚螺栓

(1)钢结构安装前,应对建筑物的定位轴线、平面闭合差、底层柱的位置线、钢筋混凝土基础的标高和混凝土强度等级等进行检查,合格后方能开始安装工作。

(2)柱子的定位轴线,可根据现场场地宽窄,在建筑物外部或建筑物内部设辅助控制轴线。每节柱的定位轴线应从地面控制轴线引上来,不得从下层柱的轴线引出,避免产生过大的累积偏差。

(3)地脚螺栓应采用套板或套箍支架独立、精确定位。当地脚螺栓与钢筋相互干扰时,应遵循先施工地脚螺栓,后穿插钢筋的原则,并做好成品保护。螺栓螺纹应采取保护措施。底层柱地脚螺栓的紧固轴力,应符合设计文件的规定。一般止退螺母可采用双螺母固定。

(4)结构的楼层标高可按相对标高或设计标高进行控制,并符合下列规定:

①按相对标高安装时,建筑物高度的累积偏差不得大于各节柱制作、安装、焊接允许偏差的总和。

②按设计标高安装时,应以每节柱为单位进行柱标高的测量工作。

(5)第一节柱标高精度控制,可采用在底板下的地脚螺栓上加一调整螺母的方法(图 8.3)。

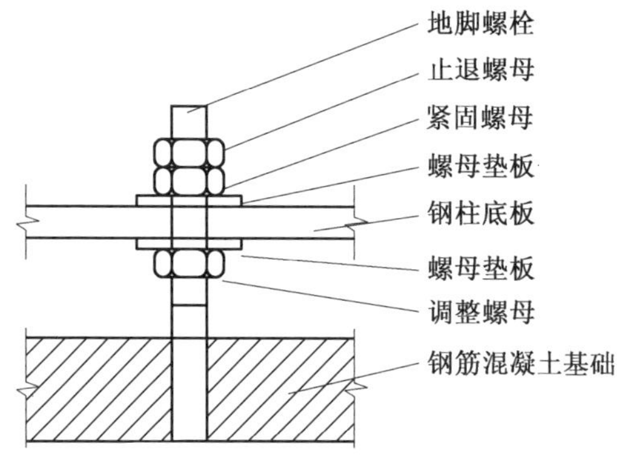

图 8.3　柱脚的调整螺母

柱子底板下预留的空隙,可以用无收缩砂浆以捻浆法填实。使用这种方法时,对地脚螺栓的强度和刚度应进行计算。

(6)地脚螺栓施工完毕直至混凝土浇筑终凝前,应加强测量监控,采取必要的成品保护措施。考虑地脚螺栓即使初始定位精确,最终位置往往也会发生一定的偏移,个别会出现超过规范允许值的偏差。可以对柱底板孔适当扩大予以解决,但扩大值一般不

应超过 20 mm,且应在工厂完成。

8.2.3　构件的质量检查

(1)构件成品出厂时,制作厂应将每个构件的质量检查记录及产品合格证交安装单位。对柱、梁、支撑等主要构件,应在出厂前进行检查验收,检查合格后方可出厂。

(2)端部进行现场焊接的梁、柱构件,其长度尺寸应按下列方法进行检查:

①柱的长度,应增加柱端焊接产生的收缩变形值和荷载使柱产生的压缩变形值。

②梁的长度,应增加梁接头焊接产生的收缩变形值。

(3)钢构件的弯曲变形、扭曲变形以及钢构件上的连接板、螺栓孔等的位置和尺寸,应以钢构件的轴线为基准进行核对,不宜采用钢构件的边棱线作为检查基准线。

(4)钢构件焊缝的外观质量和超声波探伤检查,栓钉的位置及焊接质量,以及涂层的厚度和强度,应符合相应的现行国家标准的要求。

8.2.4　吊装构件的分段

(1)构件分段应综合考虑加工、运输条件和现场起重设备能力,本着方便实施、减少现场作业量的原则进行。为提高综合施工效率,构件分段应尽量减少。但由于受工厂和现场起重能力限制,构件分段重量应满足吊装要求;受运输条件限制,构件尺寸不宜太大。

(2)钢柱分段一般宜按 2 ~3 层为一节,分段位置应在楼层梁顶标高以上 1.2 ~1.3 m;钢梁、支撑等构件一般不宜分段;特殊、复杂构件分段应会同设计共同确定。

(3)各分段单元应能保证吊运过程中的强度和刚度,必要时取加固措施。构件分段应在详图设计阶段综合考虑。

8.2.5　构件的安装及焊接顺序

(1)钢结构的安装应按下列程序进行:

①划分安装流水区段。安装流水区段可按建筑物的平面形状、结构形式、安装机械的数量、现场施工条件等因素划分。

②确定构件安装顺序。构件的安装顺序,平面上应从中间向四周扩展,竖向应由下向上逐个安装。

③编制构件安装顺序图、安装顺序表。构件的安装顺序表,应注明构件的平面位置图、构件所在的详图号,并应包括各构件所用的节点板、安装螺栓的规格数量、构件的重量等。

④进行构件安装,或先将构件组拼成扩大安装单元,再进行安装。

(2)应合理编制构件接头的现场焊接顺序,并严格执行。如果不按合理的顺序进行焊接,就会使结构产生过大的变形,严重的会将焊缝拉裂,造成重大质量事故。因此,构件接头的现场焊接应按下列程序进行:

①完成安装流水段内主要构件的安装、校正、固定(包括预留焊接收缩量)。

②确定构件接头的焊接顺序。构件接头的焊接顺序,平面上应从中部对称地向四周扩展,竖向可采用有利于工序协调、方便施工、保证焊接质量的顺序。当需要通过焊接收缩微调柱顶垂直偏差值时,可适当调整平面方向接头焊接顺序。

③绘制构件焊接顺序图。构件的焊接顺序图应根据接头的焊接顺序绘制,并应列出顺序编号,注明焊接工艺参数。

④按规定顺序进行现场焊接。电焊工应严格按分配的焊接顺序施焊,不得自行变更。

8.2.6 钢构件的安装

(1)柱的安装应先调整标高,再调整水平位移,最后调整垂直偏差。这样可提高调整效率。并应重复上述步骤,直到柱的标高、位移、垂直偏差符合要求。柱子、主梁、支撑等主要构件安装时,应在就位并临时固定后,立即进行校正,并永久固定。当天安装的钢构件应形成空间稳定体系。

(2)当构件截面较小,在地面将几个构件拼成扩大单元进行安装时,吊点的位置和数量应由计算或试吊确定,以防因吊点位置不正确造成结构永久变形。当采用内、外爬塔式起重机或外附塔式起重机进行高层民用建筑钢结构安装时,对塔式起重机与钢结构相连接的附着装置,应进行验算,并应采取相应的安全技术措施。

(3)钢结构安装时,楼面上堆放的安装荷载应予限制,不得超过钢梁和压型钢板的承载能力。一节柱的各层梁安装完毕并验收合格后,应立即铺设各层楼面的压型钢板,并安装本节柱范围内的各层楼梯。一个流水段一节柱的全部钢构件安装完毕并验收合格后,方可进行下一个流水段的安装工作。楼板对建筑物的刚度和稳定性有重要影响,楼板还是抗扭的重要结构。因此,钢构件安装和楼盖中的钢筋混凝土楼板的施工,应相继进行,两项作业相距不宜超过6层。

(4)钢板剪力墙单元应随柱、梁等构件从下到上依次安装。剪力墙与柱和梁的连接次序应满足设计要求。当无要求时,宜与柱、梁等构件同步连接。吊装及运输时应采取措施防止墙板平面外变形。

(5)对设有伸臂桁架的钢框架混凝土核心筒混合结构,由于内筒和外框自重差异较大,沉降变形不均匀。为避免由于施工阶段竖向变形差在伸臂结构中产生过大的初应力,应对悬挑段伸臂桁架采取临时定位措施,待竖向变形差基本消除后再进行刚接。

8.2.7 安装的测量校正

(1)钢结构安装前,应按相关要求确定按设计标高或相对标高安装。钢结构安装前应根据现场测量基准点分别引测内控和外控测量控制网,作为测量控制的依据。地下结构一般采用外控法,地上结构可根据场地条件和周边建筑情况选择内控法或外控法。

(2)高度大于400 m的高层民用建筑的平面控制网在垂直传递时,为减小多次投递可能造成的累计偏差过大,宜采用GPS进行复核。

(3)安装校正柱时,水平及垂直偏差应校正到《钢结构工程施工质量验收规范》(GB 50205—2001)规定的允许偏差以内。安装柱间的主梁时,应根据焊缝收缩量预留焊缝变形值。

(4)结构安装时,应注意日照、焊接等温度变化引起的热影响对构件的伸缩和弯曲引起的变化,并应采取相应措施。

(5)安装压型钢板前,应在梁上标出压型钢板铺放的位置线。铺放压型钢板时,相邻两排压型钢板端头的波形槽口应对准。栓钉施工前应标出栓钉焊接的位置。若在栓钉位置钢梁或压型钢板上有锈污或镀锌层,应打磨干净。栓钉焊接时应按位置线排列整齐。

(6)在一节柱子高度范围内的全部构件完成安装、焊接、铺设压型钢板、螺栓连接并验收合格后,方能从地面引放上一节柱的定位轴线。各种构件的安装质量检查记录,应为结构全部安装完毕后的最后一次实测记录。

8.2.8　高强度螺栓施工工艺

(1)高强度螺栓拧紧后,丝扣应露出 2 ~3 扣为宜,所需的高强度螺栓长度为接头各层钢板厚度总和、垫圈厚度(大六角头高强度螺栓为 2 个垫圈,扭剪型高强度螺栓为 1 个垫圈)、螺母厚度和拧紧螺栓后丝扣露出 2 ~3 扣的长度之和。统计出各种长度的高强度螺栓后,要进行归类合并,以 5 mm 或 10 mm 为级差,种类应越少越好。

(2)高强度螺栓接头各层钢板安装时如果发生错孔,允许用铰刀扩孔。一个节点中的扩孔数不宜多于节点孔数的 1/3,扩孔直径不得大于原孔径 2 mm,严禁用气割扩孔。高强度螺栓应能自由穿入螺孔内,严禁用榔头强行打入或用扳手强行拧入。

(3)当钢框架梁与柱接头为腹板螺栓连接、翼缘焊接时,宜按先栓后焊的方式进行施工。在工字钢、槽钢的翼缘上安装高强度螺栓时,应采用与其斜面的斜度相同的斜垫圈。

(4)高强度螺栓应通过初拧、复拧和终拧达到拧紧。终拧前应检查接头处各层钢板是否充分密贴。初拧、复拧、终拧,每完成一次应做一次相应的颜色或标记。高强度螺栓拧紧的顺序,应从螺栓群中部开始,向四周扩展,逐个拧紧。

(5)因作为安装螺栓使用会损伤高强度螺栓丝扣,影响终拧扭矩。因此,作为连接中受力使用的高强度螺栓不得用作安装螺栓使用。

8.2.9　安装的焊接工艺

(1)高层钢结构柱子和主梁的钢板,一般都比较厚,材质要求也较严,主要接头要求用焊缝连接,并达到与母材等强。安装前,应对主要焊接接头的焊缝进行焊接工艺试验,制定所用钢材的焊接材料、相关工艺参数和技术措施。

(2)焊接作业环境不符合要求,会对焊接施工造成不利影响。特别是在潮湿或雨、雪天气下进行焊接,因为水分是氢的来源,而氢会产生焊接延迟裂纹。当焊接作业处于下列情况之一时,严禁焊接:

①焊接作业区的相对温度大于 90%。

②焊件表面潮湿或暴露于雨、冰、雪中。

③焊接作业条件不符合现行国家标准《焊接与切割安全》(GB 9448—1999)的相关规定。

为了保证焊接质量,进行手工电弧焊时当风速大于 8 m/s,进行气体保护焊时当风速大于 2 m/s 时,均应采取防风措施方能施焊。

(3)低温会造成钢材脆化,使得焊接过程的冷却速度加快,易于产生淬硬组织,影响焊接质量。焊接环境温度低于 0 ℃但不低于-10 ℃时,应采取加热或防护措施。当焊接环境温度低于-10 ℃时,必须进行相应焊接环境下的工艺评定试验,并应在评定合格后再进行焊接,否则,严禁焊接。

(4)低碳钢和低合金钢厚钢板,应选用与母材同一强度等级的焊条或焊丝,同时考虑钢材的焊接性能等条件。焊接用的引弧板的材质,应与母材相一致,或通过试验选用。

(5)焊接开始前,应将焊缝处的水分、脏物、铁锈、油污、涂料等清除干净,垫板应靠紧,无间隙。

(6)柱与柱接头焊接,应由两名或多名焊工在相对称位置以相等速度同时施焊,以免产生焊接变形。加引弧板焊接柱与柱接头时,柱两对边的焊缝首次焊接的层数不宜超过 4 层。焊完第一个 4 层,切去引弧板和清理焊缝表面后,转 90°焊另两个相对边的焊缝。这时可焊完8层，再换至另两个相对边，如此循环直至焊满整个柱接头的焊缝为止。不加引弧板焊接柱与柱接头时，应由两名焊工在相对称位置以逆时针方向在距柱角 50 mm 处起焊。焊完一层后，第二层及以后各层均在离前一层起焊点 30 ~ 50 mm 处起焊。每焊一遍应认真检查清渣，焊到柱角处要稍放慢焊条移动速度，使柱角焊成方角，且焊缝饱满。最后一遍盖面焊缝可采用直径较小的焊条和较小的电流进行焊接。

(7)梁和柱接头的焊接，应设长度大于3倍焊缝厚度的引弧板。引弧板的厚度、坡口角度应和焊缝厚度相适应，焊完后割去引弧板时应留 5 ~ 10 mm，以免损伤焊缝。梁和柱接头的焊缝，宜先焊梁的下翼缘，再焊上翼缘。先焊梁的一端，待其焊缝冷却至常温后，再焊另一端，不宜对一根梁的两端同时施焊。

(8)柱与柱、梁与柱接头焊接试验完毕后，应将焊接工艺全过程记录下来，测量出焊缝的收缩值，反馈到钢结构制作厂，作为柱和梁加工时增加长度的依据。

(9)焊接完成后，焊工应在焊缝附近打上代号钢印。焊工自检和质量检查员所做的焊缝外观检查以及超声波检查，均应有书面记录，以便在发现问题时便于分析查找原因。经检查不合格的焊缝应按相关要求进行返修，并应按同样的焊接工艺进行补焊，再用同样的方法进行质量检查。同一部位的一条焊缝，修理不宜超过2次，否则应更换母材，或进行局部处理(要保证处理质量)。

8.2.10 现场涂装和安装的竣工验收

(1)高层民用建筑钢结构在一个流水段一节柱的所有构件安装完毕，并对结构验收合格后，结构的现场焊缝、高强度螺栓及其连接点，以及在运输安装过程中构件涂层被磨损的部位，应补刷涂层。涂层应采用与构件制作时相同的涂料和相同的涂刷工艺。

(2)涂装前应将构件表面的焊接飞溅、油污杂质、泥浆、灰尘、浮锈等清除干净。涂装时环境温度、湿度应符合涂料产品说明书的要求，当产品说明书无要求时，温度应为 5 ~ 38 ℃，湿度不应大于 85%。

(3)涂层外观应均匀、平整、丰满，不得有咬底、剥落、裂纹、针孔、漏涂和明显的皱皮流坠，且应保证涂层厚度。当涂层厚度不够时，应增加涂刷的遍数。当涂层固化干燥后方可进行下道工序。

(4)钢结构安装工程的竣工验收应分下列两个阶段进行：

①每个流水段一节柱的高度范围内全部构件(包括钢楼梯、压型钢板等)安装、校正、焊接、栓接完毕并自检合格后，应做隐蔽工程验收。

②全部钢结构安装、校正、焊接、栓接完成并经隐蔽工程验收合格后，应做钢结构安装工程的竣工验收。

钢结构安装工程的安装允许偏差应符合现行国家标准《钢结构工程施工质量验收规范》(GB 50205—2001)的相关规定。

(5)安装工程竣工验收，应提交的文件包括：钢结构施工图和设计变更文件，并在施工图中注明修改内容；钢结构安装过程中，业主、设计单位、钢构件制作厂、钢结构安装单位达成协议的各种技术文件；钢构件出厂合格证；钢结构安装用连接材料(包括焊条、螺栓等)的质量证明文件；钢结构安装的测量检查记录、高强度螺栓安装检查记录、栓钉焊质量检查记录；各种试验报告和技术资料；隐蔽工程分段验收记录。

附录1　高强度螺栓、焊钉和锚栓

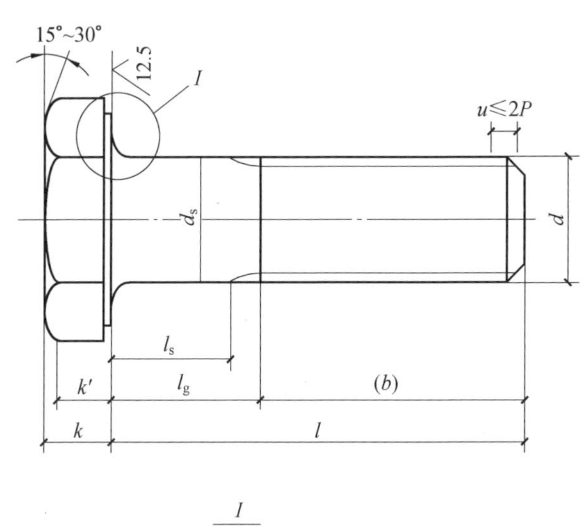

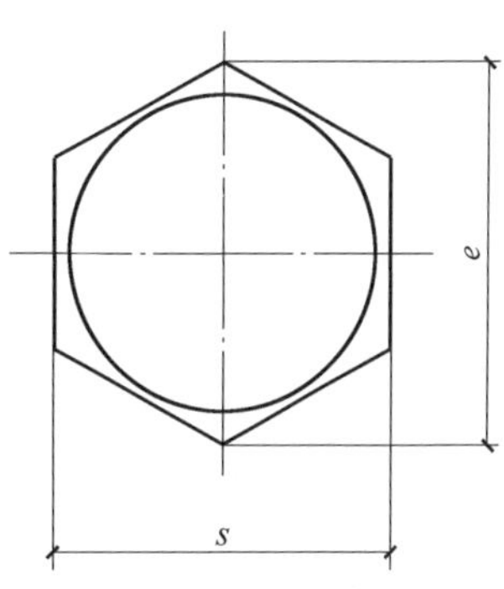

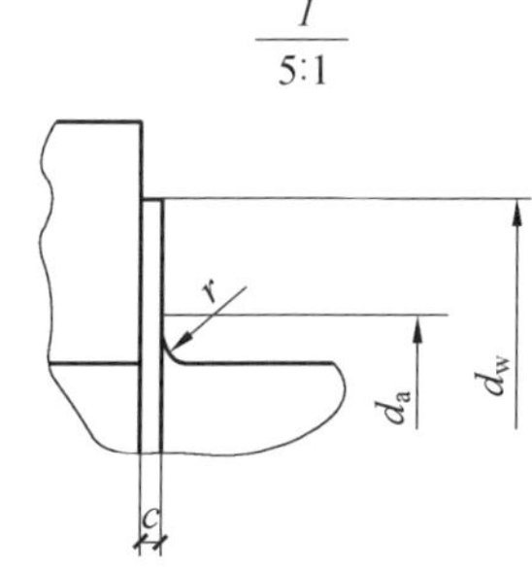

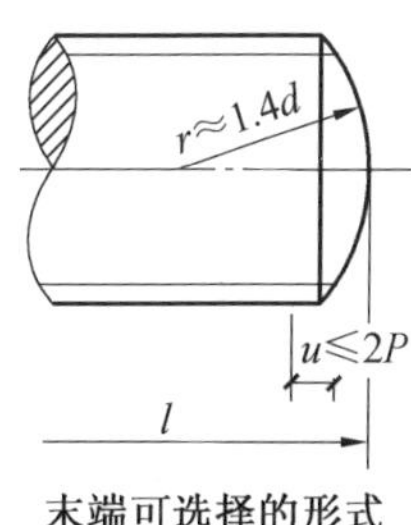

末端可选择的形式

附图 1.1

附表 1.1　大六角头型高强度螺栓规格

（摘自《钢结构用高强度大六角头螺栓》GB/T 1228—2006）

单位：mm

螺栓规格 d		M12	M16	M20	（M22）	M24	（M27）	M30
P		1.75	2	2.5	2.5	3	3	3.5
c	max	0.8	0.8	0.8	0.8	0.8	0.8	0.8
	min	0.4	0.4	0.4	0.4	0.4	0.4	0.4
d_a	max	15.23	19.23	24.32	26.32	28.32	32.84	35.84
d_s	max	12.43	16.43	20.52	22.52	24.52	27.84	30.84
	min	11.57	15.57	19.48	21.48	23.48	26.16	29.16
d_w	min	19.2	24.9	31.4	33.3	38	42.8	46.5
e	min	22.78	29.56	37.29	39.55	45.2	50.85	55.37

续附表 1.1

螺栓规格 d		M12	M16	M20	(M22)	M24	(M27)	M30
P		1.75	2	2.5	2.5	3	3	3.5
k	公称	7.5	10	12.5	14	15	17	18.7
	max	7.95	10.75	13.4	14.9	15.9	17.9	19.75
	min	7.05	9.25	11.6	13.1	14.1	16.1	17.65
k'	min	4.9	6.5	8.1	9.2	9.9	11.3	12.4
r	min	1	1	1.5	1.5	1.5	2	2
s	max	21	27	34	36	41	46	50
	min	20.16	26.16	33	35	40	45	49

注:括号内的规格为第二选择系列

单位:mm

螺栓规格 d			M12		M16		M20		(M22)		M24		(M27)		M30	
l			无螺纹杆部长度 l_s 和夹紧长度 l_g													
公称	min	max	l_s min	l_g max	l_s min	l_g max	l_s min	l_g max	l_s min	l_g max	l_s min	l_g max	l_s min	l_g max	l_s min	l_g max
35	33.75	36.25	4.8	10												
40	38.75	41.25	9.8	15												
45	43.75	46.25	9.8	15	9	15										
50	48.75	51.25	14.8	20	14	20	7.5	15								
55	53.5	56.5	19.8	25	14	20	12.5	20	7.5	15						
60	58.5	61.5	24.8	30	19	25	17.5	25	12.5	20	6	15				
65	63.5	66.5	29.8	35	24	30	17.5	25	17.5	25	11	20	6	15		
70	68.5	71.5	34.8	40	29	35	22.5	30	17.5	25	16	25	11	20	4.5	15
75	73.5	76.5	39.8	45	34	40	27.5	35	22.5	30	16	25	16	25	9.5	20
80	78.5	81.5			39	45	32.5	40	27.5	35	21	30	16	25	14.5	25
85	83.25	86.75			44	50	37.5	45	32.5	40	26	35	21	30	14.5	25
90	88.25	91.75			49	55	42.5	50	37.5	45	31	40	26	35	19.5	30
95	93.25	96.75			54	60	47.5	55	42.5	50	36	45	31	40	24.5	35
100	98.25	101.8			59	65	52.5	60	47.5	55	41	50	36	45	29.5	40
110	108.25	111.8			69	75	62.5	70	57.5	65	51	60	46	55	39.5	50
120	118.25	121.8			79	85	72.5	80	67.5	75	61	70	56	65	49.5	60
130	128	132			89	95	82.5	90	77.5	85	71	80	66	75	59.5	70
140	138	142					92.5	100	87.5	95	81	90	76	85	69.5	80
150	148	152					102.5	110	97.5	105	91	100	86	95	79.5	90
160	156	164					112.5	120	107.5	115	101	110	96	105	89.5	100
170	166	174							117.5	125	111	120	106	115	99.5	110
180	176	184							127.5	135	121	130	116	125	110	120
190	185.4	194.6							137.5	145	131	140	126	135	120	130
200	195.4	204.6							147.5	155	141	150	136	145	130	140
220	215.4	224.6							167.5	175	161	170	156	165	150	160
240	235.4	244.6									181	190	179	185	170	180
260	254.8	265.2											196	205	190	200

注:①括号内的规格为第二选择系列

②$l_{gmax}=l_{公称}-b_{参考}$;$l_{smin}=l_{gmax}-3P$

续附表 1.1

<table>
<tr><td>螺纹规格
d</td><td>M12</td><td>M16</td><td>M20</td><td>(M22)</td><td>M24</td><td>(M27)</td><td>M30</td><td>M12</td><td>M16</td><td>M20</td><td>(M22)</td><td>M24</td><td>(M27)</td><td>M30</td></tr>
<tr><td>l/mm
公称尺寸</td><td colspan="7">(b)/mm</td><td colspan="7">每 1 000 个钢螺栓的理论质量/kg</td></tr>
<tr><td>35</td><td rowspan="2">25</td><td></td><td></td><td></td><td></td><td></td><td></td><td>49.4</td><td></td><td></td><td></td><td></td><td></td><td></td></tr>
<tr><td>40</td><td></td><td></td><td></td><td></td><td></td><td></td><td>54.2</td><td></td><td></td><td></td><td></td><td></td><td></td></tr>
<tr><td>45</td><td rowspan="7">30</td><td rowspan="2">30</td><td></td><td></td><td></td><td></td><td></td><td>57.8</td><td>113.0</td><td></td><td></td><td></td><td></td><td></td></tr>
<tr><td>50</td><td rowspan="3">35</td><td></td><td></td><td></td><td></td><td>62.5</td><td>121.3</td><td>207.3</td><td></td><td></td><td></td><td></td></tr>
<tr><td>55</td><td rowspan="13">35</td><td rowspan="3">40</td><td></td><td></td><td></td><td>67.3</td><td>127.9</td><td>220.3</td><td>269.3</td><td></td><td></td><td></td></tr>
<tr><td>60</td><td rowspan="4">45</td><td></td><td></td><td>72.1</td><td>136.2</td><td>233.3</td><td>284.9</td><td>357.2</td><td></td><td></td></tr>
<tr><td>65</td><td rowspan="14">40</td><td rowspan="3">50</td><td></td><td>76.8</td><td>144.5</td><td>243.6</td><td>300.5</td><td>375.7</td><td>503.2</td><td></td></tr>
<tr><td>70</td><td rowspan="18">45</td><td rowspan="3">55</td><td>81.6</td><td>152.8</td><td>256.5</td><td>313.2</td><td>394.2</td><td>527.1</td><td>658.2</td></tr>
<tr><td>75</td><td>86.3</td><td>161.2</td><td>269.5</td><td>328.9</td><td>409.1</td><td>551.0</td><td>687.5</td></tr>
<tr><td>80</td><td rowspan="18"></td><td rowspan="17">50</td><td rowspan="18">55</td><td></td><td>169.5</td><td>282.5</td><td>344.5</td><td>428.6</td><td>570.2</td><td>716.8</td></tr>
<tr><td>85</td><td rowspan="17">60</td><td></td><td>177.8</td><td>295.5</td><td>360.1</td><td>446.1</td><td>594.1</td><td>740.3</td></tr>
<tr><td>90</td><td></td><td>186.4</td><td>308.5</td><td>375.8</td><td>464.7</td><td>617.9</td><td>769.6</td></tr>
<tr><td>95</td><td></td><td>194.4</td><td>321.4</td><td>391.4</td><td>483.2</td><td>641.8</td><td>799.0</td></tr>
<tr><td>100</td><td></td><td>202.8</td><td>334.4</td><td>407.0</td><td>501.7</td><td>665.7</td><td>828.3</td></tr>
<tr><td>110</td><td></td><td>219.4</td><td>360.4</td><td>438.3</td><td>538.8</td><td>713.5</td><td>886.9</td></tr>
<tr><td>120</td><td></td><td>236.1</td><td>386.3</td><td>469.6</td><td>575.9</td><td>761.3</td><td>945.6</td></tr>
<tr><td>130</td><td></td><td>252.7</td><td>412.3</td><td>500.8</td><td>612.9</td><td>809.1</td><td>1 004.2</td></tr>
<tr><td>140</td><td rowspan="10"></td><td></td><td></td><td>438.3</td><td>532.1</td><td>650.0</td><td>856.9</td><td>1 062.8</td></tr>
<tr><td>150</td><td></td><td></td><td>464.2</td><td>563.4</td><td>687.1</td><td>904.7</td><td>1 121.5</td></tr>
<tr><td>160</td><td></td><td></td><td>490.2</td><td>594.6</td><td>724.2</td><td>952.4</td><td>1 180.1</td></tr>
<tr><td>170</td><td rowspan="7"></td><td></td><td></td><td></td><td>625.9</td><td>761.2</td><td>1 000.2</td><td>1 238.7</td></tr>
<tr><td>180</td><td></td><td></td><td></td><td>657.2</td><td>798.3</td><td>1 048.0</td><td>1 297.4</td></tr>
<tr><td>190</td><td></td><td></td><td></td><td>688.4</td><td>835.4</td><td>1 095.8</td><td>1 356.0</td></tr>
<tr><td>200</td><td></td><td></td><td></td><td>719.7</td><td>872.4</td><td>1 143.6</td><td>1 414.7</td></tr>
<tr><td>220</td><td></td><td></td><td></td><td>782.2</td><td>946.6</td><td>1 239.2</td><td>1 531.9</td></tr>
<tr><td>240</td><td></td><td></td><td></td><td></td><td></td><td>1 020.7</td><td>1 334.7</td><td>1 649.2</td></tr>
<tr><td>260</td><td></td><td></td><td></td><td></td><td></td><td></td><td></td><td>1 430.3</td><td>1 766.5</td></tr>
</table>

注：括号内的规格为第二选择系列

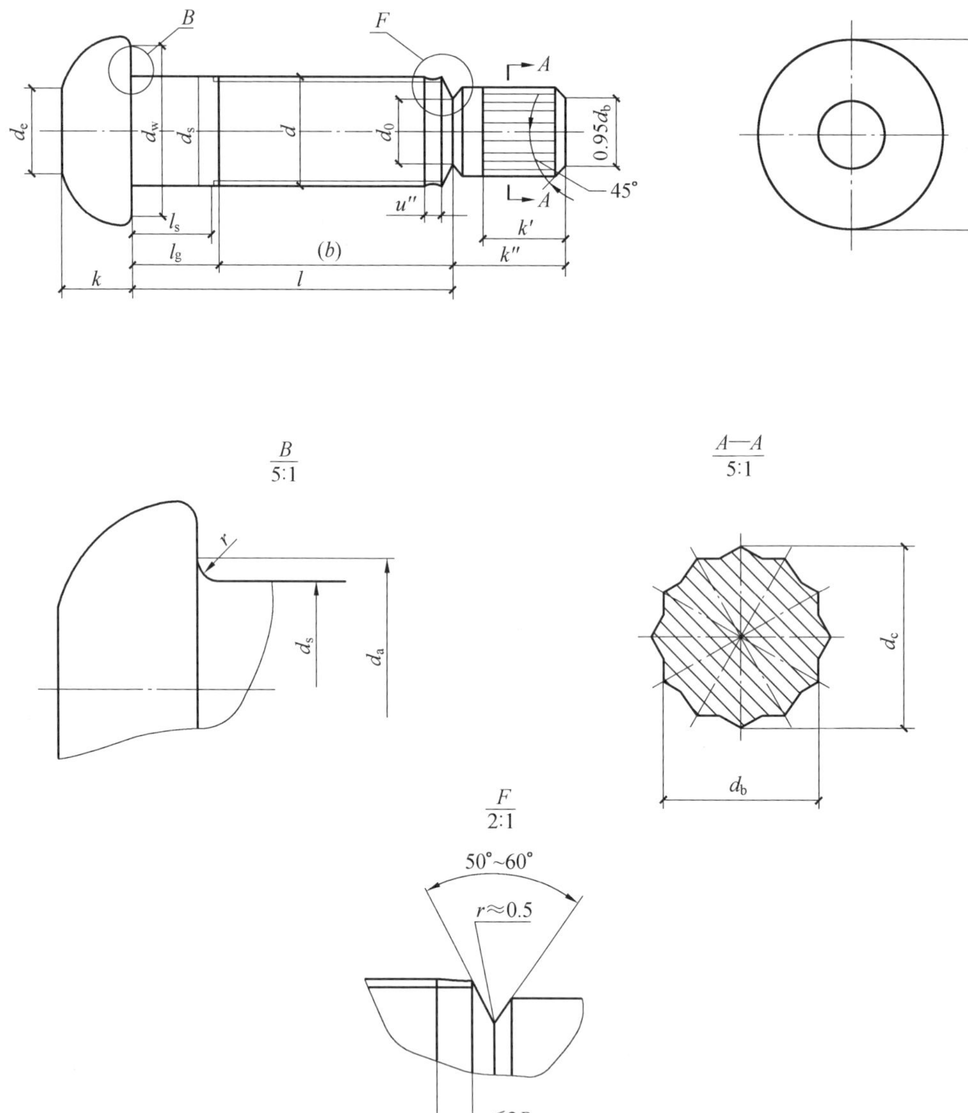

附图 1.2

附表 1.2　扭剪型高强度螺栓规格

(摘自《钢结构用扭剪型高强度螺栓连接副》(GB/T 3632—2008))

单位:mm

螺纹规格 d		M16	M20	(M22)	M24	(M27)	M30
P		2	2.5	2.5	3	3	3.5
d_a	max	18.83	24.4	26.4	28.4	32.84	35.84
d_s	max	16.43	20.52	22.52	24.52	27.84	30.84
	min	15.57	19.48	21.48	23.48	26.16	29.16

续附表 1.2

螺纹规格 d		M16	M20	(M22)	M24	(M27)	M30
P		2	2.5	2.5	3	3	3.5
d_w	min	27.9	34.5	38.5	41.5	42.8	46.5
d_k	max	30	37	41	44	50	55
k	公称	10	13	14	15	17	19
	max	10.75	13.9	14.9	15.9	17.9	20.05
	min	9.25	12.1	13.1	14.1	16.1	17.95
k'	min	12	14	15	16	17	18
k''	max	17	19	21	23	24	25
r	min	1.2	1.2	1.2	1.6	2	2
d_0	≈	10.9	13.6	15.1	16.4	18.6	20.6
d_b	公称	11.1	13.9	15.4	16.7	19	21.1
	max	11.3	14.1	15.6	16.9	19.3	21.4
	min	11	13.8	15.3	16.6	18.7	20.8
d_c	≈	12.8	16.1	17.8	19.3	21.9	24.4
d_e	≈	13	17	18	20	22	24

注:① 括号内的规格为第二选择系列,应优先选用第一系列(不带括号)的规格

② P 为螺距

单位:mm

螺栓规格 d			M16		M20		(M22)*		M24		(M27)*		M30	
l			无螺纹杆部长度 l_s 和夹紧长度 l_g											
公称	min	max	l_s min	l_g max	l_s min	l_g max	l_s min	l_g max	l_s min	l_g max	l_s min	l_g max	l_s min	l_g max
40	38.75	41.25	4	10										
45	43.75	46.25	9	15	2.5	10								
50	48.75	51.25	14	20	7.5	15	2.5	10						
55	53.5	56.5	14	20	12.5	20	7.5	15	1	10				
60	58.5	61.5	19	25	17.5	25	12.5	20	6	15				
65	63.5	66.5	24	30	17.5	25	17.5	25	11	20	6	15		
70	68.5	71.5	29	35	22.5	30	17.5	25	16	25	11	20	4.515	

续附表 1.2

螺栓规格 d			M16		M20		(M22)*		M24		(M27)*		M30	
l			无螺纹杆部长度 l_s 和夹紧长度 l_g											
公称	min	max	l_s min	l_g max	l_s min	l_g max	l_s min	l_g max	l_s min	l_g max	l_s min	l_g max	l_s min	l_g max
75	73.5	76.5	34	40	27.5	35	22.5	30	16	25	16	25	9.5	20
80	78.5	81.5	39	45	32.5	40	27.5	35	21	30	16	25	14.5	25
85	83.25	86.75	44	50	37.5	45	32.5	40	26	35	21	30	14.5	25
90	88.25	91.75	49	55	42.5	50	37.5	45	31	40	26	35	19.5	30
95	93.25	96.75	54	60	47.5	55	42.5	50	36	45	31	40	24.5	35
100	98.25	101.75	59	65	52.5	60	47.5	55	41	50	36	45	29.5	40
110	108.25	111.75	69	75	62.5	70	57.5	65	51	60	46	55	39.5	50
120	118.25	121.75	79	85	72.5	80	67.5	75	61	70	56	65	49.5	60
130	128	132	89	95	82.5	90	77.5	85	71	80	66	75	59.5	70
140	138	142			92.5	100	87.5	95	81	90	76	85	69.5	80
150	148	152			102.5	110	97.5	105	91	100	86	95	79.5	90
160	156	164			112.5	120	108	115	101	110	96	105	89.5	100
170	166	174					118	125	111	120	106	115	99.5	110
180	176	184					128	135	121	130	116	125	109.5	120
190	185.4	194.6					138	145	131	140	126	135	119.5	130
200	195.4	204.6					148	155	141	150	136	145	129.5	140
220	215.4	224.6					168	175	161	170	156	165	149.5	160

注:括号内的规格为第二选择系列,应优先选用第一系列(不带括号)的规格

续附表 1.2

<table>
<tr><td>螺纹规格 d</td><td>M16</td><td>M20</td><td>(M22)*</td><td>M24</td><td>(M27)*</td><td>M30</td><td>M16</td><td>M20</td><td>(M22)*</td><td>M24</td><td>(M27)*</td><td>M30</td></tr>
<tr><td>l
公称尺寸</td><td colspan="6">(b)/mm</td><td colspan="6">每 1 000 个钢螺栓的理论质量/kg</td></tr>
<tr><td>40</td><td rowspan="3">30</td><td></td><td rowspan="2"></td><td rowspan="3"></td><td rowspan="5"></td><td rowspan="6"></td><td>106.59</td><td></td><td></td><td></td><td></td><td></td></tr>
<tr><td>45</td><td rowspan="4">35</td><td>114.07</td><td>194.59</td><td></td><td></td><td></td><td></td></tr>
<tr><td>50</td><td rowspan="4">40</td><td>121.54</td><td>206.28</td><td>261.90</td><td></td><td></td><td></td></tr>
<tr><td>55</td><td rowspan="13">35</td><td rowspan="4">45</td><td>128.12</td><td>217.99</td><td>276.12</td><td>332.89</td><td></td><td></td></tr>
<tr><td>60</td><td>135.60</td><td>229.68</td><td>290.34</td><td>349.89</td><td></td><td></td></tr>
<tr><td>65</td><td rowspan="10">40</td><td rowspan="3">50</td><td>143.08</td><td>239.98</td><td>304.57</td><td>366.88</td><td>490.64</td><td></td></tr>
<tr><td>70</td><td rowspan="11">45</td><td rowspan="3">55</td><td>150.54</td><td>251.67</td><td>317.23</td><td>383.88</td><td>511.74</td><td>651.05</td></tr>
<tr><td>75</td><td rowspan="14">50</td><td>158.02</td><td>263.37</td><td>331.45</td><td>398.72</td><td>532.83</td><td>677.26</td></tr>
<tr><td>80</td><td rowspan="17">55</td><td>165.49</td><td>275.07</td><td>345.68</td><td>415.72</td><td>552.01</td><td>703.47</td></tr>
<tr><td>85</td><td rowspan="16">60</td><td>172.97</td><td>286.77</td><td>359.90</td><td>432.71</td><td>573.11</td><td>726.96</td></tr>
<tr><td>90</td><td>180.44</td><td>298.46</td><td>374.12</td><td>449.71</td><td>594.21</td><td>753.17</td></tr>
<tr><td>95</td><td>187.91</td><td>310.17</td><td>388.34</td><td>466.71</td><td>615.30</td><td>779.38</td></tr>
<tr><td>100</td><td>195.39</td><td>321.86</td><td>402.57</td><td>483.70</td><td>646.39</td><td>805.59</td></tr>
<tr><td>110</td><td>210.33</td><td>345.25</td><td>431.02</td><td>517.69</td><td>678.59</td><td>858.02</td></tr>
<tr><td>120</td><td>225.28</td><td>368.65</td><td>459.46</td><td>551.68</td><td>720.78</td><td>910.44</td></tr>
<tr><td>130</td><td>240.22</td><td>392.04</td><td>487.91</td><td>585.67</td><td>762.97</td><td>962.87</td></tr>
<tr><td>140</td><td rowspan="8"></td><td></td><td>415.44</td><td>516.35</td><td>619.66</td><td>805.16</td><td>1 015.29</td></tr>
<tr><td>150</td><td></td><td>438.83</td><td>544.80</td><td>653.65</td><td>847.35</td><td>1 067.71</td></tr>
<tr><td>160</td><td></td><td>462.23</td><td>573.24</td><td>687.63</td><td>889.54</td><td>1 120.14</td></tr>
<tr><td>170</td><td rowspan="5"></td><td></td><td></td><td>601.69</td><td>721.62</td><td>931.73</td><td>1 172.56</td></tr>
<tr><td>180</td><td></td><td></td><td>630.13</td><td>755.61</td><td>973.92</td><td>1 224.98</td></tr>
<tr><td>190</td><td rowspan="3"></td><td></td><td></td><td>658.58</td><td>789.61</td><td>1 016.12</td><td>1 277.40</td></tr>
<tr><td>200</td><td></td><td></td><td>687.03</td><td>823.59</td><td>1 058.31</td><td>1 329.83</td></tr>
<tr><td>220</td><td></td><td></td><td></td><td>743.91</td><td>891.57</td><td>1 142.69</td><td>1 434.67</td></tr>
<tr><td colspan="13">注:括号内的规格为第二选择系列,应优先选用第一系列(不带括号)的规格</td></tr>
</table>

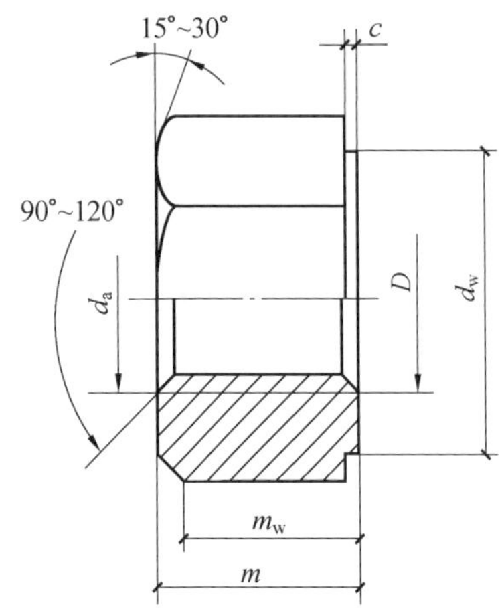

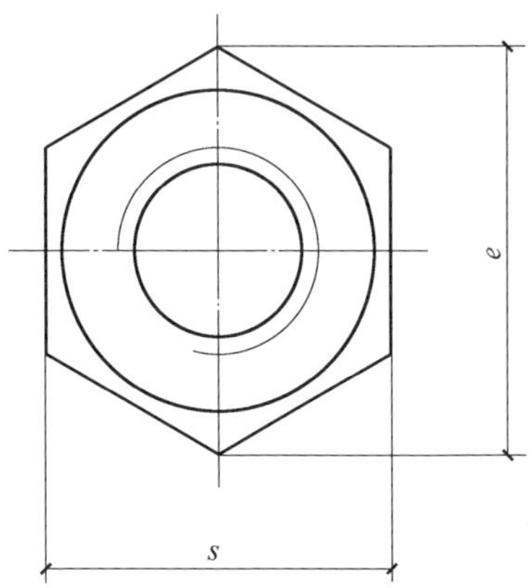

附图 1.3

附表 1.3　高强螺栓螺母尺寸

单位:mm

螺纹规格 D		M16	M20	(M22)*	M24	(M27)*	M30
P		2	2.5	2.5	3	3	3.5
d_a	max	17.3	21.6	23.8	25.9	29.1	32.4
	min	16	20	22	24	27	30
d_w	min	24.9	31.4	33.3	38	42.8	46.5
e	min	29.56	37.29	39.55	45.2	50.85	55.37
m	max	17.1	20.7	23.6	24.2	27.6	30.7
	min	16.4	19.4	22.3	22.9	26.3	29.1
m_w	min	11.5	13.6	15.6	16	18.4	20.4
c	max	0.8	0.8	0.8	0.8	0.8	0.8
	min	0.4	0.4	0.4	0.4	0.4	0.4
s	max	27	34	36	41	46	50
	min	26.16	33	35	40	45	49
支撑面对螺栓轴线的全跳动公差		0.38	0.47	0.5	0.57	0.64	0.7
每 1 000 件钢螺母的质量/kg(按 $\rho=7.85\ kg/dm^3$ 计算)		61.51	118.77	146.59	202.67	288.51	374.01

注:①括号内的规格为第二选择系列,应优先选用第一系列(不带括号)的规格;
② P 为螺距

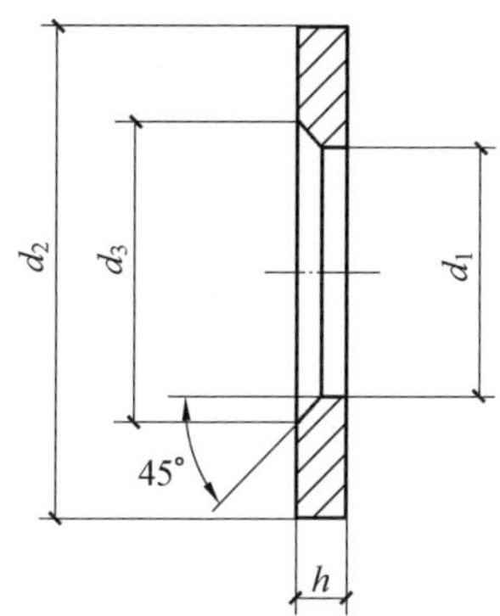

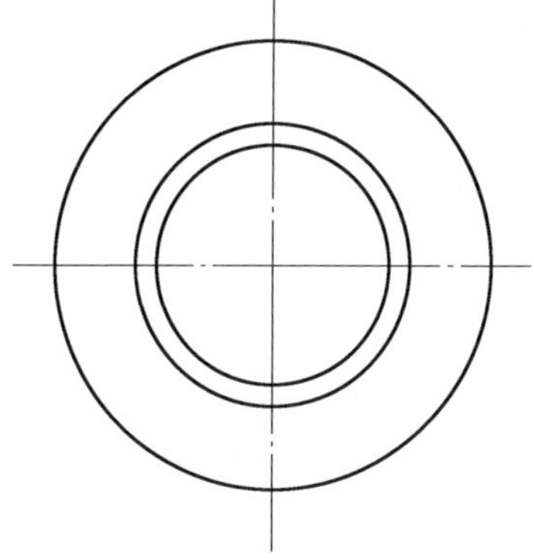

附图 1.4

附表 1.4　高强度螺栓垫圈尺寸

单位：mm

规格(螺纹大径)		16	20	(22)*	24	(27)*	30
d_1	max	17	21	23	25	28	31
	min	17.43	21.52	23.52	25.52	28.52	31.62
d_2	max	31.4	38.4	40.4	45.4	50.1	54.1
	min	33	40	42	47	52	56
h	公称	4	4	5	5	5	5
	min	3.5	3.5	4.5	4.5	4.5	4.5
	max	4.8	4.8	5.8	5.8	5.8	5.8
d_3	max	19.23	24.32	26.32	28.32	32.84	35.84
	min	20.03	25.12	27.12	29.12	33.64	36.64
每 1 000 件钢螺母的质量/kg(按 ρ=7.85 kg/dm^3 计算)		23.4	33.55	43.34	55.76	66.52	75.42

注：括号内的规格为第二选择系列，应优先选用第一系列(不带括号)的规格

附表 1.5　Q235 钢（Q345 钢）锚栓规格和尺寸（摘自《钢结构设计手册》）

锚栓直径 d /mm	锚栓截面有效面积 A_e /cm²	连接尺寸				锚固长度及细部尺寸								每个锚栓的受拉承载力设计值 N_t^a/kN
						Ⅰ型		Ⅱ型		Ⅲ型				
		单螺母		双螺母		锚固长度 l/mm						锚板尺寸		
						基础混凝土的强度等级								
		a /mm	b /mm	a /mm	b /mm	C15	C20	C15	C20	C15	C20	c /mm	t /mm	
20	2.448	45	75	60	90	500(600)	400(500)							34.3(44.1)
22	3.034	45	75	65	95	550(660)	440(550)							42.5(54.6)
24	3.525	50	80	70	100	600(720)	480(600)							49.4(63.5)
27	4.594	50	80	75	105	675(810)	540(675)							64.3(82.7)
30	5.606	55	85	80	110	750(900)	600(750)							78.5(100.9)
33	6.936	55	90	85	120	825(990)	660(625)							97.1(124.8)
36	8.167	60	95	90	125	900(1 080)	720(900)							114.3(147.0)
39	9.758	65	100	95	130	1 000(1 170)	780(1 000)							136.6(175.6)
42	11.21	70	105	100	135			1 050(1 260)	840(1 050)	630(755)	505(630)	140	20	156.9(201.8)
45	13.06	75	110	105	140			1 125(1 350)	900(1 125)	675(810)	540(675)	140	20	182.8(235.1)
48	14.73	80	120	110	150			1 200(1 440)	960(1 200)	720(865)	575(720)	200	20	206.2(265.1)
52	17.58	85	125	120	160			1 300(1 560)	1 040(1 300)	780(935)	625(780)	200	20	246.1(316.4)
56	20.30	90	130	130	170			1 400(1 680)	1 120(1 400)	840(1 010)	670(840)	200	20	284.2(365.4)
60	23.62	95	135	140	180			1 500(1 800)	1 200(1 500)	900(1 080)	720(900)	240	25	330.7(425.2)
64	26.76	100	145	150	195			1 600(1 920)	1 280(1 600)	960(1 150)	770(960)	240	25	374.6(481.7)
68	30.55	105	150	160	205			1 700(2 040)	1 360(1 700)	1 020(1 225)	815(1 020)	280	30	427.7(549.9)
72	34.60	110	155	170	215			1 800(2 160)	1 440(1 800)	1 080(1 300)	865(1 080)	280	30	484.4(622.8)
76	38.89	115	160	180	225			1 900(2 280)	1 520(1 900)	1 140(1 370)	910(1 140)	320	30	544.5(700.0)
80	43.44	120	165	190	235			2 000(2 400)	1 600(2 000)	1 200(1 440)	960(1 200)	350	40	608.2(781.9)
85	49.48	130	180	200	250			2 125(2 550)	1 700(2 125)	1 275(1 530)	1 020(1 275)	350	40	692.7(890.6)
90	55.91	140	190	210	260			2 250(2 700)	1 800(2 250)	1 350(1 620)	1 080(1 350)	400	40	782.7(1 006)
95	62.73	150	200	220	270			2 375(2 850)	1 900(2 375)	1 425(1 710)	1 140(1 425)	450	45	878.2(1 129)
100	69.95	160	210	230	280			2 500(3 000)	2 000(2 500)	1 500(1 800)	1 200(1 500)	500	45	979.3(1 259)

注：Q345 钢锚栓规格按括号内的数值选取

附录 2　常用型材的规格及截面特性

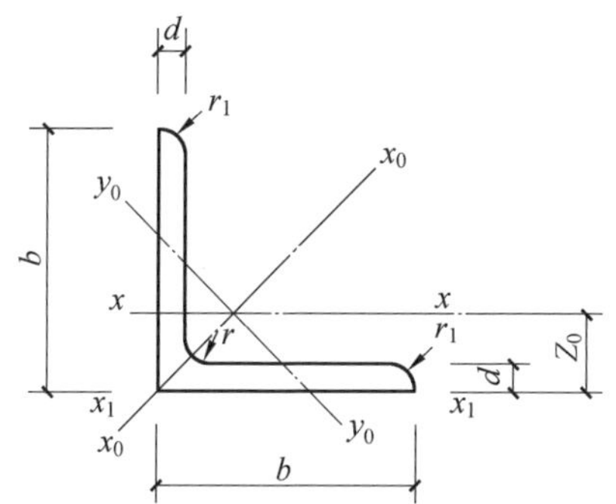

b—边宽度；I—截面惯性矩；z_0—重心距离；

d—边厚度；W—截面抵抗矩；$r_1=d/3$（边端圆弧半径）；

r—内圆弧半径；i—回转半径

附图 2.1

附表 2.1　等边角钢的规格及截面特性（摘自 GB/T 706—2016）

型号	截面尺寸/mm			截面面积/cm^2	理论重量/($kg\cdot m^{-1}$)	外表面积/($m^2\cdot m^{-1}$)	惯性矩/cm^4				惯性半径/cm			截面模数/cm^3			重心距离/cm
	b	d	r				I_x	I_{x1}	I_{x0}	I_{y0}	i_x	i_{x0}	i_{y0}	W_x	W_{x0}	W_{y0}	Z_0
2	20	3	3.5	1.132	0.89	0.078	0.40	0.81	0.63	0.17	0.59	0.75	0.39	0.29	0.45	0.20	0.60
		4		1.459	1.15	0.077	0.50	1.09	0.78	0.22	0.58	0.73	0.38	0.36	0.55	0.24	0.64
2.5	25	3		1.432	1.12	0.098	0.82	1.57	1.29	0.34	0.76	0.95	0.49	0.46	0.73	0.33	0.73
		4		1.859	1.46	0.097	1.03	2.11	1.62	0.43	0.74	0.93	0.48	0.59	0.92	0.40	0.76
3	30	3	4.5	1.749	1.37	0.117	1.46	2.71	2.31	0.61	0.91	1.15	0.59	0.68	1.09	0.51	0.85
		4		2.276	1.79	0.117	1.84	3.63	2.92	0.77	0.90	1.13	0.58	0.87	1.37	0.62	0.89
3.6	36	3		2.109	1.66	0.141	2.58	4.68	4.09	1.07	1.11	1.39	0.71	0.99	1.61	0.76	1.00
		4		2.756	2.16	0.141	3.29	6.25	5.22	1.37	1.09	1.38	0.70	1.28	2.05	0.93	1.04
		5		3.382	2.65	0.141	3.95	7.84	6.24	1.65	1.08	1.36	0.70	1.56	2.45	1.00	1.07
4	40	3	5	2.359	1.85	0.157	3.59	6.41	5.69	1.49	1.23	1.55	0.79	1.23	2.01	0.96	1.09
		4		3.086	2.42	0.157	4.60	8.56	7.29	1.91	1.22	1.54	0.79	1.60	2.58	1.19	1.13
		5		3.792	2.98	0.156	5.53	10.7	8.76	2.30	1.21	1.52	0.78	1.96	3.10	1.39	1.17
4.5	45	3		2.659	2.089	0.177	5.17	9.12	8.20	2.14	1.40	1.76	0.89	1.58	2.58	1.24	1.22
		4		3.486	2.74	0.177	6.65	12.2	10.6	2.75	1.38	1.74	0.89	2.05	3.32	1.54	1.26
		5		4.292	3.37	0.176	8.04	15.20	12.7	3.33	1.37	1.72	0.88	2.51	4.00	1.81	1.30
		6		5.077	3.99	0.176	9.33	18.4	14.8	3.89	1.36	1.70	0.80	2.95	4.64	2.06	1.33

续附表 2.1

型号	截面尺寸/mm			截面面积/cm^2	理论重量/$(kg \cdot m^{-1})$	外表面积/$(m^2 \cdot m^{-1})$	惯性矩/cm^4				惯性半径/cm			截面抵抗矩/cm^3			重心距离/cm
	b	d	r				I_x	I_{x1}	I_{x0}	I_{y0}	i_x	i_{x0}	i_{y0}	W	W_{x0}	W_{y0}	Z_0
5	50	3	5.5	2.971	2.33	0.197	7.18	12.50	11.4	2.98	1.55	1.96	1.00	1.96	3.22	1.57	1.34
		4		3.897	3.06	0.197	9.26	16.7	14.7	3.82	1.54	1.94	0.99	2.56	4.16	1.96	1.38
		5		4.803	3.77	0.196	11.2	20.9	17.8	4.64	1.53	1.92	0.98	3.13	5.03	2.31	1.42
		6		5.688	4.46	0.196	13.1	25.1	20.7	5.42	1.52	1.91	0.98	3.68	5.85	2.63	1.46
5.6	56	3	6	3.343	2.62	0.221	10.2	17.6	16.1	4.24	1.75	2.20	1.13	2.48	4.08	2.02	1.48
		4		4.39	3.45	0.220	13.2	23.4	20.9	5.46	1.73	2.18	1.11	3.24	5.28	2.52	1.53
		5		5.415	4.25	0.220	16	29.3	25.4	6.61	1.72	2.17	1.10	3.97	6.42	2.98	1.57
		6		6.42	5.04	0.220	18.7	35.3	29.7	7.73	1.71	2.15	1.10	4.68	7.49	3.40	1.61
		7		7.404	5.81	0.219	21.2	41.2	33.6	8.82	1.69	2.13	1.09	5.36	8.49	3.80	1.64
		8		8.367	6.57	0.219	23.6	47.2	37.4	9.89	1.68	2.11	1.09	6.03	9.44	4.16	1.68
6	60	5	6.5	5.829	4.58	0.236	19.9	36.1	31.6	8.21	1.85	2.33	1.19	4.59	7.44	3.48	1.67
		6		6.914	5.43	0.235	23.4	43.3	36.9	9.6	1.83	2.31	1.18	5.41	8.7	3.98	1.7
		7		7.977	6.26	0.235	26.4	50.7	41.9	11	1.82	2.29	1.17	6.21	9.88	4.45	1.74
		8		9.02	7.08	0.235	29.5	58.0	46.7	12.3	1.81	2.27	1.17	6.98	11	4.88	1.78
6.3	63	4	7	4.978	3.91	0.248	19	33.4	30.2	7.89	1.96	2.46	1.26	4.13	6.78	3.29	1.70
		5		6.143	4.82	0.248	23.2	41.7	36.8	9.57	1.94	2.45	1.25	5.08	8.25	3.90	1.74
		6		7.288	5.72	0.247	27.1	50.1	43	11.2	1.93	2.43	1.24	6.00	9.66	4.46	1.78
		7		8.412	6.60	0.247	30.9	58.6	49	12.8	1.92	2.41	1.23	6.88	11	4.98	1.82
		8		9.515	7.47	0.247	34.5	67.1	54.6	14.3	1.90	2.40	1.23	7.75	12.3	5.47	1.85
		10		11.66	9.15	0.246	41.1	84.3	64.9	17.3	1.88	2.36	1.22	9.39	14.6	6.36	1.93
7	70	4	8	5.57	4.37	0.275	26.4	45.7	41.8	11	2.18	2.74	1.40	5.14	8.44	4.17	1.86
		5		6.876	5.40	0.275	32.2	57.2	51.1	13.3	2.16	2.73	1.39	6.32	10.3	4.95	1.91
		6		8.16	6.41	0.275	37.8	68.7	59.9	15.6	2.15	2.71	1.38	7.48	12.1	5.67	1.95
		7		9.424	7.40	0.275	43.1	80.3	68.4	17.8	2.14	2.69	1.38	8.59	13.8	6.34	1.99
		8		10.67	8.37	0.274	48.2	91.9	76.4	20	2.12	2.68	1.37	9.68	15.4	6.98	2.03

续附表 2.1

型号	截面尺寸/mm			截面面积/cm^2	理论重量/$(kg \cdot m^{-1})$	外表面积/$(m^2 \cdot m^{-1})$	惯性矩/cm^4				惯性半径/cm			截面抵抗矩/cm^3			重心距离/cm
	b	d	r				I_x	I_{x1}	I_{x0}	I_{y0}	i_x	i_{x0}	i_{y0}	W	W_{x0}	W_{y0}	Z_0
7.5	75	5	9	7.412	5.82	0.295	40.0	70.6	63.3	16.6	2.33	2.92	1.50	7.32	11.9	5.77	2.04
		6		8.797	6.91	0.294	47.0	84.6	74.4	19.5	2.31	2.90	1.49	8.64	14	6.67	2.07
		7		10.16	7.98	0.294	53.6	98.7	85	22.2	2.3	2.89	1.48	9.93	16	7.44	2.11
		8		11.50	9.03	0.294	60	113	95.1	24.9	2.28	2.88	1.47	11.2	17.9	8.19	2.15
		9		12.83	10.1	0.294	66.1	127	105	27.5	2.27	2.86	1.46	12.4	19.8	8.89	2.18
		10		14.13	11.1	0.293	72.0	142	114	30.1	2.26	2.84	1.46	13.6	21.5	9.56	2.22
8	80	5		7.912	6.21	0.315	48.8	85.4	77.3	20.3	2.48	3.13	1.60	8.34	13.7	6.66	2.15
		6		9.397	7.38	0.314	57.4	103	91	23.7	2.47	3.11	1.59	9.87	16.1	7.65	2.19
		7		10.86	8.53	0.314	65.6	120	104	27.1	2.46	3.10	1.58	11.4	18.4	8.58	2.23
		8		12.30	9.66	0.314	73.5	137	117	30.4	2.44	3.08	1.57	12.8	20.6	9.46	2.27
		9		13.73	10.8	0.314	81.1	154	129	33.6	2.43	3.06	1.56	14.3	22.7	10.3	2.31
		10		15.13	11.9	0.313	88.4	172	140	36.8	2.42	3.04	1.56	15.6	24.8	11.1	2.35
9	90	6	10	10.64	8.35	0.354	82.8	146	131	34.3	2.79	3.51	1.80	12.6	20.6	9.95	2.44
		7		12.30	9.66	0.354	94.8	170	150	39.2	2.78	3.50	1.78	14.5	23.6	11.2	2.48
		8		13.94	10.9	0.353	106	195	169	44.0	2.76	3.48	1.78	16.4	26.6	12.4	2.52
		9		15.57	12.2	0.353	118	219	187	48.7	2.75	3.46	1.77	18.3	29.4	13.5	2.56
		10		17.17	13.5	0.353	129	244	204	53.3	2.74	3.45	1.76	20.1	32.0	14.5	2.59
		12		20.31	15.9	0.352	149	294	236	62.2	2.71	3.41	1.75	23.6	37.1	16.5	2.67
10	100	6	12	11.93	9.37	0.393	115	200	182	47.9	3.10	3.90	2.00	15.7	25.7	12.7	2.67
		7		13.80	10.8	0.393	132	234	209	54.7	3.09	3.89	1.99	18.1	29.6	14.3	2.71
		8		15.64	12.3	0.393	148	267	235	61.4	3.08	3.88	1.98	20.5	33.2	15.8	2.76
		9		17.46	13.7	0.392	164	300	260	68.0	3.07	3.86	1.97	22.8	36.8	17.2	2.80
		10		19.26	15.1	0.392	180	334	285	74.4	3.05	3.84	1.96	25.1	40.3	18.5	2.84
		12		22.80	17.9	0.391	209	402	331	86.8	3.03	3.81	1.95	29.5	46.8	21.1	2.91
		14		26.26	20.6	0.391	237	471	374	99.0	3.00	3.77	1.94	33.7	52.9	23.4	2.99
		16		29.63	23.3	0.390	263	540	414	111	2.98	3.74	1.94	37.8	58.6	25.6	3.06

续附表 2.1

型号	截面尺寸/mm			截面面积/cm^2	理论重量/$(kg \cdot m^{-1})$	外表面积/$(m^2 \cdot m^{-1})$	惯性矩/cm^4				惯性半径/cm			截面抵抗矩/cm^3			重心距离/cm
	b	d	r				I_x	I_{x1}	I_{x0}	I_{y0}	i_x	i_{x0}	i_{y0}	W	W_{x0}	W_{y0}	Z_0
11	110	7	12	15.20	11.9	0.433	177	311	281	73.4	3.41	4.30	2.20	22.1	36.1	17.5	2.96
		8		17.24	13.5	0.433	199	355	316	82.4	3.40	4.28	2.19	25	40.7	19.4	3.01
		10		21.26	16.7	0.432	242	445	384	100	3.38	4.25	2.17	30.6	49.4	22.9	3.09
		12		25.20	19.8	0.431	283	535	448	117	3.35	4.22	2.15	36.1	57.6	26.2	3.16
		14		29.06	22.8	0.431	321	625	508	133	3.32	4.18	2.14	41.3	65.3	29.1	3.24
12.5	125	8	14	19.75	15.5	0.492	297	521	471	123	3.88	4.88	2.50	32.5	53.3	25.9	3.37
		10		24.37	19.1	0.491	362	652	574	149	3.85	4.85	2.48	40	64.9	30.6	3.45
		12		28.91	22.7	0.491	423	783	671	175	3.83	4.82	2.46	41.2	76	35	3.53
		14		33.37	26.2	0.490	482	916	764	200	3.80	4.78	2.45	54.2	86.4	39.1	3.61
		16		37.74	29.6	0.489	537	1 050	851	224	3.77	4.75	2.43	60.9	96.3	43	3.68
14	140	10		27.37	21.5	0.551	515	915	817	212	4.34	5.46	2.78	50.6	82.6	39.2	3.82
		12		32.51	25.5	0.551	604	1 100	959	249	4.31	5.43	2.76	59.8	96.9	45	3.90
		14		37.57	29.5	0.550	689	1 280	1 090	284	4.28	5.40	2.75	68.8	110	50.5	3.98
		16		42.54	33.4	0.549	770	1 470	1 220	319	4.26	5.36	2.74	77.5	123	55.6	4.06
15	150	8		23.75	18.6	0.592	521	900	827	215	4.69	5.90	3.01	47.4	78	38.1	3.99
		10		29.37	23.1	0.591	638	1 130	1 010	262	4.66	5.87	2.99	58.4	95.5	45.5	4.08
		12		34.91	27.4	0.591	749	1 350	1 190	308	4.63	5.84	2.97	69	112	52.4	4.15
		14		40.37	31.7	0.590	856	1 580	1 360	352	4.60	5.80	2.95	79.5	128	58.8	4.23
		15		43.06	33.8	0.590	907	1 690	1 440	374	4.59	5.78	2.95	84.6	136	61.9	4.27
		16		45.74	35.9	0.589	958	1 810	1 520	395	4.58	5.77	2.94	89.6	143	64.9	4.31
16	160	10	16	31.50	24.7	0.630	780	1 370	1 240	322	4.98	6.27	3.20	66.7	109	52.8	4.31
		12		37.44	29.4	0.630	917	1 640	1 460	377	4.95	6.24	3.18	79	129	60.7	4.39
		14		43.30	34.0	0.629	1 050	1 910	1 670	432	4.92	6.20	3.16	91	147	68.2	4.47
		16		49.07	38.5	0.629	1 180	2 190	1 870	485	4.89	6.17	3.14	103	165	75.3	4.55
18	180	12		42.24	33.2	0.710	1 320	2 330	2 100	543	5.59	7.05	3.58	101	165	78.4	4.89
		14		48.90	38.4	0.709	1 510	2 720	2 410	622	5.56	7.02	3.56	116	189	88.4	4.97
		16		55.47	43.5	0.709	1 700	3 120	2 700	699	5.54	6.98	3.55	131	212	97.8	5.05
		18		61.96	48.6	0.708	1 880	3 500	2 990	762	5.50	6.94	3.51	146	235	105	5.13

续附表 2.1

型号	截面尺寸/mm			截面面积/cm^2	理论重量/$(kg \cdot m^{-1})$	外表面积/$(m^2 \cdot m^{-1})$	惯性矩/cm^4				惯性半径/cm			截面抵抗矩/cm^3			重心距离/cm
	b	d	r				I_x	I_{x1}	I_{x0}	I_{y0}	i_x	i_{x0}	i_{y0}	W	W_{x0}	W_{y0}	Z_0
20	200	14	18	54.64	42.9	0.788	2 100	3 730	3 340	864	6.20	7.82	3.98	145	236	112	5.46
		16		62.01	48.7	0.788	2 370	4 270	3 760	971	6.18	7.79	3.96	164	266	124	5.54
		18		69.3	54.4	0.787	2 620	4 810	4 160	1 080	6.15	7.75	3.94	182	294	136	5.62
		20		76.51	60.1	0.787	2 870	5 350	4 550	1 180	6.12	7.72	3.93	200	322	147	5.69
		24		90.66	71.2	0.785	3 340	6 460	5 290	1 380	6.07	7.64	3.90	236	374	167	5.87
22	220	16	21	68.67	53.9	0.866	3 190	5 680	5 060	1 310	6.81	8.59	4.37	200	326	154	6.03
		18		76.75	60.3	0.866	3 540	6 400	5 620	1 450	6.79	8.55	4.35	223	361	168	6.11
		20		84.76	66.5	0.865	3 870	7 110	6 150	1 590	6.76	8.52	4.34	245	395	182	6.18
		22		92.68	72.8	0.865	4 200	7 830	6 670	1 730	6.73	8.48	4.32	267	429	195	5.26
		24		100.5	78.9	0.864	4 520	8 550	7 170	1 870	6.71	8.45	4.31	289	461	208	6.33
		26		108.3	85	0.864	4 830	9 280	7 690	2 000	6.68	8.41	4.30	310	492	221	6.41
25	250	18	24	87.84	69	0.985	5 270	9 380	8 370	2 170	7.75	9.76	4.97	290	473	224	6.84
		20		97.05	76.2	0.984	5 780	10 400	9 180	2 380	7.72	9.73	4.95	320	519	243	6.92
		22		106.02	83.3	0.983	6 280	11 500	9 970	2 580	7.69	9.69	4.93	349	564	261	7.00
		24		115.2	90.4	0.983	6 770	12 500	10 700	2 790	7.67	9.66	4.92	378	608	278	7.07
		26		124.2	97.5	0.982	7 240	13 600	11 500	2 980	7.64	9.62	4.90	406	650	295	7.15
		28		133	104	0.982	7 700	14 600	12 200	3 180	7.61	9.58	4.89	433	691	311	7.22
		30		141.8	111	0.981	8 160	15 700	12 900	3 380	7.58	9.55	4.88	461	731	327	7.30
		32		150.5	118	0.981	8 600	16 800	13 600	3 570	7.56	9.51	4.87	488	770	342	7.37
		35		163.4	128	0.980	9 240	18 400	14 600	3 850	7.52	9.46	4.86	527	827	364	7.48

注:截面图中的 $r_1 = 1/3d$ 及表中 r 的数据用于孔型设计,不作为交货条件

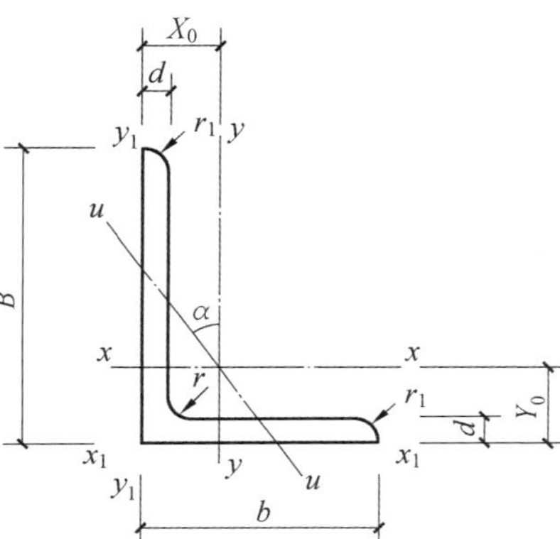

B—长边宽度；I—截面惯性矩；X_0、Y_0—重心距离；
b—短肢宽度；W—截面抵抗矩；r—内圆弧半径；
d—边厚度；i—回转半径；$r_1=d/3$（边端圆弧半径）

附图 2.2

附表 2.2　不等边角钢的规格及截面特性（摘自 GB/T 706—2016）

型号	截面尺寸/mm				截面面积/cm^2	理论重量/($kg\cdot m^{-1}$)	外表面积/($m^2\cdot m^{-1}$)	惯性矩/cm^4					惯性半径/cm			截面抵模数/cm^3			tan α	重心距离/cm	
	B	b	d	r				I_x	I_{x1}	I_y	I_{y1}	I_w	i_x	i_y	i_w	W_x	W_y	W_w		X_0	Y_0
2.5/1.6	25	16	3	3.5	1.162	0.91	0.080	0.70	1.56	0.22	0.43	0.14	0.78	0.44	0.34	0.43	0.19	0.16	0.392	0.42	0.86
			4		1.499	1.18	0.079	0.88	2.09	0.27	0.59	0.17	0.77	0.43	0.34	0.55	0.24	0.20	0.381	0.46	0.90
3.2/2	32	20	3		1.492	1.17	0.102	1.53	3.27	0.46	0.82	0.28	1.01	0.55	0.43	0.72	0.30	0.25	0.382	0.49	1.08
			4		1.939	1.52	0.101	1.93	4.37	0.57	1.12	0.35	1.00	0.54	0 42	0.93	0.39	0.32	0.374	0.53	1.12
4/2.5	40	25	3	4	1.890	1.48	0.127	3.08	5.39	0.93	1.59	0.56	1.28	0.70	0.54	1.15	0.49	0.40	0.385	0.59	1.32
			4		2.467	1.94	0.127	3.93	8.53	1.18	2.14	0.71	1.36	0.69	0.54	1.49	0.63	0.52	0.381	0.63	1.37
4.5/2.8	45	28	3	5	2.149	1.69	0.143	4.45	9.10	1.34	2.23	0.80	1.44	0.79	0.61	1.47	0.62	0.51	0.383	0.64	1.47
			4		2.806	2.20	0.143	5.69	12.10	1.70	3.00	1.02	1.42	0.78	0.60	1.91	0.80	0.66	0.380	0.68	1.51

续附表 2.2

型号	截面尺寸/mm				截面面积/ cm^2	理论重量/ $(kg \cdot m^{-1})$	外表面积/ $(m^2 \cdot m^{-1})$	惯性矩/ cm^4					惯性半径/cm			截面抵模数/ cm^3			tan α	重心距离/cm	
	B	b	d	r				I_x	I_{x1}	I_y	I_{y1}	I_w	i_x	i_y	i_w	W_x	W_y	W_w		X_0	Y_0
5/3.2	50	32	3	5.5	2.431	1.91	0.161	6.24	12.49	2.02	3.31	1.20	1.60	0.91	0.70	1.84	0.82	0.68	0.404	0.73	1.60
			4		3.177	2.49	0.160	8.02	16.65	2.58	4.45	1.53	1.59	0.90	0.69	2.39	1.06	0.87	0.402	0.77	1.65
5.6/3.6	56	36	3	6	2.743	2.15	0.181	8.88	17.5	2.92	4.70	1.73	1.80	1.03	0.79	2.32	1.05	0.87	0.408	0.80	1.78
			4		3.590	2.82	0.180	11.5	23.39	3.76	6.33	2.23	1.79	1.02	0.79	3.03	1.37	1.13	0.408	0.85	1.82
			5		4.415	3.47	0.180	13.9	29.3	4.49	7.94	2.67	1.77	1.01	0.78	3.71	1.65	1.36	0.404	0.88	1.87
6.3/4	63	40	4	7	4.058	3.19	0.202	16.5	33.3	5.23	8.63	3.12	2.02	1.14	0.88	3.87	1.70	1.40	0.398	0.92	2.04
			5		4.993	3.92	0.202	20.0	41.6	6.31	10.9	3.76	2.00	1.12	0.87	4.74	2.07	1.71	0.396	0.95	2.08
			6		5.908	4.64	0.201	23.4	50.0	7.29	13.1	4.34	1.96	1.11	0.86	5.59	2.43	1.99	0.393	0.99	2.12
			7		6.802	5.34	0.201	26.5	58.1	8.24	15.5	4.97	1.98	1.10	0.86	6.40	2.78	2.29	0.389	1.03	2.15
7/4.5	70	45	4	7.5	4.553	3.57	0.226	23.2	45.9	7.55	12.3	4.40	2.26	1.29	0.98	4.86	2.17	1.77	0.410	1.02	2.24
			5		5.609	4.40	0.225	28.0	57.1	9.13	15.4	5.40	2.23	1.28	0.98	5.92	2.65	2.19	0.407	1.06	2.28
			6		6.644	5.22	0.225	32.5	68.4	10.6	18.6	6.35	2.21	1.26	0.98	6.95	3.12	2.59	0.404	1.09	2.32
			7		7.658	6.01	0.225	37.2	80.0	12.0	21.8	7.16	2.20	1.25	0.97	8.03	3.57	2.94	0.402	1.13	2.36
7.5/5	75	50	5	8	6.126	4.81	0.245	34.9	70.0	12.5	21.0	7.41	2.39	1.44	1.10	6.83	3.3	2.74	0.435	1.17	2.40
			6		7.260	5.70	0.245	41.1	84.3	14.7	25.4	8.54	2.38	1.42	1.08	8.12	3.88	3.19	0.435	1.21	2.44
			8		9.467	7.43	0.244	52.4	113	18.5	34.2	10.9	2.35	1.40	1.07	10.5	4.99	4.10	0.429	1.29	2.52
			10		11.59	9.10	0.244	62.7	141	22.0	43.4	13.1	2.33	1.38	1.06	12.8	6.04	4.99	0.423	1.36	2.60

续附表 2.2

型号	截面尺寸/mm				截面面积/cm²	理论重量/(kg·m⁻¹)	外表面积/(m²·m⁻¹)	惯性矩/cm⁴					惯性半径/cm			截面抵模数/cm³			tan α	重心距离/cm	
	B	b	d	r				I_x	I_{x1}	I_y	I_{y1}	I_w	i_x	i_y	i_w	W_x	W_y	W_w		X_0	Y_0
8/5	80	50	5	8	6.376	5.00	0.255	42	85.2	12.8	21.1	7.66	2.56	1.42	1.10	7.78	3.32	2.74	0.388	1.14	2.60
			6		7.560	5.93	0.255	49.5	103	15.0	25.4	8.85	2.56	1.41	1.08	9.25	3.91	3.20	0.387	1.18	2.65
			7		8.724	6.85	0.255	56.2	119	17.0	29.8	10.2	2.54	1.39	1.08	10.6	4.48	3.70	0.384	1.21	2.69
			8		9.867	7.75	0.254	62.8	136	18.9	34.3	11.4	2.52	1.38	1.07	11.9	5.03	4.16	0.381	1.25	2.73
9/5.6	90	56	5	9	7.212	5.66	0.287	60.5	121	18.3	29.5	11	2.90	1.59	1.23	9.92	4.21	3.49	0.385	1.25	2.91
			6		8.557	6.72	0.286	71	146	21.4	35.6	12.9	2.88	1.58	1.23	11.7	4.96	4.13	0.384	1.29	2.95
			7		9.881	7.76	0.286	81	170	24.4	41.7	14.7	2.86	1.57	1.22	13.5	5.70	4.72	0.382	1.33	3.00
			8		11.18	8.78	0.286	91	194	27.2	47.9	16.3	2.85	1.56	1.21	15.3	6.41	5.29	0.380	1.36	3.04
10/6.3	100	63	5	10	9.618	7.55	0.320	99.1	200	30.9	50.5	18.4	3.21	1.79	1.38	14.6	6.35	5.25	0.394	1.43	3.24
			6		11.11	8.72	0.320	113	233	35.3	59.1	21	3.20	1.78	1.38	16.9	7.29	6.02	0.394	1.47	3.28
			7		12.58	9.88	0.319	127	266	39.4	67.9	23.5	3.18	1.77	1.37	19.1	8.21	6.78	0.391	1.50	3.32
			8		15.47	12.1	0.319	154	333	47.1	85.7	28.3	3.15	1.74	1.35	23.3	9.98	8.24	0.387	1.58	3.40
10/8	100	80	5	10	10.64	8.35	0.354	107	200	61.2	103	31.7	3.17	2.40	1.72	15.2	10.2	8.37	0.627	1.97	2.95
			7		12.3	9.66	0.354	123	233	70.1	120	36.2	3.16	2.39	1.72	17.5	11.7	9.60	0.626	2.01	3.00
			8		13.94	10.9	0.353	138	267	78.6	137	40.6	3.14	2.37	1.71	19.8	13.2	10.8	0.625	2.05	3.04
			10		17.17	13.5	0.353	167	334	94.7	172	49.1	3.12	2.35	1.69	24.2	16.1	13.1	0.622	2.13	3.12

续附表 2.2

型号	截面尺寸/mm				截面面积/cm²	理论重量/(kg·m⁻¹)	外表面积/(m²·m⁻¹)	惯性矩/cm⁴					惯性半径/cm			截面抵模数/cm³			tan α	重心距离/cm	
	B	b	d	r				I_x	I_{x1}	I_y	I_{y1}	I_w	i_x	i_y	i_w	W_x	W_y	W_w		X_0	Y_0
11/7	110	70	6	10	10.64	8.35	0.354	133	266	42.9	69.1	25.4	3.54	2.01	1.54	17.9	7.90	6.53	0.403	1.57	3.53
			7		12.30	9.66	0.354	153	310	49	80.8	29	3.53	2.00	1.53	20.6	9.09	7.5	0.402	1.61	3.57
			8		13.94	10.9	0.353	172	354	54.9	92.7	32.5	3.51	1.98	1.53	23.3	10.3	8.45	0.401	1.65	3.62
			10		17.17	13.5	0.353	208	443	65.9	117	39.2	3.48	1.96	1.51	28.5	12.5	10.3	0.397	1.72	3.70
12.5/8	125	80	7	11	14.10	11.1	0.403	228	455	74.4	120	43.8	4.02	2.30	1.76	26.9	12	9.92	0.408	1.80	4.01
			8		15.99	12.6	0.403	257	520	83.5	138	49.2	4.01	2.28	1.75	30.4	13.6	11.2	0.407	1.84	4.06
			10		19.71	15.5	0.402	312	650	101	173	59.5	3.98	2.26	1.74	37.3	16.6	13.6	0.404	1.92	4.14
			12		23.35	18.3	0.402	364	780	117	210	69.4	3.95	2.24	1.72	44.0	19.4	16	0.400	2.00	4.22
14/9	140	90	8	12	18.04	14.2	0.453	366	731	121	196	70.8	4.50	2.59	1.98	38.5	17.3	14.3	0.411	2.04	4.50
			10		22.26	17.5	0.452	446	913	140	246	85.8	4.47	2.56	1.96	47.3	21.2	17.5	0.409	2.12	4.58
			12		26.40	20.7	0.451	522	1 100	170	297	100	4.44	2.54	1.95	55.9	25	20.5	0.406	2.19	4.66
			14		30.46	23.9	0.451	594	1 280	192	349	114	4.42	2.51	1.94	64.2	28.5	23.5	0.403	2.27	4.74
15/9	150	90	8		18.84	14.8	0.473	442	898	123	196	74.1	4.84	2.55	1.98	43.9	17.5	14.5	0.364	1.97	4.92
			10		23.26	18.3	0.472	539	1 120	149	246	89.9	4.81	2.53	1.97	54.0	21.4	17.7	0.362	2.05	5.01
			12		27.60	21.7	0.471	632	1 350	173	297	105	4.79	2.50	1.95	63.8	25.1	20.8	0.359	2.12	5.09
			14		31.86	25.0	0.471	721	1 570	196	350	120	4.76	2.48	1.94	73.3	28.8	23.8	0.356	2.20	5.17
			15		33.95	26.7	0.471	764	1 680	207	376	127	4.74	2.47	1.93	78.0	30.5	25.3	0.354	2.24	5.21
			16		36.03	28.3	0.470	806	1 800	217	403	134	4.73	2.45	1.93	82.6	32.3	26.8	0.352	2.27	5.25

续附表 2.2

型号	截面尺寸/mm				截面面积/cm²	理论重量/(kg·m⁻¹)	外表面积/(m²·m⁻¹)	惯性矩/cm⁴					惯性半径/cm			截面抵抗模数/cm³			tan α	重心距离/cm	
	B	b	d	r				I_x	I_{x1}	I_y	I_{y1}	I_u	i_x	i_y	i_u	W_x	W_y	W_u		X_0	Y_0
16/10	160	100	10	13	25.32	19.9	0.512	669	1 360	205	337	122	5.14	2.85	2.19	62.1	26.6	21.9	0.390	2.28	5.24
			12		30.05	23.6	0.511	785	1 640	239	406	142	5.11	2.82	2.17	73.5	31.3	25.8	0.388	2.36	5.32
			14		34.71	27.2	0.510	896	1 910	271	476	162	5.08	2.80	2.16	84.6	35.8	29.6	0.385	2.43	5.40
			16		39.28	30.8	0.510	1 000	2 180	302	548	183	5.05	2.77	2.16	95.3	40.2	33.4	0.382	2.51	5.48
18/11	180	110	10	14	28.37	22.3	0.571	956	1 940	278	447	167	5.80	3.13	2.42	79	32.5	26.9	0.376	2.44	5.89
			12		33.71	26.5	0.571	1 120	2 330	325	539	195	5.78	3.10	2.40	93.5	38.3	31.7	0.374	2.52	5.98
			14		38.97	30.6	0.570	1 290	2 720	370	632	222	5.75	3.08	2.39	108	44.0	36.3	0.372	2.59	6.06
			16		44.14	34.6	0.569	1 440	3 110	412	726	249	5.72	3.06	2.38	122	49.4	40.9	0.369	2.67	6.14
20/12.5	200	125	12		37.91	29.8	0.641	1 570	3 190	483	788	286	6.44	3.57	2.74	117	50.0	41.2	0.392	2.83	6.54
			14		43.87	34.4	0.640	1 800	3 730	551	922	327	6.41	3.54	2.73	135	57.4	47.3	0.390	2.91	6.62
			16		49.74	39.0	0.639	2 020	4 260	615	1 060	366	6.38	3.52	2.71	152	64.9	53.3	0.388	2.99	6.70
			18		55.53	43.6	0.639	2 240	4 790	677	1 200	405	6.35	3.49	2.70	169	71.7	59.2	0.385	3.06	6.78

注:截面图中的 $r_1 = 1/3d$ 及表中 r 的数据用于孔型设计,不作为交货条件

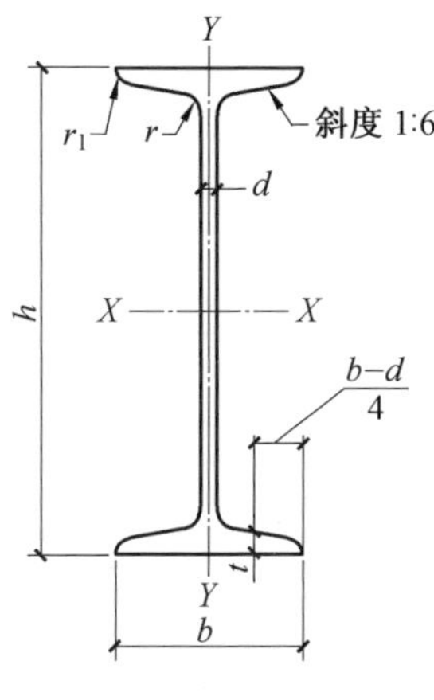

h—高度；
b—腿宽度；
d—腰厚度；
t—腿中间厚度；
r—内圆弧半径；
r_1—腿端圆弧半径。

附图 2.3

附表 2.3　普通热轧工字钢的规格及截面特性(摘自 GB/T 706—2016)

型号	截面尺寸/mm						截面面积/cm^2	理论重量/$(kg\cdot m^{-1})$	惯性矩/cm^4		惯性半径/cm		截面模数/cm^3	
	h	b	d	t	r	r_1			I_x	I_y	i_x	i_y	W_x	W_y
10	100	68	4.5	7.6	6.5	3.3	14.33	11.3	245	33	4.14	1.52	49	9.72
12	120	74	5.0	8.4	7.0	3.5	17.80	14.0	436	46.9	4.95	1.62	72.7	12.7
12.6	126	74	5.0	8.4	7.0	3.5	18.10	14.2	488	46.9	5.20	1.61	77.5	12.7
14	140	80	5.5	9.1	7.5	3.8	21.50	16.9	712	64.4	5.76	1.73	102	16.1
16	160	88	6.0	9.9	8.0	4.0	26.11	20.5	1 130	93.1	6.58	1.89	141	21.2
18	180	94	6.5	10.7	8.5	4.3	30.74	24.1	1 660	122	7.38	2.00	185	26
20a	200	100	7.0	11.4	9.0	4.5	35.55	27.9	2 370	158	8.15	2.12	237	31.5
20b		102	9.0				39.55	31.1	2 500	169	7.96	2.06	250	33.1
22a	220	110	7.5	12.3	9.5	4.8	42.10	33.1	3 400	225	8.99	2.31	309	40.9
22b		112	9.5				46.50	36.5	3 570	239	8.78	2.27	325	42.7
24a	240	116	8.0	13.0	10.0	5.0	47.71	37.5	4 570	280	9.77	2.42	381	48.4
24b		118	10.0				52.51	41.2	4 800	297	9.57	2.38	400	50.4
25a	250	116	8.0				48.51	38.1	5 020	280	10.2	2.40	402	48.3
25b		118	10.0				53.51	42.0	5 280	309	9.94	2.40	423	52.4
27a	270	122	8.5	13.7	10.5	5.3	54.52	42.8	6 550	345	10.9	2.51	485	56.6
27b		124	10.5				59.92	47.0	6 870	366	10.7	2.47	509	58.9
28a	280	122	8.5				55.37	43.5	7 110	345	11.3	2.50	508	56.6
28b		124	10.5				60.97	47.9	7 480	379	11.1	2.49	534	61.2

续附表 2.3

型号	截面尺寸/mm						截面面积/cm^2	理论重量/$(kg\cdot m^{-1})$	惯性矩/cm^4		惯性半径/cm		截面模数/cm^3	
	h	b	d	t	r	r_1			I_x	I_y	i_x	i_y	W_x	W_y
30a		126	9.0				61.22	48.1	8 950	400	12.1	2.55	597	63.5
30b	300	128	11.0	14.4	11.0	5.5	67.22	52.8	9 400	422	11.8	2.50	627	65.9
30c		130	13.0				73.22	57.5	9 850	445	11.6	2.46	657	68.5
32a		130	9.5				67.12	52.7	11 100	460	12.8	2.62	692	70.8
32b	320	132	11.5	15.0	11.5	5.8	73.52	57.7	11 600	502	12.6	2.61	726	76
32c		134	13.5				79.92	62.7	12 200	544	12.3	2.61	760	81.2
36a		136	10.0				76.44	60	15 800	552	14.4	2.69	875	81.2
36b	360	138	12.0	15.8	12.0	6.0	83.64	65.7	16 500	582	14.1	2.64	919	84.3
36c		140	14.0				90.84	71.3	17 300	612	13.8	2.60	962	87.4
40a		142	10.5				86.07	67.6	21 700	660	15.9	2.77	1 090	93.2
40b	400	144	12.5	16.5	12.5	6.3	94.07	73.8	22 800	692	15.6	2.71	1 140	96.2
40c		146	14.5				102.1	80.1	23 900	727	15.2	2.65	1 190	99.6
45a		150	11.5				102.4	80.4	32 200	855	17.7	2.89	1 430	114
45b	450	152	13.5	18.0	13.5	6.8	111.4	87.4	33 800	894	17.4	2.84	1 500	118
45c		154	15.5				120.4	94.5	35 300	938	17.1	2.79	1 570	122
50a		158	12.0				119.2	93.6	46 500	1 120	19.7	3.07	1 860	142
50b	500	160	14.0	20.0	14.0	7.0	129.2	101	48 600	1 170	19.4	3.01	1 940	146
50c		162	16.0				139.2	109	50 600	1 220	19.0	2.96	2 080	151
55a		166	12.5				134.1	105	62 900	1 370	21.6	3.19	2 290	164
55b	550	168	14.5				145.1	114	65 600	1 420	21.2	3.14	2 390	170
55c		170	16.5	21.0	14.5	7.3	156.1	123	68 400	1 480	20.9	3.08	2 490	175
56a		166	12.5				135.4	106	65 600	1 370	22.0	3.18	2 340	165
56b	560	168	14.5				146.6	115	68 500	1 490	21.6	3.16	2 450	174
56c		170	16.5				157.8	124	71 400	1 560	21.3	3.16	2 550	183
63a		176	13.0				154.6	121	93 900	1 700	24.5	3.31	2 980	193
63b	630	178	15.0	22.0	15.0	7.5	167.2	131	98 100	1 810	24.2	3.29	3 160	204
63c		180	17.0				179.8	141	102 000	1 920	23.8	3.27	3 300	214

注:表中 r、r_1 的数据用于孔型设计,不作为交货条件

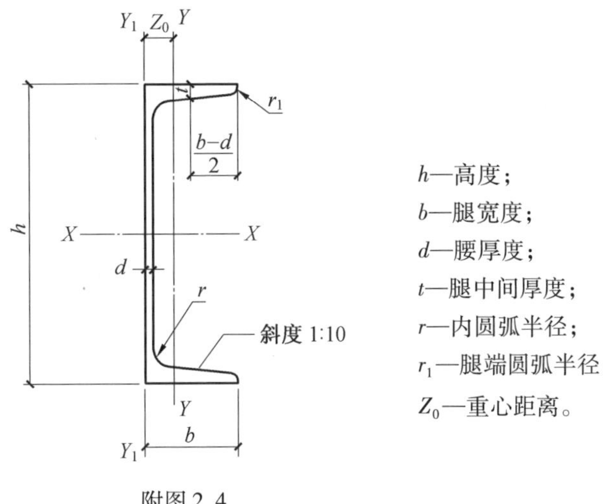

附图 2.4

附表 2.4　普通热轧槽钢的规格及截面特性(摘自 GB/T 706—2016)

型号	截面尺寸/mm						截面面积/cm^2	理论重量/($kg \cdot m^{-1}$)	外表面积/(m^2/m)	惯性矩/cm^4			惯性半径/cm		截面模数/cm^3		重心距离/cm
	h	b	d	t	r	r_1				I_x	I_y	I_{y1}	i_x	i_y	W_x	W_y	Z_0
5	50	37	4.5	7.0	7.0	3.5	6.925	5.44	0.226	26.0	8.30	20.9	1.94	1.10	10.4	3.55	1.35
6.3	63	40	4.8	7.5	7.5	3.8	8.446	6.63	0.262	50.8	11.9	28.4	2.45	1.19	16.1	4.5	1.36
6.5	65	40	4.3	7.5	7.5	3.8	8.292	6.51	0.267	55.2	12	28.3	2.54	1.19	17	4.59	1.38
8	80	43	5.0	8.0	8.0	4.0	10.24	8.04	0.307	101	16.6	37.4	3.15	1.27	25.3	5.79	1.43
10	100	48	5.3	8.5	8.5	4.2	12.74	10.0	0.365	198	25.6	54.9	3.95	1.41	39.7	7.80	1.52
12	120	53	5.5	9.0	9.0	4.5	15.36	12.1	0.423	346	37.4	77.7	4.75	1.56	57.7	10.2	1.62
12.6	126	53	5.5	9.0	9.0	4.5	15.69	12.3	0.435	391	38	77.1	4.95	1.57	62.1	10.2	1.59
14a	140	58	6.0	9.5	9.5	4.8	18.51	14.5	0.480	564	53.2	107	5.52	1.70	80.5	13.0	1.71
14b		60	8.0				21.31	16.7	0.484	609	61.1	121	5.35	1.69	87.1	14.1	1.67
16a	160	63	6.5	10.0	10.0	5.0	21.95	17.2	0.538	866	73.3	144	6.28	1.83	108	16.3	1.80
16b		65	8.5				25.15	19.8	0.542	935	83.4	161	6.10	1.82	117	17.6	1.75
18a	180	68	7.0	10.5	10.5	5.2	25.69	20.2	0.542	1 270	98.6	190	7.04	1.96	141	20.0	1.88
18b		70	9.0				29.29	23.0	0.600	1 370	111	210	6.84	1.95	152	21.5	1.84
20a	200	73	7.0	11.0	11.0	5.5	28.83	22.6	0.654	1 780	128	244	7.86	2.11	178	24.2	2.01
20b		75	9.0				32.83	25.8	0.658	1 910	144	268	7.64	2.09	191	25.9	1.95
22a	220	77	7.0	11.5	11.5	5.8	31.83	25.0	0.709	2 390	158	298	8.67	2.23	218	28.2	2.10
22b		79	9.0				36.23	28.5	0.713	2 570	176	326	8.42	2.21	234	30.1	2.03

续附表 2.4

型号	截面尺寸/mm						截面面积/cm²	理论重量/(kg·m⁻¹)	外表面积(m²/m)	惯性矩/cm⁴			惯性半径/cm		截面模数/cm³		重心距离/cm
	h	b	d	t	r	r_1				I_x	I_y	I_{y1}	i_x	i_y	W_x	W_y	Z_0
24a	240	78	7.0	12.0	12.0	6.0	34.21	26.9	0.752	3 050	174	325	9.45	2.25	254	30.5	2.10
24b		80	9.0				39.01	30.6	0.756	3 280	194	355	9.17	2.23	274	32.5	2.03
24c		82	11.0				43.81	34.4	0.760	3 510	213	388	8.96	2.21	293	34.4	2.00
25a	250	78	7.0				34.91	27.4	0.722	3 370	176	322	9.82	2.24	270	30.6	2.07
25b		80	9.0				39.91	31.3	0.776	3 530	196	353	9.41	2.22	282	32.7	1.98
25c		82	11.0				44.91	35.3	0.780	3 690	218	384	9.07	2.21	295	35.9	1.92
27a	270	82	7.5	12.5	12.5	6.2	39.27	30.8	0.826	4 360	216	393	10.5	2.34	323	35.5	2.13
27b		84	9.5				44.67	35.1	0.830	4 690	239	428	10.3	2.31	347	37.7	2.06
27c		86	11.5				50.07	39.3	0.834	5 020	261	467	10.1	2.28	372	39.8	2.03
28a	280	82	7.5				40.02	31.4	0.846	4 760	218	388	10.9	2.33	340	35.7	2.10
28b		84	9.5				45.62	35.8	0.850	5 130	242	428	10.6	2.30	366	37.9	2.02
28c		86	11.5				51.22	40.2	0.854	5 500	268	463	10.4	2.29	393	40.3	1.95
30a	300	85	7.5	13.5	13.5	6.8	43.89	34.5	0.897	6 050	260	467	11.7	2.43	403	41.1	2.17
30b		87	9.5				49.89	39.2	0.901	6 500	289	515	11.4	2.41	433	44.0	2.13
30c		89	11.5				55.89	43.9	0.905	6 950	316	560	11.2	2.38	463	46.4	2.09
32a	320	88	8.0	14.0	14.0	7.0	48.50	38.1	0.947	7 600	305	552	12.5	2.50	475	46.5	2.24
32b		90	10.0				54.90	43.1	0.951	8 140	336	593	12.2	2.47	509	49.2	2.16
32c		92	12.0				61.30	48.1	0.955	8 690	374	643	11.9	2.47	543	52.6	2.09
36a	360	96	9.0	16.0	16.0	8.0	60.89	47.8	1.053	11 900	455	818	14.0	2.73	660	63.5	2.44
36b		98	11.0				68.09	53.5	1.057	12 700	497	880	13.6	2.70	703	66.9	2.37
36c		100	13.0				75.29	59.1	1.061	13 400	536	948	13.4	2.57	746	70.0	2.34
40a	400	100	10.5	18.0	18.0	9.0	75.04	58.9	1.144	17 600	592	1070	15.3	2.81	879	78.8	2.49
40b		102	12.5				83.04	65.2	1.148	18 600	640	114	15.0	2.78	932	82.5	2.44
40c		104	14.5				91.04	71.5	1.152	19 700	688	1220	14.7	2.75	986	86.2	2.42

注：表中 r、r_1 的数据用于孔型设计，不作为交货条件

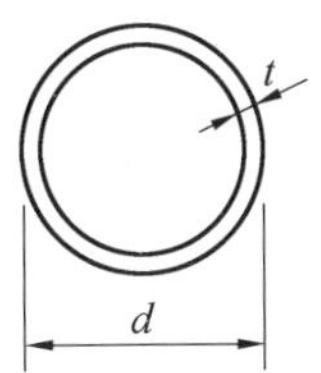

I—截面惯性矩；

W—截面抵抗矩；

i—截面回转半径

附图 2.5

附表 2.5　热轧圆钢管的规格及截面特性(摘自 GB/T 17395—2008)

尺寸 /mm		截面面积	理论重量	截面特性			尺寸 /mm		截面面积	理论重量	截面特性		
d	t	A /cm^2	(kg·m^{-1})	I /cm^4	W /cm^3	i /cm	d	t	A /cm^2	(kg·m^{-1})	I /cm^4	W /cm^3	i /cm
32	2.5	2.32	1.82	2.54	1.59	1.05	57	3.0	5.09	4.00	18.61	6.53	1.91
	3.0	2.73	2.15	2.90	1.82	1.03		3.5	5.88	4.62	21.14	7.42	1.90
	3.5	3.13	2.46	3.23	2.02	1.02		4.0	6.66	5.23	23.52	8.25	1.88
	4.0	3.52	2.76	3.52	2.20	1.00		4.5	7.42	5.83	25.76	9.04	1.86
38	2.5	2.79	2.19	4.41	2.32	1.26		5.0	8.17	6.41	27.86	9.78	1.85
	3.0	3.30	2.59	5.09	2.68	1.24		5.5	8.90	6.99	29.84	10.47	1.83
	3.5	3.79	2.98	5.70	3.00	1.23		6.0	9.61	7.55	31.69	11.12	1.82
	4.0	4.27	3.35	6.26	3.29	1.21	60	3.0	5.37	4.22	21.88	7.29	2.02
42	2.5	3.10	2.44	6.07	2.89	1.40		3.5	6.21	4.88	24.88	8.29	2.00
	3.0	3.68	2.89	7.03	3.35	1.38		4.0	7.04	5.52	27.73	9.24	1.98
	3.5	4.23	3.32	7.91	3.77	1.37		4.5	7.85	6.16	31.41	10.14	1.97
	4.0	4.78	3.75	8.71	4.15	1.35		5.0	8.64	6.78	32.94	10.98	1.95
45	2.5	3.34	2.62	7.56	3.36	1.51		5.5	9.42	7.39	35.32	11.77	1.94
	3.0	3.96	3.11	8.77	3.90	1.49		6.0	10.18	7.99	37.56	12.52	1.92
	3.5	4.56	3.58	9.89	4.40	1.47	63.5	3.0	5.70	4.48	26.15	8.24	2.14
	4.0	5.15	4.04	10.93	4.86	1.46		3.5	6.60	5.18	29.79	9.38	2.12
50	2.5	3.73	2.93	10.55	4.22	1.68		4.0	7.48	5.87	33.24	10.47	2.11
	3.0	4.43	3.48	12.28	4.91	1.67		4.5	8.34	6.55	36.50	11.50	2.09
	3.5	5.11	4.01	13.90	5.56	1.65		5.0	9.19	7.21	39.60	12.47	2.08
	4.0	5.78	4.54	15.41	6.16	1.63		5.5	10.02	7.87	42.52	13.39	2.06
	4.5	6.43	5.05	16.81	6.72	1.62		6.0	10.84	8.51	45.28	14.26	2.04
	5.0	7.07	5.55	18.11	7.25	1.60	68	3.0	6.13	4.81	32.42	9.54	2.30
54	3.0	4.81	3.77	15.68	5.81	1.81		3.5	7.09	5.57	36.99	10.88	2.28
	3.5	5.55	4.36	17.79	6.59	1.79		4.0	8.04	6.31	41.34	12.16	2.27
	4.0	6.28	4.93	19.76	7.32	1.77		4.5	8.98	7.05	45.47	13.37	2.25
	4.5	7.00	5.49	21.61	8.00	1.76		5.0	9.90	7.77	49.41	14.53	2.23
	5.0	7.70	6.04	23.34	8.64	1.74		5.5	10.80	8.48	53.14	15.63	2.22
	5.5	8.38	6.58	24.96	9.24	1.73		6.0	11.69	9.17	56.68	16.67	2.20
	6.0	9.05	7.10	26.46	9.80	1.71	70	3.0	6.31	4.96	35.50	10.14	2.37
								3.5	7.31	5.74	40.53	11.58	2.35
								4.0	8.29	6.51	45.33	12.95	2.34
								4.5	9.26	7.27	49.89	14.26	2.32
								5.0	10.21	8.01	54.24	15.50	2.30
								5.5	11.14	8.75	58.38	16.68	2.29
								6.0	12.06	9.47	62.31	17.80	2.27

续附表 2.5

尺寸 /mm		截面面积	理论重量	截面特性		
d	t	A /cm^2	(kg·m^{-1})	I /cm^4	W /cm^3	i /cm
73	3.0	6.60	5.18	40.48	11.09	2.48
	3.5	7.64	6.00	46.26	12.67	2.46
	4.0	8.67	6.81	51.78	14.19	2.44
	4.5	9.68	7.60	57.04	15.63	2.43
	5.0	10.68	8.38	62.07	17.01	2.41
	5.5	11.66	9.16	66.87	18.32	2.39
	6.0	12.63	9.91	71.43	19.57	2.38
76	3.0	6.88	5.40	45.91	12.08	2.58
	3.5	7.97	6.26	52.50	13.82	2.57
	4.0	9.05	7.10	58.81	15.48	2.55
	4.5	10.11	7.93	64.85	17.07	2.53
	5.0	11.15	8.75	70.62	18.59	2.52
	5.5	12.18	9.56	76.14	20.04	2.50
	6.0	13.19	10.36	81.41	21.42	2.48
83	3.5	8.74	6.86	69.19	16.67	2.81
	4.0	9.93	7.79	77.64	18.71	2.80
	4.5	11.10	8.71	85.76	20.67	2.78
	5.0	12.25	9.62	93.56	22.54	2.76
	5.5	13.39	10.51	101.04	24.35	2.75
	6.0	14.51	11.39	108.22	26.08	2.73
	6.5	15.62	12.26	115.10	27.74	2.71
	7.0	16.71	13.12	121.69	29.32	2.70
89	3.5	9.40	7.38	86.05	19.34	3.03
	4.0	10.68	8.38	96.68	21.73	3.01
	4.5	11.95	9.38	106.92	24.03	2.99
	5.0	13.19	10.36	116.79	26.24	2.98
	5.5	14.43	11.33	126.29	28.38	2.96
	6.0	15.65	12.28	135.43	30.43	2.94
	6.5	16.85	13.22	144.22	32.41	2.93
	7.0	18.03	14.16	152.67	34.31	2.91
102	3.5	10.06	7.90	105.45	22.20	3.24
	4.0	11.44	8.98	118.06	24.97	3.22
	4.5	12.79	10.04	131.31	27.64	3.20
	5.0	14.14	11.10	143.58	30.23	3.19
	5.5	15.46	12.14	155.43	32.72	3.17
	6.0	16.78	13.17	166.86	35.13	3.15
	6.5	18.07	14.19	177.89	37.45	3.14
	7.0	19.35	15.19	188.51	39.69	3.12
102	3.5	10.83	8.50	131.52	25.79	3.48
	4.0	12.32	9.67	148.09	29.04	3.47
	4.5	13.78	10.82	164.14	32.18	3.45
	5.0	15.24	11.96	179.68	35.23	3.43
	5.5	16.67	13.09	194.72	38.18	3.42
	6.0	18.10	14.21	209.28	41.03	3.40
	6.5	19.50	15.31	233.35	43.79	3.38
	7.0	20.89	16.40	236.96	46.46	3.37
114	4.0	13.82	10.85	209.35	36.73	3.89
	4.5	15.48	12.15	232.41	40.77	3.87
	5.0	17.12	13.44	254.81	44.70	3.86
	5.5	18.75	14.72	276.58	48.52	3.84
	6.0	20.36	15.98	297.73	52.23	3.82
	6.5	21.95	17.23	318.26	55.84	3.81
	7.0	23.53	18.47	338.19	59.33	3.79
	7.5	25.09	19.70	357.58	62.73	3.77
	8.0	26.64	20.91	376.30	66.02	3.76
121	4.0	14.70	11.54	251.87	41.63	4.14
	4.5	16.47	12.93	279.83	46.25	4.12
	5.0	18.22	14.30	307.05	50.75	4.11
	5.5	19.96	15.67	333.54	55.13	4.09
	6.0	21.68	17.02	359.32	59.39	4.07
	6.5	23.38	18.35	384.40	63.54	4.05
	7.0	25.07	19.68	408.80	67.57	4.04
	7.5	26.74	20.99	432.51	71.49	4.02
	8.0	28.40	22.29	455.57	75.30	4.01
127	4.0	15.46	12.13	292.61	46.08	4.35
	4.5	17.32	13.59	325.29	51.23	4.33
	5.0	19.16	15.04	357.14	56.24	4.32
	5.5	20.99	16.48	388.19	61.13	4.30
	6.0	22.81	17.90	418.44	65.90	4.28
	6.5	24.61	19.32	447.92	70.54	4.27
	7.0	26.39	20.72	476.63	75.06	4.25
	7.5	28.16	22.10	504.58	79.46	4.23
	8.0	29.91	23.48	531.80	83.75	4.22

续附表2.5

尺寸 /mm		截面面积	理论重量	截面特性		
d	t	A /cm²	(kg·m⁻¹)	I /cm⁴	W /cm³	i /cm
133	4.0	16.21	12.73	337.53	50.76	4.56
	4.5	18.17	14.26	375.42	56.45	4.55
	5.0	20.11	15.78	412.40	62.02	4.53
	5.5	22.03	17.29	448.50	67.44	4.51
	6.0	23.94	18.79	483.72	72.74	4.50
	6.5	25.83	20.28	518.07	77.91	4.48
	7.0	27.71	21.75	551.58	82.94	4.46
	7.5	29.57	23.21	584.25	87.86	4.45
	8.0	31.42	24.66	616.11	92.65	4.43
140	4.5	19.16	15.04	440.12	62.87	4.79
	5.0	21.21	16.65	483.76	69.11	4.78
	5.5	23.24	18.24	526.40	75.20	4.76
	6.0	25.26	19.83	568.06	81.15	4.74
	6.5	27.26	21.40	608.76	86.97	4.73
	7.0	29.25	22.96	648.51	92.64	4.71
	7.5	31.22	24.51	687.32	98.19	4.69
	8.0	33.18	26.04	725.21	103.60	4.68
	9.0	37.04	29.08	798.29	114.04	4.64
	10.0	40.84	32.06	867.86	123.98	4.61
146	4.5	20.00	15.70	201.16	68.65	5.01
	5.0	22.15	17.39	551.10	75.49	4.99
	5.5	24.28	19.06	599.95	82.19	4.97
	6.0	26.39	20.72	647.73	88.73	4.95
	6.5	28.49	22.36	694.44	95.13	4.94
	7.0	30.57	24.00	740.12	101.39	4.92
	7.5	32.63	25.62	784.77	107.50	4.90
	8.0	34.68	27.23	828.41	113.48	4.89
	9.0	38.74	31.41	912.71	125.03	4.85
	10.0	42.73	33.54	993.16	136.05	4.82
152	4.5	20.85	16.37	567.61	74.69	5.22
	5.0	23.09	18.13	624.43	82.16	5.20
	5.5	25.31	19.87	680.06	89.48	5.18
	6.0	27.52	21.60	734.52	96.65	5.17
	6.5	29.71	23.32	787.82	103.66	5.15
	7.0	31.89	25.03	839.99	110.52	5.13
	7.5	34.05	26.73	891.13	117.24	5.12
	8.0	36.19	28.41	940.97	123.81	5.10
	9.0	40.43	31.74	1 037.59	136.53	5.07
	10.0	44.61	35.02	1 129.99	148.68	5.03
159	4.5	21.84	17.15	652.27	82.05	5.46
	5.0	24.19	18.99	717.88	90.30	5.45
	5.5	26.52	20.82	782.18	98.39	5.43
	6.0	28.84	22.64	845.19	106.31	5.41
	6.5	31.14	24.45	906.92	114.08	5.40
	7.0	33.43	26.24	967.41	121.69	5.38
	7.5	35.70	28.02	1 026.65	129.14	5.36
	8.0	37.95	29.79	1 084.67	136.44	5.35
	9.0	42.41	33.29	1 197.12	150.58	5.31
	10	46.81	36.75	1 304.88	164.14	5.28
168	4.5	23.11	18.14	772.96	92.02	5.78
	5.0	25.60	20.10	851.14	101.33	5.77
	5.5	28.08	22.04	927.85	110.46	5.75
	6.0	30.54	23.97	1 003.12	119.42	5.73
	6.5	32.98	25.89	1 076.95	128.21	5.71
	7.0	35.41	27.79	1 149.36	136.83	5.70
	7.5	37.82	29.69	1 220.38	145.28	5.68
	8.0	40.21	31.57	1 290.01	153.57	5.66
	9.0	44.96	35.29	1 425.22	169.67	5.63
	10	49.64	38.97	1 555.13	185.13	5.60
180	5.0	27.49	21.58	1 053.17	117.02	6.19
	5.5	30.15	23.67	1 148.79	127.64	6.17
	6.0	32.80	25.75	1 242.72	138.08	6.16
	6.5	35.43	27.81	1 335.00	148.33	6.14
	7.0	38.04	29.87	1425.63	158.40	6.12
	7.5	40.64	31.91	1 514.64	168.29	6.10
	8.0	43.23	33.93	1 602.04	178.00	6.09
	9.0	18.35	37.95	1 772.12	196.90	6.05
	10	53.41	41.92	1 936.01	215.11	6.02
	12	63.33	49.72	2 245.84	249.54	5.95

续附表 2.5

尺寸 /mm		截面面积	理论重量	截面特性		
d	t	A /cm^2	(kg·m^{-1})	I /cm^4	W /cm^3	i /cm
194	5.0	29.69	23.31	1 326.54	136.76	6.68
	5.5	32.57	25.57	1 447.86	149.26	6.67
	6.0	35.44	27.82	1 567.21	161.57	6.65
	6.5	38.29	30.06	1 684.61	173.67	6.63
	7.0	41.12	32.28	1 800.08	185.57	6.62
	7.5	43.94	34.50	1 913.64	197.28	6.60
	8.0	46.75	36.70	2 025.31	208.79	6.58
	9.0	52.31	41.06	2 243.08	231.25	6.55
	10	57.81	45.38	2 453.55	252.94	6.51
	12	68.61	53.86	2 853.25	294.15	6.45
203	6.0	37.13	29.15	1 803.07	177.64	6.97
	6.5	40.13	31.50	1 938.81	191.02	6.95
	7.0	43.10	33.84	2 072.43	204.18	6.93
	7.5	46.06	36.16	2 203.94	217.14	6.92
	8.0	49.01	38.47	2 333.37	229.89	6.90
	9.0	54.85	43.06	2 586.08	254.79	6.87
	10	60.63	47.60	2 830.72	278.89	6.83
	12	72.00	56.52	3 296.49	324.78	6.77
	14	83.13	65.25	3 732.07	367.69	6.70
	16	94.00	73.79	4 138.78	407.76	6.64
219	6.0	40.15	31.52	2 278.74	208.10	7.53
	6.5	43.39	34.06	2 451.64	223.89	7.52
	7.0	46.62	36.60	2 622.04	239.46	7.50
	7.5	49.30	39.12	2 789.96	254.79	7.48
	8.0	53.03	41.63	2 955.43	269.90	7.47
	9.0	59.29	46.61	3 279.12	299.46	7.43
	10	65.66	51.54	3 593.29	328.15	7.40
	12	78.04	61.26	4 193.81	383.00	7.33
	14	90.16	70.78	4 758.50	434.57	7.26
	16	102.04	80.10	5 288.81	483.00	7.20

尺寸 /mm		截面面积	理论重量	截面特性		
d	t	A /cm^2	(kg·m^{-1})	I /cm^4	W /cm^3	i /cm
245	6.5	48.70	38.23	3 465.46	282.89	8.44
	7.0	52.34	41.08	3 709.06	302.78	8.42
	7.5	55.96	43.93	3 949.52	322.41	8.40
	8.0	59.56	46.76	4 186.87	341.79	8.38
	9.0	66.73	52.38	4 652.32	379.78	8.35
	10	73.83	57.95	5 105.63	416.79	8.32
	12	87.84	68.95	5 976.67	487.89	8.25
	14	101.60	79.76	6 801.68	555.24	8.18
	16	115.11	90.36	7 582.30	618.96	8.12
273	5.5	54.42	42.72	4 834.18	354.15	9.42
	7.0	58.50	45.92	5 177.30	379.29	9.41
	7.5	62.56	49.11	5 516.47	404.14	9.39
	8.0	66.60	52.28	5851.71	428.70	9.37
	9.0	74.64	58.60	6 510.56	476.96	9.34
	10	82.62	64.86	7 154.09	524.11	9.31
	12	98.39	77.24	8 396.14	615.10	9.24
	14	113.91	89.42	9 579.75	701.81	9.17
	16	129.18	101.41	10 706.79	784.38	9.10
299	7.5	68.68	53.92	7 300.02	488.30	10.31
	8.0	73.14	57.41	7 747.42	518.22	10.29
	9.0	82.00	64.37	8 628.09	577.13	10.26
	10	90.79	71.27	9 490.15	634.79	10.22
	12	108.20	84.93	11 159.52	746.46	10.16
	14	125.35	98.40	12 757.61	853.35	10.09
	16	142.25	111.67	14 286.48	955.62	10.02
325	7.5	74.81	58.73	9 431.80	580.42	11.23
	8.0	79.67	62.54	10 013.92	616.24	11.21
	9.0	89.35	70.14	11 161.33	686.85	11.18
	10	98.96	77.68	12 286.52	756.09	11.14
	12	118.00	92.63	14 471.45	890.55	11.07
	14	136.78	107.38	16 570.98	1 019.75	11.01
	16	155.32	121.93	18 587.38	1 143.84	10.94
315	8.0	86.21	67.67	12 684.36	722.76	12.13
	9.0	96.70	75.91	14 147.55	806.13	12.10
	10	107.13	84.10	15 584.62	888.01	12.06
	12	127.80	100.32	18 381.63	1 047.39	11.19
	14	148.22	116.35	21 077.86	1 201.02	11.93
	16	168.39	132.19	23 675.75	1 349.05	11.86

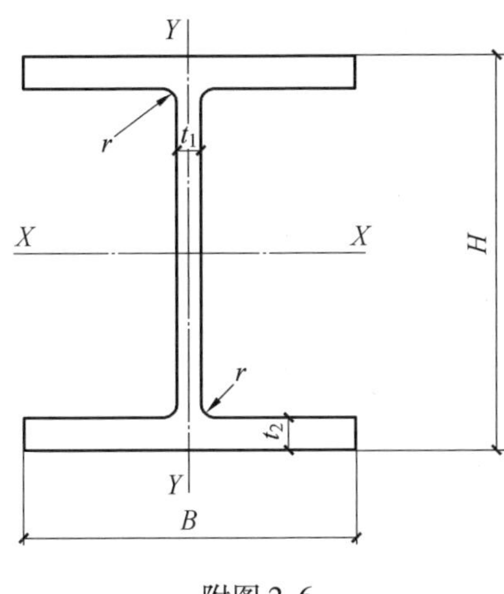

H—高度；
B—宽度；
t_1—腹板厚度；
t_2—翼缘厚度；
r—圆角半径。

附图 2.6

附表 2.6　H 型钢的规格及截面特性(摘自 GB/T 11263—2017)

类别	型号(高度×宽度)/(mm×mm)	截面尺寸/mm					截面面积/cm^2	理论重量/($kg\cdot m^{-1}$)	惯性矩/cm^4		惯性半径/cm		截面模数/cm^3	
		H	B	t_1	t_2	r			I_x	I_y	i_x	i_y	W_x	W_y
HW	100×100	100	100	6	8	8	21.58	16.9	378	134	4.18	2.48	75.6	26.7
	125×125	125	125	6.5	9	8	30.00	23.6	839	293	5.28	3.12	134	46.9
	150×150	150	150	7	10	8	39.64	31.1	1 620	563	6.39	3.76	216	75.1
	175×175	175	175	7.5	11	13	51.42	40.4	2 900	984	7.50	4.37	331	112
	200×200	200	200	8	12	13	63.53	49.9	4 720	1 600	8.61	5.02	472	160
		*200	204	12	12	13	71.53	56.2	4 980	1 700	8.34	4.87	498	167
	250×250	*244	252	11	11	13	81.31	63.8	8 700	2 940	10.3	6.01	713	233
		250	250	9	14	13	91.43	71.8	10 700	3 650	10.8	6.31	860	292
		*250	255	14	14	13	103.9	81.6	11 400	3 880	10.5	6.10	912	304
	300×300	*294	302	12	12	13	106.3	83.5	16 600	5 510	12.5	7.20	1 130	365
		300	300	10	15	13	118.5	93.0	20 200	6 750	13.1	7.55	1 350	450
		*300	305	15	15	13	133.5	105	21 300	7 100	12.6	7.29	1 420	466
	350×350	*338	351	13	13	13	133.3	105	27 700	9 380	14.4	8.38	1 640	534
		*344	348	10	16	13	144.0	113	32 800	11 200	15.1	8.83	1 910	646
		*344	354	16	16	13	164.7	129	34 900	11 800	14.6	8.48	2 030	669
		350	350	12	19	13	171.9	135	39 800	13 600	15.2	8.88	2 280	776
		*350	357	19	19	13	196.4	154	42 300	14 400	14.7	8.57	2 420	808

续附表 2.6

类别	型号（高度×宽度）/（mm×mm）	截面尺寸/mm					截面面积/cm^2	理论重量/($kg\cdot m^{-1}$)	惯性矩/cm^4		惯性半径/cm		截面模数/cm^3	
		H	B	t_1	t_2	r			I_x	I_y	i_x	i_y	W_x	W_y
HW	400×400	*388	402	15	15	22	178.5	140	49 000	16 300	16.6	9.54	2 520	809
		*394	398	11	18	22	186.8	147	56 100	18 900	17.3	10.1	2 850	951
		*394	405	18	18	22	214.4	168	59 700	20 000	16.7	9.64	3 030	985
		400	400	13	21	22	218.7	172	66 600	22 400	17.5	10.1	3 330	1 120
		*400	408	21	21	22	250.7	197	70 900	23 800	16.8	9.74	3 540	1 170
		*414	405	18	28	22	295.4	232	92 800	31 000	17.7	10.2	4 480	1 530
		*428	407	20	35	22	360.7	283	119 000	39 400	18.2	10.4	5 570	1 930
		*458	417	30	50	22	528.6	415	187 000	60 500	18.8	10.7	8 170	2 900
		*498	432	45	70	22	770.1	604	298 000	94 400	19.7	11.1	12 000	4 370
	500×500	*492	465	15	20	22	258.0	202	117 000	33 500	21.3	11.4	4 770	1 440
		*502	465	15	25	22	304.5	239	146 000	41 900	21.9	11.7	5 810	1 800
		*502	470	20	25	22	329.6	259	151 000	43 300	21.4	11.5	6 020	1 840
HM	150×100	148	100	6	9	8	26.34	20.7	1000	150	6.16	2.38	135	30.1
	200×150	194	150	6	9	8	38.10	29.9	2630	507	8.30	3.64	271	67.6
	250×175	244	175	7	11	13	55.49	43.6	6040	984	10.4	4.21	495	112
	300×200	294	200	8	12	13	71.05	55.8	11 100	1 600	12.5	4.74	756	160
		*298	201	9	14	13	82.03	64.4	13 100	1 900	12.6	4.80	878	189
	350×250	340	250	9	14	13	99.53	78.1	21 200	36 500	14.6	6.05	1 250	292
	400×300	390	300	10	16	13	133.3	105	37 900	7 200	16.90	7.35	1 940	480
	450×300	440	300	11	18	13	153.9	121	54 700	8 110	18.9	7.25	2 490	540
	500×300	*482	300	11	15	13	141.2	111	58 300	6 760	20.3	6.91	2 420	450
		488	300	11	18	13	159.2	125	68 900	8 110	20.8	7.13	2 820	540
	550×300	*544	300	11	15	13	148.0	116	76 400	6 760	22.7	6.75	2 810	450
		*550	300	11	18	13	166.0	130	89 800	8 110	23.3	6.98	3 270	540
	600×300	*582	300	12	17	13	169.2	133	98 900	7 660	24.2	6.72	3 400	511
		588	300	12	20	13	187.2	147	114 000	9 010	24.7	6.93	3 890	601
		*594	302	14	23	13	217.1	170	134 000	10 600	24.8	6.97	4 500	700

续附表 2.6

类别	型号(高度×宽度)/(mm×mm)	截面尺寸/mm					截面面积/cm^2	理论重量/($kg \cdot m^{-1}$)	惯性矩/cm^4		惯性半径/cm		截面模数/cm^3	
		H	B	t_1	t_2	r			I_x	I_y	i_x	i_y	W_x	W_y
HN	* 100×50	100	50	5	7	8	11.84	9.30	187	14.8	3.97	1.11	37.5	5.91
	* 125×60	125	60	6	8	8	16.68	13.1	409	29.1	4.95	1.32	65.4	9.71
	150×75	150	75	5	7	8	17.84	14.0	666	49.5	6.10	1.66	88.8	13.2
	175×90	175	90	5	8	8	22.89	18.0	1 210	97.5	7.25	2.06	138	21.7
	200×100	* 198	99	4.5	7	8	22.68	17.8	1 540	113	8.24	2.23	156	22.9
		200	100	5.5	8	8	26.66	20.9	1 810	134	8.22	2.23	181	26.7
	250×125	* 248	124	5	8	8	31.98	25.1	3 450	255	10.4	2.82	278	41.1
		250	125	6	9	8	36.96	29.0	3 960	294	10.4	2.81	317	47
	300×150	* 298	149	5.5	8	13	40.80	32.0	6 320	442	12.4	3.29	424	59.3
		300	150	6.5	9	13	46.78	36.7	7 210	508	12.4	3.29	481	67.7
	350×175	* 346	174	6	9	13	52.45	41.2	11 000	791	14.5	3.88	638	91
		350	175	7	11	13	62.91	49.4	13 500	984	14.6	3.95	771	112
	400×150	400	150	8	13	13	70.37	55.2	18 600	734	16.3	3.22	929	97.8
	400×200	* 396	199	7	11	13	71.41	56.1	19 800	1 450	16.6	4.50	999	145
		400	200	8	13	13	83.37	65.4	23 500	1 740	16.8	4.56	1 170	174
	450×150	* 446	150	7	12	13	66.99	52.6	22 000	677	18.1	3.17	985	90.3
		450	151	8	14	13	77.49	60.8	25 700	806	18.2	3.22	1 140	107
	450×200	* 446	199	8	12	13	82.97	65.1	28 100	1 580	18.4	4.36	1 260	159
		450	200	9	14	13	95.43	74.9	32 900	1 870	18.6	4.42	1 460	187
	475×150	* 470	150	7	13	13	71.53	56.2	26 200	733	19.1	3.20	1 110	97.8
		* 475	151.5	8.5	15.5	13	86.15	67.6	31 700	901	19.2	3.23	1 330	119
		482	153.5	10.5	19	13	106.4	83.5	39 600	1 150	19.3	3.28	1 640	150
	500×150	* 492	150	7	12	13	70.21	55.1	27 500	677	19.8	3.10	1 120	90.3
		* 500	152	9	16	13	92.21	72.4	37 000	940	20.0	3.19	1 480	124
		504	153	10	18	13	103.3	81.1	41 900	1 080	20.1	3.23	1 660	141
	500×200	* 496	199	9	14	13	99.29	77.9	40 800	1 840	20.3	4.30	1 650	185
		500	200	10	16	13	112.3	88.1	46 800	2 140	20.4	4.36	1 870	214
		* 506	201	11	19	13	129.3	102	55 500	2 580	20.7	4.46	2 190	257

续附表 2.6

类别	型号（高度×宽度）/（mm×mm）	截面尺寸/mm					截面面积/cm^2	理论重量/（$kg \cdot m^{-1}$）	惯性矩/cm^4		惯性半径/cm		截面模数/cm^3	
		H	B	t_1	t_2	r			I_x	I_y	i_x	i_y	W_x	W_y
HN	550×200	*546	199	9	14	13	103.8	81.5	50 800	1 840	22.1	4.21	1 860	185
		550	200	10	16	13	117.3	92.0	58 200	2 140	22.3	4.27	2 120	214
	600×200	*596	199	10	15	13	117.8	92.4	66 600	1 980	23.8	4.09	2 240	199
		600	200	11	17	13	131.7	103	75 600	2 270	24.0	4.15	2 520	227
		*606	201	12	20	13	149.8	118	88 300	2 720	24.3	4.25	2 910	270
	625×200	*625	198.5	13.5	17.5	13	150.6	118	88 500	2 300	24.2	3.90	2 830	231
		630	200	15	20	13	170.0	133	101 000	2 690	24.4	3.97	3 220	268
		*638	202	17	24	13	198.7	156	122 000	3 320	24.8	4.09	3 820	329
	650×300	*646	299	12	18	18	183.6	144	131 000	8 030	26.7	6.61	4 080	537
		*650	300	13	20	18	202.1	159	146 000	9 010	26.9	6.67	4 500	601
		*654	301	14	22	18	220.6	173	161 000	10 000	27.4	6.81	4 930	666
	700×300	*692	300	13	20	18	207.5	163	168 000	9 020	28.5	6.59	4 870	601
		700	300	13	24	18	231.5	182	197 000	10 800	29.2	6.83	5 640	721
	750×300	*734	299	12	16	18	182.7	143	161 000	7 140	29.7	6.25	4 390	478
		*742	300	13	20	18	214.0	168	197 000	9 020	30.4	6.49	5 320	601
		*750	300	13	24	18	238.0	187	231 000	10 800	31.1	6.74	6 150	721
		*758	303	16	28	18	284.8	224	276 000	13 000	31.1	6.75	7 270	859
	800×300	*792	300	14	22	18	239.5	188	248 000	9 920	32.2	6.43	6 270	661
		800	300	14	26	18	263.5	207	286 000	11 700	33.0	6.66	7 160	781
	850×300	*834	298	14	19	18	227.5	179	251 000	8 400	33.2	6.07	6 020	564
		*842	299	15	23	18	259.7	204	298 000	10 300	33.9	6.28	7 080	687
		*850	300	16	27	18	292.1	229	346 000	12 200	34.4	6.45	8 140	812
		*858	301	17	31	18	324.7	255	395 000	14 100	34.9	6.59	9 210	939
	900×300	*890	299	15	23	18	266.9	210	339 000	10 300	35.6	6.20	7 610	687
		900	300	16	28	18	305.8	240	404 000	12 600	36.4	6.42	8 990	842
		*912	302	18	34	18	360.1	283	491 000	15 700	36.9	6.59	10 800	1 040

续附表 2.6

类别	型号(高度×宽度)/(mm×mm)	截面尺寸/mm					截面面积/cm^2	理论重量/($kg \cdot m^{-1}$)	惯性矩/cm^4		惯性半径/cm		截面模数/cm^3	
		H	B	t_1	t_2	r			I_x	I_y	i_x	i_y	W_x	W_y
HN	1 000×300	*970	297	16	21	18	276	217	393 000	9 210	37.8	5.77	8 110	620
		*980	298	17	26	18	315.5	248	472 000	11 500	38.7	6.04	9 630	772
		*990	298	17	31	18	345.3	271	544 000	13 700	39.7	6.30	11 000	921
		*1 000	300	19	36	18	395.1	310	634 000	16 300	40.1	6.41	12 700	1 080
		*1008	302	21	40	18	439.3	345	712 000	18 400	40.3	6.47	14 100	1 220
HT	100×50	95	48	3.2	4.5	8	7.62	5.98	115	8.39	3.88	1.04	24.2	3.49
		97	49	4	5.5	8	9.37	7.36	143	10.9	3.91	1.07	29.6	4.45
	100×100	96	99	4.5	6	8	16.2	12.7	272	97.2	4.09	2.44	56.7	19.6
	125×60	118	58	3.2	4.5	8	9.250	7.26	218	14.7	4.85	1.26	37	5.08
		120	59	4	5.5	8	11.39	8.94	271	19	4.87	1.29	45.2	6.43
	125×125	119	123	4.5	6	8	20.12	15.8	532	186	5.14	3.04	89.5	30.3
	150×75	145	73	3.2	4.5	8	11.47	9	416	29.3	6.01	1.59	57.3	8.02
		147	74	4	5.5	8	14.12	11.1	516	37.3	6.04	1.62	70.2	10.1
	150×100	139	97	3.2	4.5	8	13.43	10.6	476	68.6	5.94	2.25	68.4	14.1
		142	99	4.5	6	8	18.27	14.3	654	97.2	5.98	2.30	92.1	19.6
	150×150	144	148	5	7	8	27.76	21.8	1 090	378	6.25	3.69	151	51.1
		147	149	6	8.5	8	33.67	26.4	1 350	469	6.32	3.73	183	63
	175×90	168	88	3.2	4.5	8	13.55	10.6	670	51.2	7.02	1.94	79.7	11.6
		171	89	4	6	8	17.58	13.8	894	70.7	7.13	2.00	105	15.9
	175×175	167	173	5	7	13	33.32	26.2	1 780	605	7.30	4.26	213	69.9
		172	175	6.5	9.5	13	44.64	35	2 470	850	7.43	4.36	287	97.1
	200×100	193	98	3.2	4.5	8	15.25	12.0	994	70.7	8.07	2.15	103	14.4
		196	99	4	6	8	19.78	15.5	1 320	97.2	8.18	2.21	135	19.6
HT	200×150	188	149	4.5	6	8	26.34	20.7	1 730	331	8.09	2.54	184	44.4
	200×200	192	198	6	8	13	43.69	34.3	3 060	1 040	8.37	4.86	319	105
	250×125	244	124	4.5	6	8	25.86	20.3	2 650	191	10.1	2.71	217	30.8
	250×175	238	173	4.5	8	13	39.12	30.7	4 240	691	10.4	4.20	356	79.9
	300×150	294	148	4.5	6	13	31.9	25	4 800	325	12.3	3.19	327	43.9
	300×200	286	198	6	8	13	49.33	38.7	7 360	1 040	12.2	4.58	515	105
	350×175	340	173	4.5	6	13	36.97	29	7 490	518	14.2	3.74	441	59.9
	400×150	390	148	6	8	13	47.57	37.3	11 700	434	15.7	3.01	602	58.6
	400×200	390	198	6	8	13	55.57	43.6	14 700	1 040	16.2	4.31	752	105

注:①表中同一型号的产品,其内侧尺寸高度一致

②表中截面面积计算公式为:$t_1(H-2t_2)+2Bt_2+0.858r^2$

③表中“*”表示的规格为市场非常用规格

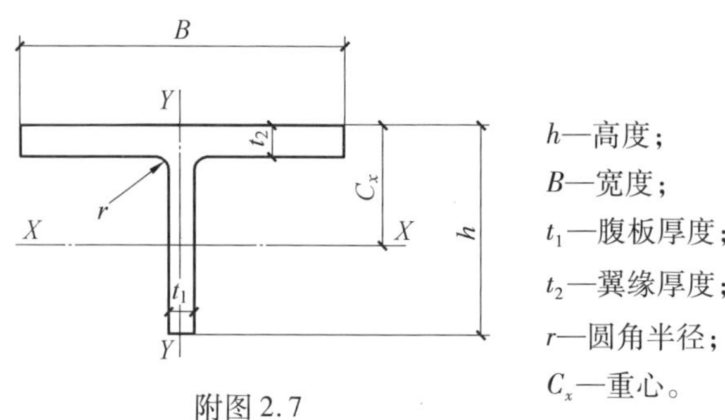

附图 2.7

附表 2.7　T 型钢的规格及截面特性(摘自 GB/T 11263—2017)

类别	型号(高度×宽度)/(mm×mm)	截面尺寸/mm					截面面积/cm^2	理论重量/($kg\cdot m^{-1}$)	惯性矩/cm^4		惯性半径/cm		截面模数/cm^3		重心 C_x	对应H型钢系列型号
		h	B	t_1	t_2	r			I_x	I_y	i_x	i_y	W_x	W_y		
TW	50×100	50	100	6	8	8	10.79	8.47	16.1	66.8	1.22	2.48	4.02	13.4	1.00	100×100
	62.5×125	62.5	125	6.5	9	8	15.00	11.8	35	147	1.52	3.12	6.91	23.5	1.19	125×125
	75×150	75	150	7	10	8	19.82	15.6	66.4	282	1.82	3.76	10.8	37.5	1.37	150×150
	87.5×175	87.5	175	7.5	11	13	25.71	20.2	115	492	2.11	4.37	15.9	56.2	1.55	175×175
	100×200	100	200	8	12	13	31.76	24.9	184	801	2.40	5.02	22.3	80.1	1.73	200×200
		100	204	12	12	13	35.76	28.1	256	851	2.67	4.87	32.4	83.4	2.09	
	125×250	125	250	9	14	13	45.71	35.9	412	1 820	3.00	6.31	39.5	146	2.08	250×250
		125	255	14	14	13	51.96	40.8	589	1 940	3.36	6.10	59.4	152	2.58	
	150×300	147	302	12	12	13	53.16	41.7	857	2 760	4.01	7.2	72.3	183	2.85	300×300
		150	300	10	15	13	59.22	46.5	798	3 380	3.67	7.55	63.7	225	2.47	
		150	305	15	15	13	66.72	52.4	1 110	3 550	4.07	7.29	92.5	233	3.04	
	175×350	172	348	10	16	13	72.00	56.5	1 230	5 620	4.13	8.83	84.7	323	2.67	350×350
		175	350	12	19	13	85.94	67.5	1 520	6 790	4.2	8.88	104	388	2.87	
	200×400	194	402	15	15	22	89.22	70.0	2 480	8 130	5.27	9.54	158	404	3.70	400×400
		197	398	11	18	22	93.40	73.3	2 050	9 460	4.67	10.1	123	475	3.01	
		200	400	13	21	22	109.3	85.8	2 480	1 1200	4.75	10.1	147	560	3.21	
		200	408	21	21	22	125.3	98.4	3 650	1 1900	5.39	9.74	229	584	4.07	
		207	405	18	28	22	147.70	116	3 620	1 5500	4.95	10.2	213	766	3.68	
		214	407	20	35	22	180.3	142	4 380	1 9700	4.92	10.4	250	967	3.90	

续附表 2.7

类别	型号（高度×宽度）/（mm×mm）	截面尺寸/mm					截面面积/cm^2	理论重量/（$kg\cdot m^{-1}$）	惯性矩/cm^4		惯性半径/cm		截面模数/cm^3		重心 C_x	对应H型钢系列型号
		h	B	t_1	t_2	r			I_x	I_y	i_x	i_y	W_x	W_y		
TM	75×100	74	100	6	9	8	13.17	10.3	51.7	75.2	1.98	2.38	8.84	15	1.56	150×100
	100×150	97	150	6	9	8	19.05	15.0	124	253	2.55	3.64	15.8	33.8	1.80	200×150
	125×175	122	175	7	11	13	27.74	21.8	288	492	3.22	4.21	29.1	56.2	2.28	250×175
	150×200	147	200	8	12	13	35.52	27.9	571	801	4.00	4.74	48.2	80.1	2.85	300×200
	150×200	149	201	9	14	13	41.01	32.2	661	949	4.01	4.80	55.2	94.4	2.92	300×200
	175×250	170	250	9	14	13	49.76	39.1	1 020	1 820	4.51	6.05	73.2	146	3.11	350×250
	200×300	195	300	10	16	13	66.62	52.3	1 730	3 600	5.09	7.35	108	240	3.43	400×300
	225×300	220	300	11	18	13	76.94	60.4	2 680	4 050	5.89	7.25	150	270	4.09	450×300
	250×300	241	300	11	15	13	70.58	55.4	3 400	3 380	6.93	6.91	178.0	225	5.00	500×300
		244	300	11	18	13	79.58	62.5	3 610	4 050	6.73	7.13	184	270	4.72	
	275×300	272	300	11	15	13	73.99	58.1	4 790	3 380	8.04	6.75	225	225	5.96	550×300
		275	300	11	18	13	82.99	65.2	5 090	4 050	7.82	6.98	232	270	5.59	
	300×300	291	300	12	17	13	84.60	66.4	6 320	3 830	8.64	6.72	280.0	255	6.51	600×300
		294	300	12	20	13	93.60	73.5	6 680	4 500	8.44	6.93	288	300	6.17	
		297	302	14	23	13	108.5	85.2	7 890	5 290	8.52	6.97	339	350	6.41	
TN	50×50	50	50	5	7	8	5.92	4.65	11.8	7.39	1.41	1.11	3.18	2.95	1.28	100×50
	62.5×60	62.5	60	6	8	8	8.34	6.55	27.5	14.6	1.81	1.32	5.96	4.85	1.64	125×60
	75×75	75	75	5	7	8	8.92	7.0	42.6	24.7	2.18	1.66	7.46	6.59	1.79	150×75
	87.5×90	85.5	89	4	6	8	8.790	6.90	53.7	35.3	2.47	2.00	8.02	7.94	1.86	175×90
	87.5×90	87.5	90	5	8	8	11.44	8.98	70.6	48.7	2.48	2.06	10.4	10.8	1.93	175×90
	100×100	99	99	4.5	7	8	11.34	8.9	93.5	56.7	2.87	2.23	12.1	11.5	2.17	200×100
		100	100	5.5	8	8	13.33	10.5	114	66.9	2.92	2.23	14.8	13.4	2.31	
	125×125	124	124	5	8	8	15.99	12.6	207	127	3.59	2.82	21.3	20.5	2.66	250×125
		125	125	6	9	8	18.48	14.5	248	147	3.66	2.81	25.6	23.5	2.81	
	150×150	149	149	5.5	8	13	20.40	16.0	393	221	4.39	3.29	33.8	29.7	3.26	300×150
		150	150	6.5	9	13	23.39	18.4	464	254	4.45	3.29	40.0	33.8	3.41	
	175×175	173	174	6	9	13	26.22	20.6	679	396	5.08	3.88	50.0	45.5	3.72	350×175
		175	175	7	11	13	31.45	24.7	814	492	5.08	3.95	59.3	56.2	3.76	

续附表 2.7

类别	型号（高度×宽度）/（mm×mm）	截面尺寸/mm					截面面积/cm^2	理论重量/（$kg \cdot m^{-1}$）	惯性矩/cm^4		惯性半径/cm		截面模数/cm^3		重心 C_x	对应H型钢系列型号
		h	B	t_1	t_2	r			I_x	I_y	i_x	i_y	W_x	W_y		
TN	200×200	198	199	7	11	13	35.70	28.0	1 190	723	5.77	4.50	76.4	72.7	4.20	400×200
		200	200	8	13	13	41.68	32.7	1 390	868	5.78	4.56	88.6	86.8	4.26	
	225×150	223	150	7	12	13	33.49	26.3	1 570	338	6.84	3.17	93.7	45.7	5.54	450×150
		225	151	8	14	13	38.74	30.4	1 830	403	6.87	3.22	108	53.4	5.62	
	225×200	223	199	8	12	13	41.48	32.6	1 870	789	6.71	4.36	109	79.3	5.15	450×200
		225	200	9	14	13	47.71	37.5	2 150	935	6.71	4.42	124	93.5	5.19	
	237.5×150	235	150	7	13	13	35.76	28.1	1 850	367	7.81	3.20	104	48.9	7.50	475×150
		237.5	151.5	8.5	15.5	13	43.07	33.8	2 270	451	7.25	3.23	128	59.5	7.57	
		241	153.5	10.5	19	13	53.20	41.8	2 860	575	7.33	3.28	160	75	7.67	
	250×150	246	150	7	12	13	35.10	27.6	2 060	339	7.66	3.10	113	45.1	6.36	500×150
		250	152	9	16	13	46.10	36.2	2 750	470	7.71	3.19	149	61.9	6.53	
		252	153	10	18	13	51.66	40.6	3 100	540	7.74	3.23	167	70.5	6.62	
	250×200	248	199	9	14	13	49.64	39	2 820	921	7.54	4.30	150	92.6	5.97	500×200
		250	200	10	16	13	56.12	44.1	3 200	1 070	7.54	4.36	169	107	6.03	
		253	201	11	19	13	64.65	50.8	3 660	1 290	7.52	4.46	189	128	6.00	
	275×200	273	199	9	14	13	51.89	40.7	3 690	921	8.43	4.21	180	92.6	6.85	550×200
		275	200	10	16	13	58.62	46	4 180	1 070	8.44	4.27	203	107	6.89	
	300×200	298	199	10	15	13	58.87	46.2	5 150	988	9.35	4.09	235	99.3	7.92	600×200
		300	200	11	17	13	65.85	51.7	5 770	1 140	9.35	4.15	262	114	7.95	
		303	201	12	20	13	74.88	58.8	6 530	1 360	9.33	4.25	291	135	7.88	
	312.5×200	312.5	198.5	13.5	17.5	13	75.28	59.1	7 460	1 150	9.95	3.90	338	116	9.15	625×200
		315	200	15	20	13	84.97	66.7	8 470	1 340	3.97	3.97	380	134	9.21	
		319	202	17	24	13	99.35	78	9 960	1 160	10	4.08	440	165	9.26	
	325×300	323	299	12	18	18	91.81	72.1	8 570	4 020	9.66	6.61	344	269	7.36	650×300
		325	300	13	20	18	101.0	79.3	9 430	4 510	9.66	6.67	376	300	7.40	
		327	301	14	22	18	110.3	86.59	10 300	5 010	9.66	6.73	408	333	7.45	
	350×300	346	300	13	20	18	103.8	81.5	11 300	4 510	10.4	6.59	424	301	8.09	700×300
		350	300	13	24	18	115.8	90.9	12 000	5 410	10.2	6.83	438	361	7.63	

续附表2.7

类别	型号(高度×宽度)/(mm×mm)	截面尺寸/mm					截面面积/cm^2	理论重量/($kg \cdot m^{-1}$)	惯性矩/cm^4		惯性半径/cm		截面模数/cm^3		重心C_x	对应H型钢系列型号
		h	B	t_1	t_2	r			I_x	I_y	i_x	i_y	W_x	W_y		
TN	400×300	396	300	14	22	18	119.8	94	17 600	4 960	12.1	6.43	592	331	9.78	800×300
		400	300	14	26	18	131.8	103	18 700	5 860	11.9	6.66	610	391	9.27	
	450×300	445	299	15	23	18	133.5	105	25 900	5 140	13.9	6.20	789	344	11.7	900×300
		450	300	16	28	18	152.9	120	29 100	6 320	13.8	6.42	865	421	11.4	
		456	302	18	34	18	180.0	141	34 100	7 830	13.8	6.59	997	518	11.3	

附表 2.8　常用压型钢板的规格及截面特性(摘自《钢结构设计手册》)

板型	板厚 t/mm	每平方米压型板重 /(kg·m^{-2})	单跨简支板 惯性矩 /(cm^4·m^{-1})	单跨简支板 截面模数 W /(cm^3·m^{-1})
YXB51-250-750	0.8	9.08	39.45	11.96
	1.0	11.18	52.39	16.20
	1.2	13.37	65.56	20.56
YXB60-200-600	0.8	11.18	67.52	18.34
	1.0	13.79	91.45	25.74
	1.2	16.41	116.75	33.85
YXB75-200-600	0.8	11.18	89.90	21.95
	1.0	13.79	119.30	29.99
	1.2	16.41	151.84	39.39
YXB51-165-660	0.8	10.22	53.50	14.63
	1.0	12.59	66.70	19.28
	1.2	14.97	82.30	23.96
YXB51-226-678	0.8	9.69	52.80	16.45
	1.0	12.02	64.55	20.69
	1.2	14.33	76.38	26.89
YXB76-344-688	0.8	9.56	91.62	23.46
	1.0	11.85	119.38	30.61
	1.2	14.12	142.01	36.98
BD-40	0.75	10.30	28.94	9.51
	0.91	12.30	34.81	11.66
	1.06	14.10	40.68	13.60
	1.20	16.00	46.55	15.59
BD-65	0.75	12.40	95.29	18.87
	0.91	14.70	114.68	24.13
	1.06	17.00	133.12	28.81
	1.20	19.10	152.91	33.32
	1.37	21.80	173.73	38.06
	1.52	24.10	191.82	42.25

附录3 反弯点高度计算表

附表3.1 规则框架承受均布水平力作用时标准反弯点高度比 y_0 值

m	n \ K	0.1	0.2	0.3	0.4	0.5	0.6	0.7	0.8	0.9	1	2	3	4	5
1	1	0.80	0.75	0.70	0.66	0.65	0.60	0.60	0.60	0.60	0.55	0.55	0.55	0.55	0.55
2	2	0.45	0.40	0.35	0.35	0.35	0.35	0.40	0.40	0.40	0.40	0.45	0.45	0.45	0.45
	1	0.95	0.80	0.75	0.70	0.65	0.65	0.65	0.60	0.60	0.60	0.55	0.55	0.55	0.50
3	3	0.15	0.20	0.20	0.25	0.30	0.30	0.30	0.35	0.35	0.35	0.40	0.45	0.45	0.45
	2	0.55	0.50	0.45	0.45	0.45	0.45	0.45	0.45	0.45	0.45	0.45	0.50	0.50	0.50
	1	1.00	0.85	0.80	0.75	0.70	0.70	0.65	0.65	0.65	0.60	0.55	0.55	0.55	0.55
4	4	-0.05	0.05	0.15	0.20	0.25	0.30	0.30	0.35	0.35	0.35	0.40	0.45	0.45	0.45
	3	0.25	0.30	0.30	0.35	0.35	0.40	0.40	0.40	0.40	0.45	0.45	0.50	0.50	0.50
	2	0.65	0.55	0.50	0.50	0.45	0.45	0.45	0.45	0.45	0.45	0.45	0.50	0.50	0.50
	1	1.10	0.90	0.80	0.75	0.70	0.70	0.65	0.65	0.65	0.60	0.55	0.55	0.55	0.55
5	5	-0.20	0.00	0.15	0.20	0.25	0.30	0.30	0.30	0.35	0.35	0.40	0.45	0.45	0.45
	4	0.10	0.20	0.25	0.30	0.35	0.35	0.40	0.40	0.40	0.40	0.45	0.45	0.50	0.50
	3	0.40	0.40	0.40	0.40	0.40	0.45	0.45	0.45	0.45	0.45	0.50	0.50	0.50	0.50
	2	0.65	0.55	0.50	0.50	0.50	0.50	0.50	0.50	0.50	0.50	0.50	0.50	0.50	0.50
	1	1.20	0.95	0.80	0.75	0.75	0.70	0.70	0.65	0.65	0.65	0.55	0.55	0.55	0.55
6	6	-0.30	0.00	0.10	0.20	0.25	0.25	0.30	0.30	0.35	0.35	0.40	0.45	0.45	0.45
	5	0.00	0.20	0.25	0.30	0.35	0.35	0.40	0.40	0.40	0.40	0.45	0.45	0.50	0.50
	4	0.20	0.30	0.35	0.35	0.40	0.40	0.40	0.45	0.45	0.45	0.45	0.50	0.50	0.50
	3	0.40	0.40	0.40	0.45	0.45	0.45	0.45	0.45	0.45	0.45	0.50	0.50	0.50	0.50
	2	0.70	0.60	0.55	0.50	0.50	0.50	0.50	0.50	0.50	0.50	0.50	0.50	0.50	0.50
	1	1.20	0.95	0.85	0.80	0.75	0.70	0.70	0.65	0.65	0.65	0.55	0.55	0.55	0.55
7	7	-0.35	-0.05	0.10	0.20	0.20	0.25	0.30	0.30	0.35	0.35	0.40	0.45	0.45	0.45
	6	-0.10	0.15	0.25	0.30	0.35	0.35	0.35	0.40	0.40	0.40	0.45	0.45	0.50	0.50
	5	0.10	0.25	0.30	0.35	0.40	0.40	0.40	0.45	0.45	0.45	0.45	0.50	0.50	0.50
	4	0.30	0.35	0.40	0.40	0.40	0.45	0.45	0.45	0.45	0.45	0.50	0.50	0.50	0.50
	3	0.50	0.45	0.45	0.45	0.45	0.45	0.45	0.45	0.45	0.45	0.50	0.50	0.50	0.50
	2	0.75	0.60	0.55	0.50	0.50	0.50	0.50	0.50	0.50	0.50	0.50	0.50	0.50	0.50
	1	1.20	0.95	0.85	0.80	0.75	0.70	0.70	0.65	0.65	0.65	0.55	0.55	0.55	0.55

续附表 3.1

m	n \ K	0.1	0.2	0.3	0.4	0.5	0.6	0.7	0.8	0.9	1	2	3	4	5
8	8	−0.35	−0.15	0.10	0.10	0.25	0.25	0.30	0.30	0.35	0.35	0.40	0.45	0.45	0.45
	7	−0.10	0.15	0.25	0.30	0.35	0.35	0.40	0.40	0.40	0.40	0.45	0.50	0.50	0.50
	6	0.05	0.25	0.30	0.35	0.40	0.40	0.40	0.45	0.45	0.45	0.45	0.50	0.50	0.50
	5	0.20	0.30	0.35	0.40	0.40	0.45	0.45	0.45	0.45	0.45	0.50	0.50	0.50	0.50
	4	0.35	0.40	0.40	0.45	0.45	0.45	0.45	0.45	0.45	0.45	0.50	0.50	0.50	0.50
	3	0.50	0.45	0.45	0.45	0.45	0.45	0.45	0.45	0.50	0.50	0.50	0.50	0.50	0.50
	2	0.75	0.60	0.55	0.55	0.50	0.50	0.50	0.50	0.50	0.50	0.50	0.50	0.50	0.50
	1	1.20	1.00	0.85	0.80	0.75	0.70	0.70	0.65	0.65	0.65	0.55	0.55	0.55	0.55
9	9	−0.40	−0.05	0.10	0.20	0.25	0.25	0.30	0.30	0.35	0.35	0.45	0.45	0.45	0.45
	8	−0.15	0.15	0.20	0.30	0.35	0.35	0.35	0.40	0.40	0.40	0.45	0.45	0.50	0.50
	7	0.05	0.25	0.30	0.35	0.40	0.40	0.40	0.45	0.45	0.45	0.45	0.50	0.50	0.50
	6	0.15	0.30	0.35	0.40	0.40	0.45	0.45	0.45	0.45	0.45	0.50	0.50	0.50	0.50
	5	0.25	0.35	0.40	0.40	0.45	0.45	0.45	0.45	0.45	0.45	0.50	0.50	0.50	0.50
	4	0.40	0.40	0.40	0.45	0.45	0.45	0.45	0.45	0.45	0.45	0.50	0.50	0.50	0.50
	3	0.55	0.45	0.45	0.45	0.45	0.45	0.45	0.45	0.50	0.50	0.50	0.50	0.50	0.50
	2	0.80	0.65	0.55	0.55	0.50	0.50	0.50	0.50	0.50	0.50	0.50	0.50	0.50	0.50
	1	1.20	1.00	0.85	0.80	0.75	0.70	0.70	0.65	0.65	0.65	0.55	0.55	0.55	0.55
10	10	−0.40	−0.05	0.10	0.20	0.25	0.30	0.30	0.30	0.35	0.35	0.40	0.45	0.45	0.45
	9	−0.15	0.15	0.25	0.30	0.35	0.35	0.40	0.40	0.40	0.40	0.45	0.45	0.50	0.50
	8	0.00	0.25	0.30	0.35	0.40	0.40	0.40	0.45	0.45	0.45	0.45	0.50	0.50	0.50
	7	0.10	0.30	0.35	0.40	0.40	0.45	0.45	0.45	0.45	0.45	0.50	0.50	0.50	0.50
	6	0.20	0.35	0.40	0.40	0.45	0.45	0.45	0.45	0.45	0.45	0.50	0.50	0.50	0.50
	5	0.30	0.40	0.40	0.45	0.45	0.45	0.45	0.45	0.45	0.50	0.50	0.50	0.50	0.50
	4	0.40	0.40	0.45	0.45	0.45	0.45	0.45	0.45	0.45	0.50	0.50	0.50	0.50	0.50
	3	0.55	0.50	0.45	0.45	0.45	0.50	0.50	0.50	0.50	0.50	0.50	0.50	0.50	0.50
	2	0.80	0.65	0.55	0.55	0.55	0.50	0.50	0.50	0.50	0.50	0.50	0.50	0.50	0.50
	1	1.30	1.00	0.85	0.80	0.75	0.70	0.70	0.65	0.65	0.65	0.60	0.55	0.55	0.55
11	11	−0.40	0.05	0.10	0.20	0.25	0.30	0.30	0.30	0.35	0.35	0.40	0.45	0.45	0.45
	10	−0.15	0.15	0.25	0.30	0.35	0.35	0.40	0.40	0.40	0.40	0.45	0.45	0.50	0.50
	9	0.00	0.25	0.30	0.35	0.40	0.40	0.40	0.45	0.45	0.45	0.45	0.50	0.50	0.50
	8	0.10	0.30	0.35	0.40	0.40	0.45	0.45	0.45	0.45	0.45	0.50	0.50	0.50	0.50
	7	0.20	0.35	0.40	0.45	0.45	0.45	0.45	0.45	0.45	0.45	0.50	0.50	0.50	0.50
	6	0.25	0.35	0.40	0.45	0.45	0.45	0.45	0.45	0.45	0.45	0.50	0.50	0.50	0.50
	5	0.35	0.40	0.40	0.45	0.45	0.45	0.45	0.45	0.45	0.50	0.50	0.50	0.50	0.50
	4	0.40	0.45	0.45	0.45	0.45	0.45	0.45	0.50	0.50	0.50	0.50	0.50	0.50	0.50
	3	0.55	0.50	0.50	0.50	0.50	0.50	0.50	0.50	0.50	0.50	0.50	0.50	0.50	0.50
	2	0.80	0.65	0.60	0.55	0.55	0.50	0.50	0.50	0.50	0.50	0.50	0.50	0.50	0.50
	1	1.30	1.00	0.85	0.80	0.75	0.70	0.70	0.65	0.65	0.65	0.60	0.55	0.55	0.55

续附表 3.1

m	n \ K	0.1	0.2	0.3	0.4	0.5	0.6	0.7	0.8	0.9	1	2	3	4	5
12以上	1	-0.40	-0.05	0.10	0.20	0.25	0.30	0.30	0.30	0.35	0.35	0.40	0.45	0.45	0.45
	2	-0.15	0.15	0.25	0.30	0.35	0.35	0.40	0.40	0.40	0.40	0.45	0.45	0.50	0.50
	3	0.00	0.25	0.30	0.35	0.40	0.40	0.40	0.45	0.45	0.45	0.50	0.50	0.50	0.50
	4	0.10	0.30	0.35	0.40	0.40	0.45	0.45	0.45	0.45	0.45	0.50	0.50	0.50	0.50
	5	0.20	0.35	0.40	0.40	0.45	0.45	0.45	0.45	0.45	0.45	0.50	0.50	0.50	0.50
	6	0.25	0.35	0.40	0.45	0.45	0.45	0.45	0.45	0.45	0.45	0.50	0.50	0.50	0.50
	7	0.30	0.40	0.40	0.45	0.45	0.45	0.45	0.45	0.50	0.50	0.50	0.50	0.50	0.50
	8	0.35	0.40	0.45	0.45	0.45	0.45	0.45	0.50	0.50	0.50	0.50	0.50	0.50	0.50
	中间	0.40	0.40	0.45	0.45	0.45	0.45	0.50	0.50	0.50	0.50	0.50	0.50	0.50	0.50
	4	0.45	0.45	0.45	0.45	0.50	0.50	0.50	0.50	0.50	0.50	0.50	0.50	0.50	0.50
	3	0.60	0.50	0.50	0.50	0.50	0.50	0.50	0.50	0.50	0.50	0.50	0.50	0.50	0.50
	2	0.80	0.65	0.60	0.55	0.55	0.50	0.50	0.50	0.50	0.50	0.50	0.50	0.50	0.50
	1	1.30	1.00	0.85	0.80	0.75	0.70	0.70	0.65	0.65	0.65	0.55	0.55	0.55	0.55

注：i_1　i_2　i_c　i_3　i_4

$$K=\frac{i_1+i_2+i_3+i_4}{2i_c}$$

附表 3.2　规则框架承受三角形分布水平力作用时标准反弯点高度比 y_0 值

m	n \ K	0.1	0.2	0.3	0.4	0.5	0.6	0.7	0.8	0.9	1.0	2.0	3.0	4.0	5.0
1	1	0.80	0.75	0.70	0.65	0.65	0.60	0.60	0.60	0.60	0.55	0.55	0.55	0.55	0.55
2	2	0.50	0.45	0.40	0.40	0.40	0.40	0.40	0.40	0.40	0.45	0.45	0.45	0.45	0.50
	1	1.00	0.85	0.75	0.70	0.70	0.65	0.65	0.65	0.60	0.60	0.55	0.55	0.55	0.55
3	3	0.25	0.25	0.25	0.30	0.30	0.35	0.35	0.35	0.40	0.40	0.45	0.45	0.45	0.50
	2	0.60	0.50	0.50	0.50	0.50	0.45	0.45	0.45	0.45	0.45	0.50	0.50	0.50	0.50
	1	1.15	0.90	0.80	0.75	0.75	0.70	0.70	0.65	0.65	0.65	0.60	0.55	0.55	0.55
4	4	0.10	0.15	0.20	0.25	0.30	0.30	0.35	0.35	0.35	0.40	0.45	0.45	0.45	0.45
	3	0.35	0.35	0.35	0.40	0.40	0.40	0.40	0.45	0.45	0.45	0.45	0.50	0.50	0.50
	2	0.70	0.60	0.55	0.50	0.50	0.50	0.50	0.50	0.50	0.50	0.50	0.50	0.50	0.50
	1	1.20	0.95	0.85	0.80	0.75	0.70	0.70	0.70	0.65	0.65	0.55	0.55	0.55	0.55
5	5	-0.05	0.10	0.20	0.25	0.30	0.30	0.35	0.35	0.35	0.35	0.40	0.45	0.45	0.45
	4	0.20	0.25	0.35	0.35	0.40	0.40	0.40	0.40	0.40	0.45	0.45	0.50	0.50	0.50
	3	0.45	0.40	0.45	0.45	0.45	0.45	0.45	0.45	0.45	0.45	0.50	0.50	0.50	0.50
	2	0.75	0.60	0.55	0.55	0.50	0.50	0.50	0.50	0.50	0.50	0.50	0.50	0.50	0.50
	1	1.30	1.00	0.85	0.80	0.75	0.70	0.70	0.65	0.65	0.65	0.65	0.55	0.55	0.55
6	6	-0.15	0.05	0.15	0.20	0.25	0.30	0.30	0.35	0.35	0.35	0.40	0.45	0.45	0.45
	5	0.10	0.25	0.30	0.35	0.35	0.40	0.40	0.40	0.45	0.45	0.45	0.50	0.50	0.50
	4	0.30	0.35	0.40	0.40	0.45	0.45	0.45	0.45	0.45	0.45	0.50	0.50	0.50	0.50
	3	0.50	0.45	0.45	0.45	0.45	0.45	0.45	0.45	0.45	0.50	0.50	0.50	0.50	0.50
	2	0.80	0.65	0.55	0.55	0.55	0.55	0.50	0.50	0.50	0.50	0.50	0.50	0.50	0.50
	1	1.30	1.00	0.85	0.80	0.75	0.70	0.70	0.65	0.65	0.65	0.60	0.55	0.55	0.55
7	7	-0.20	0.05	0.15	0.20	0.25	0.30	0.30	0.35	0.35	0.35	0.45	0.45	0.45	0.45
	6	0.05	0.20	0.30	0.35	0.35	0.40	0.40	0.40	0.40	0.45	0.45	0.50	0.50	0.50
	5	0.20	0.30	0.35	0.40	0.40	0.45	0.45	0.45	0.45	0.45	0.50	0.50	0.50	0.50
	4	0.35	0.40	0.40	0.45	0.45	0.45	0.45	0.45	0.45	0.45	0.50	0.50	0.50	0.50
	3	0.55	0.50	0.50	0.50	0.50	0.50	0.50	0.50	0.50	0.50	0.50	0.50	0.50	0.50
	2	0.80	0.65	0.60	0.55	0.55	0.55	0.50	0.50	0.50	0.50	0.50	0.50	0.50	0.50
	1	1.30	1.00	0.90	0.80	0.75	0.70	0.70	0.70	0.65	0.65	0.60	0.55	0.55	0.55
8	8	-0.20	0.05	0.15	0.20	0.25	0.30	0.30	0.35	0.35	0.35	0.45	0.45	0.45	0.45
	7	0.00	0.20	0.30	0.35	0.35	0.40	0.40	0.40	0.40	0.45	0.45	0.50	0.50	0.50
	6	0.15	0.30	0.35	0.40	0.40	0.45	0.45	0.45	0.45	0.45	0.50	0.50	0.50	0.50
	5	0.30	0.45	0.40	0.45	0.45	0.45	0.45	0.45	0.45	0.45	0.50	0.50	0.50	0.50
	4	0.40	0.45	0.45	0.45	0.45	0.45	0.45	0.50	0.50	0.50	0.50	0.50	0.50	0.50
	3	0.60	0.50	0.50	0.50	0.50	0.50	0.50	0.50	0.50	0.50	0.50	0.50	0.50	0.50
	2	0.85	0.65	0.60	0.55	0.55	0.55	0.50	0.50	0.50	0.50	0.50	0.50	0.50	0.50
	1	1.30	1.00	0.90	0.80	0.75	0.70	0.70	0.70	0.65	0.65	0.60	0.55	0.55	0.55

续附表 3.2

m	K / n	0.1	0.2	0.3	0.4	0.5	0.6	0.7	0.8	0.9	1.0	2.0	3.0	4.0	5.0
9	9	−0.25	0.00	0.15	0.20	0.25	0.30	0.30	0.35	0.35	0.40	0.45	0.45	0.45	0.45
	8	0.00	0.20	0.30	0.35	0.35	0.40	0.40	0.40	0.40	0.45	0.45	0.50	0.50	0.50
	7	0.15	0.30	0.35	0.40	0.40	0.45	0.45	0.45	0.45	0.45	0.50	0.50	0.50	0.50
	6	0.25	0.35	0.40	0.40	0.45	0.45	0.45	0.45	0.45	0.50	0.50	0.50	0.50	0.50
	5	0.35	0.40	0.45	0.45	0.45	0.45	0.45	0.45	0.50	0.50	0.50	0.50	0.50	0.50
	4	0.45	0.45	0.45	0.45	0.45	0.50	0.50	0.50	0.50	0.50	0.50	0.50	0.50	0.50
	3	0.60	0.50	0.50	0.50	0.50	0.50	0.50	0.50	0.50	0.50	0.50	0.50	0.50	0.50
	2	0.85	0.65	0.60	0.55	0.55	0.55	0.55	0.50	0.50	0.50	0.50	0.50	0.50	0.50
	1	1.35	1.00	0.90	0.80	0.75	0.75	0.70	0.70	0.65	0.65	0.60	0.55	0.55	0.55
10	10	−0.25	0.00	0.15	0.20	0.25	0.30	0.30	0.35	0.35	0.40	0.45	0.45	0.45	0.45
	9	−0.05	0.20	0.30	0.35	0.35	0.40	0.40	0.40	0.40	0.45	0.45	0.50	0.50	0.50
	8	0.10	0.30	0.35	0.40	0.40	0.40	0.45	0.45	0.45	0.45	0.50	0.50	0.50	0.50
	7	0.20	0.35	0.40	0.40	0.45	0.45	0.45	0.45	0.45	0.50	0.50	0.50	0.50	0.50
	6	0.30	0.40	0.40	0.45	0.45	0.45	0.45	0.45	0.45	0.50	0.50	0.50	0.50	0.50
	5	0.40	0.45	0.45	0.45	0.45	0.45	0.45	0.50	0.50	0.50	0.50	0.50	0.50	0.50
	4	0.50	0.45	0.45	0.45	0.50	0.50	0.50	0.50	0.50	0.50	0.50	0.50	0.50	0.50
	3	0.60	0.55	0.50	0.50	0.50	0.50	0.50	0.50	0.50	0.50	0.50	0.50	0.50	0.50
	2	0.85	0.65	0.60	0.55	0.55	0.55	0.55	0.50	0.50	0.50	0.50	0.50	0.50	0.50
	1	1.35	1.00	0.90	0.80	0.75	0.75	0.70	0.70	0.65	0.65	0.60	0.55	0.55	0.55
11	11	−0.25	0.00	0.15	0.20	0.25	0.30	0.30	0.30	0.35	0.35	0.45	0.45	0.45	0.45
	10	−0.05	0.20	0.25	0.30	0.35	0.40	0.40	0.40	0.40	0.45	0.45	0.50	0.50	0.50
	9	0.10	0.30	0.35	0.40	0.40	0.40	0.45	0.45	0.45	0.45	0.50	0.50	0.50	0.50
	8	0.20	0.35	0.40	0.40	0.45	0.45	0.45	0.45	0.45	0.45	0.50	0.50	0.50	0.50
	7	0.25	0.40	0.40	0.45	0.45	0.45	0.45	0.45	0.45	0.50	0.50	0.50	0.50	0.50
	6	0.35	0.40	0.45	0.45	0.45	0.45	0.45	0.50	0.50	0.50	0.50	0.50	0.50	0.50
	5	0.40	0.45	0.45	0.45	0.45	0.50	0.50	0.50	0.50	0.50	0.50	0.50	0.50	0.50
	4	0.50	0.50	0.50	0.50	0.50	0.50	0.50	0.50	0.50	0.50	0.50	0.50	0.50	0.50
	3	0.65	0.55	0.50	0.50	0.50	0.50	0.50	0.50	0.50	0.50	0.50	0.50	0.50	0.50
	2	0.85	0.65	0.60	0.55	0.55	0.55	0.55	0.55	0.50	0.50	0.50	0.50	0.50	0.50
	1	1.35	1.05	0.90	0.80	0.75	0.75	0.70	0.70	0.65	0.65	0.60	0.55	0.55	0.55
12以上	1	−0.30	0.00	0.15	0.20	0.25	0.30	0.30	0.30	0.35	0.35	0.40	0.45	0.45	0.45
	2	−0.10	0.20	0.25	0.30	0.35	0.40	0.40	0.40	0.40	0.40	0.45	0.45	0.45	0.50
	3	0.05	0.25	0.35	0.40	0.40	0.40	0.45	0.45	0.45	0.45	0.45	0.50	0.50	0.50
	4	0.15	0.30	0.40	0.40	0.45	0.45	0.45	0.45	0.45	0.45	0.45	0.50	0.50	0.50
	5	0.25	0.35	0.50	0.45	0.45	0.45	0.45	0.45	0.45	0.45	0.50	0.50	0.50	0.50
	6	0.30	0.40	0.50	0.45	0.45	0.45	0.45	0.50	0.50	0.50	0.50	0.50	0.50	0.50
	7	0.35	0.40	0.55	0.45	0.45	0.45	0.50	0.50	0.50	0.50	0.50	0.50	0.50	0.50
	8	0.35	0.45	0.55	0.45	0.50	0.50	0.50	0.50	0.50	0.50	0.50	0.50	0.50	0.50
	中间	0.45	0.45	0.55	0.45	0.50	0.50	0.50	0.50	0.50	0.50	0.50	0.50	0.50	0.50
	4	0.55	0.50	0.50	0.50	0.50	0.50	0.50	0.50	0.50	0.50	0.50	0.50	0.50	0.50
	3	0.65	0.55	0.50	0.50	0.50	0.50	0.50	0.50	0.50	0.50	0.50	0.50	0.50	0.50
	2	0.70	0.70	0.60	0.55	0.55	0.55	0.55	0.50	0.50	0.50	0.50	0.50	0.50	0.50
	1	1.35	1.05	0.90	0.80	0.75	0.70	0.70	0.70	0.65	0.65	0.60	0.55	0.55	0.55

附表 3.3　上下层横梁线刚度比对 y_0 的修正值 y_1

α_1 \ K	0.1	0.2	0.3	0.4	0.5	0.6	0.7	0.8	0.9	1.00	2.00	3.00	4.00	5.00
0.4	0.55	0.40	0.30	0.25	0.20	0.20	0.20	0.15	0.15	0.15	0.05	0.05	0.05	0.05
0.5	0.45	0.30	0.20	0.20	0.15	0.15	0.15	0.10	0.10	0.10	0.05	0.05	0.05	0.05
0.6	0.30	0.20	0.15	0.15	0.10	0.10	0.10	0.10	0.05	0.05	0.05	0.05	0	0
0.7	0.20	0.15	0.10	0.10	0.10	0.10	0.05	0.05	0.05	0.05	0.05	0	0	0
0.8	0.15	1.00	0.05	0.05	0.05	0.05	0.05	0.05	0.05	0	0	0	0	0
0.9	0.05	0.05	0.05	0.05	0	0	0	0	0	0	0	0	0	0

注：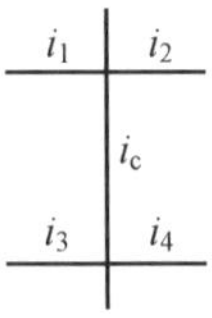

$\alpha_1=\dfrac{i_1+i_2}{i_3+i_4}$，当 $i_1+i_2>i_3+i_4$ 时，取 $\alpha_1=\dfrac{i_3+i_4}{i_1+i_2}$，同时在查得的值前加负号“-”

$K=\dfrac{i_1+i_2+i_3+i_4}{2i_c}$

附表 3.4　上下层高变化对 y_0 的修正值 y_2 和 y_3

α_2	α_3 \ K	0.1	0.2	0.3	0.4	0.5	0.6	0.7	0.8	0.9	1.0	2.0	3.0	4.0	5.0
2.0		0.25	0.15	0.15	0.10	0.10	0.10	0.10	0.10	0.05	0.05	0.05	0.05	0.0	0.0
1.8		0.20	0.15	0.10	0.10	0.10	0.05	0.05	0.05	0.05	0.05	0.05	0.0	0.0	0.0
1.6	0.4	0.15	0.10	0.10	0.05	0.05	0.05	0.05	0.05	0.05	0.05	0.0	0.0	0.0	0.0
1.4	0.6	0.10	0.05	0.05	0.05	0.05	0.05	0.05	0.05	0.05	0.0	0.0	0.0	0.0	0.0
1.2	0.8	0.05	0.05	0.05	0.0	0.0	0.0	0.0	0.0	0.0	0.0	0.0	0.0	0.0	0.0
1.0	1.0	0.0	0.0	0.0	0.0	0.0	0.0	0.0	0.0	0.0	0.0	0.0	0.0	0.0	0.0
0.8	1.2	-0.05	-0.05	-0.05	0.0	0.0	0.0	0.0	0.0	0.0	0.0	0.0	0.0	0.0	0.0
0.6	1.4	-0.10	-0.05	-0.05	-0.05	-0.05	-0.05	-0.05	-0.05	0.05	0.0	0.0	0.0	0.0	0.0
0.4	1.6	-0.15	-0.10	-0.10	-0.05	-0.05	-0.05	-0.05	-0.05	-0.05	-0.05	0.0	0.0	0.0	0.0
	1.8	-0.20	-0.15	-0.10	-0.10	-0.10	-0.05	-0.05	-0.05	-0.05	-0.05	-0.05	0.0	0.0	0.0
	2.0	-0.25	-0.15	-0.15	-0.10	-0.10	-0.10	-0.10	-0.10	-0.05	-0.05	-0.05	-0.05	0.0	0.0

注：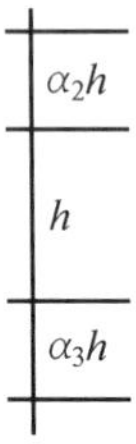

y_2—按照 K 及 α_2 求得，上层较高时为正值

y_3—按照 K 及 α_3 求得

参考文献

[1] 中华人民共和国住房和城乡建设部. 高层民用建筑钢结构技术规程: JGJ 99—2015 [S]. 北京:中国建筑工业出版社,2016.

[2] 陈富生,邱国华,范重. 高层建筑钢结构设计[M]. 北京:中国建筑工业出版社,2004.

[3] 钢结构设计手册编辑委员会. 钢结构设计手册:上、下册[M]. 北京:中国建筑工业出版社,2004.

[4] MIR M. ALI & KYOUNG SUN MOON. Structural developments in tall buildings: current trends and future prospects[J]. Architectural Science Review,2007,50(3): 205-223.

[5] 丁洁民,吴宏磊,赵昕. 我国高度 250 m 以上超高层建筑结构现状与分析进展 [J]. 建筑结构学报,2014,35(3):1-7.

[6] 刘大海,杨翠如. 高楼钢结构设计[M]. 北京:中国建筑工业出版社,2003.

[7] 汪大绥,周建龙,包联进. 超高层建筑结构经济性探讨[J]. 建筑结构,2012,42(5):1-7.

[8] 侯兆铭,梅洪元. 高层建筑内部环境的技术创新对策研究[J]. 华中建筑,2008,26(12): 26-27,50.

[9] 史庆轩,任浩,王斌,等. 高层斜交网格筒结构体系抗震性能分析[J]. 建筑结构,2016, 46(4):8-14.

[10] 张耀春,张文元. 超高层巨型钢结构体系的研究与应用[J]. 建筑钢结构进展,2005, 7(2):19-26.

[11] 蔡益燕,钟善桐. 我国高层建筑钢结构发展方向初探[J]. 新型建筑材料,1999(3): 31-33.

[12] 张爱林. 工业化装配式高层钢结构体系创新、标准规范编制及产业化关键问题[J]. 工业建筑,2014,44(8),1-6,38.

[13] 沈祖炎,温东辉,李元齐. 中国建筑钢结构技术发展现状及展望[J]. 北京:建筑结构, 2009,39(9):15-24.

[14] 日本钢结构协会. 钢结构技术总览[M]. 陈以一,译. 北京:中国建筑工业出版社, 2004.

[15] 施刚,班慧勇,石永久,等. 高强度钢材钢结构研究进展综述[J]. 工程力学,2013, 30(1):1-13.

[16] 张耀春,周绪红. 钢结构设计原理[M]. 北京:高等教育出版社,2011.

[17] 欧进萍. 结构振动控制:主动、半主动和智能控制[M]. 北京:科学出版社,2003.

[18] 陈永祁. 抗震阻尼器在墨西哥 Torre Mayor 高层建筑中的应用[J]. 钢结构, 2011, 26(1):50-54.

[19] 王宏. 超高层钢结构施工技术[M]. 北京:中国建筑工业出版社,2013.

[20] 崔晓强,胡玉银,吴欣之. 超高层建筑钢结构施工的关键技术和措施[J]. 建筑机械化,2009(6):45-48,55.

[21] 郭彦林,刘学武. 大型复杂钢结构施工力学问题及分析方法[J]. 工业建筑,2007,37(9):1-8.

[22] 段向胜,周锡元,常银昌,等. 天津津塔施工时变过程应力监测及数值分析[J]. 北京:建筑结构,2011, 41(6):114-117,79.

[23] 中华人民共和国住房和城乡建设部. 钢结构设计规范:GB 50017—2003[S]. 北京:中国计划出版社,2003.

[24] 中华人民共和国住房和城乡建设部. 建筑抗震设计规范:GB 50011—2010[S]. 北京:中国建筑工业出版社,2010.

[25] 中国国家标准化管理委员会. 碳素结构钢:GB/T 700—2006[S]. 北京:中国标准出版社,2006.

[26] 中国国家标准化管理委员会. 低合金高强度结构钢: GB/T 1591—2008[S]. 北京:中国标准出版社,2008.

[27] 中国国家标准化管理委员会. 建筑结构用钢板:GB/T 19879—2005[S]. 北京:中国标准出版社,2005.

[28] 中国国家标准化管理委员会. 厚度方向性能钢板:GB/T 5313—2010[S]. 北京:中国标准出版社,2010.

[29] 李国强. 多高层建筑钢结构设计[M]. 北京:中国建筑工业出版社,2004.

[30] 建筑结构设计资料集编写组. 建筑结构设计资料集:建筑结构抗震 高层钢结构分册[M]. 北京:中国建筑工业出版社, 2010.

[31] 中华人民共和国住房和城乡建设部. 高层建筑筏形与箱形基础技术规范:JGJ 6—2011[S]. 北京:中国建筑工业出版社,2011.

[32] 中华人民共和国住房和城乡建设部. 高层建筑混凝土结构技术规程:JGJ 3—2010[S]. 北京:中国建筑工业出版社,2011.

[33] BROCKENBROUGH R L, MERRITT F S. 美国钢结构设计手册[M]. 同济大学钢与轻型结构研究室,译. 上海: 同济大学出版社, 2006.

[34] 张文元,王想军,朱福军,等. 梁端翼缘扩大型梁柱节点抗震性能和设计方法[J].哈尔滨工业大学学报,2009,41(12):7-13.

[35] WENYUAN ZHANG, MINGCHAO HUANG, YAOCHUN ZHANG, et al. Cyclic behavior studies on I-section inverted V-braces and their gusset plate connections[J]. Journal of Constructional Steel Research , 2011, 67(3): 407-420.

[36] 于安林,赵宝成,李仁达,等. K 形和 Y 形偏心支撑钢框架滞回性能试验研究[J]. 建筑结构,2010,40(4):9-12.

[37] 张文元,陈世玺,张耀春. 支撑与梁柱板式连接节点低周疲劳分析及设计方法研究[J]. 工程力学,2011, 28(1):96-104.

[38] 张耀春,连尉安,张文元. 焊接工字形截面钢支撑低周疲劳性能试验研究[J]. 建筑结构学报,2005, 26(6):114-121.

[39] TREMBLAY R, DEGRANGE G, BLOUIN J. Seismic rehabilitation of a four-storey build-

ing with a stiffened bracing system[C]. Proceedings 8th Canadian Conference on Earthquake Engineering, Canadian Association for Earthquake Engineering, Vancouver, B.C., 1999:549-554.

[40] 汪家铭,中岛正爱. 屈曲约束支撑体系的应用与研究进展(Ⅰ)[J]. 建筑钢结构进展,2005,7(1):1-12.

[41] 童根树. 钢结构设计方法[M]. 北京:中国建筑工业出版社,2007.

[42] 郭彦林,周明. 钢板剪力墙的分类及性能[J]. 建筑科学与工程学报,2009, 26(3):1-13.

[43] 张耀春,丁玉坤,赵俊贤. 单斜无黏结内藏钢板支撑剪力墙滞回性能的试验研究[J]. 土木工程学报,2009, 42(7):50-57.

[44] 赵伟,童根树,杨强跃. 钢框架内填预制带竖缝钢筋混凝土剪力墙抗震性能试验研究[J]. 建筑结构学报,2012,33(7):140-146.

[45] 曾凡生,王敏,杨翠如,等. 高楼钢结构体系与工程实例[M]. 北京:机械工业出版社,2015.

[46] TARANATH B S. 高层建筑钢混凝土组合结构设计[M]. 北京:中国建筑工业出版社,1999.

[47] 中华人民共和国住房和城乡建设部. 交错桁架钢结构设计规程:JGJ/T 329—2015[S]. 北京:中国建筑工业出版社,2015.

[48] 张文元. 巨型钢结构非线性有限元分析的塑性铰法[D]. 哈尔滨:哈尔滨工业大学,2001.

[49] ZHANG Yaochun, ZHANG Wenyuan. Inelastic response history analysis of changchun branch business building of china guangda bank under strong motion earthquakes[C]. Proceedings of Sixth Pacific Structural Steel Conference, 2001: 521-526.

[50] 袁振君,张文元,张耀春. 巨型桁架筒体结构性能有限元分析[J]. 哈尔滨建筑大学学报,2000, 33(5):30-35.

[51] 汪大绥,周建龙,袁兴方. 上海环球金融中心结构设计[J]. 建筑结构,2007,37(5):8-12.

[52] 沈小璞,胡俊. 高层建筑结构设计[M]. 合肥:合肥工业大学出版社,2006.

[53] 周云. 高层建筑结构设计[M]. 武汉:武汉理工大学出版社,2006.

[54] 梁启智. 高层建筑结构分析与设计[M]. 广州:华南理工大学出版社,1992.

[55] 郑廷银. 钢结构高等分析理论与实用计算[M]. 北京:科学出版社,2007.

[56] 郑廷银. 高层建筑钢结构巨型框架体系的高等分析理论及其实用计算[D]. 南京:东南大学,2002.

[57] 李国强,刘玉姝,赵欣. 钢结构框架体系高等分析与系统可靠度设计[M]. 北京:中国建筑工业出版社,2006.

[58] 王焕定,王伟. 有限单元法教程[M]. 哈尔滨:哈尔滨工业大学出版社,2003.

[59] 刘庆志,赵作周,陆新征,等. 钢支撑滞回曲线的模拟方法[J]. 建筑结构,2010,27(9):63-67.

[60] 谢凡,蒲生. 一种新型剪力墙多垂直杆单元模型:原理和应用[J]. 工程力学,2010,

27(9):154-160.

[61] 刘庆志,赵作周,陆新征,等. 钢支撑滞回曲线的模拟方法[J]. 建筑结构,2010,27(9):63-67.

[62] 北京金土木软件技术有限公司. Pushover分析在建筑工程抗震设计中的应用[M]. 北京:中国建筑工业出版社,2010.

[63] DOBRJANSKYJ L,FREUDENSTEIN F. Some applications of graph theory to the structural analysis of mechanisms[J]. Journal of Engineering for Industry-Transactions of the ASME, 1967:153-158.

[64] 郑廷银. 多高层房屋钢结构设计与实例[M]. 重庆:重庆大学出版社,2014.

[65] 田稳苓,黄志远. 高层建筑混凝土结构设计[M]. 北京:中国建材工业出版,2005.

[66] 钱稼茹,赵作周,叶列平. 高层建筑结构设计[M]. 北京:中国建筑工业出版社,2012.

[67] 李国强,刘玉姝,赵欣. 钢结构框架体系高等分析与系统可靠度设计[M]. 北京:中国建筑工业出版社,2006.

[68] 周坚,伍孝波. 复杂高层建筑结构计算[M]. 北京:中国电力出版社,2008.

[69] 舒赣平,谢甫哲,刘伟. 钢结构二阶分析设计方法及其应用[J]. 建筑结构,2015,45(21):30-34.

[70] 王文彬. 美国钢结构规范二阶分析法介绍[J]. 建筑结构(增刊),2013,43:509-511.

[71] INOUE K, SAWAIZUMI S, HIGASHIBATA Y, et al. Stiffening design at the edge of the reinforced concrete panel including unbonded steel diagonal braces[J]. Journal of Structural and Construction Engineering. Architectural Institute of Japan,1993,443:137-146.

[72] 丁玉坤. 钢筋混凝土墙板内置无粘结钢支撑抗冲切研究[J]. 哈尔滨工业大学学报,2014,46(8):1-9.

[73] YUKUN D. Cyclic tests of unbonded steel plate brace encased in steel-concrete composite panel[J]. Journal of constructional steel research, 2014,102:233-244.

名词索引